農薬学事典

本山直樹
［編集］

朝倉書店

序

わが国では1940年代に導入が始まった有機合成農薬は，当時の食糧増産の緊急的必要性と農薬そのものの卓越した植物保護効果が相まって，1950年代から1960年代にかけて急速に普及展開していった．1970年代に入ってからは，食糧供給が一応確保されたことと，公害問題の台頭により反対に環境汚染物質としての烙印を押されることになった．そのために農薬開発の目標も，より効力の高い化合物という観点に加えて，選択性や人や環境に対する安全性が強調されるようになった．その結果これまでにこれらの条件を満たす優れた性質を具備した農薬が，殺虫剤，殺菌剤，除草剤いずれの分野においても数多く発明され，実用化されてきた．

一方，農薬に対するマスコミや社会の認識には，環境中における残留性が著しく高くて問題になったDDTや人間に対する急性毒性が著しく高くて問題になったパラチオンなどに代表される過去の農薬の悪いイメージに引きずられ，必ずしも現在の実体を反映していない様相が見られる．

農薬に関しては，近年の遺伝子組換え技術に代表されるバイオテクノロジーの急速な進歩，環境保全型農業を推進するための有機農業への期待，ダイオキシン問題や化学物質の内分泌かく乱作用に対する不安，生物農薬として環境中に大量放飼される天敵類の生態系に及ぼす影響への不安，等々多くの期待と不安が錯綜している．しかし，確実に予測されている世界の人口増加に伴う食糧不足の問題を克服するために，植物保護に果たす農薬の役割に対する期待は大きいという現実もある．

非才を顧みず本書の編集を引き受けたのは，このような混乱の時代に農薬に関する正しい情報を提供する必要性を痛感したからである．ひと口に農薬問題といっても，その中には実に多くの内容が含まれるので，もはや一人の人間が担当できるものではない．本書は現在わが国において実際に各々の分野の最先端を担っている多くの科学者に執筆していただけた．このことは大変幸運なことであり，本書の内容を権威あるものとしている．本書が農薬研究者だけでなく，マスコミ，消費者，行政関係者，学生等，広く国民に活用され正しい情報を提供することを確信する．

最後に，本書の刊行に当たって多大の労をとられた朝倉書店編集部にお礼を申し上げる．

2001年2月

千葉大学園芸学部教授
本 山 直 樹

編 集 者

本 山 直 樹　千葉大学園芸学部

執 筆 者

梅津憲治　大塚化学㈱

細谷　悟　農薬工業会

近藤和信　クミアイ化学工業㈱

脇森裕夫　日本モンサント㈱

山田富夫　日本曹達㈱小田原研究所

汲田　泉　日本曹達㈱小田原研究所

船山俊治　日本農薬㈱総合研究所安全性・医薬研究センター

星野敏明　日本バイエルアグロケム㈱

尾添嘉久　島根大学生物資源科学部

山口　勇　理化学研究所植物科学研究センター

有江　力　東京農工大学農学部

米山弘一　宇都宮大学野生植物科学研究センター

谷川　力　イカリ消毒㈱技術研究所

安藤　哲　東京農工大学大学院生物システム応用科学研究科

浜　弘司　農林水産省農業環境技術研究所

石井英夫　農林水産省農業環境技術研究所

松本　宏　筑波大学応用生物化学系

馬場洋子　㈳緑の安全推進協会

乾　秀之　神戸大学農学部

大川秀郎　神戸大学農学部

藤田俊一　㈳日本植物防疫協会

真板敬三　㈶残留農薬研究所

関沢　純　国立医薬品食品衛生研究所

大橋教良　筑波メディカルセンター病院救命救急センター

中村幸二　埼玉県農林総合研究センター

根本　久　埼玉県農林総合研究センター

西内康浩　農林水産省農薬検査所

山本広基　島根大学生物資源科学部

青山博昭　㈶残留農薬研究所

玉川重雄　環境コンサルタントＳ.Ｔ.オフィス

髙木和広　農林水産省農業環境技術研究所

渡辺裕純　東京農工大学大学院農学研究科

横井邦夫　デュポン㈱

楯谷昭夫　㈳日本くん蒸技術協会

髙瀬　巖　千葉大学園芸学部

（執筆順）

目　　次

1. 農 薬 と は

2. 農 薬 の 生 産

3. 農薬の研究開発

4. 農薬登録のしくみ

5. 農薬の作用機構

6. 農薬抵抗性問題

7. 非 合 成 農 薬

8. 遺伝子組換え作物

9. 農薬の有益性

10. 農薬の安全性

11. 農薬中毒と治療方法

12. 農薬と環境問題

13. シミュレーションモデルによる土壌環境中での農薬の動態予測

14. 農薬散布の実際

15. 農薬関連法規

16. わが国のおもな登録農薬一覧 〔髙瀬 巖〕 507

1. 農薬とは

1.1 農薬の定義

農薬に対する社会の関心が高まるなかで，ふだん何気なく使用されている「農薬」という言葉について，改めてその意味・定義を問われるとなかなか答えにくいものがある．

一般に農薬とは「農作物を害する病害虫，雑草，ネズミなどを防除あるいは制御して作物を保護し，農業の生産性を高めるために使用する薬剤」をさすと考えられるが，法律的には以下に示したように，農薬取締法でその目的および定義が規定されている．

（目的）

第一条 この法律は，農薬について登録の制度を設け，販売及び使用の規制等を行うことにより，農薬の品質の適正化とその安全かつ適正な使用の確保を図り，もって農業生産の安定と国民の健康の保護に資するとともに，国民の生活環境の保全に寄与することを目的とする．

（定義）

第一条の二 この法律において「農薬」とは農作物（樹木及び農林産物を含む．以下，「農作物等」という．）を害する菌，線虫，だに，昆虫，ねずみその他の動植物又はウイルス（以下「病害虫」と総称する．）の防除に用いられる殺菌剤，殺虫剤，その他の薬剤（その薬剤を原料又は材料として使用した資材で当該防除に用いられるもののうち政令で定めるものを含む．）及び農作物等の生理機能の増進又は抑制に用いられる成長促進剤，発芽抑制剤その他の薬剤をいう．

2 前項の防除のために利用される天敵は，この法律の適用については，これを農薬とみなす．

以上のように，法律用語を用いたむずかしい言い回しになっているが，要するに農薬とは「農作物等を害する菌，線虫，ダニ，ネズミやその他の動植物，またはウイルスの防除に用いられる殺菌剤，殺虫剤やその他の薬剤，ならびに農作物の生理機能の増進や抑制に用いられる成長促進剤，発芽抑制剤などの薬剤」である．

定義の文面に“除草剤”の文字が見当たらないが，定義中の「その他の動植物（下線部分)」に“雑草”が含まれ,「その他の薬剤（下線部分)」に“除草剤”が該当する．定義の冒頭にある「農作物等」の“等”には樹木，キノコ類，タケノコなどの農産物も含まれる．また，最近では，ゴルフ場で使用されている農薬も農薬取締法の規制を受けるようになった．昨今の科学技術の進歩に伴い，フェロモンなどの誘引剤や忌避剤などの新しい病害虫防除技術が開発されているが，これらも農薬に含められるようになった．

一般に，農薬とは“化学的・人工的に合成された化学物質である”との印象が強いが，害虫を食べる昆虫や植物病原菌に拮抗する有用微生物なども農薬の範疇に入る．昨今，農薬の代替資材として有機物，天然物，漢方薬，発酵物などが一部でもてはやされているが，これらの天然由来の物質も病害虫防除や生育調節をうたって販売する場合には農薬登録を必要とする．

なお，収穫後の作物に農薬が使用されるいわゆる“ポストハーベスト使用”の場合には，当該薬剤は農薬とはみなされず,「食品添加物」の扱いを受け食品衛生法の規制の対象となる．ただし，くん蒸剤は農薬取締法の対象となる．

また，農薬と同じ有効成分を含むものであっても，ハエ，ダニ，カ，ゴキブリ，シロアリなどの衛生害虫の防除を目的として一般家庭や畜舎などで使用される薬剤は農薬とはみなされず（農薬取締法の対象とはならず)，薬事法などの対象となる．

1.2　使用対象別分類

前節で述べたように，農薬にはさまざまな種類があり，その使用目的によって殺虫剤，殺線虫剤，殺ダニ剤，殺菌剤，殺虫殺菌剤，除草剤，殺そ（鼠）剤，植物成長調整剤，忌避剤，誘引剤，展着剤に分類することができる．各剤についてその概要を述べる．

a. 殺 虫 剤

殺虫剤は農作物に被害を与える有害昆虫（害虫）を防除する農薬をいう．殺虫剤は昆虫体内への侵入経路により，食毒剤，接触剤，くん蒸剤に大別される．食毒剤は殺虫剤を散布した農作物を昆虫が摂食して，昆虫体内に薬剤が入ることにより昆虫を死に至らしめる．接触剤は昆虫表皮から薬剤が昆虫体内に侵入する．くん蒸剤は昆虫の気門などの呼吸器官から昆虫体内に侵入して殺虫活性を発揮する．また薬剤を作物の根や茎葉から吸収させ，作物体内を移行した薬剤を昆虫が摂食し，食毒を発揮する浸透性殺虫剤もある．一般に殺虫剤は害虫を死に至らしめる薬剤であるが，なかには害虫を殺さないで，活動を抑制することにより農作物への被害（食害）を減らすものもある．

b. 殺 線 虫 剤

殺線虫剤は農作物に被害を与える線虫類を防除する農薬をいう．分類上，殺虫剤に含まれることもあるが，ここでは殺虫剤と分けて分類する．線虫には農作物の根の表面または組織内で寄生増殖する土壌線虫と地上部に寄生するものがある．土壌線虫を防除するには，殺線虫剤が土壌中に十分に拡散する必要があるので，揮発性の高いくん蒸剤がよく使用される．

c.　殺ダニ剤

殺ダニ剤は農作物に被害を与えるダニ類を防除する農薬をいう．分類上，殺線虫剤と同様に殺虫剤に含まれることもある．ダニは世代交代が早く（ミカンハダニやミカンサビダニでは1年間に10世代以上），薬剤抵抗性を容易に獲得する傾向がある．同じ殺ダニ剤を連続で使用するとダニはその薬剤に対する抵抗性を容易に獲得するので，同一薬剤あるいは同一系統の薬剤の連用を避けることが肝要である．

d.　殺菌剤

殺菌剤は農作物を植物病原菌の有害な作用から守る農薬をいう．植物病原菌は一般に糸状菌（カビ）と細菌とに分類されるが，糸状菌が大部分を占める．殺菌剤には天候や作物の生育状況から発病が予想されるときに使用する予防殺菌剤と発病後に散布する治療殺菌剤の2種類がある．予防剤は植物病原菌を滅殺するのではなく作物体内への菌糸の侵入を防ぐことにより発病を抑え，比較的広範囲の植物病原菌に効果を示すものが多い．治療薬は一般に特定の病原菌に特異的に効果を発現する．したがって，作物の病斑をよく観察し，その原因菌を突き止めてからそれに効果の高い剤を選ぶことが重要となる．

e.　殺虫殺菌剤

散布の手間を省くために，殺虫成分と殺菌成分を混合して，害虫と植物病原菌を同時に防除する農薬を殺虫殺菌剤という．代表的なものとしてはイネミズゾウムシやイネドロオイムシなどの害虫に効く殺虫剤と，いもち病などに効く殺菌剤を混合したイネ育苗箱施用の粒剤がある．一般に，害虫と植物病原菌を同時に防除するためには，散布時期を的確にとらえる必要がある．

f.　除草剤

農作物や樹木に有害な作用を与える雑草を防除する農薬を除草剤という．除草剤はその処理方法によって土壌処理除草剤と茎葉処理除草剤に分けられる．土壌処理除草剤は土壌に散布あるいは土壌と混和させ，雑草の種子，根あるいは幼芽部が土壌中の薬剤を吸収することにより発芽あるいは出芽後の成長を抑制する．茎葉処理除草剤の場合は生育期の雑草に直接散布し，雑草が薬剤を吸収することにより枯殺する．また，除草剤は除草活性の選択性の面から選択性除草剤と非選択性除草剤に分類される．選択性除草剤は農作物には影響を与えないで雑草だけを枯らす．非選択性除草剤はすべての雑草を枯殺するので，周辺の有用植物に影響を及ぼさないよう注意が必要である．

最近では遺伝子組換え技術の発達により，除草剤に耐性の遺伝子をダイズやトウモロコシなどの農作物に組み込み，非選択性除草剤でも枯れない農作物がつくられている．これらの遺伝子組換え作物を栽培している圃場に非選択性除草剤を散布することにより，雑草だけを枯殺することができる．

g. 殺そ(鼠)剤

殺そ剤は農作物を食害するネズミ類を防除する農薬をいう．ネズミ類にはネズミ以外に，野ウサギやモグラも含まれる．わが国では本剤の使用量は非常に少ない．

h. 植物成長調整剤

植物の発芽，発根，成長，開花，着果などの生理機能を促進または抑制することによって，農業生産性の向上あるいは農作物の品質を向上させる働きをもつ農薬を植物成長調整剤という．ただし，学会関係では植物生長調節剤という用語が用いられる．植物成長調整剤のなかには微量で特異的な生理活性を発揮する植物ホルモンやその類縁化合物が多い．現在知られている植物ホルモンはオーキシン，アブシジン酸，サイトカイニン，エチレン，ジベレリン，ブラシノステロイドの6種類であるが，ブラシノステロイド以外はそれらの関連化合物も含め植物成長調整剤として商業的に利用されている．成長促進剤の適用分野としてはトマトの果実肥大，種なしブドウの栽培，イネの発根促進などがある．成長抑制剤はタバコの腋芽防止やイネの倒状防止などに用いられる．

i. 忌 避 剤

農作物に被害を与える哺乳動物，鳥類，害虫を農作物に近づけないようにする農薬を忌避剤という．野ウサギ，スズメなどが特定の薬剤の臭いや味を嫌がる性質を有することを利用して農作物を保護する．殺虫剤や殺菌剤などの中にも，忌避剤の性能を具備するものもある．

j. 誘 引 剤

農作物に被害を与える害虫が特定の化学物質の臭いで誘引される性質を利用して，一定の場所に誘い集める農薬を誘引剤という．雌雄間のコミュニケーションに利用される性フェロモンなども誘引剤として使用されている．誘引剤は害虫の防除だけではなく，害虫発生数を把握するための発生予察にも利用される．

k. 展 着 剤

農薬を水で希釈して散布する際に，有効成分の病害虫あるいは作物の表面への付着をよくするために添加する界面活性剤を主成分とする補助剤を展着剤という．展着剤は農薬がもつ潜在的な効力をできる限り引き出すことにより，農薬の効能の向上に貢献する．

1.3　化学組成別分類

現在使用されている多数の農薬の有効成分は，大部分が有機合成化合物である．したがって，農薬を体系的に理解するうえで，化学組成あるいは化学構造に基づいて農薬の分類を行うことはきわめて有効である．ここ数十年間の有機合成化学および農薬化学の進歩には目覚ましいものがあり，多種多様の構造・組成をもつ農薬がつくられてきた．これらをすべて網羅し，分類するのは容易ではないが，できるだけ平易に殺虫剤，殺菌剤および除草剤の化学組成による分類を行い，該当する代表的な農薬名とともに表1.1に示した．なお，殺ダニ剤および殺線虫剤も殺虫剤の項に含めた．また，図1.1～図1.8には各系統別に代表的な剤の化学構造式を示した．

表に示した各系統の農薬のうち主要なグループについて，殺虫剤，殺菌剤および除草剤ごとに概要を記す．

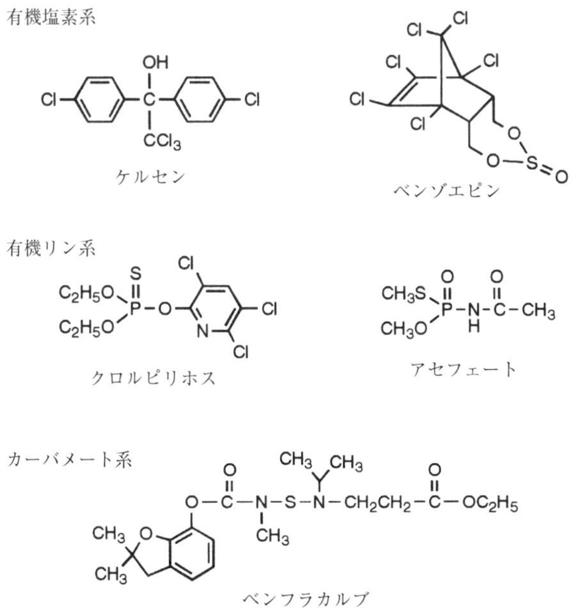

図 1.1　代表的な有機塩素系，有機リン系，およびカーバメート系殺虫剤の構造式

表 1.1 農薬の化学組成別分類表

用途別分類	化学組成による分類		代表的農薬の有効成分名
殺虫剤 殺ダニ剤 殺線虫剤	天然化合物		ピレトリン，マシン油，ナタネ油など
	有機合成化合物	有機塩素系	ケルセン，ベンゾエピンなど
		有機リン系	クロルピリホス，アセフェート，フェニトロチオン，マラチオンなど
		カーバメート系	ベンフラカルブ，メソミル，カルバリル，エチオフェンカルブなど
		ピレスロイド系	エトフェンプロックス，シクロプロトリン，ビフェントリンなど
		クロロニコチニル系	イミダクロプリド，アセタミプリド，ニテンピラムなど
		ベンゾイルウレア系	フルフェノクスロン，テフルベンズロンなど
		その他	フィプロニル，クロルフェナピル，カルタップ，フェンピロキシメート，テブフェンピラド，ピリダベン，ブプロフェジンなど
	抗生物質		ミルベメクチン，アバメクチン，エマメクチンなど
	生物農薬		BT剤，DCV剤など
殺菌剤	天然化合物		酢酸，マシン油，ナタネ油など
	無機化合物		無機硫黄，次亜塩素酸塩，炭酸水素ナトリウムなど
	有機合成化合物	有機銅系	オキシン銅，ノニルフェノールスルホン酸銅など
		有機硫黄系	ジネブ，マンネブ，チウラム，ジラム，キャプタンなど
		有機塩素系	クロロタロニル，フサライド，ジクロフルアニドなど
		ベンゾイミダゾール系	チオファネートメチル，ベノミル，チアベンダゾールなど
		酸アミド系	メタラキシル，フルトラニル，メプロニルなど
		ジカルボキシイミド系	イプロジオン，プロシミドン，ビンクロゾリンなど
		アゾール系	トリフルミゾール，ビテルタノール，トリアジメホンなど
		ストロビルリン系	アゾキシストロビン，クレソキシムメチルなど
		アニリノピリミジン系	メパニピリム，ピリメタニル，シプロジニルなど
		ピロールニトリン系	フルジオキソニル，フェンピクロニルなど
		その他	プロベナゾール，カルプロパミド，ジクロシメット，イプロベンホス，ジエトフェンカルブ，イソプロチオラン，オキソリニック酸など
	抗生物質		ストレプトマイシン，カスガマイシン，ポリオキシンなど
	生物農薬		アグロバクテリウム・ラジオバクターなど
除草剤	無機化合物		塩素酸塩，シアン酸塩など
	有機合成化合物	アミノ酸系	グリホサート，グルホシネート，ビアラホスなど
		ビピリジニウム系	パラコート，ジクワットなど
		スルホニルウレア系	ベンスルフロンメチル，ピラゾスルフロンエチルなど
		イミダゾリノン系	イマゼタピル，イマザメタベンズメチル，イマザキンなど
		ピリミジニルサリチル酸系	ピリチオバックナトリウム塩，ピリミノバックメチルなど
		尿素系	ジウロン，ダイムロン，イソウロンなど
		酸アミド系	テニルクロール，メフェナセット，プレチラクロールなど
		カーバメート系	エスプロカルブ，ピリブチカルブ，フェンメディファムなど
		トリアジン系	アトラジン，シメトリン，メトリブジンなど
		ダイアジン系	ベンタゾン，ターバシル，レナシルなど
		フェノキシ酢酸系	2,4-D，トリクロピル，クロメプロップなど
		ジフェニルエーテル系	CNP，クロメトキシニル，ビフェノックスなど
		その他	トリフルラリン，ジチオピル，ジカンバ，ブタミホスなど

ピレスロイド系

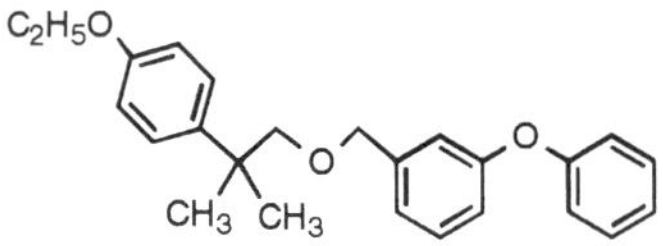

エトフェンプロックス

クロロニコチニル系

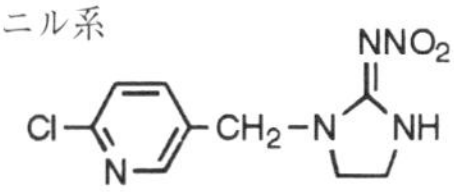

イミダクロプリド

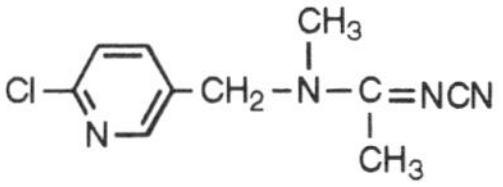

アセタミプリド

ベンゾイルウレア系

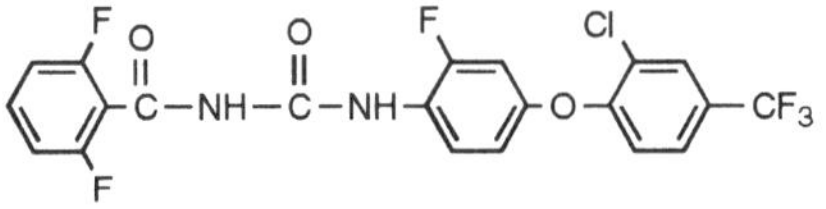

フルフェノクスロン

その他

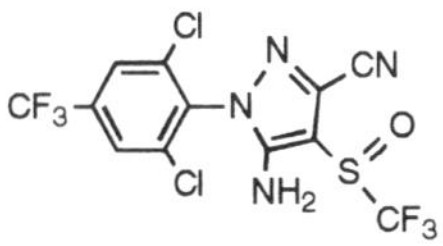

フィプロニル

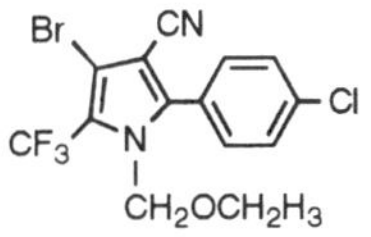

クロルフェナピル

図 1.2　代表的なピレスロイド系，クロロニコチニル系，ベンゾイルウレア系，およびその他の殺虫剤の構造式

a.　殺虫剤の化学組成に基づく分類

1）有機塩素系殺虫剤

有機塩素系殺虫剤は一般に殺虫スペクトルが広くかつては大量に使用されていたが，残留性が高く環境に与える影響が大きいことから，現在はそのほとんどが使用されていない．

2）有機リン系殺虫剤

本系殺虫剤は現在使用されている殺虫剤の中で最大グループを形成しており，その研究の歴史は1930年代におけるパラチオンの発見に始まる．パラチオンは哺乳類に対する毒性が高く現在わが国では使用されていないが，その後も低毒性の有機リン剤が続々と開発されている．作用機作はアセチルコリンエステラーゼの阻害と考えられており，害虫に対して食毒効果と接触毒性をもち，浸透移行性をもつものも少なくない．現在使用されている有機リン系殺虫剤はその化学構造により7グループ，すなわ

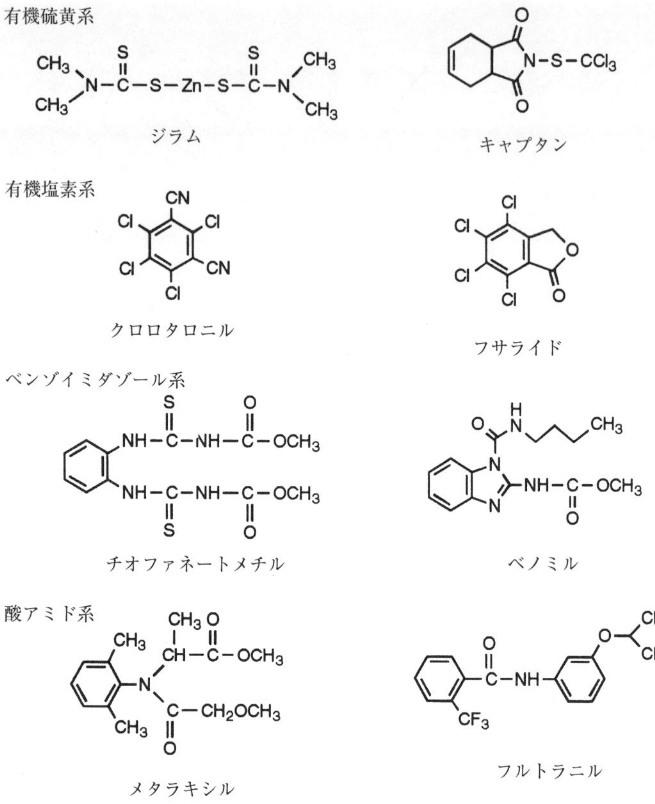

図1.3 代表的な有機硫黄系，有機塩素系，ベンゾイミダゾール系，および酸アミド系殺菌剤の構造式

ちホスホロチオエート型，ホスフェート型，ホスホロジチオエート型，ホスホロチオレート型，アミド型，ホスホネート型およびホスホノチオネート型に分類される．

3）カーバメート系殺虫剤

カラバーマメに含まれるフィゾスチグミンが殺虫活性をもつことが発見されて以来，カーバメート系殺虫剤の創製研究が開始され，現在では多様な剤が開発されている．本系殺虫剤の作用機作はアセチルコリンエステラーゼの阻害と考えられているが，殺虫スペクトルは比較的狭く種特異性が高い．現在使用されているカーバメート系殺虫剤はその化学構造により3グループすなわち，*N,N*–ジメチル型，置換フェニル–*N*–メチル型およびオキシム–*N*–メチル型に分類される．なお，*N*–メチル型については，カルバモイル基の窒素原子に種々の置換基を導入した誘導体が多数合成され，哺乳動物に対する毒性が軽減されていることから実用に供されている．

ジカルボキシイミド系

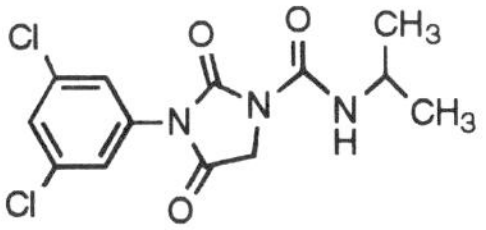

イプロジオン

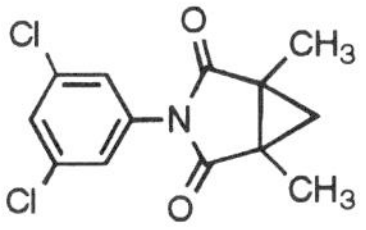

プロシミドン

アゾール系

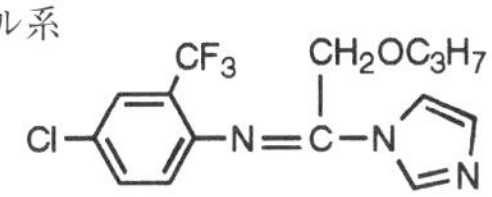

トリフルミゾール

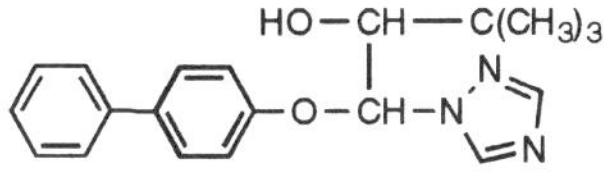

ビテルタノール

その他

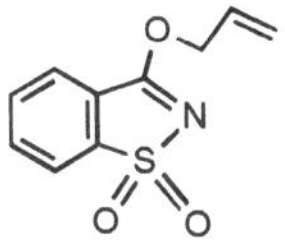

プロベナゾール

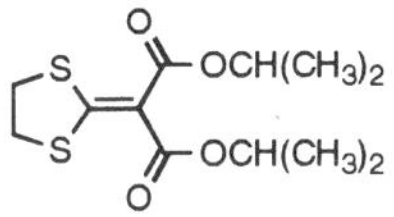

イソプロチオラン

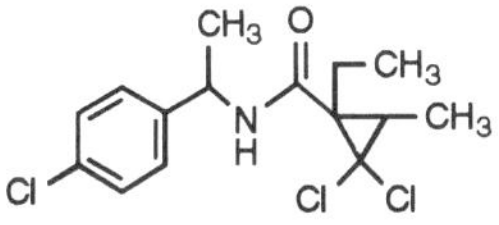

カルプロパミド

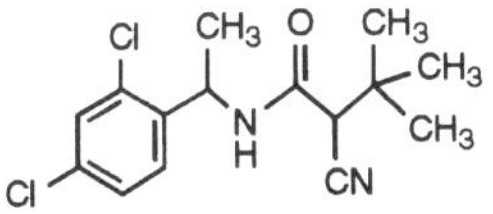

ジクロシメット

図 1.4　代表的なジカルボキシイミド系，アゾール系，およびその他の殺菌剤の構造式

4）ピレスロイド系殺虫剤

合成ピレスロイドの開発は除虫菊から単離・構造決定された天然ピレスロイドをリード化合物として開始された．最近の合成ピレスロイドは天然ピレスロイドとはかなり異なった化学構造をもつものが多く，エトフェンプロックス（図1.2の構造式参照）に至ってはエステル結合がエーテル結合になっており，もはや天然ピレスロイドの原型をとどめていない．ピレスロイド系殺虫剤の作用点は神経軸索にあり，ナトリウムイオンチャンネルが開いた状態を持続させることによって，昆虫が興奮状態を緩和できずに死に至る．本剤は魚毒性が非常に強く水田には使用できなかったが，最近になり低魚毒性のピレスロイド剤も開発されている．

5）クロロニコチニル系殺虫剤

比較的最近になって登場したクロロニコチニル系殺虫剤は，ネオニコチニル系殺虫剤とも呼ばれ，イミダクロプリドやアセタミプリドが代表例としてあげられる．シナプス後膜のアセチルコリン受容体を競合的に阻害することにより神経毒として働くと考えられている．

ストロビルリン系

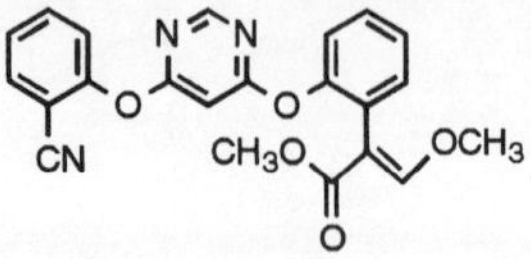

アゾキシストロビン

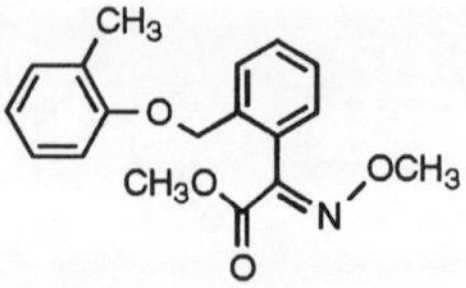

クレソキシムメチル

アニリノピリミジン系

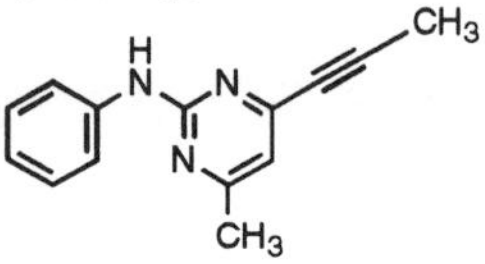

メパニピリム

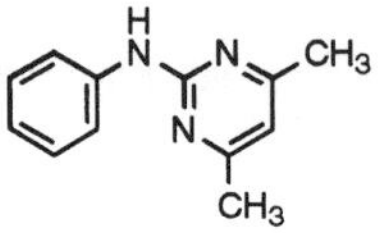

ピリメタニル

ピロールニトリン系

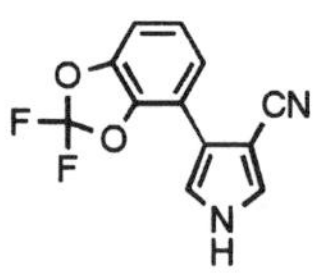

フルジオキソニル

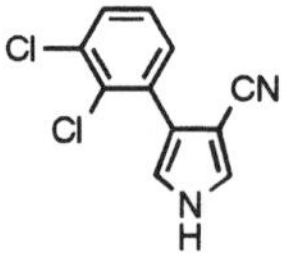

フェンピクロニル

図1.5　代表的なストロビルリン系，アニリノピリミジン系，およびピロールニトリン系殺菌剤の構造式

6）ベンゾイルウレア系殺虫剤

本系殺虫剤の作用機作はキチン合成阻害であり，ほかの殺虫剤とはかなり異なる．防除効果は遅効的であるが，哺乳動物に対する毒性が低いのが特徴である．フルフェノクスロンなどが開発されている．

7）そ の 他

既存剤に抵抗性をもつ害虫に効果のある剤として登場したフィプロニルとクロルフェナピルは殺虫剤としては新規な骨格構造をもっている．フィプロニルは塩素イオンチャンネルの強力な阻害剤で，クロルフェナピルはエトキシメチル基が生体内で除去されてミトコンドリアの脱共役剤としての活性を発現する．

b.　殺菌剤の化学組成に基づく分類

1）銅 殺 菌 剤

無機銅剤と有機銅剤があるが，両者とも予防殺菌剤である．無機銅剤としてはボル

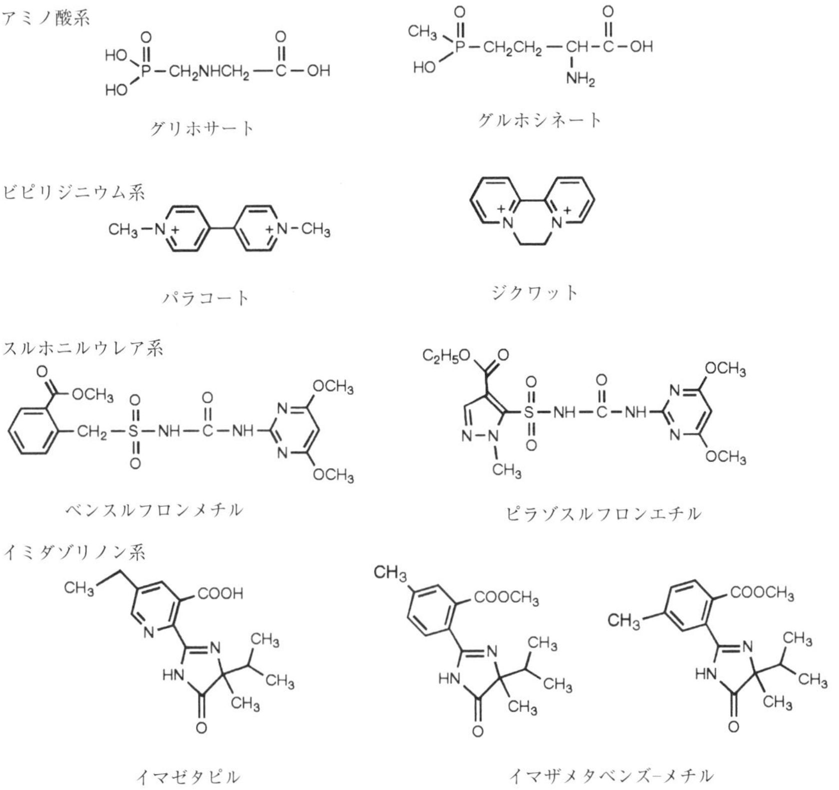

図 1.6　代表的なアミノ酸系，ビピリジニウム系，スルホニルウレア系，およびイミダゾリノン系除草剤の構造式

ドー液が古くから知られており，有機銅剤としては8-ヒドロキシキノリンと銅イオンのキレート化合物であるオキシン銅がある．生体中のチオール基を酸化してジスルフィド結合を生成することによりSH酵素活性を阻害すると考えられている．

2）有機硫黄殺菌剤

本系統には無機硫黄，有機硫黄殺菌剤のエチレンビスジチオカーバメート型殺菌剤，ジアルキルジチオカーバメート型殺菌剤およびポリハロアルキルチオ型殺菌剤がある．作用機作はSH酵素阻害と考えられている．

3）有機塩素系殺菌剤

本系殺菌剤には脂肪族と芳香族がある．脂肪族としては殺虫・殺菌効果のあるクロルピクリンと，塩素系ではないが類縁の臭素系化合物である臭化メチルがくん蒸剤として使用されている．芳香族では予防殺菌スペクトルの広いクロロタロニルといもち病専用の予防殺菌剤であるフサライドが現在使用されている．

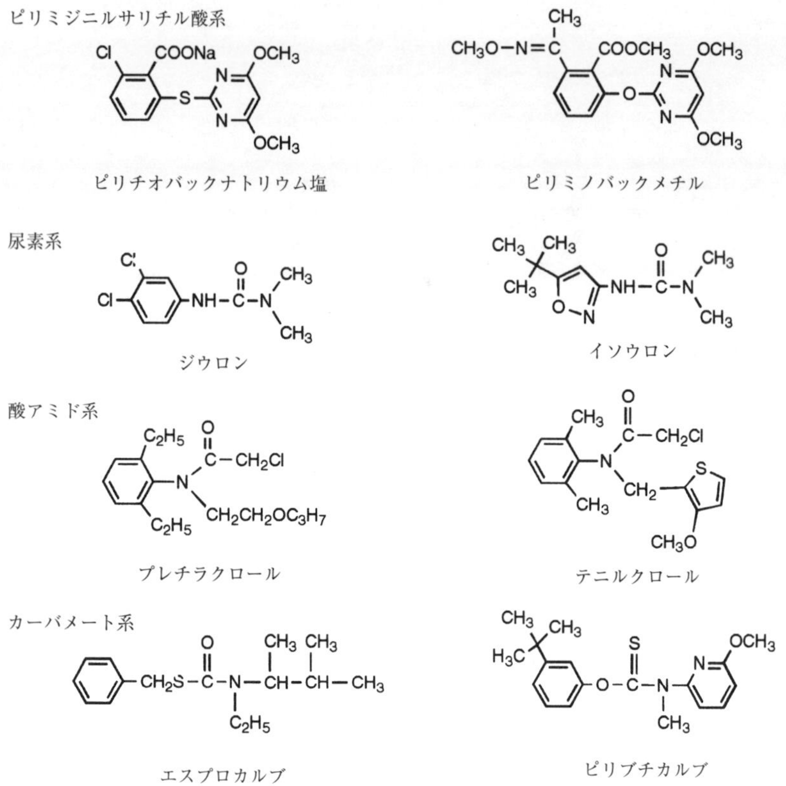

図 1.7 代表的なピリミジニルサリチル酸系，尿素系，酸アミド系，およびカーバメート系除草剤の構造式

4）ベンゾイミダゾール系殺菌剤

ベンゾイミダゾール骨格をもつ，あるいは代謝されてベンゾイミダゾール骨格をもつようになる主要な化合物群である．前者の例としては灰色カビ病，菌核病などに効果のあるベノミル，後者としては広範囲の病原菌に効くチオファネートメチルがある．これら2剤は生体内でカルベンダゾールに変換されて抗菌活性を発現すると考えられており，その作用機作は病原菌細胞内の微小管タンパクと結合して有糸細胞分裂を阻害することにある．

5）酸アミド系殺菌剤

カルボン酸アミドを分子内にもつ化合物群の総称である．この化合物群は担子菌類への特異性が高いのが特徴であり，イネ紋枯病に効果があるフルトラニルは病原菌の電子伝達系を標的とする．また化学構造的に異なるメタラキシルはRNA合成阻害を作用機作とし，べと病・疫病の予防・治療剤として使用される．

トリアジン系

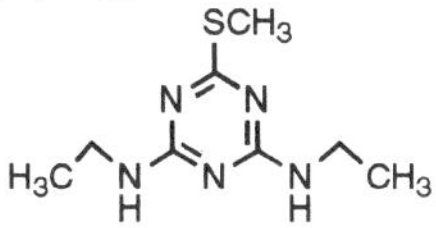

シメトリン

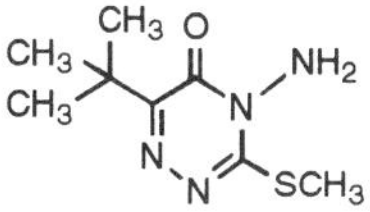

メトリブジン

フェノキシ酢酸系

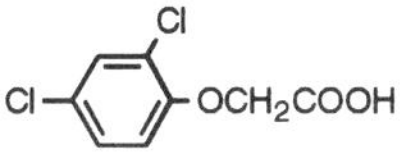

2, 4-D

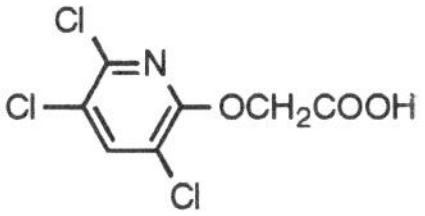

トリクロピル

ジフェニルエーテル系

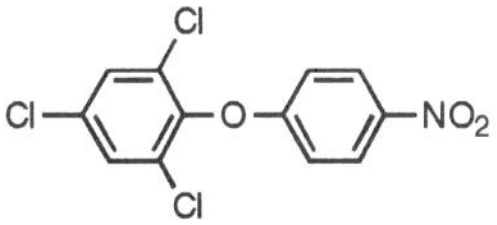

CNP

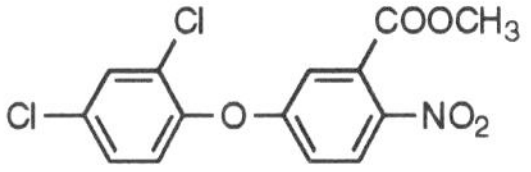

ビフェノックス

その他

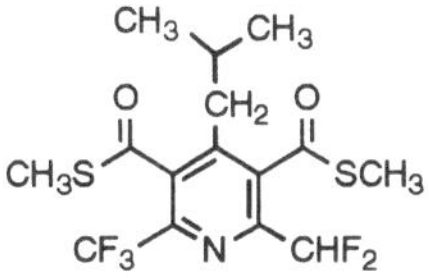

ジチオピル

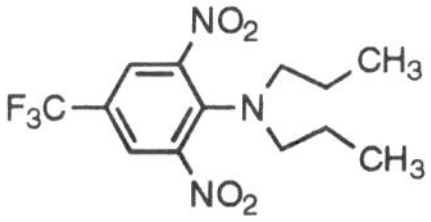

トリフルラリン

図 1.8　代表的なトリアジン系，フェノキシ酢酸系，ジフェニルエーテル系，およびその他の除草剤の構造式

6）ジカルボキシイミド系殺菌剤

分子内にジカルボキシイミド構造をもつ剤の総称で，ベンゾイミダゾール系殺菌剤の薬剤耐性菌に効果を示すが最近では耐性菌が出現してきている．ボトリチス属菌，スクレロチニア属菌などの各種病原菌に予防殺菌剤として効果のあるイプロジオンで代表される．

7）エルゴステロール生合成を阻害する化合物群（アゾール系など）

エルゴステロール生合成阻害剤はEBI剤とも呼ばれ，糸状菌類のエルゴステロール生合成を阻害する．本分類は作用機作に基づく分類であり，化学構造的にはトリアゾール系，イミダゾール系，ピリミジン系，ピペラジン系に分類できる．これらの剤の共通の特徴はうどんこ病に対して卓効を示すことである．

8）ストロビルリン系殺菌剤

ストロビルリン系殺菌剤はその基本骨格構造からメトキシアクリレート系殺菌剤と

も呼ばれ，抗菌性天然物ストロビルリンをリード化合物として研究開発された．抗菌スペクトルが広く予防効果と治療効果の両方を併せもっており，アゾキシストロビンやクレソキシムメチルなどが開発されている．

9) アニリノピリミジン系殺菌剤

アニリノピリミジン構造を基本骨格とする新しい殺菌剤で抗菌スペクトルが広く，特に灰色カビ病に卓効を示す．ピリメタニル，シプロジニル，メパニピリムなどが開発されており，作用機作はメチオニン合成阻害と考えられている．

10) ピロールニトリン系殺菌剤

抗菌性天然物ピロールニトリンをリード化合物として開発された新しい殺菌剤でフェニルピロール構造を基本骨格とする．フルジオキソニルとフェンピクロニルなどが開発されており，種子消毒剤や茎葉散布剤として使用されている．

11) そ の 他

いもち病の予防殺菌剤であるプロベナゾールは直接的な殺菌作用をもっていないがイネの病原菌に対する抵抗力を増強することによって防除効果を与える．ジエトフェンカルブはベンゾイミダゾール感受性菌には効かないが耐性菌には卓効を示す．またイソプロチオランはユニークな化学構造をもついもち病防除剤であり，その作用機作はリン脂質合成阻害と考えられる．最近になり，いもち病に対して超長期の持続型活性を示すα-メチルベンジルアミンの酸アミド構造を基本骨格とするカルプロパミド，ジクロシメットなどの殺菌剤も出現した．

c. 除草剤の化学組成に基づく分類

1) アミノ酸系

本系除草剤の特徴はアミノ酸とホスホン酸を分子内にもつことであり，茎葉散布により非選択的除草活性を示す．グリホサートとグルホシネートが主要剤であり，ともに必須アミノ酸の生合成を阻害する．最近の遺伝子工学の進歩によりグリホサートに耐性のダイズがつくられており，この遺伝子組換えダイズと非選択性のグリホサートの組合せにより雑草防除技術は新たな局面を迎えた．

2) ビピリジニウム系除草剤

非選択性の茎葉処理除草剤で，パラコートとジクワットがこのグループに分類される．除草活性を発揮するために光が不可欠であり，光化学反応により一電子還元されたパラコートがスーパーオキサイドアニオンや過酸化水素などの活性酸素を生成しそれが脂質やタンパク質などを攻撃し雑草を死に至らしめる．これらの剤は土壌に接触すると不活性化されるので雑草の根は枯らさない．

3) スルホニルウレア系除草剤

本系除草剤は広葉雑草やカヤツリグサ科雑草に除草活性を示す選択性除草剤で，わが国では水田や芝地で使用され，ベンスルフロンメチルやピラゾスルフロンエチルに代表される．作用点はアセトラクテート合成酵素（ALS）であり，必須アミノ酸の生合成を阻害することにより除草活性を発揮する．海外では畑地でも広範に使用され，現在，世界的に最も重要な選択性除草剤の一群である．超微量で雑草に作用するので粒剤の有効成分含量が0.1％以下の剤も開発されている．

4）イミダゾリノン系除草剤

イミダゾリノンを基本骨格とする選択性除草剤であり，スルホニルウレア系除草剤と並び世界的に重要な化合物群である．作用機作はALS阻害と考えられており，ダイズ用茎葉処理剤のイマゼタピルや小麦用のイマザメタベンズメチルなどが開発上市されている．

5）ピリミジニルサリチル酸系除草剤

ピリミジニルサリチル酸系除草剤はピリミジルカルボン酸系とも呼ばれ，ワタ用除草剤としてピリチオバックナトリウム塩や水稲用除草剤としてピリミノバックメチルが開発されている．作用機作はALS阻害と考えられている．

6）尿素系除草剤

尿素系化合物は分子内にウレア構造をもつ剤であり，作用機作は一部の剤を除いて光合成阻害であり，DCMU（ジウロン）やイソウロンに代表される．DCMUは一年生雑草，イソウロンは一年生および多年生雑草に効果がある．なお，本系のダイムロンには光合成阻害活性はなく細胞分裂を阻害する．

7）酸アミド系除草剤

化学構造式でアミド構造を含むものを酸アミド系除草剤と称するが，さらにいくつかのグループに分かれる．プレチラクロールとテニルクロールが代表例である．両剤とも水田用初期除草剤であり，その作用機作はタンパク質生合成阻害である．

8）カーバメート系除草剤

本系除草剤は3種に分類される．カーバメート型ではフェンメディファム，チオールカーバメート型ではエスプロカルブ，チオノカーバメート型ではピリブチカルブが代表例であり，フェンメディファムはテンサイ畑専用剤として，エスプロカルブとピリブチカルブはおもに各種のスルホニルウレア系除草剤との混合剤で水田用除草剤として使用される．作用機作はそれぞれ光合成阻害，タンパク質生合成阻害，脂質生合成阻害と考えられる．

9）トリアジン系除草剤

トリアジン骨格をもつトリアジン系除草剤は非ホルモン型の土壌処理剤である．おもに畑で使用されてきたが，作用機作は光合成阻害である．トウモロコシ畑用のアトラジンやイネ用のシメトリンなど種類は多い．

10）フェノキシ酢酸系除草剤

フェノキシ酢酸系除草剤は世界初の除草剤2,4-Dが属するグループであり有機合成除草剤の黎明期を支えてきたが，現在ではあまり使われなくなった．

11）ジフェニルエーテル系除草剤

本系除草剤はベンゼン環に塩素とニトロ基が置換されていることを化学構造上の特

徴とする．クロロフィル生合成阻害により発生した活性酸素が膜脂質の過酸化反応を引き起こし，これが引き金となって殺草活性を発現する．

1.4 剤型別分類

化学的に合成された化合物（有効成分）が原体のまま農薬として直接田畑に散布されることはなく，通常，製剤の形にされてから使用される．したがって，製剤の善し悪しがその化合物の農薬としての効能や安全性を決定づける．有効成分の生物効果を最大限に発揮させる製剤設計が必要とされるが，製剤中で有効成分が長期間安定であることも要求される．また有効成分が種々の要因により分解を起こしやすいときは製剤化により安定性を付与し，薬害を生じやすい有効成分の場合は製剤の工夫により薬害の軽減も可能である．製剤の工夫により人畜や水棲生物に対する毒性軽減が達成される場合も多い．

このような農薬の製剤はその使用目的によって多くの種類に分類される．ここではそれらの中でおもなものについて説明する．

a. 粉　　剤

農薬原体をクレーやタルクなどの増量剤と混合した粉末状の剤で，45 μm 以下の粒径をもつものを粉剤と呼ぶ．有効成分含量は数%と低く，希釈することなくそのまま散布することができる．粉剤は粒径によってさらにDL（ドリフトレス）粉剤，一般粉剤およびFD剤（フローダスト）に分けられる．DL粉剤の平均粒径は20～30 μm で，漂流飛散に関与すると考えられる10 μm 以下の粉は20%以下と少なく，粉剤の欠点である漂流飛散を少なくした剤である．近年，野外での農薬散布には農地周辺への漂流飛散を回避するためDL粉剤が多く使用されるようになった．FD剤は粉剤ではいちばん細かい5 μm 以下の粒径をもち，浮遊性が非常に大きいので密閉された施設栽培で使用される．

b. 粒　　剤

粒剤は0.3～1.7 mm の大きさをもつ粒で，希釈せずにそのまま散布する．粒剤の製造方法は押出し造粒法，含浸法，表面被覆法に大別される．押出し造粒法は原体，結合剤，増量剤などを混合粉砕後に水を加えてよく練り合わせ，造粒機のスクリーン孔から押し出し，得られた粒を整粒，乾燥し，粉体や大きな粒を篩別・除去する方法である．含浸法は吸油能の高い粒状担体に液状原体あるいは原体混合液を含浸させる単純な方法である．表面被覆法は吸油能の低い粒状担体に必要な結合剤を用いて農薬原体を被覆する方法である．一般に水田除草剤として使用される場合は湛水散布であるので，土壌表面に沈むと速やかに水中崩壊して水田全体に均一に拡散するように調製されている．

c. 水 和 剤

農薬原体，クレーなどの増量剤，湿潤剤および分散剤などの界面活性剤を一緒に混合粉砕した水和性をもつ剤を水和剤という．本剤は通常500倍から2,000倍の水で希釈して散布する．有効成分含量は20～50％程度のものが多い．水希釈懸濁液は散布むらを防止するために，希釈時から散布終了時まで懸垂状態を維持し，有効成分が均一に分布している必要がある．水和剤の袋の開封時や希釈時には粉立ちにより作業者が薬剤に被ばくする恐れがあるので取扱いに注意を要する．また鉱物質増量剤を多量に含んでいるので，農作物に白い汚れが残る場合がある．一方，有機溶剤を全く用いないか，用いても少量なので，それによる薬害が起こりにくく作業者の健康安全面から好ましい．

d. 顆粒水和剤

本剤はドライフロアブルとも呼ばれ，水中に投入すると短時間で崩壊，分散する顆粒の製剤である．製剤が比較的むずかしく，新しい剤なので上市数はまだ少ない．概念的には粉状の水和剤を顆粒に固めた製剤形態と考えてよく，水和剤の開封時や希釈時の粉立ち回避を目的に開発された．基本的な製剤成分は農薬原体，湿潤剤，分散剤などの界面活性剤，結合剤，増量剤であるが，必要に応じて原体安定化剤，崩壊剤，消泡剤を加える．顆粒水和剤では高濃度製剤の調製が可能であるが，一般に融点の高い固体原体の場合に限られる．融点の低い固体原体や液状原体では増量剤を多く必要とするので，高濃度製剤をつくるのは困難である．造粒後の乾燥工程で融解してしまうような低融点の固体原体では，分散性や懸垂性などの製剤物性の安定化が課題となる．

e. 乳 剤

水に溶けにくい農薬原体を有機溶剤に溶かし，乳化剤を加えた液体の剤を乳剤と呼ぶ．水で希釈し乳化剤（界面活性剤）の働きで生成した白濁液（乳濁液）を散布する．殺虫剤では一般的な製剤であるが，有機溶剤を多量に使用するので農薬作業者に対する健康安全面と引火性の面で注意を要する．また乳剤は通常プラスチック製容器に入れて販売されるので，使用済み容器の適正な処分が必要とされる．

f. マイクロカプセル剤

農薬原体を高分子でつくった球状の膜の中に閉じ込めたものをマイクロカプセルと呼び，通常の製品は増粘剤，凍結防止剤，防腐剤などを使用し水に懸濁させた状態にある．マイクロカプセルの直径は数 μm から数百 μm である．本剤は放出制御製剤の性質を具備しており，カプセル膜の厚さを変化させることにより，内部の農薬原体の放出速度を調節することが可能である．

g. フロアブル製剤

水および有機溶剤に溶けにくい固体原体を湿式微粉砕して水に懸濁分散させたスラリー状の製剤で，懸濁製剤あるいはゾル剤とも呼ばれる．本製剤の組成は20～50％と比較的高含量の原体，界面活性剤（湿潤剤，分散剤），増粘剤，凍結防止剤，防腐剤，消泡剤よりなる．本来，水和剤の開封および希釈時の粉立ちによる作業者の薬剤被ばくを回避するために開発されたので，健康安全面で優れる．水をベースとするために引火性がなく，有機溶媒臭はないが，通常はプラスチック製容器に入れて販売されるので使用済み容器の適正な処分が必要とされる．

h. エマルション製剤

エマルション製剤（乳濁製剤あるいはEWとも呼ばれる）は一般に水に不溶性の液体原体あるいは原体溶液を乳化剤の作用により水中に乳化分散させた水中油滴型の剤である．水ならびに農薬原体以外の製剤成分として溶剤，乳化剤，増粘剤，凍結防止剤，防腐剤などが使用される．エマルション製剤は熱力学的に不安定な系であり保存期間が長くなると相分離，沈降，クリーミング，凝集，オストワルド熟成，転相などが起こりやすいので，製剤安定性の確認は特に重要である．本剤は水をベースとするため引火性がなく，有機溶剤の臭気も少ない．通常はプラスチック製の容器に入れて販売されているので使用済み容器の適正な処分が必要とされる．

i. マイクロエマルション製剤

本剤は水に不溶性の液体原体あるいは有機溶剤に可溶性の固体原体の製剤に適用可能な製剤形態である．粒子径がきわめて小さく，一般に直径0.1 μm以下である．このため透明あるいは半透明な液体となり，外見上は水溶液状を呈する．本剤は製剤安定性の面で優れ，クリーミングや沈降もない．ただし結晶化しやすい原体では製剤の保存中に結晶が析出する場合があるので工夫を要する．製剤組成は農薬原体，溶剤，乳化剤などの界面活性剤および水であるが，界面活性剤の量がエマルション製剤より格段に多い．したがって，使用可能な有効成分含量は少なくなるが，製剤の調製に強力なホモジナイザーを必要としないので製造は容易である．

j. サスポエマルション製剤

サスポエマルション製剤は新しい製剤技術で，いわばフロアブル製剤とエマルション製剤の2つの異なる製剤が同時に存在していると考えることができる．本製剤によって物性の異なる2種類の原体を1つの液剤として調製することが可能となった．本剤も水をベースとするために引火性がなく，有機溶剤の臭気も少ないが，通常はプラスチック製の容器に入れて販売されているので使用済み容器の適正な処分が必要とされる．

k. ジャンボ剤

ジャンボ剤とは水田用除草剤の投げ込み剤をさす．散布者が水田に入らなくても畦畔から投げ込むことで散布ができ，農作業の省力化を目的に開発された．本剤は水田に投げ込まれると，有効成分が田面水に速やかに拡散して除草効果を発揮するように設計されている．本剤には水中発泡性錠剤と水溶性パック剤の2種類が存在する．前者は炭酸塩および炭酸より酸性の強い有機酸を含む錠剤であり，水田に投げ込まれると，酸-塩基交換反応が起こって二酸化炭素の泡が発生する．この泡が錠剤の崩壊を促進し有効成分の拡散を促す．後者は粒剤や水和剤などを水溶性包材に封入した製剤形態をもっている．

l. サーフ剤

本剤は乳剤あるいは油剤で水田の数か所に滴下するだけで自然に水田全面に拡散する剤である．ジャンボ剤と同様に農作業を省力化するために開発された．製剤組成は農薬原体，界面活性剤および溶剤からなり，希釈せずにそのまま水田に滴下することができる．ただし風が強い日は吹き寄せが起こり，水田全面に均一に拡散しないので散布に適さない．

m. 水面浮上性粒状製剤（水面展開剤）

本剤は水田に投げ込まれた粒状製剤がいったん底に沈んだあとに，比重が水より重い水溶性担体が溶解するにつれ水面に再浮上し，その際に放出された有効成分が水田全面に拡散するよう製剤設計された剤である．おもな製剤組成は農薬原体，水溶性結合剤および水溶性担体であり，必要に応じて有効成分の安定化剤，界面活性剤ならびに有機溶剤を加える．本剤はサーフ剤と同様に農作業を省力化するために開発されたが，サーフ剤に比べ多量の有機溶剤を用いない利点をもつ．

n. 液剤

農薬原体を水あるいは溶解共力剤の水溶液に溶解した剤を液剤と呼び，希釈してから散布する．水以外の製剤組成として原体，界面活性剤，凍結防止剤，水溶性有機溶媒などの溶解共力剤（原体の水溶解度が十分大きくない場合に使用する）などを加える．環境に対する負荷が少ないという利点があるが，水溶解度が高く加水分解されにくい化合物にしか応用できないのが欠点である．

o. 水溶剤

本剤は水溶性の農薬原体を含む粉末～粒状の固形製剤で，水に溶解させると水溶液となる．原体のほかに界面活性剤（湿潤剤），増量剤（水溶性担体），安定化剤などよりなる．水に溶解するので，散布した作物に汚れを生じない利点がある．

p. 油　　剤

本剤は農薬原体を水不溶性の有機溶剤に溶解しただけの単純な製剤形態をもち，原液あるいは有機溶媒希釈液を散布する．有機溶剤を使用するので引火性や安全性の面で劣り，薬害を引き起こす可能性も高い．

q. くん煙剤

くん煙剤は加熱によって有効成分を煙霧化する剤で，発熱剤や助燃剤を製剤中に含んだ自燃式と外部の熱源を利用する外部式がある．煙霧は天候の影響を受けやすいので密閉された施設栽培用としておもに使用される．

r. くん蒸剤

くん蒸剤は常温で有効成分が気化して害虫に対して防除効果を示す剤であり，有効成分の飽和蒸気圧が大きいことが必要条件である．

1.5　使用方法別分類

農薬は製剤の形で田畑などで仕様されるが，その施用方法は地上散布，空中散布および施設内散布に大別される．地上散布はさらに茎葉散布，湛水施用，土壌処理，育苗箱施用ならびに種子処理に分類される．

a. 地上散布

地上散布は最も日常的に行われている農薬の散布方法で，茎葉散布と土壌散布に大別できるが，さらに育苗箱施用と種子処理をつけ加えてそれぞれについて説明する．

1）茎葉散布

茎葉散布とは文字どおり，農作物あるいは雑草の葉や茎に直接薬剤を散布する方法である．水和剤や乳剤などの希釈液を散布する液剤散布と粉剤や粉粒剤を散布する固形剤散布がある．

i）液剤散布　農薬の液剤散布には人力式と動力式があるが，散布面積により選択する．散布機にはさまざまなタイプがあるが代表的なものとして，ふつうの散布機，スプリンクラー，ミスト機，スピードスプレーヤーおよびスーパースパウターがあげられる．

ふつうの噴霧散布機は散布液を加圧しその勢いで散布機の先端に取り付けられたノズルから噴霧させる，無気噴射式の散布機である．中心粒子径は100～200 μm でドリフトは少ない．畑地や果樹園などで灌漑用に使用されるスプリンクラーも無気噴射式で，農薬散布用としても使用される．ミスト機はノズルを加圧してその勢いで散布液をノズルから噴射させ，送風機で粒子をさらに小さくしながら吹き飛ばす有気噴射式の散布機である．噴霧粒子径は50～100 μm とふつうの噴霧機と比べると小さいのでドリフトを起こしやすく，強風時には注意を要する．スピードスプレーヤーは多数のノズルと強力な送風機が装備された走行型散布機（有気噴射式）で，SSとも呼ばれる．スーパースパウターも有気噴射式の可動式の流し散布機である．噴霧粒子は風を利用して最大100 mまで到達可能であるが，風の影響を受けやすい．

ii）固形剤散布　固形剤散布には粉剤と粉粒剤が使用される．粉剤散布には流し散布と吹付け散布がある．流し散布は散布機からの送風と自然風を利用して散布する方法であり作業効率はよいが，風の影響を受けやすいのでドリフトに注意を要す．吹付け散布は散布機の送風力で届く作物に直接吹き付ける方法で，付着率は高いが作業時間が長くなり効率で劣る．

2）湛 水 施 用

湛水施用は水面施用とも呼ばれ，水田に水をはった湛水状態で農薬を散布することをさす．使用される薬剤の代表例として粒剤の水田除草剤があげられる．従来の3キロ粒剤から農作業の省力化に役立つ1キロ粒剤に変遷してきている．粒剤のほかにもジャンボ剤，乳剤や油剤などのサーフ剤，水面展開剤など農作業の省力化を目指した新しい剤型が開発されている．

3）土 壌 処 理

土壌処理とは土壌への薬剤の散布方法の総称で，土壌混和，土壌灌注，および土壌くん蒸に分類される．

土壌混和は粒剤や粉剤を土壌に散布し，薬剤と土壌を均一に混和する方法である．農地全体に薬剤を処理する全面処理と目的部分だけに薬剤を処理するスポット処理がある．スポット処理には植え穴処理，株元施用，株間施用，うね施用，うね間処理，作条処理，およびまき溝処理がある．土壌灌注は水和剤や乳剤の希釈散布液を土壌表面や土壌中に如露や土壌灌注機などで処理する方法である．土壌くん蒸は土壌中にくん蒸剤を注入する方法をいう．蒸気圧の高いくん蒸剤が常温で気化し，土壌中に拡散することによって殺菌，殺線虫活性などを発揮する．

4）育苗箱施用

田植え直前から数日前にイネの育苗箱に薬剤を散布する施用法であり，作業時間も短くてすむ簡便な方法である．一般に殺虫剤あるいは殺虫殺菌剤の粒剤がよく用いられる．有効成分がもつ浸透移行性によりイネ体内に薬剤が吸収されて効果を発現する．

5）種 子 処 理

種子消毒剤や植物成長調整剤を作物の種子，種イモ，園芸用の球根などに施用することをいう．処理方法としては粉剤や水和剤を種子にまぶす種子粉衣，薬液に種子をつける浸漬法，あるいはくん蒸法，吹付け法がある．

b. 空 中 散 布

空中散布はヘリコプターなどの航空機から農薬を散布することをいい，広範囲にわたる農地に散布できることが特徴である．散布液剤量によって微量散布（ha当たり

0.8～3l)，少量散布（8l/ha)，液剤散布（多量散布，30～40l/ha）に分けられる．また，粒剤の散布（10～15kg/ha）も行われる．最近では散布機を搭載したラジコンヘリ（無人ヘリコプター）が利用されるようになり，近くに障害物がある場所でも散布が可能となった．人が水田に入ることなく広大な農地を短時間で薬剤処理でき作業効率は高いが，農地周辺に河川や人家などがある場合は周辺環境に十分配慮する必要がある．

c. 施設内散布

施設内散布は密閉された施設空間に，液剤，くん煙剤あるいはフローダスト剤などを散布し，ある一定時間薬剤を施設内に充満させる散布方法である．

1.6 使用分野別分類

農薬は基本的には水田や畑地などの農耕地で使用されるが，それ以外に林地，ゴルフ場あるいは公園などの緑地でも使用される．ここでは使用分野別に農薬を分類し，簡潔に説明する．

a. 水田用農薬

農薬は水田で最も多く使用される．水田での農作物であるイネはいもち病や紋枯病などの植物病原菌由来の病気に罹病する可能性があり，殺菌剤で予防したり治療殺菌剤を使用する．また水田にはオモダカ科やカヤツリグサ科の雑草が繁茂したり，ウンカやイネミズゾウムシなどの害虫が侵入してきたりするので水田専用の除草剤や殺虫剤を使用する．

b. 畑地用農薬

畑地で栽培する農作物はムギ類，マメ類，野菜，果実，茶，トウモロコシ，タバコなど非常に種類が多い．それらの作物には病原菌由来の独特の病気が発生し，特定の作物に特異的に集まる病害虫にも加害されるので，畑地専用の殺菌剤や殺虫剤が必要とされる．また果樹園や野菜園では雑草防除の手間を省くため除草剤が使用される．植物成長調整剤はタバコの腋芽抑制やブドウの無種子化などの目的で使用される．

c. 育苗箱用農薬

イネの苗は種子を育苗箱に播種したのち，田植時まで育成されるが，水田に移植する前に浸透移行性の殺虫剤や殺菌剤を処理する場合が多い．広い水田に直接に農薬を散布するより，小さな育苗箱に処理するほうが作業時間が大幅に短縮され，農作業の省力化につながる．またイネの根の成長促進や倒状軽減を目的に，植物成長調整剤を育苗箱へ処理する場合もある．

d.　**種子処理用農薬**

作物の種子，種イモ，花の球根を播種する前に病害虫防除などの目的で種子消毒剤で処理する．

e.　**施設栽培用農薬**

施設栽培では栽培環境がほかの分野と異なり外部環境から隔離された状態にあるので，そこで発生する病害虫には独特なものが多い．水田や畑地と同様に殺虫剤や殺菌剤などの農薬を使用するが，液剤散布やくん煙剤の使用割合が多い．

f.　**林地用農薬**

林業苗畑や森林などでも農薬が使用される．たとえばスギなどの苗畑ではコガネムシの食害を防ぐために殺虫剤を使用し，松林がマツクイムシの被害を受けるとその原因であるマツノザイセンチュウを防除するために殺虫剤を散布する．

g.　**ゴルフ場用農薬**

ゴルフ場においても，グリーンやフェアウェイなどの芝生あるいは樹木に耕作地と同様に病害虫が発生するので，殺菌剤や殺虫剤が使用される．また，広大なゴルフ場敷地内の雑草防除のために芝以外の雑草を枯殺する選択性除草剤が使用される．

h.　**緑地用農薬**

公園や街路樹の緑地でも農薬が使用される．公園の芝生に生える雑草を除くために選択性除草剤が散布され，街路樹に付いた害虫を防除するために殺虫剤が使用される．

〔梅津憲治〕

2. 農薬の生産

2.1 原体生産量

戦前の農薬は除虫菊などの天然物や無機農薬が主体であったが，戦後1947年にDDTが農業用に実用化され，BHCが1949年に，ついで2,4-Dが1950年に，パラチオンが1952年に，と相次いで有機合成農薬が導入，実用化されて原体も国産化された（パラチオンの国産は1954年）．

その後，有機塩素系殺虫剤のDDT，BHCは1969年に，まず国内向けの生産が中止になり，パラチオン剤についても誤用などに起因する中毒事故の発生から1969年全面的に生産中止となるが，これら殺虫剤の代わりにダイアジノン，EPN，PAPなどの有機リン剤が導入され，国産ではMEPが開発され現在に至っている．主要な農薬原体の国内生産は表2.1および2.2のとおりであり，農薬の変遷が伺える．

水稲のいもち病には1952年に有機水銀剤が卓効を示すことがわかり翌年より広く使用されてきたが，米粒中への残留が社会問題となり，代替剤としてブラストサイジンS，カスガマイシン，IBP，その他の非水銀系のいもち剤が出現し，1968年に種子消毒剤を除いて（種子消毒剤も1974年に登録失効）生産を中止した．

一方，除草剤では2,4-PAは現在も使用されているが，PCPは魚毒性が強く，魚介類への被害が発生したことから水質汚濁性農薬に指定され，1971年に生産を中止した．PCPに代わる剤として魚毒性の低いCNP，NIP，DCPAが登場し，ついでカーバメート系のMCC，ベンチオカーブが開発され除草剤の新時代を開くことになった．

戦後一世を風靡した有機塩素剤，有機水銀剤，PCPなどの農薬はその後，より低毒性と安全性を追求して開発された新しい国産，あるいは輸入原体による農薬と交代することになり，1976年の農薬取締法改正前後が農薬の世代交代期であったといえる．しかし，これらの農薬はその後の農薬開発促進に大きく影響を及ぼしたことは間違いなく，つぎつぎに新農薬が登場することになる．水稲向けにはMIPC，BPMC，カルタップ，EDDP，フサライドなどが，園芸作物向けにはTPN，チオファネートMなどが生産され，さらに1975年代に入るとイソプロチオラン，プロベナゾール，トリシクラゾールなどの新いもち剤が登場し，育苗箱処理剤ではプロパホス，ベンフラカルブが登場し，後半にはピレスロイド系のフェンバレレート，IGR系のブプロフェジンが生産された．除草剤ではベンチオカーブ，モリネートの生産拡大のほか，ピラゾレートの生産とともに一発剤の時代を迎えることになるが，スルホニル尿素系のベン

表 2.1 主要農薬原体生産実績概数表

単位：t

	1947年 昭22年	1948年 昭23年	1950年 昭25年	1952年 昭27年	1954年 昭29年	1955年 昭30年	1956年 昭31年	1957年 昭32年	1959年 昭34年	1960年 昭35年	1963年 昭38年	1965年 昭40年	1967年 昭42年	1970年 昭45年	1971年 昭46年	1974年 昭49年
殺虫剤	141	300	2,085	7,397	11,507	14,552	16,017	17,450	16,420	18,956	26,409	41,145	53,836	21,284	14,923	16,720
殺菌剤								260	789	760	1,589	1,492	3,739	3,849	5,663	10,377
除草剤									1,295	4,197	20,032	16,874	19,126	25,576	12,335	13,387
主要品目																
DDT	141	245	793	940	460	671	1,105	1,399	1,156	1,308	1,826	2,391	4,199	4,614		
BHC		55	1,292	6,416	10,401	12,883	13,695	14,611	13,401	15,426	20,272	33,231	41,742	2,000		
リンデン				41	163	158	252	262	262	245	449	874	1,169	1,309		
メチルパラチオン						222	166	197	340	446	328	174	0			
エチルパラチオン					461	480	549	598	577	153	100	494	241			
MEP											547	779	1,622	4,300	4,025	4,310
DEP														223	1,005	916
EPN									86	192	333	579	871	751	269	1,092
PAP													284	968	537	1,249
マラソン						66	188	261								
ダイアジノン									27	20	84	191	275	1,044	1,231	2,193
DDVP											246	248	417	926	864	1,595
MIPC													363	197	205	733
BPMC															873	789
カルタップ														400	586	800
ジネブ								260	578	439	990	572	1,077			
PMA									202	235	322	365	165			
PMI										11	60	264	118			
ブラストサイジンS											41	30	58	77	41	45
カスガマイシン													10	165	58	111
IBP													459	1,120	1,231	1,979
キタジン												18	395			
EDDP														365	699	563
TPN														811	1,859	2,083
フサライド																355
チオファネートM															339	3,592
PCP							55		832	3,457	18,782	15,156	15,570	14,636	3,290	
2,4PA			MCP共 94	MCP共 82	MCP共 234		MCP共 173		255	293	319	279	535	518	239	329
CNP												60	684	3,696	4,711	5,817
NIP												435	768	1,262	417	512
DCPA											22	74	882	1,590	193	150
MCC														2,017	1,103	1,015
ベンチオカーブ														839	1,786	5,270

資料：1947～1957「農業のあゆみ」，1959以降「農業要覧」

表 2.2　主要農薬原体生産実績概数表

単位：t

	1975年 昭50年	1977年 昭52年	1978年 昭53年	1981年 昭56年	1982年 昭57年	1985年 昭60年	1989年 平元年	1990年 平2年	1991年 平3年	1992年 平4年	1993年 平5年	1994年 平6年	1995年 平7年	1996年 平8年	1997年 平9年	1998年 平成10年
殺虫剤	18,673	31,217	38,602	41,973	43,051	49,326	55,452	45,605	47,322	47,283	43,509	41,116	41,053	38,145	36,388	39,845
殺菌剤	13,868	16,331	22,442	19,972	19,506	22,648	20,853	20,556	19,225	18,834	20,810	20,239	24,467	29,947	36,743	39,429
除草剤	14,298	15,117	19,276	18,962	22,922	19,795	14,828	14,417	12,923	12,617	12,720	11,590	14,412	15,646	14,834	14,074
主要品目																
MEP	5,200	5,300	4,280	4,647	5,346	7,071	10,767	7,232	6,653	5,362	3,414	4,740	6,152	5,904	3,479	3,947
DEP	900	1,059	1,155	1,023	891	943	681	601	1,300	1,012	931	757	998	849	642	
エトフェンプロックス							249	135	155	306	213	221	260	313	385	373
EPN	1,169	1,677	1,852	252	837	590	544	443	193	436	436	389	604	429	102	152
PAP	1,236	1,342	1,259	1,875	2,001	1,620	1,101	1,295	820	817	965	719	564	777	1,129	575
ダイアジノン	2,638	3,114	3,554	4,451	4,892	3,318	2,530	2,399	2,715	2,979	1,995	2,489	2,148	1,350	1,248	1,492
フェンバレレート						1,985	321	753	341	209	141	172	444	214	156	123
フェンプロパトリン							914	766	482	486	579	53	495	198	383	385
DDVP	1,279	1,509	1,406	1,076	728	693	1,195	1,003	1,111	856	683	891	861	900	604	344
MIPC	777	509	1,907	2,861	3,443	2,965	4,579	1,013	1,852	3,074	2	251	358	268	410	172
ベンフラカルブ						150	442	498	552	598	663	618	661	621	574	695
プロパホス		102	170	123	182	425	132	58	106	84	39	83	0	43		
BPMC	914	957	2,523	2,715	2,549	2,732	1,183	1,642	3,147	1,642	1,415	798	1,734	774	896	1,055
ブプロフェジン						157	370	513	366	593	791	105	81	278	335	261
カルタップ	1,300	1,516	1,644	2,608	2,275	2,091	4,414	3,156	2,733	4,243	4,234	3,053	3,576	3,601	4,095	4,024
ジネブ		361	640	399	267	297	357	159	396	20	180	150	135	184	157	272
マンネブ		864	1,095	1,128	855	1,092	546	540	455	409	483	378	243		677	818
ブラストサイジンS	59	25	32	27	8	25	6	10	13	16	7	13	4	6	3	4
カスガマイシン	125	32	19	34	18	64	93	95	103	99	120	96	74	106	112	111
IBP	3,859	4,203	4,889	2,811	3,084	3,085	1,174	1,176	996	863	728	741	810	784	420	704
EDDP	1,161	1,696	1,654	2,187	2,087	2,378	998	1,078	942	977	974	860	781	828	993	712
TPN	2,287	2,314	2,550	3,552	3,260	2,427	3,542	4,387	3,465	3,659	4,040	3,092	3,801	3,269	3,399	3,538
フサライド	1,100	1,005	1,010	869	628	1,144	599	1,005	576	814	709	940	936	942	750	728
イソプロチオラン	248	731	840	2,138	1,580	1,201	1,164	717	1,496	1,274	1,166	1,116	803	1,242	1,482	808
プロベナゾール		99	252	551	861	875	530	626	878	1,114	1,027	1,247		1,307	1,107	901
ピロキロン									119	226	144	292	430	471	331	373
トリシクラゾール					139	291	278	305	382	371	271	399	430	331	331	262
チオファネートM	4,100	2,619	4,215	3,770	3,429	5,454	6,093	4,224	3,942	4,111	3,359	3,846	4,017	3,560	4,495	4,792
クロメトキシニル		1,762	2,360	1,494	1,447	991	509	361	624	219	271	87		90		
セトキシジム						2,382	1,827	2,026	2,083	1,353	2,017	1,847	3,618	3,999	4,106	1,984
2,4PA	511	192	266	198	159	129	164	96	112	162	95	74	92	324	34	411
CNP	5,987	4,035	3,973	3,099	2,483	2,449	1,412	1,229	1,111	1,677	756	583				
NIP	315			8												
DCPA	142	70	60	511	128	726	41	106	66	60	72	72	72	40	86	48
MCC	1,022	425		69	78	81	26		15							
ベンチオカーブ	6,130	6,788	6,911	5,416	12,019	5,150	4,798	5,006	3,584	3,618	4,062	2,935	4,023	3,520	3,895	3,370
モリネート		193	1,150	1,313	1,178	1,367	77									
ピラゾレート				374	425	1,396	911	792	698	500	359	306	196	152	137	147
ピラゾスルフロンエチル								15	22	47	68	34	32	45	70	67
パラコート			644	1,040	1,082	1,149	336	362	373	276	199	208		60	200	629

資料：「農薬要覧」

表2.3　原体出荷実績　　単位：t，kl，%

	1993年		1994年		1995年		1996年	
	平成5年		平成6年		平成7年		平成8年	
	数量	比率	数量	比率	数量	比率	数量	比率
国産原体	43,468	61.7	37,819	57.8	33,932	48.9	30,976	47.7
輸入原体	26,993	38.3	27,568	42.2	35,468	51.1	34,019	52.3
計	70,461	100.0	65,387	100.0	69,400	100.0	64,995	100.0

	1997年		1998年		
	平成9年		平成10年		平均比率
	数量	比率	数量	比率	
国産原体	35,250	56.2	33,104	54.6	54.5
輸入原体	27,487	43.8	27,540	45.4	45.5
計	62,737	100.0	60,644	100.0	100.0

資料：農業工業会会員統計

スルフロンメチルの導入，ピラゾスルフロンエチルの生産から一発剤の多様化時代を迎えることになる．

農薬原体には国産原体と輸入原体があり，表2.3は農薬工業会会員の国産および輸入原体の出荷実績である．これは国内使用農薬向けに原体メーカー，輸入業者が製剤メーカーなどに出荷した実績であり，国産と輸入の数量比率はおおむね55対45となっている．また，表2.4は「農薬要覧」の品目別農薬出荷数量にそれぞれの原体含有率を掛けて算出した国内農薬の原体出荷量の概算である．表2.3の合計数量と相当の開きがあるが，「農薬要覧」には天然由来の農薬（マシン油，硫酸銅，石灰硫黄合剤ほか）が含まれており（1993年で15,000t）これを差し引けば大きな差はない．

また，近年は水稲除草剤の有効成分としてベンスルフロンメチルが3kg製剤で0.17%（51g/ha）の含有率であること，続いて開発されたピラゾスルフロンエチルが同じく0.07%，土壌殺菌剤のフルスルファミドが0.1%であるなど低成分，高活性の原体が開発され，今後この傾向は強くなることが想定されるが，このことは単に原体の数量比較では意味をなさないことになり，面積換算とか金額比較が指標として適当になると思われる．

2.2 製剤出荷量

製剤の出荷数量は1980年の68万4,000tをピークに（表2.5）減少が続いている．主として水稲農薬の出荷が減少しているが，これは水稲作付け面積の減少が大きく影響しているほか，次の事柄が考えられ，防除技術の進歩が農薬の散布量および散布回数を減少させているといえる．

表 2.4 有効成分別出荷数量

単位：t, kl

		1989年		1990年		1991年		1992年		1993年		1994年		1995年		1996年		1997年	
		平成元年度		平成2年度		平成3年度		平成4年度		平成5年度		平成6年度		平成7年度		平成8年度		平成9年度	
	《殺虫剤》	数量	%	数量	%	数量	%	数量	%	数量	%	数量	%	数量	%	数量	%	数量	%
I	有機リン	9,069	100.0	8,757	96.6	8,449	93.2	8,354	92.1	7,834	86.4	7,605	83.9	7,231	79.7	7,110	78.4	6,790	74.9
II	カーバメート系	3,175	100.0	3,083	97.1	2,929	92.3	2,642	83.2	2,430	76.5	2,118	66.7	2,044	64.4	1,886	59.4	1,555	49.0
III	合成ピレスロイド	244	100.0	261	107.0	294	120.5	303	124.2	272	111.5	323	132.4	323	132.4	333	136.5	331	135.7
IV	天然	10,425	100.0	10,291	98.7	9,763	93.6	8,082	77.5	9,039	86.7	9,143	87.7	9,498	91.1	9,119	87.5	9,700	93.0
V	殺ダニ剤	508	100.0	496	97.6	357	70.3	274	53.9	308	60.6	376	74.0	403	79.3	415	81.7	468	92.1
VI	殺線虫剤	11,852	100.0	12,281	103.6	10,195	86.0	11,414	96.3	11,556	97.5	11,093	93.6	10,477	88.4	9,471	79.9	10,938	92.3
VII	くん蒸剤	59	100.0	60	101.7	61	103.4	59	100.0	57	96.6	61	103.4	73	123.7	99	167.8	81	137.3
VIII	その他	1,282	100.0	1,231	96.0	1,266	98.8	1,310	102.2	1,245	97.1	1,394	108.7	1,380	107.6	1,394	108.7	1,267	98.8
	計	36,614	100.0	36,460	99.6	33,314	91.0	32,438	88.6	32,741	89.4	32,113	87.7	31,429	85.8	29,827	81.5	31,130	85.0
	《殺菌剤》	数量	%	数量	%	数量	%	数量	%	数量	%	数量	%	数量	%	数量	%	数量	%
I	銅	5,536	100.0	5,670	102.4	5,585	100.9	4,970	89.8	4,249	76.8	4,431	80.0	3,534	63.8	4,525	81.7	4,236	76.5
II	硫黄	10,809	100.0	10,835	100.2	9,540	88.3	9,264	85.7	9,551	88.4	8,689	80.4	8,451	78.2	8,570	79.3	9,245	85.5
III	ポリハロアルキルチオ	921	100.0	776	84.3	765	83.1	700	76.0	687	74.6	646	70.1	635	68.9	617	67.0	635	68.9
IV	有機塩素	1,565	100.0	1,491	95.3	1,467	93.7	1,407	89.9	1,561	99.7	1,454	92.9	1,459	93.2	1,303	83.3	1,271	81.2
V	有機リン	1,674	100.0	1,565	93.5	1,568	93.7	1,392	83.2	1,462	87.3	1,293	77.2	1,180	70.5	1,020	60.9	922	55.1
VI	ベンゾイミダゾール系	1,140	100.0	1,035	90.8	996	87.4	922	80.9	807	70.8	744	65.3	749	65.7	742	65.1	748	65.6
VII	ジカルボキシイミド	337	100.0	370	109.8	369	109.5	341	101.2	320	95.0	304	90.2	305	90.5	264	78.3	275	81.6
VIII	カルボキシアミド	610	100.0	705	115.6	720	118.0	697	114.3	741	121.5	805	132.0	785	128.7	705	115.6	665	109.0
IX	アシルアラニン系	59	100.0	48	81.4	57	96.6	61	103.4	62	105.1	62	105.1	59	100.0	60	101.7	63	106.8
X	*N*-ヘテロ環系	150	100.0	170	113.3	146	97.3	132	88.0	129	86.0	123	82.0	118	78.7	139	92.7	111	74.0
XI	抗生物質	187	100.0	184	98.4	198	105.9	197	105.3	213	113.9	184	98.4	188	100.5	172	92.0	168	89.8
XII	土壌	14,917	100.0	14,831	99.4	15,292	102.5	16,255	109.0	16,749	112.3	18,638	124.9	19,125	128.2	17,925	120.2	17,907	120.0
XIII	その他	2,334	100.0	2,677	114.7	2,843	121.8	3,102	132.9	3,415	146.3	3,900	167.1	4,070	174.4	3,828	164.0	3,690	158.1
	計	40,239	100.0	40,357	100.3	39,546	98.3	39,440	98.0	39,946	99.3	41,273	102.6	40,658	101.0	39,870	99.1	39,936	99.2
	《除草剤》	数量	%	数量	%	数量	%	数量	%	数量	%	数量	%	数量	%	数量	%	数量	%
I	フェノキシ系	680	100.0	560	82.4	526	77.4	552	81.2	509	74.9	517	76.0	475	69.9	457	67.2	503	74.0
II	ジフェニルエーテル系	1,541	100.0	1,569	101.8	1,418	92.0	41	2.7	1,317	85.5	439	28.5	126	8.2	181	11.7	170	11.0
III	カーバメート系	3,315	100.0	2,680	80.8	2,521	76.0	2,746	82.8	2,810	84.8	2,732	82.4	2,876	86.8	2,473	74.6	1,857	56.0
IV	酸アミド系	1,241	100.0	1,617	130.3	1,722	138.8	1,644	132.5	1,769	142.5	1,807	145.6	1,982	159.7	1,813	146.1	1,480	119.3
V	尿素系	758	100.0	837	110.4	781	103.0	706	93.1	800	105.5	691	91.2	750	98.9	896	118.2	964	127.2
VI	スルホニル尿素系	65	100.0	62	95.4	72	110.8	79	121.5	98	150.8	100	153.8	124	190.8	126	193.8	114	175.4
VII	トリアジン系	1,169	100.0	1,013	86.7	893	76.4	781	66.8	728	62.3	691	59.1	561	48.0	458	39.2	463	39.6
VIII	ダイアジン系	466	100.0	435	93.3	432	92.7	355	76.2	373	80.0	396	85.0	382	82.0	391	83.9	421	90.3
IX	ダイアゾール系	1,023	100.0	783	76.5	630	61.6	510	49.9	435	42.5	421	41.2	256	25.0	264	25.8	230	22.5
X	ビピリジリウム系	1,109	100.0	1,094	98.6	977	88.1	892	80.4	784	70.7	832	75.0	812	73.2	783	70.6	758	68.3
XI	ジニトロアニリン系	478	100.0	478	100.0	483	101.0	461	96.4	470	98.3	462	96.7	474	99.2	525	109.8	518	108.4
XII	芳香族カルボン酸系	32	100.0	24	75.0	23	71.9	19	59.4	21	65.6	24	75.0	18	56.3	23	71.9	24	75.0
XIII	脂肪酸系	269	100.0	264	98.1	259	96.3	259	96.3	225	83.6	221	82.2	196	72.9	219	81.4	287	106.7
XIV	有機リン系	1,378	10.0	1,532	111.2	1,596	115.8	1,531	111.1	1,493	108.3	1,626	118.0	1,951	141.6	2,135	154.9	2,399	174.1
XV	その他	431	100.0	428	99.3	374	86.8	313	72.6	325	75.4	346	80.3	398	92.3	457	106.0	469	108.8
XVI	無機	2,539	100.0	2,415	95.1	2,447	96.4	2,697	106.2	2,439	96.1	2,412	95.0	2,349	92.5	2,244	88.4	2,375	93.5
	計	16,494	100.0	15,791	95.7	15,154	91.9	13,586	82.4	14,596	88.5	13,717	83.2	13,730	83.2	13,445	81.5	13,032	79.0
	総　計	93,347	100.0	92,608	99.2	88,014	94.3	85,464	91.6	87,283	93.5	87,103	93.3	85,817	91.9	83,142	89.1	84,098	90.1

資料：「農薬要覧」農薬製剤出荷数量から算出

散布量については，たとえば，1958年に農業用に実用化された航空防除は当初，粉剤の散布が中心で，飛散防止から一時微粒剤の散布が行われもしたが，その後散布効率，経済性などから液剤少量散布が主流となり，現在に至っている．粉剤は10a当たり3kg散布が標準であるが，液剤少量散布では10a当たり100mlの農薬量（100ml×8倍＝800ml散布量）で済むことになる．

また，散布回数については，たとえば，1978年にエチルチオメトンが水稲の育苗箱処理で登録を取得して以来，相次いで育苗箱用の薬剤が登場し，イネミズゾウムシ防除とともに育苗箱処理の普及が進み，その後，持続性が長く効果も高い新剤（いもち病剤＋殺虫剤などの混合剤）の登場により1998年には水稲作付け面積に対しひとつの試算ではあるが53％に使用されるまでに普及した．今後も普及が進むと思われるが，育苗箱処理が普及すれば，本田散布の場合は10a当たり3kg散布が標準であるのに対し，1～2kgの薬量で済むこととなり，そのうえ効果の持続性が長くなれば，本田散布をさらに省略することが期待できるので，農薬の使用量の減少につながる．

さらに，1994年から登場した水稲用除草剤の1キロ製剤，同時に普及が進んだ水稲除草剤のフロアブル剤，およびジャンボ剤や顆粒水和剤が普及するにつれて一層，農薬の出荷数量が減少してきた．1キロ製剤では従来10a当たり3kg使用であったものが1kgで，フロアブル剤では500gで済むことになる．今後は水稲除草剤だけでなくラジコンヘリ用の1キロ製剤の開発が進んでおり，これらの農薬製剤の軽量化によって出荷数量はさらに減少していく方向にある．農薬の軽量化は持ち運びの便利さ，費用の低下などに，防除技術の進歩とともに貢献しており，これは，近年の農薬製剤技術の進歩，改革といえる．

表2.6は農作物の作付け面積と農薬工業会会員の出荷統計であるが，これによると農作物の作付け面積はすべて減少しており，1984年対比で1997年を見ると，中でも野菜・畑作，果樹の減少率が大きい．農薬の出荷数量（表2.6の4.）で見ると水稲の出荷量が大きく減少し，果樹，野菜・畑作は減少しているものの，作付け面積の減少ほどではない．特に，野菜・畑作では若干の年次変動はあるが大きな変化はないといえる．これは果樹，野菜・畑作の防除は従来どおりの水和剤，フロアブル剤，乳剤などの液剤散布（剤型上の軽量化はない）が主体であること，生産物の高品質化，栽培方法の多様性などから農薬の必要性が高いことによると思われる．表2.6の5.の単位面積当たり出荷数量推移をみると水稲農薬が1984年対比で1997年が50.9％と半減しているが，果樹，野菜・畑作農薬は病害虫の発生度合いにより，多少の年次変動はあるが，むしろ増加の傾向にある．ただ近年は効果が高く，散布時の希釈倍率の高い新剤が多く登場していることから，対象病害虫によっては使用量は減少傾向にあるものもあると思われる．

一方，出荷金額でみると，表2.5のとおり1949年から右肩上がりで推移し1986年に4,000億円に達するが，その後水稲作付面積の減反強化もあり出荷金額が低迷し，再び4,000億円を回復するのは1991年になるが，その後増加し1994年に4,205億円と

表 2.5 農薬製剤出荷実績表

単位：t, kl 百万円

1. 出荷金額表

	昭24年 (1949)	昭25年 (1950)	昭26年 (1951)	昭27年 (1952)	昭28年 (1953)	昭29年 (1954)	昭30年 (1955)	昭31年 (1956)	昭32年 (1957)	昭33年 (1958)	昭34年 (1959)	昭35年 (1960)	昭36年 (1961)
殺虫剤	1,794	1,224	2,311	3,798	5,961	7,515	8,866	9,281	10,150	11,056	12,120	13,832	15,795
殺菌剤	404	475	1,151	1,567	2,244	3,860	2,493	3,709	5,388	5,436	5,540	6,969	7,473
虫・菌												83	86
除草剤	0	170	267	283	413	491	530	608	713	672	891	1,930	3,732
その他	137	144	262	321	327	400	440	562	665	693	705	806	907
合　計	2,335	2,013	3,991	5,968	8,945	12,267	12,329	14,161	16,916	17,857	19,256	23,620	27,993

	昭37年 (1962)	昭38年 (1963)	昭39年 (1964)	昭40年 (1965)	昭41年 (1966)	昭42年 (1967)	昭43年 (1968)	昭44年 (1969)	昭45年 (1970)	昭46年 (1971)	昭47年 (1972)	昭48年 (1973)	昭49年 (1974)
殺虫剤	17,303	19,637	21,178	22,362	26,476	29,545	31,684	34,264	33,809	36,201	39,298	44,313	73,697
殺菌剤	7,612	9,476	10,876	12,345	13,692	16,197	17,445	20,427	18,329	18,687	23,294	27,796	47,920
虫・菌	185	579	1,306	2,242	3,031	4,331	5,080	6,698	6,441	5,933	6,401	6,938	11,964
除草剤	5,535	6,616	7,744	9,127	9,778	10,783	12,778	17,240	21,403	24,368	29,836	35,563	55,775
その他	1,424	1,697	1,721	2,188	2,225	2,353	2,621	2,986	2,869	2,289	2,755	3,222	4,355
合　計	32,059	38,005	42,825	48,264	55,202	63,209	69,608	81,615	82,851	87,478	101,584	117,832	193,711

	昭50年 (1975)	昭51年 (1976)	昭52年 (1977)	昭53年 (1978)	昭54年 (1979)	昭55年 (1980)	昭56年 (1981)	昭57年 (1982)	昭58年 (1983)	昭59年 (1984)	昭60年 (1985)	昭61年 (1986)	昭62年 (1987)
殺虫剤	74,984	70,629	78,842	92,138	107,889	119,554	113,691	114,217	121,394	129,104	141,072	143,654	141,824
殺菌剤	50,523	56,568	67,593	71,702	74,505	86,302	88,593	86,089	89,576	96,675	94,802	96,498	92,061
虫・菌	16,573	14,611	16,975	16,737	18,924	21,573	22,400	22,181	24,348	27,390	28,284	30,611	28,795
除草剤	58,436	66,849	72,167	74,850	78,553	88,774	94,926	95,535	102,157	106,917	114,605	117,834	117,395
その他	4,436	4,809	5,090	5,811	5,993	7,672	8,973	8,706	8,516	8,785	9,911	11,816	12,466
合　計	204,952	213,466	240,667	261,238	285,864	323,875	328,583	326,728	345,991	368,871	388,674	400,413	392,541

	昭63年 (1988)	平成元年 (1989)	平成2年 (1990)	平成3年 (1991)	平成4年 (1992)	平成5年 (1993)	平成6年 (1994)	平成7年 (1995)	平成8年 (1996)	平成9年 (1997)	平成10年 (1998)
殺虫剤	140,712	136,495	137,704	139,499	140,737	140,828	142,556	141,661	145,030	142,226	135,753
殺菌剤	89,294	91,953	94,795	101,768	100,222	105,870	105,506	100,387	97,775	99,537	95,655
虫・菌	27,413	25,389	25,725	24,155	25,101	27,585	31,327	30,591	25,905	25,954	26,368
除草剤	118,505	122,166	126,388	122,831	128,277	128,166	127,955	131,129	127,901	123,148	118,454
その他	13,453	13,841	13,500	13,795	13,796	13,116	13,209	13,172	13,451	14,048	12,634
合　計	389,377	389,844	398,112	402,048	408,133	415,565	420,553	416,940	410,063	404,913	388,865

2. 出荷数量表

	昭52年 (1977)	昭53年 (1978)	昭54年 (1979)	昭55年 (1980)	昭56年 (1981)	昭57年 (1982)	昭58年 (1983)	昭59年 (1984)	昭60年 (1985)	昭61年 (1986)	昭62年 (1987)	昭63年 (1988)	平成元年 (1989)
殺虫剤	218,123	228,796	245,561	252,466	207,858	204,085	222,178	217,501	219,191	216,156	214,577	198,013	181,761
殺菌剤	166,950	159,185	145,479	155,571	134,255	129,376	128,589	138,261	127,750	121,150	104,178	98,149	99,049
虫・菌	75,594	70,016	72,377	74,697	67,407	67,813	70,962	76,401	76,809	77,706	71,012	65,845	59,310
除草剤	171,601	164,175	168,937	166,613	159,201	150,814	152,734	154,626	157,342	154,630	153,507	149,691	148,238
その他	16,268	26,456	21,718	34,577	27,768	28,048	27,948	27,125	23,450	24,410	25,236	27,090	28,153
合　計	648,536	648,628	654,072	683,924	596,489	580,136	602,411	613,914	604,542	594,052	568,510	538,788	516,511

	平成2年 (1990)	平成3年 (1991)	平成4年 (1992)	平成5年 (1993)	平成6年 (1994)	平成7年 (1995)	平成8年 (1996)	平成9年 (1997)	平成10年 (1998)
殺虫剤	176,732	170,414	159,924	155,793	152,213	152,990	148,741	145,363	136,994
殺菌剤	101,324	103,787	96,729	112,762	106,498	102,477	98,428	97,067	90,995
虫・菌	57,819	54,998	52,872	56,706	53,313	51,636	46,192	43,248	38,914
除草剤	144,459	133,223	134,645	133,388	125,591	117,946	97,682	80,468	74,432
その他	29,895	30,600	31,360	25,224	26,230	23,458	25,751	24,531	23,650
合　計	510,229	493,022	475,530	483,873	463,845	448,507	416,792	390,677	364,984

資料：昭24年～34年「農薬のあゆみ」,
昭35以降「農薬要覧」

表 2.6 作付け面積対比農薬の出荷金額および数量

1. 農作物作付け延べ面積　　単位：千 ha

	1984年	1985年	1986年	1987年	1988年	1989年	1990年	1991年	1992年	1993年	1994年	1995年	1996年	1997年	'97/84 %
水稲	2,290	2,318	2,280	2,123	2,087	2,076	2,055	2,033	2,092	2,139	2,200	2,106	1,967	1,944	84.9
果樹	392	387	383	378	372	353	346	340	335	329	322	315	308	301	76.9
野菜・畑作	1,939	1,902	1,890	1,943	1,940	1,909	1,852	1,776	1,667	1,562	1,467	1,486	1,487	1,462	75.4
飼肥料作物	1,055	1,049	1,053	1,089	1,091	1,089	1,096	1,113	1,111	1,095	1,060	1,013	1,021	1,010	95.7
計	5,676	5,656	5,606	5,533	5,490	5,427	5,349	5,262	5,205	5,125	5,049	4,920	4,783	4,718	83.1

資料：農水省統計

2. 農薬製剤出荷金額　　単位：億円

	1984年	1985年	1986年	1987年	1988年	1989年	1990年	1991年	1992年	1993年	1994年	1995年	1996年	1997年	1998年
水稲	1,604	1,671	1,722	1,620	1,542	1,506	1,490	1,452	1,484	1,562	1,625	1,606	1,510	1,411	1,276
果樹	610	638	685	633	620	644	667	712	720	687	691	672	666	676	640
野菜・畑作	990	1,048	1,028	1,043	1,095	1,100	1,149	1,114	1,114	1,072	1,093	1,078	1,105	1,129	1,111
その他	228	265	289	310	340	367	387	498	529	530	548	532	542	572	558
計	3,432	3,622	3,724	3,606	3,597	3,617	3,693	3,776	3,848	3,850	3,957	3,889	3,824	3,788	3,585

資料：農薬工業会統計

3. 単位面積当たり金額　　単位：1ha 当たり出荷金額 円（飼肥料作物面積は対象外とした）

	1984年	1985年	1986年	1987年	1988年	1989年	1990年	1991年	1992年	1993年	1994年	1995年	1996年	1997年	'97/84 %
水稲	70,044	72,088	75,526	76,307	73,886	72,543	72,506	71,422	70,937	73,011	73,864	76,258	76,767	72,582	103.6
果樹	155,771	164,730	178,945	167,460	166,577	182,333	192,608	209,227	215,182	208,878	214,796	213,401	216,374	224,585	144.2
野菜・畑作	51,047	55,109	54,386	53,680	56,449	57,628	62,051	62,736	66,811	68,643	74,491	72,539	74,301	77,223	151.3

資料：農薬工業会統計

4. 農薬製剤出荷数量　　単位：t, kl

	1984年	1985年	1986年	1987年	1988年	1989年	1990年	1991年	1992年	1993年	1994年	1995年	1996年	1997年	1998年
水稲	401,717	398,683	386,772	356,024	320,316	294,118	284,945	276,101	257,603	269,860	257,267	242,925	204,531	173,117	151,854
果樹	40,199	41,137	41,415	40,761	39,950	39,092	40,228	38,608	36,158	35,699	35,471	35,707	34,950	36,020	32,297
野菜・畑作	98,178	94,758	93,436	96,299	101,741	102,778	100,712	94,574	95,516	92,857	93,862	95,667	98,613	99,292	95,620
その他	13,339	15,006	14,614	16,478	19,540	19,103	20,569	34,431	35,244	34,128	34,749	31,553	30,921	32,776	31,344
計	553,433	549,584	536,237	509,562	481,547	455,091	446,454	443,714	424,521	432,544	421,349	405,852	369,015	341,205	311,115

資料：農薬工業会統計

5. 単位面積当たり数量　　単位：1ha 当たり出荷数量 kg（飼肥料作物面積は対象外とした）

	1984年	1985年	1986年	1987年	1988年	1989年	1990年	1991年	1992年	1993年	1994年	1995年	1996年	1997年	'97/84 %
水稲	175	172	170	168	153	142	139	136	123	126	117	115	104	89	50.8
果樹	103	106	108	108	107	111	116	113	108	109	110	113	114	120	116.5
野菜・畑作	51	50	49	50	52	54	54	53	57	59	64	64	66	68	134.2

資料：農薬工業会統計

6. 単位数量当たり金額　　製剤 1kg, 1l 当たり出荷金額　円

	1984年	1985年	1986年	1987年	1988年	1989年	1990年	1991年	1992年	1993年	1994年	1995年	1996年	1997年	'97/84 %
水稲	399	419	445	455	481	512	523	526	576	579	632	661	738	815	204.1
果樹	1,517	1,551	1,654	1,553	1,552	1,647	1,658	1,844	1,991	1,924	1,948	1,882	1,906	1,877	123.7
野菜・畑作	1,008	1,106	1,100	1,083	1,076	1,070	1,141	1,178	1,166	1,154	1,164	1,127	1,121	1,137	112.8
計	620	659	694	708	747	795	827	851	906	890	939	958	1,036	1,110	179.0

資料：農薬工業会統計

ピークを迎えることになる．これは1993年が冷害，長雨など異常気象で水稲の作況指数が74の「著しい不良」となったことから1994年は水稲の減反が緩和され7万3,000 ha作付けが回復したことと，前年から引き続きいもち病防除が広範囲に実施されたことによると考えられる．しかし，その後1998年には米余りから再度，減反が強化されて15万1,000 haの作付けが減少したことから，出荷金額も3,885億円となり，ピーク時から見ると約7.6％減少したことになる．果樹でも減少が続いているが，野菜・畑作では年次変動がありながらも大きな変化はない．単位面積当たり出荷金額をみると（表2.6の3.）水稲，果樹，野菜・畑作のいずれも増加しており，これは近年有機栽培，減農薬など使用農薬を減少させる動きがある中で，新規剤の開発経費の高騰，効果の高い農薬の出荷増などによるものと思われるが，農薬の出荷金額は，一義的には作物の作付け面積の増減に大きく影響される．しかしながら，1997年の水稲の1 ha当たり出荷金額71,931円はここ5年間で最も低い金額となっている．これは，好天に恵まれ病害虫の発生が少なかったためと思われる．

また，表2.6の6.の単位数量当たりの出荷金額をみると1984年から1997年の13年間に水稲では2倍，果樹，野菜・畑作では2桁の増加率を示しているが，水稲については製品の軽量化などで数量基準が異なるため一概にはいえないが，全体的には高度な安全性評価の下での卓効を有し，使い勝手の良い高価格な新規開発品の影響が現れているものと思われる．

次に剤型別出荷量をみると表2.7は農薬工業会会員の出荷統計であるが(「農薬要覧」より数量は少ない)，特徴的なことは数量が大きく減少している中で（1984/1998年比56.9％)，特に粉剤の減少が大きく，一時はDL粉剤に置き換わったが，近年は両剤型とも減少し，1998年の出荷量の構成比は両剤型合わせて24.8％（1984年の構成比約40％）になっている．伸びた剤型としてはゾル・フロアブル，液剤，くん蒸・くん煙剤，その他であるが，ゾル・フロアブルには果樹，野菜・畑作向けに希釈して使用するもののほかに希釈しないで散布する水稲用除草剤も含まれる．さらにそのほかは錠剤，顆粒，エアゾールなどであるがこの中には水稲用顆粒除草剤も含まれる．構成比の中では粒剤が中心になっているが，これは，重量比の構成比であって，仮にこれらの剤型別に散布面積換算ができれば，水和・水溶剤，ゾル・フロアブル，乳剤，液剤などの希釈して使用するものの散布面積が大きいものになると思われる．

近年，性フェロモン剤，生物農薬の普及が進んでいるが，従来の農薬と製品形態が異なっているので，数量換算に別の尺度が必要になってくる．

2.3 価格

農家が購入する農薬の小売り価格については，農水省統計の「農村物価賃金」に品目別価格として調査結果が示されており，表2.8はその一例である．農薬製剤の生産中止，新製剤の上市，その他の都合で調査対象の製品がしばしば変更になることから長期にわたって同一製品の価格を見るのはむずかしい．

表 2.7 年度別剤型別農薬製剤出荷数量実績表

単位：t，kl

	1984年	1985年	1986年	1987年	1988年	1989年	1990年	1991年	1992年
粉剤	119,997	97,976	74,533	56,679	44,377	36,592	31,971	28,413	26,513
DL剤	97,445	112,936	126,371	124,490	111,203	97,371	102,519	104,424	87,911
粉粒・微粒剤	6,201	6,217	6,506	5,868	5,726	5,647	5,694	5,246	4,794
粒剤	219,147	230,000	227,493	219,585	213,224	209,608	200,040	187,538	194,465
水和・水溶剤	31,186	30,123	31,485	31,374	31,031	30,943	31,138	28,857	35,161
ゾル・フロアブル	1,430	1,524	1,733	1,941	2,236	2,374	2,608	3,367	4,093
乳剤	25,965	27,259	26,565	25,999	24,325	24,500	24,800	23,426	22,190
液剤	16,959	17,092	18,304	20,277	22,231	20,896	21,713	21,300	21,263
油剤	16,689	16,298	13,037	12,285	13,950	14,261	12,483	12,268	12,875
くん蒸・くん煙	5,205	5,539	4,986	5,195	5,104	5,581	5,787	6,227	6,041
その他	4,958	4,620	5,224	5,869	8,140	7,318	7,701	7,805	8,065
合　計	545,182	549,584	536,237	509,562	481,547	455,091	446,454	428,871	423,371
	※ 553,433							※ 443,714	※ 424,521

	1993年	1994年	1995年	1996年	1997年	1998年	'98/'84 %	構成比%
粉剤	23,536	22,354	21,321	21,549	19,802	19,546	16.3	6.3
DL剤	102,102	87,524	83,244	70,977	62,489	57,306	58.8	18.5
粉粒・微粒剤	4,842	5,074	5,175	5,521	6,263	5,978	96.4	1.9
粒剤	195,227	199,321	190,210	165,976	146,958	129,961	59.3	41.9
水和・水溶剤	32,912	31,222	30,978	29,099	28,616	25,967	83.3	8.4
ゾル・フロアブル	5,763	6,414	7,986	9,065	8,747	8,082	565.2	2.6
乳剤	22,540	22,837	22,465	22,273	22,236	20,187	77.7	6.5
液剤	20,352	21,000	20,965	20,368	21,478	19,981	117.8	6.4
油剤	13,087	12,752	11,157	11,436	11,474	10,022	60.1	3.2
くん蒸・くん煙	5,953	6,718	6,760	7,030	7,091	7,307	140.4	2.4
その他	6,007	6,133	5,591	5,721	6,051	5,950	120.0	1.9
合　計	432,321	421,349	405,852	369,015	341,205	310,287	56.9	100.0
	※ 432,544							

※印は修正後の数量．後日，統計が修正されたが修正後の剤型表は作成していないので差異が生じた．

農薬工業会統計

物価指数としては表2.9，図2.1に見るとおりで，1970年を100として関連物価指数を比較すると，1980年に第2次石油危機の影響ですべての物価が大幅に上昇したが，農薬の価格は消費者物価の上昇に比べ，また，生産者米価並びに肥料，農機具などのほかの農業生産資材の価格の上昇に比べて上昇は低位にとどまっている．

農薬の卸売り価格については，毎年秋から冬にかけて全農が農薬会社と個別折衝を経て次年度の価格が決定されるが，これが事実上の標準価格となって，全農ルート以外の商系ルート（卸→小売り）でも，ほぼ同じレベルの価格に設定される．一般的に農薬の価格は製造コスト，剤の性能，競合剤の価格，などを考慮し，また全農との折衝のなかで，農業情勢などが交渉要因として加味されて価格が設定される．近年の農薬の卸売り価格の推移を全農価格でみると，表2.10のとおりで1980年に7.39％値上したあと，3～4年間隔で据え置き，値下，値上の経過をたどっていたが，その後1994年以降は6年連続で値下している．これは水稲の減反，輸入農産物の増加など，農家にとっても農業情勢が悪く生産コストの低減が強く求められていることなどによるものと思われる．農業生産資材の中で農薬は，その使用が農作物の生産量および品質に直接係わり，その剤の効果が最も厳しく問われるもので，他の生産材と一律に価格議論をすることはできない．また，農作業の軽減にも大いに貢献しておりこの意味では，最も低コスト農業に寄与しているといえる．

また，最近の価格動向としては，次の2例が目立った動きである．その1つは，1994年に上市された水稲用除草剤の1キロ散布製剤は物流経費の軽減，副原料の少量化，などのため同じ剤の3kg散布製品より価格が安く（2,3％相当）設定されている．また，表2.8の農家の購入価格でグリホサート液剤の価格が1996年に2,160円と前年比で大幅（約16％）に値下がりしているが，これは原体会社が直販に移行したことにより，流通段階での手数料などを省略した結果と思われる．

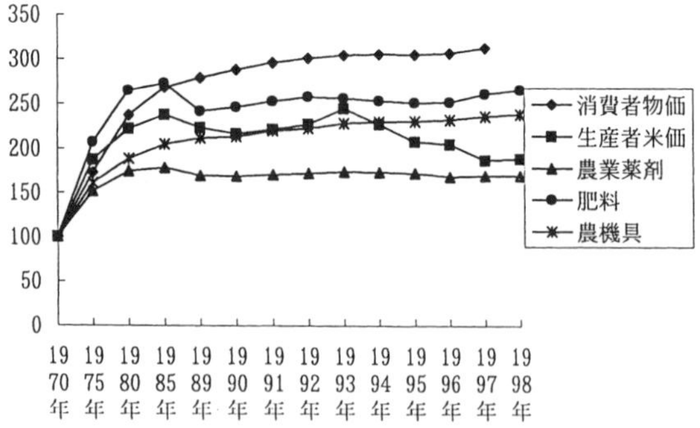

図2.1　物価指数の推移

表2.8 農村物価の一例（農業用薬剤）　　単位：円

	数量単位	1975年	1980年	1985年	1989年	1990年	1991年	1992年	1993年	1994年	1995年	1996年
（殺虫剤）												
MEP乳剤（50%）	100 ml	266	308	314	311	310						
メソミル水和剤（45%）	100 g		784	811	744	737						
D-D（55%）	20 l						9,463	9,622	9,763	9,640	9,424	7,864
ダイアジノン粒剤（3%）	3 kg	614	720	753			779	772	797	797	790	947
クロールピクリン（80%）	1 kg		911	1,032	1,027	1,026	1,044	1,070	1,079	1,078	1,085	1,083
エチルチオメトン粒剤（5%）	3 kg		1,048	1,078	1,022	1,029	1,041	1,050	1,057	1,052	1,037	1,024
マシン油（95%）	18 l	2,301		4,120	3,830	3,826	3,838	3,934	3,941	3,855	3,794	4,723
（殺菌剤）												
IBP粒剤（17%）	3 kg			1,509			1,350	1,366	1,481	1,491	1,478	1,480
チオファネートメチル水和剤（70%）	250 g	1,098	1,262		1,195	1,191	1,205	1,220	1,234	1,230	1,220	
TPN水和剤（75%）	250 G	564	686	699	818	859						
マンネブ水和剤（75%）	500 g	431		874	826	814						
イソプロチオラン粒剤（12%）	3 kg			2,401	2,330	2,326	2,342	2,362	2,374	2,363	2,330	2,310
プロペナゾール粒剤（8%）	3 kg				2,324	2,319						2,283
（除草剤）												
CNP粒剤（9%）	3 kg	546	650	627								
ベンチオカーブ（7%）・シメトリン（1.5%）粒剤	3 kg	1,068	1,216	1,252								
MCPB・シメトリン・ベンチオカーブ粒剤（0.8, 1.5, 10%）	3 kg				1,703	1,702	1,726	1,680	1,694	1,679	1,677	
グリホサート液剤（41%）	500 ml				3,006	2,959	2,953	2,928	2,888	2,771	2,573	2,166
シメトリン・モリネート・MCPB粒剤（1.5, 8, 0.8%）	3 kg			1,837	1,753	1,771	1,782	1,829	1,853	1,855	1,858	1,750

資料：「農水省統計：農村物価賃金」

表2.9 消費者物価および農業関連物価指数

	1970年	1975年	1980年	1985年	1989年	1990年	1991年
消費者物価	100	172.6	236.3	267.7	278.7	287.5	295.4
生産者米価	100	187.2	221.7	237.1	222.8	215.9	220.7
農業薬剤	100	151.5	173.9	178.0	169.2	168.7	170.3
肥料	100	206.3	264.2	272.4	240.9	245.6	251.9
農機具	100	160.9	188.0	204.4	211.0	212.6	219.5
	1992年	1993年	1994年	1995年	1996年	1997年	1998年
消費者物価	300.3	304.0	305.2	304.6	305.8	311.9	
生産者米価	226.5	243.7	226.3	207.0	204.3	186.5	188.2
農業薬剤	171.8	173.7	173.2	171.8	167.9	168.9	169.1
肥料	256.9	255.4	252.6	250.6	250.9	260.2	264.7
農機具	222.1	227.4	229.0	230.0	231.5	235.6	237.5

資料：農業白書付属統計資料

表2.10 農薬価格の推移（前年比率） 単位：%

	1980年	1982年	1983年	1984年	1985年	1986年	1987年
増減	7.39	− 0.40	− 1.30	0.00	0.00	0.00	− 2.25
	1988年	1989年	1990年	1991年	1992年	1993年	1994年
増減	− 2.34	− 1.41	− 0.35	1.16	1.00	0.87	− 1.00
	1995年	1996年	1997年	1998年	1999年		
増減	− 1.00	− 1.50	− 0.54	− 0.40	− 0.30		

資料：全農発表資料

2.4 流通方法

農薬の流通経路としては大きく分ければ系統ルート（農協ルート）と商系ルート（商業者ルート）に分けられる．系統ルートは農薬会社から全農→経済連→農協→農家へと流通する経路であり，商系ルートは農薬会社から卸商を経由して小売商・農協から農家へ流れる経路である．

第2次大戦以前の農薬は果樹など園芸作物の病害虫防除に使用されるものが中心で，流通量も少なかったが，その大半は薬局，種苗商，肥料店などが扱っており，商系ルートによる流通が主体であった．大戦中，戦時統制経済体制下で肥料，農機具とともに農薬の取扱いが農業会に一元化された時期があったが，その後終戦とともに商系ルートが復活した．

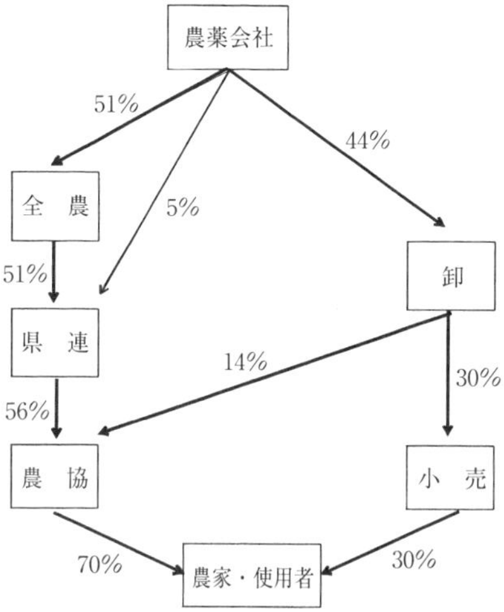

図 2.2 農薬流通機構図（1985年推定）（資料：農業要覧）

1947年に農業協同組合法が施工され，農協，県連，全購連（現全農）の農協系統組織が整備されるにつれ，農業資材の取扱いが増加していく中で，わが国に化学合成の農薬が相次いで導入され，食糧増産運動と相まって，水稲の病害虫防除に農薬が広く使用されるようになった．特にパラチオン剤が普及するにつれ，農協を中心に共同防除が実施されるようになり，これにより水稲農薬を中心に系統ルートの取扱いが拡大されることとなった．

その後，農薬市場は食糧増産，高品質な農産物の生産要請などを背景に，卓効のあるより安全性の高い新農薬の開発，防除技術の進歩などに支えられ順調に拡大していき．系統ルートはどちらかといえば水稲農薬を，商系ルートは園芸農薬を中心としながら，両ルートとも取扱いを増していき，図2.2で，1985年の推定シェアーを示しているとおり，全農の扱いが51％，県連の扱い56％，卸商の扱いが44％となっているがこれは1975年から1985年代にかけてのほぼ代表的な取扱い状況であったと思われる．しかしながら，1992年ごろから農協ルートと商系ルートのシェアーに変化が見られるようになり，図2.2の1985年の流通機構図と図2.3の1997年の流通機構図を比べると1985年の全農取扱い51％が1997年には35％に，県連の取扱い56％が45％に下がっているが，逆に卸商の取扱いは44％から55％に増加している．近年系統ルートのシェアーがかなり大きく低下し，反面商系ルートのシェアーがかなり大きく増加しているのがこの機構図で読みとれる．これは水稲の減反政策により水稲農薬の需要

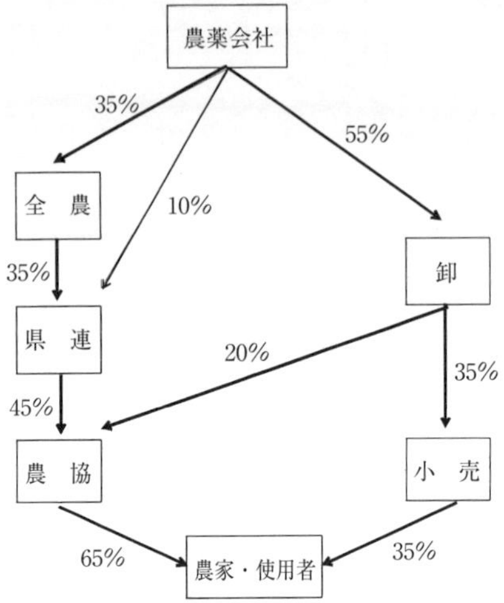

図2.3　農薬流通機構図（1997年推定）（資料：農業要覧）

量が減少していることが大きな要因のひとつと思われる．また，表2.11の系統利用率でみても，経済連（県連）の全農利用率は1980年の94.7％をピークに，その後減少傾向をたどり，特に，1995年の利用率が82.1％とかなり大きく低下していることがわかる．これは県連が全農を経由しないで直接農薬会社から仕入れるケースが増えたことにもよる．図2.3でも農薬会社から県連へのルートか10％と推定されており従来の5％より増加している．また，農協の県連利用率も1985年の75.6％をピークに年々低下傾向にあるが，県連の全農利用率の低下ほどではない．しかし，系統のそれぞれの段階で系統利用率が低下していることは否めない．

現在農協組織では，農協，県連，全農の3段階制を県連と全農の合併，農協との統合などにより2段階制に再編すべく取り組んでいる．農協の合併は進んでおり，1985年の4,267農協が1999年10月に1,545農協になり，さらに2001年には535農協にする構想が進められている．一方，商系の卸売は経営環境悪化のなかで合併，廃業が進行し1985年の383社から1992年には371社に，1997年では349社にまで減少している（「農薬要覧」より）．小売商については1,000軒前後と推定されているが，農薬の出荷額が1994年の4,200億円をピークに年々減少しているなかで，販売業者も非常に厳しい状況にあり，減少している．

また，農薬会社は，農協ルートのみにしか販売しないいわゆる系統メーカーと農協ルートと商系ルートの両方に販売する二元メーカー，さらに商系ルートのみに販売す

表2.11 農協系の農薬取扱い状況 単位：百万円

	1970年	1975年	1980年	1985年	1989年	1990年	1991年
メーカー売上高	82,768	204,952	323,875	388,674	389,845	396,068	402,049
全農売上高	43,247	101,785	165,048	199,283	190,521	191,910	189,129
経済連購入高	45,402	114,195	173,471	210,112	198,992	201,204	201,482
うち全農からの購入高	43,269	105,526	164,303	195,216	182,823	181,722	184,641
経済連売上高	47,257	118,697	180,044	217,786	206,277	208,796	208,926
手数料	1,796	4,502	6,573	7,674	7,285	7,592	7,444
マージン率%	3.8	3.8	3.7	3.5	3.5	3.6	3.6
系統利用率%	95.3	92.4	94.7	92.9	91.9	90.3	91.6
総合農協購入高	67,183	163,496	252,801	299,262	270,478	288,347	294,670
うち経済連からの購入高	49,901	121,768	189,589	226,269	204,104	217,477	220,959
総合農協売上高	72,347	190,603	272,746	329,249	297,666	313,311	323,067
手数料	7,162	22,701	29,254	32,845	28,957	30,715	32,263
マージン率%	9.9	11.9	10.7	10.0	10.7	10.6	10.9
系統利用率%	74.3	74.5	75.0	75.6	75.5	75.4	75.0

	1992年	1993年	1994年	1995年	1996年	1997年	1998年
メーカー売上高	408,134	415,565	420,553	414,887	410,063	404,913	388,865
全農売上高	184,824	184,337	184,414	168,351	156,983	144,318	132,779
経済連購入高	205,485	201,978	199,846	189,743	180,591	170,685	171,245
うち経済連からの購入高	184,006	179,178	178,871	155,729	146,957	131,815	133,567
経済連売上高	213,107	209,336	207,342	196,981	187,517	177,017	177,547
手数料	7,622	7,358	7,496	7,328	6,926	6,332	6,302
マージン率%	3.6	3.5	3.6	3.7	3.7	3.6	3.5
系統利用率%	89.5	88.7	89.5	82.1	81.4	77.2	78.0
総合農協購入高	294,215	297,214	296,203	287,861	294,226	255,588	
うち全経済連からの購入高	218,946	221,272	214,505	207,507	206,229	177,440	
総合農協売上高	322,652	326,108	326,767	318,117	320,538	283,785	
手数料	32,421	33,019	33,131	33,350	33,991	30,662	
マージン率%	101.0	10.1	10.1	10.5	10.6	10.8	
系統利用率%	74.4	74.4	72.4	72.1	70.1	69.4	

資料：① 農薬要覧　② メーカー売上げ，全農売上げは農薬年度
経済連購入高以下は事業年度（3月～4月）

る商系メーカーの3つのグループに分けられる．系統メーカーは3社のみであり，会社数からみると二元メーカーが多くなっている．そのほかに農薬会社の分け方として，原体のみを製造する原体メーカー，原体と製剤の両方を製造する両面メーカー，製剤のみを製造する製剤メーカーの3つに分けられる．

現在，農薬製造会社として1998年版の農薬要覧には184社が記録されているがこのなかで，すべての会社が現在農薬を生産しているとは限らないし，また，農薬以外の防疫用薬剤が主体の会社もある．したがって現在，農薬を製造している会社の実数は明確ではないが，農薬工業会会員の製造会社から推定すると，原体メーカーが13社，原体と製剤の両面メーカーが33社，製剤メーカーが18社と推定される．

最近の農薬流通は，特に，水稲用農薬をはじめとして農薬の需要が減少している中で，農薬業界の販売競争の激化，また，既存の販売ルートだけでなく，農業資材店，ディスカウントショップなどでの農薬の販売等々，農薬をとりまく市場が大きく変化してきている．

そのほか，近年の新たな動きとして，平成8年に茎葉処理除草剤グリホサート液剤の販売方法を従来は製剤会社の販売網にのせて販売していたものを直接系統，商系両ルートで販売する，いわゆる直販制に切り換えたことがある．その後外資系農薬会社が一部製品を直販制に移行させるケースもみられ，需要が低迷しているなかで直販制の進行は議論を呼ぶことが推定される．〔細谷　悟〕

2.5　農薬の輸出と輸入

a.　農薬の輸出

わが国の農薬の輸出は戦前の昭和初期より行われており，歴史的には以下のように区分される．

① 昭和初期～昭和15年：天然物の除虫菊（年間500～900t）やヒ酸鉛，ヒ酸石灰などの加工輸出
② 昭和16年～昭和35年：天然物から合成化合物へ，輸出余力なく停滞期
③ 昭和36年～昭和49年：技術導入による生産と輸出再開
④ 昭和50年～昭和59年：独自開発品増加，輸出拡大
⑤ 昭和60年～平成6年：円高による減少，横ばい
⑥ 平成7年～：高活性新剤の世界市場への進出

以上のように農薬の輸出は当初，国内生産が国内需要を上回り，輸出余力ができたときより始まり，仕向先も近隣諸国から徐々に拡大した．

昭和60年代より，新農薬の開発に巨額の投資を伴うことから，開発方向性は世界の大型市場をねらったものとなっており，輸出先にもそれが反映されてきている．

1）輸出数量，金額の推移

表2.12に示すように，昭和35年は278百万円と少額であったが，その後は増加し続け10年後には100億円を越え，さらに昭和59年には最高の942億円に達した．そ

の後はおもに円高による影響を受けて急激に減少し，平成7年まで520～700億円であった．しかし，平成8年より増加し，平成9年には昭和59年とほぼ同等の949億円に回復した．

農薬の輸出金額の変動は相手先の市場の変化，購買力，競合性などと関係深いが，為替（対米ドル）レートの変動が最も大きく影響を与えている．すなわち，農薬の輸出価格はドル建てが主であり，輸出代金はドルを円貨に換えるため，為替レートが直接に関与している．

たとえば，昭和59年の輸出額をドルに換算すると384百万ドルであり，平成9年のそれは783百万ドルで，ドルベースでは2倍に増加したことになる．

剤型ごとの推移をみると，昭和40年までは製剤品が60～70％と高かったが，その後は一時期を除き逆転して原体の比率が65～70％となっている．これは各国における製剤設備が完備されたことにより，コストダウンのために原体に切り換わったことによる．なお，一時期（昭和59～61年）製剤比率が高かったのは社会主義国（中国，ソ連，北鮮，キューバなど）への大量の製剤品輸出によるものである．

表2.12 農薬輸出の推移　　単位：t，FOB百万円

年　度		数　量	金　額	うち原体(%)	うち製剤(%)	金額年増加率(%)	為　替(円/米ドル)
昭和35年	(1960)	—	278	31.6	68.4	—	360.00
昭和40年	(1965)	—	3,334	39.3	60.7	—	360.00
昭和45年	(1970)	—	11,725	54.0	46.0	—	360.00
昭和50年	(1975)	—	30,002	63.6	36.4	—	302.70
昭和55年	(1980)	39,378	57,285	73.2	26.8	—	212.20
昭和59年	(1984)	97,116	94,233	50.4	49.6	—	245.50
昭和60年	(1985)	69,658	75,700	56.8	43.2	−19.7	217.00
昭和61年	(1986)	42,682	52,227	57.8	42.2	−31.0	153.60
昭和62年	(1987)	45,177	53,153	71.5	28.5	1.8	146.35
昭和63年	(1988)	52,151	56,072	69.0	31.0	5.5	134.55
平成元年	(1989)	53,508	65,302	66.3	33.7	16.5	139.30
平成2年	(1990)	46,956	68,448	67.9	32.1	4.8	137.80
平成3年	(1991)	49,497	65,326	67.0	33.0	−4.6	132.85
平成4年	(1992)	51,626	68,063	68.1	31.9	4.2	119.20
平成5年	(1993)	40,446	58,227	67.6	32.4	−14.5	105.15
平成6年	(1994)	40,078	55,232	65.5	34.5	−5.1	98.45
平成7年	(1995)	42,190	56,012	66.5	33.5	1.4	99.10
平成8年	(1996)	47,252	74,842	71.2	28.8	33.6	111.00
平成9年	(1997)	55,407	94,927	72.0	28.0	26.8	121.10

（注）FOB：日本国内での本船渡しの価格
為替は毎年9月末日（農薬年度末）の公示仲値
（農林中金外国営業部より入手）

農薬要覧　1963年～1998年より

表2.13 仕向地別農薬輸出の推移 単位：FOB百万円

年度		金額	アフリカ (%)	北アメリカ (%)	南アメリカ (%)	アジア (%)	ヨーロッパ (%)	オセアニア (%)	ソ連 (%)	国数
昭和55年	(1980)	57,285	3.2	18.1	7.8	47.6	19.3	1.2	2.8	78
昭和60年	(1985)	75,700	5.5	18.1	8.1	45.4	15.1	1.8	6.0	95
平成 2 年	(1990)	68,448	4.1	15.8	5.1	42.4	27.3	1.7	3.6	110
平成 3 年	(1991)	65,326	4.4	14.7	7.2	44.9	23.1	1.9	3.8	113
平成 4 年	(1992)	68,063	4.2	14.3	7.5	45.7	22.2	2.2	3.9	117
平成 5 年	(1993)	58,227	4.5	14.8	7.8	41.4	24.6	2.2	4.7	116
平成 6 年	(1994)	55,232	4.4	16.4	10.8	39.1	22.0	3.1	4.2	114
平成 7 年	(1995)	56,012	3.2	15.1	13.6	39.0	25.6	1.7	1.9	114
平成 8 年	(1996)	74,842	4.5	23.3	12.4	31.9	23.3	2.0	2.6	118
平成 9 年	(1997)	94,927	4.3	26.9	13.8	28.3	23.5	1.6	1.6	121

(注1) 国数は農薬要覧に記載のもの，その他少量輸出国は含まない．
(注2) 1992年以降，ソ連はロシア．
農薬要覧1980年～1998年より

2) 輸　出　先

仕向先別の輸出金額とその比率が表2.13に示してある．アジア向けが昭和55年までは50％以上で，その後は減少し続け，平成9年には30％以下となっている．この減少は中国，インドなどにおいて，ジェネリック品（特許切れ薬剤）が安価で生産され近隣諸国に輸出された影響を受けたことによる．

一方，北アメリカ向けは15％前後で推移していたが，平成8～9年に急増し，アジアの比率に近いレベルとなっている． これは最新の高活性薬剤が市場の最も大きいアメリカに向けて輸出されたことによる．

ヨーロッパは約25％で安定しており，アフリカは国の数は多いが金額は少なく，4.5％程度であまり変動はない．

ソ連はソ連邦解体以降経済的にも困窮しており，6％から1.6％まで減少している．

輸出相手国数については昭和50年54か国（百万円以下を除く）で，昭和60年には95か国，その後は110～120か国である．近年相手国数が増加したのは各社の拡販努力もあるが，ODA（政府開発援助），特にKR2による南アメリカ，アフリカ諸国への輸出増によるものである．

なお，平成9年の輸出金額上位ランキング国としては，次のようである．

① アメリカ合衆国，② 韓国，③ ブラジル，④ 中国，⑤ ベルギー，⑥ フランス，⑦ アルゼンチン，⑧ ベトナム，⑨ イギリス，⑩ 台湾

3) 輸 出 薬 剤

年間輸出数量300t以上の農薬原体を選定してその推移を表2.14にまとめた．

昭和35年より44年までは技術導入により生産された有機塩素系のDDT，BHCが中心であったが，それらは45年以降完全に中止された．昭和40年代初期，塩素系に

表2.14 主要農薬原体輸出推移

単位：t, kl

用途	系統	薬剤名	昭和35年 1960	昭和40年 1965	昭和45年 1970	昭和49年 1974	昭和50年 1975	昭和55年 1980	昭和60年 1985	平成2年 1990	平成7年 1995	平成8年 1996	平成9年 1997
殺虫剤	有機塩素	DDT*	83	773	3,105	50	—	—	—	—	—	—	—
		BHC*	—	6,922	1,686	922	—	—	—	—	—	—	—
	有機リン	MEP	—	160	1,531	1,851	2,111	957	3,557	4,210	3,357	3,635	2,010
		ダイアジノン*	—	8	41	526	743	2,438	3,358	1,842	1,152	691	735
		DDVP*	—	34	187	339	281	203	115	23	24	36	25
		EPN*	—	47	106	477	433	10	400	203	273	(260)	(300)
		PAP*	—	—	309	535	564	454	1,155	693	416	550	433
		DEP*	—	—	—	195	305	124	36	204	328	296	306
	カーバメート	BPMC	—	—	—	51	120	633	580	363	585	434	242
		MIPC	—	—	2	192	340	2,207	3,069	1,090	258	520	340
		フラチオカルブ	—	—	—	—	—	—	—	—	489	538	425
	ピレスロイド	フェンバレレート	—	—	—	—	—	—	498	254	121	125	78
		フェンプロパトリン	—	—	—	—	—	—	—	235	385	344	320
	ネライストキシン	カルタップ	—	—	—	94	176	1,009	1,091	1,231	2,368	3,219	3,491
		ベンスルタップ	—	—	—	—	—	—	—	158	535	495	538
殺菌剤	有機塩素	TPN*	—	—	306	832	1,110	1,179	776	2,705	2,539	2,074	4,958
		PCNB*	—	—	—	—	—	—	110	255	1,244	1,134	992
	有機リン	IBP	—	—	319	273	455	562	(2,244)	(2,327)	(2,696)	(1,914)	(858)
		EDDP	—	—	—	165	275	658	758	359	382	358	461
	ベンズイミダゾール	チオファネートメチル	—	—	—	1,311	1,577	2,471	2,174	2,313	1,846	1,931	2,176
	ジカルボキシイミド	プロシミドン	—	—	—	—	—	—	224	345	384	488	541
	その他	フルアジナム	—	—	—	—	—	—	—	—	140	160	473
除草剤	カーバメート系	ベンチオカーブ	—	—	—	718	559	2,416	2,759	2,420	2,314	2,595	2,722
	ジフェニフレエーテル	CNP	—	—	—	308	154	260	176	74	—	—	—
		クロメトキシニル	—	—	—	330	205	160	247	380	142	246	—
	フェノキシ酸	フルアジホップPブチル	—	—	—	—	—	—	—	—	485	491	566
		キザロホップPエチル	—	—	—	—	—	—	—	202	340	413	279
	ダイアゾール	ピラゾレート	—	—	—	—	—	—	125	323	120	80	85
	その他	セトキシジム	—	—	—	—	—	—	—	1,686	—	3,469	3,274

(注) 主要農薬は年間輸出数量300t以上かつ継続的なものを選定. (　) は中間体
*：外国からの技術導入によって生産されたもの
系統の分類は「農薬ハンドブック」1994年版による
農薬要覧1963年～1998年より

表2.15 最新の高活性農薬原体の輸出 単位：t, kl

用途	系統	薬剤名	平成7年 1995	平成8年 1996	平成9年 1997
殺虫剤	ピレスロイド	エスフェンバレレート	65	156	99
殺菌剤	エルゴステロール阻害剤	イミベンコナゾール	5	10	3
		ジニコナゾール	8	12	8
除草剤	スルホニル尿素	ピラゾスルフロンエチル	13	15	14
		ハロスルフロンメチル	26	90	61
		イマゾスルフロン	—	3	8
		ニコスルフロン	—	—	308
		フラザスルフロン	—	1	1
	その他	フルミクロラックペンチル	41	58	66
		フルミオキサジン	5	4	10
		フルチアセットメチル	—	—	1
		ピリチオバックナトリウム塩	9	39	120

（注） 高活性農薬の選定は実用薬量が有効成分100 g/ha以下のもの，抗生物質は除く．
農薬要覧1998年より

引き続き技術導入された有機リン系殺虫剤（ダイアジノン，DDVP，EPN，PAPなど），日本国内で同時期に独自品として開発されたMEP，さらには殺菌剤IBPが輸出の主流となった．その後いくつかの独自の開発薬剤（チオファネートメチル，ベンチオカーブ，BPMC，MIPC，カルタップなど）が上市され，主要輸出薬剤として加わった．これらの薬剤は，現在も相当量輸出されている．

一方，近年，きわめて低薬量で高活性を示す薬剤が開発され，数量的には少ないものの世界の市場に向けて進出している．しかしながら，平成7年よりアメリカを中心に遺伝子組換えによる除草剤耐性，害虫抵抗性種子が導入されてきており，農薬市場に非常に大きな影響を及ぼしつつある．したがって，今後日本からの農薬輸出も新しい局面を迎えている．〔近藤和信〕

b. 農薬の輸入

第2次世界大戦中に欧米において研究が進んでいた有機合成農薬が，従来の無機天然農薬に代わって戦後わが国に次つぎと輸入され普及していった．当時急務であった食糧増産にとって大きな課題であった病害虫防除に卓効を示したこれらの薬剤の需要は急速に伸び，続いて開発された各種の薬剤も輸入され短期間に普及していった．輸入農薬は，日本で使用されてきた農薬の大部分を占めることから，日本の農業にとって大きな影響力を及ぼしてきた．同時に，輸入された農薬が技術提携により国産化され，あるいは国内製剤化される過程でわが国の農薬工業の発展を促してきた．国内で創製された農薬が1970年代以降増加はしているものの，依然として原体ベースでみた場合輸入農薬が大部分を占めている.

1）年次別主要輸入農薬と金額の推移

まず防疫用に使用されていたDDTが1947年に農薬として導入され，ついでBHCが1949年から普及し旧来の注油法に代わって水稲のウンカやニカメイチュウ防除に貢献した．除草剤では最初の水田用除草剤2,4-Dが1950年に導入された．1953年にはパラチオンがニカメイチュウや果樹害虫の防除用に普及し輸入金額は1952年が2億5千万円程度だったものから約9億円に増加した．ついでD-D，サッピラン，EPNが導入され品目数が急増した．1954（昭和29）年以降の年次別金額を表2.16に，国別輸入金額を表2.17に示す.

i）1950年代　1957年に金額が3倍にも増加したのは，輸入方式が自動承認制に変わったためである．この間に増加したのは，有機塩素系殺虫剤のアルドリン，ディルドリン，エンドリン，ヘプタクロールである．これらの有機塩素剤は残留性，魚毒性の点で，またパラチオンは急性毒性の点で1970年代はじめまでに生産中止などになった．当時，有機リン剤の低毒性化を志向したマラソン，ダイアジノン，DEP，DDVPなどが導入されたが，TEPPなどあとに国産化によって輸入はなくなったものもある．殺菌剤は1950年代は数量金額ともに少ないなかでジネブが大量に輸入され野菜類に使用されたが，1957年から国産化された.

ii）1960年代　カーバメート系殺虫剤は1959年に導入されたNACを皮切りとして，1960年代に多くの剤が開発された．NACをはじめ，DEP，有機ヒ素殺菌剤TUZ，D-Dなどの増加により1960年の輸入額は20億円に達した．1960年代前半には除草剤として，DCPA，NIP，ジクワット，DNBが導入され，殺虫剤のMPP，NACなどの増加とともに輸入額の伸びに寄与した．1964年は前年比50％増の50億円に達した.

1960年代後半の輸入金額はウンカの大量発生によりNACの緊急輸入があったこと，カーバメート系，ダイアジノンの増加，新たに導入された除草剤CAT，パラコートなどにより一挙に100億円に近づいた.

iii）1970年代　1970年代に入って輸入農薬は種類数の増加が著しくなり，同時に数量も増加した．殺虫剤ではNAC，ダイアジノン，MPP, DEP，エチルチオメトン，メソミル，アセフェート，BPMC，殺ダニ剤ケルセン，土壌線虫剤EDB，土壌くん蒸剤クロルピクリンが主要品目である．殺菌剤ではジネブを追ってマンネブ，キャプタン，ダイホルタン，ベノミルが増加した．除草剤分野では水田除草剤が本格的に普及し，シメトリン，モリネート，オキサジアゾン，ブタクロール，ピペロホス，ジメタメトリン，ベンタゾンなど多数の新剤が投入され1980年代までに原体で年間千トンを超す剤も出てきた．畑作用除草剤では，リニュロン，トリフルラリン，DNBPが1970年代に輸入量を伸ばした．大量に使用されたパラコートは1970年代はじめに国産化された．これら品目数の増加，大量普及品目の出現によって，1970年代前半に100億円台だった輸入金額は，後半になると250億円から300億円台で推移するよう

表2.16 年度別農薬輸入金額実績　　単位：CIF百万円

	昭29年(1954)	昭30年(1955)	昭31年(1956)	昭32年(1957)	昭33年(1958)	昭34年(1959)	昭35年(1960)	昭36年(1961)	昭37年(1962)
農薬原体	304	233	214	727	870	766	1,247	1,690	1,885
農薬製剤	262	215	281	637	403	617	782	1,552	1,435
試験用農薬	12	5	4	10	7	8	11	13	8
計	578	454	499	1,374	1,280	1,391	2,040	3,255	3,329
	昭38年(1963)	昭39年(1964)	昭40年(1965)	昭41年(1966)	昭42年(1967)	昭43年(1968)	昭44年(1969)	昭45年(1970)	昭46年(1971)
農薬原体	2,104	3,126	2,665	3,355	5,146	5,543	6,103	6,208	6,978
農薬製剤	1,271	2,035	2,047	2,194	2,498	2,454	3,784	3,682	4,594
試験用農薬	9	9	9	9	9	9	10	10	10
計	3,383	5,170	4,721	5,558	7,653	8,006	9,898	9,901	11,582
	昭47年(1972)	昭48年(1973)	昭49年(1974)	昭50年(1975)	昭51年(1976)	昭52年(1977)	昭53年(1978)	昭54年(1979)	昭55年(1980)
農薬原体	7,039	9,844	17,676	27,583	21,581	22,140	22,312	24,638	39,295
農薬製剤	5,834	6,430	6,865	5,941	4,134	5,535	7,978	9,704	13,344
試験用農薬	10	10	15	15	15	15	15	15	15
計	12,883	16,283	24,556	33,539	25,730	27,690	30,305	34,357	52,653
	昭56年(1981)	昭57年(1982)	昭58年(1983)	昭59年(1984)	昭60年(1985)	昭61年(1986)	昭62年(1987)	昭63年(1988)	平成元年(1989)
農薬原体	31,082	27,933	30,511	34,285	35,609	36,722	36,511	33,028	35,698
農薬製剤	16,811	10,619	11,853	13,950	18,003	15,573	16,526	15,343	17,871
試験用農薬	15	15	15	15	15	15	15	15	15
計	47,908	38,567	42,379	48,250	53,627	52,310	53,052	48,386	53,584
	平2年(1990)	平3年(1991)	平4年(1992)	平5年(1993)	平6年(1994)	平7年(1995)	平8年(1996)	平9年(1997)	平10年(1998)
農薬原体	39,974	38,704	40,952	45,924	47,891	52,804	52,021	48,911	40,348
農薬製剤	20,188	21,266	18,313	16,064	16,879	14,042	18,653	18,218	18,336
試験用農薬	15	15	15	15	15	15	15	15	15
計	60,177	59,985	59,280	61,987	64,785	66,861	70,689	67,144	58,700

資料：農薬要覧

表2.17 国別輸入金額実績表　　単位：FOB百万円

	昭49年(1974)	昭50年(1975)	昭51年(1976)	昭52年(1977)	昭53年(1978)	昭54年(1979)	昭55年(1980)	昭56年(1981)	昭57年(1982)
アメリカ	10,754	16,058	9,691	12,088	13,368	15,505	22,126	25,386	20,233
ドイツ	4,986	7,598	5,768	6,512	6,398	8,257	16,686	9,832	7,604
スイス	5,077	5,840	3,707	3,558	6,214	5,851	6,619	4,508	4,994
イギリス	984	1,188	1,505	1,989	1,690	2,419	1,929	2,604	2,402
イタリア	290	254				775	562	917	113
フランス	1,403	1,243	3,985	2,398	1,654	683	1,073	2,730	1,177
オランダ	551	605	440	529	652	418	829	409	497
インド	207	117	46	209	128	141	192	307	227
中国		230	129						
台湾								1,027	941
その他	289	392	444	392	186	293	2,623	174	365
計	24,541	33,524	25,715	27,675	30,290	34,342	52,638	47,893	38,552

	昭58年(1983)	昭59年(1984)	昭60年(1985)	昭61年(1986)	昭62年(1987)	昭63年(1988)	平成元年(1989)	平2年(1990)	平3年(1991)
アメリカ	23,630	25,261	28,005	27,043	22,027	20,575	26,289	30,830	25,945
ドイツ	8,872	12,325	10,910	12,705	11,726	11,436	12,668	14,196	16,363
スイス	5,122	4,309	6,878	8,015	8,688	7,319	6,672	7,367	7,043
イギリス	1,711	2,121	1,690	1,815	2,248	2,037	2,748	2,097	4,841
イタリア	259	497	512	495	219	345	484	682	509
フランス	1,429	2,211	2,247	478	3,504	2,966	3,363	3,518	3,475
オランダ	417	603	1,212	899	361	361	329	504	677
インド	365	316	462	472	1,179	163	118	157	220
中国								340	411
台湾	139								
その他	420	592	1,697	373	3,086	3,171	898	471	487
計	42,364	48,235	53,612	52,295	53,037	48,371	53,569	60,162	59,970

	平4年(1992)	平5年(1993)	平6年(1994)	平7年(1995)	平8年(1996)	平9年(1997)	平10年(1998)
アメリカ	24,342	21,662	20,427	14,950	14,415	11,022	9,014
ドイツ	16,409	22,197	20,501	20,900	20,634	18,865	17,605
スイス	6,629	6,048	5,410	6,639	6,088	6,979	5,589
イギリス	4,530	4,085	5,297	6,618	5,746	5,808	4,688
イタリア	581	617	460	789	642	1,139	1,155
フランス	4,886	5,207	6,992	11,347	14,392	14,410	9,222
オランダ	624	496	384	326	489	824	398
インド	333	743	127	64	163	48	30
中国	448	174	440	484	665	1,040	727
台湾					784	715	1,319
ベルギー			3,996	3,098	5,234	4,993	6,919
スペイン				339	470	321	17
ブラジル					238	252	415
イスラエル				342	377	19	341
その他	482	759	737	950	338	695	1,246
計	59,265	61,987	64,770	66,846	70,674	67,129	58,685

資料：農薬要覧，試験用農薬除く

になった．1970年代の後半，為替レートが1ドル300円台から200円台まで円高が進んだことも輸入数量の増大につながり金額の増大にも寄与していると考えられる．

iv）1980年代　殺虫剤分野の1970年代からあった輸入主要品目はあまり変わっていないが，有機リン剤に加えて1980年代にはシフルトリン，シハロトリン，フルバリネートなど多数の合成ピレスロイド剤が導入された．カーバメート系ではカルボスルファンが参入した．殺菌剤は1970年代に導入された剤やプロピネブが順調に伸びたほか，トリアゾール系EBI剤トリアジメホン，ヒテルタノール，ジカルボキシイミド系のビンクロゾリン，イプロジオンが，水稲用ではいもち剤ピロキロン，紋枯剤ペンシクロンが1980年代後半から登場した．水田除草剤では1970年代に導入された剤が成熟期に達した一方新規剤の開発も精力的に行われ，ビフェノックス，プレチラクロールが参入，さらに1980年代の終わりには酸アミド系のメフェナセットとスルホニルウレア系のベンスルフロンメチルが各種の混合剤に多用され1989年にはエスプロカルブも参入した．茎葉処理剤のグリホサートとグルホシネートが1980年前半に導入されこの市場分野が以後拡大するのに寄与した．畑作ではアラクロールが伸び，ペンデイメタリン，メトリブジン，メトラクロールなどが登場した．合計金額は1980年に500億円に達したが，円安となった1982年には300億円台に戻し，1ドル140～120円台まで円高の進んだ1980年代後半は500億円台で推移した．

v）1990年代　1970年代からあった主力剤のおもなものは一部やや減少を示したものの一定の輸入量を維持した．1990年代に導入された輸入殺虫剤は育苗箱処理が可能になったイミダクロプリドをはじめ，シラフルオフェン，フィプロニル，チオジカルブ，ビフェントリンなどである．殺菌剤分野では種もみ消毒剤プロクロラズ，アゾール系のテブコナゾール，プロピコナゾール，ヘキサコナゾール，フルアジナム，フェナリモル，プロパモカルブなど多数の新剤が導入された．最近ではストルビルリン系のアゾキシストロビンが参入した．水田除草剤には，シハロホップブチル，シクロスルファムロンやスルホニルウレア系の化合物が国産化されたものも含め多数投入されたが1980年代に導入された剤が一定の輸入量を維持しており市場が縮小するなかで伸びてはいない．茎葉処理剤は1990年代に入っても増加を続けグリホサートのトリメシウム塩が参入し市場が拡大した．合計金額は1990年代に入って600億円台に達した．輸入金額の年次変動には，1990年に150円台だった為替レートが1995年に1ドル90円台となったあと1998年に140円台まで円安となるなど大きな変化を示したことも影響している．市場の縮小，景気の後退，価格の引下げなどにより今後の大幅な増加は考えにくい．

〔脇森裕夫〕

3. 農薬の研究開発

3.1 探　　索

今日の新農薬開発は図3.1のようなプロセスで体系的に行われる．一般に，このようなプロセスのうち開発候補化合物の選抜までの前半の過程を探索，登録認可までの後半の過程を開発という．新農薬の探索は，① リード（先導）化合物の発見，② 合成展開による最適化，③ 圃場効果評価と開発候補化合物の選抜という手順で行われる．

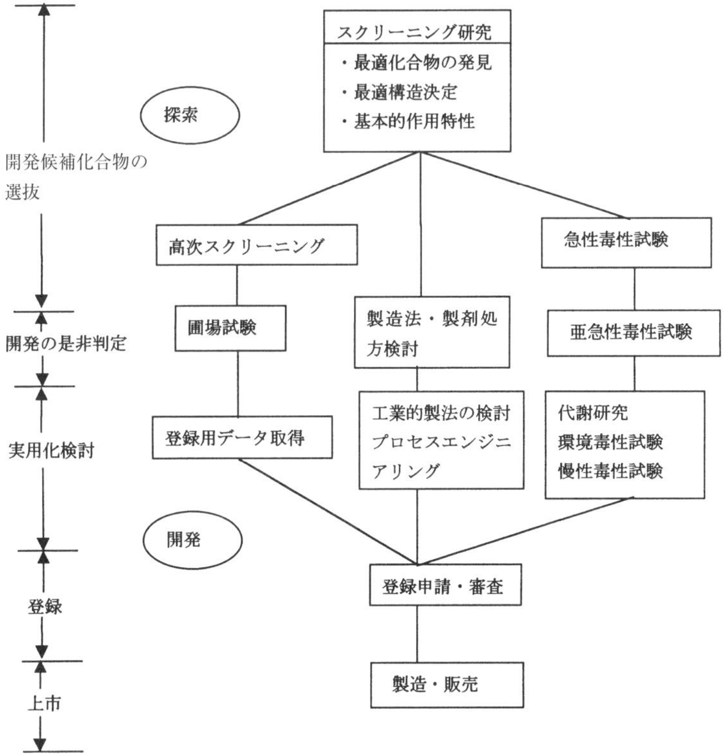

図 3.1　新農薬開発の手順
（吉田[1]の新農薬開発手順を一部改変）

a. リード化合物の探索（lead generation）

新農薬の創製は，まず必要とする生理活性を有する母核構造を見つけることに始まる．それをリードとして多種多様の構造修飾を加え，種々の角度からの検討を経て，最適化合物を選抜する．リード化合物探索のための方法としては，一般に，1）既存活性化合物の修飾（アナログ合成），2）ランダムスクリーニング，3）生合理的分子設計，4）天然活性化合物の修飾の4つの手法があげられる[2]．

1）既存活性化合物の修飾（アナログ合成）

新しい生理活性物質の創製の手段としてよく用いられる手法で，学術文献や特許に記載された活性化合物あるいは先行他社製品をモデルとしてその構造修飾を中心に行う薬物設計である．今日使われている農薬の多くが経験的アナログ合成によって発明されており，成功率も高い．本手法は単に“ものまね”だけではなく，独自の合成技術や発想による構造修飾を進めることにより，化学構造と作用性がもとの化合物と異なる創造的な化合物を導き出すことに意義がある．実際，本法により創製された薬剤には生理活性などで，もとの化合物を著しく凌駕するものも多い．

本アプローチが適用される第1は，既知活性化合物の母核をもとに活性，選択性，浸透移行性を高め，価格，安全性，製剤物性などを改良するために誘導体を合成する場合である．概して，合成された化合物はもとの化合物に対して類縁的になりやすく，特許上の新規性に注意が必要である．第2は同じ作用機作をもつ化学構造の異なるいくつかの薬剤から，その作用に関与する必須構造を帰納的に予測しドラッグデザインする場合で，グラフィック表示を含めたコンピュータ分子設計や定量的構造活性相関（QSAR）の手法が利用される．なお，本手法で設計された化合物の生物検定は，第1の場合，もとの化合物と類似する作用性や適用分野を想定しており，おもに活性の強さが重要になるので，高次検定にかけ両者を比較する．一方，帰納法などによって導き出された第2の場合の化合物は，新規な化学構造をもつことが多く，低次検定でその作用を注意深く観察する必要がある．

2）ランダムスクリーニング

農薬を目的として合成された化合物ではなく，試薬，原料，中間体あるいは医薬品，染料，工業薬品などの研究過程で得られる多種多様の化合物を片っ端から生理活性検定にかけるやり方で，新農薬の母核構造を見つけるための有力な手段であり今日でも広く採用されている．ランダムスクリーニングでは，多様な化学構造をもっている化合物を合成・収集することが重要である．本手法は特許的に新規性が高い化合物を見出せる反面，発見の確率は低い．除草剤を目指して合成展開していた化合物から殺虫活性を見出したりするように，もとの母核構造とは作用性を異にする新農薬が創製されることもある．また，特定のターゲットを設定しない農薬合成は，ランダムスクリーニング法に分類されるが，全くランダムに合成するのではなく，独自の着想や合成技術または自社の中間原料の利用などをもとにドラッグデザインする．本手法では効力検定のあり方が重要で，生理活性をもつ母核構造を見出すことが目的であるので，検定では活性の強さよりむしろ作用性に着目することが必要である．ランダムスクリーニングに関して，最近コンビナトリアルケミストリー（combinatorial chemistry）とハイスループットスクリーニング（high-throughput screening）という新しい手法が注目されている．

i）コンビナトリアルケミストリー　アミノ酸のようなユニットとなる分子種を，化学反応を用いて順に結合することにより，多数の化合物を合成する技術をコンビナトリアルケミストリーという．ペプチド化学で培われた試薬知識，装置，固相法反応などの合成技術を基本としており，合成の自動化技術の進歩により多種多様な化合物を迅速に合成することができる．本合成には2つの方法がある．スプリット法では，試薬を結合した固相の分配（スプリット）と混合を繰り返しながら反応することにより，幾何級数的に多数の化合物を合成できる．パラレル合成法では多数の反応容器を用いて同時並行的に合成し，固相だけでなく液相反応にも適用でき，さらに得られた化合物の精製が可能である．このように合成された多数の化合物のプールはライブラリーと呼ばれる．固相反応において適用できる反応の範囲も広がり，ペプチドだけにとどまらず，ベンゾジアゼピン，チアゾリジノン，β-ラクタムなど種々の複雑なヘテロ環化合物のライブラリーが報告されている[3)]．

ii）ハイスループットスクリーニング　医薬の創薬研究において，多数の化合物合成を可能にしたコンビナトリアルケミストリーに対応すべく開発されたスクリーニング法である．サンプル供給から，バイオアッセイ，データのアウトプットまでを自動化し，活性情報と化合物の構造情報の関連を迅速に解析するシステムとなっている．アッセイ法は多穴マイクロプレート（96穴または384穴）による*in vitro*試験が主で，一度に多数の被検体を微量で短時間に検定できる．またサンプルのひょう量，希釈，分注，インキュベーション，活性測定などのロボット化が行われるのに加え，データの入力・解析などもコンピュータにより制御する自動化が試みられており，5,000検体/日のスクリーニングも可能である[4)]．農薬のスクリーニングは対象の生物種が多く，薬剤感受性もそれぞれ異なるため*in vivo*試験が基本であり，ハイスループットスクリーニングのためには*in vivo*試験の小型化および自動化が必要である．最近の報告によると，植物病原菌，バクテリア，昆虫，雑草を使った小型の*in vivo*試験が開発され，酵素，受容体，細胞小器官を用いた*in vitro*試験とともに，10万検体/年のスクリーニングが可能になっている[5)]．新農薬の成功確率がますます低くなっているなかで，ハイスループットスクリーニングはリード化合物の探索における有力な手段であり，将来広く採用されるであろう．

3）生合理的分子設計

生体の機能や生理・生化学に基づいて理論的に新薬を設計しようとするアプローチである．農薬の研究では対象生物種が多岐にわたり分子設計に必要な生化学的情報も比較的少ないなどのことから，生合理的薬物設計は医薬研究に比べて遅れている．しかし，近年農業上重要な生物の生化学，分子生物学およびバイオテクノロジーの進歩により，生物学的情報も徐々に蓄積され，それらの実験的知見と洞察に基づいて生合理的アプローチが試みられている．殺虫剤では中枢神経の機能で重要なオクトパミンおよびγ-アミノ酪酸（GABA）受容体，殺菌剤では膜成分のステロール生合成，呼吸鎖のcomplex I，除草剤では分岐アミノ酸生合成経路上のアセト乳酸合成酵素，プラストキノン・トコフェノール生合成系のヒドロキシフェニルピルビン酸ジオキシゲナーゼなどを標的としての*in vitro*系の評価が行われており，作用点における生化学情報に基づく分子設計に役立っている．異種生物間の薬物代謝の違いに基づく低毒性農薬の分子設計によって発明されたプロペスティサイド[6]や，作用点の変異を主要因とした薬剤抵抗性に着目し，生合理的に薬物設計された負相関交差耐性剤[7]などが実用化されている．また，昆虫の幼若ホルモン[6]や微生物のシトクロムP-450[8]に着目した生合理的設計が図られている．そのほか遷移状態アナログ，酵素自殺基質などのアプローチによるリード化合物探索が行われている．一方，土壌害虫の呼吸器官と中枢神経の形態観察に基づき，揮散性，安定性，水溶解性を高め，ガス効果が期待できるピレスロイドが設計され実用化されているが，これも生合理的設計のひとつであろう[9]．

生合理的アプローチによって上市された農薬は少なく，特に作用点の生化学に基づく薬物設計によって合成され，実用化に至ったものはない．しかし，医薬研究においては想定されるターゲットタンパク質あるいは酵素の立体構造をX線結晶解析などで明らかにし，薬物との相互作用をコンピュータによる計算機化学的手法で評価する，分子設計方法が成果をあげている．生理活性が薬物と作用点との特異的相互作用によって起こるという基本を考えると，今後この点からのアプローチはリード化合物の探索に，またその最適化にますます重要になると思われる．

4）天然活性化合物の修飾

人類はいろいろな試行錯誤のなかから，農薬として有用な天然物を見出し使用してきた．有名なものとしてはタバコの浸出液，デリス根，除虫菊があり，第2次世界大戦以前にはそのものが殺虫剤として重要な役割を果たしていた．天然物の化学構造は一般に複雑で，また化学的に不安定のものも多い．実用化のためには有効成分の構造決定，全合成，誘導体の合成による構造と活性の研究，さらにそれらをもとにした種々の構造改変が行われる．

i）ピレスロイド[10]　天然物をリード化合物とした典型的な成功例を殺虫剤のピレスロイドにみることができる．除虫菊の有効成分であるピレスリンI，IIの安価な大量生産は困難であり，構造を単純化することによる企業化が目指され，アレスリンやレスメスリンが合成された．これら初期のピレスロイドは光に不安定であり，カやハエなどの室内の衛生害虫が対象であったが，光安定なフェンバレレートやパーメスリンなどが発明され，野外で広いスペクトラムをもつ殺虫剤として使用されている．さらに，大幅な構造変換により低魚毒性のエトフェンプロックスが見出され水田用殺虫剤として適用範囲を広げている[11]．

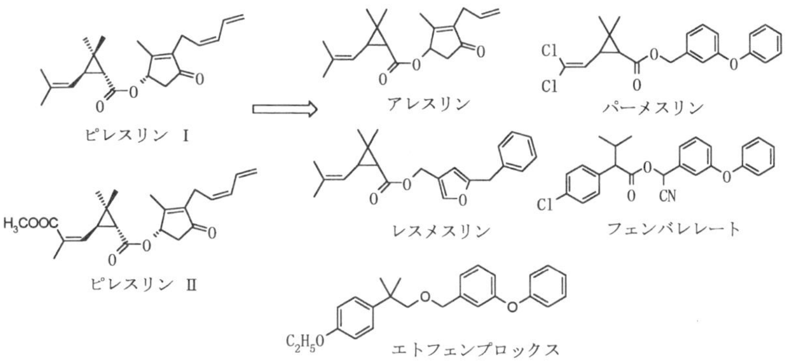

図 3.2　天然物とそれをリードとした農薬

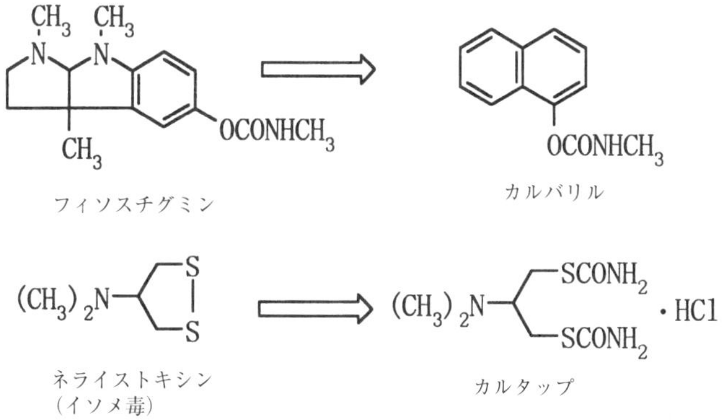

図 3.3　天然物とそれをリードとした農薬

ii）その他の天然性殺虫剤[10]　　アセチルコリンエステラーゼ阻害剤のカーバメート系殺虫剤は豆科植物のアルカロイドのフィソスチグミンから合成展開されたものである．そのほか，釣餌のイソメの殺虫成分ネライストキシンにおいては，さらに安定で実用的な誘導体が検討され，ニカメイチュウ防除の殺虫剤としてカルタップが開発されている．天然物の複雑な化学構造の単純化の事例は，幼若ホルモンなどでもみられ，天然物の活性を大きくしのぐものが合成されている．そのほか，まだ実用化はされていないが，植物から見つけられた殺虫活性物質にはコショウなどから得られるイソブチルアミド誘導体，ハエドクソウからのハエドキサンなどがあり，新しい作用性をもったリード化合物として注目される．

iii）抗生物質からの誘導　　カビやバクテリアから得られる抗生物質が農薬のリード化合物として注目されている．医療用の抗真菌剤のピロルニトリンは光に対して不

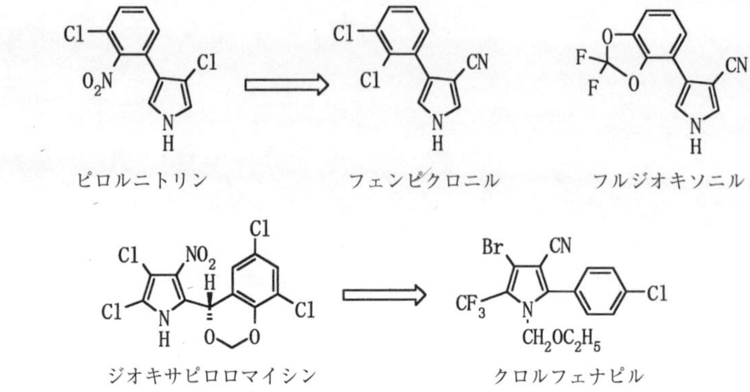

図3.4 天然物とそれをリードとした農薬

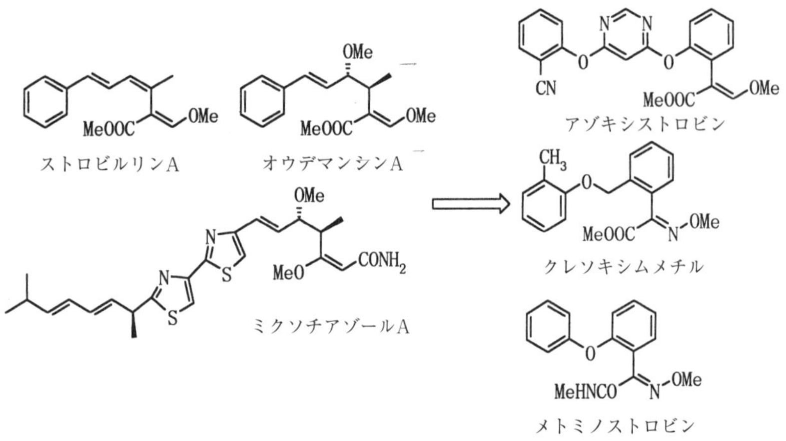

図3.5 天然物とそれをリードとした農薬

安定で農用殺菌剤としては実用性が不十分であったが，クロル基をシアノ基に変換することにより光安定化し，種子消毒および果樹・野菜用殺菌剤として実用化されている．ピロール骨格をもつ抗生物質ジオキサピロロマイシンから殺虫剤のクロルフェナピルへの構造変換が成功をみている．

ストロビルリン，オウデマンシン，ミクソチアゾールなどが呼吸の電子伝達系を阻害する新しいタイプの天然抗菌性物質として知られている．これらはおもに担子菌類が生産するが子嚢菌やバクテリアによっても生産される．作用発現に必須のβ-メトキシアクリル酸構造を残し，化学的に不安定な共役二重結合を変換することにより，クレソキシムメチルやアゾキシストロビンなどの，広いスペクトルを有する殺菌剤が開発された[12]．

除草剤としては，抗バクテリア活性から見出されたグルタミンシンターゼ阻害剤である非選択性除草剤ビアラホスがある．生体内でアラニン部がはずれたリン酸誘導体が活性の本体であり，その活性物質もグルフォシネートとして企業化されている．

複雑な化学構造をもつ抗生物質は工業的な化学合成が困難なため，それ自体を醗酵法で生産し，使用することも多い．そのような農業用抗生物質としてはカスガマイシン，ブラストサイジンなどの殺菌剤が知られている．また殺虫・殺ダニ活性を有するマクロライド系のアヴァメクチン，エマメクチン，スピノサドなどが実用化されている．そのほか，除草活性をもつ抗生物質としてヒダントサイジンが報告されている．

b.　活性化合物の最適化（lead optimization）

リード化合物が見出されると多くの類縁化合物が合成され，それらの化学構造と生理活性の関係を調べることにより，さらに高活性の化合物の探索が行われる．この最適化のプロセスにおいて最も有力な方法が定量的構造活性相関（QSAR）である．

定量的構造活性相関（QSAR, quantitative structure–activity relationships）[13]

生物活性の強さは薬物分子の物理化学的性質（おもに疎水性，電子的性質，立体性の3つの因子）によって説明でき，次のようなハンシュ–藤田式で示される．

$$\log(1/C) = -a\pi^2 + b\pi + \rho\sigma + \delta E_s + \varepsilon I + \text{constant}$$

ここに，C：ある一定の活性を示す薬剤濃度あるいは薬量，π：疎水性パラメータ，σ：電子的パラメータ，E_s：立体的パラメータ，I：ダミー変数，$a, b, \rho, \delta, \varepsilon$：係数．

πの2乗項は化合物の疎水性に，生理活性を最大にする値（最適π値）があることを示しており，薬物が生体膜などを透過・移行していくプロセスが関与している場合にみられる．立体効果に最適値がある場合にも，2乗項が加わる．この式は重回帰分析といわれる統計解析法により導かれ，相関係数，標準偏差などによって統計的に有意性を評価できる．QSARは生物活性を物理化学的因子によって理解する基盤を確立し，その後のコンピュータによる合理的分子設計の発展につながっている．

ハンシュと藤田らが確立し発展させてきた古典的QSARに対して，最近化合物の3次元構造を取り扱う3次元QSARが注目されるようになってきている[14]．その中で最もよく使用されているCoMFA法（comparative molecular field analysis）では，化合物の周りに仮想薬物受容体の格子点をおき，立体的および静電的なエネルギーを計算し，それらのエネルギーパラメータと活性変化との関係を統計的に解析する．活性にとって有利あるいは不利な3次元空間の領域をコンピュータグラフィックで表示し，仮想的な受容体モデルに基づく未知化合物の活性予測を行うことができる．

i）生物活性の表し方　　生物活性はMIC（最小阻止濃度），EC_{50}（50%有効濃度），LC_{50}（50%致死濃度）などのモル濃度の逆対数で表すことが多い．また，ランクづけされたデータ（−，±，＋，++など）を取り扱う方法として森口の適応最小二乗法（adaptive least–squares method, ALS法）[15] などがある．

ii）疎水性パラメータ　疎水性パラメータとしては有機溶媒と水の間における薬物の分配比を表した分配係数が使用される．有機相としてオクタノールを使用し，対数で表したLog Powが最もよく使われる．置換基Xをもつ化合物（R—X）と無置換化合物（R—H）との分配係数の差（[R—X]－[R—H]）から求められた置換基定数πを使う場合も多い．分配係数は振とう法によって測定されるが，煩雑さがあるため，逆相の液体クロマトグラフィー（HPLC）を用いて，あらかじめlog Pがわかっている化合物を標準にして求めることもある．一般に分配係数は加成則が成り立ち，計算プログラムによってかなり精度よく予測できる．

iii）電子的パラメータ　電子的パラメータとしては芳香族置換基におけるハメットのσ，脂肪族置換基におけるタフトのσ^*などが使われることが多いが，有機反応論におけるσ^+，σ^-，σ^0などの種々のσ値，それと関連したスウェイン-ルプトンのパラメータ（F，R）などが使用される．分子軌道法計算から得られるHOMO，LUMOなどの計算機化学のデータがパラメータとして適用できる場合もある．実測データによる電子的パラメータとしてpK_a値，酸化還元電位，NMRのケミカルシフトなどが使用される．

iv）立体パラメータ　脂肪酸エステルの加水分解速度から求められたタフトのE_sが立体的パラメータとしてよく知られている．E_sはファンデルワールス半径と相関しており，計算によって求めることもできる．そのほか，ファンデルワールス体積（MV），分子容（MR），CPK分子モデルにおける化合物の長さや，幅，厚みなどから求められたSTERIMOLパラメータ（L，B_1，B_5など）がある．STERIMOLパラメータにおける分子モデルは，できるだけ込み合わないようにジグザグに伸ばした形におくことが多いが，コンピュータによる分子計算によって最安定構造を求め，ある特定の方向性を考慮する場合もある．

v）ダミー変数（indicator valuable）　ダミー変数（擬変数）は水素結合性基などのような，ある特定の置換基が存在するかどうかによって，1あるいは0をとるという特別なパラメータである．恣意的にみえるところもあるが，これによってQSARの適用範囲が広がった．

c.　生物検定試験

新しい化合物が農薬になりうるかどうか知るために，最初は小規模の室内で行われる生物検定（室内検定）により生理活性の有無を調べる．除草剤の試験については，室内のほか温室で行うことも多い．室内検定や温室試験を新剤探索でのプロセスでみると，1）1次スクリーニング試験（1次効力試験），2）2次スクリーニング試験（2次効力試験），3）作用特性試験の段階に分けられる[16,17]．

1）1次スクリーニング試験

新しい化合物の農薬としての価値を知る最初の選抜試験であり，その重要性は大きい．また多検体を試験する必要から，その方法は簡便で経済的であることが望ましい．供試生物は，① 日本または世界の農業で重要なこと，② 薬剤感受性が高いこと，③ 大量培養，飼育あるいは採集ができること，④ 取扱いが容易なことなどの条件を満たす微生物，昆虫，雑草が好ましい[18]．ユニークな生理活性をもつ化合物の発見は独創的なスクリーニング法に負うところが多いので，どのような作用特性を引き出すかを十分考慮した試験方法を考案し，採用する必要がある．被検体は水和剤にするか，アセトンやメタノールなどの有機溶媒に溶かし，水で希釈して使う．1次スクリーニングでの試験濃度は一段階のことが多い．比較薬剤はあまり用いられないが，温室で行う除草剤スクリーニングでは環境変化の影響を解析するために使われることが多い．

評価・選抜は発病阻止率，殺虫率，殺草率などの試験結果をA（95～100％），B（80～95％），C（60～80％）およびD（60％以下）のランクに分け，AおよびBの活性を示した化合物を1次試験有効と判定し，直ちに2次スクリーニング試験にかける．

2）2次スクリーニング試験

ここではおもに低濃度試験と残効試験が行われる．低濃度試験では化合物の有効最低薬量あるいは作物に安全な最高薬量を把握するため，3～5段階の処理濃度の試験が実施される．また2～3の対照薬剤を使い試験条件の適否判断や効力比較をする．試験法は1次スクリーニング試験に準じて行う．2次スクリーニング試験の目的は2次有効化合物の選抜のほか，化合物の生理活性を高めるための情報を得ることにあり，本試験の結果をもとに構造と活性の相関（QSARなど）を調べ，構造の最適化が試みられる．評価は1次スクリーニング試験のそれと同じであるが，高い活性を示した化合物については鉢植え植物を使った残効試験を温室や屋外で行う．低濃度および残効の両試験から有望な化合物1～数検体を選ぶ．

3）作用特性試験

圃場での効力は化合物の物理化学的，生理生化学的性質に基づく作用性と対象病害虫および作物の特性との相互関係，さらには，それらのおかれた環境による影響などの総合的な結果である．したがって，化合物の作用特性を解明することは，その薬剤のもつ性能を十分に発揮させる使用法や使用時期を把握する意味で，また圃場の効果を予測・解析するうえで重要である．作用特性試験はおもに室内または温室で，市販薬剤との比較で行われ，その内容は多岐にわたる．よく検討される作用特性試験を以下に記す．

殺菌剤：殺菌スペクトル，予防・治療効果，胞子発芽・形成阻害，菌糸生育阻害，病斑進展阻害，浸透移行性など．

殺虫剤：殺虫スペクトル，速効性，経口・経皮毒性，ステージ別効力，殺卵力，浸透移行性，ガス効果など．

除草剤：殺草スペクトル，作物選択性，土壌残効・移行性，ステージ別効力，植物による吸収部位，体内移行性など．

3.2 圃場効果試験

2次スクリーニング試験で有効と判定・選抜された化合物が，実際の場面で使えるかどうかを判断するのが圃場試験である．圃場試験はそれまでの試験が行われた室内や温室の人為的環境とは異なり，自然環境あるいはそれに近い環境で実施されるため，効力や薬害が温室のそれとは著しく異なる場合がある．また，圃場試験によって新たな作用特性が明らかになることもある．圃場試験は多大な労力，経費，時間を要することから，市場性の大きい病害虫・雑草および作物を主対象として，① 小規模圃場試験，② 実用化試験の手順で行われる[16,19]．

a. 小規模圃場試験

初期の圃場試験は複数の化合物や製剤検討のため試験区が多くなるので，苗木や大型コンクリートポット，時には大型鉢植え植物を用いて行うことが多い．対象病害虫・雑草は自然発生が好ましいが，人為的に接種，播種する場合もある．試験の目的は被検体の野外での防除効果の確認，または化合物（製剤）間の効力比較と選抜であるので，2～3濃度の試験区を設ける．また試験期間中の環境による影響を正確に把握し，化合物の効果を比較評価するために，対照薬剤を1～2剤（実用濃度）用いる．結果は試験期間中の処理区の発病度合いや虫数などから防除価[20]あるいは防除効率[21]を求めて，また除草剤については日本植物調節剤研究協会の適用試験総合評点基準に従って，判定する．さらに，試験期間中の無処理区の病害虫・雑草の発生密度および対照薬剤の効力をもとに各化合物の効果を評価し，活性の高い化合物を1～2検体選抜する．

b. 実用化試験

小規模圃場試験で高い防除効果が得られた化合物が，実際の栽培体系で防除剤として使用できるか，また開発化合物になりうるかどうかを判断する試験である．本試験実施にあたり，最もむずかしい圃場の選定には，① 対象病害虫・雑草の発生が多いこと，② 発生が均一であること，③ 作物の生育が均等であることなどが重要な条件となる．規模としては水稲の場合は1区30 m^2，果樹では成木では1区1樹，野菜では1区10 m^2程度の広さで，少なくとも3反復が必要である[18]．本試験での検討事項は実用濃度，処理時期，処理方法および薬害などの把握である．試験化合物は製剤を用い，小規模圃場試験結果からの予測実用濃度を中心に3～4段階の試験濃度で行う．またターゲット分野で最も優れていると評価されている薬剤を含め，2～3の対照薬剤を用いる．評価は小規模圃場試験のそれと同様であるが，開発化合物の適否は高い防除効果を示し実用性が期待できるだけでなく，試験に用いた対照薬剤に比べ特徴をもつかどうかによっている．開発化合物の最終選抜は圃場試験と作用特性試験の評価を中心に，初期の安全性試験結果および合成の難易度などを総合的に判断して行う．

なお，農薬登録取得のための効力評価は社団法人日本植物防疫協会および財団法人日本植物調節研究協会が窓口となって，全国の国公立試験研究機関などに委託する試験によって行われる．　〔山田富夫・汲田　泉〕

文　献

1) 吉田元三（1987）．新薬のリードジェネレーション（森口郁生，梅山秀明編），p.38，東京化学同人．
2) 塩田英臣（1983）．化学と生物，**21**：465.
3) 岡島伸之（1998）．21世紀の創薬科学（野口照久，石井威望監修．江本豪三，田中利男編），p.97，共立出版．
4) 石井康高・本間一男（1998）．21世紀の創薬科学（野口照久，石井威望監修．江本豪三，田中利男編），p.117，共立出版．
5) Ridley, S.M.*et al.*(1998). *Pestic. Sci.*, **54**：327.
6) 江藤守総（1986）．生物に学ぶ農薬の創製．日本農芸化学会ABCシリーズ9，p.91，ソフトサイエンス社．
7) 山本　出（1985）．農薬の生有機化学と分子設計（江藤守総編），p.276，ソフトサイエンス社．
8) 田中鎮也（1986）．生物活性物質の分子設計（吉岡宏輔，首藤紘一編），p.235，ソフトサイエンス社．
9) McDonald, E.*et al.*(1986). British Crop Protection Conference, *Pests and Diseases*, **1**：199.
10) 宮門正和（1993）．続・医薬品の開発 第18巻 農薬の開発I（矢島治明監修．岩村　叔，他編集），p.125，廣川書店．
11) 沼田　智（1986）．生物活性物質の分子設計（吉岡宏輔，首藤紘一編），p.338，ソフトサイエンス社．
12) Clough,J.M.*et al.*（1995）.Eighth International Congress of Pesticide Chemistry, p.59, American Chemical Society, Washington, DC.
13) 窪田種一，他（1979）．構造活性相関 ドラッグデザインと作用機作研究への指針（構造活性相関懇話会編），化学の領域増刊122号，p.43，南江堂．
14) Hansch, C. and Fujita, T.（1995）. Classical and Three-Dimentional QSAR in Agrochemistry, ACS Symposium Series 606, p.1, American Chemical Society, Washington, DC.
15) 森口郁生・小松克一郎（1982）．構造活性相関［II］ドラッグデザインと作用機作研究の実際（構造活性相関懇話会編），化学の領域増刊，136号，p.303，南江堂．
16) 浅田三津男（1985）．農薬生物検定法（細辻豊二編），p.313，全国農村教育協会．
17) 萩本　宏（1985）．農薬生物検定法（細辻豊二編），p.447，全国農村教育協会．
18) 會田重道（1985）．農薬生物検定法（細辻豊二編），p.232，全国農村教育協会．
19) 木曽　晧（1997）．植物保護の探索（浅田三津男，他編），日本農薬学会農薬生物活性研究会，p.3，日本植物防疫協会．
20) 本間保男（1985）．農薬生物検定法（細辻豊二編），p.24，全国農村教育協会．
21) 奥代重敬（1973）．植物防疫，**33**：269.

3.3　土壌残留試験

a.　土壌中での挙動と残留性について

農薬開発において，探索研究で見出された新規化合物を農薬として世に出すまでには種々の安全性評価のハードルを越えなければならない．この安全性評価には，DDT，BHC，PCP，パラチオンを代表とする初期の有機塩素系や有機リン剤系農薬が人や環境およびそこに棲息する生物に及ぼした予期しなかった影響を踏まえて，その教訓を生かした人類の知恵が込められている．実際の農薬の研究･開発における安全性評価では，その新規化合物の毒性の強さ（急性毒性）と質（発がん性，催奇形性，繁殖性）および代謝･残留性について最初に考察することから始まる．類似構造の既存物質があればその安全性情報を入手し，全くの新規構造であれば初期安全性試験として短期の毒性試験と代謝･分解性試験を実施し，その結果から安全性評価での問題点を拾い上げ，農薬としての使用における最終的な化合物の安全性の姿を予測することになる．

農薬の土壌残留性は代謝試験と残留試験で評価される．農薬は散布剤と土壌処理剤とに大別することができる．散布剤の場合には使用された農薬はまず作物や雑草に付着するが，多くの部分が土壌に落下する．植物表面に付着した農薬の一部は植物中に浸透移行し，植物中で代謝･分解を受けるが，いずれは圃場の土壌に到達する．土壌処理剤においては土壌表面や土壌中で製剤や散布液中の農薬は土壌中水分へと溶解し，土壌中微生物による代謝や分解を受けながら，植物への吸収移行や土壌粒子への吸脱着を繰り返し，一部は灌水や雨水の水流に乗って，土壌表面での移動・流出，土壌中への浸透などにより環境中へと希釈，拡散される．また，一部は大気中へガスとして拡散したり，土壌微粒子とともに風で飛散したりする．これらの圃場の土壌中や環境での農薬の挙動はその農薬原体の物理化学的性質に従って進行するので，各種の物理化学的パラメータから環境中での挙動や分布を予測することが可能となっている．

過去の農薬において，土壌残留性農薬として指定されたものにディルドリンとアルドリンがあり，後作の作物の一部に許容量を越える残留を示した．この事例を教訓にして土壌残留性についての検討が行われている．土壌中半減期が1年以内であることがまず第一の条件である．土壌中半減期が1年の場合，理論上は毎年の使用により最終的に土壌中濃度は初期濃度の2倍になる．したがって，土壌中半減期が1年以上である場合には，後作の作物吸収試験によって作物への残留を調べる必要がある．

b.　土壌における代謝・分解

農薬の土壌中での減衰を把握するための土壌残留試験に先立ち，その農薬の分解経路を明らかにし，農薬原体に加えて残留分析の対象とするべき分解生成物を特定するための代謝試験が必要である．農薬は土壌中において非生物的な物理化学的分解と生物的な分解を受ける．物理化学的分解としては加水分解，空気酸化や還元，太陽光による分解などがあり，生物分解としては土壌中の微生物による代謝や吸収移行した植物の根系での代謝が考えられる．代謝反応としては，加水分解，酸化，還元，脱ハロゲン化，ある種の異性化，アセチルやメチル化といった抱合やアニリン類からのアゾベンゼンの生成などが知られている．

また，代謝の過程で栄養代謝やC_1プールに取り込まれ，生体成分に変換・組み込まれる場合もある．最終的に農薬は芳香環やヘテロ環が開裂され，すべての構成原子が無機化されていく．土壌代謝の試験系としては，日本の農業では水田の占める割合が大きいことから，適用分野に応じて好気的湛水（水田）あるいは好気的（畑作）条件が用いられ，容器内土壌残留試験の試験条件を参考にして実施される．欧米においては畑作条件の好気的土壌代謝に加えて環境条件を模した河川底土を用いた好気的および嫌気的湛水条件における代謝・分解が必要とされている．複雑な環境中での分解経路を明らかにするには，土壌代謝に加えて，単純化した試験系である加水分解性試験，水中光分解試験，土壌表面における光分解試験なども実施され，これらの試験結果から土壌残留分析における分析対象化合物が選択される．

代謝試験においては通常放射性同位元素（おもに^{14}C，そのほかに^{3}H，^{32}Pなど）で標識した農薬原体が合成され用いられる．標識される位置はその農薬の化学構造の運命全体が把握できるように代謝的に安定な原子が選ばれるが，多環式の構造をもち，代謝的に開裂する場合にそれぞれの環構造の運命が把握されるように複数の標識体が必要とされている．使用される土壌は圃場から入手したばかりの新鮮なものが望ましい．土壌の薬物代謝活性は土壌中の微生物の活性に依存しており，炭素源を中心とする栄養源を含めて，代謝能は3～6か月が維持される限度といわれている．代謝試験は添加された標識体から生成する揮散性（炭酸ガスや揮発性代謝物）の代謝物を捕集するトラップを装着した容器に土壌を詰め，炭酸ガスを含まない空気を通気しながら，通常暗黒下で，25～30℃で実施される．炭酸ガスの生成は無機化の指標として農薬が完全に代謝･分解されることを証明している．親化合物の半減期がわかるような適切な間隔で土壌試料を分析する．

分析は比較的極性の高い有機溶媒（メタノール，アセトン，アセトニトリルなど）で代謝物を抽出し，薄層クロマトグラフィー（TLC)/オートラジオグラフィー（ARG）やRI検出器付きの高速液体クロマトグラフィー（HPLC）などで合成標品と比較・同定して行う．分離された代謝物の放射能を定量し，代謝物の生成割合が決定される．USA/EPAにおいては代謝物の同定の条件として，合成標品との一致を少なくとも2種の基本原理の異なる方法で確認することとしており，TLCにおいては順相と逆相での条件が必要とされている．主要な生成物が合成標品と一致しない場合には単離生成し，構造解析を質量分析計（MS）や核磁気共鳴（NMR）スペクトルで行う．しかし，実際の土壌中代謝物は量的に少なく単離することは容易なことではない．最近では代謝物を単離することなく，HPLCとMSを直接連結したLCMSでマススペクトルを測定することが可能となっており，特に極性の高い代謝物の同定には強力なツールとなっている．有機溶媒で抽出されない土壌残査の放射能は燃焼法で$^{14}CO_2$として測定し，結合性残留物（bound residue）とする．この土壌残査中の放射能の割合が多い場合にはさらにソックスレー抽出や酸，アルカリなどで抽出し，腐植成分画分への分布を調べる．

c. 土壌残留試験の設計

土壌中での農薬の減衰を明らかにするために圃場と容器内での土壌残留試験が行われるが，土壌代謝試験で同定された主要生成物も分析対象として親化合物とともに分析される．土壌残留試験の実施の指針（53農蚕第6848号）では，圃場試験は実際の農薬の使用場面における減衰を，容器内試験は環境要因を排除した土壌中での基本的な分解を調べることになる．試験圃場は2か所以上とし，土壌特性の異なる圃場を選択する．農薬散布は通常の使用に合わせて各地の試験場で行われ，試料の採集は圃場の4地点以上から行い均一に混ぜる．土壌は表面から10 cmの深さを柱状に200 g以上とする．水田では土壌を田面水とともに採集する．土壌中濃度が1/2になるのに要する期間（半減期）が明らかになるように，土壌への処理前後とその後4回以上の試料採集が必要とされている．

容器内試験は畑地用農薬は畑地土壌，水田用農薬は水田土壌を用い，圃場試験と同様に鉱質土壌と腐植質火山灰土壌のそれぞれ特性の異なる2種類以上を選定する．原則として，1種類は圃場試験に用いた土壌を使用する．土壌は風乾しない生土の状態で砕き，5 mmのふるいを通したうえ，土壌の深さが1 cm以上となるように，それぞれの試験容器中へ充塡し，上部をアルミホイルで覆う．供試薬剤は農薬原体または標準品を用い，必要に応じて蒸留水，有機溶媒またはクレーなどの担体で希釈し，土壌中に均一に混合する．土壌中の水分含量を保ちながら25～30℃に保たれる．圃場および容器内試験のいずれにおいても分析は主要な分解生成物とともに行われる．土壌中濃度は初期には1次反応で減衰するが，時間の経過とともに減衰速度は低下することが多く，また分析値は採集点数を多くしてもばらつきがみられるので，減衰曲線を実際に描くことにより半減期が求められる．また，農薬そのものに加えて，分解生成物も合わせた減衰速度の場合はその生成速度と分解速度が加わり，1次反応からは外れてくる．したがって，減衰曲線を外挿できるモデル式があれば適用し，なければ実際の分析値を片対数グラフに描き初期値の1/2に達する日数を求める．

アメリカにおける土壌残留試験では国土が広いこともあって使用される地域ごとに2か所の圃場で農薬製剤を用いて実施することが要求されている（Subdivision N, Series 164）．適用分野ごとに試験期間が定められ，通常は18か月にわたり農薬および土壌中代謝物の消長が明らかにされる．土壌中で次シーズンの農薬使用までに半減せず長く残留する農薬の場合には，RIを用いた根菜類，穀類および葉菜の3種類の作物を用いた輪作での蓄積性試験（confined accumulation studies on rotational crop）と圃場での同様の試験（field accumulation studies on rotational crop）が実施される．水稲での適用があれば魚や水生生物への蓄積性を調べる残留試験が必要となる．

d. 水田残留試験

日本特有の残留試験に水田水での残留試験がある．水田用農薬の河川水への流出に関して社会的な関心が高まったのに対応して，ゴルフ場で使用される農薬の排水中濃度の指針値および広範囲に使われる農薬の公共用水における指針値が定められた．この指針値においては人が一生涯摂取しても健康に影響の出ない農薬の摂取量（通常はADI）の10%を飲料水に割り当て，1日当たりの飲料水量を2lとして算出された濃度が採用されている．これに関連して新規の水田用農薬の登録申請に際してモデル水田を用いる田水中濃度推移と浸透水の分析を行い，河川水の濃度予測を行い環境水中濃度の登録保留基準を定めることが求められている．

試験水田は原則として1 m^{2}以上のライシメーターを用い，土壌は2種類以上とする．1日当たりの降下浸透が1～2 cm程度とし，水深5 cm程度の湛水状態を保つ．水田水の採取は処理直前，直後，1，3，7日後および14日後に行い，水田水中濃度が最も高くなる製剤が選ばれる．分析対象は農薬およびその土壌中主生成物とし，検出限界は1 ppbが目安とされている．水田水中濃度から次の関係式を満足させる登録保留基準値（水田水中濃度，A）を定めることになる．

平均公共用水域濃度＝飲料水由来の1日当たりの摂取限度濃度（B）

≧(試験水田水中濃度)×(年間最大散布回数)/(評価対象期間×希釈減衰倍数)

評価対象期間を150日，希釈減衰倍数を10とし，これを変形して

$$(\text{試験水田水中濃度})\times(\text{年間最大散布回数})\leqq A\leqq B\times 150\times 10$$

の条件を満たす登録保留基準値Aが設定される．いい換えれば上式が成立する水田水中濃度および使用回数が登録の条件である．

e.　環境中での挙動

環境動態の分布予測の数式モデルにはいくつもが使われているが，ここでは基本的に最もよく知られているMacKayのフガシティー（fugacity）モデル（レベルI）を紹介する．環境を大気（a），水（w），土壌（so），底質相（sd），生物（b）から構成される閉鎖系とし，化学物質の分布割合をその物理化学的性質から数式を用いて予測する．モデルの前提として，化合物の分解，代謝は起こらないとし，化合物の相間の平衡はきわめて短時間で成立するとしている．フガシティーというそれぞれの相から化合物の出ようとする傾向を表す指標を用いる特徴がある．レベルIモデルは以下のように表される．

$$f_a = f_w = f_{sd} = f_{so} = f_b = f, \qquad C_i = f \times Z_i$$

ここに，f：各コンパートメントのフガシティー，C：濃度．

各相のフガシティー 容量（Z_i：mol/m^2·Pa）は該当する化学物質の物理化学的パラメータから下式で計算される．

$$Z_a = \frac{1}{RT},\ Z_w = \frac{1}{H},\ Z_{sd} = K_d \times \frac{P_s}{H},\ Z_{so} = Z_{sd} \times \text{有機炭素含有率比},\ Z_b = K_s \times \frac{P_b}{H}$$

ここに，R：気体定数（8.314 Pa·m^2/mol·K），T：絶対温度，H：ヘンリー定数（314 Pa·m^2/mol），P_s：底質または土壌の密度（g/cm^3），P_b：生物の密度（g/cm^3），K_d：底質または土壌の吸着平衡計数，K_s：生物濃縮係数．

そして環境中の化学物質の存在量をM_tとすれば，各相のフガシティーは等しいので，$f = M_t / \Sigma Z_i \times V_i$（$V$：各相の容積）となり，各相の濃度は　$C_i = f \times Z_i$　である．このモデルでは化学物質が環境の大気，水，土壌，底質相および生物の各コンパートメントへの分布割合を物理化学的パラメータから予測することができる．

3.4　作物残留試験

a.　作物における残留農薬の安全性

農薬の安全性評価で最も基本的なものが残留農薬の人への安全性である．農薬が散布されたあと，植物体に付着した農薬は一部が光分解を受け，また風雨により流亡するが，茎葉部や根から吸収され，植物の酵素系で代謝分解を受け，一部は生体成分に取り込まれたり，無毒化された抱合体として保持される．この代謝分解経路を明らかにし動物代謝との異同を調べ，さらに残留分析によって農作物，収穫物および加工食品に残留する農薬および代謝物の量を把握し，慢性毒性・発がん性・繁殖性試験から定められた一日摂取許容量（ADI，acceptable daily intake）から人における安全性を確保することが最終目的となる．消費者は食品を選ぶときに個々の食品中の残留について選択することはできないので，農薬登録の段階で安全性を保証することが求められる．

b.　作物代謝試験

作物における代謝研究のおもな目的は光分解を含めた農薬の代謝経路を明らかにし，動物における代謝経路と比較検証するとともに，作物の可食部での残留農薬の量を把握するために行われる残留試験での分析対象を決定することであり，代謝試験の過程で得られる残留物の抽出方法や抽出率についての情報も残留分析への応用ができ重要である．また，農薬の作物体での移行性について明らかにすることも残留物の性格を知るうえで重要である．代謝試験の基本的な要件は先に述べた土壌代謝と共通することが多いので省略する．植物体での代謝試験を行うに際して，農薬の処理方法を可能な限り実際の使用方法に合わせることが求められ，地上部（茎葉）あるいは地下部（根部）処理が行われる．

しかし，現実の農薬製剤をRI標識体で調製することは困難な場合が多く，均一な付着状態を得るためメチルセロソルブ，ポリオキシエチレングリコール，あるいはメタノールなどに溶解したRI標識体を処理される．また，RIの散布処理においては施設の汚染を避ける工夫が必要であり，時には汚染防止のために局所施用も用いられる．地下部処理は浸透移行性をもった農薬の代謝研究ではしばしば用いられ，特に，水田状態のイネでの水面処理は農薬の移行性を植物体中の放射能の分布で調べるためによく行われる．また，根部からの浸透移行性を調べるには水耕栽培の植物を用いるが，連続的な吸収が起こりかなりの吸収量に達してしまう場合がある．茎葉部あるいは根部からの浸透移行性の検討には植物体のARGを用いて肉眼的に把握できるようにす

表3.1 植物代謝試験における植物群の分類（案）

植物群	おもな作物	登録保留基準の作物分類 （フードファクター）*
イネ	水稲	米（190.4）
穀類およびサトウキビ	コムギ オオムギ，ライムギ，トウモロコシ，ソバ サトウキビ	コムギ（117.8） コムギ以外のムギ・雑穀（12.4） サトウキビ（13.8）
果実 （カンキツ，ウリ類を除く）	モモ，ビワ，キウイ リンゴ，ナシ，カキ，ネクタリン アンズ，オウトウ，ウメ，イチゴ，ブドウ ギンナン，クリ，クルミ	第一大粒果実類（ウリ類を除く）（4） 第二大粒果実類（88.5） 小粒果実類（12） ナッツ類（1.3）
カンキツ類	温州ミカン 大粒カンキツ類，小粒カンキツ類	ミカン（40.7） ミカン以外のカンキツ類（2.8）
果菜（ウリ類を含む）	ピーマン，オクラ，シシトウ カボチャ，キュウリ，トマト，ナス スイカ，メロン	第一果菜類（5.4） 第二果菜類（57） 第一大粒果実類のうちのウリ類
葉または花を可食部とする植物	キャベツ，ハクサイ ダイコンの葉，ブロッコリー，コマツナ エダマメ，サヤエンドウ，サヤインゲン タマネギ，ニンニク，ラッキョウ ホップ	第一葉菜類（59.2） 第二葉菜類（80.4） さや付き未成熟マメ類（3） 鱗茎類（30） ホップ（0.2）
根・茎を可食部とする植物	ダイコンの根，ニンジン，ショウガ バレイショ，サツマイモ，サトイモ テンサイ	根・茎類（82.3） イモ類（79.4） テンサイ（4.6）
マメ類・採油植物	ダイズ アズキ，エンドウ，ソラマメ ナタネ，ゴマ，ベニバナ	ダイズ（56.6） ダイズ以外のマメ類（2.9） オイルシード（10.1）
キノコ類	シイタケ，エニコダケ	キノコ類（13.5）
チャ	チャ	チャ（2.9）

* 平成11年度の食品衛生法での一日食品摂取量（平成8年度の国民栄養調査）

る．

試験実施にあたっての枠組みについてはEPA/USA（OPPTS 860.1300）の定めた試験ガイドラインが参考になる．日本においては，作物代謝試験の概略はすでに定められているが，さらに国際的な試験ガイドラインとの整合をはかる目的で検討が行われているところである．そのなかで作物代謝における作物の種類および数については作物を群に分け（表3.1），適用のある作物群から作物を選び，その代謝経路が3種類の作物において類似しているならほかの作物でも同じであると考え，それ以上の代謝試験を必要としないとするのが共通の考え方である．ただし，イネに適用がある場合には必ずその代謝試験を行うことが求められている．

同定すべき残留代謝物の割合あるいは濃度については可食部の残留量の10%および0.01 ppm以上の代謝物については同定または化学的特徴を明らかにするべきであろう．また，グリコシドやアミノ酸抱合体などの植物特有の代謝物については可能な限りの同定が望まれる．代謝物の同定には各種のクロマトグラフィーやスペクトル分析が用いられる．代謝物の同定には植物体を用いた代謝試験では吸収性の低い農薬の代謝や微量に生成した代謝物の同定がむずかしい場合がある．このような場合には*in vitro*の試験系が使われる．植物における試験系としては，切断葉および根，葉切片，分離葉細胞，カルスおよびその懸濁培養液，プロトプラストが用いられる．

c. 作物残留試験の設計

農薬の登録申請において作物残留試験は長期毒性試験から得られるADIと残留レベルを比較し登録保留基準を定めるのに重要である．作物残留試験の実施要領については国によって定められている．作物残留試験は適用のある作物ごとに実施しなければならず，2か所以上の異なった条件の場所で調製する．農薬の施用時期，施用回数，作物の収穫期と作物における残留量の関係が明らかとなるように設計し，農薬の安全使用基準が作成できるようにする．病害虫の異常発生を想定して使用する場合のように最も残留量が多いと推定される施用条件を含めて，長期にわたり収穫する作物の場合には収穫時期を変えて，一時期に収穫する作物では農薬の施用時期をいろいろと変えて，3つ以上の経過日数の異なる区を設ける．市場へ出す状態の試料を採取し，試料を損傷しないように，また，無処理区の試料を汚染しないように包装して分析場所へ送付される．

分析対象としては親化合物に加えて代謝試験での主要な代謝物についても実施する．試料は0から5℃に保存し，速やかに分析する．長期間保存する必要のある場合は凍結するが，分析対象化合物の保存安定性を確認するために無処理試料に標品を添加し同様に保存，分析する．分析は同一試料を2回以上の繰返しとし，2か所以上で行う．農薬の残留は農産物の部位によって異なっている，原則として一般消費者が食用にする部分が対象になる．おもな農産物の分析部位は次のとおりである．

リンゴ，ナシ，カキ：へた，花おち，および芯を除く（果皮はむかない）．
モモ：果皮と核を除く（果皮も分析しておく）．
ブドウ：柄を除く（果皮，種子を含む）．
トマト，イチゴ，ナス，ピーマン：へたを除く．
カンキツ：外皮と果肉（内皮とすじを含む）に分ける（別々に分析する）．
キュウリ：柄を除く．
キャベツ，ハクサイ，レタス：外側のいたんだ葉および芯を除く．
タマネギ，ネギ：外皮とひげ根を除く．
ダイコン，カブ，テンサイ：葉と根に分ける（別々に分析する）．根の泥は水で軽く洗い流すがこすらない．

表3.2　TMDI方式による作物残留基準値の設定例

基準値(ppm)	残留試験の例数ごとの最大残留分析値(ppm)			
	2例	4例	6例	10例
0.01	0.002	0.003	0.004	0.007
0.1	0.025	0.035	0.050	0.071
1.0	0.500	0.595	0.707	0.841
10	6.000	6.817	7.746	8.801

ニンジン，ゴボウ，薬用ニンジン，イモ類：泥を水で軽く洗い流す．

米：適量の玄米を粉砕（40メッシュ全通）する（残留量の多いときは7から9%精白した米も分析する）．

いなわら（家畜用飼料）：0.5から2cmに切断する．

チャ：製茶（他に浸出試験を行う）．

現行の作物残留の登録保留基準は作物残留試験で得られた分析値から理論最大一日摂取量（TMDI）方式と呼ばれる方法で定められている．すなわち，作物ごとの残留試験で得られた最大値を用いて，残留基準値ごとに試験例数に応じて定めた限界値（残留基準値の20～88%）から決定される（表3.2）．この残留基準値と表3.1に示した作物群のフードファクターの積の総和が人における一日摂取許容量の80%以内にあることが求められている．残り20%は農作物以外の食品，飲料水，空気などからの暴露に割り当てられている．

この方式による残留基準の設定は実際の食品からの農薬の暴露量に対してかなり過大に設定される結果となっていることが厚生省のマーケットバスケット調査から明らかとされている．厚生省は登録農薬の食品衛生法の残留基準を順次定めているが，WHOが公表し国際的に用いられている推定一日摂取量（EDI）方式を参考にすることを検討している．この残留農薬基準設定の新しい暴露評価は，作物残留試験で得られた残留レベルの平均値など，可食部における残留，加工調理の残留レベルへの影響，幼少児などの摂取量を用いた暴露評価，基準が設定される農作物以外の食品，水，空気などを介した農薬の暴露を考慮する方式であり，国際的な残留基準設定に調和したもので，より精密な暴露評価である．

3.5　農薬残留分析法

土壌中や作物中の微量の農薬や代謝物を分析するには，試料中の夾雑物を除くためのクリーンアップ操作と，分離能・感度・選択性の優れた分析機器が必要とされる．通常，分析機器としてはGLCやHPLCが用いられるが，土壌残留分析においては感度･選択性に優れた分析機器としてGC-MSやLC-MSが用いられるようになってきている．しかし，作物残留試験での分析法は公定分析法との関係からGLCやHPLCが分析機器として採用されている．GLCやHPLCにおいては各種の検出器が使用できるが，分析対象の化学構造によってはそれぞれの分析機器に応じた誘導体化を必要とする．分析法は全操作における回収率が70％以上，変動計数が10％以下であることが必要であり，クリーンアップ操作が非常に重要である．実際の農薬の残留分析法については成書を参考にしていただきい[1)]．

a.　抽出とクリーンアップ

採集された試料はまず適切な方法で抽出される．土壌残留分析においては通常メタノール，アセトン，アセトニトリルのような極性の有機溶媒で振とう抽出される．塩や酸，アルカリを添加して抽出効率が改善されることが多い．また，土壌と強く吸着する農薬の場合にはソックスレー抽出や加熱処理が用いられる．作物残留分析においても試料を裁断，磨砕，あるいは粉砕したあと，同様な方法で抽出される．最近，簡便で効率のよい方法として固相抽出がしばしば用いられている．あとに述べるHPLCの担体と同質の物をカートリッジあるいはミニカラムに充填して用いられる．固相抽出は従来の液–液抽出法などの前処理操作に比べて，① 高い回収率，② 微量の分析対象物質の濃縮，③ 水溶性物質にも適用可能，④ 自動化による作業効率の向上，⑤ エマルションを形成しない，⑥ 有機溶媒量の減少，⑦ 操作が簡便で熟練を要しない，などの利点をもっている．最近，新しい抽出法として超臨界流体抽出法が紹介されている．気体を圧縮しある温度以上（臨界温度）に保つと，液化しない流体が得られるが，これを超臨界流体と呼ぶ．二酸化炭素が広く用いられるが，メタノール，エタノール，イソプロパノールなどを加えた混合流体も用いられる．この方法ではソックスレーよりも短時間での抽出が可能となる．

抽出液はさらに濃縮，液液分配，各種の担体を用いたクロマトグラフィー，水蒸気蒸留などで精製される．クロマトグラフィーに用いる担体としては種々の吸着剤（シリカゲル，アルミナ，フロリジル，けいそう土，活性炭など），イオン交換樹脂，分子ふるい効果を用いる樹脂などがある．Biogelなどの有機溶媒に耐性のある分子ふるい用の樹脂を用いるゲルパーミエーションクロマトグラフィーは自動精製装置が市販されていることもあって，高分子の夾雑物から低分子量の農薬が効率よく分離されている．また，HPLCにも用いられている化学結合型シリカゲルを担体として用いるカートリッジあるいはミニカラムは簡便で効率のよい精製方法でもある．シリカゲルに結合している官能基の種類によって，固–液間の分配を中心とするC_{18}（オクタデシル），C_8（オクチル），C_2（エチル），CH（シクリヘキシル），PH（フェニル）などの無極性型，極性相互作用による吸着を利用するCN（シアノ），2OH（ジオール），SI（シリカゲル），NH_2（アミノプロピル），PSA（プロピルエチルアミン）などの極性型，イオン交換を行うSCX（ベンゼンスルホニルプロピル），PRS（スルホニルプロピル），CBA（カルボキシメチル），DEA（ジエチルアミノプロピル），SAX（トリメチルアミノプロピル）に分けられ，品質の安定したものが市販されている．

b.　分 析 機 器

農薬残留分析における測定手段としてはGLCとHPLCが中心であり，より微量で選択的な分析を行うためにGC–MSあるいはLC–MSが用いられる．

GLCは迅速性，高分離能，高感度や高選択性に優れていることからよく用いられる．GLCの移動相は通常ヘリウムや窒素などの不活性気体が用いられ，カラムの固定相液体との化合物の蒸気の分配に基づいて分離される．近年ではGLCの分離カラムの主流になっているキャピラリーカラムでは比較的極性の低いポリシロキサン系のものと，高極性のポリエチレングリコール系のものが使用されている．さらにカラムの内壁が化学的に著しく不活性な溶融シリカキャピラリーの出現が大きな役割を果たしている．それでも，GCの必要条件を満たすのは有機化合物の約15％のみであるといわれている．したがって，誘導体化や化学分解などの前処理法がしばしば活用される．GLCの検出器は表3.3に示したように多彩なものがあり，農薬残留分析では選択的検出器がおもに使用されている．たとえば，ハロゲンやニトロ基などの親電子性基を含む化合物に著しく高い感度を示すECDやリン化合物や硫黄化合物に選択的な高感度をもつFTD，そして窒素とリンに特異的な高感度をもつNPDなどが主要なものである．さらに，GC–MSは装置の小型化とコンピュータシステムの高度化に伴う簡易型の普及が著しく，多くの場面で使用されるようになっている．

HPLCはカラムに注入された試料成分を液体の移動相（溶離液）を用いて分離する方法であり，用いるカラムの充塡剤と溶離液との組合せにより，吸着，分配，イオン交換，サイズ排除のいずれかの分離モードを選択する．分析対象化合物の性質に応じて表3.4に示したような分離モードが選択できる．検出器は普段使われるものは数種類に限られ，吸光光度検出器，蛍光検出器，示差屈折率検出器，電気化学的検出器などである．目的物質が検出器に適していない場合には誘導体化が用いられる．特に，蛍光誘導体化は最も一般的で，数多くの試薬が用いられている．

c.　誘 導 体 化

GLCは難揮発性あるいは熱に不安定な化合物には適用できない．誘導体化により揮発性化，熱安定性，分離性の向上，感度の増大などを得ることができる．代表的な誘導化剤としてはエステル化剤（ジアゾメタン，トリメチルシリルジアゾメタン，水酸化テトラメチルアンモニウム，*N*,*N*–ジメチルホルムアミドジアルキルアセタール，ヘキサフルオロイソプロパノール，ペンタフルオロベンジルブロマイド），アシル化剤（ヘキサメチルジシラザン，トリメチルクロロシラザン，*N*,*O*–ビス（トリメチルシリル）アセトアミド，*N*,*O*–ビス（トリメチルシリル）トリフルオロアセトアミド），TMS化剤（ヘキサメチルジシラザン，トリメチルクロロシラザン，*N*,*O*–ビス（トリメチルシリル）アセトアミド，*N*,*O*–ビス（トリメチルシリル）トリフルオロアセトアミド），ヨウ化メチル–水素化ナトリウム，ジメチル硫酸などが使われる．

表3.3 残留分析で用いられている各種GC用検出器の諸特徴

検出器の名称	検出可能な化合物	最小検出量 (pg)*	直線範囲
[汎用検出器]			
水素イオン検出器(FID)	有機化合物一般	50	10^6
[選択的検出器]			
電子捕獲型検出器(ECD)	有機ハロゲン化合物,有機金属	0.1	10^3
炎光光度検出器(FPD)	硫黄・リン・スズ化合物	10	10^3
窒素・リン検出器(NPD, FTD)	窒素・リン化合物	1	10^5
電気伝導度検出器(ELCD, HALL)	ハロゲン・硫黄・窒素化合物	5	10^6
表面イオン化検出器(SID)	第三級アミンなど	5	10^4
[複合検出システム]			
GC-質量分析(GC-MS)	キャリヤーガス以外	10	10^6

* 最小検出量は最適条件下での目安値

表3.4 物性に基づく分離モードの選択

物性		分離モード	固定相の例	移動相の例
脂溶性	メタノール,アセトニトリル可溶	逆相	C_8, C_{18}	水/メタノール,アセトニトリル
	ヘキサン,クロロホルム可溶	吸着	シリカゲル	ヘキサン,クロロホルム,塩化メチレン/エタノール
		順相	CN, NH_2型	
		非水系逆相	C_8, C_{18}	メタノール/THF,クロロホルム
	THF,クロロホルム可溶	サイズ排除	GPC用ポリマー	THF,クロロホルム
水溶性	イオン性	イオン交換	イオン交換樹脂	緩衝液
		イオン制御	C_8, C_{18}	緩衝液/メタノール,アセトニトリル
		イオン対	C_8, C_{18}	緩衝液/メタノール/カウンターイオン
	非イオン性	順相	NH_2型	アセトニトリル/水
		サイズ排除	ゲルろ過用ポリマー	水,緩衝液
		イオン交換	イオン交換ゲル	ホウ酸緩衝液

3.6 動物代謝

a. 動物代謝試験の目的

農薬候補化合物の動物代謝試験とは,摂取された化合物がいかなる経路で吸収され体内に入り,いかなる臓器・組織にどの程度の濃度が分布し,いかなる代謝物に変換され，いかなる速度で排泄されるかを明らかにしようとするものである．通常，毒性試験に用いられるのと同一種の若齢のげっ歯類（ラットが一般的）を被験動物とし，放射性同位元素により標識した被験物質を用いた試験系により実施される．

農薬の動物代謝試験（あるいは生体内動態試験）の究極の目的は，その毒性を理解（評価および解釈）するための基礎的データを得，安全性評価およびヒトの安全性への外挿の精度を高めることにある．一般に毒性試験成績は投与量と関連づけて評価される，つまり“xx mg/kg 体重/日以下の投与量では毒性を発現しない”などの記述である．代謝試験ではこの無作用量と何らかの毒性の発現するより高用量での吸収率を把握し，毒性発現に至る過程を理解することができる．

動物代謝試験において生体内での生成が確認された代謝物および中間体については毒性は評価されていると考えられる．たとえば，発がん性試験において投与した化合物は母化合物のみであっても，発がん性の有無は生体内で生成している代謝物および中間体を含めて評価しているものと考える．また，植物代謝試験成績との整合性もきわめて重要である．ヒトなどは植物体におもに残留する農薬とともに代謝・分解物に暴露されるのであり，必ずしも散布された農薬だけに暴露されるとは限らない．そこで，植物代謝試験において検出される代謝・分解物が動物代謝試験において検出されない場合は，実際の作物を通した当該化合物への暴露に対する安全性は担保されないことになる．この植物特有の代謝物が毒性学的に問題となる場合には新たな毒性評価が必要と考えられる．

b. 動物代謝試験に関する日米欧ガイドライン

表3.5に概要を示したように，日本の農林水産省，OECDおよびEPAのガイドラインには若干の違いは認められるものの，すべてのガイドラインに適合する試験を設計することはむずかしくはない．

c. 試験方法の概略

適当な媒体に溶解あるいは懸濁した被験物質を被験動物に投与し，試験目的に応じたサンプリングおよび分析を行う．個々の試験の具体的方法を以下に示す．代謝試験を除けば，多くの場合総放射能が測定されており，未変化体およびすべての代謝物の合計と考えられる．被験物質の毒性が特定の代謝物によって引き起こされることが判明している場合には，別途その代謝物を分別定量する必要も生じるであろう．

1）吸 収 試 験

吸収試験は被験物質の吸収の程度と速度を明確にするために行われる．被験物質の投与後，経時的に採血を行い，得られた血液中あるいは血漿中放射能濃度を測定する．得られた濃度-時間曲線を表現するパラメータから吸収の程度，速度を評価する．静脈内投与における実験と経口投与による実験を並行して行えば厳密なバイオアベイラビリティーが算出できる．また吸収量を評価するために別途胆汁排泄試験を行ったり，

表3.5 動物代謝試験ガイドラインの比較

項　目	日本の農林水産省[1]	OECD[2]	EPA[3]
被験物質	標識体，非標識体	標識体，非標識体	標識体，非標識体
投与経路	原則として経口		
投与量	無毒性量および毒性量の2用量	無毒性量および毒性量の2用量	無毒性量で最大1 000 mg/kg以下の1用量
被験動物種	雌雄のラット	雌雄のげっ歯類	雄ラット
動物数	$n=4$		$n=4$
飼育方法		5日以上順化，22（3℃，30～70％RH）12L/12Dサイクル	
吸収	血中濃度推移および排泄量から速度および量を明らかにする	血中濃度推移および排泄量から速度および量を明らかにする	Tier 1では要求なし
分布	T_{max}を含む3時点以上で実施，全身オートラジオグラムは否	経時屠殺でも全身オートラジオグラムでも可	Tier 1では排泄終了時点のみ
排泄	7日間あるいは＞90％排泄まで，胆汁排泄も場合により必要	7日間あるいは＞95％まで	7日間あるいは＞90％排泄まで，尿は投与後6，12，24時間に分割して採取
代謝	5％ of Dose以上を同定		5％ of Dose以上を同定
その他	代謝酵素への影響 SH化合物の減少	代謝酵素への影響 SH化合物の減少	

1）動物体内運命に関する試験（最終ドラフト）
2）OECD Guideline for Testing Chemicals, Toxicokinetics §417
3）EPA Health Effects Test Guidelines OPPTS 870.7485 Metabolism and Pharmacokinetics

排泄試験における累積排泄率のデータも用いられる．

2）分 布 試 験

生体内に吸収された物質は体内での代謝を受けつつ，血流によって循環し各臓器・組織へと分布する．分布試験は一般には経時的な動物の屠殺・解剖による試料採取により行われるが，全身ARGによる方法もある．ただし，多くの試験ガイドラインにおいて，全身ARG法は定量性に乏しいため補助的方法であるとされ，経時的な動物の屠殺・解剖による試料採取による測定が求められている．通常，被験物質の投与後，T_{max}の前後数時点で動物の臓器・組織を採取し，それら試料中の放射能濃度および分布率（投与量に対する割合）を算出する．

3）排 泄 試 験

薬物を投与すると生体内において代謝（生体内変換）を受けあるいは未変化体のま

ま尿および糞中へと排泄される．薬物によっては呼気や汗，乳汁などにも排泄されるが，一般的には尿，糞および呼気中への排泄が主である．この尿，糞および呼気中への排泄がおのおの投与量の何パーセントであるかを明らかとするため排泄試験を行う．被験物質の投与後，動物を尿，糞および呼気が分離・採取あるいはトラップできる閉鎖系の代謝ケージに収容し，投与後7日あるいは90～95%以上の回収率が得られるまで排泄物の採取を続ける．糞中への排泄率が高い場合には胆汁排泄試験を行うことにより体内への吸収量を見積もることができる．動物の腹部を開き胆管にカニューレを挿入し分泌される胆汁を経時的に採取し，排泄率を求める．

4）代 謝 試 験

代謝試験では被験物質がいかなる代謝（生体内変換）を受けるかを明らかにすることを目的とし，排泄試験で得られた尿および糞や，場合によっては分布試験で得られた臓器中の放射能を種々の手法により抽出・精製し，各代謝物の分別定量を行う．分別定量には2次元TLCとARGあるいはラジオルミノグラフィー（後述）の組合せや，放射性同位元素検出器（RI検出器）を備えたHPLCなどが用いられる．投与量の5%以上を占める代謝物については同定を行う．ここでいう同定とは，既知の標準物質との複数のクロマトグラフィー条件下における挙動の一致あるいは機器分析データの一致をさす．

d. 動物代謝試験に用いられる新技術

1）ラジオルミノグラフィー（RLG）

代謝試験のみならず放射性同位元素を用いた実験においては，TLCによる分離後の放射能の検出はX線フィルムによるARGにより行われてきた．しかし，この方法による放射能の検出には，① 検出限界が高くない，② 定量時の直線性に乏しい，③ 暗室内における現像などを必要とするなど，操作が煩雑であるといった欠点があった．このX線フィルムによるARG法に代わり，輝尽蛍光性リン化合物をフィルムに塗布したスクリーンを用いるRLGが発展してきた．スクリーンに塗布された輝尽蛍光性リン化合物は放射性同位元素の崩壊に伴い放出されるエネルギーを潜像として記録する．このスクリーンにレーザー光を照射，励起して生じる蛍光を連続的に読み取り記録する．現在，数社から装置が市販されているが，画像の分解能は50 μm程度，最小検出感度は^{14}Cで1 Bq/mm^{2}以下，ダイナミックレンジは10^5に達するなど，古典的ARG法に比べ種々の利点をもつ．さらに，放射能を直接機器により読み取る方式とは異なり，1サンプル当たりの機器占有時間が短いなどの利点があり，広く普及しはじめている．

2）**RI-HPLC**

HPLCからの溶出物中の放射能を測定する最も原始的な方法は，HPLCからの流出液をフラクションコレクターで分画し，シンチレーションカクテルと混和，液体シンチレーションカウンターで計数する方法（off-line法）である．この方法によれば，計数時間の延長により測定精度を高めることが可能であるが，分離能を維持するためには分画間隔を短くしなければならない．そのため，操作が煩雑で大量の放射性廃液を生じるなどの問題があり敬遠されがちである．そこで，HPLCからの溶出液を直接検出器を通過させ放射能をモニターできる（on-line法）機器が市販されている．この際，イットリウムシリケートなどの固体シンチレーターを充填したセルを用いる方法と，シンチレーションカクテルをポンプで送液してHPLC溶出液と混和して用いる方法がある．

3）LC-MS

古くから微量の試料による構造解析にはGC-MSが有効利用されてきた．同様の観点からHPLCと質量分析計の結合が試みられ，高真空と液体試料の導入という相反する状況を克服するために，種々のインターフェースが開発されてきた．近年，サーモスプレーやムービングベルト方式などに比べ格段に進歩したインターフェースとしてESI（electro-spry-ionization）およびAPCI（atomospheric pressure chemical ionization）法が開発され広く普及している．

3.7 具 体 例

殺ダニ剤，フェンピロキシメートの代謝に関する知見を具体例として取り上げる．

a. フェンピロキシメートの代謝様式

本化合物の動物における代謝経路を図3.6に示す[2]．この代謝経路はピラゾール環，フェノキシ環およびベンジル環の標識体を用いた代謝試験結果から決定された．本化合物はきわめて多彩な代謝を受け，代謝速度もきわめて速やかであった（抹梢血中には母化合物はほとんど検出されない）．この代謝経路のなかで，α位がメチル基によってブロックされているため本来酵素加水分解に対し安定であるはずの3級ブチルエステルの加水分解が速やかに起こることが目を引いた．毒性試験の結果，エステル加水分解物は全く毒性を失っており，3級ブチルエステルの加水分解が解毒代謝のキーステップであることが示された．

b. 3級ブチルエステルの加水分解機構

種々の*in vitro*代謝系において，エステラーゼ阻害剤（ジイソプロピルフルオロフォスフェート）の存在下でのみ検出される中間代謝物を単離・構造決定したところ図3.7の（1）のようなβ水酸化物であることが判明した．また，同時に（1）から1級アルコールエステル（2）が自発的分子内エステル転位によって生成することも明らかとなった．水酸化，エステル転位および加水分解の速度比較から，生体内におけるフェンピロキシメートは図3.7に示す経路を経て加水分解されることが明らかとなった[3]．

種々の生物を酵素源とした*in vitro*代謝系の比較により解毒代謝経路は本化合物の防除対象生物であるナミハダニ（*Tetranychus urticae* Koch）以外には普遍的に存在し

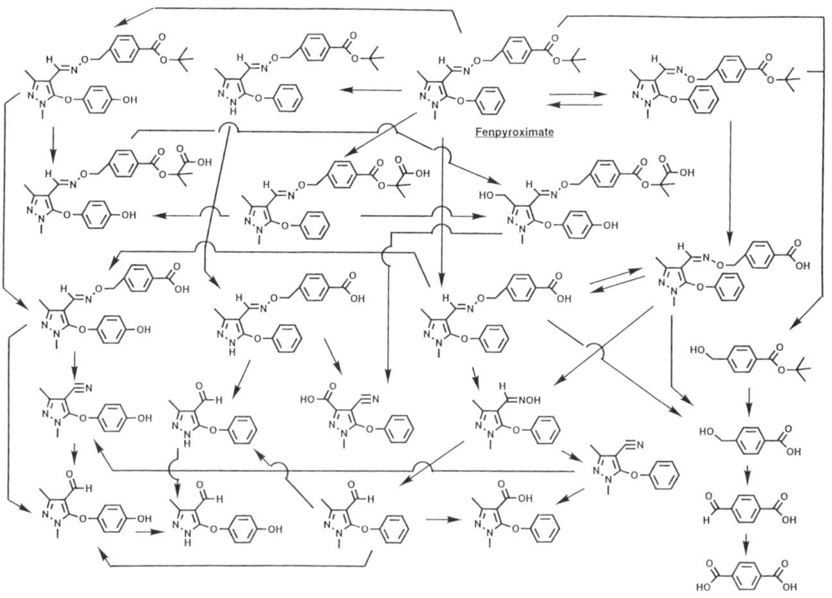

図 **3.6**　フェンピロキシメートの推定代謝経路
(Nishizawa *et al.*[2] より引用・改変)

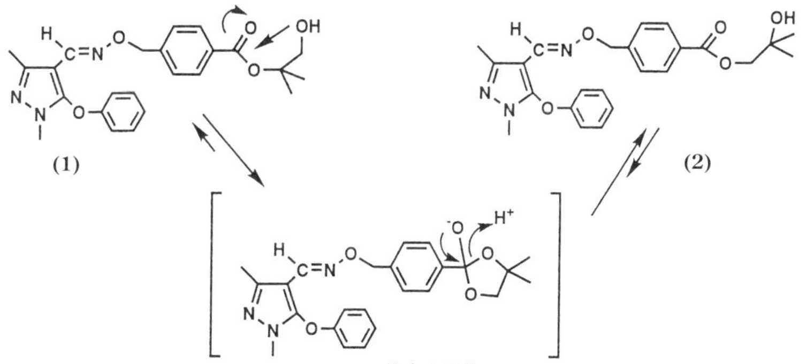

図 **3.7**　フェンピロキシメートの水酸化と分子内エステル転位
(Motoba *et al.*[3] より引用・改変)

ていることが予測された．また，ヒト組換えP450タンパクを用いた代謝系でこの水酸化はおもにCYP3A4により触媒されると想定され，本分子種がヒト肝のP450の主要分子種であることから，ヒトにおいてもこの解毒代謝経路が動作するであろうことが示された.

3.8 毒性試験

a. 急性毒性

安全性評価の第一歩は急性毒性である．すべての物質は合成品であれ天然物由来であれ毒性をもっている．それぞれの化学物質のもつ毒性の強さは異なっており，その発現が暴露量（摂取量）その持続時間によって決まるだけである．毒性のきわめて強い物質として知られているものの多くは天然物である毒素でボツリヌス毒素，フグ毒（テトロドトキシン），ヘビ毒などがある．また，産業社会における副産物のひとつであるダイオキシンの毒性も強く0.0006 mg/kgで雌モルモットを死亡させるが，ハムスターではその5,000倍の量が必要といわれている．一方，天然の食品である砂糖（ショ糖）でも毒性はあり，20,000 mg/kgでラットは死亡する．

急性毒性とは1回の暴露（摂取）で発現する毒性で，通常は半数致死量を意味するLD_{50}値（mg/kg）で比較される．急性毒性はその暴露の経路から経口，経皮，吸入の3種類の試験が行われ，日本では毒劇物取締法に従いそれぞれの急性毒性により化学物質は表3.6のように毒物，劇物，普通物に分類される．急性毒性が弱く，農薬としての生物活性が高い，すなわち選択毒性の優れた化合物が現在の農薬開発の目標であり，パラチオンに代表される初期の有機リン剤で植え付けられた毒物のイメージとは大きく違っている．探索研究段階では劇物と普通物の境界となる300 mg/kgおよび最大量である2,000 mg/kgでの試験を行い判断される．LD_{50}については現状の農薬登録の試験ガイドラインでは5,000 mg/kgまで求めることとしているが，OECDや医薬品では2,000 mg/kgを限度量としており，最近検討されている新しい試験ガイドラインではOECDに準じており，実際場面においても問題はなく，また実験動物の愛護

表3.6　毒劇物の判定基準

毒性区分	経口LD_{50}	経皮LD_{50}	吸入LC_{50}（4h）
毒　物	30 mg/kg以下	100 mg/kg以下	（ガス）：500 ppm以下 （蒸気）：2.0 mg/l以下 （ダスト，ミスト）：0.5 mg/l以下
劇　物	30～300 mg/kg	100～1,000 mg/kg	（ガス）：500～2,500 ppm （蒸気）：2.0～10 mg/l以下 （ダスト，ミスト）：0.5～1.0 mg/l以下
普通物	300 mg/kg以上	1,000 mg/kg以上	（ガス）：2,500 ppm以上 （蒸気）：10 mg/l以上 （ダスト，ミスト）：1.0 mg/l以上

毒物劇物の製剤の除外に関する考え方：劇物の基準と比較して1/10程度以下の急性毒性の弱いもの．（例）：経口LD_{50}が3,000 mg/kg程度以上，経皮LD_{50}が10,000 mg/kg以上，吸入（ガス）LC_{50}が25,000 ppm（4 h）以上

の観点からも使用する動物数が少なくなり望ましいことである．農薬原体の毒性に続いて実際の製剤の毒性が評価される．市場に流通し，農業現場で使用される製品の急性毒性が実際には重要である．最近の農薬は高活性なものが多く，製剤中の含量が低くなったものや，製剤の工夫で急性毒性の軽減がみられるものがある．

b. 慢性毒性

農薬の開発においては農薬取締法で定められた毒性データを揃えなければならない．その農薬が登録承認され流通しはじめれば，一般消費者は自ら選別できない食品中にわずかながらも残留するその農薬にさらされることになる．また農薬の製造や製剤の過程，あるいは農薬の施用時や農作物の収穫時などにその農薬に暴露される者もいることになる．作業者の暴露は限られた期間にすぎないが，その農薬が広く長く使用されることになれば，多くの一般の人々が生涯の大部分にわたって定期的に残留する農薬を摂取することになる．

慢性毒性という概念は摂取してすぐには観察できる影響が現れないが一生涯の大半にわたる長期間の摂取のあとに発現するであろう化学物質の毒性のことを意味している．すべての化学物質の毒性は投与量，期間，その他の条件に応じてその発現が早くなったり遅くもなったりするのである．慢性毒性にはいくつかの発現機構が存在する．典型的なものとしては化学物質自身あるいはその代謝物が徐々に体内に蓄積していき，やがて血中や組織中の濃度が十分になって標的となる臓器での障害を引き起こす．あるいは蓄積は起こさないものの標的部位に到達したごくわずかな化学物質と細胞成分との化学的相互作用によるわずかな変化が起こり，やがて生物体に何らかの障害を引き起こす結果となる．また1回もしくは数回の暴露によって細胞の遺伝的仕組みに重い障害を引き起こし，がんを発生させたり，次世代に伝達，発現したりするものもある．

したがって，審査当局および農薬メーカーは安全性に問題がないことを保証するためにいくつもの毒性試験を要求，実施するのは当然といえる．実際の亜急性（亜慢性）および慢性毒性試験では長期の反復投与で健康にどのような害作用を及ぼすのか，どのくらいの投与量で毒性が発現するのか，いい換えれば毒性を発現しない最大量（NOAEL）を明らかにし，安全性評価の基礎とすることが目的となる．時には，全く影響を及ぼさない最大量（NOEL）が求められる場合もあるが，NOAELより低い用量となることが多い．農薬の毒性試験における投与経路は，一般の人々が食品に残留する農薬を摂取することになるので，被験物質を試験動物の飼料に混合して投与することになる．試験動物は慢性毒性試験でラットおよびイヌが用いられ，発がん性試験においてはマウスおよびラットが用いられる．これらの動物種には特定の系統があり，長い使用の歴史のなかで自然発生的に生じる病気の知識が蓄積されていることが重要である．

亜急性および慢性毒性試験では対照群と薬剤処置群との間には被験物質の投与が違

うだけであり，被験物質に起因する毒性を判別する根拠は対照群との統計学的有意性が重要となる．統計学では群に含まれる動物数が有意性の判定を規定してしまうが，毒性試験における解釈には代謝研究などの他の試験からの結果も踏まえて生物学的意義を判断することも重要である．毒性試験は90日間の亜急性試験に続いて慢性毒性試験を行う．げっ歯類の寿命は通常2～3年であり，ラット慢性毒性試験および発がん性試験では24か月以上，マウス発がん性試験では18か月以上の試験期間が求められる．長期毒性試験が検出するべき毒性の一つは発がん性であり，90日の亜急性試験ではがんの発生はみられない．がん以外の毒性は90日亜急性試験でも発現し，慢性毒性試験ではより低い投与量で検出されるようになるともいえる．慢性毒性試験では生存率，体重変化，摂餌量，症状，血液および尿成分が検査される．投与期間の終了後，生き残った動物は病理検査のために解剖検査される．当然，途中死亡の動物も病理検査が行われる．このような検査は人間ドックとよく似ているが，このような徹底的な医学的検査は人間では到底行いえないものである．

これらの毒性試験は実施の細目について計画書（プロトコール）が，毒性，化学，病理，統計の専門家によってあらかじめ作成される．そのなかには，飼料中の被験物質の濃度を測定する化学分析，動物に与える飼料や水の化学分析によって被験物質以外の物質の影響が入り込まないように注意が払われる．これらの一連の試験は注意深い観察や記録を残すことが多くの点で必要であるが，試験に直接関与しない品質保証を行う者（QAU）を任命する優良試験機関規範（GLP）の制度のもとに実施される．

c.　発がん性

慢性毒性のなかで特に注目されるのが発がん性といえる．がんの発生は人類の寿命が延びた現代にあってはますます重要な疾患となっている．その発生には種々の要因があげられ，栄養学的な食事の影響が近年大きく取り上げられている．まず，化学物質による職業がんとして有名なのがロンドンの煙突掃除人の陰嚢がんであるが，日本人の研究者である山極と市川が粗コールタールでウサギの耳にがんを発生させることに成功し，あとにタール中の発がん物質，ジベンズアントラセンの発見へとつながっている．これまでの研究から，ある種の化学構造をもつものはほかのものに比較して発がんの危険度が大きいことがいえる．発がんのメカニズムについては一般に多段階を経ることが明らかにされている．

化学発がん物質—その多くは体内で生成する代謝物—が細胞核に到達し，遺伝物質であるDNAと化学的に反応する“イニシエーション”が起こる．この反応はDNAの損傷をもたらし，DNA修復機構によっても修復されないまま細胞の再生が起こるならば次世代の細胞に受け渡され“突然変異”が起こったことになり，これを前腫瘍性細胞と呼ぶ．この前腫瘍性細胞は細胞に本来的に備わっている多くの要因によって調節制御されているが，さらに絶え間ない化学物質の攻撃などによって細胞死が引き起こされると，前腫瘍性細胞がより速く増殖を始め，異常な細胞はより完全な腫瘍性の細胞へと変換していく．この過程は“プロモーション”により加速され，その後“プログレッション”が起こり，良性と呼ばれる状態を経て悪性の腫瘍細胞へと成長していく．発がん物質はこの多段階発がんモデルの初期段階に作用するもの（イニシエーター）と後期段階に作用するもの（プロモーター）および双方の段階に作用するものといった理解ができる．化学物質の発がんメカニズムを理解することは実験動物を用いた結果からヒトにおけるリスクを考えるときに有益な情報である[4]．

発がん性物質の同定には慢性的暴露が必要である．発がん性試験は通常ラットおよびマウスが用いられ，それぞれ24～30か月および18～24か月の投与期間を設ける．動物は1群50匹以上とし，少なくとも3段階の用量群を設定する．最高用量は腫瘍以外の死亡がなく何らかの毒性影響を発現させる用量とする．投与の終了後すべての動物は剖検され，30以上の器官，組織が病理組織学的検査に使われる．病理検査の結果から，対照群と比較して投与群に統計的に有意な腫瘍発生の頻度上昇がないか決定される．

d. 生殖毒性・催奇形性

雌雄両方の生殖系が化学物質によって直接的に傷害されたり，あるいは異常な生理·生化学的変化を受けて，受胎（受精）能の低下，胎児の未成熟や異常出産などを生じることがある．繁殖毒性試験では両性ともに交尾まで投与し，交尾から出産，離乳まで雌親に投与する．第2世代は離乳後から投与し，雄は交尾まで，雌は離乳まで投与を続ける．生殖能の指標である交尾率，受胎率，出産率，離乳率を求める．発達毒性については，発育中の胚，胎児，授乳そしてその後の成長段階での暴露が引き起こす影響を第2世代の生殖能を通じて調べられる．発達毒性の1つとしてジエチルスチルベステロール（DES）の毒性は最近の外因性内分泌攪乱物質（いわゆる環境ホルモン）の問題につながる典型である．DESは強いエストロジェン（女性ホルモン）作用を示す化合物で切迫流産を防ぐ薬として広く用いられたが，子宮内で暴露した女子に20年後に膣のがんや性器の異常を発現させたのである．

発達毒性のうち特に重要なのはサリドマイドでよく知られる催奇形性と呼ばれるものである．催奇形性試験ではラットおよびウサギが通常用いられ，少なくとも着床から分娩予定日の前々日まで投与し，予定日の前日に胎児を取り出し，各個体ごとの生死や健康状態，形態上の異常を検査する．催奇形性試験で注意が必要なのは母体に対する毒性である．一般的に母体に有毒な投与量でみられた胎児への影響がそれよりも低い投与量でみられない場合には，催奇形性をもたないと考えられる．

e. 変 異 原 性

農薬や医薬品を含めて化合物の安全性評価に変異原性試験が導入されたのはAmes博士によるサルモネラ菌の栄養要求変異株を用いた突然変異原性物質を簡便に検索できる試験系（Ames試験）の紹介が契機となった．同じころ，国立遺伝研究所の賀田博士によって枯草菌の遺伝子損傷検出系（rec assay）が紹介された．当初これらの変異原性試験の結果が発がん性とよく相関し，発がん物質の短期スクリーニング試験として有効であるとされ，広く実施されることになった．その後，世界中の研究機関がさまざまな試験系を開発し，発がん性物質の短期スクリーニングとしての有効性が検証された．発がん性を短期試験で判定できるとすれば，化学産業にとっても貴重な研究手段を与えられることになったのであるが，その結果，既存の発がん性物質においてもその発がんメカニズムが変異原性と関係しないものがあり，また，非発がん性物質においても変異原性が陽性となるものもあるなど，必ずしも相関が完全でないとの認識がもたれているのが現状である．ただ，強い変異原性物質は発がん性を疑わせるのは事実であり，その変異原性は親電子性に基づく親核性基との反応性とよく一致するといわれ，核酸との化学的反応性に基づくものである．したがって，農薬探索研究の初期の段階で有望な新規構造を見出したときにはまずAmes試験を実施することが行われる．

変異原性試験は検出する変異原性の種類によって，遺伝子突然変異，染色体異常およびDNA損傷性とに分けられる．農薬の開発においては各国のデータ要求に基づきいくつかの変異原性試験が実施される．日本においてはAmes test， rec assayおよび培養動物細胞での染色体異常試験が要求されており，場合によって小核試験が実施される．

1）サルモネラ菌を用いる復帰変異原性試験

ヒスチジン合成酵素系を支配するDNA上の変異による栄養要求株（塩基対置換型変異：TA1535，TA100，フレームシフト型変異：TA1537，TA1538，TA98）の供試薬剤による非要求株への復帰変異を検出する．この試験にラットの肝ホモジェネートの9,000xGの上澄を補酵素のNADPHとともに加えて（S9mix），哺乳動物体内での代謝を再現して代謝物の変異原性も調べられる．塩基対置換型の異なるトリプトファン要求性の大腸菌も用いられる．

2）染色体異常試験

*In vitro*においては培養細胞としてチャイニーズハムスター由来のCHL，CHO，V79株などが用いられ，必要に応じてS9mixを添加する．ヒト細胞としては末梢血リンパ球が用いられる．一定時間（48時間）被験物質に暴露させたのち，コルセミド処理による分裂停止，トリプシン処理，低張処理，固定，ギムザ染色を行ったのち，分裂中期にある細胞の染色体の異常を顕微鏡下に検出する．*In vivo*の試験としてはマウス，ラットに被験物質を投与し，一定時間後に屠殺し，骨髄細胞を採取し，*in vitro*の場合と同様に染色体異常を観察する．

3）小 核 試 験

染色体異常試験の上位試験として*in vivo*のマウス小核試験で生体においても染色体異常が発現するのかが調べられる．被験物質をマウスに投与したのち，骨髄中の脱核直後の幼弱赤血球を観察し，染色体の構造異常による断片が細胞質中に取り残されて形成される小核をもつ多染性赤血球の出現頻度を調べる．染色体異常試験は細胞毒性を示す濃度領域まで実施することが求められ，しばしばこの毒性領域において陽性の結果を与えることがあり，実際の生体で，解毒代謝を含めた上位試験として実施される．

4）DNA障害試験

DNAに生じた障害の修復能を欠損した微生物，rec assayでは枯草菌M45株と野生株のH17株に対する被験物質の生育阻害を比較して検出される．ここでもS9mixが合わせて用いられる．欧米においては*in vitro*あるいは*in vivo*の肝の不定期DNA合成（UDS）試験を求められている．ラットあるいはマウスの初代肝細胞培養を用いて，^{3}HでラベルしたチミジンをTE加し，DNA障害を修復する際のDNA合成に取り込まれた^{3}H量をARGで検出して被験物質のDNA障害性を判定する．*In vitro*試験では肝細胞の初代培養に被験物質を処理し，*in vivo*試験では被験物質を動物に投与した後に肝臓を取り出し，肝細胞の初代培養を行う．

3.9 その他―安全性評価に関する新試験ガイドライン

農薬の農薬登録申請には効果･薬害の成績に加えて，膨大な安全性評価資料が必要である．それらの安全性資料は，農薬の製造から流通・販売，圃場などでの使用・残留・分解，周辺環境および河川・水系への拡散・残留・分解といった運命のすべての過程と農薬の毒性データを含んでおり，人および環境中の生物とそれを取り巻く環境を対象に総合的に安全性を考察している．具体的な資料としては農薬原体の化学（製造方法，物理化学的性質､合成ロットの分析およびその不純物スペック），原体および製剤の毒性試験（急性，慢性，発がん性，生殖，催奇形性，一般薬理，変異原性），代謝試験（動物，植物，土壌），残留試験（作物および土壌，水田用では水残留）そして環境動態試験の成績が含まれる．現在，農薬の安全性評価資料は農水省の試験ガイドラインに従って実施されているが，OECDの試験ガイドラインを中心に国際的な調和を目指したその再検討が行われている．すでに，物理化学的性状の試験法については新試験ガイドラインが公示されており，環境動態パラメータである加水分解性，水中光分解性，土壌吸着性試験がその試験項目として含まれている．さらに，毒性，代謝（動物，植物，土壌），残留試験，環境動態，水生生物への影響試験について再検討されている．また，これらの安全性試験は欧米においてはすべてGLP試験であることが求められており，日本においても順次拡大していくとされている．

環境動態に関する試験ガイドラインにおいては，段階的な各種の試験法の導入と河川水や地下水への流出評価を連携させることが提案されている（図3.8）．土壌中半減期の比較的長い水田農薬への好気的土壌代謝の実施および地下浸透性があると判断される非水田農薬での嫌気的土壌代謝の必要性が示されている．農薬は国内農業だけでなく海外の農業においても病害虫の防除に有効であり，多くの農薬が各国の登録を取得し使用されている．したがって，農薬登録に必要な安全性試験が毒性分野と同様に

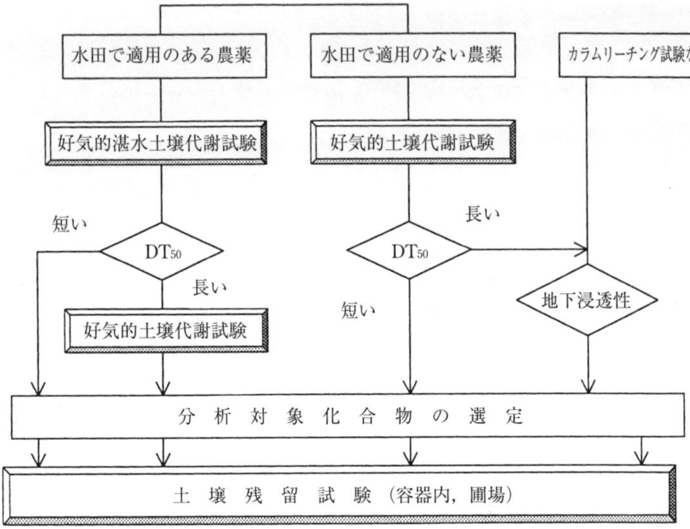

図3.8　農薬登録申請にあたって必要な試験ガイドライン（案）

ほかの分野においても国際的ハーモナイゼーションが進めば，安全性試験における二重投資が避けられ，ひいては資源の有効利用につながるものである．　〔船山俊治〕

文　　献

1) 残留農薬基準ハンドブック—作物・水質残留の分析法—，農薬環境保全対策委員会編，化学工業日報社．
2) Nishizawa H. *et al.* (1993). *J. Pestic. Sci.*, **18**：59.
3) Motoba K. *et al.* (1992). *Biosci. Biotech. Biochem.*, **56** (2)：366.
4) J.V.ロドリックス著，宮本純之訳（1994）．危険は予測できるか！—化学物質の毒性とヒューマンリスク—，化学同人

4. 農薬登録のしくみ

農薬は食糧生産に不可欠なものであるが，その使用には期待される生物学的な効果の発現が期待される，一方，人への健康，環境中生物の保全をも図るということが重要である．これらの点を正しく評価し，また，農薬を適正に使用して，その目的を達成させせるための基本の仕組みが農薬登録制度である．その制度は各国のおかれている実態により若干の相違はあるものの目指している目標は同様と考えられる．

4.1 日本の農薬登録のしくみ

a. 農薬登録制度の概要

有効成分，製品に関して，登録データ要求に該当する資料を農林水産省に提出した

のち，厚生省の残留農薬安全性評価委員会による一日許容摂取量（Acceptable Daily Intake, ADI）の設定，環境庁の中央環境審議会（Central Environmental Council）による農薬登録保留基準の設定などを経て登録に至る．

日本では，有効成分に関して登録の制度はなく，製剤のみが登録される．

b. 農薬登録にかかわる法令等

農薬登録制度の基本となる法律は“農薬取締法”であり，そのほかに“毒物及び劇物取締法”(化学物質を劇物，毒物，特定毒物に分類し，製造，輸入，販売などの規制を行う)，“食品衛生法”(食品衛生上の危害の発生防止や消費者に対する安全性を確保することを目的とし，この法律のもとに残留農薬基準が設定される)，“環境基本法”(環境保全の基本計画を策定，環境基準，公害防止のための排出規制を推進)，“水質汚濁防止法”(公共用水域の水質汚濁の防止，国民の健康保護と環境保全を目的とした法律)，そのほかに，“消防法”，“廃棄物の処理及び清掃に関する法律”，“ゴルフ場の使用農薬に係る通達”などが関与する．

c. 農薬登録の対象

農薬取締法において対象となる農薬には以下のものが該当する(農薬取締法第一条)．

① 農作物（樹木および農林産物を含む）を害する菌，線虫，ダニ，昆虫，ネズミ，その他の動植物またはウイルスの防除に用いられる殺菌剤，殺虫剤，その他の薬剤

② 農作物などの生理機能の増進または抑制に用いられる成長促進剤，発芽抑制剤，その他の薬剤

③ 前項①，②の防除に用いられる天敵

d. 農薬登録の申請内容

農薬登録は農薬製品（製剤）に対して行われ，登録申請書中には以下の項目が記載されなければならない（農薬取締法第二条）．

① 氏名（法人の場合は，その名称および代表者の氏名）および住所

② 農薬の種類，名称，物理化学的性状および有効成分とその他の成分との別に，その各成分の種類および含有量

③ 販売する場合の容器または包装の種類および材質ならびにその内容量

④ 適用病害虫の範囲（農作物などの生理機能の増進または抑制に用いられる薬剤にあっては，適用農作物の範囲および使用目的）および使用方法

⑤ 人畜に有毒な農薬については，その旨および解毒方法

⑥ 水産動植物に有毒な農薬については，その旨

⑦ 引火し，爆発し，または皮膚を害するなどの危険のある農薬については，その旨

⑧ 貯蔵上または使用上の注意事項

⑨ 製造場の名称および所在地

⑩ 製造業者の製造し，または加工した農薬については，製造方法および製造責任者の氏名

補足：「農薬の種類」：通常，有効成分の種類と製剤形態
「名称」：商品名
「物理化学的性状」：農薬の色，形状，粉末度，乳化性，水和性など
「有効成分」：農薬として効果をもつ物質
「その他の成分」：増量剤，溶剤，乳化剤など，それ自体は農薬としての効果を示さないが製剤の形状を保持させたり，使用に役立てる物質
「使用方法」：単位面積当たりの使用量，希釈して使用する場合は希釈倍数，散布，塗布などの使用方法，使用時期，使用回数など．
「毒物」または「劇物」に指定されているものはその旨

農薬は製品ごとに登録されるため前記の ② に該当する農薬を識別する項目の変更は認められず，したがって，② の項目が異なる場合はその内容で新たに登録を取得することが必要である．

e. 農薬登録にかかわる省庁等

農薬登録には以下の3省庁および関係機関が関与する．

農林水産省：登録の認可
厚生省：一日許容摂取量（ADI）や残留農薬基準の設定
環境庁：農薬登録保留基準の設定
農業資材審議会：農林水産省の付属機関で，重要事項の調査審議が行われ，おもな審議事項に使用基準や政策がある．
中央環境審議会/土壌農薬部会：環境基本法に基づき環境庁に設置された機関で，登録保留基準（農作物などについての残留性や水質汚濁性）を審議する．

f. 登録の有効期限

農薬登録の有効期間は3年であり（農薬取締法第五条），3年ごとに再登録を行わなければ登録は消滅する．また，登録を止めたとき，あるいは，登録を取り消された場合には，登録票を農林水産大臣に返納しなければならない．

g. 登 録 票

登録票には以下の内容が記載されている．

① 登録番号

② 登録年月日

③ 登録の有効期間
④ 農薬の種類
⑤ 名称
⑥ 物理的化学的性状
⑦ 有効成分の種類および含有量
⑧ その他の成分の種類および含有量
⑨ 適用病害虫の範囲および使用方法
⑩ 製造業者の氏名および住所
⑪ 製造場の名称および所在地

d. に記載したように，「農薬の種類，名称，物理的化学的性状および有効成分とその他の成分との別に，その各成分の種類および含有量」は登録票中の ④～⑧ に該当し，それらの項目の変更はできない．それら以外の項目が変更された場合には登録票は更新される．

h. ラベルの表示

農薬取締法第七条に表示について「製造業者又は輸入業者は登録を受けた農薬の製造，加工又は輸入した農薬を販売するときは，容器（容器に入れないで販売する場合はその包装）に次の事項について真実な表示をしなければならない．」と記載されている．また，表示すべき項目は以下のとおりである．

① 登録番号
② 公定規格が定められている種類の農薬であって，これに適合するものは「公定規格」という文字
③ 農薬の種類，名称，物理化学的性状および有効成分とその他の成分の別にその各成分の種類および含有量
④ 内容量
⑤ 登録に係る適用病害虫の範囲および使用方法
⑥ 作物残留性農薬，土壌残留性農薬または水質汚濁性農薬に該当する種類の農薬では，それぞれ，「作物残留性農薬」，「土壌残留性農薬」または「水質汚濁性農薬」という文字
⑦ 人畜に有毒な農薬については，その旨および解毒方法
⑧ 水産動植物に有毒な農薬については，その旨
⑨ 引火し，爆発し，または皮膚を害するなどの危険のある農薬については，その旨
⑩ 貯蔵上または使用上の注意事項
⑪ 製造場の名称および所在地
⑫ 最終有効年月

i.　登録に必要な資料・試験成績

登録申請時には原則的に以下の資料が必要とされる．

① 薬効に関する試験成績

② 薬害に関する試験成績

③ 毒性に関する試験成績

(1)	急性毒性試験（経口，経皮，吸入）
(2)	亜急性毒性試験（経口，経皮，吸入）
(3)	刺激性試験（眼，皮膚）
(4)	感作性試験（皮膚）
(5)	慢性毒性試験
(6)	発がん性試験
(7)	変異原性試験
(8)	繁殖試験
(9)	催奇形性試験
(10)	遅発性神経毒性試験
(11)	生体内運命に関する試験（動物体内，植物体内，土壌中）
(12)	生体の機能に及ぼす影響に関する試験

④ 水産動物に対する毒性試験（農林省告示昭和40年11月25日B第2735号，コイ，ミジンコ）

⑤ 残留性に関して作物残留試験，土壌残留試験，水中残留試験（水田に適用のある農薬）

⑥ 必要に応じ，蚕，蜜蜂，野鳥などに対する毒性試験成績

⑦ 混合製剤に関しては混合製剤を用いた急性毒性試験（昭和52年10月5日付農蚕園芸局長通達52農蚕第6381号による）が必要であり，その他，亜急性毒性試験，変異原性試験，遅発性神経毒性試験の成績，解毒法，などが必要となる場合もある．

これら登録に必要とされる項目は，科学技術の進歩や環境保全，内分泌攪乱物質などの新たに考慮することが必要となる事象に対応するために，新たな項目が追加されることがある．日本はもとより欧米においても絶えずより高い安全性を評価するための試験法を検討しているところである．

j.　登録のための試験実施機関

1）動物を用いた毒性試験

農薬の安全性評価の基本となるため，その試験は適正に行われ，その成績書には試験の結果が正しく報告されることが必要となる．そのための制度としてGLP（Good Laboratory Practice，農薬の毒性試験の適正実施に関する基準）が導入されている．

この制度が導入され，農林水産省による査察を受けてGLP施設として認定されている試験機関であれば試験を実施することが可能である．GLPの制度に関する説明は省略するが，試験機関は試験の実施に十分な専門知識を有する職員，施設設備をもつものでなければならない．

2）作物の残留性試験

登録を取得しようとする実際の製剤を用い，使用方法（農薬の処理方法，処理量の最大量，収穫時期）に従って2か所で試験を実施する．また，作物試料の調製は公的試験機関として認められている，(社)日本植物防疫協会，(財)日本植物調節剤研究協会，農業試験場などで行う．得られた試料は公的分析機関として位置づけられている，(財)日本食品分析センター，(財)残留農薬研究所，(社)日本植物防疫協会，(財)化学品検査協会，および，開発メーカーや委託試験機関の2か所で分析する．

3）土壌中の残留試験

野外で実施する圃場土壌残留試験（圃場試験）と実験室内で実施する容器内土壌残留試験（容器内試験）が必要である．

圃場試験の場合，土壌試料の調製は作物試料と同様な公的試験機関2か所で実施し，分析は開発メーカーや委託試験機関，公的分析機関などで行う．

また，容器内試験は開発メーカーや委託試験機関が，基本的には圃場試験地の土壌をガラス瓶に入れた暗所の試験系で実施する．

4）水中の残留試験

農薬が水田に用いられる場合には水中の残留試験が必要で，実際の製剤を用いて行う．2種類の水田土壌を用い，通常人工水田の設備で行う．試料調製の試験機関と分析機関はともに公的分析機関として認められている機関で実施する．

k. 登録時に設定される基準値

農薬が登録されるに際し，人，環境などの安全のため，農薬の適正な使用方法を確保するための基準が設定される．

① 残留農薬基準

食品衛生法に基づいて定められ，残留農薬が食品中に許容される基準値を示す（単位：mg/kg，ppm）．

残留農薬基準は，農薬が登録された後（農薬登録保留基準が設定された後），厚生省によって設定されるものである．

② 農薬登録保留基準

環境庁長官が定める農薬の登録を保留することができる基準値である．

1） 作物残留に係る農薬登録保留基準

人畜に被害を及ぼす恐れがある場合に農薬登録が保留される基準．いい換えると，人畜に被害を及ぼすことがないような農作物中の許容できる農薬残留量（単位：mg/kg，ppm）．

2) 水質汚濁に係る農薬登録保留基準

公共用水域の水質に汚濁が生じ，その水の利用から人畜に被害が生じる恐れがある場合に農薬登録が保留される基準値（単位：mg/*l*, ppm）.

③ 農薬安全使用基準

農林水産大臣が農薬取締法に基づき公表する農薬の安全かつ適正な使用を確保するための使用方法.

1) 農薬残留に関する安全使用基準

安全な農産物の生産・流通を確保する観点から残留農薬基準に対応して設定される（使用時期，使用回数など）

2) 水産動物の被害の防止に関する安全使用基準

3) 水質汚濁の防止に関する安全使用基準

4) 航空機を利用して行う農薬の散布に関する安全使用基準

④ 環境基準

環境基本法に基づき設定される人の健康の保護ならびに生活環境を保全するための基準.

1) 水質汚濁に係る環境基準

人の健康に影響を及ぼす恐れがあると考えられる物質などについての基準値（単位：mg/*l*, ppm）.

2) 土壌の汚染に係る環境基準

水質浄化，地下水のかん養機能および食料を生産する機能などを保全する観点からの基準.

⑤ 公共用水域などにおける農薬の水質評価指針

公共用水域の水質保全対策の一環として，農薬成分について環境庁が示した指針値（単位：mg/*l*, ppm）.

⑥ 水道水質基準

水道法に基づき設定される水道により供給される水が確保しなければならない基準値（単位：mg/*l*, ppm）.

4.2 ヨーロッパ（欧州委員会EU）の農薬登録の仕組み

a. 登録制度の概要

ヨーロッパにおける登録の仕組みは欧州委員会EUにおける有効成分の認可（authorization）とEUメンバー国における製品（製剤）の登録（registration）に分けられる.

第一ステップとして，欧州委員会EUに原則として有効成分に関するデータを提出する（参照4.2.e.）. 必要に応じて一部の製品にかかわるデータを同時に提出する. 評価を受けるために資料を提出するEUメンバー国をラポター国（Rapporteur）と称する. EUの最終評価は次図に示すとおり，EUメンバー国がすべて参加して開かれる

Standing Committee for Plant Health（SCPH）で決議され，したがってその結果はEUのメンバー国すべてに対して有効となり，有効成分の安全性の審査評価は各メンバー国ごとに繰り返されることはない．有効成分が認可されるとEU指令（directive）で規定されるAnnex I（Positive list）に掲載される．この後，実際に販売するため目的とした製品を目的とするEUメンバー国の登録取得に必要なデータを提出して，評価を受け，可能であれば登録され，その結果としてその国で販売されることが可能となる．

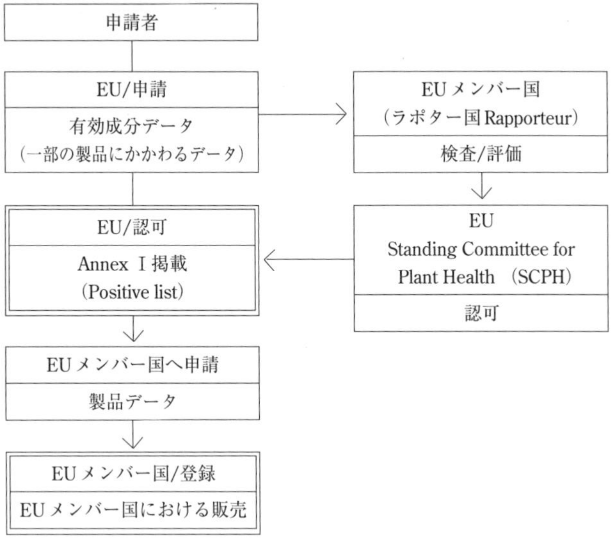

b. 農薬登録にかかわる法律，省庁

ヨーロッパにおける農薬の登録の仕組みはEUにおいて有効成分の認可（authorization）を取得したのち，各国において製品の登録を取得して販売することになる．したがって，EUにおける有効成分の認可にかかわる法律はEU指令（directive）：Directive 91/414/EECであり，また，各国においては各国の（日本で相当する）農薬取締法に基づき，評価・登録される．EUにおける関係省庁は，植物防疫剤（plant protection product）に対してはDG VI（directorate for agriculture）であり，バイオサイド（biocide）やその他の非農耕地，農薬関連剤はDG XI（directorate for the environment）である．

c. 農薬登録の対象

農耕地用，非農耕地用を問わずすべての植物防疫剤が対象で，これらのなかでは家庭園芸用，家庭用防疫剤，業務用/工業用防疫剤も対象となる．

d. 登録期間

農薬の有効成分に対してはEUの認可で10年ごとに再評価する仕組みとなっている．一方，各製品は各国の登録となっており，したがって，その有効期限は各国の仕組みによる．たとえば，ドイツは2～10年，フランスは10年である．

e. 評価のための原則

農薬の認可の可否を決定する基準，評価法を規定しているのがAnnex Ⅵ（uniform principle）で，人，動物，環境に対する安全性，リスク・ベネフィット分析に基づいている．評価の原則の動向では，環境保全，環境生物に対する安全性が旧来より高い重要性で評価されている．

f. 各試験ごとのデータ要求

以下にEU指令91/414/EECを改訂した指令を以下に示す．

生物効果：93/71/EEC（1993年7月27日）
物化性：94/37/EEC（1994年7月22日）
毒性および代謝：94/79/EEC（1994年12月21日）
残留およびGLP：95/35/EEC（1995年7月14日）
環境運命：95/36/EEC（1995年7月14日）
生態毒性：96/12/EEC（1996年3月8日）

有効成分および製剤に原則として必要とされる試験成績

有効成分（Annex Ⅱ）	製剤（Annex Ⅲ）/化学製剤
1. Identity of the active substance	1. Identity of the plant protection product
2. Physical and chemical properties of the active substance	2. Physical, chemical and technical properties of the plant protection product
3. Further information on the active substance	3. Data on application
4. Analytical methods	4. Further information on the plant protection product
5. Toxicological and metabolism studies on the active substance	5. Analytical methods
6. Residues in or on treated products, food and feed	6. Efficacy data
7. Fate and behavior in the environment	7. Toxicological studies
8. Ecotoxicological studies on the active substance	8. Residues in or on treated products, food and feed
9. Summary and evaluation of points 7 and 8	9. Fate and behavior in the environment
10. Proposals including justification for the proposals for the classification and labeling of the active substance according to Council Directive 67/548/EEC	10. Ecotoxicological studies
11. A dossier as referred to in Annex Ⅲ,part A, for a representative plant protection product	11. Summary and evaluation of points 9 and 10
	12. Further information

EUの基本的指令Directive 91/414/EECにはAnnex Ⅰ～Annex Ⅶが設定されており，それぞれが以下のような機能を有している．

Annex Ⅰ：ポジティブリスト（参照4.2.a.，EUにより認可された有効成分のリスト）

Annex Ⅱ：有効成分のデータ要求項目

Annex Ⅲ：製品のデータ要求項目

Annex Ⅳ：毒性を喚起するラベル上の表記

Annex Ⅴ：安全性指針となるラベル上の表記

Annex Ⅵ：評価原則（uniform principle）

Annex Ⅶ：使用を制限する製剤上の成分

4.3 アメリカ（環境保護庁EPA）の農薬登録のしくみ

a. 登録の概要

有効成分および製品の登録要件データを環境保護庁（Environmental Protection Agency, EPA）に提出後，登録となり，アメリカの全州（下記を除く）に対して有効となる．ただし，カリフォルニア州，アリゾナ州，フロリダ州，マサチューセッツ州，ニューヨーク州についてはEPAの評価結果の再提出が要求され，州ごとにデータレビューされると同時に，追加データが要求されることもありうる．

b. 農薬登録にかかわる法律，省庁

農薬の登録などに関する責任省庁は環境保護庁（Environmental Protection Agency, EPA）内の「Assistant Administration for Pesticide and Toxic Substances」であり，実質的にその一組織である「Office of Pesticide Programs, OPP」が担当し，OPPのなかの関連各部門が窓口となる．たとえば，Registration DivisionのなかにAnti-microbial Branch, Herbicide/Fungicide Branch, Insecticide/Rodenticide Branchがあり，農薬登録の協力・指導を行っている．

Federal Insecticide, Fungicide and Rodenticide （FIFRA）がアメリカにおける農薬登録の基本的法律であり，また，農薬の残留基準設定にかかわる法律としてFederal Food, Drug and Cosmetic Act（FFDCA）がある．1996年8月3日に農薬やその他の使用目的による農薬の有効成分からの被ばくを評価するほかの目的から，新しい法律Food Quality Protection Act （FQPA）が発行された．FQPAの新しい規制のおもな動向は有効成分に対する被ばく量を農業作物からのみならず，家庭内の防疫剤などからの被ばくすべてから安全性を評価すること，また，同系統の機能の農薬の被ばくを総合的に評価する仕組みを構築することである．FQPAはいわばFIFRAやFFDCAの上位に位置づけられるもので，このFQPAの考え方に基づきFIFRAやFFDCAが改訂され，農薬の登録などを規制することとなる．

そのほかに，農薬登録の規則（ラベル，容器の保存，廃棄，製剤中のその他成分）

を定めたものにPesticide Registration Noticesがある．

c. 農薬登録の対象

FIFRAの規定においては，アメリカ国内において販売・流通させようとする農薬はすべてEPAによる登録の取得が義務づけられており，その際の農薬は病害虫，線虫，げっ歯類，雑草などを予防，駆除，防除，沈静化させる物質あるいはそれらの混合物，また，植物の成長を調節，摘葉，乾燥する目的の物質あるいはそれらの混合物などが該当する．

d. 登録期間

有効成分と製品が同時に登録され，有効成分は原則的に10年ごとに再登録（再評価）されるが，一方，製品については登録期限は設定されていない．

e. 評価のための原則

農薬の登録を評価する方法の動向はEUと同様で，旧来の哺乳動物に対する安全性はもちろんであるが，そのほかに，環境保全や環境生物に対する安全性が高い重要度をもって評価されている．

f. データ要求

登録のためのデータ要求では，EPAのCFR 40 § 158に記載され，有効成分，製品，必須要求（required），必要に応じての要求（conditionally required）などに分類されているが，必須要求の中でも主要な項目を以下に示す．

1. Identity of the active substance and end-use product
2. Physical and chemical properties of the active substance and end-use product
3. Residue chemistry data requirements
   Crop field trials, processed food/feed, meat/milk/poultry/eggs, potable water, fish, etc.
4. Environmental fate data requirements
   Hydrolysis, photodegradation, leaching and adsorption/desorption, volatility, soil, rotational crops, etc.
5. Toxicology data requirements
   Acute testing , subchronic testing, chronic testing, mutagenicity testing, special testing, etc.
6. Wildlife and aquatic organisms data requirements
   Avian and mammalian testing, aquatic organism testing, etc.
7. Plant protection data requirements
   Target area phytotoxicity, nontarget area phytotoxicity, etc.
8. Product performance data requirements
   Efficacy of vertebrate control agents

〔星野敏明〕

5. 農薬の作用機構

5.1 殺虫剤・殺ダニ剤

a. 神経作用性殺虫剤

現在使用されている大部分の殺虫剤は，標的害虫の神経系に作用する．そのなかでも，アセチルコリンエステラーゼ，電位依存性ナトリウムチャンネル，γ-アミノ酪酸(GABA) レセプター，ニコチン性アセチルコリンレセプターが主要な作用点である．これらの生体分子あるいは分子複合体は，神経系の情報伝達において重要な働きをしている．

動物の神経系で最も重要な細胞はニューロンと呼ばれる細胞である（図5.1）．ニューロンの，細胞としての活動の中心は，核を含む細胞体であるが，典型的なニューロンでは細胞体から長い軸索と枝分かれした樹状突起が伸びているのが特徴である．電気シグナルが細胞体から軸索を伝わって端末のふくらんだ部分（シナプス前神経端末）に到達すると，ここから神経伝達物質が次のニューロンとの隙間（シナプス）に放出される．放出された神経伝達物質は，シグナルを受け取る側のニューロンの樹状突起あるいは細胞体部分の膜に存在するレセプターに結合する．

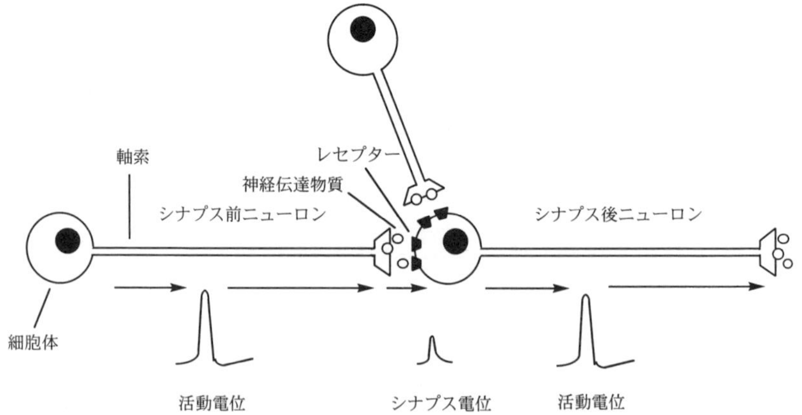

図5.1 ニューロンのシグナル伝達（樹状突起は省略した）

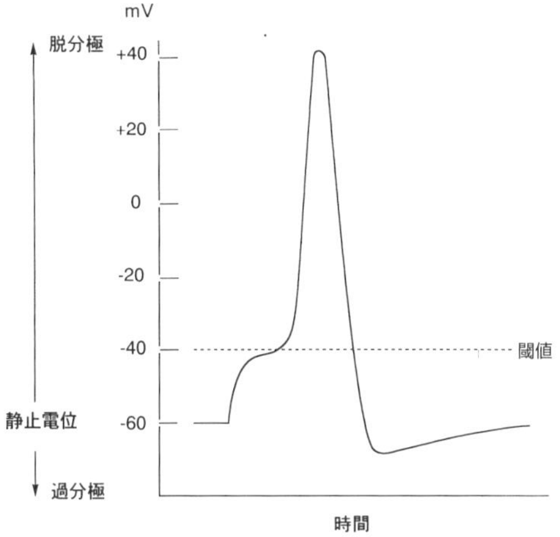

図5.2 活動電位

レセプターは，イオンチャンネル型と代謝調節型の2種類に大きく分けることができる．前者はレセプター自体がイオンチャンネルの機能をもっているもの，後者は，神経伝達物質のシグナルを細胞内の別のシグナル（セカンドメッセンジャー）に変換・増幅する働きをするものである．神経伝達物質がイオンチャンネル型レセプターに結合すると，チャンネルが開口し，イオンがその濃度勾配に基づく平衡電位と膜電位との関係に従って細胞内外に出入りする．ナトリウムイオンと塩素イオンの濃度は細胞外が高く，カリウムイオンの濃度は細胞内が高い．静止時は，これらのイオンの不均等分布と各イオンに対する選択的透過チャンネルの存在によって，細胞の内側は，外側に対して通常－50から－100 mVの間の一定の値（静止電位）に保たれている(図5.2)．

神経伝達物質の1つであるアセチルコリン（ACh）がAChレセプターに結合すると，レセプター・チャンネル複合体を通ってナトリウムイオンが細胞内に流入し，膜電位は正の方向にシフト（脱分極）する．またこのとき，神経伝達物質GABAがGABAレセプターに結合すると，GABAレセプターチャンネルを通って塩素イオンが流入し，膜電位が負の方向にシフト（過分極）する．このようなシナプス後膜部の正負の電位変化（シナプス電位）が細胞体で統合され，軸索部に伝播したときに，ある一定（閾値）以上の脱分極が生じていれば，軸索部の電位依存性ナトリウムチャンネルが開いて，急激に細胞内にナトリウムイオンが流入する．このとき，膜電位は0 mVを越えて正の値にまで達するが，その後速やかに（1 ms以内）ナトリウムチャンネルが不活性化するとともに，やや遅れてカリウムチャンネルが開いてカリウムイオンが流出し，再びもとの静止電位にまで回復する（図5.2)．この軸索部に生じる活動電位と呼ばれる電位変化は，定まったパターンで起こり，次つぎとナトリウムチャンネルを活性化して，シナプス前神経端末まで伝播する．

シナプス前神経端末では，この脱分極が刺激となって，電位依存性カルシウムチャンネルが開き，細胞内にカルシウムイオンが流入する．このカルシウムイオンがシナプス小胞を刺激し，そのなかにある神経伝達物質分子がまとまって（素量的に）シナプスに放出され，それがまた次のニューロンのレセプターに情報を伝達することになる．

このようなパターンで神経伝達を行う物質として，ACh，グルタミン酸，GABA，グリシンが重要である．AChとグルタミン酸はおもに興奮性神経伝達物質としてシナプス後細胞に脱分極を生じ，GABAとグリシンは抑制性神経伝達物質として過分極を生じる．脊椎動物と無脊椎動物とでは，これらの神経伝達物質の局在が少し違う．脊椎動物では，グルタミン酸とGABAは中枢神経系で働くが，無脊椎動物では中枢神経系に加えて，末梢神経系でも作用する．AChは，脊椎動物では中枢と末梢の両方で，無脊椎動物では中枢で働く．

1）有機リン殺虫剤とカーバメート殺虫剤

前述のように，AChは重要な興奮性神経伝達物質であるが，作用終了後速やかにレセプター周辺から取り除かれる必要がある．そのための酵素がアセチルコリンエステラーゼ（AChE）である．AChEは，基質であるAChを結合して，酢酸とコリンに分解する．有機リン殺虫剤やカーバメート殺虫剤はこの酵素を阻害し，その結果レセプター周辺のAChの高濃度が持続して，過剰な刺激をシナプス後細胞に与えることになり，殺虫活性が発現する（ある種のAChE阻害剤は，後述するニコチン性アセチルコリンレセプターに対して，ブロッカーあるいはアゴニストとして作用するとの報告もある）．

AChEの活性中心部位には，AChの第4級アンモニウム陽電荷を結合する陰イオン部位（anionic site）と，エステル部を結合して分解するエステル部位（esteratic site）が存在することが古くから示唆されていた．最近は，X線結晶解析結果に基づくAChEの3次元構造情報や遺伝子のクローニング・部位特異的変異導入法の利用により，活性中心付近の詳細な情報が得られるようになった．

シビレエイ（*Torpedo californica*）の電気器官のAChEの研究から，活性中心は，キモトリプシンなどのセリン酵素と同じく，三つ組触媒基（S200–H440–E327）や遷移状態中間体を優先結合する酸素陰イオンホール（G118, G119, A201）を含み，14個の芳香族アミノ酸残基からなる深い溝（aromatic gorge）の底にあることが明らかになった（大文字アルファベットとその後の数字は，一文字表記のアミノ酸とN末端からの番号を示す）（図5.3）[1,2]．陰イオン部位では，W84，E199，F330が関与し，特にACh陽イオンとW84トリプトファン残基との陽イオン–π電子相互作用が注目されている．さらに，アシル基の結合部位では，G119，W233，F288，F290，F331が関与し，特にF288とF290がAChのアセチル基のタイトフィット（ACh特異性）の原因

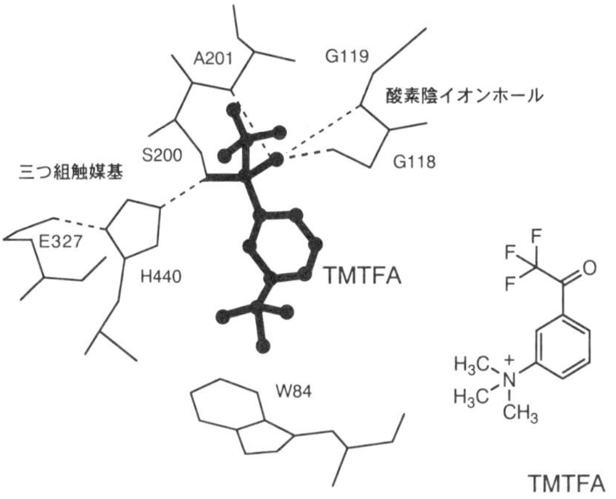

図5.3 シビレエイAChEの活性中心S200とACh類似阻害剤TMTFAとの反応（文献2）のFigure 4をもとに描いた）

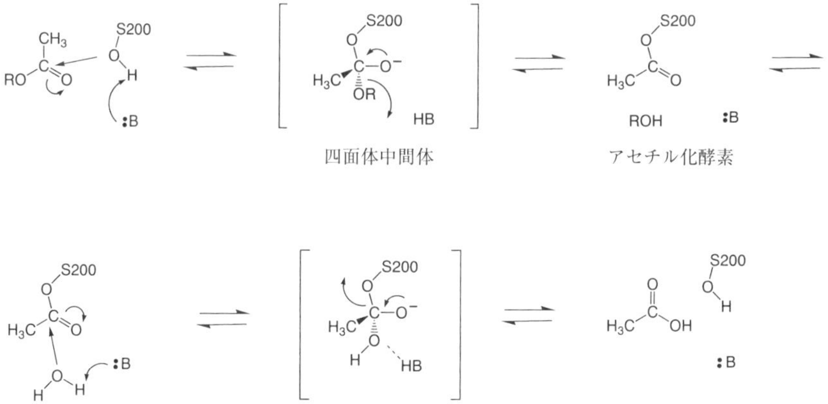

図5.4 シビレエイAChEによるAChの分解機構（Rは$(CH_3)_3N^+CH_2CH_2$を，BはH440のイミダゾールを示す）

と考えられている．

エステル部位では，酵素–基質複合体を形成したあと，三つ組触媒基で活性化されたセリン水酸基（S200）がAChのカルボニル炭素を求核攻撃し，四面体中間体を経てアセチル化酵素になる．アセチル化酵素は，同じ機構で水の攻撃を受けて脱アセチル化し，もとの酵素に戻る（図5.4）．有機リン殺虫剤やカーバメート殺虫剤はS200をリン酸化あるいはカルバミル化し，それらの修飾部位が脱離する速度が基質ACh

図 5.5　有機リンおよびカーバメート殺虫剤の一般式

図 5.6　メチルパラチオンと MEP

の場合と比べて遅いので，AChE が阻害され，殺虫活性が発現する．最近，リン酸化 AChE の構造が X 線結晶解析によってとらえられた[3,4]．

有機リン殺虫剤は図 5.5 のような一般式で示されるが，リン原子が S200 の求核攻撃を受けて X が脱離する．AChE との反応性はリン原子の電子密度に依存しているので，X が電子吸引性であれば，AChE 阻害活性は高くなる．有機リン殺虫剤がチオノ体（P＝S）である場合は，体内でオキソ体（P＝O）に酸化・活性化されてから AChE と反応する．一方カーバメート殺虫剤の場合は，反応性よりも AChE との複合体形成のほうが阻害活性に影響を及ぼす．

AChE 阻害剤が昆虫に対して選択的に殺虫活性を示す原因としては，体内での代謝や作用点への透過などにおける動物種間の違いが考えられるが，AChE との複合体形成も選択毒性発現に重要である．哺乳類毒性が高いメチルパラチオンと毒性が低い MEP の場合，構造的な違いは分子中のベンゼン環に導入されたメタ位のメチル基の違いだけであるが（図 5.6），このメチル基の導入によって昆虫の AChE に対する親和性が増加し，哺乳類の AChE に対する親和性が低下することも選択毒性の一因と考えられる（現在，メチルパラチオンは農薬として使用されていない）．

AChE をコードするショウジョウバエ（*Drosophila melanogaster*）の遺伝子（*Ace*）が単離され，有機リン殺虫剤やカーバメート殺虫剤に対して抵抗性を示す系統では 4 か所のアミノ酸残基に変異が見つかった[5]．これらの変異の位置は，シビレエイ AChE で明らかにされている活性中心付近であることが判明した．

2）ピレスロイドと DDT

細胞体から軸索に沿ってシナプス前神経端末まで伝達される活動電位は，前述のように，電位依存性ナトリウムチャンネルとカリウムチャンネルの協同によってつくられる．ピレスロイドと DDT（図 5.7）は，構造的にかなり違うが，ともに電位依存性ナトリウムチャンネルに作用して殺虫活性を発現する（現在，DDT は国内では使用されていない）．

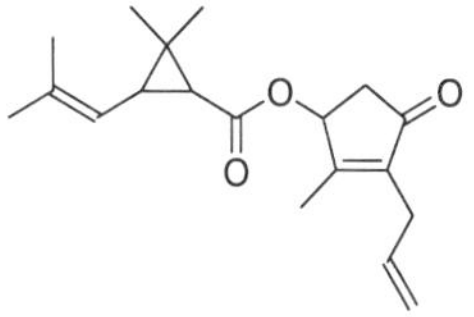

アレスリン

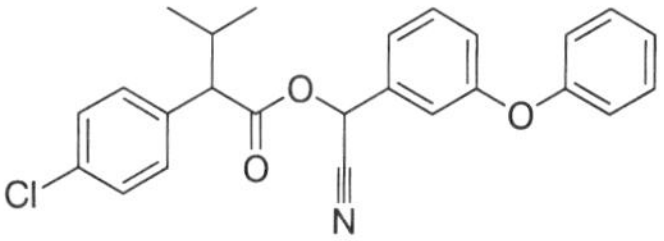

フェンバレレート

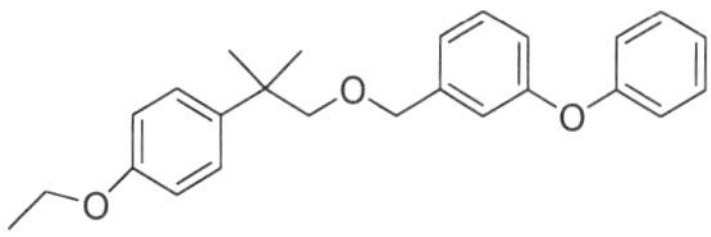

エトフェンプロックス

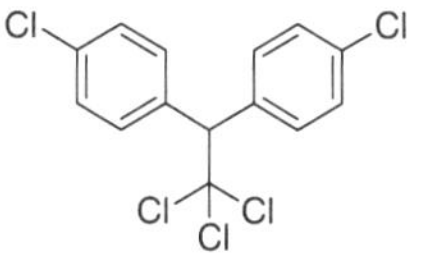

DDT

図5.7　代表的なピレスロイドとDDT

これらの化合物が無脊椎動物の神経系で反復興奮を引き起こすことが古くから知られていたが，その後，化合物を処理した神経細胞では，活動電位の下降層のあとに脱分極性後電位の増大と延長がみられ，これが反復興奮の原因となっていることがわかった（図5.8A）[6]．すなわち，この脱分極性後電位が刺激となって，閾値を越える脱分極が起こった場合，反復興奮になる．この刺激が端末まで伝わると，神経伝達物質の異常放出が起こり，それがシナプス後細胞に伝えられることになる．高濃度の場合，伝導遮断が起こる．また，ピレスロイドのすべてが反復興奮を誘起するわけではなく，静止膜電位を脱分極シフトさせ，活動電位をブロックするものもある．

脱分極性後電位がなぜ起こるかについては，膜電位を任意の値に固定したときにチャンネルを通って流れる電流を測定すること（膜電位固定法）によって調べることができる．その結果，膜電位を脱分極するとナトリウム電流は流れるが，下降層が遅くなることから，ピレスロイドはナトリウムチャンネル不活性化機構を阻害していると考えられる（図5.8B）[6]．単一チャンネルレベルで流れる電流をパッチクランプ法で調べると，通常は脱分極によって個々のチャンネルが数ms開いて閉じるが，ピレスロイド存在下では，チャンネル開口が延長することがわかる（図5.8C）．

これまでに，いろいろな動物からナトリウムチャンネルサブユニット（α，$\beta1$，$\beta2$）をコードする遺伝子が単離され，おもなイオンチャンネル機構は約260 kDaのα-サブユニットが担っていることが明らかになった．一本鎖α-サブユニットは，細胞膜を貫通するα-ヘリックスのセグメント6個（S1～S6）が連なって1つのドメインをつくり，それが4個（I～IV）集合してチャンネルを形成している．昆虫では，*para*という遺伝子の産物がα-サブユニットに対応すると考えられているが，DDTやピレスロイド抵抗性（*kdr*，*super-kdr*）の種々の昆虫において*para*遺伝子産物のドメイン

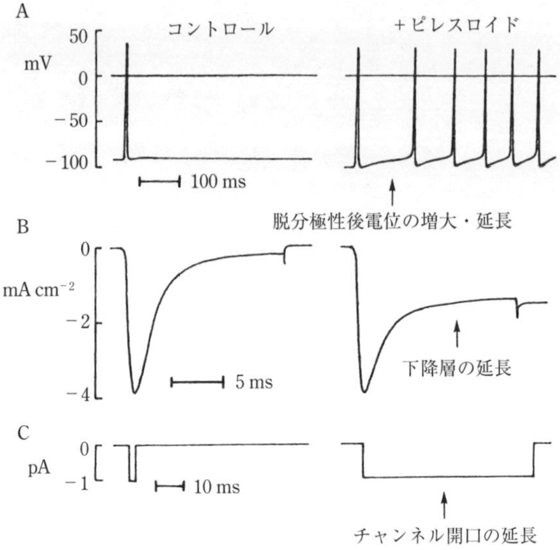

図 5.8　ピレスロイドのナトリウムチャンネルへの作用（文献6）の Figure 2 を改変した）

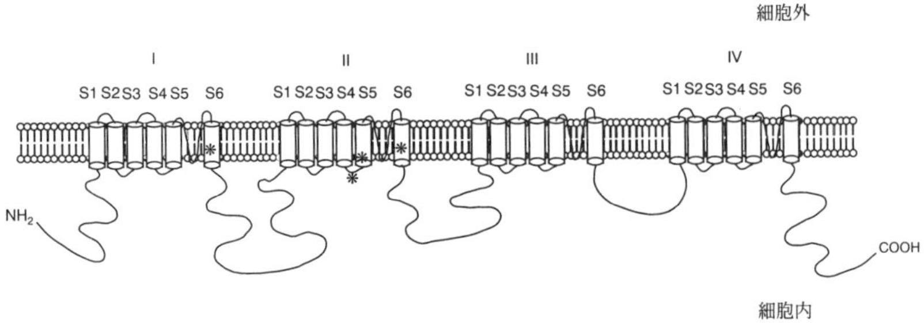

図 5.9　ピレスロイド/DDT 抵抗性昆虫 para サブユニットの変異部位（星印で示した）

II の S6 と細胞質側 S4～S5 リンカーなど 4 か所にアミノ酸の変異が認められた（図 5.9）[7]．また，これらを発現させたチャンネルではピレスロイドに対する親和性・効力の低下が認められた．これらのことから，この周辺に作用点があるという考え方もあるが，作用点の位置や構造に関する詳しい情報はまだ得られていない．

ピレスロイドは哺乳類に対する毒性が低く，昆虫に対する殺虫活性が高い．その原因として，少なくとも 5 つの原因が考えられている．第一に，ピレスロイドや DDT は，低温ほど活性が高く，哺乳類と昆虫の体温をそれぞれ 37℃と 27℃とすると，4 ないし 10 倍昆虫に対して強い活性を示すといわれている．そのほかの要因としては，

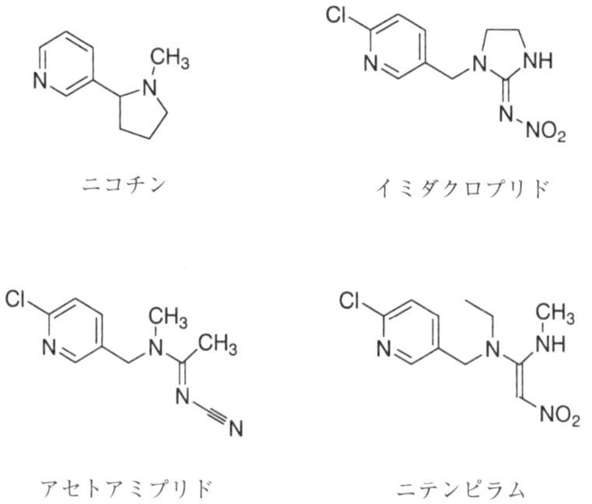

図5.10　ニコチンとネオニコチノイド

代謝，イオンチャンネルの感受性，結合親和性，体の大きさの違いなどが考えられ，これらの要因が重なって昆虫に対する選択性が発現するとされている[6]．

ピレスロイド，DDT以外では，オキサジアジン殺虫剤・インドキサカルブがナトリウムチャンネルをブロックすると報告されている．

3）ニコチンとネオニコチノイド

神経伝達物質AChのレセプターは，イオンチャンネル型のニコチン性レセプター（nAChR）と，Gタンパク質と共役する代謝調節型のムスカリン性レセプターとに大別できる．シナプス前細胞の端末から放出されたAChが，シナプス後細胞の膜に埋め込まれたnAChRに結合すると，チャンネルが開き，ナトリウムイオンがシナプス後細胞に流入して，シナプス後膜部に脱分極（興奮性シナプス後電位，EPSP）を生じる．脱分極は，神経細胞にとって興奮を意味する．

ニコチンやネオニコチノイド殺虫剤（図5.10）は，昆虫nAChRのACh結合部位に高い親和性をもっている．その結果として，電気生理学的には，神経細胞における反復興奮とそれに続く伝導遮断を引き起こす．これらの所見の基盤となっているのは神経細胞における脱分極である．また，膜電位固定法あるいはパッチクランプ法でネオニコチノイドの作用を調べると，神経細胞に一過性の内向き電流を生じさせる．AChと同じ作用，つまりnAChRのアゴニストとして作用することがわかる．このほか，アゴニストによって引き起こされる電流を阻害する場合がみられ，条件によって，あるいはレセプターサブタイプや化合物の種類によっては，アンタゴニスト（拮抗体）的作用をも示すものと推察される．

ネオニコチノイドは，昆虫のnAChRには高活性を示すが，ニコチンと違い，哺乳類脳のnAChRに対する親和性は低く，電気生理学的な効果も哺乳動物の神経筋接合

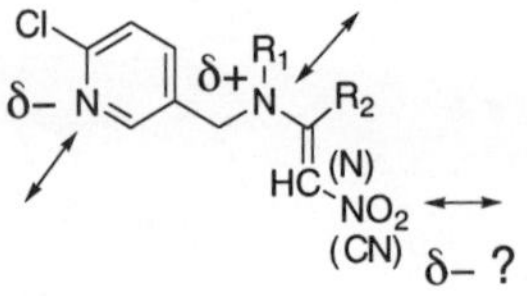

図 5.11　ネオニコチノイドと昆虫nAChRとの相互作用仮説

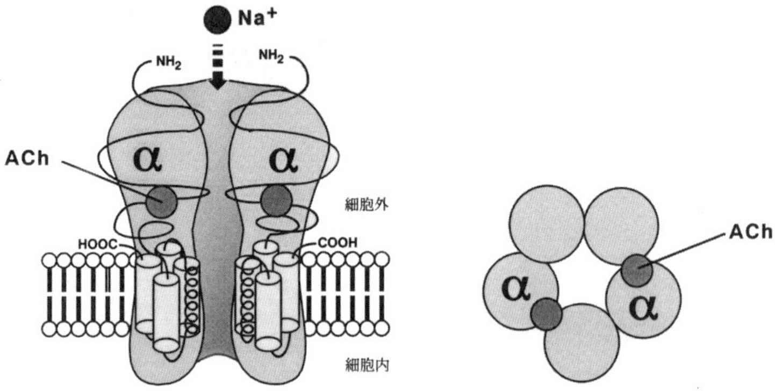

図 5.12　nAChRの構造モデル
左図は横から，右図は上から見たもの．

部と神経細胞nAChRにおいては弱い．ネオニコチノイドは，ニトロイミン（NI），シアノイミン（CI），あるいはニトロメチレン（NM）などが結合したアミノ窒素原子をもっていることが構造的特徴である．この部分のアミノ窒素原子がNI·CI·NMの電子吸引性のため部分的正電荷を帯びていること，あるいはこの部分の正の静電ポテンシャルに加えて，NI·CI·NM部分の負の静電ポテンシャルが昆虫nAChRに対する選択的結合の要因になっているという仮説が提唱されている（図5.11）[8,9]．ネオニコチノイドが昆虫のnAChRに結合するためには，上記アミノ窒素原子から0.59 nm離れた位置に，ピリジン環窒素原子あるいはそれに相当するヘテロ原子が存在することが必要である．

nAChRは，シナプス後膜を貫通する5個のサブユニットでイオンチャンネル孔を形成している．神経筋接合部nAChRは，サブユニット構成が$\alpha_2\beta\gamma$（あるいはε）δとなっており，神経細胞nAChRはα2～α9，β2～β4のサブユニットの組合せか，単一サブユニットのホモオリゴマーとなっている（図5.12）．個々のサブユニットは，4回膜貫通α-ヘリックス領域を含む一本鎖ポリペプチドで，N末端は比較的長い細胞外親水性領域となっている．また昆虫においても，ショウジョウバエからのALS,

Dα2/SAD，Dα3，ARD，SBDサブユニットをはじめとして多くのサブユニットが単離されたが，実在のレセプターを再構成するには至っていない．おそらく複数のnAChRサブタイプが存在すると考えられる．

ACh結合部位の構造については，シビレエイの電気器官のnAChR（$\alpha_2\beta\gamma\delta$）を使って化学修飾法や部位特異的変異導入法によって研究され，α-サブユニットポリペプチド鎖のN末端部分に位置する3つのループ構造（ループA（Y93），ループB（W149），ループC（Y190，C192，C193，Y198））がかかわっていることが明らかにされた[10]．この部分のアミノ酸残基は，システインを除けばすべて芳香族アミノ酸であり，ここにおいても，AChEの場合のように，AChの第4級アンモニウム部分とこれらの芳香族アミノ酸側鎖との陽イオン-π電子相互作用が結合に重要な役割を果たしていると推察される．このほか，結合にかかわるδ-サブユニットのループD，E，Fも同定されている．

上記の化合物以外に，駆虫薬・殺線虫剤レバミゾール，モランテル，ピランテルも回虫や線虫に対して低濃度でアゴニスト作用を示す．また，放線菌（*Saccharopolyspora spinosa*）が産生する大環状ラクトン化合物・スピノサド（85％スピノシンA＋15％スピノシンD）は，nAChRをアロステリックに活性化し，nAChRのアゴニストに対する応答を延長するとされている．

4）カルタップ

殺虫剤カルタップの原型と考えられるネライストキシン（図5.13）は，神経系においてさまざまな電気生理学な症状を引き起こすが，特に昆虫では低濃度でACh誘起電流を阻害し，シナプス伝達を阻害する[11]．高濃度では，シナプス後細胞に脱分極を引き起こし，実験的に外から加えた競合的AChアンタゴニストの結合を阻害する．脊椎動物神経筋nAChRにおいてもおもにアンタゴニストとして作用するが，部分アゴニストとしての作用もあると報告されている．カルタップは，哺乳動物神経細胞nAChRにおいてアゴニスト作用は示さず，開口チャンネルブロッカーとして作用する．ネライストキシンの部分構造をもつ殺虫剤としてこのほかにベンスルタップとチオシクラムがある．

5）フェニルピラゾール殺虫剤と塩素化シクロアルカン系殺虫剤

GABAレセプターも，アセチルコリンレセプターのように，イオンチャンネル型と

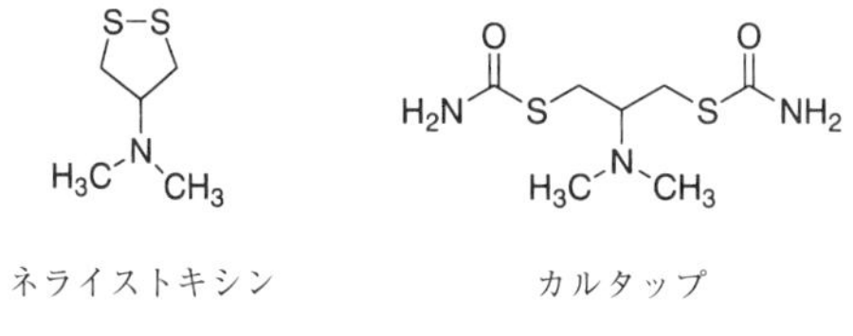

図5.13 ネライストキシンとカルタップ

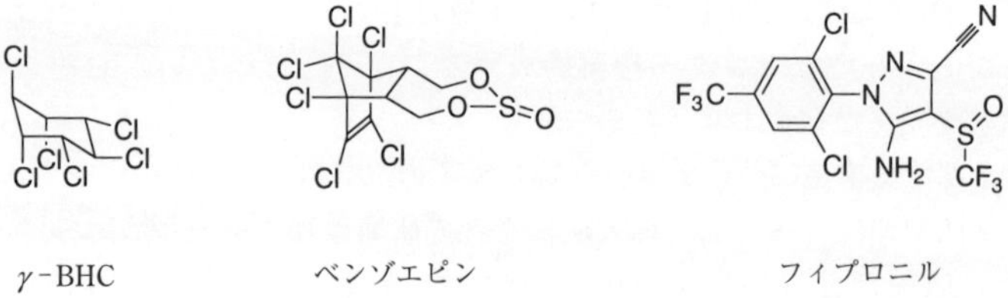

図 5.14　iGABARの非競合的アンタゴニストとして作用する代表的殺虫剤

代謝調節型の2種類に大別できる．脊椎動物のイオンチャンネル型レセプターは $GABA_A$ レセプターと呼ばれている（網膜などに発現している $GABA_C$ レセプターもイオンチャンネル型である）．無脊椎動物のイオンチャンネル型レセプターは，薬理学的性質などが違うため $GABA_A$ レセプターとはいわないようであるが，基本的な構造・性質は $GABA_A$ レセプターとほぼ同じである．シナプス前膜から放出されたGABAは，後膜のイオンチャンネル型レセプター（iGABAR）に結合してチャンネル開口し，シナプス後細胞に塩素イオンを流入して過分極（抑制性シナプス後電位，IPSP）を生じる．シナプス後細胞に対する効果は前述のAChの逆である．フェニルピラゾール殺虫剤フィプロニルや塩素化シクロアルカン系殺虫剤（ベンゾエピンなどのシクロジエン殺虫剤と γ-BHC）（図5.14）はiGABARを作用点として殺虫活性を発現する[12,13]．

塩素化シクロアルカン系殺虫剤は，昆虫および哺乳類の神経膜画分やシナプトソームを使った生化学的実験において，放射性標識した非競合的GABAアンタゴニストの特異的結合を競合的に阻害し，GABAによって誘起された放射性同位体塩素イオンの取込みを阻害する．電気生理学的に，塩素化シクロアルカン系殺虫剤は，神経や筋細胞においてGABAによって引き起こされた過分極を非競合的に阻害し，GABA誘起電流を阻害する．以上の結果はいずれも，iGABARに対する非競合的アンタゴニスト（NCA）作用を示している．つまり，塩素化シクロアルカン系殺虫剤は，iGABARのGABA結合部位とは別の部位に結合して，GABAの作用を阻害する．フェニルピラゾール殺虫剤も塩素化シクロアルカン系殺虫剤とほぼ同じ作用を示す．昆虫神経系において γ-BHCの作用によるAChの異常放出とみられる所見が観察されているが，これはおそらくiGABARによるシナプス前抑制が阻害された結果と考えられる（現在，γ-BHCは国内では使用されていない）．

iGABARは，nAChRやグリシンレセプターなどと構造が似ており，リガンド依存性イオンチャンネルスーパーファミリーを形成している．5個のサブユニットが集合して，中央に塩素イオン透過チャンネルを形成している．サブユニットの基本的構造は，nAChRのところで述べたものと同じある．これまでに，哺乳動物からは $\alpha1 \sim \alpha6$，$\beta1 \sim \beta3$，$\gamma1 \sim \gamma3$ などのサブユニットが単離され，生体内ではその中のいくつかの

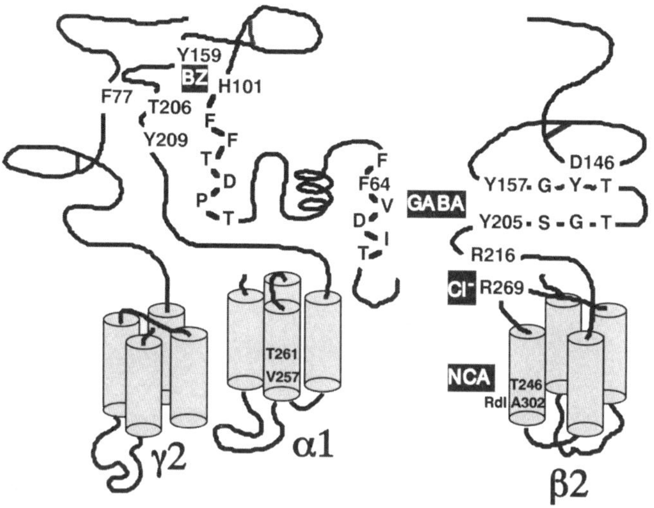

図 **5.15** iGABARサブユニットのリガンド相互作用アミノ酸

組合せで種々のレセプターサブタイプが発現している．一方，これまでに昆虫から単離された，機能をもっているサブユニットはRdlだけである．各サブユニットには，4回膜貫通 α-ヘリックス構造があるが，その2番目の膜貫通領域M2が中央のチャンネル内面を形成していると考えられる．このM2領域のアミノ酸（たとえば，ラット β2 T246や α1 V257，あるいはショウジョウバエRdlのA302）を別のアミノ酸に変えると，非競合的アンタゴニストに対して非感受性のiGABARができることから，この周辺がフェニルピラゾールおよび塩素化シクロアルカン系の殺虫剤の作用点であると推察されている（図5.15）．ただ，構造の違う両者の作用点での結合様式は明確になっていない．これらの殺虫剤は，この作用点に非共有結合的に結合して，チャンネルが閉じた状態のコンフォメーションを安定化し，そのため抑制性の神経伝達が阻害されると思われる．殺虫剤フィプロニルは哺乳動物より昆虫のiGABARに対する親和性が高く，これが選択的殺虫活性の原因である．

6）アベルメクチンとミルベマイシン

放線菌（*Streptomyces avermitilis*）から単離された駆虫・殺虫性マクロライド・アベルメクチン（図5.16）の作用機構については，多くの報告がなされたが，必ずしも一致した結果が得られているわけではない．しかし，無脊椎動物の筋細胞において，IPSPやEPSPの阻害あるいは入力抵抗の減少を起こし，その作用がGABAアンタゴニスト・ピクロトキシニンによって阻害されること，あるいはGABAによって誘起される塩素イオンの透過性に影響を及ぼすことなどから，アベルメクチンや殺ダニ剤ミルベメクチン（ミルベマイシン A_3 と A_4 の3：7混合物）（図5.16）はiGABARを開いた状

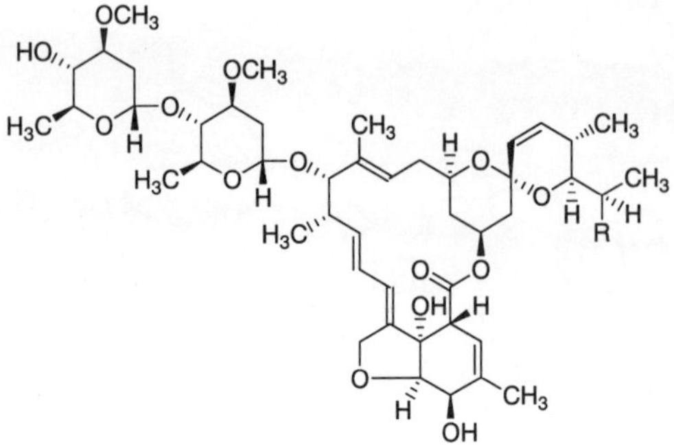

アベルメクチンB_{1a}：R＝C_2H_5
アベルメクチンB_{1b}：R＝CH_3

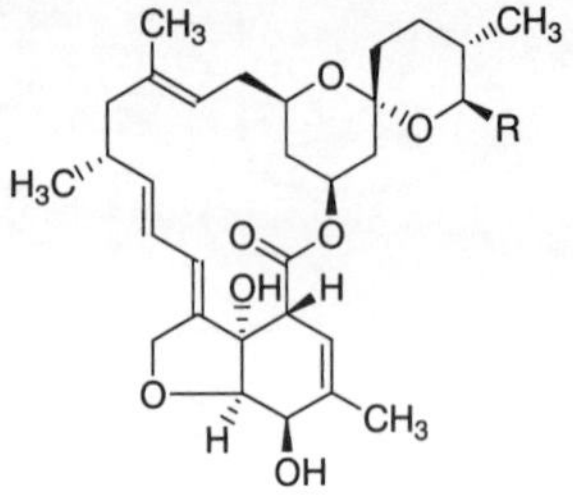

ミルベマイシンA_3：R＝CH_3
ミルベマイシンA_4：R＝C_2H_5

図5.16　アベルメクチンとミルベマイシン

態にする活性をもっていると考えられている．一方では，iGABARが関与しない未知の塩素イオンチャンネルが影響を受けるという報告もあった．

しかし最近，線虫（*Caenorhabditis elegans*）を使った実験によって，別の作用点が浮かび上がってきた．*C. elegans*から，グルタミン酸によって開口する塩素イオンチャンネルのサブユニットの遺伝子GluClαとGluClβが単離され，これをアフリカツメガエル卵母細胞で発現したとき，ミルベマイシンやアベルメクチンの類縁体がそれ自体で内向き電流を生じさせ，その活性は殺線虫活性とパラレルであった[14,15]．さらに，低濃度ではグルタミン酸によって誘起される電流を増強した．また，ショウジョウバエからもDrosGluCl-αという遺伝子がクローニングされ，*C. elegans*と同じような結果が得られた．すなわち，アベルメクチン，ミルベマイシンは，グルタミン酸依存性塩素イオンチャンネルを開口する作用をもっている．

7）アミジン制虫剤

オクトパミンは，脊椎動物のノルアドレナリンあるいはアドレナリンに相当する，無脊椎動物の生体内アミンで，神経伝達物質・神経修飾物質・神経ホルモンとして作用する．つまり，シナプスを挟んでの細胞間情報伝達作用だけでなく，傍分泌あるいは内分泌的な作用ももっている．アミトラズ，クロロジメホルムなど（図5.17）のアミジン化合物は，代謝されて*N*-メチルホルマミジンとなり，標的細胞のオクトパミンレセプターに対するアゴニスト活性を発揮する（クロロジメフォルムは，現在使われていない）[16,17]．細胞外から*N*-メチルホルマミジンが作用すると，オクトパミンレセプターが強く活性化されて，その情報はGタンパク質を介してアデニル酸シクラーゼの活性化に導く．その結果は連続的に，細胞内におけるセカンドメッセンジャーcAMPの増幅，プロテインキナーゼAの活性化，機能タンパク質のリン酸化へとつながり，最終的には個体レベルでの，摂食や交配などの行動変化となる．このような作

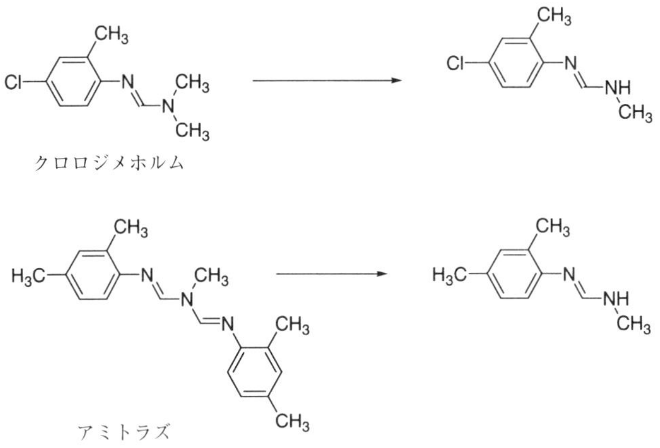

図5.17 オクトパミンアゴニスト作用をもつ制虫剤

用によって，昆虫やダニに特有の生理が攪乱され，ゆっくりと害虫個体数が減少する．殺虫・殺ダニ剤ジアフェンチウロンのカルボジイミド代謝物もアゴニスト活性をもっていることが報告されている．現在，いろいろな昆虫からオクトパミンレセプター遺伝子がクローニングされ，構造・機能の研究が行われているので，今後アゴニスト結合部位の構造解明が進展すると思われる．

b. 昆虫成育制御剤

昆虫の成長を妨げるおもな昆虫成育制御剤としては，昆虫の脱皮・変態に影響を及ぼす昆虫ホルモン活性物質とキチン合成阻害剤がある．

1）エクジステロイドアゴニストと幼若ホルモン類縁体

昆虫のライフサイクルは，卵，幼虫，（蛹），成虫という過程からなっており，その過程で数回の幼虫脱皮と変態という独特の生理現象がみられる．幼虫脱皮と変態は，脳，前胸腺，アラタ体から放出されるホルモンによって制御される．脳からは，前胸腺刺激ホルモンが分泌され，その刺激によって前胸腺から脱皮ホルモン（エクジステロイド）が分泌される．一方，アラタ体からは幼若ホルモン（JH）が分泌され，幼虫期間にこのホルモンの体液中濃度が高いと，エクジステロイドの作用で幼虫脱皮する．しかし，終齢幼虫ではJHが減少し，エクジステロイドの作用で変態して蛹あるいは成虫になる．このように脱皮と変態は，エクジステロイドとJHとのバランスによって保たれている．

エクジステロイドは，昆虫だけでなく植物からも種々単離されているが，多くの昆虫ではエクジソン（α-エクジソン）とそれが体内で水酸化された20-ヒドロキシエクジソン（β-エクジソン）が使われ，後者がおもに生理活性を発現すると考えられる．

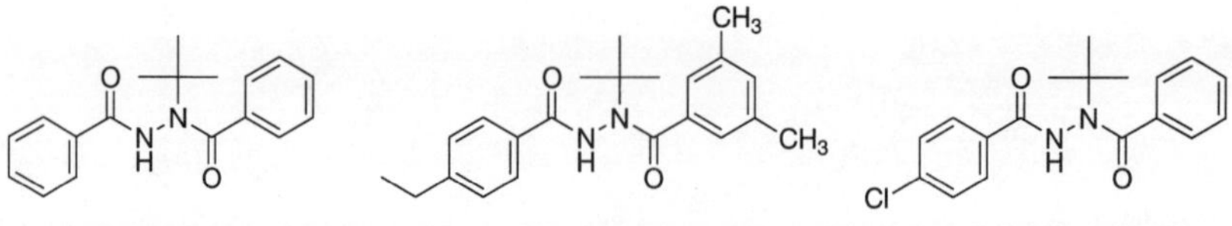

RH-5849　　　　テブフェノジド　　　　ハロフェノジド

図5.18　代表的エクジステロイドアゴニスト

JHはセスキテルペンで，昆虫からJH-Ⅰ，JH-Ⅱ，JH-Ⅲなど6種類が単離されている．

エクジソンは，染色体に作用して，脱皮・変態のためのさまざまな遺伝子の発現を引き起こすと考えられるが，最近ショウジョウバエなどからエクジソンレセプター（EcR）が単離され，この周辺の大きな進歩があった[18]．エクジソンは，核内レセプターであるEcRとUSP（ultraspiracle）のヘテロ2量体タンパク質に結合し，この2量体がDNAの特定配列に結合して，初期遺伝子の転写を活性化する．その遺伝子産物は，後期遺伝子を活性化し，後期遺伝子の産物が脱皮・変態にかかわっていると考えられる．JHについても，核内あるいは膜レセプターの存在を示唆する多くの報告があるが，一致した結果は現在のところ得られていない．USPがJHレセプターであるという報告もある．また，エクジソンやJHは，EcR遺伝子とUSP遺伝子の発現・転写制御も行う．

殺虫剤テブフェノジド，ハロフェノジドなどのジベンゾイルヒドラジン（図5.18）は，エクジソンと同じ作用をするアゴニストである．類縁体のRH-5849は，タバコスズメガ（*Manduca sexta*）の幼虫の致死脱皮において20-ヒドロキシエクジソンより数十倍ないし数百倍効果的であった[19]．これは，RH-5849がエクジソン濃度変化を引き起こした結果ではなく，体液中で持続的に有効濃度が保たれるRH-5849の直接的な作用であった．また同化合物は，ショウジョウバエK_c細胞において，エクジソン応答遺伝子と細胞形態変化の誘導を引き起こした．さらにRH-5849は，20-ヒドロキシエクジソンと同じく，K_c細胞などの抽出物への放射性標識エクジステロイド・ポナステロンAの結合を競合的に阻害する．テブフェノジドは，ショウジョウバエなどのEcR/USPヘテロ2量体にも結合することが示されている[20]．このほか，種々の昆虫の組織・細胞において，ジベンゾイルヒドラジンのエクジソン様作用が確認されている．

メトプレン，フェノキシカルブ，ピリプロキシフェンなどのJH類縁体（図5.19）は幼若ホルモン様活性を指標にして創製された殺虫剤であり，変態阻害，生殖阻害などを示す．先に述べたように，昆虫の成育の過程でJHレベルが低下する時期があり，このときがJH類縁体に対して最も感受性が高い．JH類縁体のJH類似作用がいろい

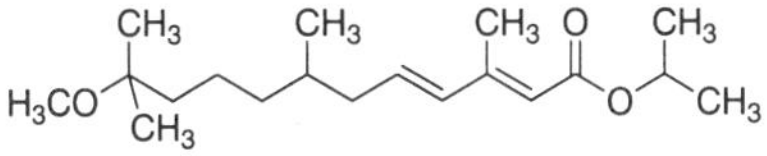

メトプレン

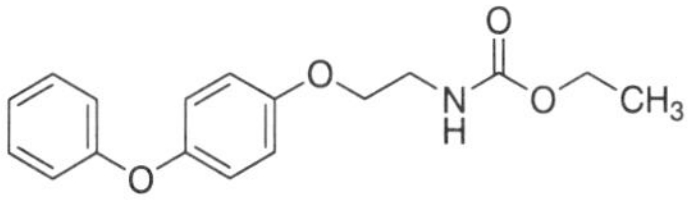

フェノキシカルブ

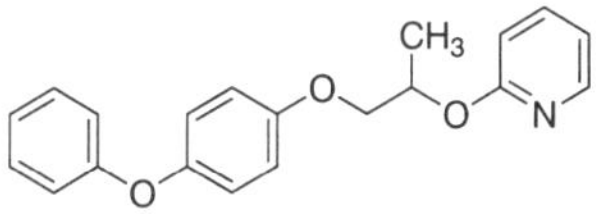

ピリプロキシフェン

図 5.19　代表的 JH 類縁体

ろ報告されているが，分子レベルでの作用機構はあまりわかっていない．

2）ベンゾイルフェニルウレアとブプロフェジン

昆虫は，外骨格をもっているので，ある程度体が大きくなると，表皮をつくり替え，脱皮を繰り返しながら成長していく必要がある．キチンは，昆虫などの無脊椎動物の表皮の成分で，*N*-アセチル-D-グルコサミン（GlcNAc）残基が $\beta(1\rightarrow4)$ 結合したホモポリマーである．グルコースから数段階を経て UDP-GlcNAc となり，キチン合成酵素の作用で GlcNAc 鎖が延長されてキチンが合成される（図 5.20）．ベンゾイルフェニルウレア（図 5.21）を幼虫に投与すると，脱皮時までは成長するが，新しい表皮ができないため脱皮できない．ベンゾイルフェニルウレアは，グルコースや GlcNAc を基質としたときキチン合成を阻害するが[21]，試験管内の無細胞系ではキチン合成を阻害しないので，直接キチン合成酵素を阻害しないと考えられる．ベンゾイルフェニルウレア存在下で放射性標識グルコサミンや GlcNAc を幼虫に与えると，キチンには取り込まれず，UDP-GlcNAc の蓄積がみられることから，UDP-GlcNAc からキチン合成の前までの過程が阻害される可能性が高い．これまでに多くの作用点仮説が提唱されたが，作用機構として UDP-GlcNAc 合成の場からキチン合成の場までの輸送過程（たとえば，UDP-GlcNAc トランスポター，キチン前駆体の小胞体輸送）の阻害が考えられている[22]．ブプロフェジン（図 5.21）の場合も，UDP-GlcNAc の生合成には影響を与えず，GlcNAc のキチンへの取込みを阻害する．

c.　エネルギー代謝阻害剤

細胞のミトコンドリアでは，NADH や $FADH_2$ の電子が酸化還元タンパク質を経て

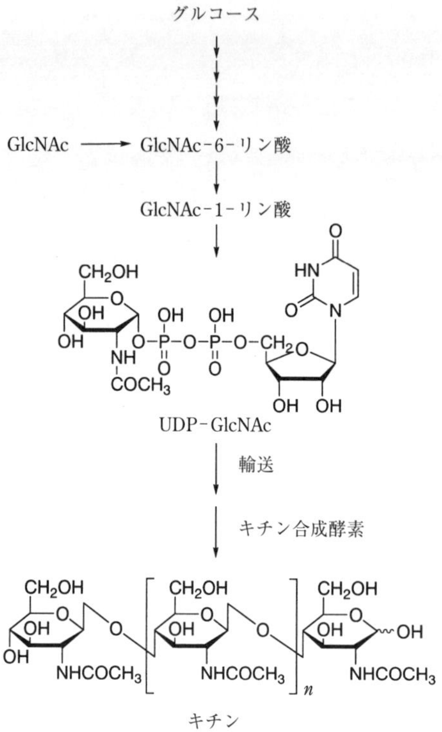

図 **5.20** キチン生合成

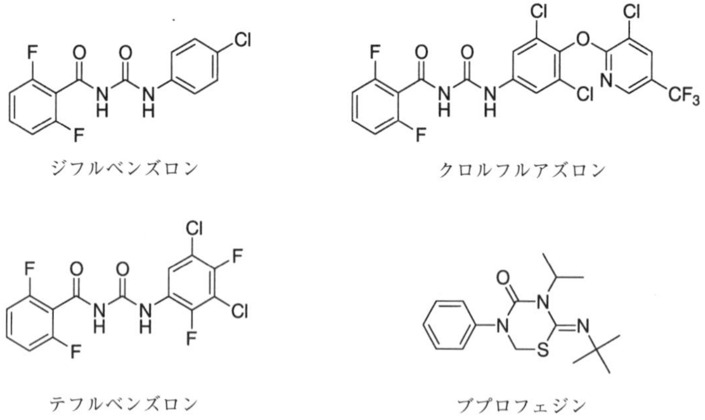

図 **5.21** 代表的ベンゾイルフェニルウレアとブプロフェジン

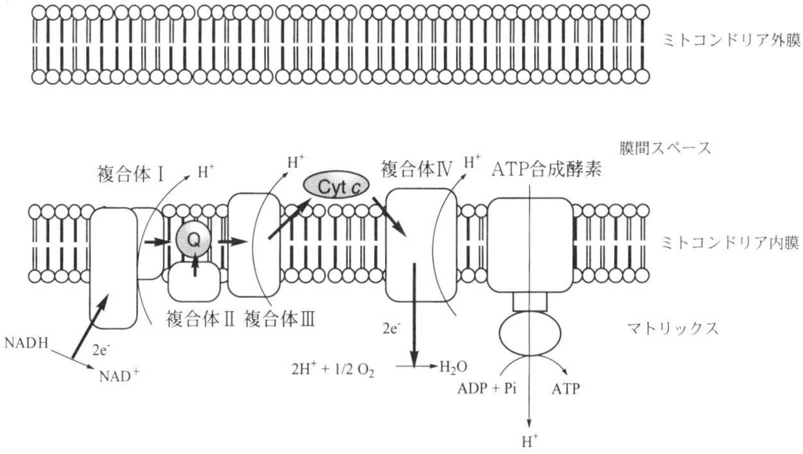

図 5.22　呼吸鎖電子伝達系モデル

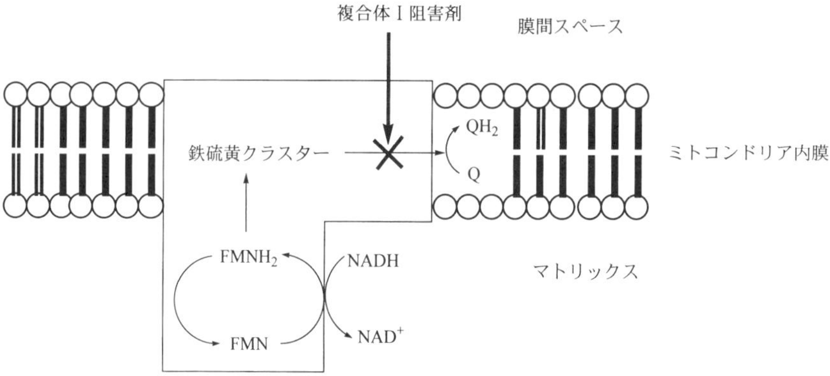

図 5.23　複合体Ⅰ阻害剤の作用点

酸素を還元する．その際に生成する自由エネルギーを使ってATPが合成される（図5.22）．この過程は，呼吸鎖電子伝達系とH^+輸送ATP合成酵素の協調によって行われる．呼吸鎖電子伝達系は4つの酵素複合体からなっており，最初の複合体・NADH－ユビキノン酸化還元酵素（複合体Ⅰ）は，NADHを酸化し，その電子をFMNと鉄硫黄クラスターを経てユビキノンに伝達する（図5.23）．次の複合体Ⅲへの電子移動は還元型のユビキノールを介して行われる．電子移動は複合体Ⅳへと続き，この一連の電子伝達によって自由エネルギーが得られるが，これによってミトコンドリアのマトリックスから外膜と内膜の間隙にH^+をくみ出し，内膜を隔てて電気化学的H^+濃度勾配ができる．この電気化学的ポテンシャル勾配はH^+輸送ATP合成酵素と共役して

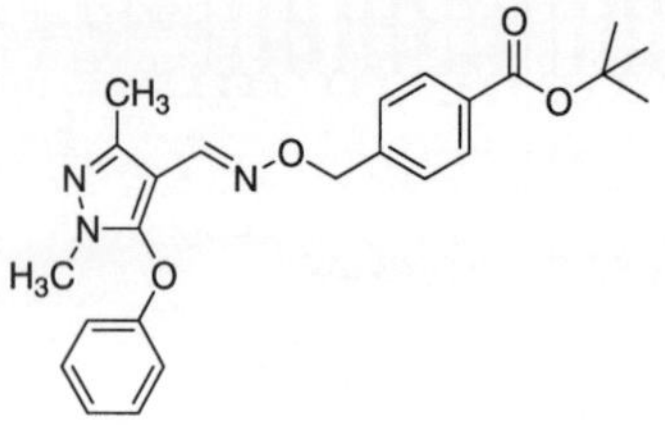

フェンピロキシメート

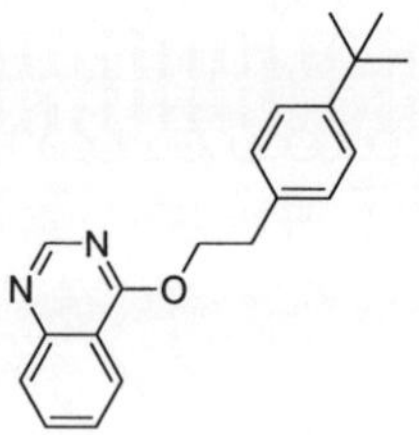

フェナザキン

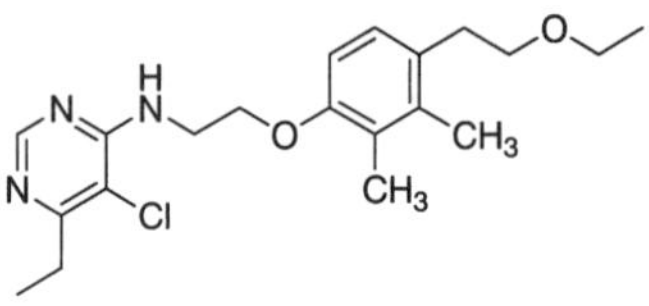

ピリミジフェン

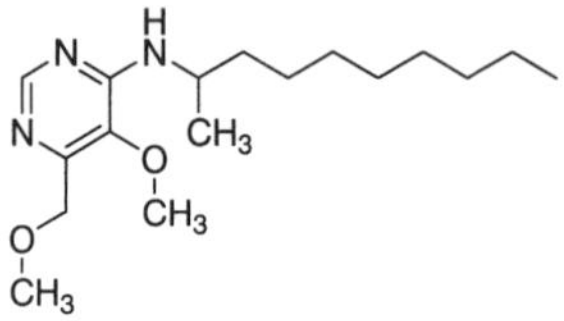

Hoe 110779

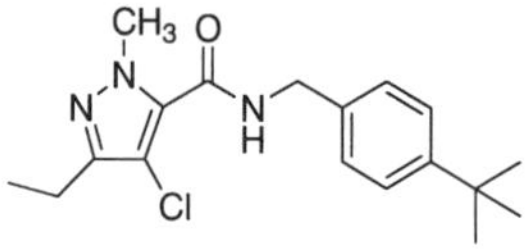

テブフェンピラド

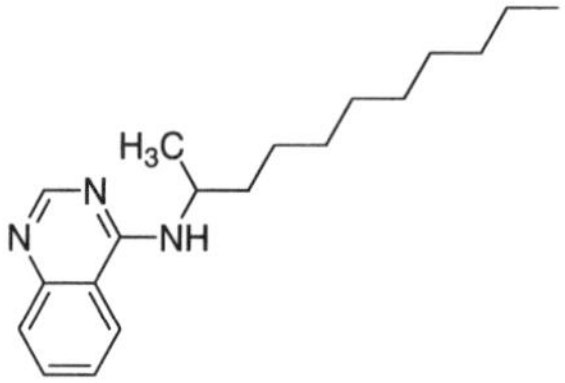

SAN 548A

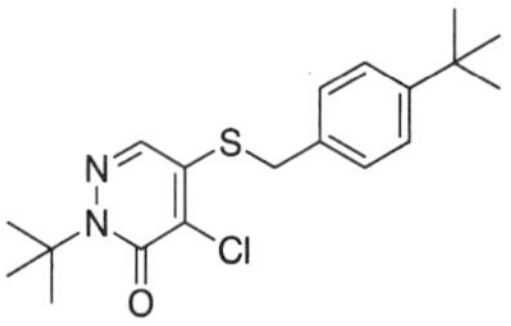

ピリダベン

図 5.24 NADH-ユビキノン酸化還元酵素阻害活性をもつ殺ダニ剤

ATP合成（酸化的リン酸化）に利用され，ここにエネルギーが蓄えられる．この系に作用する殺虫剤・殺ダニ剤の構造的特徴は一定でないので，阻害部位によって分類すると以下のようになる．

1）NADH-ユビキノン酸化還元酵素阻害剤

ロテノンとピエリシジンは，古くから複合体Ⅰ阻害剤として知られていた．鉄硫黄クラスターとユビキノンプールとの間の電子移動をブロックする（図5.23）．このほか，いくつかの含窒素ヘテロ環殺虫剤・殺ダニ剤が複合体Ⅰに作用することが最近明

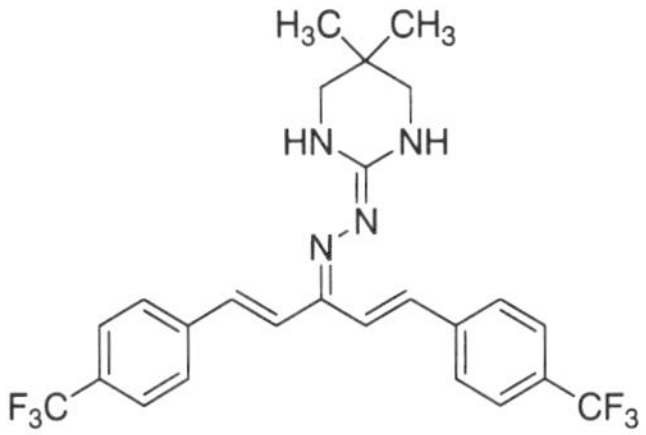

ヒドラメチルノン

図 5.25 ユビキノール–シトクローム c 酸化還元酵素阻害剤ヒドラメチルノン

らかになった（図 5.24）[23]．これらはおもに，窒素原子あるいは酸素原子を介した疎水性側鎖をもつピラゾール，ピリミジン，ピリダジノン，キナゾリン環化合物である．これらの化合物の作用機構は，酸素消費の減少，ATP 含量の減少，ミトコンドリアの形態変化，NADH–ユビキノン酸化還元酵素阻害，放射性標識ロテノン・ピエリシジンの結合阻害などによって確認されているが，複合体 I が多くのサブユニットからなる大きな分子複合体であるため，多様な構造をもつ阻害剤の作用点がユビキノン結合部位と同じであるか，重なっているか，あるいは複数の結合部位があるのか，決定されていない．この種の新しい殺虫剤・殺ダニ剤の高い殺虫活性に比べて低い哺乳類毒性は，作用点の違いではなく，代謝機構の違いによるものと考えられる．

2）ユビキノール–シトクロム c 酸化還元酵素阻害剤

先に述べた電子伝達系の複合体 III は，ユビキノール–シトクロム c 酸化還元酵素（シトクロム bc_1 複合体）であるが（図 5.22），ここを作用点とする殺虫剤としてヒドラメチルノン（図 5.25）が知られている[24]．

3）H^+ 輸送 ATP 合成酵素（F_1F_0–ATP アーゼ）阻害剤

H^+ 輸送 ATP 合成酵素は，H^+ 濃度勾配を利用して ADP と無機リン酸から ATP を合成する，ミトコンドリア内膜を貫通するタンパク質複合体で，2 個の機能単位 F_1 と F_0 からなっている（図 5.22）．F_0 は，複数のサブユニットからなる膜貫通 H^+ 輸送チャンネルである．F_1 は，マトリックス側にあり，ATP 合成触媒部位を含む．殺虫・殺ダニ剤ジアフェンチウロン（図 5.26）は，体内でカルボジイミド体に変換された後，F_0 のプロテオリピドおよびミトコンドリア外膜のチャンネルタンパク質ポリンと共有結合し，H^+ 輸送 ATP 合成酵素を阻害することが示されている[25]．

4）酸化的リン酸化の脱共役剤

電子伝達と酸化的リン酸化は緊密に共役している．ミトコンドリア内膜の H^+ 透過性を高める化合物を与えれば，電気化学的 H^+ 勾配が消失し，電子伝達は起こるが，ATP 合成が行われない状態になる（脱共役）．2,4–ジニトロフェノール類は脂溶性かつ弱酸性であるので，膜の酸性側で H^+ と結合し，膜を透過してアルカリ側で H^+ を放ち，結果として共役をはずす脱共役剤（アンカップラー）としてよく知られている．

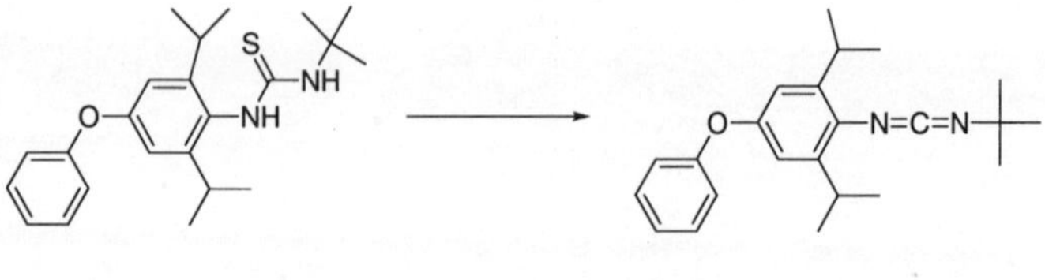

ジアフェンチウロン

図 5.26 H+輸送ATP合成酵素阻害剤ジアフェンチウロンの代謝活性化

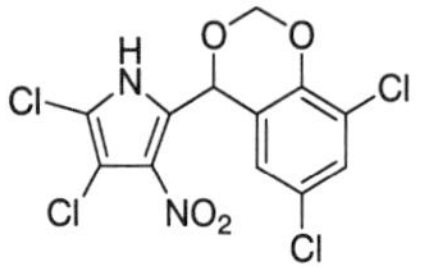

ジオキサピロロマイシン

クロルフェナピル

図 5.27 酸化的リン酸化脱共役剤クロルフェナピルの代謝活性化

2, 4-ジニトロフェノール類やその誘導体で殺ダニ活性をもつものが知られている．クロルフェナピル（図5.27）は，微生物（*Streptomyces* spp.など）が産生するジオキサピロロマイシンの構造を改変した殺虫・殺ダニ剤であるが，この化合物は代謝によって脱エトキシメチル化された後，脱共役剤として作用し，呼吸を促進し，消耗させる活性をもっている[26]．

d. その他—Bt-トキシン

細菌 *Bacillus thuringiensis* は，鱗翅目幼虫などに対して殺虫活性を示す結晶タンパク質（δ-内毒素）を芽胞形成時に形成する．このタンパク質は，昆虫の中腸管腔のアルカリ性とプロテアーゼの作用で切断されて，55 kDa から 70 kDa の活性タンパク質となり，中腸上皮細胞のレセプターに結合する[27]．結合したBt-トキシンは，膜にチャンネルをつくり，このチャンネルを通って細胞内にカリウムイオンさらには水が侵入する．その結果，細胞は膨張・溶解して，昆虫は死に至る．最近，Bt-トキシンを結合するレセプタータンパク質として，アミノペプチダーゼやカドヘリン（動物細胞間接着に関与する膜貫通糖タンパク質）様タンパク質が報告されている．

〔尾添嘉久〕

文 献

1) Sussman, J. L. *et al.* (1991). *Science*, **253** : 872.
2) Harel, M. *et al.* (1996). *J. Am. Chem. Soc.*, **118** : 2340.
3) Ordentlich, A. *et al.* (1996). *J. Biol. Chem.*, **271** : 11953.
4) Millard, C. B. *et al.* (1999). *Biochemistry*, **38** : 7032.
5) Mutero, A. *et al.* (1994). *Proc. Natl. Acad. Sci. USA*, **91** : 5922.
6) Narahashi, T. (1992). *Trends Pharmacol. Sci.*, **13** : 236.
7) Salgado, V. L. (1999). Pesticide Chemistry and Bioscience (ed. by Brooks, G. T. and Roberts, T. R.), p. 236, Royal Society of Chemistry.
8) Yamamoto, I. *et al.* (1995). *J. Pesticide Sci.*, **20** : 33.
9) Nakayama, A. and Sukekawa, M. (1998). *Pestic. Sci.*, **52** : 104.
10) Changeux, J.-P. (1995). *Biochem. Soc. Trans.*, **23** : 195.
11) Sattelle, D. B. *et al.* (1985). *J. Exp. Biol.*, **118** : 37.
12) 尾添嘉久（1997）．植物防疫，**51** : 407.
13) Gant, D. B. *et al.* (1998). *Rev. Toxicol.*, **2** : 147.
14) Cully, D. F. *et al.* (1994). *Nature*, **371** : 707.
15) Arena, J. P. *et al.* (1995). *J. Parasitol.*, **81** : 286.
16) Hollingworth, R. M. and Murdock, L. L. (1980). *Science*, **208** : 76.
17) Nathanson, J. A. and Hunnicutt, E. J. (1981). *Mol. Pharmacol.*, **20** : 68.
18) 藤原晴彦・神村　学（1998）．無脊椎動物のホルモン（日本比較内分泌学会編），p. 105，学会出版センター．
19) Wing, K. D. *et al.* (1998). *Science*, **241** : 470.
20) Dhadialla, T. S. *et al.* (1998). *Annu. Rev. Entomol.*, **43** : 545.
21) Hajjar, N. P. and Casida, J. E. (1978). *Science*, **200** : 1499.
22) 中川好秋（1996）．日本農薬学会誌，**21** : 460.
23) Lummen, P. (1998). *Biochim. Biophys. Acta*, **1364** : 287.
24) Hollingshaus, J. G. (1987). *Pestic. Biochem. Physiol.*, **27** : 61.
25) Ruder, F. J. and Kayser, H. (1992). *Pestic. Biochem. Physiol.*, **42** : 248.
26) Black, B. C. *et al.* (1994). *Pestic. Biochem. Physiol.*, **50** : 115.
27) 堀　秀隆，他（1995）．日本農薬学会誌，**20** : 99.

5.2 殺 菌 剤

広義の殺菌剤すなわち植物病害防除剤はその作用性から，「病原菌に対して直接の殺菌性や静菌性を示す薬剤」，「病原菌の感染に関与する機構を特異的に阻害する薬剤」，「病原菌に対する抵抗性を植物に賦与する薬剤」に大別することができる．

a. 病原菌に対して直接の殺菌性や静菌性を示す薬剤の作用機構

1) 呼吸系阻害

呼吸は有機物の酸化的代謝に共役したATP合成を意味し，細胞質およびミトコン

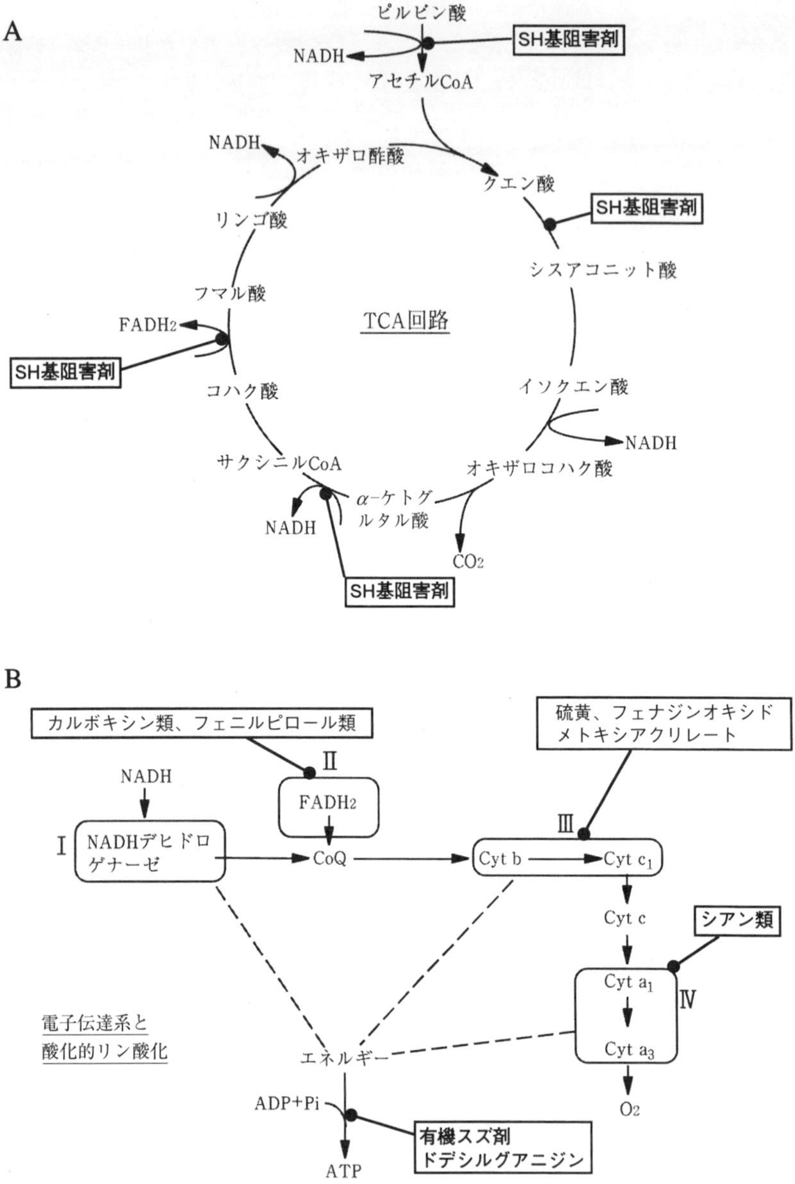
A
ピルビン酸
SH基阻害剤
NADH
アセチルCoA
NADH
オキザロ酢酸
クエン酸
SH基阻害剤
リンゴ酸
シスアコニット酸
フマル酸
TCA回路
FADH2
SH基阻害剤
コハク酸
イソクエン酸
NADH
サクシニルCoA
オキザロコハク酸
α-ケトグルタル酸
NADH
CO2
SH基阻害剤
B
カルボキシン類、フェニルピロール類
硫黄、フェナジンオキシド
メトキシアクリレート
NADH
II
FADH2
III
I
NADHデヒドロゲナーゼ
CoQ
Cyt b
Cyt c1
Cyt c
シアン類
Cyt a1
IV
電子伝達系と
酸化的リン酸化
Cyt a3
エネルギー
ADP+Pi
O2
有機スズ剤
ドデシルグアニジン
ATP

図 **5.28**　呼吸系と阻害点

酸　化	2RSH＋電子受容体→RSSR＋$2H^+$＋還元型電子受容体
置　換	RSH＋R′X（アルキル化剤）→RSR′＋HX
不溶化	nRSH＋M^{n+}（n価の重金属イオン）→(RS)nM＋$n$$H^+$

図5.29　SH基阻害剤の酵素不活化機構[3)]

ドリアの内膜呼吸酵素複合体における一連の反応である．すなわち，解糖系・アミノ酸代謝・脂肪酸酸化によりアセチルCoAがつくられ，アセチルCoAは水と二酸化炭素に分解される酸化的過程（TCA回路）で還元型の呼吸基質NADHおよび$FADH_2$を生じる（図5.28A）．NADHの電子はNADHデヒドロゲナーゼを経て，コエンザイムQ（CoQ），チトクロム（Cyt）b，c_1，c，a_1，a_3の順に通過してO_2に伝達され，一方，コハク酸酸化により生じる$FADH_2$の電子はフラボプロテインからCoQに入り，以降同様の経路でO_2に伝達される（電子伝達系；図5.28B）．電子伝達系で生じるエネルギーは，高エネルギーリン酸化合物ATPに転移されて貯蔵される（酸化的リン酸化）（図5.28B）．このため，呼吸系のどの過程の阻害も，生物の生存に必要なエネルギー生産の停止をもたらし，致死的な影響を与える．

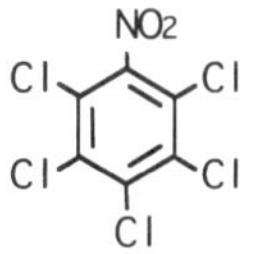

キントゼン

芳香族ハロゲン化合物（クロロタロニル，キントゼンなど），ジチオカーバメート類（マンネブ，ジネブ，マンゼブなど），チウラム（TMTD），クロロピクリン，有機ヒ素類，キノン類（クロラニル，ジクロンなど），*N*-ハロアルキルチオイミド類（キャプタン，ホルペット，カプタホールなど），無機銅および有機銅類（ボルドー液，8-ヒドロキシキノリン銅など），有機スズ類（特にR_3SnX型）はSH基をもつ酵素と反応してその活性を阻害する．したがって，解糖系上のピルビン酸脱水素酵素群・TCA回路上のα-ケトグルタル酸脱水素酵素群・コハク酸脱水素酵素などを阻害するため，結果として呼吸基質であるNADHや$FADH_2$の生成阻害活性を示す（図5.28A）．酵素の阻害機構としては，酸化・置換・不溶化が示唆されている（図5.29）．

一方，電子伝達系の各複合体を阻害する薬剤としては，複合体Ⅱを阻害するカルボキシン類，フェニルピロール類（ピロールニトリン，フェンピクロニル，フルジオキソニル），複合体Ⅲを阻害する硫黄，フェナジンオキシド，メトキシアクリレート系薬剤（アゾキシストロビン，クレソキシムメチル，メトミノストロビン），複合体Ⅳを阻害するシアン類が知られている（図5.28B）．

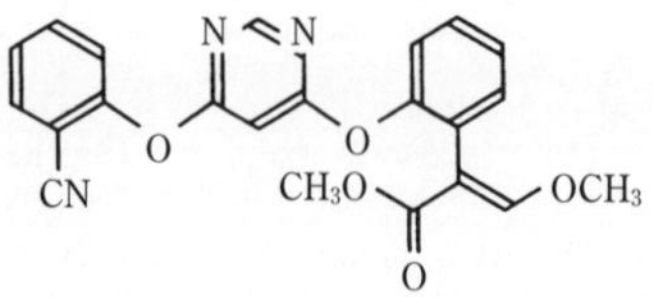

アゾキシストロビン

2,4-ジニトロフェノール類，ペンタクロロフェノール（PCP），アリルニトリル類などは酸化的リン酸化の脱共役剤に属する．これらの薬剤は，酸化的リン酸化を駆動するミトコンドリアの内膜・外膜のプロトンの濃度差を消滅させることによってATP生産を阻害するので（化学浸透説），O_2の吸収は一般的に増加する．特にフェナジンおよびフェナジンオキシドはNADHデヒドロゲナーゼと自動酸化還元系を形成して電子の流れのバイパス（Cyt bもしくはコハク酸脱水素酵素→フェナジン→O_2）を形成するので，見かけのO_2呼吸を低下させることなくATP生産を阻害する．また，バリノマイシンなどのイオノフォアや有機スズ類（R_3SnX型）もカチオンとなってミトコンドリアの膜に結合して呼吸を阻害するが，このうち，水酸化トリフェニルスズは高エネルギーリン酸化合物ATPへのエネルギー転位を阻害すると考えられている．

最近，重要土壌病害であるアブラナ科野菜根こぶ病（*Plasmodiophora brassicae*による）用殺菌剤として上市されたフルスルファミドは，従来同病害に対して使用されていたキントゼンに比べて100倍程度高い活性を示す．本剤の作用性は，現象的には休眠胞子の発芽阻害および遊走子の2次感染の阻害として観察されるが，作用点は呼吸系にあると考えられている．

呼吸系はすべての生物にとって必須のエネルギー生産系であるため，菌類や細菌類の呼吸系に特異的な阻害活性をもつ薬剤の開発は困難であると考えられてきた．しかしながら，近年，メトキシアクリレート系およびアリールカルボキシアニリド系薬剤のように，殺菌作用は十分に高いにもかかわらず植物・動物などに対する毒性が低い，すなわち高い選択性をもつ薬剤も開発されている．

2）生体成分生合成阻害

生物の重要な生体成分には核酸・アミノ酸・タンパク質・脂質・ステロールおよび細胞壁成分としての多糖などがあり，これらの生合成が阻害されると，植物病原菌は正常な成長・増殖・形態形成および機能発現などの細胞活動を行うことができず，感染・発病が阻止される．

i）核酸生合成阻害　核酸はプリンあるいはピリミジン塩基・糖・リン酸で構成されるヌクレオチドを単位として，各ヌクレオチドがリン酸部のジエステル結合で重合したポリヌクレオチドである．糖がデオキシリボースのもの（DNA）およびリボースのもの（RNA）の2種類がある．DNAは遺伝子の本体として糸状菌などの真核生物の場合は核内に染色体の形で存在し，遺伝情報の保存および次世代への伝達を担う．一方，RNAは，リボソームRNA（rRNA）・メッセンジャーRNA（mRNA）・トランスファーRNA（tRNA）のようにサイズや機能が多様であるが，基本的にはDNAの遺伝情報をタンパク質へ翻訳する過程にかかわっている．

したがって，核酸の合成阻害はタンパク質合成に関する根本的な情報源あるいは過程を遮断することになるため，病原菌の防除に役立つ可能性が示唆されている．しかしながら，農薬として使用されている例は少ない．かつて使用されていた微生物源農薬ノボビオシンは細菌（原核生物）のDNAのスーパーコイルを調節するトポイソメラーゼ（ジャイラーゼ）を阻害し，またヒドロキシイソキサゾール（ヒメキサゾール，タチガレン）は*Fusarium*属菌の塩基の取込みを抑制することでDNA生合成を阻害すると考えられている．トマトやバレイショの*Phytophthora infestans*による疫病，*Plasmopara viticola*によるブドウべと病などの病害に卓効を示すメタラキシル，オキサジキシル，ベナラキシル，フララキシルなどのアシルアラニン系薬剤は，RNA，特にrRNAの生合成を阻害することが見出されており，リボソームの構成が正常に行われなくなる．また，エチリモール，ジメチリモールなどのヒドロキシピリミジン系化合物はアデノシンデアミナーゼを阻害してヌクレオチドの1つであるイノシンの生合成を抑制する結果，DNA合成を阻害するといわれている．

ii）タンパク質生合成阻害　タンパク質はアミノ酸がペプチド結合によって重合した分子で，アミノ酸の組成および配列によって多種多様な構造をとりうる．アミノ酸の組成および配列の情報は染色体上にDNAの塩基配列として保存されており，mRNAに転写されて核外へ出る．一方，アミノ酸は1分子ずつそれぞれのアミノ酸に対応したアンチコドン部位をもつtRNAと結合し，アミノアシルtRNAとして存在する．リボソーム上のアミノ酸部位において，mRNAの3塩基よりなるコドン部位に相補的なアンチコドン部位をもつアミノアシルtRNAが特異的に結合する．このアミノアシルtRNA上のアミノ酸に，すでに合成されているペプチド鎖のC末端がペプチド結合（ペプチド転移）してアミノ酸1つ分伸長したペプチジルtRNAが生成される．ペプチジルtRNA–mRNA複合体は，リボソームのペプチド部位に転位し，これに伴ってmRNAの次の3塩基のコドン部位がアミノ酸部位に転位し，新たなアミノアシルtRNAがmRNAに結合する．以上の過程を繰り返してペプチド鎖は伸長し，最終的にはDNA由来のアミノ酸組成・配列情報に従ったタンパク質が合成される．したがって，これらのどの過程が阻害されてもタンパク質合成が阻害され，病原菌の正常な成長を妨げる．

多くの植物病原細菌に効果を示すストレプトマイシンは，コドンの誤読を引き起こすことによってmRNAとアミノアシルtRNAとの正常な結合を阻害する．イネいもち病菌（*Magnaporthe grisea*）などに効果を示すカスガマイシンは，タンパク合成開始複合体の形成を阻害する．また，他のいもち病防除剤であるブラストサイジンSは，ペプチド転移を阻害し，結果的にはペプチド鎖の伸長を阻害する．イネ白葉枯病防除を目的に過去に使用されたクロラムフェニコールも同様の作用点をもつ．また，シクロヘキシミドは，ペプチジルtRNA–mRNA複合体のペプチド部位への転位を阻害する．

アニリノピリミジン系のシプロジニルは，アミノ酸の一種メチオニン生合成を特異的に阻害する．メパニピリムも同様な活性をもつことが示されている．

タンパク質合成の経路はすべての生物においてほぼ共通であるため，この経路の阻害剤は選択性が低いことが推定される．事実，ブラストサイジンSやシクロヘキシミドはその例で，植物に対する薬害や動物細胞への影響が報告されている．しかしながら，カスガマイシン，テトラサイクリンは選択性が高く，これは作用点であるリボソームの構造が生物ごとに異なっているためと考えられている．

iii）脂質生合成阻害　脂質は，水に対する溶解度が低く，有機溶媒によく溶解し，疎水的な性状をもつリン脂質（ホスホリピド）・アシルグリセロール類（中性脂質）などの総称で，脂質タンパク質複合体である膜の構成・酵素の活性化などの生体にとって重要な役割を担っている．

生体膜の主要な成分であるホスファチジルコリン（レシチン）はリン脂質の一種であり，メチオニンから生合成される．メチオニンからホスファチジルコリンの生合成には，メチル基の転位（エタノールアミン→コリン）が経路の上流で起こるケネディ経路と，メチル基の転位（ホスファチジルエタノールアミン→ホスファチジルコリン）が経路の最後で起こるグリーンバーグ経路の2つが提唱されている．イネいもち病用薬剤であるイプロベンホス（IBP）・エディフェンホス（EDDP）などの有機リン系薬剤およびイソプロチオランは，いもち病菌において，ケネディ経路のメチル基転移を阻害することが明らかにされており，薬剤の構造上Sの位置がその活性に重要であることから，これらの薬剤は有機硫黄系と総括することもできる．ところで，これらの薬剤に感受性のいもち病菌野生株は，薬剤のP—SおよびS—C結合を，薬剤自体により活性化されるチトクロムP-450により切断する．これに対して，中度耐性を示す変異株はS—C結合は切断するもののP—S結合をほとんど切断しない．したがってこれらの薬剤は，P—S結合が切断されることが不安定な活性本体へ代謝されることとかかわっていると推定されている．

このほかにも，脂肪酸合成系のSH基酵素を阻害するジチオカーバメート殺菌剤チウラム，菌体脂質の過酸化を促進し細胞の膨潤ひいては破壊を引き起こすジカルボキシイミド系殺菌剤のプロシミドン・ビンクロゾリン・イプロジオンなどが知られている．しかし，これらの薬剤の作用機構はまだ不明の点が多い．

iv）ステロイド生合成阻害　卵菌類を除く多くの糸状菌の細胞膜にはリン脂質のほかに，ステロールとしておもにエルゴステロールを含む．エルゴステロールは膜の構造と機能に重要な役割をもつと考えられており，エルゴステロール生合成系（図5.30）の阻害は殺菌剤の作用点の1つとして重要である．エルゴステロール合成阻害剤としては，イミダゾール系薬剤（イマザリル，フェナパニルなど），トリアゾール系（トリアジメホン，トリアジメノール，イプコナゾール，プロピコナゾールなど），

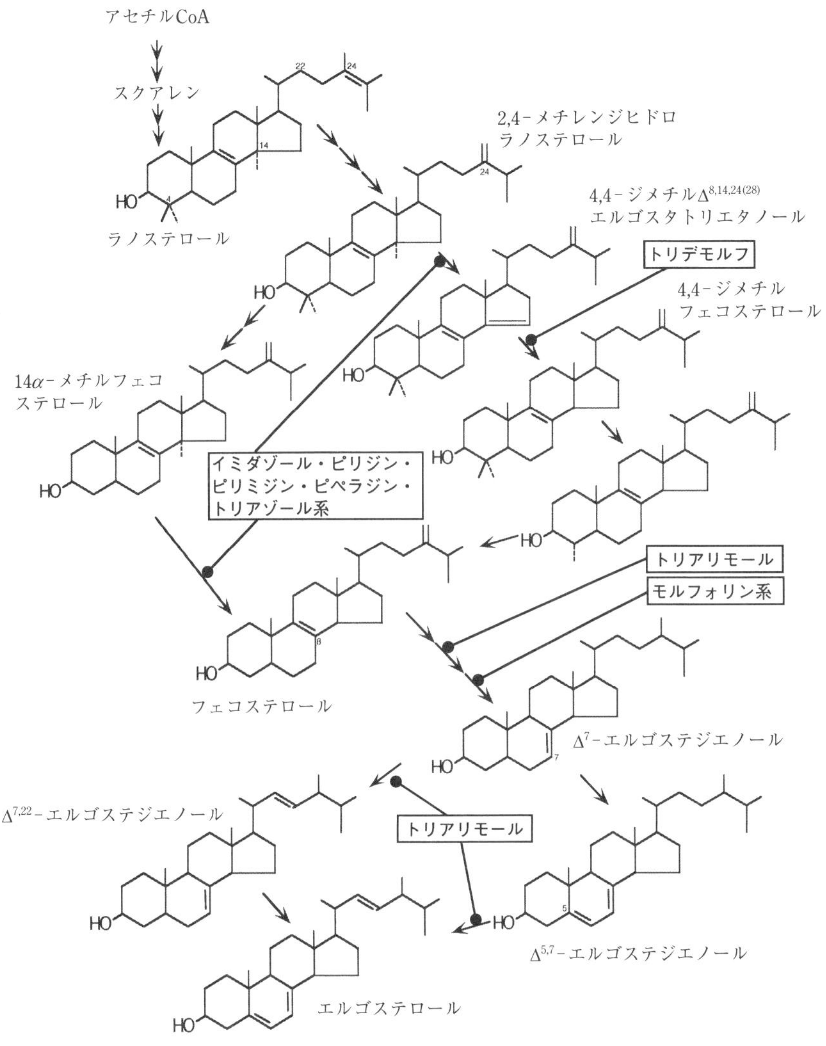

図 5.30　エルゴステロール生合成経路と阻害点

ピリジン系（ブチオベート），ピリミジン系（トリフルミゾール，フェナリモールなど），ピペラジン系（トリホリン），モルフォリン系（ドデモルフ，フェンプロピモルフ，トリデモルフ）などが知られている．モルフォリン系以外の薬剤の作用点は14位の脱メチル化の阻害であり，また，トリアリモールやフェナリモールでは22位の二重結合の導入と24位の二重結合の還元をも阻害する．一方，モルフォリン系薬剤についてはトリデモルフなどで，二重結合の8位から7位への転移を阻害することが報告されている（図5.30）.

v）多糖生合成阻害剤　細胞壁は菌類・細菌・植物において，細胞や組織の物理的な形状や硬さの維持に重要な役割を果たしている．細胞壁の構成成分は生物種によって異なり，キチンは鞭毛菌類を除く真菌の細胞壁の主要構成成分多糖であり，セルロースは植物や鞭毛菌類の，ペプチドグリカンは細菌類の細胞壁を構成する．キチンは植物細胞壁に含まれないため，この生合成をターゲットとする阻害剤は選択性の高い真菌用殺菌剤となることが期待される.

キチンは*N*−アセチルグルコサミン（GlcNAc）がβ−1,4結合したホモ多糖（ポリ*N*−アセチルグルコサミン）であり，細胞質中での，*N*−アセチルグルコサミン＋UTP（ウリジン三リン酸）→UDP−*N*−アセチルグルコサミン＋Piと，細胞膜中でのUDP−*N*−アセチルグルコサミン＋リン脂質→UDP−*N*−アセチルグルコサミン・リン脂質中間体形成，さらにキチン合成酵素の触媒によって進められる，中間体＋ポリ*N*−アセチルグルコサミン→キチン＋UDP＋リン脂質の経路により，すでに存在するキチン鎖に付加され，細胞外に分泌されて壁を構成する.

*Rhizoctonia solani*によるイネ紋枯病や*Alternaria mali*によるリンゴ斑点落葉病に卓効を示すポリオキシンD・B・Lはキチン合成阻害剤として知られている．ポリオキシンは，構造がUDP−*N*−アセチルグルコサミンに類似するため，キチン合成酵素の活性部位に親和性が高く，キチン生合成を拮抗的に阻害することが示されている．このため，菌体にはUDP−*N*−アセチルグルコサミンが蓄積する．また，ポリオキシンで処理した糸状菌では発芽管や菌糸が膨潤する現象が認められる.

このほか,細菌類の細胞壁であるペプチドグリカンの特異的生合成阻害剤としては,ペニシリンやセファロスポリンCなどのβ−ラクタム系抗生物質があるが，農業用殺菌剤としては使用されていない.

3）細胞分裂阻害

細胞分裂は生物の成長や世代の交代にかかわるあらゆる場面で必要な現象である．植物病原菌においても，植物葉面や根圏での胞子発芽・菌糸伸長，寄主植物への侵入に必要な付着器の分化，侵入後の組織内での吸器の形成，増殖，新たな感染源（分生子や休眠胞子など）の形成のために，細胞分裂を行って新たな細胞をつくることが必要となる．細胞分裂は，染色体のほぐれ，DNAの複製に引き続き，染色体の有糸分裂，細胞隔壁の形成などの一連の過程が進行することによって完成する．この細胞の分裂過程を阻害する薬剤は多く知られている.

ベンズイミダゾール類（ベノミル，チアベンダゾール，フベリダゾールなど）やチオファネート類（チオファネート，チオファネートメチルなど）はその活性化体カルベンダジム（MBC）がβ−チューブリン（tubulin）に結合して微小管（microtubule）の形成を妨げることで，細胞分裂時紡錘糸（spindle fiber）の形成を抑制し，有糸分裂を阻害する．ベノミルの多用に伴い，耐性菌 の出現が*Botrytis*属菌や*Alternaria*属菌などで問題となってきたが，これらの耐性菌では主としてβ-チューブリンの198番目のアミノ酸に変異が起こり（グルタミン酸からグリシン，アラニン，またはリジンへ），MBCが結合できなくなっているため，阻害効果が失われたものである．これに対しジエトフェンカルブは，この変異の起こったβ-チューブリンとのみ結合するため，耐性菌の細胞分裂を特異的に阻害する．ベノミルとジエトフェンカルブのこのような関係を負の交差耐性（negative cross resistance）と呼ぶ．これらは混用することによって耐性菌の出現した圃場において，優れた効力を発揮することができる．耐性菌と感受性菌の比較により，薬剤の作用点と耐性菌の出現メカニズムとが分子レベルで解析された興味深い例である．

また，*Rhizoctonia solani*などの土壌病原菌や黒穂病菌（*Ustilago maydis*）に効果を示す有機リン系のトルクロホスメチルは，これらの担子菌の細胞分裂を阻害することで，菌体の構造や形態に異常を引き起こすといわれる．これらの薬剤は卵菌類の遊走子の鞭毛の運動を阻害する作用ももつことから，この作用点も微小管にあることが推定される．芳香族炭化水素系（キントゼンなど），ジカルボキシイミド系，フェニルピロール系薬剤にも同様な活性を示すものがある．

このほか，前述の核酸生合成阻害活性をもつ物質は，結果的に細胞分裂の阻害現象を引き起こす．

4）膜機能の攪乱

細胞内小器官（ミトコンドリアなど）やその周囲，および細胞膜としてみられる生体膜の主成分は脂質と膜タンパク質である．膜は，外界との境界・物質の散逸の防止・選択的透過・能動輸送・情報の受容・活動電位の変化・エネルギー変換などの細胞活動全般を支配している．したがって，膜機能の攪乱は，生物の恒常性を乱す．

アルキルグアニジン化合物（ドディン，グリオジン，グアザチンなど）は長鎖アルキル基をもち，その構造がリン脂質と類似するために細胞膜構造に組み込まれ，能動輸送系を崩壊させ，細胞内K^+イオンなどの電解質の漏えい（electrolytic leakage）を引き起こす．フェニルピロール系薬剤も膜機能の攪乱を引き起こすといわれている．

フェリムゾンはイネいもち病に対して治療効果を示す薬剤である．フェリムゾンはいもち病菌の呼吸や細胞壁成分の生合成などの阻害活性は示さず，溶菌活性および細胞内へのロイシンや酢酸塩の取込み阻害活性を示すことから，膜機能の攪乱がその作用機作であると考えられている．フェリムゾンはイネごま葉枯病（*Cochliobolus miyabeanus*），すじ葉枯病（*Sphaerulina oryzina*）などのほか病害に対しても効果があることが知られており，作用点が普遍性をもつことを示唆している．

*Rhizoctonia solani*によるイネ紋枯病に対して高い効果を示すペンシクロンは，作用特異性が高いことが特徴で，同一菌糸融合群（AG4）の中でも菌株によってその感受性が大きく異なる．この感受性の差は，菌体の膜の脂質組成によっていることが示唆されており，感受性株の細胞膜に結合したペンシクロンは膜の流動性を低下させる．

ミトコンドリアの膜は，電子伝達系および酸化的リン酸化の「場」である．したがって，フェニルピロール系化合物やアルキルグアニジン化合物のように，ここを作用点とする薬剤は呼吸阻害活性をも併せ示す．呼吸阻害活性の詳細については，a.1)に述べたので参照されたい．

b. 病原菌の感染に関与する機構を特異的に阻害する薬剤の作用機構

1）病原菌の特殊な侵入器官の形成を阻害する薬剤

イネいもち病菌は，寄主植物であるイネ葉上に付着した分生子が発芽した後，発芽管を伸長し，イネ葉表面の硬度や疎水性などの性状を認識して付着器を形成する．付着器細胞壁は菌類メラニン（fungal melanin）が産生されることで高い物理的強度を保ち，8.0 MPaにも達する膨圧と分泌される植物細胞壁分解酵素により，イネ葉の表皮を貫通して細胞内に侵入糸を挿入し，感染を成立させる．このように，イネいもち病菌において，付着器は侵入に必須の器官であり，図5.31に示した経路で合成されるメラニンは侵入のための膨圧を発生させるために必要な代謝物である．メラニン合成を阻害する物質は感染に必要な十分な物理的強度をもつ付着器の形成を妨げるため，いもち病の制御剤として利用されている．

トリシクラゾール，ピロキュロン，フサライドなどは図5.31に示したメラニン合成系の2か所の還元反応を阻害する．一方，近年開発された新しいいもち剤カルプロパミドは，従来の還元反応の阻害を示さず，シタロンおよびバーメロンの脱水反応を阻害する新たな作用をもつことが明らかにされた．大腸菌で大量発現させたイネいもち病菌由来のシタロン脱水酵素のカルプロパミドによる阻害機構は，「高親和型（tight binding）かつ競争型（competitive）」であることが示された．また，カルプロパミドとシタロン脱水酵素のX線構造解析により，酵素のフレキシブルなC末端領域によっ

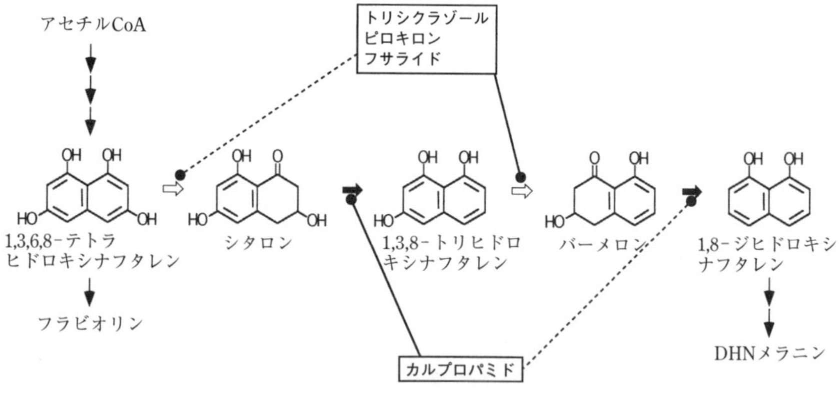

図5.31　メラニン生合成経路と阻害点
⇨還元反応，➡脱水反応

てカルプロパミドは酵素内部の基質結合部位付近に埋まり込んで強固に結合し，基質（シタロン）の酵素への結合を妨げていることが明らかとなった．

2）胞子発芽・飛散阻害

多くの植物病原菌は，伝播体としての分生子や子のう胞子が雨滴・風・土壌粒子とともに飛散して植物体上に付着，あるいは根圏土壌中に厚膜胞子や休眠胞子の形で生存し，これらの胞子が発芽して菌糸を伸長することによって葉や根への侵入を開始する．胞子発芽が阻害されると病原菌は植物へ侵入することができないばかりでなく，多くは時間の経過とともにそのまま死滅に至る．胞子の発芽阻害は，物質レベルで解析すると，1次的には呼吸系の阻害の結果である場合が多い．たとえば，疫病，べと病などに効果を示すクロロタロニル（ダコニール®，TPN）は，分生子の発芽阻害を起こすが，詳細を解析すると，電子伝達系におけるSH酵素を阻害することが示されている．ほかにカプタホール（ダイホルタン®），ボルドー液，石灰硫黄合剤も同様な機構で胞子に作用すると考えられている．カスガマイシンやブラストサイジンSなどのタンパク合成阻害剤は菌糸成長過程のみならず，分生子発芽に必要な初期のタンパク合成も顕著に阻害する．また，アブラナ科野菜根こぶ病に効果のあるフルスルファミドは休眠胞子の遊走子発芽を阻害する．

トリシクラゾールやペンタクロロベンジルアルコール（PCBA）は，イネいもち病菌の伝染源である分生子形成の阻害などにより2次感染阻害活性を示すとされている．一方，カルプロパミドはイネいもち病菌の分生子形成量は減少させないが，分生子の離脱を阻害する（メカニズムは未詳）ことにより分生子の飛散量を減少させ，2次感染を抑制することが最近報告されている．

3）病原菌の栄養的枯渇

イネ紋枯病菌がイネ葉鞘上で菌糸を伸長し，吸器（侵入菌糸塊）を形成してイネ葉鞘から侵入する際に，菌糸先端部への唯一の転流糖としてトレハロース（D-グルコースが1,1結合した二糖）を利用する．トレハロースは分解酵素トレハラーゼによってグルコシド結合が加水分解されて2分子のグルコースとなり，エネルギー源として利用される．バリダマイシンAは，このトレハラーゼを特異的に阻害することで紋枯病菌の栄養源を断ち，イネ植物体への侵入を阻止する．その植物および菌体内主要代謝物であるバリドキシルアミンAは，バリダマイシンAに比べて10～1,000倍のトレハラーゼ阻害活性があり，活性本体であると考えられている．

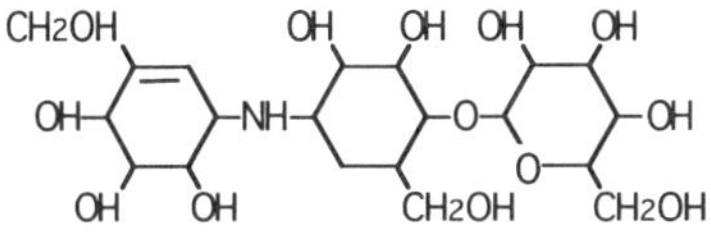

バリダマイシンA

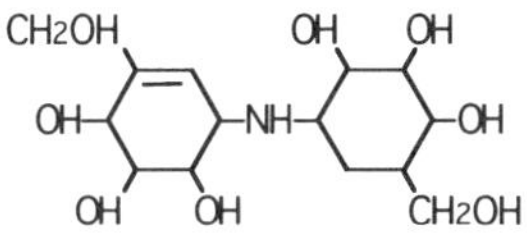

バリドキシルアミンA

4）病原性関連酵素・毒素の生産・分泌阻害

メパニピリムは，直接の殺菌力がさほど強くないにもかかわらず，灰色かび病，うどんこ病，黒星病などに著効を示す．本剤は灰色かび病菌の分生子発芽・菌糸伸長阻害活性はほとんど示さず，また，植物細胞壁成分分解酵素（クチナーゼ，ペクチナーゼ，セルラーゼなど）の生合成にも影響を与えないが，これらの酵素の細胞外への分泌を抑制する．したがって，本剤は，灰色かび病菌のように植物細胞壁成分分解酵素を利用して植物へ侵入する病原菌の制御に有効である．

オキシキノリンは，Cu^{2+}を含む酵素に働いて，重要土壌病害である*Fusarium oxysporum*の病徴発現などに重要な役割をもつフザリン酸の生合成を阻害し，萎凋病を低減すると考えられている．

5）感染の遅延

フェリムゾンをイネに散布処理すると，（メカニズムは未詳であるが）いもち病菌の感染を遅延させることが知られている．感染が遅延している間に，イネ組織中では抗菌性のファイトアレキシン様物質が新規に合成されるようになって，いもち病菌の侵入に対抗する準備が整うことが効果の要因であると推定されている．べと病，疫病に有効なホセチルも同様な働きをもつと考えられる．

c. 病原菌に対する抵抗性を植物に賦与する薬剤の作用機構

殺菌性がなく，寄主植物に全身獲得抵抗性（systemic acquired resistance, SAR）を与えることで病害の発生を妨げる薬剤は，近年「植物アクチベーター（plant activator)」とも呼ばれる新たなジャンルの薬剤として注目を集めている．現在上市されているこの種の薬剤は，プロベナゾールおよびアシベンゾラル*S*–メチル（BTH）であり，実用化には至らなかったが*N*–シアノメチル–2–クロロイソニコチン酸アミド（NCI）も同様の作用機構をもっていると考えられている．

プロベナゾールおよびその代謝物はイネいもち病菌に対して抗菌性をほとんど示さず，また病原菌の病原性を低下させないにもかかわらずイネいもち病に対して著しい防除価を示す．これは，プロベナゾールが寄主植物にプライミングエフェクターとして作用し，外界からの病原菌の侵襲に対して即座に対応できる状態にし，病原菌が感染した際に迅速に全身抵抗性が発現されるためと考えられている．このため，ほかの病害に対しても効果があることが予想され，実際に，イネ白葉枯病・もみ枯細菌病のほか，キュウリ斑点細菌病，ハクサイ軟腐病，カンラン黒腐病などにまで適用拡大さ

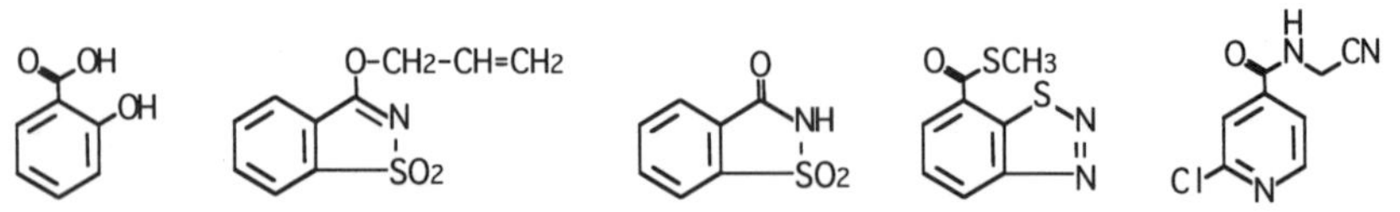

サリチル酸　プロベナゾール　BIT　BTH　NCI

れている．

本薬剤の作用点には未詳な部分が多いが，現在のところ植物の細胞膜における情報伝達系に作用しているとされている．すなわち，イネ体内におけるプロベナゾールの代謝物である1,2−ベンツイソチアゾール−3(2*H*)−オン−1,1−ジオキシド(BIT)がイネ細胞膜のGTPase画分の活性を高進することから，BITは植物の膜の情報伝達系の上流に位置するGタンパク質を活性化すると示唆されている．また，プロベナゾールを処理したイネでは，処理後数十時間以内にPRタンパク質の一種と推定されるタンパク質をコードする遺伝子*PBZ1*が発現していることが報告されている[13]．さらに，双子葉植物でもプロベナゾール処理によりシグナル増幅物質であるサリチル酸やPRタンパク質など，抵抗性関連物質の産生が誘導され，タバコモザイクウイルス（TMV）の病斑が縮小することが示されている．プロベナゾールのイネいもち病菌の情報伝達系における作用点の概念図は図5.32のように説明されている．

一方，BTHも同様に殺菌性をもたない病害防除剤として，コムギうどんこ病をおもな対象病害として使用されているが，ほかの糸状菌，細菌，ウイルス病に対しても有効であるといわれている．植物は外来微生物の接近を認識し，サリチル酸の蓄積によってシグナルを増幅，引き続いて起こる全身獲得抵抗性（SAR）遺伝子群の発現により全身抵抗性を獲得するといわれており，シロイヌナズナなどのモデル植物を用いて，BTH処理により植物体中でこのSAR遺伝子群が発現することが示されている．

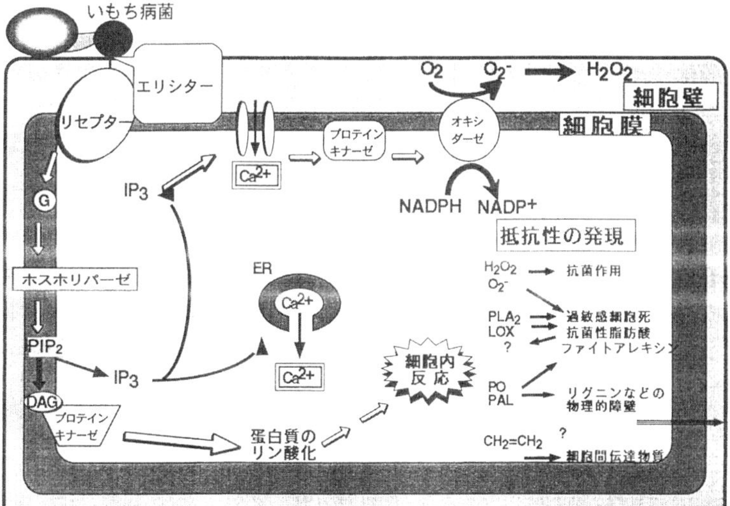

図5.32　イネの感染防御構造—情報伝達系と抵抗性発現の推定図[12]

G：Gタンパク質，PIP_2：ホスファチジルイノシトール二リン酸，IP_3：イノシトール三リン酸
DAG：ジアシルグリセロール，ER：小胞体，O_2：スーパーオキシド，PLA_2：ホスホリパーゼA_2，
LOX：リポキシゲナーゼ，PO：ペルオキシダーゼ，PAL：フェニルアラニンアンモニアリアーゼ

さらに，サリチル酸の蓄積をできないように形質転換した植物においてもBTHはSAR遺伝子群を同様に発現させるため，BTHの作用点はこの情報伝達系のサリチル酸の下流にあると説明されている．

べと疫剤として用いられているメタラキシルやホセチルの施用によっても，同様に植物中にサリチル酸やジャスモン酸が合成され，その結果SAR遺伝子の発現，すなわちリポキシゲナーゼ，ペルオキシダーゼ，キチナーゼなどの産生が誘導されることが示されている．

d. その他の作用機構

植物病害における病徴発現には植物側の因子が関与している場合も多い．たとえば，アブラナ科野菜根こぶ病に罹病したハクサイやキャベツでは，根部にこぶが形成され，地上部への水分の移行が不十分になって，萎凋・生育停止・枯死などの症状が現れる．根こぶ病菌に感染した根部組織中では，植物ホルモンの一種であるオーキシンが大量に生産され，こぶが肥大するといわれているが，このオーキシンの増加メカニズムについては明らかにされていない．反オーキシン活性をもつとされるエポキシドンや2,3,5-三ヨウ化安息香酸は，ほとんど殺菌性を示さないにもかかわらず，根こぶの発生を抑制する．すなわち，病原菌の感染は許容されるが，反オーキシン活性によってこぶ形成という病徴発現が抑えられていると推定される．このような機構をもった薬剤の場合，抵抗性の病原菌の出現の危険性が少ないことが利点になりうると思われる．

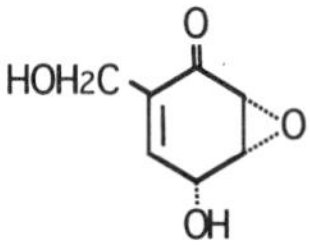

エポキシドン

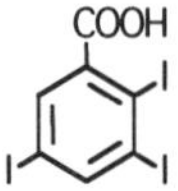

三ヨウ化安息香酸

e. 多作用点阻害

殺菌剤がある濃度で病原菌の生育の抑制を示すとき，代謝経路上の1つの酵素などの阻害度がこれに明確に対応関係を示す場合にはこの阻害点を1次作用点と呼ぶ（1作用点阻害）．一方，殺菌剤が2つ以上の1次作用点に働いて，病原菌の成長を抑制する場合にはこれを多作用点阻害という．しかし，多作用点阻害の各作用点における阻害について詳しく研究した例は見あたらず，生育抑制は各作用点阻害の総合的な結果と考えられている．農業用殺菌剤のなかでは，芳香族ハロゲン化合物（クロロタロニル，クロラニル，ジクロンなど），ジチオカーバメート類（マンネブ，ジネブ，ジラムなど），無機銅および有機銅類（8-ヒドロキシキノリン銅など），有機スズ類（特にR_3SnX型），クロールピクリン，有機ヒ素類，キノン類，*N*-ハロアルキルチオイミド類（キャプタン，ホルペット，カプタホールなど）はSH基をもつ多くの酵素などと反応してその活性を阻害するので，解糖系，TCA回路上の各種脱水素酵素とともに，脂肪酸合成・代謝系を阻害する．また，クロロタロニルやキャプタンなどのトリクロロメタン系化合物などは，細胞内成分のNH_2基とも非特異的に結合して生化学反応を阻害すると考えられている．

他方，1次作用点が明らかにされている殺菌剤のなかには，濃度の高い場合にはほかの阻害点に作用する（2次作用点）ものが存在することが報告されており，実用的な使用場面では両方の阻害が病害防除活性に関与していると考えられる．根こぶ病用土壌処理剤であるキントゼンの1次作用点は細胞膜酵素にあると推定されているが，呼吸系のSH基酵素を阻害するとの報告もあり，より高濃度ではキチン合成阻害も示す．

トリデモルフはエルゴステロール合成阻害を1次作用点とするが，正常な細胞膜の構成を阻害し，電解質の漏えいを引き起こす．また，トリホリンなどほかのステロール合成阻害剤（脱メチル阻害剤，DMI）にはメバロン酸合成系を阻害するものがある．イプロベンフォス（IBP），エジフェンホス（EDDP）などの有機チオリン酸エステルやチオホスフォン酸エステルはホスファチジルコリン生合成におけるメチル基転位が重要な阻害部位であるが，濃度を高めると2次的にキチン合成を阻害し，電解質の漏えいを引き起こすといわれている．

トレハラーゼ阻害剤であるバリダマイシンAは，近年，細菌*Xanthomonas campestris*によるキャベツ黒腐病，*Pseudomonas cichorii*によるレタス腐敗病，*Erwinia carotovora*によるハクサイ軟腐病などに適用拡大となった．しかし，植物体中にはトレハロース以外にも糖源が存在するため，これらの病害に対する作用機作をトレハラーゼ阻害で説明することはできない（b.3参照）．バリダマイシンAがトレハロース利用能をもたない細菌*P. cichorii*などによる病害にも効果を示すこと，また土壌病害であるナス青枯病（*Ralstonia solanacearum*による）に地上部への施用で効果を示すことなどを併せ考えると，バリダマイシンAにはトレハラーゼ阻害以外にも，植物への抵抗性の誘導活性などを併せもつことが推定される．このほかにも，これまで述べてきたメパニピリムやカルプロパミドなどにも複数の作用点が存在することが示されており，現実には複合効果によって病害防除活性が発揮されている場合も多いと考えられる．

特異的作用点阻害では病原菌は阻害点を迂回する代謝経路を発達させることによって薬剤耐性を獲得する場合が多いが，SH基，NH_2基などに作用する薬剤や金属とのキレートを形成する薬剤などにみられる多作用点阻害では耐性を獲得することはむずかしくなり，事実，耐性菌の出現による実用上の問題は報告されていない．

f. 協力作用

メトキシアクリレート系薬剤の1つであるメトミノストロビンは電子伝達系複合体

Ⅲを阻害する呼吸系阻害剤である．本剤は，イネいもち病を対象病害としているにもかかわらず，いもち病菌がシアン耐性呼吸系と呼ばれる複合体Ⅲのバイパスをもつため，高い*in vitro*活性は示さない．ところが，イネ植物を用いた*in vivo*試験では，メトミノストロビンのいもち病防除効果が高いことが知られている．これは，イネがもつフラボノイド類がシアン耐性呼吸系を阻害するため，メトミノストロビンの複合体Ⅲ阻害と協力して抗菌効果を発揮した結果であると考えられている．

g. 移 行 性

薬剤の移行性は，分子の溶解性，親水性・疎水性などの物理化学的性状，および薬剤と植物さらには病原菌の相互関係などに影響を受ける．以下，作用機構との関連から，二，三の例について述べる．

いもち用薬剤であるカルプロパミドは，薬剤を苗の状態のイネに箱施用すると，葉いもちのみならず穂いもちにまで防除効果を発揮し，2か月以上にも及ぶ残効性が示されている．箱施用されたカルプロパミドは水溶解度が低いため，本圃に移植されたあとも田面水に拡散することなく，イネの根圏土壌に保持される．根圏に保持されたカルプロパミドは徐々にイネに吸収され，葉の先端のみならず株全体に分布する．特に，根や葉鞘基部の導管には微小結晶として保持され，新出葉や分げつに再分配されることにより，長期にわたって分布する．これが長期残効性の要因となる．一方，カルプロパミドは茎葉には安定に分布するものの玄米にはほとんど移行しないため，可食部への残留の危険性が少ない．

植物体に抵抗性を誘導するいもち剤プロベナゾールも同様に，苗において経根移行が，また，バリダマイシンAは土壌病害であるナス青枯病に茎葉散布で効果を示すことから全身移行性が示唆されている．

また，いもち病剤であるブラストサイジンSは，イネに散布した場合にはほとんど移行性を示さないものの，いもち病菌感染部から吸収され，菌の伸長に沿って浸透移行する．このため，ブラストサイジンSには，高い治療効果が認められる．カスガマイシンはイネ根部から吸収され，全身移行性を示す．したがって，白葉枯病にも防除効果のあることが知られている．〔山口　勇・有江　力〕

文　献

1) Corbett, J. R. *et al.* (1984). The Biochemical Mode of Action of Pesticides, Academic Press.
2) Köller, W. (1992). Target Sites of Fungicide Action, CRC Press.
3) 山下恭平，他 (1979). 農薬の科学，文永堂.
4) 有江　力・山口　勇 (1995). 植物病理学事典 (日本植物病理学会編), p. 798, 養賢堂.
5) Uesugi, Y. (1998). Fungicidal activity (eds. Hutson, D. and Miyamoto, J.), p. 23, John Wiley & Sons.
6) 藤村　真 (1994). 日本農薬学会誌, **19**：S219.
7) 山口　勇 (1997). いもち病—研究と防除 (内藤秀樹・八重樫博志監修), p. 189, 日本バイエルアグロケム.

8）倉橋良雄,他（1999）. *J. Pesticide Sci.*, **24**：204.
9）Nakasako, M. *et al.* (1998). *Biochemistry*, **37** (28)：9931.
10）Kim, H. T. *et al.* (1996). *J. Pesticide Sci.*, **21**：323.
11）山口　勇・関沢泰治（1993）. 植物防疫, **47**：218.
12）岩田道顕・山口　勇（1997）. バイオサイエンスとインダストリー, **55**：767.
13）岩田道顕（1997）. 分子レベルから見た植物の耐病性（山田哲治，他編），p. 141，秀潤社.

5.3 除 草 剤

除草剤は植物に特徴的な生理機能を特異的に阻害し故殺する．すなわち，光合成，脂肪酸生合成，アミノ酸生合成，色素生合成などの特異的な阻害剤である．そのほか，植物ホルモンによる調節系の攪乱や細胞分裂を阻害する除草剤も使用されている[1,2]．

まず，除草剤を作用機構，すなわち標的部位（ターゲットサイト, target site）の違いによって分類し，それぞれの作用機構について解説する．標的部位あるいは第1次作用点は，最も低い濃度で最初に阻害される酵素あるいは酵素系をさす．しかし，除草剤を高濃度で処理した場合，標的部位以外の酵素や代謝系も2次的あるいは3次的な影響を受ける．そのため，除草剤処理後に認められる症状は，必ずしも標的部位への影響を反映しているとは限らない．また，除草剤によっては複数の部位に同時に作用する[1,2]．

a. 作 用 機 構

1）光合成系に作用する除草剤

光合成は高等植物にとって最も重要な生理機能である．植物は光合成によって光エネルギーを化学的エネルギーに変換し，それを利用して二酸化炭素を固定する．しかし，制御が困難な光エネルギーの捕捉と化学的エネルギーへの変換は，植物にとって危険なプロセスでもある．さらにその危険性を高めているのは脂溶性が高く，生体膜へ容易に浸透する酸素分子が，光化学反応を営む部位（チラコイド膜）のごく近傍に高濃度で存在するという事実である．実際，光合成は除草作用の理想的な標的部位としてみなされ，多くの除草剤が開発されている[1~3]．

i）光合成電子伝達を阻害する除草剤（図5.33）　光合成は，光エネルギーを化学的エネルギーであるATPと還元力としてのNADPHに変換する過程である明反応（光合成電子伝達系）と，そのエネルギーを利用して二酸化炭素を固定する暗反応に分けられる．このうち，除草剤によって阻害されるのは明反応である．明反応は二つの光化学系（系Ⅰと系Ⅱ）から構成されるが，除草剤（光合成電子伝達系阻害剤）は，系Ⅱにおける電子伝達を，第一のプラストキノン電子受容体Q_Aと第二のプラストキノン電子受容体Q_Bの間で阻害する．代表的な除草剤は，シマジン（simazine），アトラジン（atrazine）などの*s*-トリアジン，ジウロン（diuron）などのフェニルウレア，ブロマシル（bromacil）などのウラシル，メトリブジン（metribuzin）などの*as*-トリアジン，フェンメディファム（phenmedipham）などのビスカーバメート，プロパ

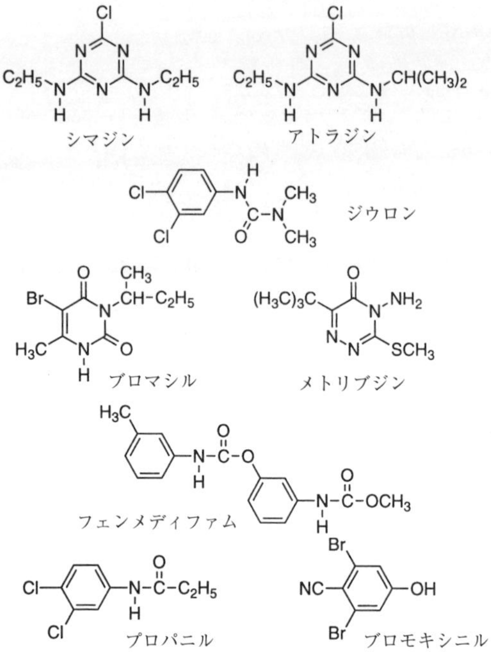

図 5.33

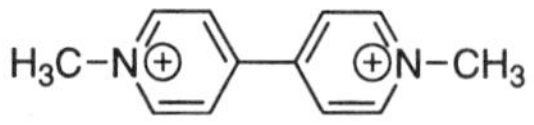

図 5.34

ニル（propanil）などのアミドおよびブロモキシニル（bromoxynil）などのフェノール化合物である．これらの除草剤は系 II の反応中心を形成しているサブユニットの 1 つである D1 タンパク質上の Q_B 結合部位に Q_B と競争的に結合する．光合成電子伝達系が阻害されると，光によって励起されたクロロフィルからエネルギーが酸素分子に渡され，反応性の高い一重項酸素（$^1O_2$，活性酸素分子種）が生成する．一重項酸素が膜の不飽和脂肪酸を酸化し，細胞膜が破壊される[1~3]．

ii）光合成電子伝達系から電子を受け取る除草剤（図 5.34）　　パラコート（paraquat）は光照射下できわめて即効的な作用を示す除草剤である．パラコート分子は光化学系 I から電子を受け取り，安定なラジカルを生成する．パラコートラジカルは酸素分子に電子を渡し，活性酸素分子種であるスーパーオキシドアニオンラジカル

(O_2^-) を生成させ，もとのパラコート分子に戻る．光照射下では連続的にパラコートラジカルが生成し，結果としてスーパーオキシドアニオンラジカルの異常蓄積が起こる．スーパーオキシドアニオンラジカルおよびその還元生成物である過酸化水素，ヒドロキシラジカルが膜脂質の自動酸化を引き起こす[1,2]．

パラコートは平面状の分子で，土壌粘土鉱物に不可逆的に吸着されるため，土壌処理活性は示さない（土壌に処理しても植物を枯殺できない）．植物体内で代謝されないため，非選択的な除草活性を示す．

2）生合成阻害剤

アミノ酸，脂肪酸，色素（クロロフィル，カロテノイド）など生体成分の生合成は，除草作用の標的である．特にアミノ酸生合成阻害剤は，現在最も重要な除草剤のグループを構成している[1,2]．

ⅰ）アミノ酸生合成　3種類の異なったアミノ酸生合成系が除草剤によって特異的に阻害される．それらは分枝アミノ酸，芳香族アミノ酸およびグルタミン生合成である．特に分枝アミノ酸，芳香族アミノ酸はいずれも必須アミノ酸であり，人間，家畜を含めた動物は生合成系をもたない．そのため，アミノ酸生合成を阻害する除草剤の動物毒性はきわめて低いという特徴がある[1,2,4]．

(a) 分枝アミノ酸生合成を阻害する除草剤（図5.35）：　バリン，ロイシン，イソロイシンは枝分かれした側鎖をもつアミノ酸であり，分枝アミノ酸あるいは分岐鎖アミノ酸と呼ばれる．分枝アミノ酸生合成の最初の段階（イソロイシン生合成では2番目の段階）は，アセト乳酸シンターゼ（acetolactate synthase, ALS；acetohy-

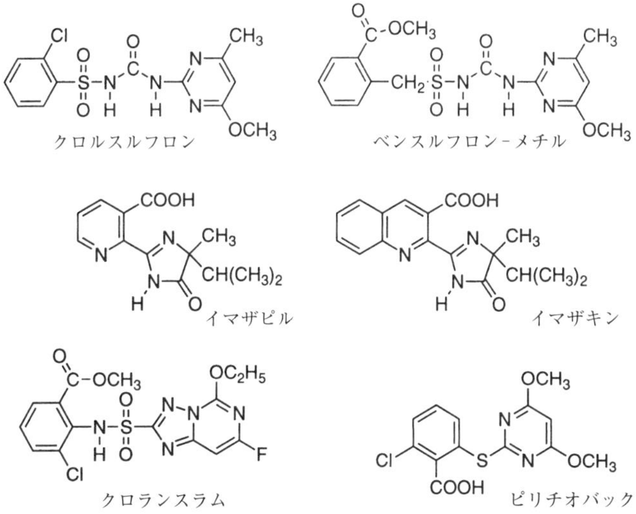

図**5.35**

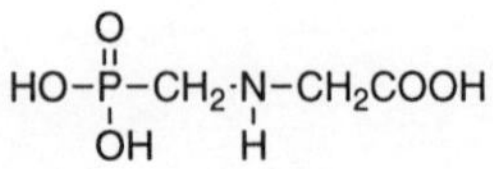

グリホサート

図5.36

droxyacid synthase, AHASとも呼ばれる）によって触媒される．この酵素は，クロルスルフロン（chlorsulfuron），ベンスルフロン–メチル（bensulfuron–methyl）などのスルホニルウレア，イマザピル（imazapyr），イマザキン（imazaquin）などのイミダゾリノン，クロランスラム（cloransulam）などのトリアゾロピリミジン，ピリチオバック（pyrithiobac）などのピリミジニル（チ）オキシサリチル酸によって特異的に阻害される．ALSが阻害されると，前駆体である2–ケト酪酸およびアミノ化された2–アミノ酪酸が蓄積する．いずれも植物毒性を示すが，蓄積量と生育阻害に有意な相関関係がないことなどから，分枝アミノ酸の欠乏およびそれらを原料とする重要な生体内反応の急速な停止などの複合的な影響が植物毒性と関連しているものと考えられている[1,2,4～6]．

(b) 芳香族アミノ酸生合成を阻害する除草剤（図5.36）：　フェニルアラニン，チロシン，トリプトファンはベンゼン環を含んでおり，芳香族アミノ酸と呼ばれる．芳香族アミノ酸はシキミ酸経路を経て生合成され，リグニン，フェノールなど2次代謝産物の原料でもある．除草剤グリホサート（glyphosate）はシキミ酸経路の酵素である5–エノールピルボイルシキミ酸3–リン酸シンターゼ（5–enolpyruvylshikimate 3–phosphate synthase, EPSP synthaseあるいはEPSPS）を特異的に阻害する[7,8]．グリホサートは植物体内でほとんど代謝されないため，非選択的な除草作用を示す．一方，土壌微生物によって急速に分解されるため，土壌処理活性はほとんど示さない．EPSPSが阻害されると炭素化合物のシキミ酸経路への流入量が顕著に増大する．その結果，シキミ酸が蓄積するとともに，必要な中間体が欠乏して光合成炭素還元サイクルが停止する[7]．

(c) グルタミン生合成を阻害する除草剤（図5.37）：　グルタミンシンテターゼ（glutamine synthetase, GS）は，無機態窒素を有機態窒素に変換する反応を触媒している重要な酵素である．すなわち，亜硝酸還元により，あるいは光呼吸やアミノ基転移反応などによって生成するアンモニアをグルタミン酸に取り込み，グルタミンを合成する反応を触媒している[1,2,7,9]．

放線菌*Streptomyces viridochromogens*および*S. hygroscopicus*が生産する植物毒素の本体であるホスフィノトリシン（phosphinothricin, PPT）は，GSを強力に阻害する．除草剤ビアラホス（bialaphos）は，PPTにアラニンが2分子結合しているが，植物体内でペプチド結合が加水分解されPPTを生成する．グルホシネート（glufosinate）は化学的に合成したPPTのラセミ体混合物である（L体のみが活性を示す）．GSが阻害

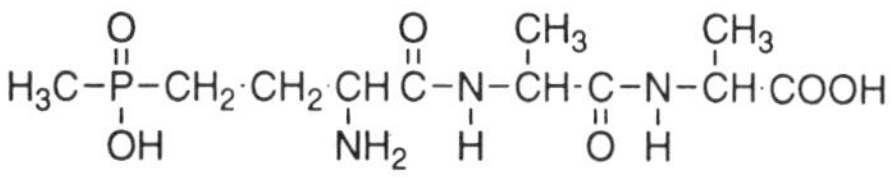

ビアラホス

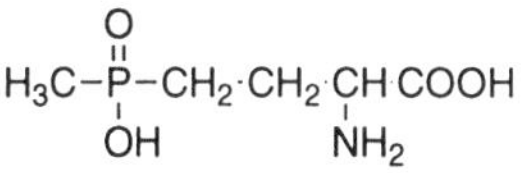

ホスフィノトリシン（グルホシネート）

図 **5.37**

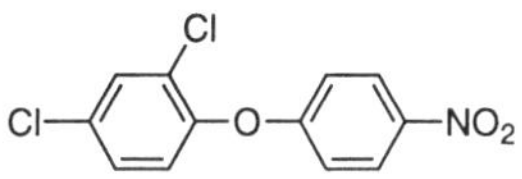

ニトロフェン

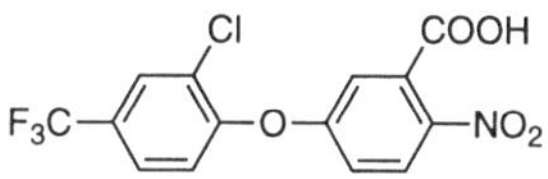

アシフルオルフェン

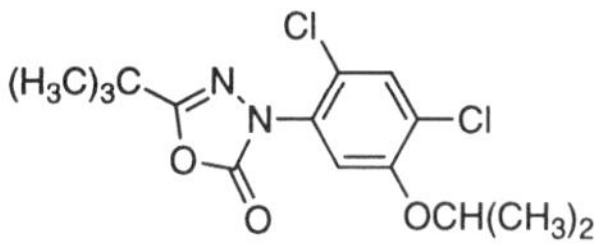

オキサジアゾン

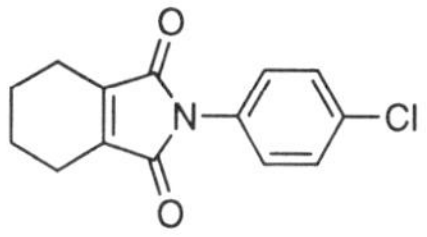

クロロフタリウム

図 **5.38**

されると植物体内に毒性物質であるアンモニアが蓄積する．当初，アンモニアの蓄積が殺草活性に直接関連すると考えられていたが，グリオキサル酸（RuBPカルボキシラーゼの阻害剤）の蓄積による光合成の停止，グルタミンおよびグルタミン酸の欠乏による光呼吸の阻害などがより早期に認められる[1,2,7,9]．これらの複合的な影響が殺草活性となって現れる．PPTは一部の耐性植物を除いて植物体内ではほとんど代謝されないため，非選択的な除草活性を示す．また，グリホサートと同様に，土壌中では急速に分解され，土壌処理活性は示さない．

ii）色素生合成　植物はクロロフィル，カロテノイド，アントシアンなど特徴的な色素を含んでいるが，生理的役割を担っているのはクロロフィルとカロテノイドである．

(a) クロロフィル生合成を阻害する除草剤（図5.38）：　植物にとってクロロフィルは最も重要な機能性色素であり，光化学系の反応中心を形成するとともに光エネルギーの捕捉にも関与している．クロロフィルとヘムは，中間体であるプロトポルフィリンIXまでは全く同じ経路で生合成される．プロトポルフィリンIXがキラターゼによってMgを取り込むとクロロフィルに，Feを取り込むとヘムの生合成へと進む．ニトロフェン（nitrofen），アシフルオルフェン（acifluorfen）などのジフェニルエーテ

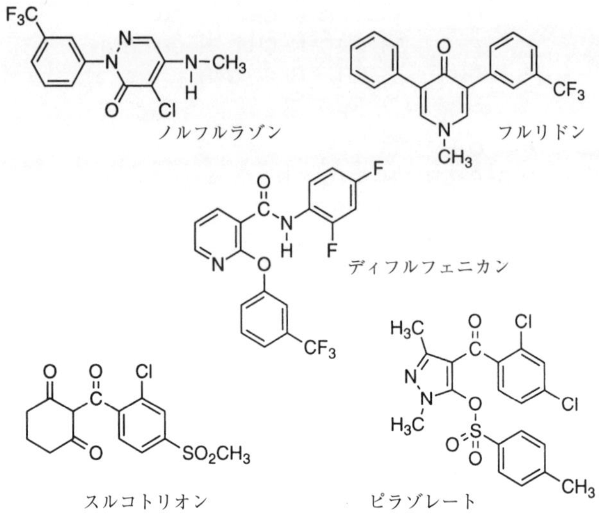

図 5.39

ル，オキサジアゾン（oxadiazone）などのジアゾール，クロロフタリウム（chlorphtalim）などのフタルイミド除草剤は，プロトポルフィリノーゲン酸化酵素（protoporphyrinogen oxidase, Protox）を阻害する．Protox が阻害されると基質であるプロトポルフィリノーゲンが異常蓄積し，生合成経路外へ流出する．生合成経路から外れたプロトポルフィリノーゲンは，酵素的あるいは非酵素的に酸化され，光増感作用を示すプロトポルフィリンⅨを生じる．プロトポルフィリンⅨが光によって励起されると，そのエネルギーを酸素分子に与え，一重項酸素を生成させる[1,2,10]．

(b) カロテノイド生合成を阻害する除草剤（図 5.39）：　カロテノイドは2種類の生理的な機能を担っている．1つは光エネルギー吸収効率の上昇であり，クロロフィルでは吸収しにくい波長の光を吸収する．もう1つはクロロフィルの光酸化からの保護であり，β-カロテンなどのように全部の二重結合が共役しているカロテノイド分子は，光によって励起されたクロロフィル分子（三重項クロロフィル）から直接エネルギーを受け取ることができる．カロテノイド生合成が阻害されるとクロロフィルの光酸化を伴うため，植物体は白くなる（白化）．そこで，カロテノイド生合成を阻害する除草剤を白化型除草剤（bleaching herbicide）とも呼ぶ[1,2,11]．

白化型除草剤の標的部位は単一ではないが，いずれもフィトエン以降の脱水素反応（二重結合の導入）あるいは環化反応を阻害する．特に，ノルフルラゾン（norflurazon），フルリドン（fluridone），ディフルフェニカン（diflufenican）など，フィトエンの脱水素反応を触媒する酵素，フィトエン脱水素酵素（phytoene desaturase）を阻害する除草剤が多い．ξ-カロテン脱水素酵素（ξ-carotene

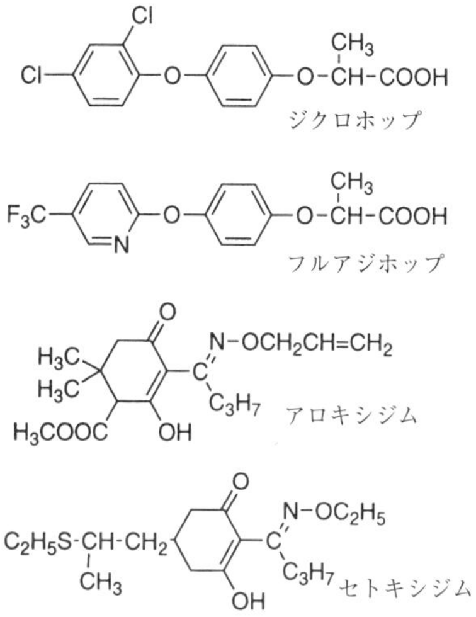

図5.40

desaturase）およびリコペンシクラーゼ（lycopene cyclase）を阻害する除草剤もある[1,2,11]．

スルコトリオン（sulcotrione）などのトリケトンおよびピラゾレート（pyrazolate）などのピラゾール除草剤は，カロテノイド生合成阻害剤と類似した白化作用を示すが，標的部位は異なっている．これらの除草剤は，酵素*p*–ヒドロキシフェニルピルビン酸ジオキシゲナーゼ（*p*–hydroxyphenylpyruvate dioxygenase, HPPD）を阻害し，フィトエン脱水素酵素の重要なコファクターであるプラストキノンの生合成を阻害する．結果としてカロテノイド生合成が阻害され，処理された植物は白化，枯死する[12]．

iii）脂肪酸生合成　脂肪酸は植物の膜の主要な構成成分であり，植物の表面を均一に覆って保護している表皮ワックスの合成原料でもある．単素数12から16の脂肪酸の新規（*de novo*）合成はすべて葉緑体中で行われる．

(a) アセチル–CoAカルボキシラーゼを阻害する除草剤（図5.40）：　脂肪酸生合成の最初の過程であるアセチル–CoAからマロニル–CoAの生成は，アセチル–CoAカルボキシラーゼ（acetyl–CoA carboxylase, ACCase）によって触媒される．ACCaseには原核型と真核型の2種類の酵素が存在する．イネ科植物は，葉緑体および細胞質の両方に真核型の酵素をもつのに対して，イネ科以外の植物では，葉緑体には原核型の酵素を細胞質には真核型の酵素を有する[13]．ジクロホップ（diclofop），フルアジホップ（fluazifop）などのアリロキシフェノキシプロピオン酸およびアロキシジム（alloxydim），セトキシジム（sethoxydim）などのシクロヘキサンジオン除草剤は，真核型のACCaseを特異的に阻害するため，双子葉作物中，あるいは耐性をもつイネ科作物中のイネ科雑草を選択的に枯殺する．葉緑体のACCaseが阻害されると新たな

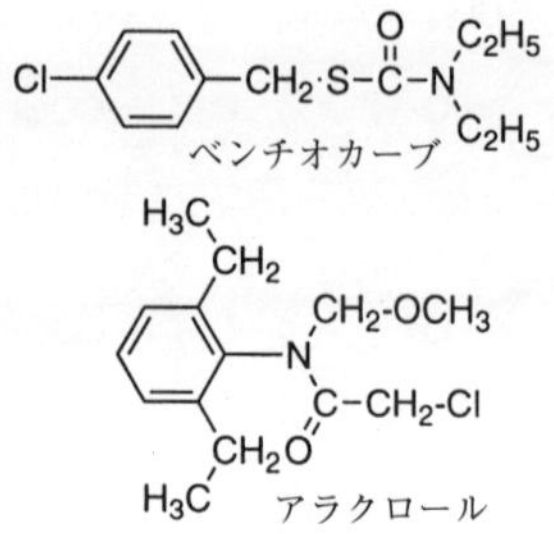

図 5.41

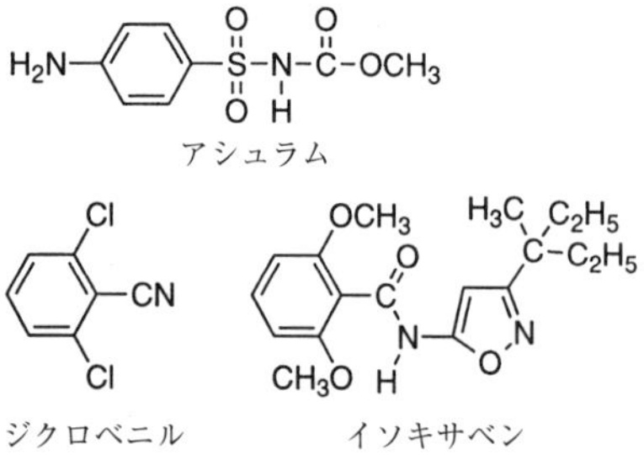

図 5.42

脂肪酸生合成は完全に停止する[1,2,14].

(b) 主鎖の伸長を阻害する除草剤（図5.41）：　ベンチオカーブ（benthiocarb あるいは thiobencarb）などのチオカーバーメート系除草剤は，アシル-CoAエロンゲース（acyl-CoA elongase）が触媒する脂肪酸の主鎖にマロニル-CoA由来のC_2単位を付加する主鎖伸長の過程を阻害する．これらの除草剤を植物に処理すると，ワックスの生成量も顕著に低下する．アラクロール（alachlor）などのクロロアセトアミド除草剤も脂質生合成を阻害するが，ほかの代謝系にも影響を与える[1].

iv）その他の生合成阻害剤（図5.42）　　葉酸（folic acid）は生体内ではデヒドロ葉酸の形で，メチル基，ホルミル基などのC_1単位を付加する反応の補酵素として働いている．殺菌剤のサルファ剤は基質構造類縁体であり，葉酸生合成を阻害して殺菌活性を示すが，その阻害活性は真の基質である4-アミノ安息香酸（4-aminobenzoic acid）の投与により回復する．除草剤アシュラム（asulam）も，サルファ剤と同じように7,8-ジヒドロプテロイン酸シンターゼ（7,8-dihydropteroate synthase）を阻害し，葉酸合成を停止させる[1].

除草剤ジクロベニル（dichlobenil）およびイソキサベン（isoxaben）はセルロース生合成を特異的に阻害するが，その作用部位については不明である[1,15].

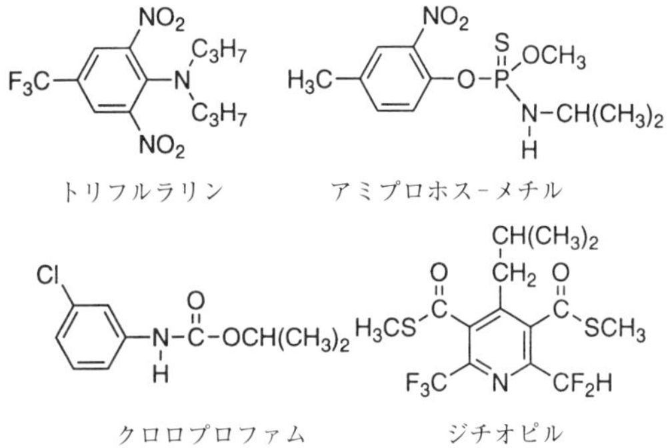

図5.43

3）細胞分裂を阻害する除草剤（図5.43）

細胞分裂阻害剤の作用機構にはいまだに不明な点が多い．その作用性，あるいは処理後に認められる微小管への影響から，細胞分裂を阻害する除草剤は2種類に分類できる．一方は微小管の形成を阻害し，他方は微小管の機能を妨害する．結果として細胞分裂が阻害される．ただし，すべての細胞分裂阻害剤が同一の標的部位に作用し，その活性の差が現象面での違いとなって現れる可能性も高い．これらの細胞分裂阻害剤は植物細胞にのみ特異的に作用し，動物細胞には作用しない[1,2,16]．

i）微小管の形成を阻害する除草剤　微小管はα-およびβ-チューブリンタンパク質のヘテロダイマーユニットが重合した柔軟性のある管状組織である．トリフルラリン（trifluralin）などのジニトロアニリン，アミプロホス-メチル（amiprophos-methyl）などの有機リン除草剤はチューブリンに結合し，微小管への重合を阻害する．これらの除草剤を処理すると，微小管が全く形成されない[1,2]．

ii）微小管の機能を妨害する除草剤　クロロプロファム（chlorpropham）などのカーバメート除草剤を処理した植物では，微小管は形成されているが，複数の核をもつ異常な細胞が観察される．カーバメート除草剤は微小管形成中心（microtubule organizing centers, MTOCs）に作用し，微小管（特に細胞分裂に重要な紡錘体微小管）の機能を妨害すると考えられている[1,2]．植物はα-およびβ-チューブリンのほかにMTOCsに存在するγ-チューブリンをもっており，これらの除草剤がγ-チューブリンに作用する可能性も示唆されている[16]．

除草剤ジチオピル（dithiopyr）も細胞分裂阻害活性を示す．ジチオピルはチューブリンではなく，別のタンパク質（おそらく微小管付随タンパク質，microtubule associated proteins, MAPs）に結合し，細胞分裂を阻害する[16]．

4）オーキシンによる調節系を攪乱する除草剤（図5.44）

植物ホルモンのうちで，除草作用と直接関係するのはオーキシンである．植物体内に存在する主要なオーキシンはインドール酢酸（indole-3-acetic acid, IAA）および

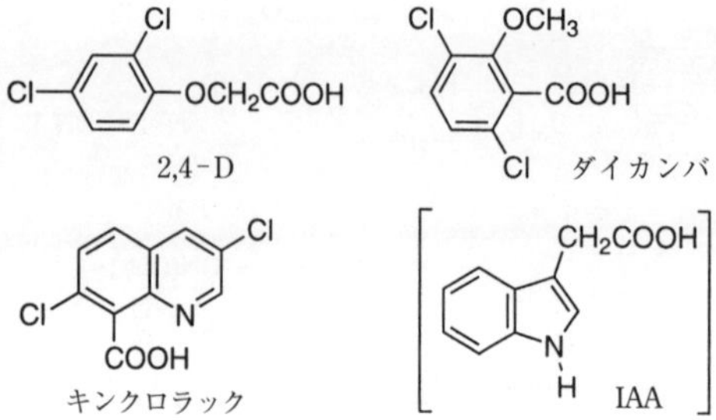

2,4-D　ダイカンバ　キンクロラック　IAA

図 5.44

そのアミノ酸，糖抱合体で，植物の伸長成長をはじめとする成長制御に重要な役割を果たしている．IAAの内生量は生合成と代謝によって一定レベルに保たれている．IAAと類似の作用をもつ合成化合物（合成オーキシン）を過剰なレベルで与えると，オーキシンによる調節系が撹乱され，結果として植物は枯死する．代表的な合成オーキシンが2,4-ジクロロフェノキシ酢酸（2,4-dichlorophenoxyacetic acid, 2,4-D）である．ダイカンバ（dicamba）などの安息香酸誘導体，キンクロラック（quinclorac）などのキノリンカルボン酸のほか，フェニル酢酸誘導体などもオーキシン活性を示す．これらの合成オーキシンは，双子葉植物に対してより強い除草活性を示す．合成オーキシンを投与すると，感受性植物ではエチレン生合成が促進され，アブシジン酸（abscisic acid, ABA）の内生量も上昇する．上偏成長や生育阻害は，エチレンおよびアブシジン酸の影響とされている．エチレン生合成の副産物である青酸（HCN）が植物毒性の主要な原因と考えられている[1,2,17,18]．

b.　除草剤の吸収，移行，代謝と選択性

除草剤がa.で解説した阻害作用を示すためには，標的部位の存在する場所（多くは葉緑体）まで到達する必要がある．除草剤は通常，土壌または茎葉部に散布されるので，最初の過程は，前者では根あるいは幼芽部，後者では葉表面からの除草剤分子の侵入である．

1）吸収と移行

i）根および幼芽部からの吸収　　土壌に処理された（あるいは落下した）除草剤の一部は，土壌中の粘土鉱物や有機物に可逆的あるいは不可逆的（パラコートなど）に吸着され，また一部は土壌微生物によって分解される．土壌表層からの蒸発や，土壌表面では太陽光線（紫外線）による光分解も起こる．

植物に吸収されるためには土壌溶液に溶け込んでいる必要がある．土壌溶液に溶解している除草剤は，根あるいは発芽間もない種子の幼芽部などから水と一緒に吸収される．根には維管束系の周りにカスパリー線という水を通さない構造があるが，根端

ではカスパリー線の分化が不完全で，水に溶けている除草剤分子の侵入はほとんど阻害されない[1)].

根における除草剤分子の侵入は濃度勾配に沿った受動的な過程であるが，2,4-Dなどのフェノキシ酢酸やスルホルニルウレアなどの弱酸性化合物は，酸性土壌中では非解離状態で存在するため，より効率的に吸収される（吸収後，植物体内で解離状態になる：イオントラップ）[1)].

吸収された除草剤分子は，その物理化学的性質によって，水溶解度の高いものは細胞内（シンプラスト）を移行して導管へ，水溶解度が低いものは細胞壁などアポプラストを移行し，最終的には細胞内を通過して導管へと移行する．有機化合物である除草剤分子は，適当な脂溶性をもち，脂質二重膜構造である生体膜を容易に通過するものが多い.

ii）葉面からの吸収　植物の葉の表皮膜は，外側から，外表皮（エピクチクラ）ワックス，表皮（クチクラ）ワックス，キチン，繊維状のペクチンによって構成され，その下に表皮細胞の細胞膜がある．すなわち，外側から内側に入るにつれて極性が上昇する．外表皮ワックスは長鎖（C_{20}～C_{37}，まれにC_{50}程度）脂肪族アルカン，アルコール，ケトン，アルデヒド，アセテート，ケトール，エステルなどである．結晶状のものも多い．表皮ワックスは大部分がC_{16}，C_{18}のカルボン酸で，長鎖脂肪族アルカンを含むこともある．このように植物の葉の表面ははっ水性であり，極端な親水性物質は脂溶性の表皮構造を通過しにくい．通常，除草剤は水溶液として散布するが，葉面への付着・親和性を高めるために水溶液の表面張力を低下させる界面活性剤を添加する．界面活性剤は表皮膜を溶解し，その化学的性質を変化させ，除草剤の侵入を容易にする作用ももつ．葉面上に付着した除草剤分子は比較的短時間（数時間以内）にクチクラ層を通過する．この過程も根からの吸収と同じく濃度勾配に沿った単純な拡散であり，散布液の溶媒（水）の蒸発に伴って侵入速度も上昇する．吸収されないで葉面に残っている除草剤分子は，降雨によって洗い流されたり，太陽光線による光分解を受ける．気孔は一種の「穴」であるが，気孔からの除草剤の侵入はそれほど重要ではない（気孔は葉の下面に多い．また気孔から侵入するためには散布溶液の表面張力がかなり低いことが条件）[1)].

iii）体内移行　吸収された除草剤分子の植物体内における移行性は，その除草剤の物理化学的性質（水溶解度と疎水性）に依存する．植物体内では蒸散流とともに木部（導管）を，あるいは光合成同化産物の流れに乗って篩（し）部（篩管）を移行する[1)].

篩部での移行は，同化産物の流れに乗った受動的なものである（合成オーキシン類はIAA運搬体によって能動輸送される）．水溶解度の高いグリホサート，グルホシネート，ALS阻害剤，合成オーキシンは篩部を容易に移行する（木部にも入る）．篩部を移行しやすいものは細胞分裂の盛んな組織，成長点，根などのシンクに蓄積する[1)].

一方，光合成阻害剤であるトリアジン，フェニルウレアは，おもに木部を移行する．しかし，木部のみを移行する除草剤でもカスパリー線でアポプラストのみの移動は防止されていること，さらに標的部位の存在する細胞内器官（葉緑体）に到達する過程で必ず細胞内部を通過する[1]．

アポプラスト移行では細胞壁などへの吸着により，シンプラスト移行では代謝により，除草剤の総量は徐々に低下することになる．

2）代謝と選択性

植物は動物と同じように外生的に投与された化学物質を代謝し，不活性化する．植物は動物と異なり，機能的な排泄器官をもたないため，不活性化した水溶性代謝物の大部分を細胞内の液胞に貯蔵・隔離する．疎水性代謝物は細胞壁など細胞外マトリックスに，リグニンなどの抱合体として蓄積する[1]．

除草剤は植物に特徴的な生理機能を阻害あるいは妨害するため，本質的にはすべての植物が影響を受ける．すなわち，作物も雑草も枯殺するという非選択的な除草活性を示すことになる．実際には，このような非選択的除草剤は作物に対して薬害を示す可能性が高く，圃場での使用はむずかしい．一般的には，一連の除草剤候補化合物のなかから，特定の作物に対して安全性の高い化合物が選抜され，作物用除草剤として使用される．

i）除草剤の代謝　植物体内における薬剤代謝の最初の過程は，シトクロムP-450モノオキシゲナーゼ（cytochrome P-450 monooxygenase, P-450）およびグルタチオン*S*-トランスフェラーゼ（glutathione *S*-transferase, GST）によって触媒される[1,2,19]．P-450による代謝物（水酸基などが導入された代謝物）は，グルコシルトランスフェラーゼ（glucosyl transferase）によって速やかに配糖体に変換され，最終的には液胞内部に輸送され，あるいは細胞外マトリックスに排出され，隔離される．なお，耐性を示す植物では，除草剤処理により代謝酵素が誘導され，代謝活性が顕著に上昇する[1,2,19]．

(a) シトクロムP-450モノオキシゲナーゼ（P-450）による代謝：　P-450は多様な反応を触媒するが，代表的な反応は，ベンゼン環など芳香環への水酸基の導入，窒素あるいは酸素原子に結合したアルキル基の酸化的脱離である．除草剤分子に水酸基が導入されると活性が消失する場合が多いが，脱アルキル基反応ではある程度活性が保持されたり，逆に活性化される場合もある[1]．

(b) グルタチオン*S*-トランスフェラーゼ（GST）による代謝：　GSTは，反応性の高いハロゲン原子などをもつ除草剤分子とグルタチオンとの抱合体形成を触媒する．通常，グルタチオン抱合体は除草活性を示さない．グルタチオン抱合体はさらにシステインあるいは*N*-マロニルシステイン抱合体へと変換される[1]．

(c) アリルアシルアミダーゼによるプロパニルの加水分解：　プロパニルを茎葉処理すると雑草であるノビエは枯殺されるがイネは影響を受けない．これはイネ体内でプロパニルの速やかな加水分解が進行するためである．プロパニルの加水分解を触媒するアリルアシルアミダーゼ（arylacylamidase）は有機リン系およびカーバメート系殺虫剤により阻害されるため，これらの殺虫剤とプロパニルを同時あるいは近接して散布すると，イネも被害を受ける[1,2]．

(d) グルコース，アミノ酸との抱合体の形成：　P-450によって水酸基を導入された代謝物や，遊離のアミノ基をもつ除草剤（あるいはその代謝物）は，*O*および*N*-グリコシル化される．グリコシル化されると極性が高くなるため植物体内を移動しにくくなる[1,19]．

一方，遊離のカルボキシル基をもつ除草剤（2,4-Dなど）では，グルコースとのエステルおよびアミノ酸とのアミド抱合体を形成する．グルタチオン抱合体とは異なり，これらの抱合体は，加水分解によりもとの除草剤分子を生成するため，完全な解毒作用とはいえない．実際，コムギなどの2,4-D耐性作物ではP-450によるベンゼン環の水酸化が速やかに進行するが，ダイズなどの感受性植物では，アミノ酸抱合体の生成がおもな代謝経路である[1]．

(e) 代謝による活性化：　(d) までの代謝反応は解毒作用にかかわるものであるが，エステル結合やアミド結合の加水分解により，処理された除草剤が活性化される場合も多い．たとえば，ジクロホップなどのアリロキシプロピオン酸やALS阻害剤のイマザキンなどはカルボン酸が活性本体であるが，除草剤として使用されているのはエステルである．感受性植物体内では，エステル結合の加水分解によって活性本体が生成する．ピラゾレートでは*p*-トルエンスルホン酸エステルの加水分解により活性本体のピラゾールアルコールが生成する．アミド（ペプチド）結合の加水分解による活性化の例は，ビアラホスの加水分解によるPPTの生成がある．このような代謝による活性化が除草剤の選択性に関与している場合も多い[1,2]．

ii）除草剤の選択性　　除草剤の選択性の要因としては，除草剤との接触と吸収量の違い，除草剤の土壌中における移動との関連，代謝・解毒能力の差，標的酵素と除草剤の相互作用の様式，毒性作用に対する耐性の有無があげられる[1]．

(a) 除草剤との接触と吸収量の違い：　茎葉処理では葉の角度，葉面積，表面構造の違いにより，除草剤との接触面積（付着量）が変化する．土壌処理では根の構造あるいは分布の違いによって除草剤との接触割合が変化する．多くの場合除草剤の吸収は受動的なプロセスであり，接触面積（割合）が大きくなれば吸収量も増大する．

(b) 除草剤の土壌中における移動と位置選択性：　土壌に処理された除草剤は，土壌粒子や有機物によって吸着されるため，土壌表層に除草剤濃度の高い処理層を形成する．この処理層に植物体が接触しなければ，あるいは処理層から除草剤を吸収しなければ，その植物は除草剤の影響を受けない（位置選択性）．

(c) 代謝・解毒：　選択性の要因として最も重要なのは代謝酵素の量的・質的な差である．対象とする作物が雑草に比べてその除草剤をより速やかに，より確実な方向へと代謝・変換する場合，優れた選択性除草剤として利用することができる．ただし，P-450，GSTなど代謝に関与する酵素は特定の化学物質（殺虫剤やその共力剤）によって阻害されることが知られており，除草剤の散布に際して注意する必要がある[1,2]．

(d) 標的酵素との相互作用：　酵素の構造の違いによる感受性の差はイネ科植物と

イネ科以外の植物のACCaseがよい例である．葉緑体に，前者は除草剤感受性の真核型酵素を，後者は感受性の低い原核型の酵素をもつ．また多くの除草剤抵抗性雑草は，除草剤非感受性の酵素をもつことが明らかとなっている．除草剤耐性作物の作出では，その除草剤に対して非感受性の酵素の遺伝子を導入する場合が多い．

(e) 毒性作用に対する耐性：　除草剤を処理された植物が枯れるのは，標的部位が阻害された結果としての毒性物質の蓄積あるいは破壊的反応の進行によると考えられている．すなわち，毒性物質の解毒酵素や不足因子の保存プールの大きさの違いが，除草剤に対する感受性の差となって現れる．そのため一般に，生育ステージの進んだ大きな植物体はより高い耐性を示す（希釈効果も関与している）．すなわち移植水稲栽培では，移植イネと発芽後間もない雑草という生育ステージの違いによる耐性の差も利用できることになる．パラコート抵抗性雑草では，SODなどの活性酸素分子種分解酵素の活性上昇が認められている[20]．

〔米山弘一〕

文　献

1) Devine, M. D. *et al.* (1993). Physiology of Herbicide Action, Prentice Hall.
2) Moreland, D. E. (1999). *J. Pesticide Sci.*, **24**：299.
3) 米山弘一 (1991). 雑草研究, **36**：17.
4) 米山弘一 (1992). 植物の化学調節, **27**：181.
5) Shaner, D. L. and Singh, B. K. (1997). Herbicide Activity：Toxicology, Biochemistry and Molecular Biology (eds. Roe, R. M. *et al.*), p. 69, ISO Press.
6) Wittenbach, V. A. and Abell, L. M. (1999). Plant Amino Acids (ed. Singh, B. K.), p. 385, Marcel Dekker.
7) Siehl, D. L. (1997). Herbicide Activity：Toxicology, Biochemistry and Molecular Biology (eds. Roe, R. M. *et al.*), p. 37, ISO Press.
8) Gruys, K. J. and Sikorski, J. A. (1999). Plant Amino Acids (ed. Singh, B. K.), p. 357, Marcel Dekker.
9) Lydon, J. and Duke, S. O. (1999). Plant Amino Acids (ed. Singh, B. K.), p. 445, Marcel Dekker.
10) Dayan, R. E. and Duke, S. O. (1997). Herbicide Activity：Toxicology, Biochemistry and Molecular Biology (eds. Roe, R. M. *et al.*), p. 11, ISO Press.
11) Sandmann, G. and Böger, P. (1997). Herbicide Activity：Toxicology, Biochemistry and Molecular Biology (eds. Roe, R. M. *et al.*), p. 1, ISO Press.
12) Schulz, A. *et al.* (1993). *FEBS Lett.*, **318**：162.
13) Konishi, T. and Sasaki, Y. (1994). *Proc. Natl. Acad. Sci. USA*, **91**：3598.
14) Burton, J. D. (1997). Herbicide Activity：Toxicology, Biochemistry and Molecular Biology (eds. Roe, R. M. et al.), p. 187, ISO Press.
15) Hogetsu, T. *et al.* (1974). *Plant Cell Physiol.*, **15**：389.
16) Molin, W. T. and Khan, R. A. (1997). Herbicide Activity：Toxicology, Biochemistry and Molecular Biology (eds. Roe, R. M. *et al.*), p. 143, ISO Press.
17) Sterling, T. M. and Hall, J. C. (1997). Herbicide Activity：Toxicology, Biochemistry and Molecular Biology (eds. Roe, R. M. *et al.*), p. 111, ISO Press.
18) Grossmann, K. (1998). *Weed Sci.*, **46**：707.
19) Kreuz, K. *et al.* (1996). *Plant Physiol.*, **111**：349.
20) Preston, C. (1994). Herbicide Resistance in Plants：Biology and Biochemistry (eds. Powles, S. B. and Holtum, J. A. M.), p. 61, CRC Press.

5.4　殺そ(鼠)剤

農薬のなかで殺そ（鼠）剤は，殺虫剤・殺菌剤および除草剤などと比べ，使用方法が最もむずかしい．なぜなら，殺そ剤以外の農薬は，その薬剤を作物などに噴霧もしくは撒くことができ，標的となる害虫（または菌類・雑草）には必ずしも付着しなくても効果がある．しかし，殺そ剤は，必ずネズミの口から食べさせなければならない．すなわち，殺そ剤はネズミに食物と同じように殺そ剤を食べてもらうか，ネズミの体に付着させグルーミング（毛づくろい）で間接的に口に入れないと効果はない．しかも人獣（畜）への影響も考えると毒力が強すぎたり，2次中毒（死亡したネズミを食べたイヌ，ネコ，キツネが中毒すること）の起こる可能性が高いものは使用しにくい．また逆に毒力が弱いと殺そ剤としての効果がなくなる．さらに殺そ剤は，ネズミの種類によって薬剤の効力や食べ物の嗜好性に大きな差がある[1,2]．

a.　殺そ剤の種類と特徴

農薬で認可されている殺そ剤は，表5.1の数種類（＊印）のみである．また，ほかのものは医薬部品外品としても登録されている[3~5]．

1）抗凝血性殺そ剤（anticoagulant）[1,3,5]

ネズミが本剤を数日間にわたり連続的に摂取すると，中毒を起こし死亡する．すなわち，ほかの薬剤と異なり慢性中毒作用で効果を現す．ビタミンKの代謝拮抗物質として働き，中毒は血液の凝固能力がしだいに低下するに伴い，毛細血管抵抗力が減少し，血管障害により体内各部位，特に胸腔，肺臓，消化管，脳などで顕著な内出血を

表5.1　殺そ剤の種類

急性中毒殺そ剤	リン化亜鉛* 硫酸タリウム* モノフルオロ酢酸ナトリウム* シリロシド ノルボルマイド アンツー 黄リン
抗凝血性殺そ剤	ワルファリン* クマテトラリル フマリン* ピンドン クロロファシノン* ダイファシノン* ブロマジオロン**
その他	液化窒素*

*：農薬，**：動物薬品

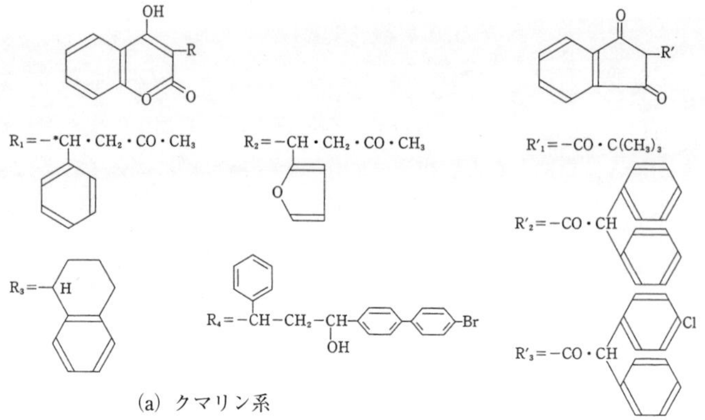

(a) クマリン系

(b) インダンジオン系

R_1：ワルファリン，R_2：フマリン，R_3：クマテトラリル，R_4：ブロマジオロン，
R'_1：ピバール，R'_2：ダイファシノン，R'_3：クロロファシノン，*：アシメ炭素．

図 5.45 抗凝血性殺そ剤（文献3）を改変）

生じて中毒死する．外見上でも目鼻や耳，肛門からの出血が認められることもある．ネズミでは中毒死までの時間が数日から10日ほどかかる．中毒するまでの時間が長く，連続で与えないと効果が出にくいため，野外では使いにくいが，人獣に対しては比較的安全な薬剤である．

抗凝血性殺そ剤は，クマリン（coumarin）系のワルファリン（warfarin），クマテトラリル（coumatetralyl），フマリン（fumarin），ブロマジオロン（bromadiolone），およびインダンジオン（indandione）系のピンドン（pindone），クロロファシノン（chlorophacinene），ダイファシノン（diphacinone）などがある（図5.45）．

さらに，そのなかでもブロマジオロンは第2次世代の薬剤（1970年代より開発された抗凝血性殺そ剤をいう）といわれ，ほかの薬剤（1950年代に開発された薬剤を第1世代の抗凝血性殺そ剤という）が中毒するまでに数日の薬剤の摂取が必要であったのに対し，1回の摂取もしくは間隔を開けての摂取でも効果が現れる．

2） リン化亜鉛剤（zinc phosphide, Zn_3P_2）[1,3,5]

中毒は，本剤を食べたネズミの胃液により分解されたときに発生するリン化水素（PH_3）によって中枢神経系に変性を起こし死亡する．2次災害が少ないので，おもに野ネズミ用に利用される．種差が大きく，ハツカネズミ *Mus musculus* やハタネズミ *Microtus montebelli* には有効であるが，ドブネズミ *Rattus norvegicus* はやや感受性が低い．死亡するまでに通常3時間以内が多いが，数日かかることもある（図5.46）．

3） 硫酸タリウム剤（thallium sulfate, Tl_2SO_4）[1,3,5]

重金属のため分解されにくく，2次中毒を引き起こす危険性が高い．本剤は消化管の炎症，全身の機能障害により死亡する．また中毒し，死亡しなかったネズミに脱毛

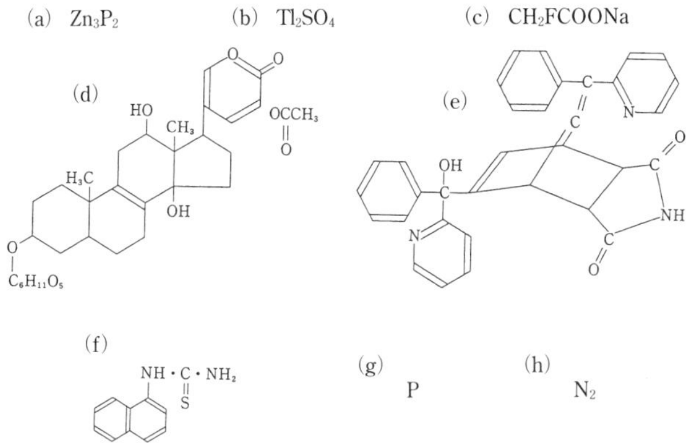

(a) リン化亜鉛，(b) 硫酸タリウム，(c) モノフルオ酢酸ソーダ，(d) シリロシド，
(e) ノルボルマイド，(f) アンツー，(g) 黄リン，(h) 液化窒素

図 5.46 急性中毒殺そ剤（文献3）を改変）

がみられることもある．ネズミが摂取しても効果の出現は遅く，2～4日後に死亡する．本剤はドブネズミに感受性が高い（図5.46）．

4）モノフルオロ酢酸ナトリウム剤（sodium fluoroacetate, FCH_2COONa）[1,3,5)]

別名テンエイティ（1080）といわれる猛毒の薬剤である．本剤はTCAサイクルを遮断し殺そ剤効果を現す．ネズミに与える激しいけいれん，呼吸麻痺，運動麻痺を起こし，数分から数時間で中毒死亡する．人獣に対しても猛毒で，2次中毒のおそれもあり特定毒物に指定され，野ネズミ以外に用いてはならない（図5.46）．

5）シリロシド剤（scilliroside, $C_{32}H_{44}O_{12}$）[1,3)]

地中海産のユリ科の球根中に含まれる成分（強心配糖体）で，心筋や中枢神経の興奮，期外収縮，心室細動，中枢神経の興奮などを起こす．本剤を摂取したネズミは，しばらくして歩行変調が起こり，続いて自発性や，接触や音といった刺激に敏感になって，走り回ったり回転性のけいれんを起こし，呼吸麻痺によって死亡する．ネズミに対しては種間で効力差がみられ，ハツカネズミがドブネズミやクマネズミ *R. rattus* に比べ感受性である．ネズミに与えると死亡するまで数時間から2日ほどかかる（図5.46）．

6）ノルボルマイド剤（norbormide, $C_{33}H_{25}O_3N_3$）[1,3)]

この薬剤で死亡するネズミは酸素欠乏による．酸素欠乏とは血管が結合性を失い，血流が停滞するため，酸素欠乏が起こって死亡する．ネズミでも選択的に効果があるのは，ドブネズミであり，クマネズミではやや感受性が低く，ハツカネズミでは低感受性である．本剤を摂取したネズミは，20分から1時間程度の短時間で死亡する．人獣に対しては比較的毒性は低い（図5.46）．

7）アンツー剤（ANTU, $C_{10}H_7NH \cdot CS \cdot NH_2$）[1,3]

本剤は肺の毛細血管に作用して透過性を高め，肺水腫および肋膜腔内浸出を引き起こし，呼吸困難から数十時間内で窒息死する．特にドブネズミに有効であるが，クマネズミやハツカネズミに対する感受性は低い．本剤を摂取したネズミは数時間から数十時間で死亡する．

8）黄リン剤（phosphorus, P）[1,6]

本剤はニンニク様の臭気を発し，暗所で発光する．消化管の炎症により死亡するが，皮膚からも吸収される．中毒したネズミは8～10時間で死亡する．人畜にも有害である．殺そ剤の代名詞「ネコイラズ」と呼ばれた薬剤であるが，最近生産が中止された．

9）液化窒素剤（liquefied nitrogen, N_2）[5]

野ネズミ用で野ネズミの穴（そ穴）へ注入し，気化した窒素がそ穴内の酸素を低下させ，窒息死させる．屋外での人獣に対する危険性はないが，そ穴が複雑であったり，簡単にガスが抜けるようなそ穴では効果がない．ネズミは数分で死亡する．

b. 殺そ剤の抵抗性

殺そ剤の種類によってはネズミに対する効力に種差が大きいものや一部のネズミに殺そ剤抵抗性ができ，全く効果が出ない薬剤もある．わが国では抗凝血性殺そ剤のワルファリン毒餌に抵抗性をもつクマネズミが都内に棲息しており，ワルファリン0.025％毒餌を与え続けても1年以上生存する個体も存在する[7]．また，ワルファリン抵抗性クマネズミはインダンジオン系のダイファシノンにも抵抗性をもつ[8]．すなわち，これら数種の抗凝血性の薬剤に抵抗性をもつことが予想される．

農薬としての殺そ剤の使用量は，農林関係では野ネズミの被害の減少とともに使用量は減少している．また，医薬部外品としての殺そ剤の使用量も減少している．しかし，ネズミの農林業に対する被害はなくなることはない．さらに海外との交流が盛んになっている現代では，いつネズミ由来の感染症が蔓延してもおかしくはない．そのような事態を迎えたとき，殺そ剤は必ず必要になることを忘れてはならない．

〔谷川　力〕

文　献

1) 田中生男（1992）．ネズミとその駆除（第2版）p.120，日本環境衛生センター．
2) 矢部辰男（1988）．昔のねずみと今のねずみ，p.175，どうぶつ社．
3) 草野忠治（1999）．ネズミ・害虫の衛生管理（芝崎　勲監修），p.200，p.204，フジテクノシステム．
4) 農薬ハンドブック（1998）．殺鼠剤，p.925，日本植物防疫協会．
5) 農薬要覧（1998）．殺鼠剤，p.719，日本植物防疫協会．
6) 宇田川龍男（1981）．ネズミの話，p.229，北隆館．
7) 谷川　力（1991）．本邦産クマネズミ *Rattus rattus* 2系統のワルファリン毒餌に対する抵抗性と感受性の比較．衛生動物，42（2）99：102.
8）谷川　力（1994）．ワルファリンおよびダイファシノン毒餌のワルファリン抵抗性クマネズミ *Rattus rattus* に対する効力．衛生動物，**45**（12）129：132.

5.5　行動制御剤

a.　情報伝達物質

害虫を直接殺すのではなく，たとえば摂食行動を抑制できれば作物をその被害から守ることができ，また交尾に至る一連の配偶行動を妨げれば雌は受精卵を生むことができず次世代の密度を抑えることができる．昆虫の行動は光・音など外界のいろいろな刺激によっても誘発されるが，フェロモン（pheromone）などの特定の化学物質によって制御されている場合が少なくない．それら行動を制御する化学物質は，従来の殺虫剤よりも安全性が高く，天敵を死に至らしめることがないなどの期待のもとに研究され，その害虫管理への応用がはかられている．

フェロモンという言葉は1959年Karlsonらによって提唱され，「体内で生産されたあとに体外に排出され，同種の他個体に特異な行動や発育を引き起こす物質」として定義された．現在では昆虫だけではなく，酵母のような微生物から哺乳動物においてその存在が明らかになっている．フェロモンは，種内個体間（intraspecific-interindividual）に働くコミュニケーション物質，つまり情報伝達物質（信号物質，semiochemical）として位置づけられる．一方，種間にまたがる（interspecific）情報伝達物質としては，アロモン（allomone）・カイロモン（kairomone）・シノモン（synomone）・アンチモン（antimone）があり他感作用物質（allelochemical）とも呼ばれる．アロモンはカメムシが出す防御物質のように生産者に利益をもたらす化学物質であり，カイロモンは植物に含まれる摂食刺激物質のように逆に受信者に利益をもたらす化学物質である．シノモンは生産者と受容者の双方に利益をもたらすもの，またアンチモンは双方に不利益をもたらすものに用いられ，昆虫の行動に深くかかわりのある化学物質を含む．また，Caイオンや cAMPのようなセカンドメッセンジャーは細胞内（intracellular）の，ホルモンや神経伝達物質は個体内細胞間（intercellular）の情報伝達物質であり，食品の臭いなどは無生物と生物間の情報伝達物質（アプニューモン，apneumone）として考えることができる．

b.　昆虫のフェロモン

昆虫フェロモンの研究はカイコガを用いてButenandtらにより始められ，1960年初頭にその性フェロモン（sex pheromone）であるbombykol（1）が同定された（以下，本節で述べた化合物の構造式を図5.47に示す）．性フェロモンは，雌あるいは雄成虫が生産し異性に自己の存在を知らせるもので，雌雄の出会いに重要な役割を担っている．その後，ワモンゴキブリ（直翅目）のperiplanone B（2），アカマルカイガラムシ（半翅目）の（*Z*）-3-methyl-6-isopropenyl-3,9-decadien-1-yl acetate（3），マ

1

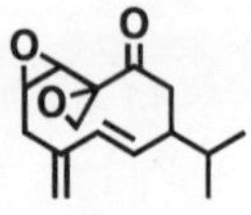

2

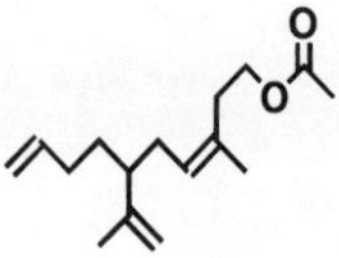

3

4

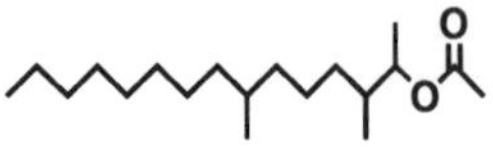

5

6

7

8

9

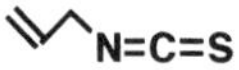

10

11

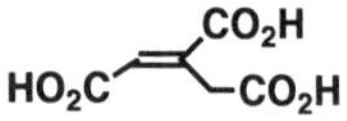

12

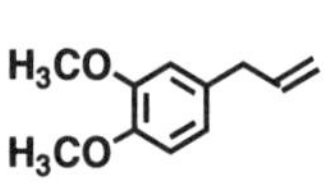

13

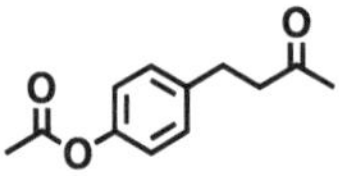

14

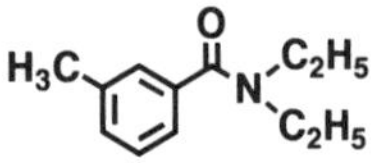

15

図 5.47

メコガネ（鞘翅目）の japonilure (4)，マツノキハバチ（膜翅目）の diprionol acetate (5) など多くの昆虫で性フェロモンの化学構造が明らかになった．特にガ（鱗翅目）には多数の農林業上の害虫が含まれることから，1999年末の時点で世界の490種において性フェロモンが報告されている[1]．

一般にガ類昆虫は夜行性であり，卵をかかえ活動が抑えられた雌（無翅の種もある）が腹部末端にあるフェロモン腺から出す種特異性の高い性フェロモンを頼りに，雄は同種の雌を発見し交尾に至る．それらの多くのもの（約75％）は bombykol のような直鎖状の1級不飽和アルコールや，その誘導体（アセテートあるいはアルデヒド）である．直鎖の炭素数は10～18で二重結合を1～3個含む複数の成分が一定の割合で混合され，それぞれの種ごとに異なった性フェロモンを形成している．たとえばチャノコカクモンハマキでは化合物（6）～（9）の63：31：4：2の混合物で，リンゴノコカクモンハマキでは（6）と（7）の76：14の混合物であり，このような性フェロモンの違いが両種の生殖隔離に重要な役割を担っている．

ガ類性フェロモンの生合成についても，害虫防除への応用の基礎として研究が進展しつつある．それらはパルミチン酸などから導かれる脂肪族化合物群であるが，二重結合位置に特徴があることから特異な生合成阻害剤の開発が期待される．また，頭部にある食道下神経球からその生合成を制御するホルモン（フェロモン生合成活性化神経ペプチド，PBAN）が分泌されるが，そのアミノ酸配列も数種のガ類昆虫で明らかとなり，フェロモン生産を人為的に制御する可能性が示唆されている[2]．

これら性フェロモンに加えて，集団を維持するためにゴキブリやキクイムシ（鞘翅目）が分泌する集合フェロモン（aggregation pheromone），他個体に外敵の攻撃を受けたことを知らせるためにアブラムシ（半翅目）などが分泌する警報フェロモン（alarm pheromone），帰巣に重要な役割をもつシロアリ（等翅目）の道しるべフェロモン（trail pheromone），ミツバチの女王物質のような階級分化フェロモンなどが知られている．

c. 性フェロモンの利用

ガ類性フェロモンの1雌当たりの分泌量は1～100 ng 程度と微量であるが，その有効距離は数mにも及び，ランダム飛翔している雄ガを強力に誘引しさらに交尾行動を誘発する．その種特異的な強い生物活性に基づいて，合成化合物の，① 発生調査，② 大量誘殺，③ 交信攪乱への有効利用がはかられている[3]．殺虫剤散布の適期を予測するために誘蛾灯が用いられてきたが，非選択的に集められた他種の昆虫から予察の対象である害虫のみのデータをとることは容易ではない．また，誘蛾灯に飛来しない種も存在する．一方，合成フェロモンを誘引源とするトラップでは目的とする種のみの誘引であり，種の判定のための特別な知識を必要としない利点がある．多くの場合，1 mgの合成フェロモンを長さ1 cmほどのゴムキャップに含浸させ誘引源として用いている．雌ガからの分泌はコーリングポーズをとる一定の時間に限られるが，ゴムキャップからの吸着されたフェロモンの放出は2～3か月間ほど昼夜を問わず継続し，誘引効果が持続する．圃場での発生数とトラップの捕獲数には厳密な相関はなく，低密度での誘引が強調されるとの指摘もあるが，フェロモントラップは発生消長をモニタリングするには最適な手段である．予察事業のトラップとしては，粘着板を用いた乾式のものが現在よく使用されている．

フェロモントラップによる大量誘殺の試みは，ガ類昆虫に対してはいまのところ成功していない．雌ガは全く誘殺されず，また生き残った雄ガは複数回交尾可能であるため，次世代の棲息密度を減少させることができない．これに対して，圃場全体に合成フェロモンを充満し雌雄間のコミュニケーションを攪乱させることが考案され，実用化されている．アメリカでのワタの重要害虫であるワタアカミムシでの成功が契機となり，日本においても茶園でのチャノコカクモンハマキとチャハマキの同時防除を目的とする「ハマキコン」，キャベツの難防除害虫コナガを対象とした「コナガコン」など10種類の交信攪乱剤が毒性試験などの評価を受け農薬登録されている．長さ20 cmのポリエチレンチューブに100 mgほどの合成化合物を封入したディスペンサーが主流で，「ハマキコン」では10 a当たり300～600本のディスペンサーを小枝にくくりつけている．有効期間は2～3か月間で，広い面積で使用したほうが防除効果が上がる．クモなどの天敵には無害なため，殺虫剤の散布で時として問題になるハダニなどの2次的害虫の密度も低く抑える利点がある．1998年にワタアカミムシの防除ではエジプトで33万ha，アメリカで3万haにも及ぶ広大な棉花畑で，またリンゴなど果樹の害虫であるコドリンガでは米国で1万3千haの圃場で使われている[4]．

日本ではウメなどの幹にもぐるコスカシバを対象とした「スカシバコン」で，3千haほどの利用実績が1999年に記録されている．高濃度の合成フェロモンを存在させることで，雄の異常興奮や慣れを引き起こしたり，雌の分泌する微量な天然フェロモンをマスクし雌への定位を妨げるために，交信攪乱剤として複数成分からなる性フェロモンと同様な混合物を利用している場合もあるが，「ハマキコン」のように2種の性フェロモンの共通成分である化合物（7）のみを使用して，決まった割合のもとに分泌される性フェロモンの混合比が雄に伝わらないようにしている場合もある．

鞘翅目昆虫の性フェロモンも，発生予察に利用可能である．近年増加しているゴルフ場での芝を加害するコガネムシ類の誘引トラップに加え，サトウキビに被害を与えるオキナワカンシャクシコメツキや，サツマイモにつくアリモドキゾウムシ用のものが販売されている．

d. 植物由来の他感作用物質

植物を摂食する昆虫の寄主選択の現象は，昆虫と植物の複雑な相互作用のうえに成り立っていることが考えられるが，昆虫側からみると産卵と摂食の選択に分けることができ，それらを指標に植物中から活性物質の検索が試みられている．たとえば，コナガではアブラナ科植物中にある（10）などのカラシ油が，タマネギバエではネギに含まれる（11）などの含S化合物がカイロモンとして働き，それらの雌成虫が寄主植物を見つけ産卵する手助けをしていること，またアゲハチョウ類の産卵行動は，ミカン科植物に含まれるカイロモンを前肢ふ節の味覚器官で受容することで誘発されることが明らかになっている．逆にモンシロチョウは，非寄主植物であるエゾスズシロに存在するアロモンにより産卵を阻害されることなども示された．一方，モンシロチョウの幼虫にとって（10）は摂食を刺激するカイロモン（摂食刺激物質，feeding stimulant）であり，消化酵素の働きでその配糖体が分解して生じる．イネを食害するトビイロウンカは，雑草であるタイヌビエを摂食しない．摂食を阻害するアロモン

(摂食阻害物質，antifeedant）として，タイヌビエに含まれる（12）が同定された．また，伝承的に害虫防除に使われてきたインドセンダンの種子油（ニームオイル）には，種々の昆虫の摂食を阻害するazadirachtinが含まれていることが報告されている．

e. 誘引剤と忌避剤

合成化合物などのスクリーニングから，ミバエの誘引剤（attractant）がいくつか発見された．ミカンコミバエはmethyl eugenol（13）に強く誘引されそれを吸汁することから，殺虫剤を混ぜたラテックス板を空中散布し防除することができる．ウリミバエはcue-lure（14）やタンパク質加水分解物に誘引され，その誘殺と不妊化法との組合せによる本種の根絶事業が沖縄県などで完了している．忌避剤（repellent）の試験はカやノミなどの衛生害虫を中心に行われ，*m*-DET（15）などに有効性が認められ実際に利用されている．〔安藤　哲〕

文　献

1）http：//www.nysaes.cornell.edu/pheronet
2）安藤　哲（1992）．植物防疫，**46**（3）：114.
3）阿部憲義,他（1993）「性フェロモン剤等使用の手引」，p. 86，日本植物防疫協会.
4）小川欽也（1998）．バイオコントロール，**2**（2）：18.

6. 農薬抵抗性問題

6.1 殺 虫 剤

a. 抵抗性の歴史と現状

1）抵抗性とは

国連食糧農業機関（FAO）では「殺虫剤に対する抵抗性とは，昆虫の正常な集団の大多数を殺す薬量に対して耐える能力がその系統に発達したこと」と定義されている．すなわち，ある種類の個体群に存在する薬剤に対する感受性の低い（薬剤に強い）個体が同一薬剤の連続的な使用により選抜され，個体群として薬剤に対する感受性が低下する現象である．そして，その性質は抵抗性遺伝子に支配され後代へ遺伝するため，害虫防除上の大きな障害となる．もともと薬剤に対する感受性が低い種類や一時的に薬剤感受性が低下する現象は抵抗性とは区別される．

2）抵抗性の歴史と現状

薬剤抵抗性の歴史は古く，今世紀はじめ北米におけるカンキツ類の害虫カイガラムシの石灰硫黄合剤に対する抵抗性が最初であるが，大きな問題となったのは化学合成農薬が大量に使用されるようになった第2次世界大戦後の1940年代後半からである．それ以降，薬剤抵抗性事例は急激に増えて，現在世界で何らかの薬剤に対して抵抗性を示す害虫は500種類を越えている（図6.1）[1~3]．

害虫の抵抗性の歴史は，殺虫剤の変遷の結果とみることができる．すなわち，ある薬剤が開発され広範囲で頻繁に使用されることにより，その薬剤に対する抵抗性が顕在化するのがふつうである．1940年代中ごろDDT，アルドリンなどの有機塩素剤とパラチオン，シュラーダンなどの非選択的な有機リン剤が衛生害虫や農業害虫の防除に世界的に普及した．その後，それらの薬剤は人畜や環境に対する影響が大きいことが判明し，人畜に対し毒性の低い選択性の高い有機リン剤が1960年代に，カーバメート剤が1970年代に，ピレスロイド剤が1980年代にそれぞれ開発され，これら3つのグループの薬剤は今日でも殺虫剤の主役である．こうした薬剤の変遷を反映し1960年代までは有機塩素剤抵抗性の事例が多く報告されたが，1960年代後半から現在まで有機リン剤，カーバメート剤，ピレスロイド剤に対する抵抗性が次つぎに報告されている（表6.1）[1~3]．

1980年代に入り，神経系に作用するそれまでの薬剤とは別に，昆虫の脱皮・変態過程を撹乱して致死させる昆虫成長制御剤（insect grouth regulators, IGR），神経系

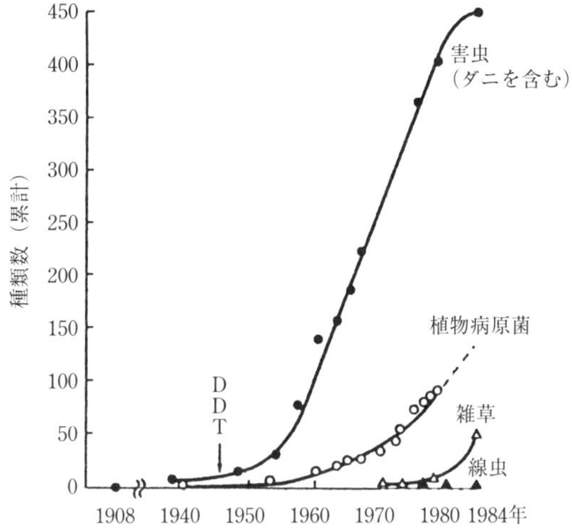

図 6.1　薬剤抵抗性が顕在化した有害生物の種類数の推移（世界）[1)]

表 6.1　薬剤抵抗性が顕在化した昆虫・ダニ類の内訳[1)]
（1984年までの記録による）

害虫の目	薬剤のグループ							農業害虫	衛生・畜産害虫	天敵	計（%）
	シクロジエン（塩素系）	DDT	有機リン剤	カーバメート剤	ピレスロイド剤	くん蒸剤	その他				
双翅目	108	107	62	11	10	—	1	23	132	1	156(35)
鱗翅目	41	41	34	14	10	—	2	67	—	—	67(15)
甲虫目	57	24	26	9	4	8	5	64	—	2	66(15)
半翅目（同翅目）	15	14	30	13	5	3	1	46	—	—	46(10)
半翅目（異翅目）	16	8	6	1	—	—	—	16	4	—	20(4)
ダニ類	16	18	45	13	2	—	27	36	16	6	58(13)
その他	23	21	9	3	1	—	2	12	19	3	34(8)
計	276	233	212	64	32	11	38	264	171	12	447
(%)	(62)	(52)	(47)	(14)	(7)	(2)	(9)	(59)	(38)	(3)	

以外の部位に作用する薬剤，土壌細菌の毒素タンパクを製剤化したBT剤などが相ついで開発・普及している．こうした新しいタイプの薬剤についても，一部の害虫種で抵抗性が顕在化している[4,5)]．

現在，世界では双翅目，甲虫目，半翅目，鱗翅目などほとんどすべての目で，多く

表6.2 わが国における農業害虫（ダニ類を含む）の薬剤抵抗性の事例

種　名（目）	抵抗性が生じた薬剤のグループ
イネ害虫	
ツマグロヨコバイ（半翅目）	有機リン剤，カーバメート剤
イナズマヨコバイ（半翅目）	有機リン剤，カーバメート剤
ヒメトビウンカ（半翅目）	有機リン剤，カーバメート剤
トビイロウンカ（半翅目）	有機リン剤，カーバメート剤
セジロウンカ（半翅目）	有機リン剤，カーバメート剤
ニカメイガ（鱗翅目）	有機リン剤
イネドロオイムシ（半翅目）	有機リン剤，カーバメート剤
野菜・花卉，果樹害虫	
ミカンハダニ（ダニ目）	有機リン剤，殺ダニ剤
クワオオハダニ（ダニ目）	有機リン剤，殺ダニ剤
リンゴハダニ（ダニ目）	有機リン剤，殺ダニ剤
ニセナミハダニ（ダニ目）	有機リン剤，殺ダニ剤
カンザワハダニ（ダニ目）	有機リン剤，殺ダニ剤
ナミハダニ（ダニ目）	有機リン剤，殺ダニ剤
オウトウハダニ（ダニ目）	有機リン剤
ミカンサビダニ（ダニ目）	有機リン剤，殺ダニ剤
ロビンネダニ（ダニ目）	有機リン剤，カーバメート剤
チャノキイロアザミウマ（アザミウマ目）	有機リン剤，カーバメート剤，ピレスロイド剤，ネライストキシン系
*ミナミキイロアザミウマ（アザミウマ目）	有機リン剤
*ミカンキイロアザミウマ（アザミウマ目）	有機リン剤，カーバメート剤，ピレスロイド剤
チャノミドリヒメヨコバイ（半翅目）	カーバメート剤，IGR剤，ネライストキシン系
*オンシツコナジラミ（半翅目）	有機リン剤
*シルバーリーフコナジラミ（半翅目）	有機リン剤
ワタアブラムシ（半翅目）	有機リン剤，カーバメート剤，ピレスロイド剤
モモアカアブラムシ（半翅目）	有機リン剤，カーバメート剤，ピレスロイド剤
コミカンアブラムシ（半翅目）	有機リン剤
リンゴミドリアブラムシ（半翅目）	有機リン剤
クワコナカイガラムシ（半翅目）	カーバメート剤
*マメハモグリバエ（双翅目）	有機リン剤
リンゴコカクモンハマキ（鱗翅目）	有機リン剤，カーバメート剤
チャノコカクモンハマキ（鱗翅目）	有機リン剤，カーバメート剤
リンゴモンハマキ（鱗翅目）	有機リン剤，カーバメート剤
キンモンハモグリガ（鱗翅目）	有機リン剤
ミダレカクモンハマキ（鱗翅目）	有機リン剤，カーバメート剤
チャハマキ（鱗翅目）	有機リン剤，カーバメート剤，IGR剤
チャノホソガ（鱗翅目）	有機リン剤，カーバメート剤
キンモンホソガ（鱗翅目）	有機リン剤
ミカンハモグリガ（鱗翅目）	有機リン剤，ピレスロイド剤
コナガ（鱗翅目）	有機リン剤，カーバメート剤，ピレスロイド剤，BT剤，IGR剤
モンシロチョウ（鱗翅目）	有機リン剤
シロイチモジヨトウ（鱗翅目）	有機リン剤，カーバメート剤，ピレスロイド剤
ハスモンヨトウ（鱗翅目）	有機リン剤，カーバメート剤，ピレスロイド剤
オオタバコガ（鱗翅目）	有機リン剤，カーバメート剤，ピレスロイド剤
天敵生物	
ケナガカブリダニ（ダニ目）	有機リン剤，カーバメート剤，ピレスロイド剤

（注）貯穀害虫の抵抗性と現在使用されていないDDT，BHCなどの薬剤に対する抵抗性事例は除外した．IGR剤：昆虫成長制御剤．

* 海外からの侵入害虫．

の殺虫剤に対する抵抗性が確認されている．また，1960年代までの事例は衛生害虫が多く，それ以降，農業害虫の事例が急増した．また，天敵昆虫の殺虫剤抵抗性の事例は害虫の場合に比べて極端に少ない（表6.1）．

わが国で薬剤抵抗性が顕在化している農業害虫は約40種類で，農業害虫約2,000種類の2％程度である（表6.2）[4]．全般の傾向は世界の動向と類似し1960年代にはDDT，γ-BHCなどの有機塩素剤に対する抵抗性が報告され，その後有機リン剤，カーバメート剤に対する抵抗性の事例が増えている．なお，貯穀害虫ではコクヌストモドキなどで有機リン剤抵抗性が顕在化している．衛生害虫については，東京都の夢の島（ごみ埋立て地），豚舎などのイエバエ，下水に棲息するチカイエカ，都市部のチャバネゴキブリが有機リン剤，ピレスロイド剤に対し抵抗性が顕在化している[6]．

最近の抵抗性の特徴として，コナガ，モモアカアブラムシ，ワタアブラムシ，ハダニ類などの主要害虫種が多くのグループの薬剤に対し抵抗性を示している．これらの害虫種では抵抗性のため適当な防除薬剤を見つけることが困難な状態であって，防除がむずかしい難防除害虫の原因の1つとなっている．ハダニ類の防除には殺ダニ剤という専用剤が開発されているが，殺ダニ剤に対する抵抗性発達は昆虫に比べて早く，市販されて2，3年で高度の抵抗性が確認されることがまれではない[4,6]．

b.　抵抗性の確認と特徴

1）抵抗性の確認

薬剤抵抗性は通常薬剤による防除効果の減退により気がつくことが多いが，防除効果の低下が必ずしも抵抗性発達であるわけではない．すなわち，薬剤の防除効果は散布時の気象条件，作物の生育状態などのさまざまな要因により影響を受けるため，防除効果の低下が個体群自体の薬剤に対する感受性の低下であることが確認され，初めて抵抗性であると判定される．通常，当該する個体群を，標準系統（過去に薬剤による淘汰を受けず薬剤感受性の高い個体群）の個体を100％致死させる薬量で処理した場合，どの程度死亡率が低下したかにより，あるいは薬量-死亡率の関係から各個体群に対する薬剤の中央致死薬量（LD_{50}）あるいは中央致死濃度（LC_{50}）を算出し，標準系統の値との比較から判断する．抵抗性個体群と標準系統間のLD_{50}値の比を抵抗性比といい，抵抗性の発達程度の尺度としている．

薬剤に対する感受性は標準系統にあっても個体間である幅をもつ．また，抵抗性発達初期の個体群では，薬剤抵抗性遺伝子を保有する個体の割合は低い．そのため圃場での当該個体群のサンプリングの適切さや，サンプルの室内増殖の過程で母集団の特徴からずれる場合もあることを考慮して，検定の結果を判断する必要がある[6]．

2）抵抗性の発達

抵抗性は，一般的には抵抗性比が2，3倍から顕在化し，薬剤の連用によって徐々に抵抗性比が増大し100倍あるいは1,000倍以上になるのが典型的な例である．

図6.2はアブラナ科作物の害虫コナガのプロチオホス（有機リン剤）の薬量-死亡率

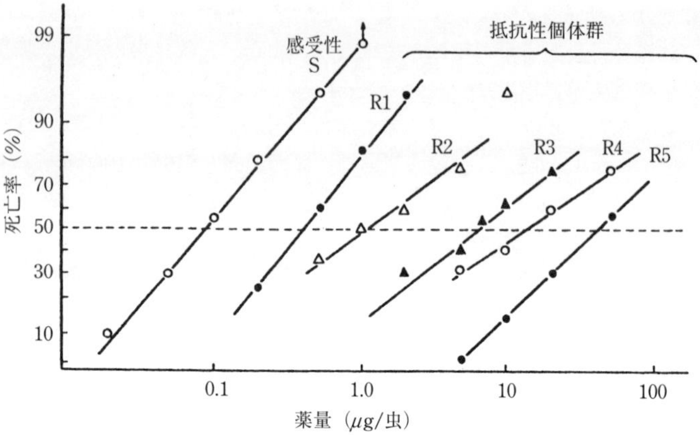

図 6.2 コナガの各個体群のプロチオホス（有機リン剤）に対する抵抗性発達
局所施用法による薬剤感受性検定の結果（横軸は処理した薬量；縦軸は24時間後の死亡率）

の関係である[7]．この図からプロチオホスに対して抵抗性発達の異なる5つの個体群が確認できる．このように薬剤抵抗性発達の程度は，種類により，同一種でも個体群によって防除に支障が少ない段階から，当該する薬剤ではもはや散布量を上げたり散布間隔を短縮しても対応できない段階までいろいろである．こうした抵抗性発達の程度の違いは，抵抗性遺伝子頻度の違いや後述する抵抗性に関与する因子が複数あることに起因する．

同一の薬剤の連用により短期間で高度の抵抗性が顕在化する場合と，同じように薬剤の洗礼を受けていてもほとんど抵抗性が生じない場合がある．たとえば，各種薬剤に対して高度の抵抗性を示すコナガと，同じ圃場に棲息し生態的に類似した性質をもつモンシロチョウでは高度の抵抗性は顕在化していない．

3）交差抵抗性と複合抵抗性

イネの害虫ニカメイガでは，フェニトロチオンなど有機リン剤に対する抵抗性が生じているが，同じ有機リン剤でもジメチルビンホスなどに対する感受性は高い（図6.3)[8]．一方，コナガのピレスロイド剤抵抗性個体群では，フェンバレレートのみの淘汰によって抵抗性が生じたにもかかわらず，すべてのピレスロイド剤に高い抵抗性を示す（図6.4)[9]．このように，限られた薬剤の淘汰により関連する薬剤に抵抗性を生じる現象を交差抵抗性という．イネ害虫のツマグロヨコバイにおける*N*–メチルカーバメート剤に対する抵抗性やコナガ，モモアカアブラムシ，ワタアブラムシなどのピレスロイド剤抵抗性では高度の交差抵抗性を示す[4]．一般的に化学構造が類似する薬剤間で交差抵抗性を示す場合が多いが，イエバエなどでは有機リン剤抵抗性系統で有機塩素剤に対し高度の抵抗性を示す事例もある[10]．

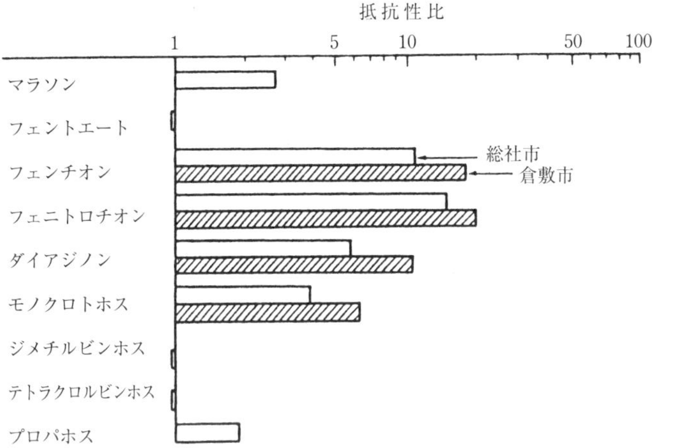

図 6.3　ニカメイガの各種有機リン剤に対する抵抗性発達の程度（文献8）より作図）
岡山県で1981年に採集した2個体群（総社市，倉敷市）．

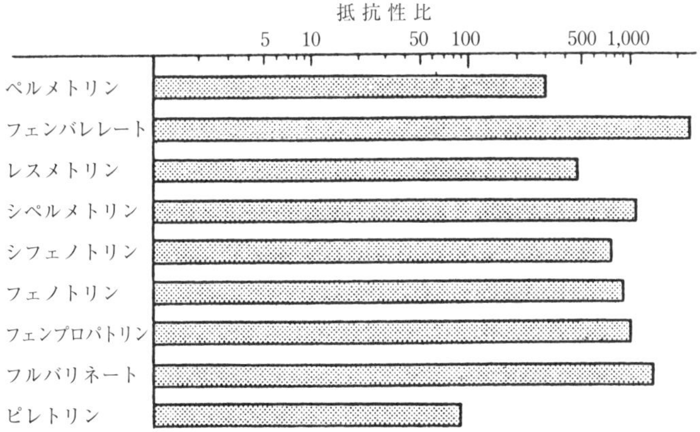

図 6.4　コナガの各種ピレスロイド剤に対する抵抗性発達の程度
沖縄県で1984年に採集した個体群．

ひとつの薬剤に抵抗性を示す害虫から複数のグループに属する薬剤に抵抗性を示す種類までいろいろである．コナガ，ハダニ類などでは，有効な薬剤グループのほとんどすべてに対する抵抗性が確認されている．このように防除に使われた薬剤に対し次つぎと抵抗性を発達させる現象を複合抵抗性という．

4）抵抗性の安定性

いったん発達した薬剤抵抗性害虫が薬剤に接触させずに経代した場合，抵抗性が安定に維持するか感受性が回復するかは抵抗性の管理上重要な問題である．こうした抵抗性の安定性には，抵抗性発達程度，薬剤淘汰の履歴，抵抗性遺伝子の均一度などが影響する[4,11]．一般に抵抗性発達が限界に達し抵抗性遺伝子の同型接合個体の割合が高くなると安定性は増し，高度の抵抗性は維持される．一方，抵抗性遺伝子の異型接合個体の割合が高い個体群では感受性が急速に回復する場合がある．

抵抗性の顕在化はその発現に多くのコストを払う結果，環境に対する適応度が低下することが予想される．しかし，実験的に薬剤抵抗性と適応度の関係を明確にした例は少ない．ミカンハダニのジコホル抵抗性系統では，高温時の生存率が感受性系統に比べて有意に低くなることが知られている[12]．また，コナガのBT剤（微生物農薬）抵抗性系統で生存率や産卵数が低くなることがある[13]．

c. 抵抗性発現の機構

1）抵抗性の発現機構

行動・習性に起因する抵抗性事例として，衛生害虫のカの例が知られている[11,14]．熱帯地域でカの防除に薬剤を壁面などに塗布する防除法があるが，そうした塗布面にとまるのを避けたり，薬剤処理された屋内への侵入を回避する系統が知られている．抵抗性は多くの場合，生理・生化学的な機構により発現する（図6.5）[3,4,6,11,14～16]．薬剤は，虫体内に侵入・移行し，生理的攪乱を生じさせるが，死に至る最初の引き金となる組織・器官を第1次作用点という．また，虫体内に入った薬剤は分解解毒され，一部は体外へ排出される．分解解毒には各種の酵素が関与する．有機塩素剤をはじめ有機リン剤，カーバメート剤，ピレスロイド剤はいずれも神経系に作用する．有機リン系剤，カーバメート剤は，神経シナプスにあって神経伝達にかかわる酵素アセチルコリンエステラーゼに作用する．有機塩素剤のDDTやピレスロイド剤は神経膜（興奮性膜）の電気的伝導の機能を担っているナトリウムイオンチャンネルに作用する．

薬剤に対する解毒活性は，種間や同一種内でも個体間で異なる．また，薬剤の1次作用点の薬剤との反応性にも種間や個体差がみられる場合がある．すなわち，薬剤淘汰により解毒活性の優れた個体や1次作用点との反応性が低い個体が選抜され抵抗性が発達する．すなわち，解毒活性の増大や1次作用点の反応性低下が薬剤抵抗性の発現因子となる．

抵抗性の発現機構として，薬剤の体内への侵入を抑制する皮膚透過性の低下も確認されている．本要因はそれ自体抵抗性に大きな関与はしないが，ほかの抵抗性因子と共存した場合協力的に作用する[4,6,11,14,15]．

解毒酵素には，有機リン剤，カーバメート剤，ピレスロイド剤に対する抵抗性に関与する加水分解酵素（カルボキシルエステラーゼ），有機塩素剤，有機リン剤，カーバメート剤，ピレスロイド剤など多くの薬剤の抵抗性に関与する薬物酸化酵素（P-

- 薬剤抵抗性
  - 生態的要因（行動的要因）
    - 忌避行動
    - 習性の変化
  - 生理・生化学的要因
    - 皮膚透過性の低下（皮膚抵抗）
    - 解毒代謝活性の増大（体内抵抗）
      - 加水分解酵素（カルボキシルエステラーゼ）
      - 薬物酸化酵素（P-450）
      - 転移酵素（グルタチンS-トランスフェラーゼ）
    - 作用点の薬剤感受性の低下（作用点抵抗）

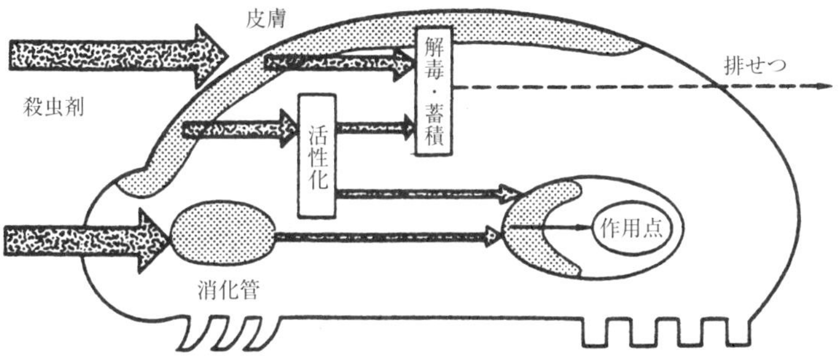

図6.5　害虫の薬剤抵抗性の発現機構

450依存性モノオキシゲナーゼ，P-450と呼ぶ)，有機リン剤抵抗性に関与する転移酵素（グルタチオンS-トランスフェラーゼ）がある．各解毒酵素は複数のアイソザイム（分子種）からなり，特定のアイソザイムが抵抗性に関与する事例が多い．

カルボキシルエステラーゼ（CE）は，特にアブラムシ類，アカイエカ群（*Culex pipiens* complex）でよく研究されている[17]．本酵素には，有機リン化合物の加水分解を触媒する機能のほかに，有機リン化合物を捕捉結合して解毒する機能がある．すなわち，薬剤に対する触媒機能は低くても薬剤との親和性が高く，本酵素自体が大量にあることにより薬剤を捕捉し，その機能を阻止する効果である．ちなみに，モモアカアブラムシの有機リン剤抵抗性系統ではCE（E4）タンパク量は感受性系統に比べて最大64倍で，全虫体タンパク量の1%，アカイエカ群のネッタイイエカTem-R系統ではCE（B1）タンパク量は感受性系統に比べて500倍で，全虫体タンパク量の6〜12%にも達している．

薬物酸化酵素P-450には機能の異なる多くの分子種からなるが，イエバエでは有機リン剤抵抗性とピレスロイド剤抵抗性には異なる分子種が関与する[18]．

1次作用点の反応性低下の事例は2つの因子がよく知られている．1つはアセチルコリンエステラーゼの薬剤との反応性の低下である．イネ害虫であるツマグロヨコバイのカーバメート剤抵抗性の主要因はアセチルコリンエステラーゼのカーバメート剤

表6.3 ツマグロヨコバイの感受性系統とカーバメート剤抵抗性系統のアセチルコリンエステラーゼの各種薬剤に対する感受性[19)]

薬剤	I_{50} (M)		I_{50}の比
	感受性系統 (S)	抵抗性系統 (R)	R/S
カーバメート剤			
プロポキスル	1.3×10^{-5}	1.5×10^{-3}	115
フェノブカルブ	2.5×10^{-6}	1.3×10^{-4}	52
イソプロカルブ	7.0×10^{-6}	3.4×10^{-4}	49
カルバリル	1.4×10^{-6}	6.0×10^{-5}	43
カーバノレート	1.1×10^{-6}	4.0×10^{-5}	36
アリキシカルブ	1.4×10^{-5}	7.0×10^{-5}	5
メオバール	2.7×10^{-5}	1.9×10^{-4}	7
ツマサイド	2.4×10^{-5}	4.0×10^{-4}	17
有機リン剤			
マラチオン（オクソン体）	2.5×10^{-8}	3.0×10^{-7}	12
フェニトロチオン（オクソン体）	2.5×10^{-7}	2.0×10^{-6}	8
クロルフェンビンフォス	3.2×10^{-7}	1.1×10^{-6}	3.4
ダイアジノン（オクソン体）	1.5×10^{-7}	3.0×10^{-8}	0.2
ピリダフェンチオン(オクソン体)	1.2×10^{-7}	3.6×10^{-8}	0.3
プロパホス	$> 2 \times 10^{-4}$	7.5×10^{-5}	< 0.4

に対する感受性の低下である[4,6)]．カーバメート剤抵抗性のツマグロヨコバイの標的酵素は，各種のカーバメート剤に対する感受性が数分の1から1/100，また有機リン剤マラチオン，フェニトロチオンの活性体（オクソン体）に対しても1/10の感受性低下がみられる（表6.3）[19)]．一方，プロパホスやダイアジノン（オクソン体）のような有機リン化合物は，カーバメート剤に感受性の低下した抵抗性系統の酵素を感受性系統の酵素よりより強力に阻害することが知られている（表6.3）．

神経膜（興奮性膜）のナトリウムイオンチャンネルのDDTやピレスロイド剤に対する感受性低下が，これらの薬剤抵抗性の主要因子の1つであることがイエバエ，イエカ，コナガ，モモアカアブラムシなどで知られている[20)]．こうした抵抗性因子をKdr因子と呼び，ピレスロイド剤とDDTに高度の交差抵抗性を示す．

2）抵抗性の遺伝

薬剤抵抗性は多くの場合，常染色体上の主働遺伝子が関与する．有機リン剤，カーバメート剤抵抗性の主働遺伝子は優性あるいは不完全優性の場合が多い．一方，イエバエなどの有機塩素剤抵抗性や，コナガのピレスロイド剤抵抗性は不完全劣性を示す[4,6,11,14)]．

モモアカアブラムシ，アカイエカ群における，カルボキシルエステラーゼ（CE）の活性の増大はそのアイソザイムE4あるいはFE4，AあるいはBの構造遺伝子のコピー数の増加（遺伝子増幅）により，それぞれの酵素タンパク量が倍加することによる．モモアカアブラムシでは一時的に有機リン剤抵抗性が消失する場合があるが，そうした個体はE4遺伝子は増幅しているにもかかわらずE4遺伝子がmRNAに転写されないことが知られている[4,17,21]．

薬物酸化酵素P-450の解毒活性の増大は，P-450の構造遺伝子DNAからmRNAへの転写調節機構の変更によると考えられている．本酵素は多くの遺伝子からなるスーパーファミリーを形成するが，イエバエでは，有機リン剤とピレスロイド剤抵抗性の解毒に関与するP-450は異なる遺伝子に支配されている．また，イエバエのゲノム連鎖群解析によると，P-450（CYP6A1）の構造遺伝子は第5染色体上にあるが，転写制御因子は第2染色体上にあることが確認されている[18,21]．

有機リン剤，カーバメート剤に対する抵抗性の主要因の1つであるアセチルコリンエステラーゼの薬剤に対する感受性の低下は，構造遺伝子の点突然変異であることが，イエバエ，イエカなどで確認されている．一方，ツマグロヨコバイのカーバメート剤に感受性の低下した酵素は質的変化が示唆されているものの，突然変異が確認されない場合もある[21]．

なお，わが国では現在使用されていないシクロジエン化合物やγ-BHCに対する抵抗性の主要因として，それらの作用点であるGABA受容体における薬剤との感受性の低下が知られている．その親和性の低下について，GABA受容体タンパク質の302番目のアミノ酸アラニンがセリンに置換したことによる点突然変異であること，こうした受容体の点突然変異は，イエバエ，カなどの種間で共通であることが知られている[21]．

DDTやピレスロイド剤抵抗性の主要因子の1つであるKdr因子は，イエバエでは第3染色体上にあり，KdrとSuper Kdr遺伝子は複対立遺伝子である．このKdr遺伝子はナトリウムイオンチャンネル遺伝子のロイシンがフェニルアラニンに置換したもので，Super Kdr遺伝子はメチオニンがスレオニンに置換した点突然変異であることが明らかにされた．また，このナトリウムイオンチャンネル遺伝子の点突然変異はコナガ，モモアカアブラムシなどの害虫種と共通したものであるという[20,21]．

d. 抵抗性の管理

1）抵抗性発達に及ぼす要因

抵抗性発達にはさまざまな因子が影響するが，それらの要因は3つに大別される（表6.4）[22]．すなわち，① 抵抗性に関与する遺伝子の性質，② 遺伝子を担う個体の生物的性質，③ 抵抗性発達の淘汰要因である薬剤の性質とその使用法である[4,11,14,15,22]．

高度の薬剤抵抗性には，主働遺伝子が関与する．その抵抗性遺伝子頻度は通常きわめて低く，抵抗性が顕在化する前に検出することはむずかしく，抵抗性が顕在化して初めてその頻度を検出することができる．また，野外の個体群は，すでに永年にわたる各種薬剤による淘汰を受けており，その抵抗性遺伝子頻度を予測することはもむずかしい．

抵抗性発達が進むと抵抗性の発現因子を複数もつ個体が増えるが，こうした場合複

表6.4 薬剤抵抗性発達に影響を及ぼす要因[22)]

遺伝的要因	生物的要因	防除的要因
抵抗性遺伝子の頻度	増殖	薬剤
抵抗性に関与する遺伝子の数	発生回数	薬剤の化学的性質
抵抗性遺伝子の優性度	世代当たりの産子数	過去に使用した薬剤との関係
抵抗性遺伝子の浸透度，表現度，相互作用	単交尾/重交尾，単為生殖	残留性，剤型
	行動	施用
抵抗性ゲノムの適応度	隔離，移動性，移住性	要防除限界
	単食性，広食性	淘汰圧
	偶発的な生存，隠れ場所	淘汰時の発育ステージ
		処理法
		限られた場所での淘汰
		交互淘汰

数の要因は相加的ではなく相乗的に作用する．たとえば，2倍の抵抗性比が生じる解毒機構と，10倍の抵抗性比が生じる作用点の感受性低下の2つの要因をあわせもつ個体は，$2+10=12$倍の抵抗性比ではなく$2\times10=20$倍の抵抗性比を示す．すなわち，抵抗性比は個々の要因が集積することによって飛躍的に増大する．

主働遺伝子が優性ならば，そのヘテロ個体は抵抗性であるし，劣性ならば感受性を示す．したがって，抵抗性ホモ個体が生存可能な薬量で淘汰した場合には当該する抵抗性が優性であれば，抵抗性ヘテロ個体は生き残り選抜されるが，劣性の性質をもつ場合には抵抗性ヘテロ個体は選抜されないため，抵抗性発達は前者で早く後者で遅くなる．

薬剤抵抗性発達は増殖が旺盛で世代数が多いハダニ類やウンカ類のほうが，年1世代の種類に比べて短期間に抵抗性は発達する．

一般的に分散・移動性の低いハダニ類や微小な害虫類は薬剤による淘汰を効率的に受けることとなるので薬剤抵抗性は発達しやすい．一方，移動性の高い害虫では薬剤による淘汰を受けない個体群との遺伝子交流により抵抗性発達は抑制される傾向がある．また，薬剤に暴露されない個体群がいる場合や，感受性の高い個体群が侵入・定着する条件では，抵抗性発達は大きく抑制されることが抵抗性遺伝子変動のシミュレーションから予測される．

また，近年生鮮農産物，切り花などが大量に輸入されているが，こうした農産物に付着して侵入する害虫とともに薬剤抵抗性個体が侵入する事例が増え，世界的な問題となっている（表6.2）．

残効性が長く淘汰圧が長期間継続する薬剤ほど淘汰圧が高くなり抵抗性は発達しやすい．しかし，昆虫成長制御剤ブプロフェジンは残効性が長く，ウンカ・ヨコバイ類の防除に東南アジアの稲作地域で15年以上使用されているが，抵抗性は顕在化していない例もある．

2）抵抗性の対策

抵抗性の対策には，抵抗性を事前に発達させないことと，すでに抵抗性発達した個体群の防除とがある．こうした抵抗性発達を抑制回避することや抵抗性害虫を防除することを抵抗性管理という[2,4,11,15]．

抵抗性の顕在化が確認された場合には，直ちに当該する薬剤の使用を中止して交差抵抗性を示さない薬剤に切り換えることが基本である．いったん，抵抗性が生じた薬剤の再使用については，当該する薬剤抵抗性の安定性や野外での抵抗性遺伝子頻度の動向をみて考える必要がある．モモアカアブラムシの事例で述べたように，生物検定で抵抗性比が低下しても抵抗性遺伝子頻度は変化していない場合もある．一般的に同一薬剤の再使用により抵抗性比は速やかに上がることが知られている．

薬剤抵抗性発達は同じ薬剤あるいは同一グループの薬剤を連用する場合に最も早いことが経験的あるいはシミュレーション予測により確認されている．作用性の異なる多様な薬剤が開発されており，これらの薬剤を順番に使用すること（薬剤のローテーションという）によって各薬剤による淘汰圧をできるだけ分散させ抵抗性発達を抑制回避する必要がある（表6.5）．しかし，現在のように農薬に大きく依存した害虫防除体系では，農薬による害虫に対する淘汰圧が高くローテーション対策の効果が軽減される．たとえば，作用性の異なる薬剤でローテーションを実施しても，同一の薬剤使用の間隔を長くとれず害虫に対する淘汰圧はあまり軽減されないことになる．そうした状況を改善するには，薬剤防除以外の抵抗性（耐虫性）品種，耕種的防除法，物理的防除法，生物的防除法を積極的に取り入れ農薬への依存度を軽減する必要がある．

2つの薬剤を混合処理した場合，個々の薬剤の効果の和よりも高い殺虫効力が発現する現象を協力効果という．すでに抵抗性の発達した個体群の防除対策として，イネの害虫ツマグロヨコバイの有機リン剤とカーバメート剤の両者のグループに抵抗性の個体に対し，両者の混合処理により顕著な協力作用がみられる．こうした協力作用のある薬剤どうしの混合使用では抵抗性発達も抑制されることが確認されている．

薬剤抵抗性には優性あるいは不完全優性の主働遺伝子が関与している場合が多いが，主働遺伝子が優性の場合には，主働遺伝子がヘテロの個体を高濃度の殺虫剤の施用により除去するのが抵抗性発達の抑制に効果がある．ただし，その効果は抵抗性遺伝子頻度がごく低い段階で，抵抗性が顕在化した状態では抑制効果は期待できない．

一方，抵抗性発達の抑制には抵抗性遺伝子をもたない感受性個体群の流入が効果的

表6.5　害虫の薬剤抵抗性発達抑制のための薬剤の使用法

薬剤使用のローテーション（個々の薬剤による淘汰圧の軽減）
薬剤間の協力作用の利用
薬剤による徹底防除（抵抗性ヘテロ個体の選抜防止）
無散布区の設置，スポット散布（感受性個体の温存）

である．そこで感受性個体を温存することを目的に薬剤の影響が及ばない薬剤無散布区を設けたり，それとは逆に害虫が集中的に発生している箇所だけに薬剤散布することが推奨される． 〔浜 弘司〕

文 献

1) Georghiou, G.P. (1986). Pesticide Resistance-Strategies and Tactics for Management (ed. National Research Council), p.14, National Academy Press.
2) Georghiou, G.P. (1980). *Residue Rev.*, **46**：131.
3) Forgash, A.J. (1984). *Pestic. Biochem. Physiol.*, **22**：178.
4) 浜 弘司 (1992). 害虫はなぜ農薬に強くなるか—薬剤抵抗性のしくみと害虫管理，p.189，農山漁村文化協会.
5) 浜 弘司 (1996). 農林水産技術 研究ジャーナル，**19**：25.
6) 深見順一，他 (1983). 薬剤抵抗性—新しい農薬開発と総合防除の指針（深見順一，他編），p.3, ソフトサイエンス社.
7) 浜 弘司 (1986). 応動昆，**30**：277.
8) 田中福三郎，他 (1982). 近畿中国農研，**64**：60.
9) Hama, H. (1987). *Appl. Entomol. Zool.*, **22**：166.
10) O'Brien, R.D. (1967). Insecticides, Action and Metabolism, p.332, Academic Press.
11) Roush, R.T. and Tabashnik,B.E.eds. (1990). Pesticide Resistance in Arthropods, p.303, Chapman and Hall.
12) Inoue, K. (1980). *J.Pesticide Sci.*, **5**：165.
13) 白井良和，他 (1998). 応動昆，**42**：59.
14) Georghiou, G.P. (1972). *Ann. Rev. Ecol. Syst.*, **3**：133.
15) National Research Council ed. (1986). Pesticide Resistance-Strategies and Tactics for Management, p.471, National Academy Press.
16) Georghiou, G.P. and Saito, T. eds. (1983). Pest Resistance to Pesticides, p.809, Plenum Press.
17) Devonshire, A.L. and Field, L.M. (1991). *Ann. Rev. Entomol.*, **36**：1.
18) Feyereisen,R. (1999). *Ann. Rev. Entomol.*, **4**：507.
19) Hama, H. (1983). Pest Resistance to Pesticides (eds. Georghiou, G.P. and Saito, T.), p.299, Plenum Press.
20) Zlotkin, E. (1999). *Ann. Rev. Entomol.*, **44**：429.
21) 河野義明・冨田隆史 (1995). 応動昆，**39**：193.
22) Georghiou, G.P. and Taylor, C.E. (1977). *J. Econ. Entomol.*, **70**：319.

6.2 殺 菌 剤

1970年代のはじめごろから，それまで農業現場でほとんどみられなかった，植物病原菌の殺菌剤耐性菌が出現し，これによる薬剤の病害防除効果の低下が，各国で問題となった．わが国においても，1971年，鳥取県米子市でポリオキシン耐性のナシ黒斑病菌，山形県庄内地方でカスガマイシン耐性のイネいもち病菌が，病害が多発するなかで発見された．

当初は，抗生物質剤であるために耐性菌が出現するとの見方もあったが，その後はむしろ，化学合成殺菌剤に対する耐性菌問題が相ついだ．そして，ここ数年間はこの問題もやや下火になったかにみえたが，新たに開発されたストロビルリン系（メトキシアクリレート系）薬剤に最近，国の内外で耐性菌が報告される[1~3]に至り，再び重要な課題となっている．

a. 耐性菌の定義[4)]

農業現場では，使用した薬剤が効かない場合，それをすぐ耐性菌のせいにする傾向もあるが，ことはそう簡単ではない．薬剤散布のタイミングの遅れや病害の激発などのために，本来期待される防除効果が現れないことも多い．そこで，耐性菌の関与を知るためには，薬剤耐性の検定が必要になるが，その際重要なことは，その菌がその薬剤に対して，もともとどの程度の感受性分布を示すのか，すなわち感受性のベースラインを把握しておくことである．そして，このベースラインを外れた感受性の低い菌が検出された場合，これを耐性菌と呼ぶ．ただし，耐性菌は薬剤の使用の有無に関係なく，低率ながら検出されることがむしろ一般的であること，うどんこ病菌や灰色かび病菌などのように空気伝染によって耐性菌が周辺地域へ移動することも考慮する必要がある．また，菌株によって耐性の強さに違いがあることもある．そして，培地やスライドグラス上での耐性検定だけでなく，薬剤を処理した植物体上で耐性菌に対する防除効果を調べることが必須となる．

EU（欧州連合）では最近，薬剤の登録に耐性・抵抗性発達のリスク評価などが必要になっている[5)]．このため，特に新規薬剤については，感受性検定法や主要病原菌のベースライン感受性などのデータが公表される例が増えている．わが国では，日本植物病理学会の殺菌剤耐性菌研究会が中心になって，薬剤感受性検定マニュアル[6)]や耐性菌に関する国内文献集がつくられ，新たな薬剤についても順次，検定法などの情報が公開されている．

一方，ベースライン感受性などのデータがないことも多い．その場合はやむをえず，耐性菌の出現が疑われる圃場からの菌の感受性を，問題の薬剤がまだ使用されていない圃場あるいは，薬剤の効果が十分認められる圃場からの菌と比較して，耐性菌のかかわりを推定する．

b. 殺菌剤の種類と耐性菌

これまでに，圃場で耐性菌の出現が報告された薬剤とおもな病原菌を表6.6に，また，薬剤による耐性発達のリスクの違いを表6.7[5)]に示した．糸状菌病害の防除剤であるベンゾイミダゾール，ジカルボキシイミド，フェニルアマイド，ステロール生合成阻害剤（SBI剤，EBI剤），細菌病防除用のストレプトマイシンなど，各国で耐性菌が問題となっているもののほか，ポリオキシン，カスガマイシン，フルアジナム，オキソリニック酸のように，これまでのところわが国だけで問題化した薬剤もある．

ジカルボキシイミドなどのように，その作用機構自体がいまだにはっきりしないものもあるが，耐性菌問題が起こった殺菌剤の多くは，特異作用点阻害剤と呼ばれる，特定の部位を作用点とする薬剤である．一方，多作用点阻害剤にも，ジチオカーバメートやキャプタンのように，一部で耐性菌の出現が疑われたものもあるが，これらの

表6.6 わが国の圃場における殺菌剤耐性菌の主要な発生事例

薬　　剤	おもな病原菌
ポリオキシン	ナシ黒斑病菌，リンゴ斑点落葉病菌
カスガマイシン	イネいもち病菌，褐条病菌
ベンゾイミダゾール系薬剤	各種作物の灰色かび病菌，果樹の黒星病菌，灰星病菌，チャ炭疽病菌，イネばか苗病菌，コムギ眼紋病菌，イチゴ炭疽病菌，カンキツそうか病菌
有機リン系薬剤	イネいもち病菌
ジカルボキシイミド系薬剤	各種作物の灰色かび病菌，ナシ黒斑病菌
ストレプトマイシン剤	モモせん孔細菌病菌，キュウリ斑点細菌病菌
フェニルアマイド系薬剤	キュウリべと病菌，ジャガイモ疫病菌
DMI剤	キュウリうどんこ病菌，コムギうどんこ病菌，イチゴうどんこ病菌
フルアジナム剤	マメ類灰色かび病菌
オキソリニック酸剤	イネもみ枯細菌病菌，褐条病菌
ストロビルリン系薬剤	キュウリうどんこ病菌，べと病菌

表6.7 耐性菌のリスクによる殺菌剤の分類（文献5）を改変）

薬剤効力低下のリスクの高いもの：ベンゾイミダゾール系薬剤，フェニルカーバメート系薬剤，ジカルボキシイミド系薬剤，フェニルアマイド系薬剤，ストロビルリン系薬剤
薬剤効力低下のリスクがあるもの：DMI剤，アニリノピリミジン系薬剤
リスクが不明なもの：フェニルピロール系薬剤，ジメトモルフ剤
耐性発達のリスクの低いもの：ジチオカーバメート系薬剤，TPN剤，硫黄剤，銅剤，プロベナゾール剤，メラニン合成阻害剤

薬剤では通常は耐性菌の発達のリスクはかなり低いと考えられる．

次に，病原菌によって耐性の発達が速いものと，そうでないものとがある．前者にはうどんこ病菌，灰色かび病菌，べと病菌や果樹の黒星病菌などがある．逆に，リゾクトニア属菌や菌核病菌などでは，耐性菌の報告が少ない．変異のしやすさ，増殖の速度や量，世代交代の回数，伝染方法など菌側の因子のほか，病原菌の棲息場所の違い（地上部か地下部か，葉・果実か枝幹部かなど）も耐性発達のスピードに大いに関係する．

c. 耐性菌の発生生態

糸状菌における耐性菌は一般に，遺伝子の自然突然変異によってもたらされ，それが薬剤の使用による選択を受けて菌の集団中でしだいに分布を拡大し，やがて薬剤の効力にまで影響を及ぼすに至ると考えられる．突然変異の多くは生物にとって有害とみなされるが，中立的であったり，あるいはむしろ有利に作用する場合もあるらしい．また，薬剤そのものによる耐性の誘導には否定的な見解が多い．しかし，SBI剤とりわけDMI剤（ステロールの脱メチル化を阻害する薬剤）では，リンゴ黒星病菌ほかの耐性菌のように，継代培養や保存によって感受性が増大する例や，低濃度の薬剤存在下では逆に感受性が低下する例が知られる．このため，薬剤が存在する条件でのみ発現する遺伝子の存在も予想される．さらに，変異はランダムに起こる偶発的な現象と考えられてきたが，細胞が何らかのストレスを受けたときにのみスイッチオンの状態にする，変異を誘発する機構が最近，大腸菌で明らかにされている[7]．

圃場に出現した耐性菌が実用上の問題を起こすかどうか，それに至るスピードは，また効果が損なわれた問題の薬剤の使用を中止することによって，耐性菌が短期間に衰退して，同じ薬剤の再使用が可能になるかどうかは，その菌の環境適応度（fitness）に関係する．ベンゾイミダゾール耐性などは一般に永続性が高く，一度耐性菌が圃場に蔓延すると，長年にわたって優占する例が多い．反対に，ジカルボキシイミド耐性菌などは，この系統の薬剤の使用中止と代替薬剤の使用に伴って，検出頻度が低下することが多い．菌のfitnessには，越冬や越夏，増殖，病原性，同種または異種の菌との競合などにかかわる性質が重要と考えられる．しかし，実験室や温室でのモデル試験によって，耐性菌の圃場でのfitnessを予測することはむずかしい．そこで，アニリノピリミジン系薬剤で行われた[8]ように，まだ普及に移す前段階にある薬剤を圃場で試験的に何年か使用し，定期的に耐性菌をモニターして，リスクを占う方法がよい．しかしこれでも，当初は耐性菌問題が生じないであろうと楽観視された薬剤で，実用化後意外にも速やかに問題が生じることもある．農業生態系ではそれだけ病原菌の多様性が高いということであろう．

これまでに耐性菌が初めて見つかった数々のケースを検証すると，その病害が常発する地域や圃場であったりすることが多い．このようなところでは，ほかと比べて薬剤の使用回数は同じであっても，耐性菌に対する選択圧（selection pressure）がより強く働く結果，薬剤の効果の減退も速いと考えられる．したがって，病原菌の発生環境を物理的，あるいは耕種的に制御して，そもそも病害の発生しにくい状況をつくりだすことが重要である．すなわち，昨今しきりに唱えられているIPM（総合的病害虫管理）の必要性は，薬剤耐性菌の管理においても同様なのである．

さらに，一部の圃場における耐性菌の出現・増加が，菌の伝播によってほかの圃場や地域にまで影響を及ぼすこともある．種子伝染性の病原菌や果樹苗木で越冬した病原菌がほかの地域にまで移動し，結果として耐性菌を広めることもある．

d. 農薬による生態系攪乱と耐性菌

ダイオキシン，環境ホルモン（内分泌攪乱化学物質），あるいは遺伝子組換え作物や導入天敵などの環境影響が昨今盛んに取り上げられるが，耐性菌問題は生産活動による農業生態系の攪乱が最も顕著に現れるものの1つといえよう．合目的的にいうならば，耐性菌はそれが自然突然変異によって生じたものであっても，同一種内での小進化を果たすことによって，種の保存を図っていることになる．

その場合，菌の集団中での耐性菌の選択的増殖には，分断選択と方向性選択と呼ばれる2つの様式が主としてかかわっている．分断選択は，ベンゾイミダゾールやフェニルアマイドあるいはストロビルリン耐性にみられるように，比較的短期間のうちに耐性程度の高い耐性菌が増殖して，薬剤の急激な効力低下をもたらす質的な変化であることが多い．これに対して方向性選択は量的で，薬剤の使用に伴って菌の感受性の分布曲線が耐性側に緩やかにかつ小幅にシフトするもので，薬剤の効果が当初よりやや弱まって，散布間隔を短縮したり，薬剤濃度を高めたりして当座をしのぐこともある．これは，DMI耐性菌にしばしば見られるが，分断選択と方向性選択のどちらのパターンをとるかは，実際には薬剤の種類だけでなく，病原菌によっても異なることがあり，必ずしも一様ではない．

殺菌剤の生態影響のもう1つの例として考えられるのは，他の病原菌やそれら以外の非標的微生物相の撹乱で，それまでマイナーな存在であった別種の病原菌が顕在化したり，分布域を拡大したりすることもあろう．そのような菌の中には，もともとある薬剤に感受性を示さないものもあり，防除に影響を及ぼすと思われる．

農業環境が耐性菌（換言すれば薬剤耐性遺伝子）によって汚染されることは，医療との関連を考えるときにも問題である．たとえば，抗生物質ストレプトマイシンに対する耐性が，プラスミドやトランスポゾンのような伝達性の因子によって，*Erwinia amylovora* のような植物病原細菌とほかの細菌との間で水平移動することが証明されている[9,10]．このため，抗細菌性の抗生物質を農業目的で使用することに一定の制限を設けている国もあるという．

e. 交差耐性と負相関交差耐性

ベンゾイミダゾール系薬剤のチオファネートメチルやベノミル，ジカルボキシイミド系のイプロジオンやプロシミドン，フェニルアマイド系のメタラキシルやオキサジキシル，さらにはストロビルリン系のアゾキシストロビンやクレソキシムメチルなど，作用機構の点で同じグループに属する薬剤の間では，通常交差耐性がみられる．このため，ある薬剤の効果が耐性菌によって失われた場合，同系統の薬剤を使用することは，効果が期待できないばかりか，耐性菌の選抜をますます進めることとなる．

ただし，SBI剤の場合は事情が異なり，DMI剤とそれ以外の，モルホリン系と称される薬剤の間では耐性が通常交差しない．また，DMI剤のなかでも，イネばか苗病菌やブドウうどんこ病菌など，菌によっては完全な交差耐性が観察されないことがある．これは，それぞれのDMI剤が本来もっている殺菌活性の強さに違いがあるだけでなく，DMI剤のなかにはステロール脱メチル化阻害以外の2次的な作用機構をもつものもあるからであろう．なお，交差耐性はその性質から，後述する多剤耐性とは厳密に区別されるべきものである．

ある薬剤に耐性化した菌が，別の薬剤に対する感受性を高める現象があり，これを負相関交差耐性と呼ぶ．この現象を利用して実用化された薬剤の例としては，*N*-フェニルカーバメート系のジエトフェンカルブが知られ，ベンゾイミダゾール感受性菌には効果がないが，耐性菌の一部に効果を示す．そこで，ベンゾイミダゾール系薬剤などとの混合剤が市販され，灰色かび病ほかの防除に用いられている．なお，交差耐性あるいは負相関交差耐性と呼ぶには，正しくはそれらの表現型が同じ遺伝子によってもたらされることを証明する必要があるが，交雑によって遺伝性を調べることができない菌も多く，見かけだけの現象を誤って解釈することもある．

f.　耐性の生化学的メカニズム

これに関して一般に考えられるのは，① 作用点の変異による，薬剤との結合親和性の低下，② 細胞膜透過性の低下による，薬剤の細胞内への取込み量の減少，③ 薬剤の細胞外への能動的な放出（efflux），④ 薬剤の解毒，⑤ 細胞内での抗菌活性体への変換阻止，⑥ 薬剤標的酵素の大量生産などによる補償，⑦ 迂回経路の出現による代謝阻害からの回避などである．

① の例として最もよく知られるのは，ベンゾイミダゾール系薬剤耐性[11)]である．この系統の薬剤であるカルベンダジム（MBC）は，菌の有糸分裂に必須の微小管タンパク質を構成するβ-チューブリンに作用するとされる．このため，薬剤を処理した感受性菌では，分裂の異常がDAPIを用いたDNAの蛍光染色で観察されるが，耐性菌では，正常に分裂した核の配列がみられる．^{14}C標識したカルベンダジムとの結合試験により，耐性菌では薬剤と作用点タンパク質との結合親和性が大幅に低下していることが，ナシ黒星病菌や灰色かび病菌ほかで確かめられ，作用点の立体構造の変化が強く示唆される．

なお，ベンゾイミダゾール系薬剤耐性菌の変異したβ-チューブリン分子に，ジエトフェンカルブが結合することによって，この薬剤に対する負相関交差耐性が発現するらしいことがアカパンカビ[12)]で，また大腸菌で発現させたオオムギ雲形病菌のβ-チューブリン[13)]で確かめられている．

最近にわかに問題となっている，キュウリうどんこ病菌やべと病菌のストロビルリン耐性菌においても，薬剤の作用点であるシトクロム*b*の遺伝子に点突然変異がみられ，アミノ酸置換が推定される[14)]ことから，作用点に薬剤との結合親和性の低下が起こっているかもしれない．あるいはまた，これとは別に ⑦ の機構として，ミトコンドリアの電子伝達系の遮断に伴う，代替呼吸系の活性化，すなわちalternative oxidaseが関与する可能性もある．

③ は，はじめカンキツ青かび病菌や核果類灰星病菌などの室内変異株で[15)]，ついで青果市場から採集されたカンキツ緑かび病菌[16)]を用いた実験から，DMI剤耐性に関係するとされ，菌の細胞膜に存在するABCトランスポーターが薬剤の放出の役割を担っているという．ABCトランスポーターは細菌や*Candida*のような医真菌，がん細胞などで盛んに研究され，多剤耐性にかかわることが明らかになっている．一方，植物病原糸状菌の場合，作用機構の異なる別系統の薬剤に次つぎと耐性菌が出現する

ものの，それらは別々のメカニズムによって，独立して起こると考えるのが妥当である．なお，DMI剤耐性のメカニズムは菌の種類や菌株によっても違うと思われ，①の作用点変異，⑥の薬剤標的酵素，すなわちステロール脱メチル化酵素（シトクロムP-450_{14DM}）の大量生産なども関与する．

g. 耐性遺伝子と遺伝子診断

菌を交雑し，得られた後代の薬剤感受性を親株と比較する，古典遺伝学の手法で，ベンゾイミダゾール耐性やジカルボキシイミド耐性などが核のDNA支配で，しかもメンデル遺伝することが確かめられた．その後，急速に発展した分子生物学的手法によって，薬剤耐性にかかわる遺伝子そのものを詳細に調べることが可能になった．

ベンゾイミダゾール耐性に重要な，β-チューブリン遺伝子の変異が多くの菌で調べられている[11]．室内変異株と比べて，圃場から見つかる耐性菌の変異部位は限られるが，ほとんどの場合，1塩基の変異によるコドン198または200（ごくまれに240[17]）の1アミノ酸置換が起こっている．そこで，この性質を利用して，PCR-RFLP（PCR産物の制限酵素断片長にみられる多型）解析やASPCR（対立遺伝子を特異的に検出するPCR），サザンハイブリダイゼーション，SSCP（一本鎖DNAの高次構造の多型）解析などによって，耐性菌を感受性菌と識別することが可能である[18]．

一方，DMI剤耐性の遺伝様式は生化学的メカニズムと同じく複雑で，交雑試験の結果から，主働遺伝子が関与する場合と微働遺伝子（ポリジーン系）が関与する場合とがあるとされてきた．ブドウやオオムギのうどんこ病菌[19,20]では，耐性菌にステロール脱メチル化酵素遺伝子の1塩基置換が見つかっている．また*Candida*では，転写制御因子の突然変異によって多剤耐性遺伝子のプロモーターが活性化し，これが抗真菌剤耐性をもたらす例が報告されている[21]．

キュウリべと病菌のストロビルリン耐性菌において，薬剤の結合部位とされるシトクロム*b*のコドン143にグリシンからアラニンへの置換がみられ，さらにうどんこ病菌でもこれと類似した変異が観察される[14]．シトクロム*b*は核DNAではなく，より変異しやすいとされるミトコンドリアDNAにコードされることから，これが菌が急速に耐性を発達させた1つの原因ではないかと予想される．ところで，べと病菌やうどんこ病菌は絶対寄生菌で，人工培養ができない．取扱いの困難なこのような菌の場合，バイオアッセイに代わる耐性の遺伝子診断は，検定の迅速化という点でメリットが大きい．耐性菌の検定は，現在主として各都道府県の試験場や病害虫防除所，JA全農や農薬メーカーなどで行われているが，PCRやELISA（酵素抗体法）を用いた各種植物病害の診断キットが，ムギ眼紋病菌などを対象としてすでにいくつも市販されている．そこで従来のように，電気泳動によってPCRの正否を確認する必要がない，リアルタイムPCR装置の普及などとも並行して，耐性菌の遺伝子診断キットが開発される日もやがて到来しよう．

h.　耐性菌対策

特異作用点阻害剤の多くが過去に耐性菌問題を生じたことから，新規薬剤の作用機構の解明は耐性発達のリスクを知るうえでも重要である．しかし，近年開発された薬剤でも，作用機構の不明なものも少なくない．

圃場で耐性菌の出現をみる前に，実験的に室内で耐性変異株を取得し，その耐性機構を調べることもよく行われる．これは，突然変異原となる紫外線や化学物質を菌に処理したり，薬剤を加えた培地上で耐性菌を選抜したりするものであるが，交差耐性のパターン，耐性機構，fitnessなどの点で，野外で起こる変異を必ずしも反映しないことがある．

これまで，耐性の回避を意図して開発された薬剤はほとんどないと思われるが，長らく使用してきたにもかかわらず，結果的に耐性菌問題をいまだ生じていないものがある．イネいもち病菌の付着器からの侵入を妨げるメラニン合成阻害剤は，これまで耐性菌問題に遭遇していない[22]．また，非殺菌性の病害抵抗性誘導剤として，わが国で20年以上にわたって，主としていもち病の防除に使用されているプロベナゾールも耐性菌問題を起こしていない．さらに最近，植物に抵抗性を誘導する病害防除剤として新たにアシベンゾラルSメチルが登場した．これらによる病害抵抗性の発現には，植物中の複数の因子が関与すると考えられることから，耐性発達のリスクも低い[23]．

病害の生物防除剤として，現在わが国で登録されているのは4種類である．今後開発されるであろう生物防除剤に，耐性菌が出現するかどうかは，その作用機構による．単純な作用をもつ抗生物質の産生が防除機構に関与する場合は，耐性発達のリスクも否定できない．

最後に，薬剤の使用法からみた耐性菌対策がある．耐性発達が予想される薬剤を，これとは作用機構の異なる別の薬剤と混合使用したり，あるいは連続的な使用を避けてローテーション使用することが古くから行われている．しかし，これらの対策が完全なものではなく，耐性発達を遅らせる効果しかもたないことは，過去の多くの事例から明らかである．また，病害そのものの発生予察の精度が，多くの場合十分とはいえない現状では，コンピュータ上でのシミュレーションによって，病原菌の耐性発達のスピードを予測して，事前に被害の回避をはかることは残念ながらまだ困難である．

以上のことからも，病害制御の場面で，従来型の殺菌剤に対する依存度を下げられるような代替技術の開発と，それに向けた試験研究が幅広く行われることが重要である．

〔石井英夫〕

文　　献

1) 小笠原孝一，他（1999）．日植病報，**65**：655.
2) 武田敏幸，他（1999）．日植病報，**65**：655.
3) 石井英夫，他（1999）．日植病報，**65**：655.
4) 石井英夫（1998）．植物病原菌の薬剤感受性検定マニュアル（殺菌剤耐性菌研究会編），p. 1–9,

日本植物防疫協会.
5) Russell, P. E. (1999). 第9回殺菌剤耐性菌研究会シンポジウム講要集, 9–18.
6) 殺菌剤耐性菌研究会 (1999). 植物病原菌の薬剤感受性検定マニュアル, p. 172.
7) Radman, M. (1999). *Nature*, **401** : 866–869.
8) Forster, B. and Staub, T. (1996). *Crop Protection*, **15** : 529–537.
9) Chiou, C.-S. and Jones, A.L. (1991). *Phytopathology*, **81** : 710–714.
10) Chiou, C.-S. and Jones, A.L. (1993). *J. Bacteriol.*, **175** : 732–740.
11) 石井英夫 (1997). 植物保護の探求, pp. 65–78, 日本植物防疫協会.
12) 藤村　真 (1994). 農薬誌, **19** : S219–228.
13) Hollomon, D. W. *et al.* (1998). *Antimicrob. Agents and Chemother.*, **42** : 2171–2173.
14) 石井英夫 (2000). 第10回殺菌剤耐性菌研究会シンポジウム講要集, 43–51.
15) De Waard, M.A. (1997). *Pestic. Sci.*, **51** : 271–275.
16) Nakaune, R. *et al.* (1998). *Appl. Environ. Microbiol.*, **64** : 3983–3988.
17) Albertini, C. *et al.* (1999). *Pestic. Biochem. Physiol.*, **64** : 17–31.
18) Ishii, H. *et al.* (1997). Abstracts of the International Conference Resistance '97.
19) Delye, C. *et al.* (1997). *Appl. Environ. Microbiol.*, **63** : 2966–2970.
20) Delye, C. *et al.* (1998). *Curr. Genet.*, **34** : 399–403.
21) Wirsching, S. *et al.* (2000). *J. Bacteriol.*, **182** : 400–404.
22) 倉橋良雄・山口　勇 (1999). 第9回殺菌剤耐性菌研究会シンポジウム講要集, 35–45.
23) 石井英夫 (1999). 植物防疫, **53** : 393–397.

6.3 除 草 剤

雑草は管理を怠ればすぐに繁茂し, 作物の収量を大きく減少させてしまう. しかし, 除草作業は重労働で, 農民は古来からこの作業に苦しめられてきた. 1946年に最初の合成除草剤として2,4-Dが用いられるようになって以来, 雑草防除に化学合成除草剤が使用されるようになり, 以後50数年にわたって数々の除草剤が開発・使用されてきた. その間除草剤は, 効果の確実性と経済性から先進諸国における雑草防除手段の中心となり, 他の作物保護剤とともに作物生産量の確保に大きな役割を果たすようになった. 除草剤が使用できることで雑草防除のための種々の耕種的手法をとる必要がなくなり, 作物栽培における雑草防除に要する時間が激減した. しかし, 作物保護剤の発達により, 同じ耕地に経済的価値の高い同一作物を連作することができるようになった反面, 同じ除草剤が繰り返し散布されることとなり, 除草剤抵抗性 (または除草剤耐性ともいわれる) 雑草が出現することとなった. 除草剤抵抗性 (耐性) はある特定の化合物 (剤の有効成分) の性質に由来する問題と考えられがちであるが, むしろ, 雑草防除の方法として特定の除草剤にあまりに頼りすぎた栽培法がもたらした結果と考えるべきであろう.

除草剤の多くは作物に対する影響は小さいが, 雑草にはより強く作用して枯殺する, または, 生育を強く抑制するという, 植物種間における「選択性」という性質をもっている. したがって, 遺伝子組換え作物を栽培するような場合を除いては, 作物生産の場面における除草剤抵抗性 (耐性) の問題というのは, 雑草における抵抗性 (耐性) の発達ということになる. 本節では, 除草剤抵抗性 (耐性) 雑草問題について, その発現の現状, 抵抗性 (耐性) 雑草の性質と発現のメカニズム, 管理法などについて解説する.

除草剤の抵抗性（耐性）に関連して，英語ではresistanceとtoleranceという用語があり，これらは以下のように定義され区別して使用されている.

Resistance：除草剤に対するresistanceは，ある植物種の野生型に対して通常致死的である濃度の除草剤処理下で，ある種の一定の集団（生物型）に備わった生存・生殖が可能であるという能力で，次世代に遺伝する性質である．抵抗性は植物個体において自然発生的に生じるか，遺伝子組換えや組織培養，および突然変異誘起で作出された変異体の選抜によってもたらされる.

Tolerance：除草剤に対するtoleranceは，ある生物型に備わった除草剤処理後でも生き残って繁殖できる生来の能力である．その植物に対して選抜とか遺伝子操作などがなされておらず，本来的に除草剤に対して強いという性質を有する場合をさす.

雑草の除草剤抵抗性（耐性）は除草剤使用による抵抗性個体の選抜によってもたらされることから，英語ではherbicide resistanceと表現される．日本語でresistanceとtoleranceに抵抗性，耐性のいずれの用語をあてるかは明確には定められていない．本節ではほかの章との整合性をはかるため，これ以後はherbicide resistanceに相当する現象を，「除草剤抵抗性」として論じる.

a.　除草剤抵抗性発現の現状と抵抗性生物型の性質

除草剤の繰り返し使用に起因すると考えられる抵抗性雑草は，まず，トリアジン系除草剤の集中的な使用に伴って発生した．1968年にアメリカのワシントン州において，シマジンやアトラジンに抵抗性のノボロギクが見出され，それが1970年に報告されたのが野外における抵抗性雑草の最初の例である[1]．それ以来，抵抗性の生物型（バイオタイプ）が確認された雑草種，除草剤，そして，抵抗性が発現した地点の数が継続して増加している．しかし，除草剤抵抗性の場合は，殺虫剤に抵抗性の害虫や殺菌剤に抵抗性の病原菌のように短期間に爆発的な広がりをみせることはなく，実際の耕作地で問題となっている地域は除草剤の使用されている面積に比べるとまだわずかである．しかし，雑草に抵抗性が出てしまった地域では，抵抗性の発達が極端な場合それまで雑草防除に用いてきた剤が使えなくなり，作物の収穫量が減少するといった実害が出る可能性がある.

Dr. Ian Heapが中心となって作成したアメリカ雑草科学会のウェブサイト「International Survey of Herbicide-Resistant Weeds」（http：//www.weedscience.com/）には，世界中の除草剤抵抗性雑草，および除草剤に関する詳細な情報が載せられており，またつねに追加・更新されている．これによると，現在（1999年8月）までに48の国と地域において223種の雑草に抵抗性生物型が見出されている．この数字は，いくつかの国において同じ除草剤に対して同じ雑草種に抵抗性型がみられたときには1種として数えたものである（たとえば，トリアジン抵抗性のアオゲイトウは10か国で見出されているがこれを1つの抵抗性生物型としている）.

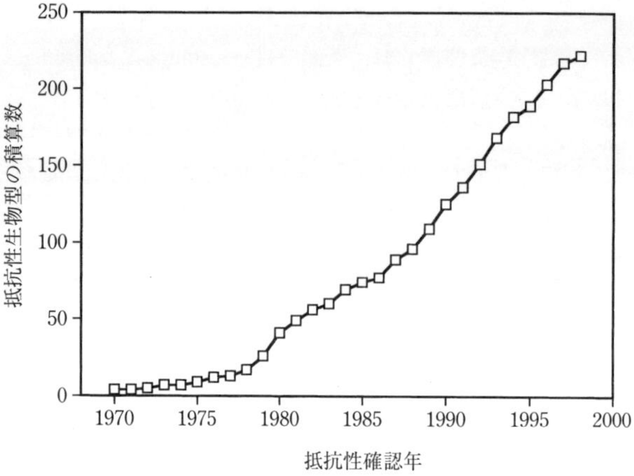

図6.6 除草剤抵抗性生物型が見出された種の積算数（Heap I. M., The Occurrence of Herbicide-Resistant Weeds Worldwide（http://weedscience.com/）から作成）

表6.8 除草剤抵抗性の国別発現数
（10種以上の雑草で抵抗生成物型が見出されている国）

国名	抵抗性種の数
アメリカ	71
フランス	30
オーストラリア	26
カナダ	24
スペイン	24
イギリス	19
ドイツ	18
イスラエル	18
スイス	14
日本	13
オランダ	11

Heapl. M., The Occurrence of Herbicide-Resistant Weeds Worldwide（http://weedscience.com/）から作成

図6.6に除草剤抵抗性雑草の確認数の年次別推移を，表6.8には国別に抵抗性雑草数を示した．これにより抵抗性雑草種の数が年々増加していること，および除草剤を雑草防除の主たる手段としている先進国で多く発生していることがわかる．また，図6.7には除草剤の作用機構ごとに抵抗性雑草種の増加を示した．これに示されるよう

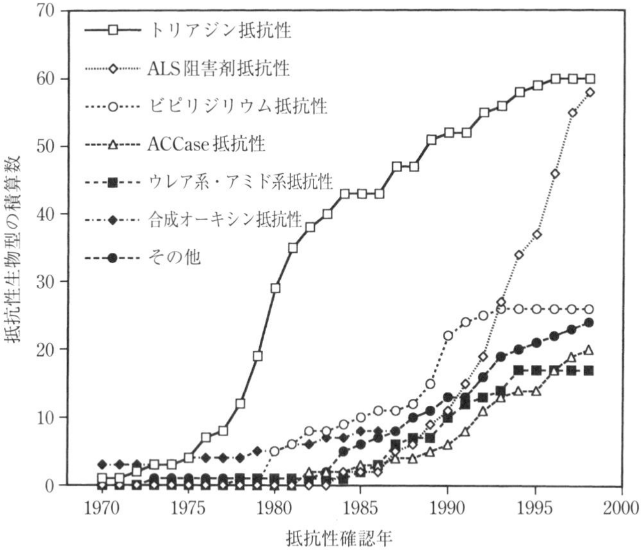

図6.7　除草剤抵抗性生物型が見出された種の作用機構別積算数
（Heap I. M., The Occurrence of Herbicide-Resistant Weeds Worldwide（http://weedscience.com/）から作成）

にトリアジン系除草剤に対する抵抗性が60種（1998年末まで）と，これまで最も多く同定されている．トリアジン系の除草剤は，光合成の電子伝達系の光化学系IIを構成するプラストキノン結合タンパク（D_1タンパク）に優先的に結合して，電子伝達反応を止める作用をする（5.3節：除草剤の項を参照）．また，近年増加が著しいのがスルホニルウレア系などのように，分岐鎖アミノ酸であるバリン，ロイシン，イソロイシン合成の初期段階にかかわる酵素であるアセト乳酸合成酵素（acetolactate synthase, ALS）を阻害する剤に対する抵抗性で，58種が報告されている．ついで，光合成の電子伝達の後期過程の光化学系Iから電子を奪うパラコートのようなピビリジリウム系の剤に対する抵抗性（26種）であり，さらに，近年になって脂肪酸合成の初期過程の酵素であるアセチル-CoAカルボキシラーゼ（ACCase）を阻害する剤に対する抵抗性が目立ってきた．

これらのうち抵抗性の機構が調べられたケースの多くにおいて，抵抗性は植物体内における除草剤の作用点の性質が変化することに起因して起こっていることが明らかとなっている．トリアジン抵抗性生物型では，葉緑体の中にあるD_1タンパクの遺伝子（psb-A遺伝子）において，剤の結合にかかわるアミノ酸部分をコードする塩基配列の1つが，突然変異で別の塩基に変わっていることがわかっている．この結果，変異した遺伝子からD_1タンパクが翻訳されるときに，アミノ酸が通常種と1つだけ異なるものができて，これに対する除草剤の結合性が失われる．スルホニルウレア抵抗性生物型でも同様で，標的酵素のALSにおいて剤の結合にかかわるドメインAと呼ばれる部分のアミノ酸の1つが変異しているが，これもこの部分をコードする遺伝子の塩基配列が点突然変異をもっていたためである．すなわち，除草剤が標的としている細胞内の酵素やタンパクに変異が起こった結果，その性質が変化して除草剤が結合できなくなり，感受性が極端に低下しているのが特徴である．このような標的に変異をもった生物型では，同じ作用機構をもつほかの剤に対しても抵抗性を示す場合がしばしばみられる．このように1つの抵抗性機構で複数の剤に対して抵抗性を示す性質は交差抵抗性と呼ばれる．

このほかの抵抗性機構としては，剤の代謝の促進による場合がある．これは除草剤が処理されても，それを体内で植物毒性の弱い，もしくは，毒性のない化合物に分解・変化させてしまう能力である．除草剤の代謝能力が増加した個体群では，多くの異なった化学構造の剤や，異なった作用機構をもつ剤，さらには，これまで散布されたことのない剤にまで抵抗性をもつことがある．近年，多重抵抗性（multiple resistance, 複合抵抗性という場合もある）といわれる現象も報告され，これは抵抗性植物が2つ以上の抵抗性機構を供えた場合をさすが，代謝能力の増加と先にあげた標的部位での変異が複合している場合があることが知られている．多重抵抗性の場合は，これらを防除できる選択性除草剤の数が限られる，もしくは，なくなるため問題が深刻となる．

さらに，一部の種における抵抗性機構として，除草剤を細胞内の生命活動の盛んな部分から移動させ，液胞などに区画化・局在化（隔離）してしまう例も報告されている．この場合は液胞などへの移送の前に，剤に生体成分（アミノ酸，糖など）を結合させ，脂溶性の剤を水溶性の高い抱合体にする反応が起こる．

b. 抵抗性生物型の発現機構

除草剤抵抗性生物型は，同一の除草剤，もしくは，同じ作用機構の除草剤が数年にわたって繰り返し使用された場所で典型的に見出されている．この抵抗性が発現してくるためには，抵抗性をもった遺伝子が雑草集団のなかに存在し，また，これが選抜されていく過程が必要である[2]．抵抗性をもたらすことになる遺伝子の変異は通常起こっている自然現象であり，この変異が除草剤の処理によるものであること，すなわち剤が変異源となっていることを示すデータはない[3]．多数の雑草個体のなかでごくわずかではあるが一定の頻度で，除草剤に対して抵抗性となるような遺伝子の変異が常時生じており，これらに対して特定の除草剤，もしくは，同じグループに属する除草剤群が繰り返し使用されることによって選抜が繰り返された結果，抵抗性生物型が顕在化してくるものと考えられる．

ある雑草種において抵抗性生物型が選抜・発現（顕在化）していく速度（抵抗性の発達速度）には，多くの要素が影響を与える．それらには選抜の強度（選択圧といわれる），抵抗性遺伝子の初期頻度（存在割合），抵抗性の遺伝様式，抵抗性および感受性生物型の相対的環境適応度（競争力），雑草の交配様式などがあるが，このうち選択圧の及ぼす影響が最も大きいと考えられる．以下これらの要因について解説する．

1）選　択　圧

選択圧というのは除草剤のもつ性質，すなわち，どのような機構で植物を枯らすのか（除草剤の作用機構といわれる）と，その剤の使用頻度および残効性の長さによって決まってくる．特定の作用点のみをより低濃度で阻害する剤ほど選択圧が大であり，使用頻度が多いほど，また，残効が長いほど選択圧が大きくなる．さらには，雑草の出芽に要する時間，種子バンクの量と寿命，そして剤以外の防除手段の利用の有無なども関係してくる．選択圧の強さと抵抗性発達について調べてみると，抵抗性生物型の発現したほとんどの場所において，以下のような大きな選択圧がかかる条件が見出され，選択圧が大きいほど抵抗性の発達速度が増大するものと考えられる．

・単一の作物を継続して栽培している耕作地や路側帯，鉄道敷地，河川敷のような非農耕地において，雑草防除を同一の作用機構の剤に頼っている．

・残効性の長い剤を使用する．もしくは残効性が長くなるように処理量を多くするか，しばしば処理する．

一方，ある除草剤に対して抵抗性が発達する種は，本来その剤に対する感受性が大きい（剤に対して非常に弱い）場合が多い．雑草は種によって除草剤に対する感受性に差があるため，多くの雑草種に対して十分効果のある濃度が標準使用量として設定・使用されている．したがって，標準量の処理下では，感受性の高い種はしばしばより大きな選択圧にさらされることになる．変異により生じた抵抗性遺伝子がたとえわずかの割合で存在したとしても，除草剤の反復使用により抵抗性個体だけが生き延びる（選抜される）ことにより，集団のなかで多数を占めるまでに増加してくること，さらには，除草剤の選択圧が大きいほど抵抗性の発達と拡散の速度が大きくなることが多くの数値モデルでも示されており，選択圧は雑草の除草剤抵抗性の増加速度を決定する最も重要な要因と考えられる[4,5]．

2）抵抗性遺伝子の初期頻度

ある遺伝子座，特に除草剤の作用点をコードしているそれに変異が起こると抵抗性につながってくる可能性がある．生物個体の一世代に1遺伝子当たりに遺伝性の変異が起こる確率として，1×10^{-5}もしくは1×10^{-6}という値がしばしば採用される[6]．この値はある遺伝子座に注目したとき，十万～百万個体に1個体は何らかの変異をもっていることを示している．しかし，標的遺伝子の一部に変異を起こしても，それが剤への抵抗性に関与するような変異である確率は小さいと思われる．雑草種において，除草剤の標的酵素の遺伝子に抵抗性をもたらすような変異がどれくらいの割合で起こるかについてはよくわかっていないが，ALS阻害剤については1×10^{-8}から1×10^{-9}という推定値が出されている[7,8]．これらの値は非常に小さいが，単位面積当たりに成育する雑草の個体数が多い場所においては，抵抗性の変異個体の発現する確率が非常に高くなることが示されている[6].

3）抵抗性型の環境適応度

適応度（fitness）は植物個体が生存するときに自然淘汰に対して有利・不利の程度を示す尺度であり，適応度が大きいほど淘汰に対して強く，多くの次世代（種子）を残すことができる．抵抗性変異型は除草剤の標的部位に変異が生じて除草剤が結合できなくなっている場合が多いが，標的となるのは酵素や特定の機能を果たすタンパクであり，それらが変異を起こした結果，本来の機能に支障が出て競争力が低下する（適応度が劣る）ことは十分に考えられる．したがって，除草剤抵抗性生物型の適応度は抵抗性の発達速度に影響を与えることになる．適応度の定量的な評価試験はむずかしいが経験的なモデルを用いた予測では，選択圧となっている除草剤が処理されない条件下での抵抗性型の適応度が劣っている場合には，抵抗性型と感受性型が同程度の適応度をもっている場合より抵抗性の発達（顕在化）が遅れることが示されている[5]．また，抵抗性型の適応度が劣る場合には，選択圧となった除草剤の使用が止められたときに，それに対する抵抗性の発達の抑制や，感受性集団への復帰がより速やかに起こることも予測されている．これらは集団のなかにおける抵抗性型の割合が，それらの競争力が劣っているため減少していくことによる．

これまでの研究により，トリアジン系除草剤に対して標的部位変異により抵抗性を示すいくつかの生物型において適応度の低下が示されている[9]．これから推定すると，トリアジン抵抗性の場合は選択圧と抵抗性遺伝子の初期頻度から予想されたよりは抵抗性の発達が遅れたものと推定される．トリアジン系以外の除草剤においては適応度上の不利というのは報告されていない[8,9]．特にALS阻害剤やACCase阻害剤などに対する抵抗性型は，それぞれの剤が導入されてから5年ほどという除草剤抵抗性としてはきわめて短期間内に発現しているが[10]，これにはこれらの剤の選択圧が大きかったことに加えて，適応度におけるハンディキャップがなかったことも要因となっていると考えられる．

4）雑草の交配様式と抵抗性遺伝子の拡散

新しく生じた遺伝子の変異は最初はヘテロの状態で存在する．そのため，集団のなかで生き残る可能性はその遺伝子の優性の程度に依存する．もし，その形質が優性なら個体は除草剤処理下で生き残ることができるが，劣性であれば変異をもった個体は除草剤に感受性となり枯れてしまう．

抵抗性形質が優性の場合には，他殖性の種においては抵抗性の発現（顕在化）が劣性の場合よりはるかに早く起こる可能性がある．劣性の場合は変異体が除草剤の処理をされずに，かつ，同じ変異をもつ別の個体と交配したときにのみ抵抗性個体が出現する．したがって，劣性の場合，他殖率の高い雑草種においては，ほとんどの次世代は除草剤に感受性となり抵抗性は発達しにくい．しかし，除草剤抵抗性が発現した雑草には他殖性を示すものばかりでなく，高い自殖性を示すものも含まれている．自殖性の場合には，他殖と比較して劣性変異において抵抗性発達の可能性が顕著に増大する．自殖の場合は除草剤処理を逃れたヘテロ接合体からの次世代の25％が抵抗性を示すことになり，劣性のホモ接合体の割合が順次増加していく．したがって，抵抗性が劣性遺伝子の場合には自殖性の種で抵抗性集団がよりできやすいと考えられる．このような例はトリフルラリン抵抗性のエノコログサで報告されている[11]．これに対して変異が優性の場合は任意交配や他殖性の種で抵抗性が発達しやすい．

いったん抵抗性が発現すると，その拡散速度は花粉の飛散や，種子の散布を通した遺伝子の流出の度合いによって影響を受ける．トリアジン抵抗性は葉緑体の遺伝子の変異によって起こるため細胞質遺伝であるが，これまでに研究された大部分の抵抗性型において，抵抗性の形質は核にコードされた優性の1遺伝子に支配されていることが示されている．このことから高い他殖性を示す種においては，花粉の拡散が抵抗性遺伝子の流出に重要で，訪花昆虫による移動が抵抗性の拡散速度に大きな影響を与えるものと考えられる．しかし，多くの場合は種子が重要な役割を果たしていて，特に長距離の拡散には重要である[12]．さらに，収穫作業の際などに農業機械や農機具，人体などに付着し，そのまま別の圃場にもち込まれることによって抵抗性種子の拡散が助長される場合もある．

c. わが国における抵抗性雑草の現状と発生要因

これまでにわが国では，おもにビピリジリウム系のパラコートと，水田で用いられるベンスルフロンメチルなどのスルホニルウレア系除草剤に対する抵抗性雑草が報告されている．

1）パラコート抵抗性雑草

除草剤パラコートはビピリジリウム系の除草剤の一種で，植物の光合成電子伝達系（光化学系I）から電子を奪い取ってパラコートラジカルとなり，次にその電子を酸素に渡して活性酸素（スーパーオキシド）を生成させる．植物はこの活性酸素の作用により，細胞膜が急激に過酸化されて枯死する．パラコートは非選択性ですべての植物種に枯殺作用を示し，また即効性であることから，1967年に導入以来1988年に販売中止になるまで，桑園や果樹園，非農耕地などで頻繁に使用された．その結果，1980年に埼玉県の桑園で抵抗性のハルジオンが見出され[13]，それ以後，果樹園や桑・茶園でヒメムカシヨモギ，オニタビラコ，オオアレチノギク，チチコグサモドキの抵抗性が相ついで報告された．これらの抵抗性雑草はいずれもキク科に属し，枯殺に必要な処理濃度で比べると100倍程度の抵抗性をもっている．抵抗性機構については，わが国の抵抗性種についての研究例は少ないが，作用点を内包する葉緑体にパラコートが到達しないように細胞内での隔離作用が働く可能性が強い．抵抗性型と感受性型の比較からは，野外で抵抗性型の適応度が劣る（競争力が小さい）ことを明確に示すデータはなく，また，ハルジオンとヒメムカシヨモギについては繁殖が他殖性で，抵抗性は優性の1遺伝子に支配されていることが明らかとなっている[14,15]．抵抗性型におけるこれらの性質が，パラコートへの過度の依存と相まって抵抗性個体の発現と増加の要因となっているものと推定される.

2）スルホニルウレア系除草剤抵抗性雑草

スルホニルウレア系除草剤はきわめて少ない薬量で多くの雑草種，特に，広葉雑草に高い防除効果を示し，作物・雑草間に優れた選択性をもっているため，主要穀物栽培において世界的に使用されている．わが国では，ノビエやカヤツリグサ科雑草を対象とした除草剤と混合したいわゆる一発処理型除草剤として，水稲栽培において1980年代後半から使用され始め，これらは90年代に入って80～90％の水田で使用されるまでになった．このような一発剤の普及により，最近は水稲1作当たりの除草剤使用回数が1回だけの場合が非常に多くなり，広葉雑草の防除はベンスルフロンメチルなどのスルホニルウレア系除草剤のみに依存するようになってきた．わが国では，水田に除草剤が導入されてから40年もの間除草剤抵抗性雑草は出現せず，水田という環境では抵抗性雑草は生じにくいとも考えられていた．しかし，このようななかで1993年ごろからスルホニルウレア抵抗性雑草の出現が報告され始めた．現在までに各地でミズアオイ，コナギ，アゼナ，アメリカアゼナ，アゼトウガラシ，キカシグサなどの広葉雑草，およびイヌホタルイで抵抗性型が相ついで確認されている．このことから，これまでは除草剤と機械や手取りによる除草との組合せ，剤の体系処理による複数の剤の使用が抵抗性の発達を防止してきたものと考えられる．これらの雑草における抵抗性機構はわが国以外で見出されているものと同様に，剤の作用点であるALSに変異をもっていて，剤がこの酵素と結合できなくなることによるいわゆる標的レベルでの変異である．これらの抵抗性型の環境適応性に関する研究例は少ないが，諸外国での研究例をみると抵抗性型が劣っているとは考えにくい．また，抵抗性はいままで実験された限りではいずれも優性の1遺伝子に支配されているという結果である[16]．これらの種のなかではミズアオイの抵抗性型が最も早く見出されたが，これにはミズアオイが自殖だけでなく他殖も行い，かつ，その率がほかの雑草より高いため，抵抗性の拡散速度が早かったことが要因として考えられる．これらのことからスルホニルウレア系除草剤抵抗性発現には，スルホニルウレア系除草剤が低濃度でALSを特異的に阻害すること，および水田の広葉雑草防除がこの系の剤に過度に依存してきたことに加えて，個々の雑草のもつ生態的特性も関与しているものと考えられる．

d. 抵抗性型の管理技術

除草剤抵抗性生物型の発生抑制および防除は，既存の技術で十分可能である．まず，上述した抵抗性の発現とその拡散の速度に影響する要因の議論から，抵抗性発現を最小限に抑えるよう管理する方法として，同じ剤もしくは同じ作用機構で雑草を枯殺する剤の連用を避けることにより，除草剤による選択圧を下げることがあげられる．作用の異なる除草剤の混合処理または体系処理は，特に標的部位の変異に起因する抵抗性の発達を防ぐのに有効な手段である．ただし，混合処理や体系処理が有効であるためには，それぞれの薬剤が対象雑草に対して同等に効果的である必要がある．また，作用の異なる剤は抵抗性生物型の防除にも有効で，たとえばトリアジン抵抗性種はこれまで世界中で最も広い範囲で発達し300万haで発生がみられたが，現在はこれらを防除することができる別の作用機構の剤を用いることにより多くの国において防除に成功している．もし抵抗性がある剤の代謝の促進による場合でも，その促進された代謝はおそらく除草剤のある特定の化学構造に特有のものであるため，この技術は有効である．このような剤を転換する方法のほかに，選択圧を減少させる技術としては作物の輪作があげられる．これにより用いられる剤や耕種的技術が変わって，それまでと異なった競争環境が形成され雑草種も変化する．

土壌中の種子バンクを減少させ，新規の雑草種子の生産を抑制するような手段も考えられる．これらの多くは非選択的方法で，抵抗性と感受性の両方の型を同様に防除するが，それらには以下のようなものがある．

・作物の作付前後，もしくは休閑期に耕起をするか非選択性の除草剤を用いる．
・マルチを用いて発生抑制と防除をする．
・除草機，刈払機などを用いて機械的に防除する．
・収穫作業後に焼払いをして雑草種子を殺す．
・家畜の放牧により雑草を食べさせて除去する．

また，雑草種子の分散を最小にするために，農業機械や農具を清浄に保つ必要性も指摘される．

現在，わが国における最も大きな除草剤抵抗性雑草問題はスルホニルウレア系に対するものである．上述した抵抗性雑草は，スルホニルウレア系の特定の一発処理型除草剤を1作に1回毎年使用した場合にのみ出現がみられており，それ以外の除草剤を用いた場合，および，剤以外の耕種的手段と複合した防除法をとっている場合には顕在化していない．したがって，これらの抵抗性雑草の発生予防手段としては，特定の一発処理除草剤の連続使用を避け，できれば作用機構の異なる剤をローテーションで使用すること，また，可能なら機械的防除など剤以外の手段を組み合わせることが効果的であろう[17]．一方，多発生した抵抗性生物型の防除には，多種類の剤が水稲用の除草剤として登録されていることから，それらのなかからこれまで用いてきた有効成分とは作用機構が異なり，かつ，問題雑草防除に有効なものを選んで使用するのが現実的な対策と考えられる．最近は，これらの抵抗性雑草防除を目的とした混合剤の開発も行われている．

〔松本　宏〕

文　　献

1) Ryan, G. F. (1970). *Weed Sci.*, **18**：614.
2) Maxwell, B.D. and Motimer, A. M. (1994). Herbicide Resistance in Plants：Biology and Biochemistry (eds. Powles, S. B. and Holtum, J. A. M.), p. 1, Lewis Publishers.
3) Holt, J. S. *et al.* (1993). *Annu. Rev. Plant Physiol. and Plant Mol. Biol.*, **44**：203.
4) Gressel, J. and Segel, A. (1990). *Weed Technol.* **4**：186.

5) Maxwell, B.D. *et al.* (1990), *Weed Technol.* **4** : 2.
6) Jasienuk, M. *et al.* (1996), *Weed Sci.*, **44** : 176.
7) Harms, C.T. and DiMaio, J. J. (1991), *J. Plant Physiol.*, **137** : 513.
8) Sarri, L.L. *et al.* (1994), Herbicide Resistance in Plants : Biology and Biochemistry (eds. Powles, S. B. and Holtum, J. A. M.), p. 83, Lewis Publishers.
9) Hort, J.S. and Thill, D. C. (1994), Herbicide Resistance in Plants : Biology and Biochemistry (eds. Powles, S.B. and Holtum, J. A. M.), p. 299, Lewis Publishers.
10) Shaner, D.L. (1995), *Weed Technol.*, **9** : 850.
11) Jasienuk, M. *et al.* (1994), *Weed Sci.*, **42** : 123.
12) Stallings, G.P. *et al.* (1995) , *Weed Sci.*, **43** : 95.
13) Watanabe, Y. *et al.* (1982) , *Weed Res., (Japan)*, **27** : 49.
14) Itoh, K. and Miyahara , M. (1984), *Weed Res. (Japan)*, **29** : 301.
15) Yamasue, Y. *et al.* (1992), *Pestic. Biochem. Physiol.*, **44** : 21.
16) Itoh, K. *et al.* (1999), Proc. 17th Asian-Pacific Weed Sci. Conf, I (b), 537.
17) 渡邊寛明, 他 (1998), 雑草研究 (別), **43** : 46.

7. 非合成農薬

現在，環境保全型農業の推進が重要課題となり，合成農薬の使用量を減少させる方向にある．また合成農薬を用いないで生産された農産物が「有機農産物」として市場で高付加価値をもつ．さらに有機農産物の表示に関する規制は従来ガイドラインであったが新たにJAS法による規格が定まり農産物に対する認証制度が始まった（2000年10月）．このような背景から天然物を使用した農薬，生物由来農薬，漢方農薬，生物農薬（天敵，微生物農薬）が重要視され，開発が進んでいる．また作物の健全育成をはかり，病害虫にかかりにくい作物を育て，雑草の生えにくい環境をつくるために，天然物・有機物資材・微生物資材・水資材などの各種の資材が工夫され，流通している．

その特徴は，一般的に効果がマイルドであり，予防的，または作物の生育初期，または，前々作から使用することにより，初めて効果を発現するものが多い．これらを用いて効果を上げるために作物の体系そのものも見直さなければ不可能なものも多い．土壌に施用する場合は特に長期的視野が必要である．また発生予察を完備させ，早めに防除することが必要で予察に熟練を要する．作付け前の病害虫の完全駆除や，病害虫に罹った場合には合成農薬を使用する必要がある．

経営的に循環型農業を成功させているオランダでも，生物農薬のみによる防除で成功している作物の種類は限定されており，病害虫が多発したとき，または防除不可能な病害虫には農薬を併用している．また生物防除は施設栽培のみで成立しており，その場合も肥料・土壌は合成化合物である．

もちろん，作物の健全育成・土壌の改良に用いられる各種の資材も重要である．これらの有効利用にあたっては，土性・作型・発生しやすい病害虫・気候条件・可能な労働力などを勘案し，利用していかなければならない．また効果の発現に時間がかかることと，記載されている効果がどこまで保証されているのか，十分考慮する必要がある．緩効性ではあるが，効果はかなり幅広いものが多い．ただし，万能でないことを認識し，過度の期待をしてはならないし，させてもいけない．

天然物由来の資材には，伝承農法的に発達し使用されてきたものが多い．ある効果をうたった商品を開発するためには製法を規格化し，使用条件と効果の因果関係の再現性確認が必要である．地域気象，作物の作型・品種・状態，病害虫の発生状況など，圃場の土壌・水路との関係など立地条件などとの，因果関係や使用条件を解明し記述しなければならない．

経験/試験管内実験→実験→

圃場での実用化試験→実用可の判定→農薬登録→商品販売

の手続きがあってはじめて製品保証ができる．登録では当然実証された効果のみに使用範囲が限定される．

また，毒性，生態系，環境への影響などを明瞭にし，その使用法・注意書きに従って用いた場合は，環境へ問題を生じないことを公的に証明し申請し審査されなければいけない．食品など一般通念から問題ないとされているもの，使い方から問題が生じにくいと考えられているフェロモン剤などについては，毒性データが一部免除できるなど検査基準が緩やかである．

また使用方法によってはヒト・植物・装置に問題を生じることもあり，水資材・天然物資材・微生物資材といえども必ずしも安全とはいえない．被害を生じる条件を明確にし，回避するための注意書きが要求される（電解水生成中に発生する塩素ガスは危険）．

ここに示す農薬は「有機農産物の日本農林規格の制定について（平成11年9月13日，農林水産省）」で，大半が使用可能な農薬である（抗生物質などは除く）．しかしながら合成農薬を混入された天然物資材を用いた農産物は今後「有機農産物表示違反」となるので十分な注意が必要である（「無農薬栽培」表示の農産物から農薬が検出されている事例がある）．特に「植物成長調整剤」を「農薬」と認識せず，登録せず販売する例があり注意を要する（農薬取締法）．

登録されていない各種の資材は，現時点では製造物責任法以外には何らの法律的規制もなく，使用者の責任において使用されているのが現状である．

これらの資材は実態が先行しており，理論がついていってない面もある．これらのうち，卓効を示す資材，成功している農業事例については，その因果関係が明らかにされ，一日も早く普遍性のある使用方法の確立を望むものである．

非合成農薬としては下記のようなものがある．

7.1. 天然物由来の農薬

植物・動物・鉱物など天然物由来の農薬をさす．このなかには開発当初は生物または天然物から抽出していたが，現在は合成されているものもある（除虫菊剤）．天然物は一般的に毒性が低いものが多いが，毒物（硫酸ニコチン）や魚毒性が強い農薬（デリス，ロテノン）などもある．また使い方によっては薬害を起こすものもある（マシン油）ので注意を要する．

a. 天然物由来農薬（漢方農薬を除く）

これには次のようなものがある．

1）天然物殺虫・殺菌剤

・除虫菊剤［ピレトリン剤］（P.G.P，パイベニカなど）：除虫菊から抽出，有効成分はピレトリンⅠとⅡ，シネリンⅠとⅡである．昆虫の気門や皮膚から侵入し，中枢，運動神経双方を麻痺させ，即効的．薬量が少ないと回復．作用は神経軸索上でのシグナル伝達阻害である．汎用性殺虫剤．魚毒性B.

・デリス剤（デトールなど）：マメ科灌木デリスからとられ，主成分はロテノンでそのほかデグエリンなどを含む．ミトコンドリアの電子伝達系に作用し，エネルギーの生成を妨げる．仮死から生き返ることはない．劇物．「水質汚濁性農薬（魚毒性）」

・硫酸ニコチン［ニコチン剤］：ニコチンはタバコの葉にクエン酸塩やリンゴ酸塩 として含まれる．製剤は硫酸塩．神経性のアセチルコリン受容体と結合し，アセチルコリンのように神経の興奮を起こすが分解しないので興奮が持続．毒物．魚毒性A.

・マシン油剤，なたね油剤，大豆レシチン剤，でんぷん剤：果樹などのカイガラムシ類，ハダニ類，うどんこ病の防除に用いられる．特に越冬卵の防除に用いられる．虫体を油の皮膜で包むことによる窒息死と，気門，皮膚からの虫体への侵入により殺す．マシン油は落葉果樹の芽の動き出す前に散布を終わらせる．

・ケイソウ土剤（コクゾール）：貯穀害虫の体表面，また消化管の表面を傷つけ体内水分を失わせ致死させる．

・酢酸（モミエース液剤）：ばか苗・もみ枯れ細菌病防除，種子の浸漬前に種子消毒を行う．現在は登録なし．

2）天然植物成長調整剤

・ジベレリン剤：黒沢が1926年にイネばか苗病菌の培養ろ液でイネに徒長を起こさせることに成功．製剤の有効成分の大部分はA_3である．植物の成長促進，休眠打破，単為結果，雄花形成，開花促進，発芽促進，頂芽優先，加水分解酵素の活性促進などの作用がある．細胞分裂にはほとんど影響を与えないが，細胞の伸長促進，葉緑素の減少抑制などを示す．オーキシンの存在と関係．微量で作用し，各濃度で異なる効果を示す（用途ごとに10，25，50 ppmなど）．

・パラフィン剤（アビオンC，純グリーン）：パラフィンがブロック状の皮膜を形成し，クチクラ層の気孔からの水分の蒸散を抑えることにより，活着促進と植え傷み防止作用を現す．水稲，スギなどの育苗箱への散布と苗・穂木の浸漬を行う．

b. 「漢方農薬」

天然物から採取され，そのままあるいは多少加工された形で用いられる薬（生薬）を配合したものが「漢方薬」である．広義には血清，かび，細菌，臓器をも含むが，ここでは狭義の「生薬」に使われる材料を用いた農薬を「漢方農薬」として紹介する．

・混合生薬抽出物（アルムグリーン）：㈱アルムが植物成長調整剤として1991年登録．12種類の日本薬局方生薬に水とポリソルベート80を加え，*Picia membranaefaciens*（クジンに付着する野生酵母）の通気性培養液に，塩化ベルベリンを加えたもの．生薬成分とともに発酵産物の低級有機酸を含有し，そのホルモン様作用によりシバの伸長抑制，発根促進効果，イチゴの初期生育促進を示す．成分；オウバク・クジン・オウゴン・カッコン・タイソウ・ダイオウ・ショウキョウ・センキュウ・トウキ・カンゾウ・チンピ・トウガラシ抽出物3.5%[1].

・クロレラ抽出物（グリーンエージ・スペースエージ）：植物全体のバランスを保ちながら，シバの根の伸長促進，活着促進，萌芽促進，トマトの熟期促進を行う.

・シイタケ菌糸体抽出物剤（レンテミン）：野田食菌工業．シイタケ菌糸体培養培地から熱水で抽出．多糖類とサイトカイニンを含む．有効成分は多糖タンパク結合変性水溶性リグニンと考えられている．90.0%含有．シンビジュウム，キュウリのモザイク病，トマトなどのモザイク病（TMV）の感染防止．シバの根部の生育促進，ツツジなどの挿し穂の発根促進作用を示す[2].

・こうじ菌産生物剤（アグリガード，KR-070）：呉羽化学が1987年に登録．*Aspergillus oryzae* NF-1菌株のダイズ培地培養ろ液の乾燥粉末．多糖類がウイルス感染阻害活性をもつと考えられる．トマト，ピーマンモザイク病（TMV）感染防止剤.

c. 漢方農薬等生物起源農薬の定量法

代表的な分析法を表7.1に示す．力価検定（unit/g）によることが多い．力価とは標準品を定め一定の効力を発揮する標準品の量を1単位（unit）とし，これと同等の効力を表す物質の量を表す.

d. 農薬類似品の問題点

有機農法が重要視され，天然物資材が多く販売されるようになった．このような背

表7.1 漢方農薬の代表的な分析法

農薬名	有効成分の検査方法
大豆レシチン	検査方法：比色計で吸光度を測定　波長420 nm　前処理：ケルダール分解法
混合生薬抽出物	検査方法：乾物量をひょう量する. 製品→減圧蒸留→真空デシケーター→ひょう量
クロレラ抽出物	検査方法：分光光度計の吸光値からクロレラ抽出物含量を求める クロレラ標準品：110℃，20時間乾燥したもの クロレラ標準液：100 mg/100 *ml* メスフラスコ 測定条件：スリット幅3 nm　波長257 nm
シイタケ菌糸体抽出物	検査方法：TMVを用いた局部病斑形成阻止率(%) 検定植物：ニコチアナ・グルチノーザ 条件：23～25℃，10,000 lx，56～60 hインキュベート
こうじ菌産生物	検査方法：TMVを用いた局部病斑形成阻止率(%)，検定植物：インゲン 条件：20～25℃，3～4日インキュベート

TMV：タバコモザイクウイルス

景から漢方資材を中心として次のような3つの問題点が生じている[3]．

第1の問題は，天然物由来と称する資材のうち，効果が明瞭なものから合成農薬が検出され，異性体分析により合成農薬が添加されていたことが明瞭になったことである．他方，効果が不明瞭なものからは検出されなかった．また合成農薬が検出された資材は毒性が強いにもかかわらず散布時マスク手袋不要と記載しており危険である．

合成農薬成分が検出された資材とその成分：合成ピレスロイド（夢草，碧露，健草源・天，ムシコロ，ナースグリーン–シペルメトリン，ムシギエ–デルタメトリン・フェンバレレート，ニュームシギエ–デルタメトリン），合成昆虫成長制御剤成分（新夢草，夢草④–ジフルベンズロン），合成殺菌剤，（健草源・空–トリアジメホン），合成除草剤（健草源・地–オキサジアゾン）[4～10]

第2の問題は，ラベルおよびパンフレットから農薬と判断されるものが無登録で販売されていることである．

ムシコロ，アクアグロー L，ケアヘルス，ナメジゴク，ケアヘルス，植物保護液P–1，植物保護液P–6[4,11,12]

第3の問題は，無登録で，本来の農家の共同生産でないにもかかわらず，会員組織で消費税までかけて販売していることである．

以上，いずれも農薬取締法違反であり，これを用いた農産物は有機農産物表示違反となる．

なお，化学農薬を含まないとする分析結果を添付してある場合，表示してある分析対象農薬以外農薬成分を含まないということではないということと，効果試験に用いたと同一ロットを分析したのかが問題である．また，一部地域で「ツバキ油絞りかす」がジャンボタニシ防除に用いられているが，水路などの水生生物に害を及ぼすおそれがある．

e. その他天然物資材

自家製，または流通，研究されている農薬補助資材には次のようなものがある．効果は，一部確認されているものもあるが，すべて確認されているわけではない．また実験室的に効果が確認されても，多様な要素が絡み合う圃場における効果は別である．今後検討が必要なものが多い[14～20]．また，人畜毒性の強い植物もあるので十分な注意が必要である．

・木酢液：炭焼きの過程で発生した煙を冷却，液化，精製した抗菌効果のあるフェノールなど数百種類の植物性液．「悪臭，害虫の発生を抑制」など．タール成分が混入する針葉樹を原料とするものは有機農産物表示のガイドラインから安全面で問題視されている．

・キトサン：カニ殻から製造．「土壌微生物の制御（キチナーゼ・キトサナーゼを強力に分泌する放線菌を土壌中に増殖させ，フザリウム菌・リゾクトニア菌・ピシウム菌の活動を抑制），耐病性の向上（連作障害防止，自己防衛機能を旺盛にする），虫の忌避.」などがいわれ，一部研究されている.
・各種薬草・キトサン・木酢・海草エキスの混合液
・低分子キトサン・クエン酸・リンゴ酸・糖類・オリゴ糖・特殊アミノ酸・カルシウム・マグネシウム含有液
・海草抽出液：「耐病害虫性，耐ネマトーダ，虫の気門をふさぐ，作物に皮膜をつくり，罹病しにくくなる」などいわれている.
・海藻（褐藻･緑藻･紅藻），マツ，ヒノキ，クマザサ，ポプラ，チャ，クスノキなど100数種類の天然植物抽出エキス含有：「害虫を忌避」するとされる.
・ニンニク抽出液，焼酎，トウガラシ，米酢，ヨモギ，アセビの花（葉），スギナ（ツクシ胞子が良）抽出液など：自家製農薬として予防的だけでなく，防除にも用いる.
・苦参（クララ）：「害虫の情報伝達機能を麻痺」[16]，「タバコモザイクウイルスを予防」[20] するアルカロイドを含有するとされるが，濃度，安定性については未確認.
・楝樹（センダン）：「害虫の消化器系統を破壊」させる苦楝素を含有[16] するとされるが，用法について公的データ未確認.
実験例等[19]
・カニ殻：ダイコン硫黄病（フザリウム病）を軽減するが，ピシウム病や疫病の発生を促す.
・乾燥豚糞：キュウリつる割れ病の発生畑でクロピク処理と同等の収量効果．土着の微生物が乾燥豚糞の力を引き出し，菌の感染力を弱める．ダイコン硫黄病には発病を助長する.
・鶏糞：土壌微生物の活性化をはかり，トマト萎ちょう病を防除.
・青刈りしたCN率の低い（窒素が多い）未熟有機物を施用するとこれを利用する細菌，疫病菌，ピシウム菌，リゾクトニア菌などが一時的に増える．したがって有機物の施用は作付け後の秋に行ったほうが作付け前の春～夏にかけて行うより障害が少ない.

7.2　微生物資材

微生物資材には微生物そのものと微生物から生産されるものがある．ここでは微生物そのものを含む資材について述べる.

微生物資材はその効果の発現の仕方に次のようなものがある.

① 病害虫・雑草を直接防除する.
② 微生物を施用することによりその微生物の生産物が効力を発揮する.
③ 作物の健全化により病害虫抵抗力や雑草との競合力をつける.
④ 微生物が土壌中の有機物または土壌構造・根圏微生物に影響し，病害虫に罹りにくい，または雑草の生えにくい環境にする.

これらは相互に絡みあって効果を発現している.

このうち明瞭に農薬としての効果を示す資材を「微生物農薬」とし，間接的，または多目的総合的効果をねらうものを「その他の微生物資材」とする．

微生物資材の特性[21,22]

① 効果が持続的であり，連用することによりしだいに効果が増してくる（土壌環境の育成には3か月～3年）．② 即効性がなく，完璧な効果はみられないので，化学農薬と使い分ける．③ 適湿→土壌施用では排水．④ 多孔質のもの（木炭，バーミキュライトなど）を同時に施用．⑤ 有機栄養分が利用できる状態にする．⑥ 適温．⑦ 土壌施用の場合は土壌の特性を調査し，適切なものを利用する．⑧ 農薬・展着剤・石灰窒素などの影響を受けないようにする→施用後一定時間をおく，または影響のない農薬を使用し，窒素源として硫安を用いる．

微生物資材の組成

① 微生物（培養物・洗浄乾燥したもの）．

② 接種菌を吸着した担体（活性炭・泥炭など）．

③ 接種菌活性化のための有機栄養基質（糖，脱脂粉乳）．

④ その他の補助剤（シリカゲル，湿展剤）．担体の種類は培養液，鉱物質，有機物である．

a. 微生物農薬

微生物農薬の特性として，芽胞や胞子のうを形成するもの以外は，安定性に乏しいことが，開発を困難にしてきた．商品の生産から販売・使用まで効力を維持できる方法を確保・明示する必要がある（製剤安定性例：*X. campestris* は冷凍輸送）．野外で大量に散布するので，変異と非標的生物への影響など生態系への影響が問題とされている（「微生物農薬の安全性評価に関する基準」[23]）．

開発の際，試験データの再現性が得られないときはまずサンプルの活性の安定性をチェックする必要がある．

生物学的定量法（バイオアッセイ）として効果を直接的に表現できる力価検定法（BTはカイコのLD_{50}で定量），生菌数を現すコロニー・フォーミング・ユニット法（CFU），生菌計数法（糸状菌：胞子数と発芽率の測定値から計算）がある．重量法も行われる．

1）殺　菌　剤[17]

作用として次のものがある[24～26]．

① 溶菌作用

② 競合効果（葉面など植物体表面の栄養分を占有し病原菌と競合するように，全面にたっぷりと散布する必要がある．菌の定着確認には「寒天簡易検出法」を行う．）

③ 拮抗作用（バクテリオシン生産）

④ 誘導抵抗性

⑤ ワクチン作用

⑥ エンドファイト

・アグロバクテリウム・ラジオバクター剤（バクテローズ）：*A. radiobacter* strain 84を用いた剤である．これは果樹の病原菌である*A. tumefaciens*に近縁な非病原性菌で，アグロシン84を生産し，病原細菌のDNA合成や細胞壁合成を阻害．病原細菌のTiプラスミドが先に植物体のDNAに組み込まれると病原菌がなくても独立して増殖を開始するので予防的に苗木に接種する．キク，バラ根頭がんしゅ病菌防除にトモノアグリカが登録（1989年）．1×10^9cells/g.

・バチルス・ズブチリス（ボトキラー水和剤）：ナスなどの灰色カビ病の防除に出光興産が開発．1998年に登録．作用は競合効果である．有効成分*B. subtilis*（和名：枯草菌）の芽胞できわめて安定．1×10^{11}CFU/g.

・非病原性エルビニア・カロトボーラ剤（バイオキーパー）：セントラル硝子が開発，1997年登録．野生の軟腐病菌の変異処理株で，ペクチン分解酵素の分泌能を欠失した菌株*E. carotovora* subsp. *carotovora* CGF234M403である．作用機構は競合効果と，本菌が作物の傷口で出すバクテリオシンの作用による．5×10^{10}CFU/g含有．冷蔵庫で4年保存可．ハクサイなど軟腐病防除.

・*Pseudomonas* spp.（CAB−02）：イネもみ枯細菌病，苗立枯細菌病（種子消毒）に開発中.

・*Gliocladium virens*：イネもみ枯細菌病，苗立枯細菌病防除に開発中.

・対抗菌剤（トリコデルマ生菌）：

Trichoderma lignorum：タバコの白絹病菌や腰折れ菌の拮抗菌の生胞子．1954年に山陽薬品が登録．株元に施用する．施用後もトリコデルマ菌が土壌中で繁殖し，残効性を示す．5億個以上/g.

Trichoderma harzianum：アメリカでは“F−stop”と呼ばれる方法でコーティング したワタ種子がある．*Pythium ultinum*，*Fuzarium graminearum*にチウラム以上の効果．国内ではシバのラージパッチ，イネばか苗病に開発中.

・非病原性フザリウム菌による誘導抵抗性：サツマイモつる割れ病に対する誘導抵抗性は，乾燥菌体製剤1,000倍液にサツマイモ苗の切り口を浸漬接種することにより発現する．エーザイ生科研が登録申請中.

・糸状菌*Ampelomyzes quisqualis* isolate M−10（NC−220）：イチゴ・キュウリ・バラうどんこ病に開発中．5×10^9 viable spores/g

・ZY95ワクチン：キュウリのズッキーニ黄斑モザイクウイルス防除に開発中.

2）殺 虫 剤

昆虫微生物にはウイルス，細菌，真菌，原生動物，線虫によるものがある[25,26].

i）ウイルスによるもの　現在国内で企業的に生産されている昆虫ウイルスはない．コカクモンハマキ類とチャハマキに有効なAoGVとHmGVが農家組織（茶園害虫バイオ増殖施設）で生産され，1991年から供給を開始.

・核多角体病ウイルス（NPV）；多角体とは桿状のウイルス粒子を無数にもつ結晶．宿主昆虫の消化管内のアルカリ条件下で溶解し，放出されたウイルス粒子が中腸細胞に感染し，全身感染に進行．ハスモンヨトウに有効．

・顆粒病ウイルス（GV）；宿主特異性がきわめて高い．

・マツカレハ細胞質多角体病ウイルス（マツケミン）：登録されたが1974年失効．

ii）細菌によるもの　Bacillaceaeは熱その他の不良環境に耐久性の内生胞子を産生する．昆虫病原性細菌の多くはこれに含まれる．

・*Bacillus thuringiensis*（BT）：天敵微生物の代表的なものである．日本ではカイコに対する病原性・品質管理の面から，登録までに長年月がかかったが，1981年初めて登録．芽胞形成期に結晶性タンパク質（δ–エンドトキシン）を産生．このδ–エンドトキシンは昆虫のアルカリ性消化液とプロテアーゼにより分解され，毒性タンパク質の断片となり，これが幼虫の中腸細胞膜の受容体タンパク質と結合し，細胞膜に孔をあけ，浸透圧に異常を起こし，細胞の崩壊をもたらす．摂食不能で餓死．哺乳動物は，酸性の胃液によって個々のアミノ酸にまで分解してしまう．

BTは多数の血清型に分けられていたが，菌株により昆虫病原性が顕著に異なり，δ–エンドトキシンの大きさ・性状も異なるため，δ–エンドトキシン産生に関与する遺伝子の構成で各菌株（遺伝子*cry I Aa*をもつ菌株など）を分類．従来鱗翅目，特にコナガ，モンシロチョウの防除が主体であったが，ハマキムシ類・スジキリヨトウ・オオタバコガなどにも拡大．BT剤には不活化させた死菌と生菌がある．また*P. fluorescens*にBT菌由来の結晶毒素を産生させた死菌製剤が開発された（死菌SF）．BT剤への抵抗性は，中腸受容体の結合能の変化がその一因とされている．なお一部のBt菌株はハエに毒性をもつβ–エクソトキシンも産生する．

また，*japonensis* st. *buibui*がコガネムシ類防除用に開発が進められている[27～29]．

*kurstaki*系：トアローCT（死菌），ダイポール，チューリサイド，デルフィン，エスマルクDF，バイオアッシュ，ガードジェット（死菌SF），ターフル（死菌SF），レピタームフロアブル（死菌SF）

kurustaki + *aizawai*：バシレックス

aizawai：セレクトジン，ゼンターリ，クオーク

iii）真菌類　不完全菌のヒホミケス綱に属するものが大半を占める．

・ボーベリア・ブロンニアティ剤（バイオリサ・カミキリ）；黄彊病菌．ギボシカミキリ，ゴマダラカミキリに特異的に病原性をもつ．昆虫の体表に付着した分生子から菌糸が体表で伸長，外皮から昆虫体内へ貫通して短菌糸で増殖し，体内の養分を利用して虫を致死させる．硬化して死亡．1995年に登録．不織布の表面に分生子を固定．1×10^7CFU/cm^{2}含有．数週間内に使用．5℃，400日保存可．

・*Verticillium lecani*：国内ではトーメンがバータレック（大胞子系，施設のアブラムシ類防除）を2000年に登録，マイコタール（小胞子系，施設のシルバーリーフコナジラミなど防除）は開発中．

・*Metarhizium anisopliae*（KC−M1）；シバ草コガネムシに開発中.

iv）原生動物　　現在微胞子虫が昆虫防除に注目されている．微胞子虫による感染は一般的に継代的に伝播するという特性がある．*Nosema locusta* がバッタ類防除.

v）線　虫　　共生細菌の助けで昆虫を防除する昆虫病原性線虫と糸片虫類（Mermitidae，シヘンチュウ科）のように昆虫に直接致命的な傷害を引き起こす線虫がある．次のスタイナーネマ属の2剤はシバのシバオサゾウムシ，コガネムシ幼虫などの防除に開発された．両剤の感染態第3期幼虫は乾燥に対し耐性があり，生活史中唯一昆虫体外で生存できる形態である．第3期幼虫は寄生虫の血体腔に侵入し，共生細菌を放出．共生細菌は血体腔内で増殖，宿主は敗血症で死亡.

・スタイナーネマ・カーポカプサエ剤（バイオセーフ）：この線虫の共生細菌はゼノラブダス・ネマロトフィーラス．冷暗所（5℃）保存．エス・ディー・エスが1993年登録．2億5,000万頭/ボトル含有.

・スタイナーネマ・クシダイ（芝市ネマ）：わが国土着性の線虫で線虫と共生細菌ゼノラクダス・ヤポニカスの活性による．土壌中では5～30℃で生存．㈱クボタが開発．1998年登録．40万頭/g含有.

・ウンカシヘンチュウ（*Agamermis unka*）：トビイロウンカやセジロウンカに寄生.

3）殺線虫剤

・モナクロスポリウム・フィマトパガム（ネマヒトン）：トモエ化学が平成2年タバコ線虫病防除剤として登録．土壌中の線虫捕食菌で不完全菌類．捕虫器で線虫に密着捕捉し，線虫体内に穿入し殺す．土壌線虫を好んで捕食．最適温度：25～28℃．10^4/g含有[29].

・パスツーリア・ペネトランス（パストリア水和剤）：㈱ネマテックが1998年に登録．カンショなどのネコブ線虫を防除．胞子のうのなかに球状厚膜内生胞子をもつ出芽細菌．絶対寄生菌．ネコブ線虫の移動ステージの幼虫に付着し，発芽，植物根に侵入し線虫体内で増殖．1作ごとに土壌中の菌密度は高まり線虫は減少する．定植前に土壌表面に混和．常温で2年間安定．1×10^9胞子体/g.

4）除　草　剤

微生物による雑草防除は難防除雑草を対象とする．市販微生物除草剤として次のようなものがある．現在国内では水田用に多数開発中である[25,31].

・ザントモナス・キャンペストリス（キャンペリコ）：*X. campestris* pv. *poae* p−482の細菌が有効成分．シバ刈り直後のスズメノカタビラの傷口から侵入し，植物体内で増殖すると同時に，本菌の生産する粘性多糖類であるキサンタンガムが導管を物理的に閉塞させる結果，植物を枯死させる．−17℃（冷凍）で輸送保存．生育温度は5.8～38℃．JTが開発．1997年登録.

・炭素病菌 *Colletotrichum gloeosporioides* f.sp. *aeschynomene*（商品名Collego：アメリカツノクサネムの防除．*C. gloesporioides* f. sp. *malvae*（Bio Malマルバゼニアオイ防除）*C. gloesporioides* f.sp.*cuscuta*（Lu−Bao No.2：ネナシカズラ防除）

・*Phytophthora palminova*（DeVine）：ミカン園の*Morrenia odorata*（ガガイモ科のつる性植物）の防除.

・*Cercospora rodmanii*：アメリカでホテイアオイの防除に試験的使用許可.

5）植　調　剤

作物生育促進性根圏細菌（PGPR）として*Pseudomonas fluorescens*などがある．植物生育促進効果をもつ糸状菌として*Trichoderma harzianum*，*T.koningii*，サラダナ根腐病抑制効果をもつ菌として非病原性*Fusarium oxysporum*がある[26]．

6）エンドファイト

生きた植物体内で害を与えずに共生的に生活している菌類や細菌で，作物に耐病害虫性・増収などの機能をもたせているものがある．ペレニアルライグラスなどのネオティフォディウムが代表的である[24,25]．

b.　その他の微生物資材

ここにあげる多目的微生物資材の効果は普遍性に乏しい場合が多く，その品質的条件，施用条件などについて，実用段階での多くの基本的問題を抱えている．

ちなみに微生物資材のうち，土壌の改良効果，成分規格機能などが明瞭なものは平成9年「土壌改良材」とされた．なお，「堆肥」は，機能的には肥料・土壌改良・作物の健全化の面をもつが法律的には「特殊肥料」である．

使い方は直接土壌や作物に施用する方法と，有機物資材の発酵分解を促進させ，その発酵生産物を土壌や作物に用いる方法に大別される[21,25]．

1）微生物資材の用途[21]

i）茎葉散布　害虫または病原菌に対する感染性菌を散布する方法，植物表面にまいて菌で覆いつくし，病原菌が繁殖できないようにする方法（競合），菌の生産する物質を利用する方法（拮抗・促進・制御）がある．高濃度では，傷ついた表面から発酵，または各種成分によって植物に害作用をもたらすことがある．

ii）土壌病害・連作障害の軽減　培養微生物が土着腐生菌の総合的な競合作用を支援して病原菌の増殖を抑える「一般的拮抗作用」と，根と競合する特定の拮抗菌が特定の病原菌の侵入増殖を抑える「特異的拮抗作用」とがある．現在市販されている微生物資材の多くは数十種類の菌を培養混合したもので，そのなかには特異的拮抗菌を含むとしているものの，効果の主体は一般的拮抗作用にある．このため，実際の効果の程度は土壌や作物によって異なり，3例に2例が有効であればその資材の有効率は高いほうであるというのが実態とされる．

iii）除草効果　作付け前の土壌に施用し，できるだけ浅く耕起することにより，雑草の種子や傷ついた雑草を発酵分解させ，枯らしてしまうことを目的とするとされる．しかし，本来的には植物の生育を盛んにする資材であり，永年性雑草には効かない．場合によっては雑草が多くなるなど，未解決の部分が多い[33,34]．

iv）有機物の堆肥化促進　堆肥化の段階は1次分解と腐熟（2次分解）の2段階

に分けられる．堆肥材料に水分を与えると微生物が活動し始める．1次分解は有機物から溶け出してきた低分子の糖やアミノ酸などが分解，ついでヘミセルロース・セルロースの順で分解され発熱する．この段階で嫌気性・好気性細菌および糸状菌が働く．セルロース・ヘミセルロースの分解の主役は糸状菌で好気性である．さらに放線菌や細菌が細かく分解する．この時点で最高70℃近くになり，*Pythium* など有害菌や雑草の種子などの死滅が達成される．また有機材料から溶出するベンゼン環をもった低分子化合物や，微生物が糖，アミノ酸を利用して合成した植物に有害な低分子化合物もすぐに分解・消失する．第2段階では1次分解ではあまり分解しなかったリグニンを時間をかけて分解しながら，リグニン・タンパク・樹脂などを核とした腐植質を形成させる．ここでは自然の多様な微生物が働き，投与された微生物資材は関与しない．微生物資材は1次分解の初期段階（立ち上がり）の早期発熱と臭気の早期消失に関与する．

ただし，嫌気性細菌のなかにセルロース分解能の高いものもあり，終始嫌気性条件下，比較的低温（50℃以下）での堆肥づくりを勧めるむきもある．また生ゴミ処理に嫌気性・弱酸性条件で悪臭なしに発酵させる微生物資材がある（乳酸発酵やエタノール発酵）．しかし，密封状態で発酵させるため水蒸気が逃げず，かつ有機物分解も途中までしか進行していないため，このまま堆肥として施用すると *Pythium* や *Rhyzoctonia* が増殖し，苗立枯れを起こす．発酵物は米ヌカを混ぜて水分を乾燥させ，野外で好気的な2次発酵をさせるか，ボカシにして使用する必要がある[21,32～34]．

2）効果についての問題

現在開発中の資材の多くは特異的拮抗作用をねらっている．これらの特異的拮抗菌としてはキチナーゼ分泌菌（フザリウム菌を溶菌），抗生物質生産菌（根頭がん腫病菌などに有効），線虫捕食菌ほか多くの菌が知られているが，土性・作物によっても効果が異なってくるなど，問題は現場の多様な条件のもとで，土壌を経由してこれらの拮抗菌が根に定着するかどうかである．

3）使い方についての留意点

① 種苗を浸漬または粉衣する場合：連作を続けながら拮抗菌の働きで病害を防ぐのはかなり無理で，作付け体系から見直さないと病害防除はむずかしい．

② 葉面散布の場合：一定時間湿度のある状態を保てることが必要である（夕方散布）．

③ 有機物分解を目的とする資材，または発酵物を土壌施用する場合：作付けは，一般的に施用後2週間おいて，有機物の分解が安定してからにする．

4）種類とメーカーによる表示効果など

微生物の種類としては乳酸菌，光合成細菌，放線菌，酵母，糸状菌，こうじかび，トリコデルマ菌などがある．微生物の種類が単一な資材と，各種の環境の変化に適応できるよう多種類の微生物を含む資材に大別される．またその種類が数十種類にも及ぶものが多い．特定の菌を含むと記してあっても，おおまかなものが多く，無菌的に培養されてはいないと考えられるものが多い.
・VA菌根菌資材：土壌改良資材. 植物の根に内生的に共生. 植物の根に感染し, 菌糸を根の中と土の中との両方に伸ばす. 植物の種類を特定せず, 根の細胞の外側を内側に押し込む. リン酸の吸収を促進し, 健全な作物をつくる.
・有用微生物菌群培養液/培養物を吸着させた資材：好気性菌群と条件的嫌気性菌群, 好高熱性嫌気性菌群（有機物と一緒に土壌にすき込んだ後ビニル被覆して太陽熱で病原菌を殺菌するとともに有機物を発酵させる資材[25]）がある.

EM資材について：農薬的効果について再現性のある研究例が少ない.（肥料分野では土壌肥料学会微生物資材専門部会の1996年に「堆肥として特別に優れた資材とは認められない」とのコメントがある[25].）
・乳酸菌資材：病気に罹りにくい. イネドロオイムシに効果があるとする.
・光合成微生物：土中のフザリウム菌を溶菌するとされる.
・枯草菌：土壌に常駐する有用微生物群の増殖と, 土壌の肥沃化.
・微生物資材を使った発酵物：健全育成と病害虫の予防効果.
・ストチュウ：天然酢, 糖蜜, 焼酎の発酵液で伝承農法によるもの.
・ボカシ：植物性だけでなく動物性の有機物, 山土, 炭に糠・デンプン・微生物資材の混合物を添加・混合し, 切り返しを頻繁に行って低温（50～55℃）で好気的に発酵させた有機物肥料[35].

5）連作障害抑止の試験例[25]
・キチン類似物質含有微生物資材：トマト根腐萎ちょう病（フザリウム）の抑止効果が鉱物質含有微生物資材より高い例がある.
・有機質含有微生物資材：ハクサイ黄化病抑止効果が, 4作目までは低かったが4年目からは顕著となった例がある.

7.3 生 物 農 薬

生物農薬とは「農作物の病害虫防除・雑草防除・植物の成長調節の目的で微生物や天敵昆虫などを生きた状態のままで製品化させたもの」といえる.

生物農薬に利用される生物群は, ① 昆虫類（寄生蜂などの天敵昆虫. 捕食性ダニなどは昆虫ではないがこれに含める), ② 線虫, ③ 微生物である. そのうちここでは天敵昆虫と農薬取締法上では農薬ではないが雑草防除の伝承的手段として国内外で用いられている植物を紹介する[37,38].

a. 天　　敵[39]

天敵は, 海外では国家的プロジェクトとして大量放飼されることも多い. 国内に有力な天敵のいない侵入害虫に対して, 侵入害虫の原産地から有力な天敵を導入しようとするもので, うまくいけば天敵は定着し, 繰り返し放飼する必要はなくなる. 北アメリカなどでは天敵は農薬登録の対象とはなっていない. わが国では販売を目的として製造・輸入されるすべての生物農薬は農薬登録が必要である．1951年にルビーアカヤドリコバチ，1970年にクワコナカイガラヤドリコバチが登録されたが，いずれも商業的に成立しなかった．本格的販売は1995年のオンシツツヤコバチ剤の登録からであり，以降急速に増加している．輸送手段にクール宅急便が発達したこと，施設栽培が大幅に増加したこと，持続的農業をめざす社会情勢から天敵農薬を求める態勢ができたことがその要因である．

天敵の利点は，① 抵抗性が発達しにくい，② 害虫の探索能力がある，③ 自己増殖によって長期にわたる効果が期待できる場合がある，④ 化学農薬では期待できない難防除病害虫の防除に役立つ，⑤ 作業者に安全である，などである．

現在国内で登録されているのはすべて施設内に限られている．

天敵には捕食性（ホストフィーディング）と寄生性があり，寄生性は外部寄生，内部寄生がある．外部寄生は宿主の卵の傍に産卵し，孵化した幼虫が寄生するものである．また宿主を殺してから産卵・寄生する（殺傷寄生）ものと，宿主を生かしたまま産卵，または侵入寄生する（飼い殺し寄生）ものがある．

使用上の注意を施設内での使用天敵を中心に述べる．

① 適期防除．粘着性テープ（ホリバー）を使用

② ハウス内が高温（30℃以上）にならない対策

③ 前作の害虫の防除，残査を取り除き除草．ハウス内を密閉して2週間は次作を定植しない

④ 換気窓には寒冷紗を張る

合成農薬との組合せ

① 栽培前にハダニ類の防除を行う．

② 栽培途中の病害虫の多発時や対象外害虫の発生には，天敵に影響しない農薬で防除するか，薬剤防除に切り換える．

バンカープラント：　天敵は害虫の密度が低くなると棲息できないという矛盾がある．このためピーマン・トマトに無害なムギクビレアブラムシを棲まわせた麦苗を導入，天敵のコレマンアブラバチやエルビアブラバチを増やす方法がある．

品質保証　　定量は生存虫の計数，卵からの孵化数，繭・マミー（寄生者に卵を産みつけられ，ミイラ化した宿主）からの羽化数などによる．

b.　雑草抑制植物

アレロパシーなどによる雑草発生抑制物質を利用しているものがある．これらは，伝承農法として用いられている．しかし，これらはそのものが雑草となる危険性をはらむ．

表 7.2

(a) 登録された天敵

天 敵 名	商品名	対象害虫/病害虫など	特 性	製剤成分	登録
チリカブリダニ *Phytoseiulus permilis*	スパイデックスなど	イチゴ・シソ・キュウリ・ナス・ブドウ：ハダニ	成虫が全ステージ捕食	成虫	1995
ククメリスカブリダニ *Ambliuseius cucumeris*	ククメリス	ナス・キュウリ・ピーマン・イチゴ：ミナミキイロアザミウマなど	幼虫・卵を捕食	成虫・幼虫	1998
オンシツツヤコバチ *Encarsia formosa*	エンストリップなど	トマト・キュウリ：オンシツコナジラミ，トマト：タバココナジラミ	幼虫への産卵 HD	マミーカード	1995
イサエアヒメコバチ *Diglyphus isaea* ① ハモグリコマユバチ *Dacnusa sibirica* ②	マイネックス	トマト：マメハモグリバエ	①殺傷幼虫の傍に産卵 HD ②生存幼虫体内に産卵	成虫	1997
コレマンアブラバチ *Aphidius colemani*	アフィパールなど	イチゴ・キュウリ：アブラムシ	卵の中に産卵	寄生蛹マミー	1998
ショクガタマバエ *Aphidoletes aphidimyza*	アフィデント	キュウリ・メロン：アブラムシ	幼虫が捕食	繭	1998
ナミヒメハナカメムシ *Orius sauteri*	オリスタースリポール	ピーマン・ナス：ミナミキイロアザミウマなど	幼虫・成虫が幼虫を捕食 D	成虫	1998

HD：ホストフィーディング，D：在来種

(b) 開発中の天敵（施設）[40]

天 敵 名	商品名	対象害虫
ミヤコカブリダニ *Ambliseius californicus*	スパイカル	イチゴ：ハダニ類
エルビアブラバチ *Aphidius ervi*	エルビパール	ヒゲナガアブラムシ
ヨトウタマゴバチ *Trichogramma brassicae*	トリコストリップ	鱗翅目幼虫
カスミカメムシ *Macrolophus caliginosus*	ミリカール	トマト：ハダニ
ヤマトクサカゲロウ *Chrysoperla carnea*	カゲタロウ	ピーマン：アブラムシ類
サバクツヤコバチ *Eretmocerus californicus*	エルカール	トマト：コナジラミ類
ディジェネレンスカブリダニ *Ambliseius degenerans*	スリパンス	イチゴ：アザミウマ
ジュウサンホシテントウ *Hypodamia convergens*	アフィダミア	アブラムシ

(c) 自然に機能しているとみられる在来天敵

天 敵 名	対象害虫
キアシクロヒメテントウ *Stethorus japonicus*	カンザワハダニ
ホソヒラタアブ *Epistrophe balteatus*	モモアカアブラムシ,ワタアブラムシ

(d) 侵入害虫に対し研究されている導入天敵（門司植物検疫所）[41]

天 敵 名	対象害虫
タコゾウチビアメバチ *Bathyplectes curculonis*	ウマゴヤシ・レンゲ・ダイズ
ヨーロッパトビチビアメバチ *B. anurus*	キュウリ・ジャガイモなど
ヨーロッパハラボソコマユバチ *Microctonus aethiopoides*	アルファルファタコゾウムシ
タコゾウハラボソコマユバチ *M. colesi*	Hypera postica

表 7.3 雑草発生抑制植物

雑草名	作用など
エゴマ	体内に活性物質ペリラケトンを含む
ゴマ	ハマスゲの防除
ギンネム	ミモジンを含む
マドルライラック	クマリンを含む
ニトベギク	雑草発生抑制効果
シマミソハギ	α-ナフトキノン含有．水田にすき込む
マコモ	フェノール類など活性成分を含有．堆肥としてすき込む
ナンヨウヒメノマエガミ	寄生した宿主が化学物質を生成し，根が枯れる

7.4 そ の 他

a. 誘 引 剤[42〜44)]

誘引剤はおもに昆虫類に対する誘引作用を示す化学物質を製剤化したもので，薬剤そのものには殺虫活性はない．誘引剤のなかには合成化合物と生物から出されるものがある．同種の個体間の昆虫の交尾行動，摂食行動，産卵行動，集合行動などに関与する臭いの化学物質をフェロモン，他種の個体に有利に作用するものはカイロモンと呼ばれる．フェロモンには性フェロモン・集合フェロモン・道しるべフェロモンなどがある．このフェロモンの性質を利用し，これを主成分とする特定の臭いに集まる昆虫を誘引し捕殺する．昆虫の防除法として，環境負荷が少なく望ましい．

フェロモン剤はトラップなどで誘引捕獲し，発生予察や大量捕殺に用いるものと，圃場や施設に本剤を設置して害虫の交信を攪乱し，交尾を妨害し，次世代数の低下をねらう方法がある．交信攪乱には精度が高いフェロモン剤が要求されることと，前2者より高い濃度が必要である．

フェロモン剤は発生予察・侵入モニター・分布調査に非常に貢献している．しかしながら防除法としてはいま一歩の剤が多い．実用化にはほかのフェロモン剤との距離，周辺作物の種類，気象条件，かなりの面積を要するなど多くの検討すべき要素がある．現在，果樹，チャのハマキ類，アブラナ科のコナガの防除に普及してきている．イネのニカメイガの性フェロモン剤は，交信攪乱による防除方法の確立が急速に進められている．国内では現在ウメのコスカシバの防除面積は5,000 haである[45)]．

現在実用化されている農業用フェロモン剤の大半は性フェロモン剤であるが，集合フェロモン剤もある．現在見つかっている集合フェロモンは雄から分泌され，雄雌とも誘引する物質である．その代表がカメムシの集合フェロモンで，発生予察，大量誘殺に向け開発が進んでいる．さらにこの集合フェロモンの成分中に天敵を呼び寄せるものがある（天敵寄生蜂の交信物質：カイロモン）．その例としてホソヘリカメムシ雄成虫の放出する成分が寄生蜂カメムシヤドリトビコバチに作用することが知られ，ミドリアオカメムシでも同様の研究が進められている．なおスギノネトラカミキリでは雄から性フェロモンが放出される（雄性フェロモン）．雄から放出される性フェロモンは弱いため花の臭い成分を併用している（花芳香誘引剤）[46,47]．

性フェロモンの成分は炭素数12～14の直鎖不飽和化合物が多く，酸化・分解防止技術が必要である．性フェロモンの組成は複数で種により混合比率が異なり，微量物質も関与している．また有効成分は不飽和化合物のため幾何異性体があるが，幾何異性体が不純物として効果を低減することもある．

現在発生予察用に国内ではフェロモン剤は33種類，試験的には35種類以上，防除には17種類，侵入警戒用モニターが1種類使われている．集合フェロモンは発生予察用が2種類ある．農業害虫防除用のフェロモン剤を販売するには農薬登録が必要である．また貯蔵食品・乾燥穀物・貯蔵タバコの害虫用フェロモン剤がトラップにセットされた形で販売されている．

1）製剤の形態

本剤は有効成分を長期間一定の濃度を空気中に漂わせておく（プルーム）ために徐放性が必要である（dispenser，徐放性製剤，放出制御製剤）．高分子化合物の多孔性物質の毛細管現象で薬剤を保持するもの（中空繊維）や，膜によって薬剤が包含されているものがある．① ポリエチレンチューブ・プラスチック積層テープ・ポリエチレン袋に封入，② マイクロカプセルに封入，③ キャップ状ゴム・円盤状ゴムに含浸．

2）トラップ

トラップには乾式トラップ（粘着タイプ，ファネルタイプ）と湿式トラップ（水盤式）がある．大量誘殺には水盤式とファネルタイプが優れている．水盤式は水盤に中性洗剤，殺虫剤などを入れる．

3）害虫防除モニタリングシステム

現在さまざまなものが考案されている．

4）使用方法

ゴム含浸剤などはトラップに，テープやチューブ形態のものは樹木の枝などに巻き付けるか，つり下げる．液体状のものは容器に入れトラップに設置．ペースト状のものは樹皮に塗布する．誘引板（テックス板など）に吸着させたものやマイクロカプセル剤などは空散するものもある（キュウルア）．散布時にはBRP剤やMEP剤などとの混合剤を使うか，殺虫剤と混合させて用いる（ウリミバエ・ミカンコミバエ防除）．

b.　農業用抗生物質など

抗生物質は「生物由来の農薬」に含有される．しかしながらこれまで述べた剤は生物活性がマイルドであり，かつ粗抽出液であるのに対し，「抗生物質」は微生物の培養液から抽出した高い生物活性をもった成分を精製したものであるため別項とした．

Waksmanは1942年に「微生物によって生産され，微生物の発育を阻止する物質を抗生物質という」と提唱した．現在はより広く「微生物により生産され微生物その他の細胞の発育を阻害する物質を広義の意味で抗生物質と称する」場合もあるが，ここ

表7.4 誘引剤

(a) 鱗翅目性フェロモン（防除用）

種類名	成分	製剤名	剤型	目的	対象害虫等	登録年 開発者
リトルア剤	(*Z*, *E*)-9, 11-TDA (*Z*, *E*)-9, 12-TDA	フェロディンSL ヨトウコン-H	RC, Tu	誘殺 攪乱	ハスモンヨトウ	1977 農武信
ビートアーミルア剤	(*Z*, *E*)-9, 12-TDDA (*Z*)-9-TD 1	ヨトウコン-S (24:53)	Tu	攪乱	シロイチモジヨトウ	1990 信
ダイアモルア剤	(*Z*)-11-HD (*Z*)-11-HDA	コナガコン	PTu	攪乱	コナガ・オオタバコガ	1989 信サ
ピーチフルア剤	(*Z*)-13-ico sene-10-one (エイコセノン)	シンクイコン, モモシンガード, コンフューザーA・コンフューザーPの成分	Tu, Pa Tu, Rb	攪乱	モモシンクイガ	1984 信ア
ピリマルア剤	14-methyl-octa decen	コンフューザーPの成分	PTu	攪乱	モモハモグリガ	1998 信
サーフルア剤	(*Z*)-9-TDA (*Z*)-11-TDA	フェロモンリンゴコカクモンハマキなど(9:1)	PC, RC	予察 捕殺	リンゴコカクモンハマキ	1985 ア武
テトラデセニルアセテート剤	(*Z*)-11-TDA	ハマキコン ニトセーフハマキなど	Tu, Ta	攪乱	チャノコカクモンハマキ, リンゴコカクモンハマキなど	1983 信日
スモールア剤	(*E*)-11-TDA, (*RS*)-10-MDA, (*Z*)-9-TDA (*Z*)-11-TDA	フェロモンチャノコカクモンハマキなど	PC, R	予察 捕殺	チャノコカクモンハマキ	1985 ア武
アリマルア剤	(*Z*)-10-TDA (*E*, *Z*)-4, 10-TDA	コンフューザーAの成分	Tu, Pb	攪乱	キンモンホソガ	1996 信
オリフルア剤	(*Z*)-8-dodecenyl acetate	コンフューザーA・Pの成分	Tu, Pb	攪乱	モモ, ナシなどのナシヒメシンクイ	
チェリトルア剤	*EZ*-ODDA *ZZ*-ODDA	スカシバコン(1:1)	Tu	攪乱	コスカシバ ヒメコスカシバ	1988 信
ブルウェルア剤	(*Z*)-9-HD (*Z*)-11-HD 1 (*Z*)-11-HD	コンフューザーGの成分 (1.5:1.5:32)	Tu	攪乱	シバツトガ（合成）	1993 農千 信
ロウカルア剤	(*Z*)-9-TDA (*Z*, *E*)-9, 12-TDDA	コンフューザーGの成分 (30:7)		攪乱	スジキリヨトウ（合成）	
フィシルア剤	(*Z*, *E*)-9, 12-TDDA	蛾とりホイホイ-T	RC	予察 捕殺	貯蔵タバコ, 乾燥食品：チャマダラメイガ	1985 ブア

(b) 鞘翅目性フェロモン（防除用）

オキメラノルア剤	dodecyl acetate	オキメラノコール	Tu, 水盤式トラップ設置	誘引	オキナワカンシャクコメツキ（性）	1983沖, 農サ第琉

サキメラノルア剤	(*E*)-9, 11-dodeca dienyl butirate (*E*)-9, 11-dodecadienyl hexanoate	サキメラノコール	Tu トラップに設置	大量誘殺	サキシマカンシャクコメツキ（性）	1994 沖, 農サ
スウィートビルア剤	(*Z*)-3-dodecenyl (*E*)-2-butenoate	アリモドキコール成分(MEP)	油剤，テックス板に吸収，配置	大量誘殺	サツマイモ；アリモドキゾウムシ(合成性)	1991 サ
	(*R*, *Z*)-(−)-5-(1-decenyl) oxacyclo pentan-2-on 芳香誘引剤	コガネホイホイ	Psh, CC	誘殺	マメコガネ（性）	武園 開発中
	(*R*)-3-hydroxy-2-hexanon (*R*)-hydroxy-2-octanon methylphenylacetate			防除	スギノネアカトラカミキリ（雄性フェロモンと花芳香誘引剤）	開発中

(c) 性フェロモン（侵入警戒用モニター）

コドレルア剤	(*E*, *E*)-8, 10-dodecadiene-1-ol	コドリングコール	R・粘着板で捕殺	コドリンガ（合成）	1983 サ・長

(d) 鱗翅目性フェロモン（発生予察用）

種類名	成分	混合比	剤型	対象害虫	開発登録
リトルア剤	(*Z*, *E*)-9, 11-TDA, (*Z*, *E*)-9, 12-TDA	(10:1)	RC	ハスモンヨトウ	農/武 1977
ピートアーミルア剤	(*Z*, *E*)-9, 12-TDDA, (*Z*)-9-TD 1	(7:3)	RC	シロイチモジヨトウ	サ
	(*Z*)-11-HDA, (*Z*)-11-HD, (*Z*)-11-HD1	(50:50:1)	R	コナガ	アサ
	(*Z*)-11-HD, (*Z*)-13-OD, (*Z*)-9-HD	(48:6:5)	RC	ニカメイガ	サ
	(*Z*)-11-HDA, (*Z*)-11-HD, (*Z*)-11-hexadecenol	(5:5:1)	RC	ネギコガ・ヤマノイモコガ類似種	ア
	(*Z*)-11-HDA, (*Z*) 11-ODA, (*Z*)-9-HDA, (*Z*)-11-TDA, (*Z*)-11-HD	(100:20:5:5:1)	RC	ヨトウガ	サ/信
ピーチフルア剤	(*Z*)-13-icosene-10-one		PC, RC	モモシンクイガ	1984 ア武
ピリマルア剤	14-methyl-octadecen		RC	モモハモグリガ	サ
サーフルア剤	(*Z*)-9-TDA, (*Z*)-11-TDA	(9:1)	PC, RC	リンゴコカクモンハマキ	1985 ア武
	(*E*)-11-TDA, (*Z*)-11-TDA	(7:3)	PC	リンゴモンハマキ	
スモールア剤	(*E*)-11-TDA, (*RS*)-10-MDA (*Z*)-9-TDA, (*Z*)-11-TDA	(0.1:67:23:10)	PCR	チャノコカクモンハマキ	1985 ア武
	(*E*)-11-HD, (*Z*)-11-HD	(9:1)	R	チャノホソガ	サ
オリエンティールア剤	(*Z*)-9-DA, 11-DA, (*Z*)-11-TDA	(3:1:60)	R	チャハマキ	1990, 廃
アリマルア剤	(*Z*)-10-TDA, (*E*, *Z*)-4, 10-TDA	(10:1)	RC	キンモンホソガ	サ
	①(*Z*)-8-dodecenyl acetate ②(*E*)-8-dodecenyl acetate ③(*Z*)-8-dodecene-1-ol	(85.5:5.5:9) (40:1:1:120)	RC	ナシヒメシンクイ	アサ
チェリトルア剤	*EZ*-ODDA, *ZZ*-ODDA	(1:1)	R	コスカシバ	ア

	(*Z*)-11-HD, (*Z*)-9-HD, (*Z*)-11-HD 1	(100:5:1) (100:5)	RC Psh	シバツトガ	サ日
	(*Z*)-9-TDA, (*Z*, *E*)-9, 12-TDDA (*Z*)-11-TDA, tetradecyl acetate	(100:26:3:3)	RC	スジキリヨトウ	サ
	(*Z*)-7-decenyl acetate (*Z*)-5-decenyl acetate	(9:1)	RC	カブラヤガ	サ
	(3*Z*, 6*Z*, 9*S*, 10*R*)-9, 10-epoxy-3, 6-henicosadien (3*Z*, 6*Z*, 9*S*, 10*R*)-9, 10-epoxy-1, 3, 6-henicosatrien (*Z*, *Z*, *Z*)-9, 12, 15-octadecatrienal	(1:1:10)	Psh	アメリカシロヒトリ	日
	(*Z*)-12-tetradecenyl acetate (*E*)-12-tetrtadecenylacetate	(1:1)	Rsh	アワノメイガ	サ信
	(*Z*)-11-hexadecenal (*Z*)-9-hexadecenal	(95:5)	RC	オオタバコガ	サ信
	(*Z*)-9-hexadecenal, hexadecanal (*Z*)-11-hexadecenal (*Z*)-9-hexadecenylacetate	(100:8:3:5)	RC	タバコガ	サ信

（注）製剤名；SEルアー，ニトルア，フェロモンを付け「フェロモン・コスカシバ用」などとする

(e) 鞘翅目性フェロモン（発生予察・調査用）

スウィートビルア剤	(*Z*)-3-dodecenyl (*E*)-2-butenoate	RC	アリモドキゾウムシ	信サ
	(*Z*)-5-methyltetradecenoate	Psh	ヒメコガネ	日
	(*R*, *Z*)-(−)-5-(1-decenyl) oxacyclopentan-2-one	Psh, CC	マメコガネ	日富
	(*Z*)-7-tetra decen-2-one (*E*)-7-tetra decen-2-one	PP	セマダラコガネ	富

(f) 集合フェロモン/カイロモン（開発中）

methyl (*E*,*E*,*Z*)-2,4,6-decatrienoate	Tu*	チャバネアオカメムシ・クサギカメムシ・ツヤアオカメムシ（集）
(*E*)-2-hexenyl (*Z*)-3-hexenoate	Tu	カメムシタマゴトビコバチを誘引し，ホソヘリカメムシを防除する**

*トラップに水（ボーベリア）を入れ殺害
**ホソヘリカメムシの集合フェロモンの1成分（天敵寄生蜂交信物質）

(g) 貯蔵食品などの害虫用フェロモン（開発JT/取扱 富，剤型 RC，トラップにセットされ販売）

4, 6-dimethyl-7-hydroxy nonane-3-one・食餌誘引剤	タバコシバンムシ（性）
2, 3-dihydro-2, 3, 5-trimethyl-6-(1-methyl-2-butynyl)-4-hydran-4-one	ジンサンシバンムシ（性）
2, 6-dimethyloctan-1-ol, 2, 6-dimethloctylformate	コクヌストモドキ（集）
2, 6-dimethyloctan-1-ol	ヒラタコクヌストモドキ（集）
(*Z*, *E*)-9, 12-tetra decadienyl acetate (*Z*, *E*)-9, 12-tetrtadecadien-1-ol	チャマダラメイガ（性）
(*Z*, *E*)-9, 12-tetra decadienyl acetate	ノシメマダラマイガなど（性）

(h) その他の誘引剤(非昆虫起源)

ピネン油剤	2-ピネン	マツノマダラカミキリなど*	1984
安息香酸剤	安息香酸		1974
オイゲノール剤	オイゲノール(香料)		
メチルオイゲノール剤	メチルオイゲノール	ミカンコミバエ**	1969
タンパク加水分解物	粗タンパク質	ウリミバエ雄雌誘引	1972
キュウルア剤	キュウルア	同雄誘引	1971
トリメドルア剤	トリメドルア	チチュウカイミバエ	1982
メチルフェニルアセテート剤	メチルフェニルアセテート(芳香誘引剤)	スギノアカネトラカミキリ	1993
	芳香誘引剤	コガネムシ類	

*マツ・スギ·ヒノキ:キクイムシ科,ゾウムシ科,キバチ科,クチキムシ科など穿孔性害虫

**ミバエ用；殺虫剤加用，綿棒・綿テープ·誘引板吸着，専用誘引器使用/空散/つり下げ

開発・登録：ブ；ブラディ，農；農環研，千；千葉県農試，静；静岡県農試，沖；沖縄県農試，森；森林総研，JT；JTアグリス，信；信越化学，サ；サンケイ化学，武；武田薬品，武園；武田園芸，ア；アースバイオケミカルス，第；第一農薬，琉；琉球産経，長；長瀬産業，東；東亜合成，保；保土ヶ谷アグロス，富；富士フレーバー，日；日東電工，井；井筒屋

成分：リトアルA；(*Z*, *E*)-9, 11-TDDA；(*Z*, *E*)-9, 11-tetradecadienylacetate
B；(*Z*, *E*)-9, 12-TDDA；(*Z*, *E*)-9, 12-tetradecadienylacetate
ピートアーミルア；A成分はリトルアB，B成分は(*Z*)-9-TD 1；(*Z*)-9-tetradecen-1-ol
ダイアモルア(*Z*)-11-HD；(*Z*)-11-hexadecenal，(*Z*)-11-HDA；(*Z*)-11-hexadecenylacetate
コドレルア(*E*,*E*)-8, 10-dodecadiene-1-ol
ピーチフルア；(*Z*)-13-icosene-10-one
ピリマルア；14-methyl-octadecen
サーフルア；スモールア(*Z*)-9-TDA；(*Z*)-9-tetradecenyl acetate
テトラデセニルアセテート：(*Z*)-11-TDA；(*Z*)-11-tetradecenyl acetate
スモールア(*E*)-11-TDA；(*E*)-11-tetradecenyl acetate
スモールア(*RS*)-10-MDA；(*RS*)-10-methyldodecyl acetate
スモールア(*Z*)-9-TDA；(*Z*)-9-tetrasdecenyl acetate
オリエンティールア(*Z*)-9-DA；(*Z*)-9-dodecenyl acetate，11-DA；(*Z*)-11-dodecenyl acetate
アリマルア①；(*Z*)-10-TDA；(*Z*)-10-tetradecenyl acetate
アリマルア②；(*E*, *Z*)-4, 10-TDA；(*E*, *Z*)-4, 10-tetradecenyl acetate
オリフルア；(*Z*)-8-dodecenyl acetate
チェリトルア*EZ*-ODDA；(*E*, *Z*)-octadeca-3,13-dienylacetate
チェリトルア*ZZ*-ODDA；(*Z*, *Z*)-octadeca-3,13-dienylacetate
ブルウエルア(*Z*)-9-HD；(*Z*)-9-hexadecenal ブルウエルア(*Z*)-11-HD 1；(*Z*)-11-hexadecen-1-ol
オキメラノルア；dodecyl acetate
サキメラノルアB；(*E*)-9, 11-dodecadienyl butirate，H；(*E*)-9, 11-dodecadienylhexanoate
スウィートビルア；(*Z*)-3-dodecenyl(*E*)-2-butenoate
キュウルア；4-(*p*-acetoxyphenyl)-2-butanone
(*Z*)-11-ODA；(*Z*)-11-octadecenylacetate

剤型：PC；ポリエチレンカプセル，Psh；プラスチックシート，R；ゴム，RC；ゴムキャップ，Tu；チューブ，PTu；ポリエチレンチューブ，Ta；テープ，Pb；ポリエチレン袋，PP；プラスチックペレット，CC；脱脂綿カップ，Pa；ペースト状

ではWaksmanの定義に従う[48].

農業用には最初は抗細菌性をもつ医療用抗生物質のストレプトマイシン，オキシテトラサイクリンが用いられたが，その後，最初から農業用に糸状菌に効くものの開発が進んだ（ブラストサイジンS）．なお最近殺ダニ効果，除草効果をもつ微生物生産物が開発されたが，抗菌作用をもたないものは抗生物質とはしない．また最近は植物体への感染を阻止するが，菌に直接は活性を示さないものが開発されており，医療用抗生物質への耐性菌の出現のおそれがなく理想的な農業用抗生物質と考えられる．

抗生物質は土壌放線菌（*Streptomyces* sp.）などの発酵ろ液から分離されたものが大半を占めるが，菌体中から抽出されるものもある．また抗生物質の多くは水溶性であるが，後者には脂溶性物質のものもある（マクロライド系）．

抗生物質はヒトの健康を考慮し，医療用抗生物質との交差耐性の危惧から食品中に残留してはならない（食品衛生法第7条）．つまり検出限界値を越えてはならない．このため収穫前の使用禁止期間および収穫後の使用禁止は堅く守られなければならない（医療用でもある抗生物質は特に重要）．ただし，抗菌性をもたない，つまり狭義での抗生物質に該当しないと証明されたものは残留を認めている．

一方，動物医薬品の分野では分析技術の発達による検出限界の向上から，1995年抗生物質についても畜水産食品中の残留基準値を設定することとなった．その評価にあたってヒトの健康への影響を考慮し，腸管内における常在細菌叢への影響がないことなどを証明できなければならない[49].

抗生物質の定量は有効成分が複数であること，水溶性であること，熱分解しやすいものが多いことなどから，従来は微生物を用いた阻止円法による力価検定が主体であった．しかしながら，機器分析の発達により高速液体クロマトグラフィー，ポーラログラフィー，誘導体を用いたガスクロマトグラフィーに移行しつつある[49,50]．ただし，1次的な判定・およびルーティンな定量には阻止円法が用いられている．

1）抗生物質

・ブラストサイジンS剤（ブラエス）：いもち病防除剤．*Streptomyces griseochromogenes*の培養ろ液から単離．1962年登録．ヌクレオシド系抗生物質で，製剤はベンジルアミノスルホン酸塩である．イネいもち病に対して5～40 ppmの低濃度で治療効果がある．タンパク合成過程におけるペプチド鎖の伸長を阻害．水田土壌の半減期は5日．眼に刺激性あり．劇物．

・カスガマイシン剤（カスミン）：*Str. kasugaensis*の培養ろ液から単離された水溶性塩基性抗生物質であるが，抗菌スペクトラムはストレプトマイシン類，ネオマイシン–パロモマイシン類，カナマイシン類とは異なる．製剤は塩酸塩．治療効果だけでなく予防効果もある．タンパク合成開始阻害作用と考えられている．毒性が低い．適用；イネいもち病・葉鞘褐変病・苗立枯細菌病，キウイかいよう病，テンサイ褐斑病など．

・ポリオキシン剤（ポリオキシン）：*Str. cacaoi* var. *asoensis*の培養ろ液から生産され

たヌクレオシド系抗生物質で，A～Nの14成分が含まれる．CとIは不活性．植物病原菌に効く抗糸状菌剤で，ヒトの病原菌には作用しない．BとL成分はアルタルナリア病やうどんこ病に効き，D成分のみが紋枯病に活性．薬害はない．植物病原性糸状菌の胞子発芽管や菌糸の先端を球形膨潤させる．また糸状菌細胞壁構成成分であるキチン合成中間体，UDP-Nアセチルグルコサミンが菌体内に蓄積される．

ポリオキシン複合体（AL剤）：B成分主体，製剤の有効成分表示はB成分の力価（A.m.B.unit）．うどんこ病，灰色かび病，ボトリティス病，葉かび病などに適用．

ポリオキシンD亜鉛塩（ポリオキソリム亜鉛塩剤）：D成分の亜鉛塩，製剤の有効成分表示はD成分の力価（P.s.D.unit）．イネ紋枯病・変色米，リンゴの銀葉病・腐らん病，シバカーブラリア・ヘルミントスポリウム葉枯病などに適用．

・バリダマイシン剤（バリダシン，バリダマイシン）：*Str. hygroscopicus* var. *limoneus*）から単離した擬似グリコ糖でアミノ配糖体に属する抗生物質．1972年に登録．バリダマイシン製剤の有効成分はAで，B～Fの成分はほとんど含まれず，これらの生物活性は低い．イネ紋枯病菌に対してイネ体への侵入前行動を特徴づける侵入菌糸塊の形成を抑制し，新しい病斑形成を強く阻害する．トレハラーゼの活性を阻害．作物に対する浸透移行性がないにもかかわらず，直接散布されていない部位や葉鞘内にも効果が及び残効性が長い．予防効果よりも初期病斑を認めてからの散布のほうが高い防除効果を示す．トレハラーゼを有する細菌*Xanthomonas*，*Erwinia*，*Pseudomonas*にも作用することが判明．医療用抗生物質との交差耐性なし．適用；イネの紋枯病・苗立枯病，テンサイの苗立枯病，キャベツの黒腐病など．

・ストレプトマイシン剤（アグリマイシン）：1944年に土壌放線菌から分離された結核治療薬．農薬としては1955年に登録．タバコ，野菜，果樹などの細菌性病害に使われる．本物質は塩基性の糖類誘導体で農薬の製剤は塩酸塩・硫酸塩．本剤は植物体内を浸透移行し，広範囲のグラム陽性・陰性菌に殺菌力を示す．タンパク合成阻害剤．耐性菌の出現があるので過度の連用は避ける．

・オキシテトラサイクリン剤（マイコシールド）：*Str. rimosus*によって生産され，医薬･動物治療用医薬品としてグラム陽性･陰性細菌に有効．植物病原細菌の*Pseudomonas*，*Xanthomonas*，*Erwinia*に有効．植物体に散布した場合，葉の表裏，特に気孔からの吸収がよく，速やかに植物組織に浸透移行する性質がある．本剤はタンパク合成阻害を引き起こす．1957年に登録．製剤は第4級アンモニウム塩．

・ミルディオマイシン剤（ミラネシン）：*Streptoverticillium rimofaciens* B-98891によって生産されるヌクレオシド系抗生物質で武田薬品が開発したうどんこ病に有効な殺菌剤．1983年登録．タンパク合成阻害および細胞壁合成阻害作用．浸透移行性．治療効果もある．適用；バラなどの樹木（非食用）

・ポリナクチン複合体剤（マイトサイジン）：中外製薬が開発した*Streptomyces*の培養菌体部分から抽出されたマクロライド系抗生物質で，ジ-，トリ-，テトラナクチンの3成分を含有．30数員環からなる巨大分子で，そのなかに金属をキレート状に捕捉する性質がある．ダニの内部呼吸阻害．1972年登録．リンゴなどのハダニ，チューリップのサビダニなどに卓効．魚毒性C．

2）その他の微生物産生物質

以下のものは抗菌性がないところから，作物残留にかかわる農薬登録保留基準が設定されている．

・ミルベメクチン剤（ミルベノック，コロマイト）：本剤は土壌放線菌（*Str. hygroscopicus* f. sp. *aureolacrimosus*）が産生するミルベマイシンA_3とA_4の混合物で，16員環のマクロライド系化合物である．1990年に登録．殺ダニ剤．ダニや昆虫のGABAの神経筋接合部位に作用．広範囲のハダニの全生育ステージに活性を示す．北海三共が開発．

・スピノサド水和剤（スピノエース，カリブスター）：土壌放線菌（*Saccharopolispora spinosa*）が産生するマクロライド系化合物．ニコチン性アセチルコリン受容体を活性化すると考えられ，昆虫の筋肉にけいれんを引き起こす．コナガなど鱗翅目，アザミウマ目，双翅目に効果．Dow Chemicalが開発，1999年登録．

・ビアラホス剤［ビラナホス剤］（ハービエース）：土壌放線菌の産生するリン酸とアミノ酸の結合した非選択性茎葉処理剤．植物の緑色部に接すると植物体に浸透し枯死させる．植物体内でホスフィノスリシンに活性化され，植物のグルタミン合成を阻害．1984年に登録．1990年殺ダニ剤にも登録．本剤を果樹園の下草除草に用い，ハダニ類が下草から樹上に移動するのを防ぐ．

参考：国内で一時期農薬として登録されていた抗生物質；セロサイジン（イネ白葉枯病），クロラムフェニコール（イネ白葉枯病），シクロヘキシミド（タマネギべと病・カラマツ先枯病・ネギさび病），グリセオフルビン（メロンつる枯病·つる割れ病・リンゴモニリア病・イチゴ灰色かび病・ネギボトリティス病），ノボビオシン（トマトかいよう病），エゾマイシン（まめ類菌核病）．

c. 水 資 材

現在，活性水・機能水・活力液・イオン水・海洋深層水・栄養液などの名称で各種の水資材が市販され，植物の健全化，開花・発芽・発根促進，生育促進，耐病性，治療効果などがうたわれている．

水の特性として水は極性が強く，分子間に強い水素結合があるため，さまざまな構造モデルが考えられている．水は$(H_2O)_n$のような「会合体」を形成，このnの数は温度その他の条件で変化するとされている．また構造のモデルについても諸説が提唱されている．しかるに 現在，水ビジネスの分野において，「活性の高い水は，$(H_2O)_n$のnが小さく，クラスターの揃った水である」，または「6員環構造のクラスターが多い水である」と説明する動きがある[51～54]．

一方，水はほかの物質をよく溶解させ，微量でも他の成分を添加することにより，粘度・体積・凝固点・沸点・電気的性質などの物理化学性が異なってくる．また他物質との水和物の形成や，化学反応の触媒的作用を起こす性質をもつ．それを利用して微量要素を吸収させ，植物の生化学反応を促進させるもの，または細胞膜の透過性をよくする，不溶性の物質を溶解性に変えるもの，電気分解により塩素（イオン）を生成させ，殺菌効果をねらったものなどがある．

現在流通している農業用水資材は，大まかに次のように分類される．

① 各種の装置を用いたエネルギー処理により作用性を高める[52]

電磁気処理，電磁波処理，機械的処理，放射線処理，超音波処理，遠赤外線処理

② 電気分解装置で水を電気分解する（一般的に塩化ナトリウム・塩化カリなど添加）

強電解水，イオン水，強酸化・強還元水，塩素イオンの生成[55]

③ セラミックス処理（多孔質セラミック，麦飯石，希皇石など使用）

④ 微量成分を水に溶解し,水の性質を変える,または植物に微量要素を付与する[51,56]

2価3価の混合原子価鉄塩，2価の鉄イオンなど金属イオン

補酵素，またはビタミンE，Caイオン

植物ホルモン様物質・微量の有機物など

⑤ 肥料の規格以下の低濃度の成分を含有する液体（液体肥料に準ずるもの）または天然植物エキス（例；針葉樹・オオバコを原料）などを含有する液体

（注）①②③ は生成後，速やかに用いないと，作用が低下．

② は生成する水が酸性またはアルカリ性であり，交互に用いないと装置・植物が損傷．

③ 天然石のセラミックスを用いる場合はその採取場所により効果が得られないことがある．

④ 塩素を含まない水を使用しないと，添加する物質が不活化する．

効果（メーカーの表示・説明書・解説書による）[57,58]

植物の水の吸収性・透過性・植物表面の洗浄力の上昇，予防効果をもたらすとされる．農薬の透過性・性質に作用を及ぼす，植物の健全化，耐病性・耐虫性を増加するとされる．ビタミンE・補酵素・鉄塩を利用して，オーキシンを誘導させ成長調整剤的作用をもたらす．また2価の鉄イオンなどにより，葉緑素の生合成の促進をはかる．なお，電解水については試験管内では殺菌・またはウイルスの不活化作用がみられるが，実際に散布した場合は効果がみられないという報告もある．

水資材は従来解決できなかった問題に卓効がみられる場合もあるが，残念ながら使用条件，また注意事項などが完備していないケースが多い．資材の提供とともにノウハウの提供が必要である．これらのなかには，その効果について科学的な実験を学会などで発表し，開発を手がけているものがある[58]．今後実用化に向けて，さらなる試験成績・資料・普遍性の証明，作物・動物・ヒトへの安全性についての証明が必要である．農薬的効果をうたっての装置の販売は許されるが，農薬登録をしない資材の販売は問題である．

なお水資材は価格に非常に幅があり（装置では1台数百万円もするものがある），大量に反復使用を要するためコストが高くつくものがある．また付随する各種の検査機器や検査試薬が必要となるものもあるので，使用開始に当たり，事前に十分な検討が必要である[3]．〔馬場洋子〕

紙面をお借りし，農水省農薬検査所諸兄，（社）日植防の諸兄，福岡県農試 山田部長，全農 百弘氏に御礼申し上げます．

文献

1) ㈱アルム開発本部（1992）．日本農薬学会誌，**17**：S253－S254.
2) 野田食菌工業研究部（1992）．日本農薬学会誌，**17**：S275－276.
3) 本山直樹（1999）．東京農大総研研究会農薬部会，平成11年6月11日特別講演.
4) 農薬検査所技術調査課（1996）．農薬検査所報告，**36**：33－46.
5) 山口 勇（1996）．日本農薬学会誌，**21**：269.
6) Oh, H.K. and Motoyama, N.（1996）. *J. Pesticide Science*, **21**：434－437.
7) MG.K.M. Mustafizur Rahman and Motoyama, N.（1998）. *Tech. Bull. Fac. Hort. Chiba Univ.*, **52**：7－12.
8) 本山直樹・呉 鴻圭・駒形 修，他（1996）．日本農薬学会誌，**21**：73－79.
9) 駒形 修・本山直樹（1998）．千葉大学園芸学部学術報告，**52**：13－16.
10) 駒形 修・本山直樹（1999）．千葉大学園芸学部学術報告，**53**：15－18.
11) 農薬検査所（1994）．農薬検査所報告，**34**，10.
12) 農薬検査所（1995）．農薬検査所報告，**35**，10.
14) 現代農業，**72**（6）：（1993）.
15) 現代農業，**73**（6）：（1994）.
16) 現代農業，**74**（6）：（1995）.
17) 小川 奎（1995）．Ⅱ．環境保全型農業，農林水産研究文献解題21，環境保全型農業技術，（農林水産省農業技術会議編），農林統計協会発行.
18) 古賀綱行（1989）．自然農薬で防ぐ病気と害虫，農山漁村文化協会.
19) 小川 奎（1992）．土壌病害をどう防ぐか，農山漁村文化協会.
20) 現代農業，**75**（6）：（1996）.
21) 伊達 昇（1997）．肥料便覧第5版，p.242，農山漁村文化協会.
22) 山崎耕宇，他（1993）．植物栄養・肥料学，朝倉書店.
23) 微生物農薬の登録申請に係る安全性評価に関する試験成績の取り扱いについて（平成9年8月付9農産第5090号 農林水産省農産園芸局長）.
24) 日本植物病理学会編（1995）．植物病理学事典，養賢堂.
25) 西尾道徳・大畑貫一編（1998）．農業環境を守る微生物利用技術，（社）農林水産情報技術協会.
26) 岡田斎夫，他（1999）．シンポジウム"生物農薬：その現状と利用講演要旨"，日本植物防疫協会.
27) 岩花秀典（1998）．トーメン農薬ガイド87：6.
28) 農林技術新報，1489号平成10年11月25日号.
29) 農林技術新報，1523号平成11年11月25日号.
30) トモエ化学工業株式会社（1993）．日本農薬学会誌 **18**：S167－S168.
31) 郷原雅敏（1998）．植物防疫，**52**：429.
32) 西尾道徳（1997）．有機栽培の基礎知識，p.289，農山漁村文化協会.
33) 比嘉照夫（1991）．微生物の農業環境と環境保全，農山漁村文化協会.
34) （財）自然農法国際研究開発センター（1999）．EMでつくる家庭菜園.
35) 農山漁村文化協会編（1996）．ボカシ肥のつくり方使い方，農山漁村文化協会.
36) 小川 奎（1992）．土壌病害をどう防ぐか，農山漁村文化協会.
37) シンポジウム．生物農薬：その現状と利用．講演要旨．1999.9．日本植物防疫協会.

38) マ・マライス，他著，矢野栄二監訳，池田･根元執筆（1995）．天敵利用の基礎知識．農山漁村文化協会．
39) 日本植物防疫協会（1999）．生物農薬ハンドブック．日本植物防疫協会．
40) 新井真澄・門田健吾（1999）．植物防疫，**53**：93．
41) 木村秀徳・加来健治（1991）．植物防疫，**45**：50．
42) 中村和雄・玉木佳男（1983）．性フェロモンと害虫防除，古今書院．
43) 日本植物防疫協会編（1993）．性フェロモン剤等使用の手引き，日本植物防疫協会．
44) 日本植物防疫協会（1999）．フォーラム「フェロモン利用の国際動向」，日本植物防疫協会．
45) 小川欽也（1997）．第10回農業情報ネットワーク全国大会講演，和歌山，農山漁村文化協会．
46) Sugie H. *et al.*（1996）. *Appl. Ent. Zool*, **31**：427．
47) Mizutani, N. *et al.*（1997）. Appl. *Ent. Zool.*, **32**：504．
48) 田中信男・中村昭四郎（1995）．抗生物質大要第4版，東京大学出版会．
49) 畜水産食品中に残留する動物用医薬品の基準設定に関する食品衛生調査会乳肉水産食品・毒性部会合同部会報告について（食調第30号平成7年8月17日付け）．
50) 馬場洋子・桜井　寿（1992）．農業用抗生物質の定量法に関する資料．農薬検査所報告，**12**：115-121．
51) 木田茂夫（1993）．無機化学（改訂版），裳華房．
52) 久保田昌治（1999）．おもしろい水のはなし，日刊工業新聞社．
53) 松井健一（1997）．水の不思議，日刊工業新聞社．
54) 渡辺 紀元編著（1998）．環境・材料・生態の化学，三共出版．
55) 河野　弘（1996）．強電解水農法，農山漁村文化協会．
56) 俵　一・大島晧介（1993）．奇跡のπウオーター，日新報道．
57) 現代農業，**73**（6）：210，農山漁村文化協会（1994）．
58) 現代農業，**78.**（6）．農山漁村文化協会（1999）．
59) 都筑憲一・木島慶昌他（1999）．植物化学調節学会第34回大会記録集，p.171-173．

8. 遺伝子組換え作物

8.1　遺伝子組換え作物

世界の人口は1999年に60億人を超え，2050年には100億人に達するといわれている．この人口を養うための食糧を確保するにはどうしたらよいのか，これまでに，食糧の増産を目的に，伝統的育種技術を用いることにより，多収穫性で，しかも，病気や害虫に強い作物品種の育種などを行ってきた．このことが，1900年当時16億人であった世界人口が44億人増加した現在における食糧供給を支えている．しかし，2050年までに増加するであろうさらなる40億人の食糧を確保するにはどうしたらよいのか．しかも，食糧の増産とともに環境を保全する技術開発が求められている．そこで，1973年に開発された遺伝子組換え技術を用いた新品種の育成による食糧増産の方向が注目され，21世紀の人口を養う食糧を生み出し，しかも，環境を保全することが期待されている．この新技術は，従来の育種法に比べて短期間で，しかも，交配によっては集積することができない種の壁を越えた有用遺伝子の利用が可能であり，また，そのほかの有用な形質を変えることなく，目的の形質のみを付与することができる．すなわち，① 作物の形質・生産性の向上，② 栽培可能領域の拡大，③ 雑草や病害虫の防除による作物生産量の維持・向上などを遺伝子組換え技術を用いた優良品種の育種によって達成することができる．特に，耐病性，耐虫性，除草剤耐性などの育種など作物保護に関する分野の進展が注目され，すでに多くが実用化されている．さらに，乾燥や塩ストレスに対して強い植物を作出することで砂漠や塩が蓄積した土壌においても作物を効率よく栽培できる可能性がある．

これまで雑草や病害虫の防除にはおもに化学合成農薬が使用され，容易に収量の減少を抑えることができた．しかしながら，化学合成農薬の大量使用による環境や人への影響が懸念され，農薬の使用量を最小限にとどめることによる持続可能な環境保全型農業を目指す動きがみられるようになった．また，遺伝子組換え作物の開発とそれを利用した環境保全型農業を実施することにより，食糧と環境の安全性を確保することが望まれる．表8.1，および，表8.2に，日本における組換え作物の環境に対する安全性，および，食品としての安全性を確認した例を示す．このように，遺伝子工学によってさまざまな形質を付与した遺伝子組換え作物の安全性が確認され，上市されようとしている．それらのうち，多くは除草剤耐性，耐虫性，耐病性などの作物保護に関する新品種であり，本分野が遺伝子組換え作物の作出に関して非常に重要であるこ

表8.1 日本における組換え農作物の環境に対する安全性の確認
（一般の圃場での栽培，または，輸入が可能となっているもの）

農作物	開発国	確認した年
ウイルス病に強いトマト	日本	1992
ウイルス病に強いイネ（日本晴）	日本	1994
ウイルス病に強いイネ（キヌヒカリ）	日本	1994
ウイルス病に強いペチュニア	日本	1994
低アレルゲンイネ（キヌヒカリ）	日本	1995
日もちのよいトマト	米国，日本	1996
ペクチンを多く含むトマト（2種類）	米国，日本	1996
ウイルス病に強いトマト（2種類）	日本	1996
除草剤の影響を受けないダイズ	米国	1996
除草剤の影響を受けないナタネ（2種類）	米国，カナダ	1996
除草剤の影響を受けず，雄性不稔，稔性回復ナタネ	カナダ	1996
ウイルス病に強いメロン	日本	1996
日もちのよいカーネーション	オーストラリア，日本	1996
害虫に強いトウモロコシ（3種類）	米国	1996
除草剤の影響を受けないナタネ（2種類）	カナダ	1997
除草剤の影響を受けず，雄性不稔，稔性回復ナタネ（5種類）	カナダ	1997
ウイルス病に強いトマト（4種類）	日本	1997
害虫に強いワタ	米国	1997
除草剤の影響を受けないワタ（5種類）	米国	1997
色変わりカーネーション（2種類）	オーストラリア，日本	1997
ウイルス病に強いイネ（日本晴）（2種類）	日本	1997
除草剤の影響を受けず，害虫に強いトウモロコシ（2種類）	米国	1997
除草剤の影響を受けないトウモロコシ（3種類）	米国	1997
害虫に強いトウモロコシ	米国	1997
低タンパク質のイネ（月の光）（2種類）	日本	1998
除草剤の影響を受けないナタネ	カナダ	1998
除草剤の影響を受けず，雄性不稔，稔性回復ナタネ	カナダ	1998
色変わりカーネーション（2種類）	オーストラリア，日本	1998
除草剤の影響を受けないトウモロコシ	米国	1998
除草剤の影響を受けず，害虫に強いワタ（2種類）	米国	1998
色変わりトレニア（2種類）	オーストラリア，日本	1998
害虫に強いアズキ	日本	1999
灰色かび病に強いキュウリ（3種類）	日本	1999
除草剤の影響を受けないダイズ	米国	1999
高オレイン酸ダイズ	米国	1999
除草剤の影響を受けないトウモロコシ	米国	1999
除草剤の影響を受けず，害虫に強いトウモロコシ（2種類）	米国	1999
害虫に強いワタ	米国	1999
日もち性を向上させたカーネーション（5種類）	オーストラリア，日本	1999
色変わりカーネーション（4種類）	オーストラリア，日本	1999
除草剤の影響を受けないイネ（6種類）	米国	2000

表8.2　組換え農作物の食品として安全性の確認

農作物	開発国	確認した年
除草剤の影響を受けないダイズ	米国	1996
除草剤の影響を受けないナタネ（2種類）	米国，カナダ	1996
除草剤の影響を受けず，雄性不稔，稔性回復ナタネ	カナダ	1996
害虫に強いジャガイモ（7種類）	米国	1996
害虫に強いトウモロコシ（2種類）	米国	1996
除草剤の影響を受けないナタネ（2種類）	カナダ	1997
除草剤の影響を受けず，雄性不稔，稔性回復ナタネ（5種類）	カナダ	1997
害虫に強いジャガイモ（6種類）	米国	1997
除草剤の影響を受けないトウモロコシ（2種類）	米国	1997
害虫に強いトウモロコシ	米国	1997
害虫に強いワタ（2種類）	米国	1997
除草剤に強いワタ（5種類）	米国	1997
日もちのよいトマト	米国，日本	1997
除草剤の影響を受けず，雄性不稔性のナタネ	カナダ	1998
除草剤の影響を受けず，稔性回復性のナタネ	カナダ	1998
除草剤の影響を受けず，雄性不稔，稔性回復ナタネ	カナダ	1999
除草剤の影響を受けないナタネ	カナダ	1999
除草剤の影響を受けないトウモロコシ（2種類）	米国	1999
除草剤の影響を受けず，害虫に強いトウモロコシ	米国	1999
除草剤の影響を受けず，害虫に強いワタ	米国	1999
除草剤の影響を受けないテンサイ	米国	1999

とを示している．ここでは，遺伝子組換え作物の作出方法とこれまでに作出された病害虫や除草剤に耐性を示す作物新品種，それら作物を栽培する際の問題点とその解決法，安全性，将来の展望などを述べる．

8.2　遺伝子組換え作物の作出

遺伝子組換え作物を作出するのに用いる外来遺伝子の導入（形質転換）法にはおもにアグロバクテリウム法，パーティクルボンバードメント法，プロトプラストを介した方法などがある．最も広く使用されている*Agrobacterium tumefaciens*を用いた形質転換法[1]は，*A. tumefaciens*が植物の傷口に感染してクラウンゴールと呼ばれる「こぶ」を形成することから，その分子メカニズムが研究された．菌体のTi（tumor-inducing）プラスミドに存在するT-DNA（transferred DNA）領域が植物ゲノムにランダムに挿入され，T-DNAにコードされているサイトカイニンやオーキシンを合成する酵素が宿主細胞内でつくりだされる．このようにして生成した植物ホルモンが植物細胞の増殖を活発化させ，こぶを形成することが判明した．このような一連の腫瘍形成過程において，*A. tumefaciens*が自分自身のTiプラスミドの一部のT-DNAを植物細胞に導入し，それが植物ゲノムに組み込まれ，植物に新たな形質を付与すること

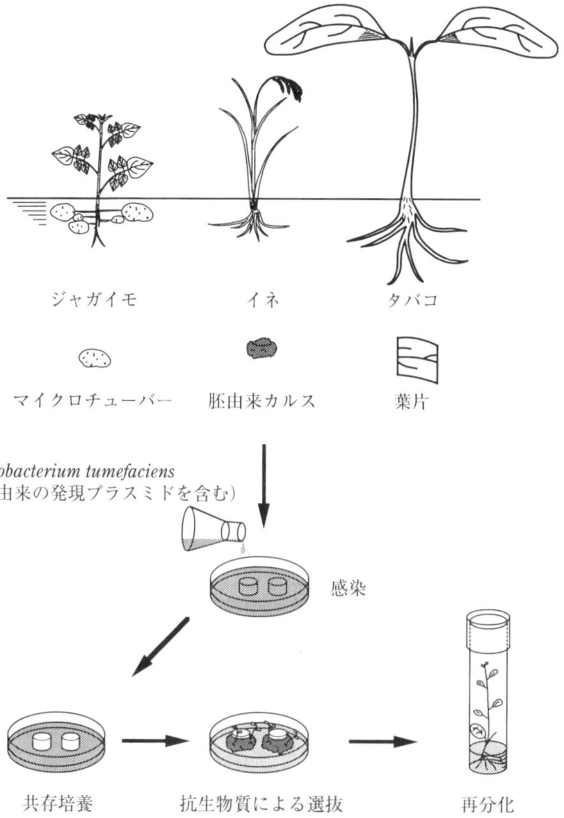

図8.1　アグロバクテリウムによる植物の形質転換法

が明らかになった．

そこで，T-DNAの植物ホルモン合成酵素遺伝子の代わりに，付与したい目的有用形質の遺伝子を挿入することで，目的の有用形質を植物に付与できる．これと同時に，形質転換された細胞，あるいは，それから再生した個体を選抜するために，カナマイシン，ハイグロマイシン，ビアラフォスなどに耐性の遺伝子を選抜マーカー遺伝子として挿入する．これらの導入遺伝子を含むT-DNA領域をもつTiプラスミドをアグロバクテリウムに導入する．アグロバクテリウムにはあらかじめ*vir*遺伝子群だけをもつプラスミドを導入しておく．一方，植物組織を断片化したり，傷をつけることにより，アセトシリンゴンなどのフェノール性化学物質が放出される．このフェノール性化学物質と酸性pHが誘導因子となり各種*vir*タンパク質が発現する．ある種の*vir*タンパク質によりTiプラスミドのT-DNAの両端にある25 bpのダイレクトリピート構造，すなわち，ライトボーダー（RB）とレフトボーダー（LB）で切断され，植物細胞の核へと移行する．

核移行とゲノムDNAへの挿入に関係するそれぞれの*vir*タンパク質により，T-DNAはランダムに染色体DNAに挿入される．選抜マーカー遺伝子と目的形質の遺伝子の発現により相当するmRNAとタンパク質が合成されて形質を発現する．アグロバクテリウムを感染した植物切片を抗生物質や除草剤を含む培地上で育成することにより，T-DNAを導入した細胞から再生した幼植物だけを選抜することができる（図8.1）．このようにして再生した形質転換植物を分子生物学的な解析を行うことによって導入した遺伝子の形質発現過程を明らかにする．当初，アグロバクテリウムは感染性の双子葉植物の形質転換に用いられていたが，*vir*遺伝子を大量発現するベクターを用いることにより自然条件下では感染しない単子葉植物のイネ[2]やトウモロコシ[3]を形質転換することができるようになった．アグロバクテリウム法は容易に，しかも，低価格でさまざまな植物を形質転換できる．その反面，T-DNAが染色体DNAにランダムに挿入されることによる形質転換体の個体間で発現量にばらつきがでたり，植物が本来もつ遺伝子を破壊してしまったり，T-DNA以外の余分なDNA断片を挿入してしまう可能性がある．

パーティクルボンバードメント法はアグロバクテリウム法に比べ，多くの植物種に適用できる利点をもつ．その反面，キメラ植物ができやすい，機械が高価であるなどの問題がある[4]．導入する目的遺伝子を含むプラスミドを直径約1 μmのタングステンもしくは金粒子にコーティングし，それをマクロキャリヤーにスポットする．機械にセット後，ヘリウムガスにより圧力をかけ，ある一定の圧力がかかると破裂するラプチャーディスクを通してマクロキャリヤーに圧力が伝わる．強い力で押し出されたマクロキャリヤーは網目状になっているストッピングスクリーンを通過して進むことはできないがDNAをコーティングした粒子は網目をすり抜けて植物細胞へと到達し，物理的に植物の細胞壁を貫通し，細胞質や核にとどまる．核やプラスチドのゲノムへの遺伝子の導入は相同組換えやランダムな組換えによって行われると考えられている．近年，形質転換体の花粉を介して導入遺伝子が近縁雑草に水平移動しないようにするために，核ゲノムではなくクロロプラストゲノムに外来遺伝子を導入する方法が注目を浴びている[5]．

細胞壁を取り除いた裸の細胞であるプロトプラストを介した外来遺伝子の導入方法には，ポリエチレングリコール（PEG），エレクトロポレーション，ソニケーション，マイクロインジェクションを用いる方法などがある．これらの方法は，キメラ形質転換体ができない，細胞壁がないプロトプラストを用いるので形質転換効率がよいなどの利点があるが，稔性のある形質転換体を再生できる植物種が限られているなどの欠点をもつ．最もよく用いられている方法はPEGやエレクトロポレーションを用いた方法である．PEGはDNAの細胞膜への透過性を高めることにより，DNAのプロトプラスト内への取込みを促進する．エレクトロポレーション法では，短時間電気パルスをかけることにより細胞膜の透過性を高め，DNAの取込みを促進する．これらの方法は，単子葉植物の形質転換体を作出する際に用いられることが多い．

そのほかに，細菌人工染色体を用いた方法では，30 kbの酵母ゲノムDNAや150 kbのヒトゲノムDNAをアグロバクテリウムに安定して保持することができることから複数の遺伝子によって制御されている形質を付与する際に利用できる[6]．また，酵母人工染色体を用いた場合，パーティクルボンバードメントにより80 kbから700 kbのDNAを植物に導入できる[7]．

8.3　遺伝子組換え作物の実用化例

遺伝子組換え作物の開発・利用により農業上の種々の利点がある．たとえば，耐病性を導入した遺伝子組換え作物は，殺菌剤などの使用を減らすことができ，しかも，それらの使用に伴う労力，費用を削減できる．さらに，栽培が容易である．耐虫性作物は，殺虫剤の散布回数，量を減らすことができ，それらの使用に伴う労力，費用の削減，ならびに，益虫の増加，安定した収穫を見込むことができる．除草剤耐性作物を栽培することにより，使用する除草剤の散布回数，量を減らすことができ，それに伴う労力，費用の削減，安定した収穫を見込むことができる．さらに，不耕起栽培が可能となることから環境保全型農業の実現を可能にすることができる．不耕起栽培により，風雨に伴う表面の肥沃な土壌の流亡を防ぐことができる．また，土壌が失われることによる農薬や肥料の河川などへの流出を防止できたり，耕起栽培の作業に伴う機械費や燃料代を削減することができる．

このような耐病性，耐虫性，除草剤耐性を付与した遺伝子組換え作物を栽培することは，地球環境や人間への安全性の確保，経済性などの面から有益である．

a.　耐病性作物

1）菌類抵抗性[8]（表8.3）

微生物の生育を阻害する低分子量抗菌性ペプチドであるチオニン[9]やディフェンシン[10]はシステイン残基を多く含み，それらを発現した遺伝子組換えシロイヌナズナやタバコなどが作出された．萎ちょう病菌 *Fusarium oxysporum* f.sp. *matthiolae* や赤星病菌 *Alternaria longipes* に対して抵抗性を示した．

ダイズのファイトアレキシンであるグリセオリンは低分子量のβ-グリカンをエリシターとして生成することが知られている．そのエリシターを認識することができるレセプタータンパク質がタバコにおいて発現された[11]．その結果，タバコ疫病菌 *Phytophtora nicotianae* に対する抵抗性が増強した．

トマト葉カビ病菌 *Cladosporium fulvum* の非病原性遺伝子 *Avr 9* はレース特異的エリシターをコードしている．本遺伝子をストレス誘導性プロモーター制御下で真性抵抗性遺伝子 *Cf 9* をもつトマトに発現したところ，トランスジェニックトマトは *Avr 9* をもたない葉かび病菌に対しても過敏感反応を引き起こすことが判明した[12]．

表8.3　菌類病抵抗性トランスジェニック植物の作出

耐病性因子	トランスジェニック植物	菌類病	参考文献
抗菌性ペプチド			
チオニン	シロイヌナズナ	萎ちょう病	9)
ディフェンシン	タバコ，トウモロコシ	赤星病，すす紋病	10)
シグナル伝達系	タバコ	疫病	11)
非病原性遺伝子	トマト	葉かび病	12)
ファイトアレキシン合成酵素			
スチルベン合成酵素	イネ，タバコ	いもち病，灰色かび病	14)，Hain et[13] al. (1993)
溶菌酵素			
キチナーゼ	イチゴ，イネ，ウシノケグサ，キク，キュウリ，コムギ，タバコ，トマト，トルコギキョウ，ナタネ，ブドウ，*N. sylvestris*	うどんこ病，いもち病，紋枯病，葉腐病，灰色かび病，腰折病，菌核病，根朽病	16)
β-1,3-グルカナーゼ	アルファルファ，タバコ	フィトフトラ根腐病，赤星病，疫病，灰色かび病	17)
リゾチーム	タバコ，ニンジン	うどんこ病，野火病*	19)
リボソーム不活化タンパク質	タバコ	腰折病	20)，21)
PRタンパク質			
PR-1	タバコ	疫病	23)
PR-5	ジャガイモ	疫病	24)
その他			
バーナーゼ	ジャガイモ	疫病	25)

＊細菌病

ブドウのファイトアレキシン合成に関与しているスチルベン合成酵素の遺伝子をそれを発現しないタバコに導入したところ，灰色かび病菌 *Botrytis cinerea* に対し抵抗性を示した[13]．また，同酵素の遺伝子をイネに発現したところイネいもち病菌 *Magnaporthe grisea* に対し抵抗性がみられた[14]．

植物に菌類抵抗性を付与するために最もよく研究されているのは，溶菌酵素であるキチナーゼやβ-1,3-グルカナーゼである．これら溶菌酵素は，植物体内で病原菌の感染時に新たに発現が誘導される特異的タンパク質であるPRタンパク質（pathogenesis-related protein）と総称されている[15]．これらを発現したさまざまなトランスジェニック植物が作出され，菌類病に対し抵抗性が示されている[16,17]．また，これら2つの酵素を同時に発現することで，相乗的な抵抗性の増強が認められたという報告もある[18]．ヒトリゾチームは細菌の細胞壁のペプチドグリカンと菌類の細胞壁のキチンの両方を分解できることから，トランスジェニックタバコに導入された．作出されたトランスジェニック植物は，菌類病であるうどんこ病菌 *Erysiphe cichoracearum*

と細菌病である野火病菌 *Pseudomonas syringae* pv. *tabaci* に対し抵抗性を示した[19].

リボソーム不活化タンパク質は植物のさまざまな器官に存在する分子量約3万の塩基性タンパク質で，真核生物リボソーム28SrRNAの特定のアデニン残基の*N*-グルコシド結合を分解することでタンパク質合成を阻害する．このタンパク質は菌類の生育を阻害するが，植物自身がもつリボソームには作用しないことから菌類抵抗性トランスジェニック植物の作出に用いられた[20,21]．オオムギ由来のリボソーム不活化タンパク質とキチナーゼとをタバコに同時発現することにより，それぞれを単独で発現した場合と比較して腰折病菌 *Rhizoctonia solani* に対し強い抵抗性が認められた[22].

機能が判明していない病原菌感染誘導タンパク質PR-1[23] やオスモチン[24] などが含まれるPR-5を恒常発現したトランスジェニックタバコやジャガイモは，疫病菌などに対し抵抗性を示した．

そのほかに，*Bacillus amyloliquefaciens* のRNaseであるバーナーゼとそのインヒビターを同時発現したジャガイモを作出したところ，疫病菌である *Phytophthora infestans* に対し感染部位において特異的な細胞死を引き起こすことが判明した[25].

2） 細菌抵抗性[8]（表8.4）

タバコ野火病菌 *P. syringae* pv. *tabaci* が産生する病原性毒素タブトキシンを分解できる酵素タブトキシンアセチル転移酵素をタバコ野火病菌から単離し，それをタバコに発現したところ，野火病に対して抵抗性を示した[26]．また，植物のオルニチンカルバミル転移酵素を阻害して病原性を示すインゲンかさ枯病菌 *Pseudomonas syringae* pv. *phaseolicola* のファゼオロトキシンに抵抗性を示すかさ枯病菌の酵素を単離し，タバコに発現したところインゲンかさ枯病菌に抵抗性を示した[27].

細菌に抗菌性を示すペプチドのうち，昆虫由来の抗細菌性ペプチド，サルコトキシンIAを発現したトランスジェニックタバコは野火病菌 *P. syringae* pv. *tabaci* と軟腐病菌 *Erwinis carotovora* subsp. *carotovora* に対し抵抗性を示した[28].

イネ白葉枯病菌 *Xanthomonas oryzae* pv. *oryzae* に対するイネの真性抵抗性遺伝子 *Xa21* を導入した感受性イネ品種は，32の白葉枯病菌レースのうち29のレースに対し抵抗性を示した[29]．このように，多くのレースに対して抵抗性を示す遺伝子を導入することは実用上きわめて有効である．

溶菌酵素であるバクテリオファージ由来のT4リゾチームを発現したトランスジェニックジャガイモは，黒あし病菌 *Erwinia carotovora* subsp. *atroseptica* に対し抵抗性を示した[19].

そのほかに，*Aspergillus niger* 由来のグルコース酸化酵素[30]，ジャガイモ黒あし病菌由来のペクチン酸リアーゼ[31]，シロイヌナズナ由来の全身獲得抵抗性の誘導開始遺伝子である *NPR1*[32] を発現したトランスジェニックジャガイモやシロイヌナズナは，軟腐病やアブラナ科植物黒斑細菌病菌に対して抵抗性を発揮することが判明した．

3） ウイルス抵抗性[33,34]（表8.5）

ウイルス抵抗性を付与する方法として，ウイルス由来の遺伝子を導入する方法とウ

表8.4　細菌病抵抗性トランスジェニック植物の作出

耐病性因子	トランスジェニック植物	細菌病	参考文献
解毒酵素，毒素耐性標的酵素	タバコ	野火病，かさ枯病菌	26)，27)
抗菌性ペプチド	イネ，ジャガイモ，タバコ，リンゴ	苗立枯細菌病，軟腐病，立枯病，野火病，火傷病	28)
真性抵抗性遺伝子	イネ，タバコ，*N. benthamiana*	白葉枯病，野火病	29)
溶菌酵素	ジャガイモ，タバコ	黒あし病，野火病，うどんこ病*	19)
その他			
グルコース酸化酵素	ジャガイモ	疫病，軟腐病	30)
ペクチン酸リアーゼ	ジャガイモ	軟腐病	31)
SAR誘導開始因子 *NPR1*	シロイヌナズナ	黒斑細菌病	32)

*菌類病

イルス以外の遺伝子を導入する方法がある．ウイルスのアンチセンスRNAをトランスジェニック植物において発現することにより，一本鎖RNAをゲノムとする植物ウイルスはそれと結合して二本鎖を形成することで，複製できない，または，翻訳されないために増殖することができない[35]．一方，RNA切断活性をもつリボザイムを発現した植物は，ウイルスのみならずウイロイドに対しても抵抗性を示した[36]．

ウイルスは感染した細胞から別の細胞へと伝播していくとき，自身のゲノムにコードしている移行タンパク質を利用する．この移行タンパク質は，細胞と細胞を結ぶ原形質連絡に局在し，その穴を広げることによって（排除分子量限界の拡大）ウイルスゲノムを別の細胞に移行しやすくすると考えられている．この移行タンパク質に変異を導入した遺伝子をタバコに発現したところ，変異型移行タンパク質が原形質連絡を封鎖する，内在性の移行タンパク質の結合部位をブロックするという機構で，複数種のウイルスに対する抵抗性を付与することに成功した[37]．

ウイルスの外被タンパク質を発現したウイルス抵抗性トランスジェニック植物の作出は，これまでに最も多くの報告がある[38]．外被タンパク質遺伝子を発現することにより，それから転写されたmRNAの蓄積量がある一定の閾値を越えると，そのmRNAを特異的に切断する植物の機構が働く[39]．そこで，そのmRNAと相同性の高いウイルスのRNAを切断することによって抵抗性を示すと考えられている．最近，複数の外被タンパク質を同時発現することで複数種のウイルスに抵抗性を示すという報告がある．この例として，キュウリモザイクウイルス，スイカモザイクウイルス2，西洋カボチャ黄斑モザイクウイルスの外被タンパク質を2種，もしくは3種同時発現した西洋カボチャは，発現した外被タンパク質をもつウイルスに対し強い抵抗性を示した[40]．このうち，スイカモザイクウイルス2と西洋カボチャ黄斑モザイクウイルスを同時発現した西洋カボチャは1995年にアメリカにおいて商品化された[41]．

表8.5　ウイルス病抵抗性トランスジェニック植物の作出

耐病性因子	トランスジェニック植物	ウイルス病	参考文献
ウイルス自身の遺伝子を用いる方法			
アンチセンスRNA	イネ，ジャガイモ，タバコ，メロン，*N. benthamiana*	BMV, PLRV, CMV, PAMV, PVX, TMV, TomRSV, TSWV, ZYMV, BYMV, TGMV, TYLCV	35）など
リボザイム	ジャガイモ	PSTVd	36）など
移行タンパク質	ジャガイモ，タバコ，*N. benthamiana*	PLRV, PVX, PVY, TMV, AlMV, CMV, PCSV, SHMV, TMGMV, TMoV, TRSV, TRV, TSWV, CPMV, PAMV, PVM, PVS, NMV, WClMV	37）など
外被タンパク質	イネ，ジャガイモ，西洋カボチャ，西洋スモモ，タバコ，ダイズ，テンサイ，トマト，パパイヤ，メロン，レタス，*N. benthamiana*, *N. clevelandii*, *N. debneyii*	BMV, RSV, RTSV, PVY, PLRV, PVS, PVX, CMV, WMV-2, ZYMV, BPMV, BNYVV, PPV, AlMV, ArMV, CPMV, GCMV, GFLV, PAMV, PRSV, PSMV, PVA, SLRSV, SMV, TEV, TomRSV, PEBV, TRV, TSV, TSWV, TYLCV, BYMV, CyMV, PMTV, PStV, GRSV, INSV, CYVV, PeaMV, PeMV,	38）など
サテライトRNA	タバコ，*N. benthamiana*	CMV, TomRSV, GRV	42），43）など
複製酵素	イネ，ジャガイモ，タバコ，トマト，*N. benthamiana*	BMV, PLRV, AlMV, CMV, TAV, PVX, PVY, TMV, RMV, TMGMV, ToMV, TYLCV, ACMV, CPMV, CymRSV, PEBV, PMMV, PPV	44）など
その他			
プロテアーゼ	タバコ，*N. benthamiana*	PVY, TVMV, ACMV, PPV	45）など
ゲノム結合タンパク質	タバコ	TEV	46）
RNA3′末端配列cDNA	イネ，ナタネ	BMV, TYMV	47）など
弱毒化ウイルスゲノム	タバコ	TMV	48）
ウイルス以外の遺伝子を用いる方法			
オリゴアデニル酸合成酵素	ジャガイモ，タバコ	PVX, AlMV, CMV, PVY, TEV, TMV	49）など
抗ウイルスモノクローナル抗体	*N. benthamiana*	AMCV, BNYVV	50）など
真性抵抗性遺伝子	タバコ，トマト	TMV	51）など
二本鎖RNA分解酵素	ジャガイモ，タバコ	PSTVd, CMV, PVY, ToMV	52）など
リボソーム不活化タンパク質	ジャガイモ，タバコ	CMV, PVX, PVY	54）

表8.5 (つづき)

耐病性因子	トランスジェニック植物	ウイルス病	参考文献
その他 *S*-アデノシルホモシステイン加水分解酵素	タバコ	CMV, PVX, PVY, TMV	55)

ACMV：african cassava mosaic virus, AlMV：alfalfa mosaic virus, AMCV：artichoke mottled crinkle virus, ArMV：arabis mosaic virus, BMV：brome mosaic virus, BNYVV：beet necrotic yellow vein virus, BPMV：bean pod mottle virus, BYMV：bean yellow mosaic virus, CMV：cucumber mosaic virus, CPMV：cowpea mosaic virus, CyMV：cymbidium mosaic virus, CymRSV：cymbidium ringspot virus, CYVV：clover yellow vein virus, GCMV：grapevine chrome mosaic virus, GFLV：grapevine fanleaf virus, GRSV：groundnut ringspot virus, GRV：groundnut rosette virus, INSV：impatiens necrotic spot virus, NMV：narcissus mosaic virus, PAMV：potato aucuba mosaic virus, PCSV：peanut chlorotic streak virus, PeaMV：pea mosaic virus, PEBV：pea early-browning virus, PeMV：pepper mottle virus, PLRV：potato leaf roll virus, PMMV：pepper mild mottle virus, PMTV：potato mop-top virus, PPV：plum pox virus, PRSV：papaya ringspot virus, PSMV：pepper severe mosaic virus, PStV：peanut stripe virus, PSTVd：potato spindle tuber viroid, PVM：potato virus M, PVS：potato virus, S, PVV：potato virus V, PVX：potato virus X, PVY：potato virus Y, RMV：ribgrass mosaic virus, RSV：rice stripe virus, RTSV：rice tungro spherical virus, SHMV：sunn-hemp mosaic virus, SLRSV：strawberry latent ringspot virus, SMV：soybean mosaic virus, TAV：tomato aspermy virus, TEV：tobacco etch virus, TGMV：tomato golden mosaic virus, TMGMV：tobacco mild green mosaic virus, TMoV：tomato mosaic virus, TMV：tobacco mosaic virus, TomRSV：tomato spotted wilt virus, ToMV：tomato mosaic virus, TRSV：tobacco ringspot virus, TRV：tobacco rattle virus, TSWV：tomato spotted wilt virus, TVMV：tomato vein mottling virus, TYLCV：tomato yellow leaf curl virus, TYMV：turnip yellow mosaic virus, TSV：tobacco streak virus, WClMV：white clover mosaic virus, WMV-2：watermelon mosaic virus2, ZYMV：zucchini yellow mosaic virus

ククモウイルス属やネポウイルス属のウイルスは，ウイルスの複製に依存して複製するサテライトRNAをもっている．このcDNAを植物に発現することにより，キュウリモザイクウイルスやタバコ輪点ウイルスなどのいくつかのウイルスに対し抵抗性を示すトランスジェニック植物を作出することに成功した[42,43]．

ウイルスのRNA複製酵素を発現したトランスジェニック植物は，ウイルス抵抗性を獲得したが，これは発現した酵素が鋳型RNAあるいは宿主成分との結合に関してウイルス複製酵素と競合するために起こる，もしくは，ジーンサイレンシングによって起こると推測されている[44]．

そのほかに，導入した遺伝子から転写したRNAによって引き起こされると推定される抵抗性付与にウイルス由来のプロテアーゼ[45]，ウイルスゲノム結合タンパク質[46]，RNAの3′末端配列のcDNAの発現[47]があげられる．また，弱毒化したウイルスのゲノム全体を導入し，抵抗性を付与した例もある[48]．

ウイルス以外の遺伝子を導入することによる抵抗性植物の作出に，オリゴアデニル酸合成酵素の発現がある．哺乳動物がウイルスに感染したときに誘導される2′,5′オリゴアデニル酸合成酵素がウイルスの複製中間体である二本鎖RNAによって活性化し，ATPから2′,5′オリゴアデニル酸を合成する．これは，さらにRNase Lを活性化し，ウイルスmRNAを分解することで，複製を阻害する．これら2つの酵素を発現したトランスジェニックタバコは，アルファルファモザイクウイルス，タバコエッチウイルス，タバコモザイクウイルスに対し抵抗性を示した[49]．

Artichoke mottled crinkle virus（AMCV）のビリオンを抗原としてモノクローナル抗体を作製した．このなかでAMCVの外被タンパク質に最も高い親和性を示す抗体を取得し，この重鎖と軽鎖の可変領域をクローニングした．これら2つの領域をリンカーペプチドで連結後，大腸菌において発現し，AMCVとの結合性を確認した．このcDNAを*N. benthamiana*に発現したところ，トランスジェニック植物はAMCVとキュウリモザイクウイルスに対し抵抗性を示した[50]．

ウイルスに対する真性抵抗性遺伝子として唯一クローニングされているタバコモザイクウイルス（TMV）に対するタバコ由来の*N*遺伝子をタバコやトマトに発現したところ，TMVに対して強い抵抗性を示した[51]．

一本鎖RNAをゲノムにもつ植物ウイルスはその複製時に，一時的に二本鎖RNAを形成する．その二本鎖RNAを特異的に分解するRNaseである*pac 1*を酵母*Schizosaccharomyces pombe*から単離し，タバコに発現したところ，いくつかのウイルスに対し病徴の発現の遅延が観察された[52]．酵母由来の*pac 1*をジャガイモに発現したところ，ジャガイモスピンドルチューバーウイロイドに対して抵抗性を示した[53]．

リボソーム不活化タンパク質の一種であるヨウシュヤマゴボウの抗ウイルス性タンパク質をジャガイモ，タバコと*N. benthamiana*に発現したところ，複数種のウイルスに対し抵抗性を示した[54]．

S-アデノシルホモシステイン加水分解酵素（SAHH）はメチル基のドナーとしての*S*-アデノシルメチオニンを利用したメチル基転移反応における律速酵素である．ウイルスの複製のときにmRNAの5′キャップ構造の付加が行われるが，SAHHはこれを阻害すると考えられる．タバコ由来のSAHHのアンチセンスを発現したトランスジェニックタバコは，タバコモザイクウイルスをはじめとする複数種のウイルスに対し抵抗性を示した[55]．

b.　耐虫性作物（表8.6）

作物に害虫耐性を遺伝子工学的手法を用いて付与する方法には4つの技法が知られている．1つは，昆虫の膜に作用する酵素やタンパク質の作物での産生である．*Streptomyces*培養液からゾウムシの仲間に殺虫性を示すタンパク質として発見されたコレステロール酸化酵素（CO）は，昆虫の膜の構成成分の1つであるコレステロールを酸化することにより，過酸化水素を発生させる[56]．特に，食物の分解と吸収を担っている中腸において発生した過酸化水素は細胞を溶解し，摂食を停止させ，死に至らしめる．大腸菌に発現したCOを精製し，ゾウムシの仲間に摂食させたところ，投与量に依存してその死亡率が高まった[57]．同様に，タバコのプロトプラストと培養細

表8.6　耐虫性を付与したトランスジェニック植物

耐虫性因子	トランスジェニック植物	参考文献
膜に作用する		
コレステロール酸化酵素	タバコ	57)，58)
Bt結晶タンパク質	イネ，ジャガイモ，タバコ，トウモロコシ，トマト，ニンジン，ワタ	60)，61)，62)
Vip		64)，65)
タンパク質に結合する		
α-アミラーゼインヒビター	エンドウ	67)
プロテアーゼインヒビター	イネ，サツマイモ，タバコ	68)，69)，70)
レクチン	イネ，サツマイモ，タバコ，トウモロコシ	74)
植物自身の防御機能を高める		
イソペンテニル転移酵素	*N. plumbaginifolia*	75)
植物2次代謝産物	タバコ	76)
パーオキシダーゼ	ゴム，タバコ，トマト	77)
昆虫の構成成分を分解する		
キチナーゼ	タバコ，トマト	79)

胞にCOを発現することに成功したが，トランスジェニックタバコを用いたバイオアッセイは行われていない[58]．土壌細菌である*Bacillus thuringiensis*（Bt）は，胞子形成時にδ-エンドトキシンと呼ばれる130 kDaの結晶状タンパク質を生産する[59]．このタンパク質が昆虫によって摂食されると，中腸が高アルカリ性であるため結晶タンパク質が可溶化され，プロテアーゼによって65 kDaから75 kDaの断片に分解される．このうち，N末端側の活性化断片は感受性昆虫である，鱗翅目，鞘翅目，双翅目昆虫の中腸上皮細胞にあるレセプターに結合し，細胞膜に陽イオン選択的小孔を形成させ，消化が阻害され，死に至る．Bt結晶タンパク質はアミノ酸配列の違いから分類され，現在180種にのぼっている（最新情報は，http://www.biols.susx.ac.uk/Home/Neil_Crickmore/Bt/list.htmlから入手できる）．

1987年にBt結晶タンパク質を発現したトランスジェニックタバコやトマトが鱗翅目昆虫の被害を軽減するのに有効であることが初めて発表された[60]．しかし，完全長のBtタンパクを発現したとき，その発現量が低く，十分な抵抗性を付与するには至らなかった．そこで，活性化断片だけをコードする遺伝子を導入したところ鱗翅目昆虫に対し耐性を付与することができた．しかし，植物の総可溶性タンパク質当たりの発現したBtタンパクの量は0.02％程度ときわめて低く，発現量の向上がより強い耐性を付与するために必要であると考えられた．また，細菌である*B. thuringiensis*が産生するBt結晶タンパク質の遺伝子の塩基配列におけるコドン使用頻度はA/Tに片寄っていることが判明した．一方，植物において塩基はG/Cが多く，コドン使用頻度が細菌と植物で違うことが細菌のタンパク質を植物で発現する際の障壁になっていると考えられた．そこで，アミノ酸配列を変えずにA/T含量を下げ，G/C含量を上げた合成遺伝子を構築した．G/C含量を36％から49％に上げた遺伝子をジャガイモに発現したところ，コロラドポテトビートルの幼虫による食害に強い耐性を示した[61]．

そのほかに，発現量を向上させるために，高発現プロモーターを使用したり，クロロプラストにおいて発現することが試みられた[62]．クロロプラストにおけるBt結晶タンパク質の発現に関しては後述する．一方，*B. thuringiensis*の胞子形成時に産生されるBt結晶タンパク質と違い，栄養生長期に産生される殺虫活性を示すタンパク質が同定された[63]．Vip（vegitative insecticidal protein）と命名された殺虫性タンパク質は，Bt結晶タンパク質のようなδ-エンドトキシンとは類似性がなく，細菌の培養液に分泌され，Bt結晶タンパク質に比べ広い殺虫スペクトラムを示す．これまでに，*B. cereus*からVip1A（a）とVip2A（a）が，*B. thuringiensis*からVip1A（b），Vip2A（b），Vip3A（a）と（b）が同定されているが，そのなかでもVip3AはBt結晶タンパク質に抵抗性の鱗翅目昆虫*Agrotis ipsilon*に対し，強い殺虫性を示した[64]．Vip3Aの作用機構は，昆虫の中腸上皮にある円筒細胞を標的とし，麻痺させ，溶解することである[65]．このような新規殺虫性タンパクは，Bt結晶タンパク質に対して抵抗性を獲得した昆虫の防除に対し有効であると考えられる．

マメ科植物の種子には，外敵からの食害を防ぐために防御物質として，フィトヘマグルチニン，α-アミラーゼインヒビター，アルセリン，レクチンなどが存在する．そのなかのα-アミラーゼインヒビターは15kDaから18kDaの分子量をもつ3つのサブユニットからなっている熱に安定な糖タンパク質である[66]．これは，昆虫や哺乳動物のα-アミラーゼと1：1で複合体を形成し，その活性を阻害するが，植物や細菌のそれは阻害しないことが知られている．貯蔵マメ種子をゾウムシから保護するために存在すると考えられるα-アミラーゼをそれらに感受性のエンドウに発現することが試みられた[67]．通常のマメ種子には1％から2％のα-アミラーゼが存在するがトランスジェニックエンドウは3％のα-アミラーゼを発現し，ゾウムシの幼虫による食害はかなり減少した．一方，タンパク質を加水分解するプロテアーゼのインヒビターの一種であるトリプシンインヒビターをタバコに発現したとき，*Heliothis virescens*幼虫の食害に対し強い耐性を示した[68]．そのほかに，キモトリプシン[69]，システインプロテアーゼインヒビター[70]が植物に発現されている[71]．レクチンは糖タンパク，糖脂質，もしくは多糖のグリカンに結合する炭水化物結合性タンパク質である[72,73]．レクチンのなかでも最も殺虫性の高いマツユキソウのレクチンをイネに発現したところ，吸汁性でさまざまなウイルスを媒介するバッタの仲間を防除することに成功した[74]．

そのほかに，植物が本来もっている防御機能を外来遺伝子を導入することで高める方法がある．たとえば，植物ホルモンであるサイトカイニンの生合成系に関与しているイソペンテニル転移酵素（*ipt*）を傷害誘導性プロモーターにより制御することで*N. plumbaginifolia*に発現した．そのトランスジェニック植物の葉片を観察したところ，24時間以内に25倍から35倍の高い*ipt*の転写がみられた．この葉片について*Manduca sexta*に対するバイオアッセイを行ったところ，非形質転換体は90％食害を受けたのに比べて，*ipt*遺伝子をヘテロにもつ個体は30％から50％，ホモにもつ個体は8％から13％の食害にとどまった．これらの結果は，*ipt*遺伝子の発現量に依存した耐虫性を示している．このように*ipt*遺伝子を発現することによる耐虫性のメカニズムは不明であるが，耐虫性を示す2次代謝産物の生合成に関与しているのではないかと考えられる[75]．

そこで，植物の2次代謝産物の組成を遺伝子工学的手法を用いて変化させることが試みられた．昆虫に対して毒性を示すニコチン，青酸グルコシド，グルコシノレート，DIMBOA，ロテノン，ピレスリンなどの2次代謝産物が知られているが，これらの生合成経路を解明することにより，それに関係している酵素を発現調節することで耐虫性を付与する試みがなされているが，まだ形質転換植物の昆虫耐性は報告されていない[76]．タバコ陰イオン過酸化酵素は，昆虫抵抗性にかかわる細胞壁の構成成分の1つであるリグニンの生合成などを担っている[77]．これを，タバコ，トマト，ゴムに発現することで，昆虫の食害を防ぐことができた[78]．しかし，その発現は，組織の老化度，組織の種類，昆虫の大きさや種類によって大きく変化する．

N-アセチルグルコサミンがβ-1,4結合したポリマーであるキチンは，節足動物のクチクラや外殻，糸状菌，藻類，線形動物，軟体動物などの細胞壁の構成成分である．そこで，キチン分解酵素をこれらの生物を制御する生物農薬として利用できる可能性があり，昆虫のキチナーゼを発現したトランスジェニックタバコやトマトが作出された[79]．鱗翅目昆虫である*H. virescens*の幼虫に対するバイオアッセイを行ったところ，非形質転換植物を食べた幼虫の3週間後の総重量は966 mgであったのに対し，トランスジェニックタバコを食べた幼虫は177 mgであったことから，耐性を付与することができたと考えられる[80]．

c. 除草剤耐性作物

除草剤耐性作物を作出する方法には大きく分けて2つの手法がある．1つは，除草剤の標的酵素の遺伝子を微生物，もしくは，植物から単離して植物に導入する方法である（表8.7）．単離した標的酵素の遺伝子をそのまま過剰発現する場合と，除草剤に非感受性を示す変異体を導入する場合がある．ジニトロアニリン系除草剤はチューブリンに結合して微小管の形成を阻害することで殺草活性を示す．変異を導入したα-チューブリンとβ-チューブリンを同時発現したトランスジェニックタバコはアミプロフォスエチルなどのジニトロアニリン系除草剤に対し強い耐性を示した[81]．分枝アミノ酸の生合成経路にあるアセト酪酸合成酵素（ALS）を*Arabidopsis thaliana*や*Brassica napus*より単離し，アマ[82]，イネ[83]，タバコ[84～86]，チコリ[87]，テンサイ[88]，トウモロコシ[89]などに発現することにより，イミダゾリノン系，スルホニルウレア系，トリアゾロピリミジン系の除草剤に耐性を付与した．クロロスルフロンなどのス

表 8.7　除草剤の標的酵素を発現したトランスジェニック植物

除草剤	抵抗性遺伝子源	導入酵素	トランスジェニック植物	参考文献
アミプロフォスエチル オリザリン ペンジメタリン	*Eleusine indica*	α-チューブリン β-チューブリン	タバコ	81)
イミダゾリノン (AC263, 499)	*Arabidopsis thaliana* *Brassica napus*	ALS ALS	タバコ タバコ	84) 85)
クロロスルフロン	*Arabidopsis thaliana*	ALS	アマ	82)
			イネ	83)
			タバコ	84), 86)
			チコリ	87)
	Brassica napus	ALS	タバコ	85)
			トウモロコシ	89)
	Nicotiana tabacum	ALS	テンサイ	88)
トリアゾロピリミジン (XRD489)	*Brassica napus*	ALS	タバコ	85)
グリフォサート	*Agrobacterium tumefaciens*	EPSPS	カノーラ	91)
			ダイズ	90), 91)
			ワタ	91)
	Escherichia coli	EPSPS	タバコ	93)
	Salmonella typhymurium	EPSPS	タバコ	92)
	Arabidopsis thaliana	EPSPS	アラビドプシス	95)
	Petunia hybrida	EPSPS	ペチュニア	94)
ノルフルラゾン	*Erwinia uredovora*	phytoene desaturase	タバコ	96)

ルホニルウレア系除草剤は，1 ha 当たり数グラムの散布で十分な殺草効果を発揮することから，環境や作物への残留が少ない．このような除草剤に対する耐性を付与することは，環境保全型農業を実践するうえで重要であると考えられる．

芳香族アミノ酸であるトリプトファン，チロシン，フェニルアラニンの合成経路にある 5-エノールピルビルシキミ酸-3-リン酸合成酵素（EPSPS）は非選択性除草剤グリフォサートの標的酵素であるが，グリフォサート非感受性のアグロバクテリウム CP4 株由来の EPSPS をカノーラ，ダイズ[90]やワタに発現することで耐性を付与した[91]．モンサント社から発売されたこのラウンドアップレディーカノーラやダイズは，その栽培時の使用除草剤総量をそれぞれ 50%，35%削減でき，また，除草剤の使用回数を少なくすることができる．このことは，除草にかかる費用や労力を削減できるばかりではなく，不耕起栽培の実現，農業環境への負担を最小限にとどめることができると期待されている．細菌由来の EPSPS[92,93] だけではなく，植物由来の EPSPS[94,95] を植物に発現し，耐性を付与した例もある．一方，カロチノイド生合成経路にあるフィトエン不飽和化酵素を阻害する除草剤ノルフルラゾンを *Erwinia uredovora* 由来の非感受性酵素を発現したトランスジェニックタバコに散布したところ葉が白化せず，強い耐性を示した[96].

除草剤耐性を付与するもう1つの方法は，除草剤を解毒する酵素を発現することである（表8.8）．ハイグロマイシンBリン酸転移酵素（HPT）を発現したトランスジェニックタバコは，グリフォサートの散布に対し強い耐性を示した[97]．除草剤グルフォシネートは，グルタミン合成酵素を阻害することによるアンモニアの蓄積により植物を枯死させる．*Streptomyces hygroscopicus*から遺伝子クローニングしたホスフィノスリシンアセチル基転移酵素（PAT）は，グルフォシネートに特異的にアセチル基を転移することにより不活化する．主要穀物である，イネ[98]，コムギ[99]，ジャガイモ[100]，トウモロコシ[101]をはじめ，さまざまな作物にPATを導入して耐性が付与されている[88,102〜109]．これらのうち，バスタ耐性ナタネ[110]，トウモロコシなどが商品化されている．また，PATをコードする遺伝子*bar*は，形質転換植物を作出する際の選抜マーカー遺伝子としても広く使用されている．*Streptomyces viridochromogenes*からクローニングされたPATがトランスジェニック植物の作出に使用されている[111]．*Pseudomonas putida*から単離された脱ハロゲン化酵素を*N. plumbaginifolia*に発現したところ，除草剤ダラポンに対し強い耐性を示した[112]．*Arthrobacter oxidans strain* P52由来のフェンメジファム加水分解酵素を発現したタバコは通常，圃場において使用されている量の10倍量に対して強い耐性を示した[113].

光合成系IIを阻害する除草剤ブロモキシニルに対する耐性を付与するために，*Klebsiella ozaenae*由来のニトリラーゼを感受性であるタバコに発現した[114]．商品化されているブロモキシニルを含むBuctrilを通常の使用量より多い1エーカー当たり0.23 kg散布したところコントロールに比べ非常に強い耐性を示した．また，このトランスジェニック植物は1エーカー当たり約1.8 kgのブロモキシニルを散布した場合でも耐性を示した．そのほかに，ナタネ[115]やワタ[116]でも発現され，トランスジェニックワタは実用化に至っている．グルタチオンS-転移酵素（GST）は，多くの除草剤の抱合化反応による解毒に関与しており，いくつかのイソ酵素に分類されるが，そのなかでも27 kDaの分子量をもつトウモロコシ由来のGSTIVをタバコにおいて発現した[117]．その結果，トランスジェニックタバコは除草剤メトラクロールを1 ha当たり1.4 kg散布した場合，散布していない植物と同様に生長し，強い耐性を示した．また，*Alcaligenes eutrophus* JMP134由来の2,4-Dモノオキシゲナーゼを発現したトランスジェニックタバコ[118]やワタ[119]は，除草剤2,4-Dの散布に対し強い耐性を示した．

最近，除草剤代謝遺伝子の利用により，一種の除草剤だけでなく複数の除草剤に対し交差耐性を示すトランスジェニック植物の作出が進んでいる（表8.8）．このようなトランスジェニック植物は除草剤耐性作物として利用できるだけでなく，土壌中に残留した複数の農薬を同時に分解することができる環境浄化植物として有効である．哺乳動物は植物に比べ農薬などの化学物質を代謝・分解する能力が優れている．そこで，

表 8.8 除草剤を分解する酵素を発現したトランスジェニック植物

除草剤	抵抗性遺伝子源	導入酵素	トランスジェニック植物	参考文献
グリフォサート	*Pseudomonas pseudomallei*	HPT	タバコ	97)
グリフォシネート	*Streptomyces hygroscopicus*	PAT	アルファルファ	103)
			イネ	98)
			ウシノケグサ	104)
			オオムギ	108)
			オートムギ	105)
			キャベツ，ナタネ	110)
			キュウリ，トウガラシ，メロン	109)
			コムギ	99)
			ジャガイモ，タバコ	100)
			ソルガム	106)
			テンサイ	88)
			トウモロコシ	101)
			トマト	100)
			ポプラ	102)
			ライムギ	107)
	Streptomyces viridochromogenes	PAT	アルファルファ，イチゴ，タバコ，トウモロコシ，トマト，ナタネ，ニンジン，メロン	111)
ダラポン	*Pseudomonas putida*	dehalogenase	*N. plumbaginifolia*	112)
フェンメジファム	*Arthrobacter oxidans*	carbamate hydrolase	タバコ	113)
ブロモキシニル	*Klebsiella ozaenae*	nitrilase	タバコ	114)
			ナタネ	115)
			ワタ	116)
メトラクロール	*Zea mays*	GST	タバコ	117)
2, 4-D	*Alcaligenes eutrophus*	monooxygenase	タバコ	118)
			ワタ	119)
クロロトルロン DCMU	rat	CYP1A1	ジャガイモ	120)
			タバコ	121)
クロロトルロン リニュロン	*Glycine max*	CYP71A10	タバコ	123)
アトラジン クロロトルロン ノルフルラゾン ピリミノバックメチル メタベンズチアズロン	human	CYP1A1	ジャガイモ	124), 125)
アセトクロール メトラクロール	human	CYP2B6	ジャガイモ	125)
アセトクロール アトラジン メトラクロール	human	CYP2C19	ジャガイモ	125)
アセトクロール アトラジン クロロトルロン ノルフルラゾン ピリブチカルブ メタベンズチアズロン メトラクロール	human	CYP1A1 CYP2B6 CYP2C19	ジャガイモ	125)

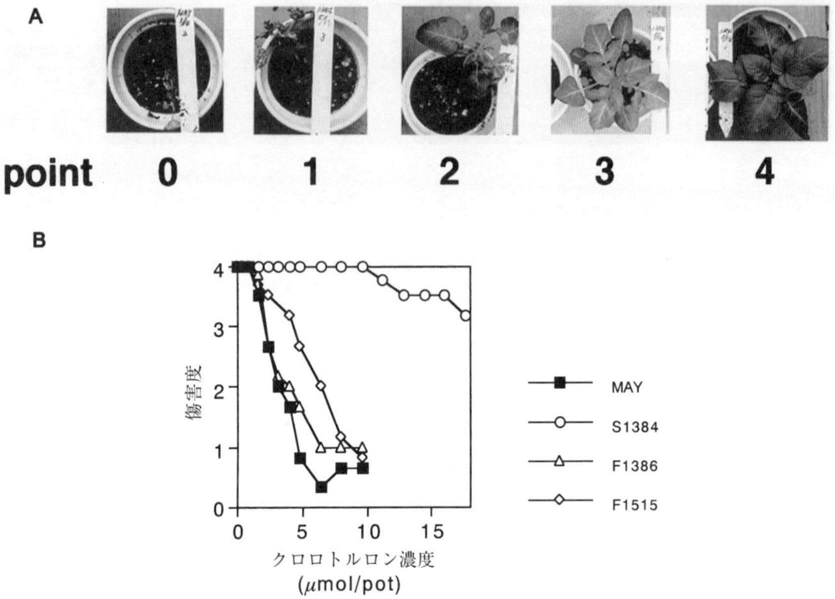

図8.2 ヒトCYP1A1を発現したトランスジェニックジャガイモの除草剤クロロトルロンに対する耐性
クロロトルロン散布後12日後の結果を示す．
A：クロロトルロンを散布したときのダメージレベルを示す．4は強い耐性，0は枯死を示す．
B：MAYは非形質転換体，S1384はヒトCYP1A1単独発現個体，F1386とF1515はヒトCYP1A1と酵母還元酵素との融合酵素発現個体を示す．

ラットの肝ミクロソームに存在し，薬物代謝の第1相反応に関与するシトクロムP-450（P-450，CYP）モノオキシゲナーゼの1分子種であるCYP1A1をジャガイモ[120]とタバコ[121]に発現することを試みた．これらトランスジェニック植物は尿素系除草剤クロロトルロンの環メチル基を水酸化することにより殺草活性を示さない代謝物に代謝することにより強い耐性を示した[122]．また，尿素系除草剤を代謝することができるダイズ由来のCYP71A10を発現したトランスジェニックタバコの種子は，クロロトルロン，もしくは，リニュロンを含む培地上で発芽し，耐性を示した[123]．薬物代謝型のヒトCYP1A1をジャガイモに発現したところ，構造と作用機構の異なる除草剤アトラジン，クロロトルロン，ピリミノバックメチルを代謝することにより交差耐性を示した[124]（図8.2，8.3）．また，ヒトCYP1A1，ヒトCYP2B6，ヒトCYP2C19の3分子種をそれぞれ発現したトランスジェニックジャガイモはそれぞれのP-450分子種が代謝可能な複数の除草剤に交差耐性を示した[125]．一方，これら3種のP-450分子種を同時発現したジャガイモは，脂質生合成を阻害する除草剤ピリブチカルブを含む多くの除草剤に対し強い耐性を示した[125]．おそらく3種のP-450分子種が相加的に

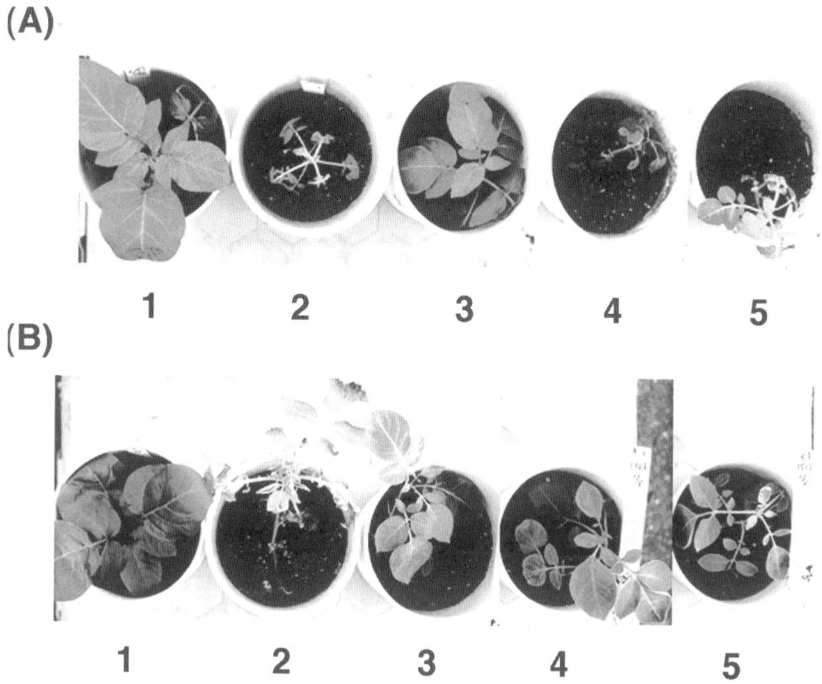

図 8.3　ヒト CYP1A1 を発現したトランスジェニックジャガイモにおける除草剤アトラジン（A）とピリミノバックメチル（B）に対する耐性

レーン 1～5 は，除草剤を散布していない非形質転換体，除草剤を散布した非形質転換体，ヒト CYP1A1 を単独発現した S1384，ヒト CYP1A1 を酵母還元酵素との融合酵素を発現した F1386 と F1515 をそれぞれ示す．

A：1 ポット当たり 2 μmol 散布し，散布 12 日後の結果を示す．B：1 ポット当たり 1 μmol 散布し，散布 47 日後の結果を示す．

働いていると思われる．このように，複数の除草剤を代謝・分解できるトランスジェニック植物は，土壌や水系に残留した農薬などの環境負荷物質を土壌を経て吸収して効率よく分解できる環境浄化植物として期待される．

8.4　遺伝子組換え作物の安全性

遺伝子組換え作物の安全性を確保するために，実験室，温室レベルでの安全性確認試験を科学技術庁が定める「組み換え DNA 実験指針」（http：//www.sta.go.jp/life/life/DNA99/shishin.html）に基づき実施するとともに，実験室，温室レベルで安全性が確認されたものについて，さらに，農林水産省が定めた「農林水産分野における組換え体の利用のための指針」（http：//ss.s.affrc.go.jp/docs/sentan/guide/guide.htm）

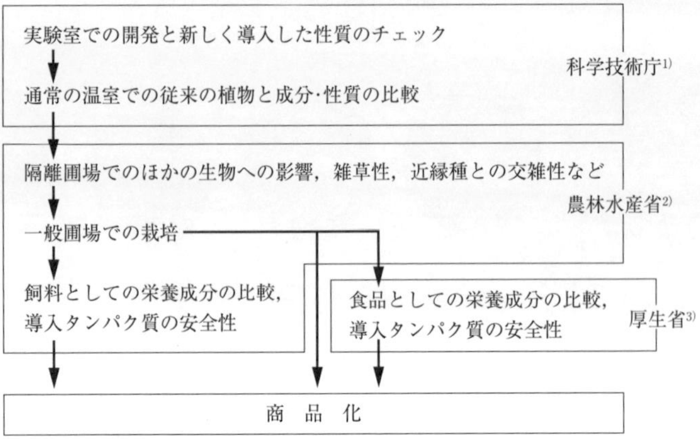

図8.4 組換え作物の開発から商品化までのフローチャート
1) 組換えDNA実験指針
2) 農林水産分野などにおける組換え体の利用のための指針
3) 組換えDNA技術応用食品・食品添加物の安全性評価指針

に基づいて，隔離，一般圃場での各種栽培試験，飼料としての安全性を調査する．人が食べる食品に関して厚生省による「組換えDNA技術応用食品・食品添加物の安全性評価指針」（平成13年4月1日から「組換えDNA技術応用食品及び添加物の安全性審査基準」に変更，http://www.mhw.go.jp/topics/idensi_13/anzen/tuuchi.html）に基づいた各種安全性試験をクリアーしなければならない．このような3種の指針に基づいた組換え作物の安全性評価の流れを図8.4に示す．

a. 生態・環境に対する安全性

圃場で栽培された場合，除草剤耐性や害虫耐性，病害耐性などをはじめとする各種抵抗性遺伝子組換え作物が何らかの形で雑草化したり，交配により周辺に自生している近縁雑草に抵抗性遺伝子が水平移動する可能性が懸念されている．

1）遺伝子組換え作物の雑草化

現在栽培されている作物のほとんどは，圃場において育てやすい，収量が高い，おいしい作物の開発として品種改良が進められてきた．すなわち，今日，作物のほとんどが，人の管理下にある人工的な栽培条件でしか育成できない．したがって，それらをもとに作出された遺伝子組換え作物の種子が栽培環境以外に飛散し，自生しようとしても不可能であると考えられる．

2）遺伝子の水平移動

遺伝子組換え作物に導入した外来遺伝子が細菌[126,127]や糸状菌，雑草に水平移動する可能性が懸念されている．Schluterらはアンピシリン抵抗性遺伝子と複製開始点を含むpBR322をもつトランスジェニックジャガイモとアンピシリンに対し感受性を示す軟腐病菌*Erwinia chrysanthemi*を共存培養後，アンピシリンを含むプレート上で抵抗性細菌を選抜した[128]．このような実験を最適条件下で行ったところ，1つのアンピシリン抵抗性細菌を得ることができる割合は1感受性細菌当たり6.3×10^{-2}であることが判明した．すなわち，1つの抵抗性細菌は630の感受性細菌から出現するということである．さらに，このような遺伝子の水平移動が自然条件下で起こる割合をトランスジェニック植物のゲノムDNAの大きさ，DNAの構造が直鎖状か環状か，転移遺伝子のコピー数，植物の組織による影響などから算出したところ，2×10^{-17}以下であることから，自然界で起こるのはまれであると考えた．Broerらはゲンタマイシン耐性遺伝子をもつトランスジェニックタバコからその遺伝子が*Agrobacterium tumefaciens*に水平移動するかを検討したところ，その頻度は6×10^{-12}以下であることが示された[129]．Nielsenらはカナマイシン耐性遺伝子（*npt II*）をもつトランスジェニックジャガイモとテンサイから同遺伝子が土壌細菌である*Acinetobacter calcoaceticus*（*Acinetobacter* sp.）に水平移動するかどうかを検討したところ，その頻度は最適条件下では10^{-13}以下，土壌中の条件では10^{-16}程度であることが判明した[130]．これらの結果から，*A. calcoaceticus*は自然条件下では相同性領域をもたない植物DNAを取り込まないと結論づけた．

しかし，1998年にde VriesらとGebhardらは，トランスジェニック植物から細菌への遺伝子の水平移動が起こりうることを示した．de Vriesらは*npt II*をもつジャガイモ，テンサイ，トマト，タバコ，ナタネから*npt II*が*Acinetobacter* sp.に水平移動するかどうか検討した[131]．一部欠失した*npt II*をもつ*Acinetobacter* sp.と各トランスジェニック植物から抽出したゲノムDNAを培養したところ，相同性組換えによりカナマイシン耐性を獲得した*Acinetobacter* sp.を分離することに成功した．また，細菌と培養する植物ゲノムDNAの量を多くすると得られるカナマイシン耐性菌が多くなることが判明した．Gebhardらも同様に，一部欠失した*npt II*をもつ*Acinetobacter* sp.をテンサイのゲノムDNAと培養することにより，*npt II*が相同性組換えにより水平移動することを示した[132]．また，形質転換したテンサイの葉の磨砕液からも水平移動が起こることを示した．以上のように，トランスジェニック植物がもつ外来遺伝子が細菌に水平移動するという報告がなされたが，いずれも植物に導入した外来遺伝子が細菌の染色体との間に配列の相同性があるかどうかが，水平移動が起こるか起こらないかの分かれめとなることが示唆された．さらに，これらの実験は実験室における最適条件下で行われたものであり，自然条件下においても同様の頻度で起こるとは考えにくい．これまでに，自然条件下においてトランスジェニック植物からの遺伝子が水平移動した例は，それを検出するのに適した方法が開発されていないこともあり，まだ報告されていない．

一方，糸状菌である*Aspergills niger*の菌糸体を滅菌した土壌に接種し，そこにハイグロマイシン抵抗性遺伝子（*hph*）をもつ*Brassica napus*，*B. nigra*，*Datura innoxia*，

*Vicia narbonensis*をそれぞれ数週間培養した[133]．そこから単離した糸状菌をハイグロマイシンを含むプレート上で培養したところ，ハイグロマイシン耐性菌を取得した．それらのうちのいくつかは*hph*をもつことが判明したが，継代培養するごとにハイグロマイシン抵抗性を示す*A. niger*は減少した．

遺伝子組換え作物から除草剤耐性などの外来遺伝子が，雑草や近縁種に水平移動するには，交配する必要があり，それらが時間的に，そして，空間的に同じくして花を咲かせていなければならない．さらに，組換え作物と雑草との間にできた子孫が自然環境下で生存していくための生存力や，子孫を残す生殖能力を備えていなければならない．外来遺伝子をもつトランスジェニック*Brassica napus*について，それから雑草やその近縁種への水平移動が最もよく研究されている．Mikkelsenらはグルフォシネート耐性種*B. napus*から野生種*B. campestris*への耐性遺伝子の移入交雑（introgressive hybridization；introgression）による移動を圃場において調査した[134]．これら2系統を交配してできた雑種を*B. campestris*と戻し交配し，得られた植物体はグルフォシネート耐性を示し，90％以上の花粉が稔性を示した．

また，Timmonsらは遺伝子組換え作物を栽培している圃場と遺伝子が水平移動する可能性がある野生植物が生育している場所との距離が近いほど水平移動の可能性が高くなることを示唆した[135]．しかし，除草剤耐性遺伝子を獲得した雑草は除草剤の選択圧がないとその遺伝子を獲得した有利さを発揮できないことから，それらだけが選択的に残り，その密度が増加していくとは考えにくい．したがって，導入遺伝子の種類などにより導入遺伝子が水平移動するリスクをケースバイケースで考えていく必要がある．グルフォシネート耐性遺伝子がそれを発現した*B. napus*から*Raphanus raphanistrum*に移入交雑することにより移動する可能性を野外条件で検討したところ，除草剤耐性が後代に受け継がれていくことを示したが，除草剤耐性を獲得した個体について交配され，調べられている．したがって，これが自然条件下で起こる可能性は低いと考えられる[136]．

クロロプラストゲノムを形質転換したトランスジェニック植物の場合，その花粉によって遺伝子が水平移動することはないが，近縁種の花粉が飛散してきて受粉する場合，いくらかの移入交雑は避けられないが，それらはごくまれにしか起こらないと考えられる[137]．これらの危険を避けるために，*B. rapa*に移行しない*B. napus*のCゲノム（*B. oleracea*由来）に外来遺伝子を導入する方法がある．

3）その他

アブラムシ媒介性のプラムpox potyvirus（PPV）の外被タンパク質を発現した*N. benthamiana*に，アブラムシ非媒介性のズッキーニyellow mosaic potyvirus（ZYMV-NAT）が感染したとき，ZYMV-NATがアブラムシ媒介性を獲得することが判明した[138]．PPVとZYMV-NATの外被タンパク質に対する抗体がトランスジェニック植物に感染したZYMV-NATに反応したことから，発現しているPPV外被タンパク質のアブラムシ媒介性に関係している領域を利用してヘテロな外被タンパク質を形成することにより，アブラムシ媒介性を獲得したと考えられた．

圃場の1/4に除草剤クロロスルフロンに耐性を示す変異型遺伝子*Csr1-1*をもつ*Arabidopsis thaliana*を，1/4に野生型の*A. thaliana*を，1/2に*Csr1-1*を過剰発現したトランスジェニック*A. thaliana*（カナマイシン耐性遺伝子を含む）を植えた[139]．種子形成後，野生型から種子を採取し，クロロスルフロンを含む培地上で発芽試験を行い，耐性を示した個体を温室で生育し，自殖した．その種子を，カナマイシンを含む培地で発芽させた．その結果，本来*A. thaliana*は自殖性であるにもかかわらず，変異遺伝子をもつ植物を花粉親にした植物が0.3％，形質転換体を花粉親とした植物が5.98％出現することが判明した．このような現象が起こる原因は判明していないが，*Csr1-1*を発現した形質転換体は多数作出され，野外試験されていることから自殖性植物についても同様に注意を払わなければならないと考えられる．

Bt結晶タンパク質の殺虫性は感受性の昆虫の幼虫にのみ示されると考えられてきた．Bt結晶タンパク質を発現するトランスジェニックトウモロコシの花粉を付着したトウワタの葉を摂食した本来Bt結晶タンパク質に非感受性のオオカバマダラチョウの幼虫は4日間で44％が死亡し，生き残った幼虫も発育不全に陥った[140]．

b.　食品としての安全性

遺伝子組換え作物の食品としての安全性を確保するために，厚生省が平成3年（平成8年一部改正）に定めた「組換えDNA技術応用食品・食品添加物の安全性評価指針」に基づいて，組換え体を食さない場合と食する場合とに区別してその評価を行う[141]（平成13年4月1日か「組換えDNA技術応用食品及び添加物の安全性審査基準」が施行または適用されことになり，本指針は廃止される）．ここでは組換え体を食する場合に必要な評価項目について述べる．ホスト植物，ベクター，挿入遺伝子，組換え体の安全性について調査する．ホスト植物について，それ自身がもつ有害生理活性物質やアレルギー誘発性，有性生殖周期と交雑性などについて調べる．形質転換に用いたベクターについては，有害塩基配列の有無，薬剤耐性，伝達性，宿主依存性などのデータが必要とされる．導入した遺伝子について，有害塩基配列の有無はもちろん，安定性，コピー数，発現部位，発現時期，発現量などのデータを提出しなければならない．これと同時に，抗生物質耐性マーカー遺伝子とその産物の安全性評価について，調理，加工による変化，消化管内における変化，予想摂取量，通常存在する抗生物質耐性菌との比較などを評価する．

組換え体自身について，新たに獲得された性質，遺伝子産物のアレルギー誘発性，毒性，遺伝子産物の代謝経路への影響，非形質転換体との栄養素の差異を調べる．さらに，組換え体の外界での生存・増殖能力，その不活化方法，種子の管理方法などの資料が必要である．組換え体における，遺伝子産物のアレルギー誘発性に関する安全性評価にはさらに，供与体，すなわち導入した遺伝子をもともともっていた生物の食経験，遺伝子産物がアレルゲンとして知られているか，物理化学処理（人工胃液，人工腸液による処理および加熱処理）に対する感受性はどうか，摂取量が有意に変化するか，既知アレルゲンとの構造的相同性，一日に摂取するタンパク質に対して有意な量を占めるかさらに調査する．これらの項目について安全性が確認されない場合に，各種アレルギー患者のIgE抗体，もしくは，血清との遺伝子産物との結合能を評価する．

以上の安全性評価による知見が得られていない場合，急性毒性，亜急性毒性，慢性毒性，生殖に及ぼす影響，変異原性，がん原性に関する試験を行わなければならない．これらすべての試験によって安全性が確認された組換え体はすでに食品として利用している農作物と実質的に同程度に無害であるという科学的な確信がもてることから「実質的同等性」が示されたとしてわれわれの食卓にのぼることになる．

8.5　抵抗性に対する対策

遺伝子組換え作物を一般圃場において栽培するための安全性試験の過程で，導入遺伝子が雑草や近縁種に水平移動しないこと，また，仮に水平移動したとしてもその種子が越年性であるかどうかを確かめるが，何らかの形で除草剤耐性や耐虫性を獲得した雑草や近縁種が出現した場合，適当な除草剤によってそれらを除去することが可能である．

除草剤耐性を獲得した雑草を生み出さない方法として，植物の核ゲノムの形質転換ではなく，クロロプラストゲノムに外来遺伝子を導入する方法がある．DaniellらはEPSPS遺伝子をボンバードメント法によりタバコクロロプラストゲノムに導入し，それが除草剤グリフォサートに対し強い耐性を示すことを報告した[5]．クロロプラストゲノムに導入された遺伝子は，母性遺伝で花粉を介して遺伝しないという特性をもっているので遺伝子の水平移動を最小限にとどめることができる．また，核ゲノムを形質転換する方法に比べ，クロロプラストゲノムは1細胞当たり5,000コピーから10,000コピー存在することから，1細胞当たりの外来遺伝子のコピー数が多くなるため，発現量が高くなり，より強い耐性を付与できる可能性をもつ．また，核ゲノムを形質転換する場合，外来遺伝子が導入される位置は一定ではなく，その導入位置によって発現量に差が出ることがあるが，クロロプラストゲノムの形質転換の場合，決まった位置に挿入されることから「位置効果」を排除することができる．

原核生物由来であると考えられている植物のクロロプラストゲノムの塩基配列は，核ゲノムに比べA/T含量が比較的高いことから，塩基配列に変異を導入していない細菌型配列をもつBt結晶タンパク質遺伝子をクロロプラストゲノムを相同性組換えを用いて形質転換することが試みられた．このような方法を用いてCry2Aa2を発現したトランスジェニックタバコを作出したとき，総可溶性タンパク質当たり2％から3％のBtタンパク質が蓄積していることが判明した[142]．数コピーのBt遺伝子を核ゲノムにもつ場合と比べ，より多くのBtタンパク質をクロロプラストにおいて発現することから，Bt結晶タンパク質の殺虫スペクトラムが広がり，Bt抵抗性昆虫にも効果を示した．

抵抗性害虫の発達を遅らせる手段として，① 昆虫に抵抗性が発達しないように非常に高いレベルで殺虫性タンパク質を発現させる，② 低いレベルで殺虫性タンパク質を発現させ，昆虫の発育を遅らせ，活動を鈍くして捕食者に捕食されやすくする，③ 薬剤防除と併用する，④ 殺虫性タンパク質だけでなく，プロテアーゼインヒビターなどの他の抵抗性因子も同時に植物に組み込む，⑤ 交差抵抗性の程度にもよるが，他のBt菌の異なる殺虫性タンパク質の入った植物を代わりに栽培する，⑥ 殺虫性タンパク質を発現した植物を圃場全体に作付けせず，非組換え体植物を一部植えて，野外個体群の抵抗性レベルが一気にあがらないようにするなどが試みられている[143]．

いくつかの例を紹介すると，ササゲ由来のトリプシンインヒビターとマツユキソウのレクチンをサツマイモに同時発現した例[144]やBt結晶タンパク質とササゲトリプシンインヒビターをタバコに同時発現した例がある[145]．後者では，*Heliothis armigera* の幼虫を放ったところ，それぞれを単独で発現しているトランスジェニックタバコよりも強い耐性を示した．また，セリンプロテアーゼとα-アミラーゼを阻害できるトウモロコシの防御タンパク質をタバコに発現したところ，その抽出液はトリプシン活性を阻害した[146]．このような，2種以上の作用機構の異なる耐虫性因子を同時発現することは，耐性昆虫が出現する可能性を低くする1つの手段として有効と考えられる．

緑色蛍光タンパク質（GFP）と融合した外来遺伝子を発現することにより，導入遺伝子の拡散をモニターすることができるかもしれない．GFPの発現を種子の表皮特異的プロモーターによって制御することにより可視的に導入遺伝子の水平移動を検出することができるかもしれない[147]．

8.6 将来の展望

これからの人口増加に伴う食糧需要の増加に対応するためには飛躍的な食糧生産・供給システムの構築が必要不可欠である．しかし，これまでの育種技術に依存した食糧生産性の向上を目指した品種改良では急激に増加する人類を養う食糧の供給を実現することはむずかしい．そこで，遺伝子組換え作物の利用はこれら問題を解決できるひとつの手段として非常に有望である．事実，北アメリカにおいて遺伝子組換え作物が栽培されている割合は年々増加の一途をたどっている．1999年のカナダにおける遺伝子組換えナタネの作付け面積は50％にのぼったとされている．食糧の自給率が41％（平成9年度）である日本において，海外から輸入される遺伝子組換え作物を含む食糧を拒み続けることは非常にむずかしい．日本における遺伝子組換え作物の平成11年8月における認可状況は，一般圃場での栽培または輸入が可能となったのは70品種，食品として安全性が確認されたのは39品種，飼料として安全性が確認されたのは26品種にのぼる．これらについて，農林水産省のホームページ（http://ss.s.affrc.go.jp/docs/sentan/guide/develp.htm）において公開されている．

一方，現在海外からどれぐらいの遺伝子組換え作物が通常の作物に混じって輸入されているか不明であるため，一部の消費者の間からそれらの分別と混入しているかどうかの表示を求める動きが高まっている．消費者が表示を求める理由として，① 知る権利がある，② 組換え食品を得ようとする消費者はそれを容易に選びだせる，③ 宗教的，倫理的，または，個人的理由で嫌う人は容易に避けることができる，などがある．一方，表示を不要とする理由には，① 科学的に安全性が確認されている，② 食品の育成法，加工法，包装について表示してもそれにより誤解され混乱を生じるおそれがある，③ すべての流通，加工の過程において，伝統的食品と区別しなければならないからコスト増につながるとしている．そこで，1999年8月，農林水産省から遺伝子組換え食品の表示内容および実施の方法に関する案が示された．それによると高オレイン酸ダイズなどの組成，栄養素，用途などに関して従来の食品と同等でない遺伝子組換え農産物およびこれを原料とする加工食品は義務表示することが求められた．また，栄養素などが同等で，農産物，もしくはその加工品に組換えDNAまたはそのタンパク質が存在するものについては，遺伝子組換え不分別，遺伝子組換えの義務表示，分別された原材料を用いる場合は遺伝子組換えではないなどの任意表示または表示不要としている．また，栄養素などが同等であるが，一般消費者向けでないもの，およびそれを主原料としない場合，もしくは，加工食品に組換えDNAまたはそのタンパク質が存在しない場合，表示は不要，または，分別されている場合はその旨について任意表示が可能であるとしている．

一方，遺伝子組換え作物とそうでない作物を分別する試みが実際に行われているが，栽培，管理，流通の各段階で分別した場合，それにかかるコスト増は140％から180％であると推計されている[148]．また，アメリカのダイズ集荷業者大手のセントラルソヤ社が1996年末にダイズの分別集荷を試みたところ，3,000粒の非遺伝子組換えダイズのうち，2粒が除草剤に対して耐性を示す遺伝子組換えダイズであることが判明した[149]．この時点で組換えダイズの作付け面積は2％であったことから，ますます分別がむずかしくなっている状況にあるといえる．

このように完全な分別が非常にむずかしい状況となっている現在，高いお金を払ってでも遺伝子組換え作物がわずかに混入している可能性がある食品を購入するか，高くはないが遺伝子組換え作物が混じっている食品を購入するかは，一般市民の遺伝子組換え作物に対する許容度に依存すると考えられる．

遺伝子組換え作物に関するさまざまな議論があるなか，一般市民への受入れ（パブリックアクセプタンス；PA）を獲得するためにさまざまな試みがなされている．遺伝子組換え作物の安全性に関する論議のなかで，抗生物質耐性遺伝子などのマーカー遺伝子の食品への混入は大きな不安を与えている．これを解決するために，マーカーフリーの形質転換体の作出が試みられた．イソペンテニル転移酵素を利用したMATベクターシステム[150]，バクテリオファージのP1 Cre/lox組換えシステム[151]，抗生物質耐性遺伝子と導入遺伝子を別々のプラスミドに挿入しこれら2つのプラスミドを同時にもつアグロバクテリウムを感染させて形質転換体を得，後代において目的遺伝子だけをもつ形質転換体を選抜する方法[152]が開発されている．また，先述したクロロプラストゲノムを形質転換するという技術や雄性不稔系統の作出も花粉を通した遺伝子の水平移動をなくすという点でPAを得るための重要な技術であるといえる．さらに，われわれが遺伝子組換え作物を食べる時期に導入遺伝子から相当するタンパク質が発現していないように制御できる時期特異的プロモーターを利用したり，可食部にはタンパク質が発現しないような組織特異的プロモーターを利用したりすることでPAを得ることができると考えられる．

これまでにわれわれが行ってきた化学合成農薬の大量使用による食糧生産性の向上を目指した努力は，食糧の大量かつ安定供給のみならず，そのヒトへの安全性や環境への影響を配慮した新たな時代に対応すべく，またPAを考慮しながら，避けては通れない21世紀の食糧不足という大きな課題を解決するために遺伝子組換え作物の利用という方向に慎重にかつ積極的に進んでいかなければならない．

〔乾　秀之・大川秀郎〕

文　　献

1）Hansen, G. and Chilton, M.D.（1999）. Plant Biotechnology New Products and Applications（eds. Hammond, J. *et al.*）, p.21, Springer-Verlag.
2）Hiei, Y. *et al.*（1994）. *Plant J.*, **6**（2）：271.
3）Ishida, Y. *et al.*（1996）. *Nature Biotechnol.*, **14**：745.
4）Finer, J.J. *et al.*（1999）. Plant Biotechnology New Products and Applications（eds. Hammond, J. *et al.*）, p.59, Springer-Verlag.
5）Daniell, H. *et al.*（1998）. *Nature Biotechnol.*, **16**：345.
6）Hamilton, C.M.（1997）. *Gene*, **200**（1-2）：107.
7）Adam, G. *et al.*（1997）. *Plant J.*, **11**（6）：1349.
8）西澤洋子，他（1999），化学と生物，**37**（5）：295.
9）Epple, P. *et al.*（1997）. *Plant Cell*, **9**（4）：509.
10）Terras, F.R. *et al.*（1995）. *Plant Cell*, **7**（5）：573.
11）Kakitani, M. *et al.*（1997）. Abstract of 5th International Congress of Plant Molecular Biology, p.557.
12）Honee, G. *et al.*（1997）. Abstract of 5th International Congress of Plant Molecular Biology, p.63.
13）Hain, R. *et al.*（1993）. *Nature*, **361**（6408）：153.
14）Stark-Lorenzen, P. *et al.*（1997）. *Plant Cell Rep.*, **16**：668.
15）van Loon, L.C. *et al.*（1994）. *Plant Mol. Biol. Rep.*, **12**：245.
16）Broglie, K. *et al.*（1991）. *Science*, **254**：1194.
17）Masoud, S.A. *et al.*（1996）. *Transgenic Res.*, **5**：313.
18）Zhu, Q. *et al.*（1994）. *Bio/Technology*, **12**：807.
19）Nakajima, H. *et al.*（1997）. *Plant Cell Rep.*, **16**：647.
20）Logemann, J. *et al.*（1992）. *Bio/Technology*, **10**：305.
21）Maddaloni, M. *et al.*（1997）. *Transgenic Res.*, **6**：393.
22）Jach, G. *et al.*（1995）. *Plant J.*, **8**（1）：97.
23）Alexander, D. *et al.*（1993）. *Proc. Natl. Acad. Sci. U.S.A.*, **90**（15）：7327.
24）Liu, D. *et al.*（1994）. *Proc. Natl. Acad. Sci. U.S.A.*, **91**（5）：1888.
25）Strittmatter, G. *et al.*（1995）. *Bio/Technology*, **13**：1085.
26）Anzai, H. *et al.*（1989）. *Mol. Gen. Genet.*, **219**：492.

27) de la Fuente-Martinez, J.M. *et al.* (1992). *Bio/Technology*, **10** : 905.
28) Ohshima, M. *et al.* (1999). *J. Biochem.* (*Tokyo*), **125** (3) : 431.
29) Wang, G.L. *et al.* (1996). *Mol. Plant-Microbe Interact.*, **9** (9) : 850.
30) Wu, G. *et al.* (1995). *Plant Cell*, **7** (9) : 1357.
31) Wegener, C. *et al.* (1996). *Physiol. Mol. Plant Pathol.*, **49** (6) : 359.
32) Cao, H. *et al.* (1997) . *Cell*, **88** (1) : 57.
33) 石田　功・小川俊也 (1997). 分子レベルからみた植物の耐病性 (山田哲治・島本　功・渡辺雄一郎編), p.177, 秀潤社.
34) 西澤洋子, 他 (1999). 化学と生物, **37** (6) : 385.
35) Bejarano, E.R. and Lichtenstein, C.P. (1996). *Trend Biotechnol.*, **383** : 383.
36) Yang, X. *et al.* (1997). *Proc. Natl. Acad. Sci. U.S.A.*, **94** (10) : 4861.
37) Beck, D.L. *et al.* (1994). *Proc. Natl. Acad. Sci. U.S.A.*, **91** (22) : 10310.
38) Beachy, R.N. (1999). *Philos. Trans. R Soc. Lond B Biol. Sci.*, **354** (1383) : 659.
39) Smith, H.A. *et al.* (1994). *Plant Cell*, **6** (10) : 1441.
40) Fuchs, M. and Gonsalves, D. (1995). *Bio/Technology*, **13** : 1466.
41) Tricoli, D.M. *et al.* (1995). *Bio/Technology*, **13** : 1458.
42) Harrison, B.D. *et al.* (1987). *Nature*, **328** : 799.
43) Gerlach, W.L. *et al.* (1987). *Nature*, **328** : 802.
44) Golemboski, D.B. *et al.* (1990). *Proc. Natl. Acad. Sci. U.S.A.*, **87** (16) : 6311.
45) Vardi, E. *et al.* (1993). *Proc. Natl. Acad. Sci. U.S.A.*, **90** (16) : 7513.
46) Swaney, S. *et al.* (1995). *Mol. Plant-Microbe Interact.*, **8** (6) : 1004.
47) Huntley, C.C. and Hall, T.C. (1996). *Mol. Plant-Microbe Interact.*, **9** : 164.
48) Yamaya, J. *et al.* (1988). *Mol. Gen. Genet.*, **215** : 173.
49) Mitra, A. *et al.* (1996). *Proc. Natl. Acad. Sci. U.S.A.*, **93** (13) : 6780.
50) Tavladoraki, P. *et al.* (1993). *Nature*, **366** : 469.
51) Whitham, S. *et al.* (1996). *Proc. Natl. Acad. Sci. U.S.A.*, **93** (16) : 8776.
52) Watanabe, Y. *et al.* (1995). *FEBS Lett.*, **372** (2-3) : 165.
53) Sano, T. *et al.* (1997). *Nature Biotechnol.*, **15** (12) : 1290.
54) Lodge, J.K. *et al.* (1993). *Proc. Natl. Acad. Sci. U.S.A.*, **90** (15) : 7089.
55) Masuta, C. *et al.* (1995). *Proc. Natl. Acad. Sci. U.S.A.*, **92** (13) : 6117.
56) Purcell, J.P. (1997). Advances in insect control, The role of transgenic plants (eds. Carozzi, N. and Koziel, M.), p.95, Taylor & Francis.
57) Corbin, D.R. *et al.* (1994). *Appl. Environ. Microbiol.*, **60** (12) : 4239.
58) Cho, H.J. *et al.* (1995). *Appl. Microbiol. Biotechnol.*, 44 : 133.
59) Peferoen, M. (1997). Advances in insect control, The role of transgenic plants (eds. Carozzi, N. and Koziel, M.), p.21, Taylor & Francis.
60) Vaeck, M. *et al.* (1987). *Nature*, **328** : 33.
61) Adang, M.J. *et al.* (1993). *Plant Mol. Biol.*, **21** (6) : 1131.
62) MacBride, K.E. *et al.* (1995). *Bio/Technology*, **13** : 362.
63) Warren, G.W. (1997). Advances in insect control, The role of transgenic plants (eds. Carozzi, N. and Koziel, M.), Taylor & Francis.
64) Estruch, J.J. *et al.* (1996). *Proc. Natl. Acad. Sci. U.S.A.*, **93** (11) : 5389.
65) Yu, C.G. *et al.* (1997). *Appl. Environ. Microbiol.*, **63** (2) : 532.
66) Chrispeels, M.J. (1997). Advances in insect control, The role of transgenic plants (eds. Carozzi , N. and Koziel, M.), p.139, Taylor & Francis.
67) Schroeder, H.E. *et al.* (1995). *Plant Physiol.*, **107** : 1233.
68) Hilder, V.A. *et al.* (1987). *Nature*, **300** : 160.
69) Johnson, R. *et al.* (1989). *Proc. Natl. Acad. Sci. U.S.A.*, **86** (24) : 9871.
70) Masoud, S.A. *et al.* (1993). *Plant Mol. Biol.*, **21** : 655.
71) Reeck, G.R. *et al.* (1997). Advances in insect control, The role of transgenic plants (eds. Carozzi,

N. and Koziel, M.), p.157, Taylor & Francis.
72) Chrispeels, M.J. and Raikhel, N.V. (1991). *Plant Cell*, **3** : 1.
73) Czapla, T.H. (1997). Advances in insect control, The role of transgenic plants (eds. Carozzi, N. and Koziel, M), p.123, Taylor & Francis.
74) Rao, K.V. *et al.* (1998). *Plant J.*, **15** (4) : 469.
75) Smigocki, A. *et al.* (1997). Advances in insect control, The role of transgenic plants (eds. Carozzi, N. and Koziel, M.), p.225, Taylor & Francis.
76) Chilton, S. (1997). Advances in insect control, The role of transgenic plants (eds. Carozzi, N. and Koziel, M.), p.237, Taylor & Francis.
77) Dowd, P.F. and Lagrimini, L.M. (1997). Advances in insect control, The role of transgenic plants (eds. Carozzi, N. and Koziel, M.), p.195, Taylor & Francis.
78) Dowd, P.F. *et al.* (1998). *Cell Mol. Life Sci.*, **54** (7) : 712.
79) Ding, X. (1995). Ph.D. dissertation, Kansas State University.
80) Kramer, K.J. *et al.* (1997). Advances in insect control, The role of transgenic plants (eds. Carozzi, N. and Koziel, M.), p.185, Taylor & Francis.
81) Anthony, R.G. *et al.* (1999). *Nature Biotechnol.*, **17** (7) : 712.
82) McHughen, A. (1989). *Plant Cell Rep.*, **8** : 445.
83) Li, Z. *et al.* (1992). *Plant Physiol.*, **100** : 662.
84) Hattori, J. *et al.* (1992). *Mol. Gen. Genet.*, **232** (2) : 167.
85) Hattori, J. *et al.* (1995). *Mol. Gen. Genet.*, **246** (4) : 419.
86) Ott, K.H. *et al.* (1996). *J. Mol. Biol.*, **263** (2) : 359.
87) Vermeulen, A. *et al.* (1992). *Plant Cell Rep.*, **11** : 243.
88) D'Halluin, K. *et al.* (1992). *Bio/Technology*, **10** : 309.
89) Fromm, M.E. *et al.* (1990). *Bio/Technology*, **8** (9) : 833.
90) Hinchee, M.A. *et al.* (1988). *Bio/Technology*, **6** : 915.
91) Padgette, S.R. *et al.* (1996). Herbicide-resistant crops (ed. Duke, S.O.), p.53, CRC Press.
92) Comai, L. *et al.* (1985). *Nature*, **317** : 741.
93) Kishore, G.M. *et al.* (1992). *Weed Technol.*, **6** : 626.
94) Shah, D.M. *et al.* (1986). *Science*, **233** : 478.
95) Klee, H.J. *et al.* (1987). *Mol. Gen. Genet.*, **210** : 437.
96) Misawa, N. *et al.* (1993). *The Plant J.*, **4** (5) : 833.
97) Penaloza-Vazquez, A. *et al.* (1995). *Plant Cell Rep.*, **14** : 482.
98) Rathore, K.S. *et al.* (1993). *Plant Mol. Biol.*, **21** (5) : 871.
99) Nehra, N. *et al.* (1994). *The Plant J.*, **5** : 285.
100) De Block, M. (1987). *The EMBO J.*, **6** : 2513.
101) Spencer, T.M. *et al.* (1990). *Theor. Appl. Genet.*, **79** : 625.
102) De Block, M. *et al.* (1990). *Plant Physiol.*, **93** : 1110.
103) D'Halluin, K. *et al.* (1990). *Crop Sci.*, **30** : 866.
104) Wang, Z.Y. *et al.* (1992). *Bio/Technology*, **10** (6) : 691.
105) Somers, D.A. *et al.* (1992). *Bio/Technology*, **10** : 1589.
106) Casas, A.M. *et al.* (1993). *Proc. Natl. Acad. Sci. U.S.A.*, **90** (23) : 11212.
107) Castillo, A.M. *et al.* (1994). *Bio/Technology*, **12** : 1366.
108) Wan, Y. and Lemaux, P.G. (1994). *Plant Physiol.*, **104** : 37.
109) Tsaftaris, A.S. *et al.* (1997). Regulation of enzymatic systems detoxifing xenobiotics in plants (ed. Hatzios, K.K.), p.325, Kluwer Academic Publishers.
110) De Block, M. *et al.* (1989). *Plant Physiol.*, **91** : 694.
111) Donn, G. and Eckes, P. (1992). *Z. PflKrankh. PflSchutz.*, **XIII** : 499.
112) Buchanan-Wollaston, V. *et al.* (1992). *Plant Cell Rep.*, **11** : 627.
113) Streber, W.R. *et al.* (1994). *Plant Mol. Biol.*, **25** (6) : 977.
114) Stalker, D.M. *et al.* (1988). *Science*, **242** : 419.

115) Freyssinet, M. *et al.* (1995). Proc. 9th Int. Rapeseed Congress, p.974.
116) Fillatti, J.J. and McCall, C. (1989). *In vitro Cell. and Devel. Biol.*, **25** : 57A.
117) Jepson, I. *et al.* (1997). Regulation of enzymatic systems detoxifying xenobiotics in plants (ed. Hatzios, K.K.), p.313, Kluwer Academic Publishers.
118) Streber, W.R. and Willmitzer, L. (1989). *Bio/Technology*, **7** : 811.
119) Bayley, C. *et al.* (1992). *Theor. Appl. Genet.*, **83** : 645.
120) Inui, H. *et al.* (1998). *Breeding Sci.*, **48** : 135.
121) Shiota, N. *et al.* (1994). *Plant Physiol.*, **106** : 17.
122) Shiota, N. *et al.* (1996). *Pestic. Biochem. Physiol.* , **54** : 190.
123) Siminszky, B. *et al.* (1999). *Proc. Natl. Acad. Sci. U.S.A.*, **96** (4) : 1750.
124) Inui, H. *et al.* (1999). *Pestic. Biochem. Physiol.*, **64** : 33.
125) Inui, H. *et al.* (2000). *Pestic, Biochem. Physiol.*, **66** : 116.
126) Drogge, M. *et al.* (1998). *J. Biotech.*, **64** : 75.
127) Nielsen, K.M. *et al.* (1998). *FEMS Microbiol. Rev.*, **22** : 79.
128) Schluter, K. *et al.* (1995). *Bio/Technology*, **13** : 1094.
129) Broer, I. *et al.* (1996). Transgenic Organisms and Biosafety (eds. Schmidt, E.R. and Hankeln, T.), p.67, Springer-Verlag.
130) Nielsen, K.M. *et al.* (1997). *Theor. Appl. Genet.*, **95** : 815.
131) de Vries, J. and Wackernagel, W. (1998). *Mol. Gen. Genet.*, **257** : 606.
132) Gebhard, F. and Smalla, K. (1998). *Appl. Environ. Microbiol.*, **64** (4) : 1550.
133) Hoffmann, T. *et al.* (1994). *Curr. Genet.*, **27** : 70.
134) Mikkelsen, T.R. *et al.* (1996). *Nature*, **380** : 31.
135) Timmons, A.M. *et al.* (1996). *Nature*, **380** : 487.
136) Chevre, A.M. *et al.* (1997). *Nature*, **389** : 924.
137) Scott, S.E. and Wilkinson, M.J. (1999). *Nature Biotechnol.*, **17** : 390.
138) Lecoq, H. *et al.* (1993). *Mol. Plant-Microbe Interact.*, **6** (3) : 403.
139) Bergelson, J. *et al.* (1998). *Nature*, **395** : 25.
140) Losey, J.E. *et al.* (1999). *Nature*, **399** : 214.
141) 植物バイテク・インフォメーション・センター (1996). Plant Bio News, 7.
142) Kota, M. *et al.* (1999). *Proc. Natl. Acad. Sci. U.S.A.*, **96** (5) : 1840.
143) 野田博明 (1994). 植物防疫, **48** : 1.
144) Newel, C.A. *et al.* (1995). *Plant Sci.*, **107** : 215.
145) Zhao, R. *et al.* (1995). *Chin. J. Biotechnol.*, **11** (1) : 1.
146) Masoud, S.A. *et al.* (1996). *Plant Sci.*, **115** : 59.
147) Chamberlain, D. and N., S.C. (1999). *Nature Biotechnol.*, **17** : 330.
148) 植物バイテク・インフォメーション・センター (1997). Plant Bio News, 10.
149) 植物バイテク・インフォメーション・センター (1997). Plant Bio News, 9.
150) Ebinuma, H. *et al.* (1997). *Proc. Natl. Acad. Sci. U.S.A.*, **94** (6) : 2117.
151) Dale, E. and Ow, D.W. (1991). *Proc. Natl. Acad. Sci. U.S.A.*, **88** (23) : 10558.
152) De Block, M. and Debrouwer, D. (1991). *Theor. Appl. Genet.*, **82** : 257.

9. 農薬の有益性

農作物を病害，虫害または雑草害から保護する技術分野を，作物保護（crop protection）という．そして農薬は作物保護の重要な武器である．農作物栽培の脅威としては，干ばつや冷害などの気象災害が一般によく知られているが，病害虫や雑草の脅威も実はたいへん大きい．それゆえに作物保護は重要な課題であり，農薬はそのなかでたいへん重要な役割を担っているといえる．

農薬は，20世紀後半の化学産業の発展とともに劇的ともいえる進歩をとげてきた．同様に進歩した自動車や医薬においてはその有益性に異論を差し挟む人が少ないにもかかわらず，農薬でしばしばその解説が求められるのは，その直接的な受益者が消費者ではなく農作物とその栽培農家にあることに加え，店頭に並ぶ農産物からはその必要性がうかがい知れないからにほかならない．いい換えれば，人々が病害虫や雑草の被害を知ることができないことに起因しているといえる．

したがって，農薬の有益性を理解するためには，病害虫や雑草について理解し，それが農作物に対してどの程度の被害をもたらすのかを知るとともに，今日の農業のなかでそれらの対策がなお必要なのかを知る必要があろう．さらに，農業は高度に発達した人類社会の重要な根幹をなす産業であることから，農薬が直接あるいは間接的にもつ経済的・社会的な影響にも目を向ける必要があろう．

9.1 病害虫と雑草

ここではまず，農薬が標的としている病害，虫害，雑草害について概観してみたい．

a. 病　　害

わが国で報告されている植物の病害は6,000以上にものぼる[1]．このうち大部分が農作物の病害である．農作物の病害はヒトの病気と同様にさまざまな病原によって引き起こされる．病原は数千種類がこれまでに知られているが，それらはウイルス，細菌，糸状菌に大別できる．それぞれにはきわめて多くの菌が属するが，主要な病原についてはその生活史はほぼ明らかにされており，その多くは農業環境中に普遍的に存在すると考えられている．これらの病原が環境条件によって農作物を侵し，症状を現すことによって病害が発生する．ヒトの病気でも，生活に特に支障のない軽い鼻風邪程度のものから，高熱でうなされる風邪，あるいは一度感染したら致死率の高い病気までさまざまであるように，ある種の病害が発生しても軽度なら全く実害にならない場合もある一方，発病後間もなくのうちに作物が枯死に至るような場合までさまざまである．

病害は種子，苗，葉，幹，根，花，果実など，作物のいずれの生育段階・部位にも発生し問題となる．たとえば，病害に感染した種子を播種すると不発芽や不良苗が生じ，そのままでは作物が満足に育たない．葉に発生すると，葉が商品となる葉菜類では直接的な損害となり，葉を商品にしない場合でも生育障害につながるほか，果実などへの感染源となるなどの問題を生じる．根部の被害は主として土壌病害によってもたらされるが，根菜類では直接的な被害につながるほか，生育上たいへん深刻な影響をもたらすことが多い．花が侵されると果実数の減少のほか奇形果，さらには果実への感染が問題になり，果菜類や果樹では特に問題となる．

病害を誘発する要因は複雑であるが，おもな要因として農作物自体の病害に対する性質と栽培環境をあげることができる．前者を理解するためには，まず農作物が度重なる改良（育種）を経て人為的につくりだされた品種であることを認識する必要がある．その結果としてある種の病害に対して比較的強かったり（抵抗性品種）反対に弱かったり（罹病性品種）することがある．後者の栽培環境は多くの要因を含むが，過度の密植などで通風が悪くなったり，作物の栄養状態が悪くなるなどにより病原菌の感染と繁殖の条件が整うことである．わが国でふつうにみられる施設栽培は，降雨が引き金となる病害を回避するには有利な反面，概して高温多湿で密植条件となることから，病害が発生しやすい環境となっている．露地栽培では気象条件が病害発生に大きく影響する．気温と湿度（水分）は，病害の発生に最も大きく関与する環境要因である．

こうした植物病原菌がヒトや家畜にも直接悪影響を及ぼす例がある．糸状菌が産生するマイコトキシンのなかには，きわめて強い毒性をもつものが知られているが，多くは毒性が明らかにされていない．したがって，農産物の安全性のうえからも病害は適切に防除される必要がある．

病害を制御するには，こうした病原菌の生活史や感染経路などを理解し，増殖を防止する，あるいは伝染環を断つことが必要となる．後で述べるようにその手段はいろいろ考えられるが，いったん発病したあとは農薬による対処しかないのは，人間の病気の場合と同じである．ただし病害の主体をなす糸状菌に対して効果的な農薬は比較的多いが，細菌病に対して効果的な農薬は限られ，さらにウイルス病となると有効な農薬が全くなく，対策に苦慮しているのが現状である．また，土壌病害は優れた農薬をもってしてもその効果的な防除が全体的にむずかしい．

b. 虫　　害

病害と同様に，農作物を加害する害虫は膨大な種類にのぼり，それらの多くは昆虫に属する．わが国には29,000種あまりの昆虫が記録されているが，それらのうち1割弱の2,400種あまりが害虫としての報告がある[2,3]．害虫がどこからやってくるのかはたいへん興味深いが，生態学的には，農作物の栽培すなわち農業の進展とともに生態系のバランスが崩れ，それまでただの虫であったものが害虫として顕在化したと考えられているようである．わが国固有の昆虫が害虫化したと考えられる場合のほかには，国外から飛来あるいは人為的にもち込まれ，発生の端緒となる場合が認められている．たとえばイネの重要害虫であるウンカの一種は，毎年中国大陸からジェット気流に乗って遠路わが国に飛来することが知られている．何らかの方法により国外から移入しわが国に定着したと考えられている害虫は約240種あり，わが国の害虫の約1割を占めている[3]．また流通の発達で，それまで地域的に限られていた害虫が全国に蔓延する場合もある．新天地にたどりつき，農作物を加害すると害虫と認識されるようになるが，その棲息環境で越冬できるかどうかが定着の鍵となる．至るところ人間の開発の手が及んでいる今日にあっては，越冬に好適な場所が意外に多くなっているのかもしれない．一般に害虫は，圃場周辺の植物や土壌中あるいは家屋などのさまざまな環境で越冬し，翌年の発生源となる．

害虫の被害は，幼虫や成虫による作物の食害がその中心をなす．旺盛な食欲で葉を食いつくす幼虫，果実のなかに侵入し内部を食害するなどである．また吸汁などによって生育阻害をもたらすもの，あるいはウイルス病を媒介するなどの2次的な問題を引き起こすものも少なくない．前項で説明したように，ウイルス病には効果的な治療法がないため，媒介虫を駆除することが大切である．また，カメムシの吸汁害のように，収穫物の品質を著しく低下させることで問題になる場合もある．一般にアブラムシやダニ類のように短期間に世代を次つぎ重ねる繁殖性のきわめて高いものでは，発生後短期間のうちに大きな被害につながりやすい．土壌中に棲息し根部に被害を及ぼす害虫もきわめてやっかいな存在である．海外から侵入した害虫は，国内に有力な天敵がいないなどにより，えてして短期間に急激な被害をもたらす．

また，分類上は有害動物であるが，線虫の被害も忘れてはならない．土壌中には作物に寄生する線虫がほぼ普遍的に存在しており，その密度が高まると被害が顕在化する．特に根菜類で問題になることが多いが，ほかの土壌病害虫同様，その棲息状況の把握がむずかしく，対策が後手にまわりがちになる．これらは優れた農薬によっても一時的な密度低減はできても恒常的な抑制はむずかしく，きわめてやっかいな存在である．

c. 雑　草　害

雑草による被害とは，主としてその繁茂によって農作物の生育が阻害され，それによって収量の減少をもたらしたり品質低下を招くことである．このほか雑草が病害虫の棲息地となることも少なくない．そのためある種の病害虫防除対策として，周辺の雑草防除が推奨されている．また，機械による収穫を行う場合，雑草を一緒に刈り込むことで機械的な問題を生じたり，雑草の混入とそれによる着色などが収穫物の品質に問題を起こす場合がある．

d.　わが国の環境条件と病害虫

わが国はアジアモンスーン気候の影響下で，温暖多雨な気象条件にある．ほぼ同じ緯度にあるカリフォルニアでは，年間降水量がわが国の平均1,500 mmに対して250 mm程度しかなく，しかも夏期の降雨はほとんどない．このような乾燥条件では病害の発生はきわめて少ない．一般にわが国のような気象条件は病害虫・雑草の発生に好都合で，発生する種類と量はほかの先進国に比べて多いといわれている．モザイク的に多くの作物が栽培されていることも，病害虫からみると棲息環境を多様化しているといえる．また，わが国は施設栽培がさかんであるが，施設内ではその特殊な環境と周年的な栽培から，病害虫が多発しがちになる．このようにわが国の気象・栽培条件は，病害虫や雑草にとってかなり都合がよいといえる．

また，貿易量の増大に伴い，わが国で未発生の病害虫が海外からもたらされる場合も少なくない．島国であるわが国では水際での厳しい植物検疫が実施されているが，海外からおびただしい数の人や物が毎日輸入されている今日にあっては，それらに紛れて侵入がもたらされるのであろう．国内交通・物流網が高度に発展した現代にあっては，いったん侵入した病害虫がまたたく間に全国に広がることもある．そうして短期間のうちに定着した例をいくつも掲げることができる．

9.2　病害虫や雑草の潜在的な被害とその影響

これまでみたように，病害虫の種類はきわめて膨大な数にのぼる．それらによる恒常的な被害量ははたしてどの程度なのであろうか．病害虫や雑草による潜在的な被害の大きさを知ることは，農薬の貢献を量的に把握することにもつながる．しかしながら，通常の作物栽培においては，その防除のために農薬などによる一定の対策を日常的に講じているため，残念ながらその潜在的な被害を量的に把握するのは通常の統計資料などからではなかなかむずかしい．こうした背景から，この種の調査事例は世界的にも限られており，その推定手法も定まったものはないが，これまでに報告された主要なものについて紹介する．

a.　世界における被害推定

1967年にドイツのCramerはアメリカ農務省の被害推計や膨大な資料をもとに全世界における病害虫・雑草による被害量の推定を行っている．この報告はのちにWalker[4]がFAOを通じて要約を紹介しているが，この種の世界的な報告としてはおそらく初めてのものと思われる．この報告によると，穀類合計では全世界で当時9億6,000万tの実生産量があったが，病害虫・雑草による損失量は5億t，すなわち潜在生産量の35％にも上っていると推定されている．

この調査は現在からみるとやや古く，また病害虫・雑草の潜在的な被害の総量を明

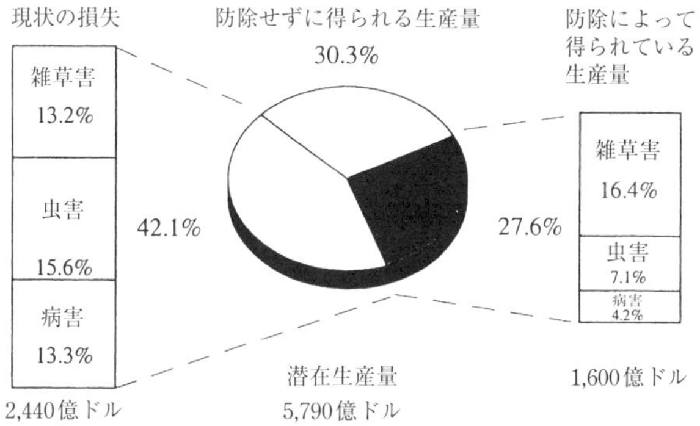

図9.1 全世界における病害虫・雑草による推定損失量と防除効率[5)]

らかにしたものではないが，その再調査が近年ドイツのOerkeらによって試みられ，800ページにも及ぶ大著として1994年に発表されている[5)]．この調査では8つの重要な作物を取り上げ，Cramerの調査が行われた1965年当時と1988～1990年の栽培統計などを対比しながら詳細に検討し，全世界をブロックに分けて病害虫・雑草による潜在被害と防除による効果を綿密に分析している．

その結果全世界では，図9.1のように，生産金額ベースで潜在的には病害虫や雑草により70％もの損失を受けている，すなわち農薬などの保護対策なしに得られる収量は潜在収量のわずか30％しかないと推定している．その潜在損失量の半分近くは防除によってリカバリーされているが，残りはなお失われている，すなわち現状の防除効率は40％程度であると結論している．内訳をみると，雑草害の半分以上は軽減できているが，病害虫ではまだまだ損失のほうが大きい．作物別には，病害虫・雑草によってイネでなお50％もの損失が，最も少ないオオムギでも30％が損失を受けているとしている（表9.1）．さらに地域別にみると，表9.2のように西欧や北アメリカでの防除効率が高い一方，栽培面積が圧倒的に大きいその他の地域での防除効率がきわめて低く，損失が大きい．これは西欧や北アメリカでは農薬を中心とした作物保護技術が進んでいるためであると説明しており，これらの技術が普及していない途上国での被害の大きさにあらためて驚かされる．

Oerkeらの解析に含まれる作物保護手段の詳細は明らかではないが，その主体が農薬であることはほぼ確実と思われる．したがって，農薬が使用できなくなると全世界の収量は半減することになる．また，もしアフリカなどの多くの途上国で農薬が十分に活用できれば，全世界における作物の収量を飛躍的に向上できる可能性があることになる．

こうした全世界的な報告のほかに，アメリカでは詳細な検討も行われている．Knutson[6～9)] は，アメリカで農薬使用を中止もしくは低減した場合に病害虫や雑草で

表9.1　全世界における病害虫・雑草による損失の現状*（文献5）を一部改変）

単位：%

作物	病害	虫害**	雑草害	合　計
イネ	− 15.1	− 20.7	− 15.6	− 51.4
コムギ	− 12.4	− 9.3	− 12.3	− 34.0
オオムギ	− 10.1	− 8.8	− 10.6	− 29.4
トウモロコシ	− 10.8	− 14.5	− 13.1	− 38.3
バレイショ	− 16.4	− 16.1	− 8.9	− 41.4
ダイズ	− 9.0	− 10.4	− 13.0	− 32.4
ワタ	− 10.5	− 15.4	− 11.8	− 37.7
コーヒー	− 14.9	− 14.9	− 10.3	− 40.0

* 1998〜1990時点の推定（防除によって軽減された損失量は含まない）.

** 虫害にはウイルス病を含む.

表9.2　世界の地域別の損失と防除効率（文献5）を改変）

単位：%

地域	潜在損失率	実際の損失率	防除効率	生産比率*
西ヨーロッパ	− 57.4	− 22.6	61	8
北アメリカ, オセアニア	− 56.2	− 31.6	44	15
その他	− 72.6	− 44.4	39	77

* 生産比率は世界の実生産量に占める当該地域の実生産量の比率

どの程度減収が生じ，その結果どのような影響が生じるかを多様な側面について詳細に検討している．これらの研究では全米の植物病理学や害虫学の専門家ばかりでなく，農業経済の専門家も動員し，さまざまな要因を含めて解析が行われている．その結果を表9.3にまとめて示すが，リンゴでは農薬を使用しないと全く生産できないなど，果樹や野菜で多大な減収が見込まれている．また，一部を削減した場合でも少なからぬ影響があり，削減割合が大きくなるほど影響が大きくなることがわかる．調査の過程で主要産地別の検討を詳しく行っているが，表9.4にみるように地域によってその影響が大きく異なっている．たとえばジャガイモでは，メイン州では病害（疫病）を防除しなければ全く栽培ができない一方，アイダホ州ではその被害は軽微であるため，農薬を削減しても一定の収穫は見込めると推定されている．

1999年の調査は一風変わっており，特定の種類の農薬削減，すなわち世界的に広く用いられている有機リン系農薬とカーバメート系農薬だけが使用できなくなった場合の影響について検討している．これはアメリカ環境保護庁（EPA）によって，これらの農薬の安全性の大規模な再評価が開始されたことを背景にしている．検討シナリ

表9.3　アメリカにおける農薬使用削減に伴う推定減収率[9]

単位：%

	1990年報告			1993年報告		1999年報告
	100%削減	除草剤のみ削減	殺菌殺虫剤のみ削減	100%削減	50%削減	有機リンとカーバメート剤のみ削減
トウモロコシ	−32	−30	−5			−4
ワタ	−39	−17	−26			−14
ピーナッツ	−78	−29	−66			−9
イネ	−57	−53	−16			−8
ダイズ	−37	−35	−3			−5
コムギ	−24	−23	−4			−1
リンゴ				−100	−43	−38
ニンジン						−7
ブドウ				−89	−57	−9
レタス				−67	−47	
タマネギ				−64	−48	
オレンジ				−55	−28	−3
モモ				−81	−59	−2
バレイショ				−57	−27	−3
トマト				−77	−38	−15

オでは，代替可能なほかの農薬使用を前提としているが，効果的な代替農薬がない場合に影響が大きくなっている．このように一部の農薬使用削減でも，病害虫や雑草による被害程度が大きく変わる可能性が示されている．

b.　わが国における被害推定

梶原[10]は，イネの最重要病害であるいもち病について，その潜在的被害を調査している．これは主要な数県の農業試験場が長年実施した農薬の効果試験成績を調べあげたものである．その結果を表9.5のようにまとめてみると，さきのアメリカでの調査同様，地域や年次によって発生量が異なり，収量への影響は大きく異なることが理解できる．このように，病害虫や雑草はつねに一定の水準で被害をもたらすのではなく，時として突発し，わずか1種類の病害虫でも壊滅的な被害をもたらすことがある反面，まれにほとんど実害を及ぼさないこともあるということが理解できよう．

こうした個別の病害虫の被害解析はかなりあるものと思われるが，作物がその栽培期間を通じてこうむる病害虫や雑草は数多く，その被害は総合的なものである．それらの把握のために大局的な見地から取り組まれた調査となると，きわめて限られてくる．

1982年に農水省植物防疫課は，全国の試験研究者らを対象に，農薬が使用できなくなった場合の病害虫による推定被害量に関するアンケート調査を行っている[11]．こ

表9.4　アメリカの主要産地における農薬使用削減に伴う推定減収率（文献7）から作成）

単位：%

作　物	州	50%使用削減				100%使用削減			
		除草剤	殺菌剤	殺虫剤	合計	除草剤	殺菌剤	殺虫剤	合計
ジャガイモ	メイン	−15	−25	−10	−70	−25	−100	−50	−100
	アイダホ	−15	−10		−20	−30	−15	−25	−50
	ノースダコタ	−15	−15	−25	−35	−30	−50	−50	−65
オレンジ	フロリダ	0	−17	−8	−25	0	−50	−16	−63
	カリフォルニア	−15	−24	0	−35	−15	−25	0	−36
ブドウ	ニューヨーク	−5	−12	−4	−21	−12	−37	−10	−59
	カリフォルニア	−25	−44	−36	−68	−50	−97	−58	−99
リンゴ	ワシントン	−15	−3	−14	−30	−20	−6	−100	−100
	ミシガン	−30	−90	−75	−100	−60	−100	−100	−100
モモ	カリフォルニア	0	−30	−25	−45	−1	−45	−40	−75
	ジョージア・サウスカロライナ	0	−80	−60	−100	−20	−100	−100	−100
トマト	フロリダ		−28	−30	−50	−27	−70	−100	−100
	カリフォルニア	−10	−4	−9	−17	−25	−10	−22	−37
レタス	カリフォルニア		−27	−13	−47	−13	−47	−53	−67
タマネギ	テキサス	−10	−40	−15	−60	−25	−60	−40	−80
	アイダホ	−15		−8	−45	−46	−20	−12	−60
	カリフォルニア	−25	−10		−45	−35	−30	−10	−60
スイートコーン	フロリダ		−20	−15	−30	−8	−60	−100	−100
	ウィスコンシン	−20		−7	−30	−50		−13	−63

（注）空欄は当該地域での使用がない，または1回のみのため試算不能．

表9.5　イネのいもち病による減収の地域・年次格差（文献10）を改変）

単位：%

試　験　場	最大値	最小値	平均値	調査年次
青森県農業試験場	−98.0	0	−38.0	1971〜1982
新潟県農業試験場	−24.2	0	−4.0	1968〜1984
愛知農試山間技術実験農場	−81.9	−2.4	−28.6	1968〜1984

（注）防除区と無防除区の収量データから減収率を求めた．

れは中東情勢不安を背景にし，農薬供給を支えている石油化学産業が打撃を受けた場合の損害を推定する目的で行われたものであるが，わが国におけるマクロ的な調査としては初めてのものと思われる．また，雑草による減収については，財団法人日本植物調節剤研究協会がまとめている[12]．

郵便はがき

恐縮ですが
切手を貼付
して下さい

1 6 2 - 8 7 0 7

東京都新宿区新小川町6-29

株式会社 朝倉書店

愛読者カード係 行

●本書をご購入ありがとうございます。今後の出版企画・編集案内などに活用させていただきますので，本書のご感想また小社出版物へのご意見などご記入下さい。

フリガナ お名前		男・女	年齢　　歳
ご自宅	〒	電話	
E-mailアドレス			
ご勤務先 学 校 名		(所属部署・学部)	
同上所在地			
ご所属の学会・協会名			
ご購読 新聞	・朝日 ・毎日 ・読売 ・日経 ・その他(　　)	ご購読 雑誌	(　　)

書名

本書を何によりお知りになりましたか

1．広告をみて（新聞・雑誌名
2．弊社のご案内
（●図書目録●内容見本●宣伝はがき●E-mail●インターネット●
3．書評・紹介記事（
4．知人の紹介
5．書店でみて

お買い求めの書店名（　　市・区　町・村　　書店）

本書についてのご意見

今後希望される企画・出版テーマについて

図書目録，案内等の送付を希望されますか？　・要　・不要
・図書目録を希望する

ご送付先　・ご自宅　・勤務先

E-mailでの新刊ご案内を希望されますか？
・希望する　・希望しない　・登録済み

ご協力ありがとうございます

◉農学一般

作物学事典

日本作物学会編

A5判 580頁 定価21000円(本体20000円) (41023-9)

作物学研究は近年著しく進展し，また環境問題，食糧問題など作物生産をとりまく状況も大きく変貌しつつある。こうした状況をふまえ，日本作物学会が総力を挙げて編集した作物学の集大成。〔内容〕総論(日本と世界の作物生産／作物の遺伝と育種，品種／作物の形態と生理生態／作物の栽培管理／作物の環境と生産／作物の品質と流通)。各論(食用作物／繊維作物／油料作物／糖料作物／嗜好料作物／香辛料作物／ゴム料作物／薬用作物／牧草／新規作物)。〔付〕作物学用語解説

植物病害虫の事典

佐藤仁彦・山下修一・本間保男編

A5判 512頁 定価17850円(本体17000円) (42025-0)

植物の病害および害虫を作目ごとに配列し，その形態・生態・生理・分布・生活史・感染発生機構・防除法などを簡潔に解説。病徴や害虫の写真を多数掲載し理解の助けとした。研究者・技術者の座右の事典。〔内容〕〈病害編〉水田病害／畑作病害／野菜病害／花卉病害／特用畑作病害／芝草病害／樹木病害／収穫後食品の病害〈害虫編〉水田害虫／畑作害虫／野菜害虫／果樹害虫／花卉害虫／特用畑作害虫／芝草害虫／樹木・木材害虫／貯蔵食品害虫。〈付〉主要農薬一覧

植物栄養・肥料の事典

植物栄養・肥料の事典編集委員会編

A5判 720頁 定価24150円(本体23000円) (43077-9)

植物生理・生化学，土壌学，植物生態学，環境科学，分子生物学など幅広い分野を視野に入れ，進展いちじるしい植物栄養学および肥料学について第一線の研究者約130名により詳しくかつ平易に書かれたハンドブック。大学・試験場・研究機関などの専門研究者だけでなく周辺領域の人々や現場の技術者にも役立つ好個の待望書。〔内容〕植物の形態／根圏／元素の生理機能／吸収と移動／代謝／共生／ストレス生理／肥料／施肥／栄養診断／農産物の品質／環境／分子生物学

環境化学概論

増島　博・藤井國博・松丸恒夫著

A5判 216頁 定価3990円(本体3800円) (40012-8)

後世代に対してその生存環境を保証する化学的条件を明確にする目的で編まれた生物系学部学生の教科書。〔内容〕地球環境と生物の生い立ち／物質循環／地球環境問題の化学／水圏環境の化学／有害物質による環境汚染／環境放射線／環境管理

熱帯生態学

長野敏英編

A5判 192頁 定価4095円(本体3900円) (40013-6)

地球環境を知る上で大切な熱帯の生態を解説。〔内容〕熱帯の気候／熱帯の土壌／熱帯の生態／熱帯林生態環境を測る／熱帯林破壊と環境問題／熱帯林の再生・修復／土地利用による生態系の変化／熱帯での営農／付：熱帯地域での旅行・調査心得

建設材料 —地域環境の創造—

青山咸康・服部九二雄・野中資博・長束　勇編

A5判 248頁 定価3990円(本体3800円) (44023-5)

建設材料の性質と設計・施工を具体的・平易に解説した最新のテキスト。〔内容〕建設材料の基本的性質／セメント，コンクリート／鋼材／土質系材料／有機質材料／建設材料の劣化現象および防止対策／建設材料の設計概念／設計・施工事例集

生物生産のための 制御工学

岡本嗣男編

A5判 176頁 定価3570円(本体3400円) (44024-3)

農作業から農産加工まで生物生産におけるコンピュータ制御を平易に解説。〔内容〕生物生産と制御工学／制御工学／知的制御／メカトロニクス／画像処理／コンピュータと生物生産機械／生物生産ロボット／農産物加工施設のシステム制御の例

◉森林科学

森林の百科

鈴木和夫・井上　真・桜井尚武・富田文一郎・中静透編
A5判 756頁 定価24150円(本体23000円)(47033-9)

森林は人間にとって，また地球環境保全の面からもその存在価値がますます見直されている。本書は森林の多様な側面をグローバルな視点から総合的にとらえ，コンパクトに網羅した21世紀の森林百科である。森林にかかわる専門家はもとより文学，経済学などさまざまな領域で森の果たす役割について学問的かつ実用的な情報が盛り込まれている。〔内容〕森林とは／森林と人間／森林・樹木の構造と機能／森林資源／森林の管理／森を巡る文化と社会／21世紀の森林－森林と人間

セルロースの事典

セルロース学会編
A5判 608頁 定価21000円(本体20000円)(47030-4)

第一線研究者によるセルロース研究の集大成。〔内容〕セルロース資源／生合成／高次構造(結晶構造，結晶多形，繊維組織構造，他)／化学反応（溶剤，誘導体，分解，合成）／セルロースおよび誘導体の物性(固体物性，溶液物性，ゲル・液晶・ブレンド，膨潤・吸着)／生分解(分解微生物，分解酵素，誘導体の生分解，セルラーゼの分子生物学と利用)／利用(原料の製造，再生セルロース，セルロース誘導体，セルロース繊維の改質と加工，機能性セルロースの材料，産業の展望)

キノコの事典

中村克哉編
A5判 512頁 定価18900円(本体18000円)(47012-6)

キノコ全般についての基礎知識と各々のキノコの実用面までを網羅し解説。キノコ研究者11名による栽培の体系化の集大成。座右の書。〔内容〕キノコの概念／世界と日本の食用キノコ／菌類の形態と分類／生理・生態／栄養源／化学成分／栄養価と薬的効果／純粋培養／種菌／経営／流通／マツタケ／ホンシメジ／シイタケ／エノキタケ／ナメコ／ヒラタケ／タモギタケ／マッシュルーム／キクラゲ類／シロタモギタケ／フクロタケ／マイタケ／マンネンタケ／ヒメマツタケ／他

森林計画学

木平勇吉編著
A5判 240頁 定価4200円(本体4000円)(47034-7)

日本の森林を保全するのにはどうあるべきか，単なる実務マニュアルでなく，論理性と先見性を重視し，新しい観点から体系的に記述した教科書。〔内容〕森林計画学の構造／森林計画を構成するシステム／森林計画のための技術

森林保護学

鈴木和夫編著
A5判 304頁 定価5460円(本体5200円)(47036-3)

森林危害の因子の多くは生態的要因と密接にからむという観点から地球規模で解説した決定版。樹木医を目指す人たちの入門書としても最適。〔内容〕総説／生物の多様性の場としての森林／森林の活力と健全性／森林保護各論／森林の価値

森林微生物生態学

二井一禎・肘井直樹編著
A5判 336頁 定価6720円(本体6400円)(47031-2)

微生物と植物或いは昆虫・線虫等の動物との興味深い相互関係を研究結果を基に体系化した初の成書。〔内容〕森林微生物に関する研究の歴史／微生物が関与する森林の栄養連鎖／微生物を利用した森林生物の繁殖戦略／微生物が動かす森林生態系

樹木生理生態学

小池孝良編著
A5判 280頁 定価5040円(本体4800円)(47037-1)

樹木の生理生態についてわかりやすく解説。環境とからめ森林の修復まで。〔内容〕森林の保全生態／地域変異と生活環の制御／樹冠樹の共存機構／光合成作用／呼吸作用／光合成産物の分配／水環境への応答／窒素動態と代謝／生態系修復

セルロースの科学

磯貝　明編
A5判 184頁 定価3570円(本体3400円)(47035-5)

〔内容〕資源としてのセルロース／植物資源からセルロースを取出す／生物による合成と構造の多様性／強度の秘密，固体構造／生物による分解と代謝／反応と性質の変化／溶解と成型／高付加価値化／身の回りのセルロース／期待のセルロース

表9.6　農薬が使用できなくなった場合の病害虫・雑草による推定減収率（文献11, 12）を改変）

単位：%

作　物	病虫害	雑草害
水稲	−35	−36
コムギ	−20	−14
カンショ	−23	−10
ダイズ	−28	−12
バレイショ	−35	
ミカン	−34	
リンゴ	−90	
キュウリ（施設）	−94	
〃　（露地）	−85	
キャベツ	−41	
ダイコン	−35	

これらを表9.6にまとめて示したが，病害虫に限っても果樹や野菜でその被害が大きいと考えられており，専門家の多くが農薬なしでは実質的な栽培が困難であると考えていることを示している．

さて，これまでみた内外の報告はいずれも推定か，あるいは特定の対象に限ってデータを解析したものである．したがって実際にこれほどの被害となるのか，実感が伴わないのは致し方ないところであろう．

1993年に社団法人日本植物防疫協会が公表した全国的な実証試験結果[13]は，この疑問に答えるものであり，世界でも類をみない試みであった．

後述するように，病害虫などの被害とその防除は作物や地域ばかりでなく，品種や栽培方法など多くの要因が関与しているため，病害虫などの潜在的な被害を純粋に評価するのはむずかしい．そのためこの調査では現地の栽培・防除慣行をベースとして，通常どおり農薬を使用して栽培した試験区と農薬防除を行わなかった試験区の結果を比較している．また，たとえ収量への影響がなくとも，品質が劣れば収益には大きな影響が出るため，この調査では得られた収穫物の品質も調査し，出荷価格に換算して収益面への影響を検討している．調査には全国の多数の試験場などの関係機関が参加し，全国規模で2か年にわたるデータがとられ，その後も同協会では調査を継続している[14]．これらの結果をまとめると，表9.7のようになる[15,16]．

この実証試験結果を前記の各種推定と比較してみると，果樹や野菜で高い被害が示されるなど，おおむね共通していることがわかる．被害が大きく出たリンゴでは，各種病害虫の被害で早期に落葉し，ジュース用にもならない果実しか収穫できなかったばかりか，樹勢に打撃をこうむり，被害が翌年にまで及ぶことが明らかにされている．一方，年次や地域によっては病害虫の発生が少なく，実際の被害に結びつかなかった

表9.7 農薬を使用しないで栽培した場合の病害虫などによる減収率と出荷金額への影響

作物	調査事例数	減収率（%）			出荷金額の減益率（%）		
		最大	最小	平均	最大	最小	平均
水稲	11	－100	0	－27.5	－100	－5	－34.0
コムギ	4	－56	－18	－35.7	－93	－18	－66.0
ダイズ	8	－49	－7	－30.4	－63	－7	－33.8
トウモロコシ	1			－28.0			－28.0
バレイショ	2	－44	－19	－31.4	－64	－19	－41.6
リンゴ	4	－100	－90	－97.0	－100	－98	－98.9
モモ	1			－100.0			－100.0
ウメ	1						－31.0
ブドウ	1			－66.0			－91.0
カキ	1			－73.0			－88.0
キャベツ	19	－100	－10	－69.2	－100	－18	－70.3
レタス	1			－69.0			－100.0
ダイコン	5	－76	－4	－23.7	－80	－21	－37.1
キュウリ	5	－88	－4	－60.7	－86	－4	－59.5
トマト	6	－93	－14	－39.1	－92	－13	－40.0
ナス	1			－21.0			－22.0

（注）日本植物防疫協会による1991～1994の調査結果から作成.
栽培の都合上，完全な無農薬ではなく，土壌消毒，種子消毒，育苗箱処理を実施した場合が多い.

図9.2 農薬を使用しないで栽培した水稲（平成3年，長崎）
イネミズゾウムシ，いもち病の被害のほかに雑草が目立ちはじめている.

(a) 防除区（左）と無農薬区（右）のリンゴの比較（平成3年，岩手）

(b) 加工用にならないほど病害虫の被害を受けた無農薬区（左，中）のリンゴ（平成4年，秋田）

図 9.3

図 9.4 無農薬で栽培したキャベツの害虫の被害（平成4年，東京）

事例もみられている．しかし，そのような場合でも品質には少なからぬ影響を及ぼしている．たとえば水稲の場合，減収に結びつかない事例でも，水稲のカメムシによる斑点米の発生により品質を損ない，出荷金額の損失につながっている．わが国では高い消費嗜好を反映して，農産物には品質規格が設けられている．たとえば米の場合，一等米で許される斑点米混入率はわずか0.1％である．こうした規格の本来的な是非はともかくとしても，農家にとっては収入に直接かかわる重大な問題である．これまでともすると減収という物差しだけで論じられてきた病害虫などの被害について，この調査は品質面での影響も大きいことを明らかにしたといえよう．なお，この調査では試験の実施上完全に農薬を排除することがむずかしいことから最小限の農薬を使った場合も含まれている．したがって，農薬を全く使用しなければ満足のいく栽培が成立しないであろうことは明白である．

こうした結果になる背景には，現在の農業栽培が病害虫や雑草からの保護対策を前提にして構築されていることが考えられる．これらについては別項で触れる．

いずれにしても，この実証試験の結果をみる限り，これまで紹介した内外の専門家による推定は，かなり信憑性があるものと考えられ，病害虫や雑草による被害がわれわれの予想を上回るものであることがわかる．

c. 減収がもたらす社会的・経済的影響

前項では，おもに農薬によって制御されている病害虫・雑草の被害をまともに受けたら甚大な減収がもたらされることをみてきた．こうした減収は，社会的，経済的にはどのような影響をもたらすのであろうか．

1）食糧問題

Oerkeらは前述の研究報告のまとめとして地球規模の食糧問題に触れている．その考察を要約すると次のようである．

「世界的にみると，いまなお膨大な量の食糧が人々の手に届けられる前に失われている．この損失量は絶対に減らさなくてはならない．1990年のWorld Bankの発表では，2050年に地球上の人口は1985年当時の約48億人から100億人にまで倍増すると推定されており，とりわけ途上国における増加率が高く見積もられている．途上国では毎年8,500万人も人口が増加し，これらの人々の食糧確保が問題となるからである．新たな耕作地拡大は全世界で年率0.2％程度でしかなく，それは人口増加率の1/10程度でしかない．しかも遠からず新たな農耕地拡大は限界に達する．飛躍的な収量向上なくしては到底この人口増加のペースに追いつけない．途上国で2000～2025年の間に増加が予想される21億人もの人口を養うには，生産資材の使用と技術改良，そしてそれらの優れた管理が不可欠である．農薬は生産向上への寄与がきわめて高く，エネルギー効率に優れる．それゆえに，農薬は今後とも作物保護という戦いのなかで不可欠な武器でありつづけるだろう．」

国連食糧農業機関（FAO）によると1994～1996年時点における途上国全体の栄養不足人口は8億3,000万人（19％）にも達しているという[16]．無論内戦などによる飢餓もあるだろうが，21世紀における食糧危機は多くの識者が指摘するところである．飽食といわれて久しいわが国では実感がわきにくいが，地球規模で考えた場合には，作物保護の重要性は今後ますます重要になるであろうし，そのなかでの農薬の役割は決して小さくなることはないものと考えられる．

2）社会的・経済的影響

社会的・経済的にはどのような影響があるのだろうか．Knutsonは前記報告のなかで，アメリカで農薬使用削減が行われた場合の経済的・社会的な影響について，次の

表9.8 アメリカにおける農薬使用削減に伴う生産コストと農産物価格の推定上昇率[9]

単位：%，（ ）は価格上昇率

	1990年報告			1993年報告		1999年報告
	100%削減	除草剤のみ削減	殺菌殺虫剤のみ削減	100%削減	50%削減	有機リンとカーバメート剤のみ削減
トウモロコシ	+5(+38)	+8	0			+5
ワタ	+46(+34)	+32	+3			+22
ピーナッツ	+146(+147)	+69	+100			+7
イネ	+78(+83)	+80	+8			+8
ダイズ	+16(+101)	+16	+1			+9
コムギ	+33(+6)	+33	0			+1
リンゴ				生産不能	+49	+66
ニンジン						+4
ブドウ				+2982	+113	+3
レタス				+85	+42	
タマネギ				+82	+42	
オレンジ				+40	+35	+2
モモ				+196	+58	+3
バレイショ				+125	+74	+7
トマト				+113	+40	+13

ように考察している．

まず生産者への影響としては，生産コストの増大（表9.8）あるいは地域によっては生産不能に陥ることにより農業の継続をあきらめる農家が出る．この影響は生産農家ばかりでなく，家畜などの飼料作物の高騰が酪農家などへも大きな影響を及ぼすと考えられ，結果的に農村社会全体に大きな影響を生じる．社会的には，価格の高騰によりとりわけ低所得者層にしわ寄せが生じ，そうした人々のビタミンやミネラルなどの栄養不足も懸念される．さらにアメリカは世界最大の穀物輸出国であることから，輸出への影響は大きく，このことはアメリカの経済全体にきわめて深刻な悪影響を及ぼすばかりでなく，相手国の食糧事情にも悪影響をもたらす．

また，農薬がもつ健康上のリスクを理由とした削減論に対しては，次のように反論している．すなわち，アメリカ国内での不足を補うために輸入も増えるが，それにつれて農産物の安全性に不安のある途上国などからの輸入機会も増すことになる．しかし，このことは国内の農薬削減で得られる健康上のメリットを完全に帳消しにしてしまう．これらのことから，安易な農薬削減論に対し，より多角的な側面からの検討を主張している．

わが国ではどうであろうか．上記のように，農薬が削減されたことに伴い収量が激減し価格も高騰すれば，当然輸入農産物の需給が逼迫するであろうし，その結果わが国の社会・経済に多大な影響が出るかもしれない．いうまでもなくわが国は世界的な

表9.9 農薬を使用せず減収した場合の農家所得の減少[13)]

10 a当たり

作物	現状			農薬を使用しない場合				
	生産コスト(円)	粗収益(円)	所得(円)	減収率(%)	生産コスト(円)	粗収益(円)	所得(円)	所得減(%)
イネ	168,311	154,194	70,424	34.0	158,983	101,768	25,577	−63.7
ダイコン	179,690	256,087	146,708	37.1	161,079	161,079	63,890	−56.5
キュウリ	1,513,266	1,697,090	1,090,090	59.5	1,431,735	687,321	129,561	−88.1

（注）1. 平成3年農林水産統計による．ダイコンは夏どり，キュウリは夏秋どりハウス無加温.
2. 所得＝粗収益−(生産費総額−(家族労働費＋自己資本利子＋自己所有地代))
3. 農薬を使用しない場合の経費節減は農薬費と散布労賃とした.
4. 減収率は調査から得られた平均出荷金額減益率とした.
5. 出荷単価はどちらも同じと仮定した.

農産物輸入国であり，国際的な影響をより強く受ける体質にある．

国内に限ったところでも，比較的最近こうした社会的なパニックを経験している．平成5年の冷害による米の不作である．このとき，平年比25％の減収となったが，各地で買い占めや売り惜しみなどが続発し，アジア諸国から緊急輸入を行うまで事態が発展した．この経験から類推しても，減収がもたらす社会的・経済的な影響には計りしれないものがある．

3）農家への影響

病害虫や雑草の被害で満足な農産物が収穫できなければ，農家に大きな打撃になるのは当然である．

日本植物防疫協会では，さきの実証試験報告のなかで，減収がもたらされた場合の農家経営への影響を表9.9のように試算している．

統計上の所得計算では，表にみるように減収率を大幅に上回る所得減となることが示されており，多少の高値で販売した程度ではとうてい経営がおぼつかないと見込まれる．

また，除草剤は農業労働の大幅な軽減に貢献している（9.3節b. 参照）．したがって，もし除草剤が使用できなくなれば，除草のために膨大な労力の確保が必要となるか，もしくは新たな除草対策のための機械的な投資が必要になろう．

これらの結果，農家経営はますます厳しくなることが予想され，栽培をあきらめる農家も出てくるかもしれない．

9.3 防除手段における農薬の位置づけ

これまでみたとおり，病害虫や雑草の潜在的被害は予想以上に大きく，減収が社会や経済に多大な影響をもたらすことがわかる．したがって，安定的な農業生産を継続するにはそれらを適切に防除していく必要がある．ここでは農薬以外の手段にも目を向けながら，防除手段としての農薬の意義を整理してみたい．

病害虫の被害を回避していく手段はさまざまなものが考えられるが，その考え方を大別すると病害虫を発生させないような対策と，発生してからの対策に分けられる．前者は品種や栽培管理に属する対策が中心であり，後者は農薬による対処が主体となる．病害虫を発生させないような対策が講じられれば，農薬による対処もその必要が薄れることになるが，現実にはなかなかむずかしい．それぞれの手法に一定の限界があることに加え，農業は経済的な営みであることから，費用対効果の点で十分でなければ実際に採用していくことはむずかしいからである．

a.　農薬以外の防除手段

1）品　　種

ある種の病害には耐病性品種が，また一部の虫害にも抵抗性をもつ品種が開発されており，その利用度も高い．確かに特定の病害虫には高い効果を示すものもあり，それらの作付けにより，農薬の助けはそれなりに軽減される．しかしながら，それらは特定の病害虫にしか有効でなくほかの病害虫には無力であることに加え，病害虫が多発した場合には限界がある．小野[18] はイネのいもち病に対する品種抵抗性の評価を表9.10のようにまとめているが，実際にはかなり評価が分かれており，絶対的なものではないことがうかがえる．

また，当初は効果を示していても病害虫が何らかの耐性を獲得し，年月を経るとその効果が薄れる場合も少なくない．さらに，ある品種を用いれば有利であることがわかっていても，消費嗜好から採用できない場合も多い．その典型的な例をイネのコシヒカリにみることができる．いもち病に弱いこの品種を全国どこでも栽培せざるをえないのは，ほかの品種に対する需要が少ないためである．残念ながら，作物保護を優先した品種選定はなかなか行われにくいのが現状である．

近年，遺伝子組換え作物の登場により，海外ではこの分野は新しい展開を見せ始め

表9.10　イネ品種のいもち病抵抗性の県による評価差[18]

品種	葉いもち						首いもち				
	強	やや強	中	やや弱	弱	極弱	強	やや強	中	やや弱	弱
コシヒカリ	0	0	6	2	28	1	0	0	5	6	27
日本晴	7	2	16	0	1	0	3	3	20	0	1
キヌヒカリ	1	4	8	4	0	0	1	2	11	3	0
ひとめぼれ	0	2	3	6	1	0	0	0	9	2	0
黄金晴	0	1	2	3	1	0	0	1	3	2	2
ササニシキ	0	0	0	3	2	0	0	0	0	0	5

数字は県数

ている．現在のところでは鱗翅目害虫対策として*Bacillus thuringensis*の毒素産成遺伝子を組み込んだいくつかの作物が成功を納めており，今後のさらなる展開が期待されるが，一方わが国や欧州諸国では組換え作物に対する国民的な理解が得られておらず，早急な普及は望めそうにない．また，こうした高度な技術をもってしても複数の病害虫に耐性をもたせるのはきわめて困難な課題であり，耐性を打破する新たな病害虫系統の出現の可能性も考慮すると，抵抗性品種のみによる対策には限界があると考えるべきであろう．

2）耕種的防除

耕種的防除とは，防除にも資する栽培管理技術とでもいうべきものである．

昔から適期適作といわれるように，病害虫の問題になりやすい地域や時期を避けて栽培すれば，一定の被害回避に有効である．このことは，栽培慣行として常識的に取り入れられている場合も少なくないが，一方で経営上の理由から，ある程度の無理を承知で栽培しなければならない現状もある．施設栽培は季節の農産物を周年的に供給するうえで重要な役割を担っているが，反面病害虫が問題になりやすい環境であることはすでに述べた．それらの未然防止に役立つ施設を構築することもできようが，そのためには多額の投資が必要になる．土壌病害虫回避の観点では，適当な作物との組合せで輪作を行えば，病害虫の密度をある程度抑制することができる．線虫では対抗植物も知られており，後作として栽培すれば有効である．しかしながら，これらもさまざまな理由で現実には採用されにくい，あるいは短期輪作として採用されていても十分な病害虫対策につながっていないのが現状である．農耕地が限られるわが国にあっては欧米型の輪作がなかなか採用できないのが現状である．肥培管理と病害の発生との関係もある．たとえばイネいもち病では窒素の施用量が発病に大きく関係することはよく知られている．

このほかにも古くから知られてきたものを含め，多くの技術がある．しかし，こうした耕種的防除で対応しうる範囲は一般に限定的である．

3）物理的な防除法

太陽熱などの利用によって土壌を消毒する方法，紫外線を吸収するビニル素材を用いて病原菌の増殖を制御する方法，特殊なマルチフィルムで害虫の飛来を防止する方法，ハエ取り紙の原理で害虫を捕捉する方法など，多くの物理的な防除法が開発され実用化されている．これらはそれなりに有効なものが多く，常識的に利用されているものもあるが，耕種的防除などと同様，限られた病害虫にしか有効ではないことに加えて完全に制御できるものではない．さらにコストがかさんだり労力がかかる場合もあって，全体にあまり利用されないか，あるいは特定の病害虫の被害軽減だけを目的に限定的に利用されているのが現状である．

4）生物的防除

農薬による防除（chemical control）に対する考え方として，近年生物的防除（biological control）が脚光を浴びている．生物的防除手段には，生物農薬ばかりでなく，天敵の永続的な利用や不妊虫の大量放飼などいくつもの方法が考えられるが，他章とも重複するのでここでは土着天敵の利用についてのみ簡単に触れる．

これは農業環境中に棲息している天敵生物を積極的に保護して害虫を管理しようとする発想で，生物農薬として天敵を投入するのとは異なり，本来その場所に棲息している天敵を，それには影響のない農薬を使用することで，あるいは棲息場所をつくりだすことで保護していこうとするものである．たとえば，果樹などで問題になるハダニの天敵であるカブリダニを保護することで，ハダニへの農薬散布を省略できる可能性などが指摘されている．しかし，一般に土着天敵の種類や生態については不明な点が多く，現実的な利用には解決すべき課題がきわめて多い．また，こうした対策が部分的に功を奏したとしても，病害や雑草対策はもとより，多様な害虫発生に恒常的に農薬なしで対応することはまず不可能である．

5）他の類似資材

素性の知れない農薬的な効果をうたった資材を最近とくに目にするようになった．ここでは詳しく触れないが，総じてこれらの資材では到底満足のいく効果は得られないと考えるべきである．

b.　農薬による防除の利点

このように，農薬以外の防除手段は，病害虫を発生させないようにする考え方を中心にしてさまざまなものがあるが，いずれも一長一短があり，満足な効果が安定的に得られなかったり，費用対効果の点で採用しにくいなどの問題がある．農薬による防除の最大の利点は“発生したあとの対策として現在とりうるほとんど唯一の実用的な手段”ということにあるが，これ以外でも以下の点で他の手段に比べて優れている．

① ほかの方法に比べて簡便に使用できる．
② 農薬のメニューが豊富で，あらゆる病害虫に対応できる．
③ ほかの方法に比べてコストがかからず，省力的である．
④ 総じて効果が確実で，費用対効果に優れる．

これらのうち ③ の労力軽減については，とりわけ除草剤の貢献を銘記するべきである．図9.5に示したように，それまで手取りによっていた除草作業が，優れた除草剤の出現によって飛躍的に改善されてきたことがわかる．炎天下の除草がいかに辛い作業かはいうまでもないが，かつて農村では長年の除草作業で腰の曲がった老人を多く目にしたことを想起すれば，それからの解放が単に労力ばかりでなく，健康の観点からもいかに意義深いかを認識すべきであろう．同時に労力の軽減は，農業の低コスト生産のうえで最も重要な課題であり，わが国農業の国際競争力という観点でもきわめて重要な意味をもつ．植物調節剤の多くはこうした労力軽減を背景として生まれた．

以上のような利点に対し，農薬による防除にはいくつかの問題点もある．その代表的なものは散布作業者に対する安全性，残留農薬の懸念，散布に要する労力・不快感，

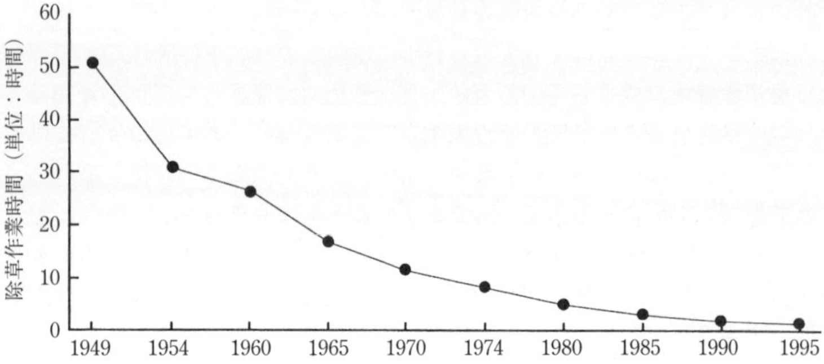

図9.5 水稲作における除草作業時間の推移（10a当たり）（日本植物調節剤研究協会）

作物への薬害，抵抗性，周辺環境への影響などである．ただし，これらは厳しい登録審査によって大部分はクリアされており，また使用者が十分注意すれば回避することができ，残された問題も改善が進みつつある．

しかしながら，優れた農薬によっても防除しきれない病害虫もあり，また時として発生が抑えられず被害をこうむる場合がある．このように農薬は常に100％の効果を出せるものではないため，上記のさまざまな対策と適宜組み合わせて全体として満足のいく防除管理を目指すことが重要である．

9.4 現代の農業と農薬

結局のところ現代の農業は，さまざまな生産資材を利用しながら，農作物という自然の猛威に無防備な人為的に創出された植物を，最大限収穫するための営みである．すなわち，そうした生産資材の利用を前提として現代の農業が成立しているといえる．農薬は生産資材のひとつにすぎないが，これまで述べたとおり，作物保護においてはきわめて重要な役割を担っており，その完全なる代替手段は見出せない．

したがって，農薬を排除した現代の農業体系は成立しえない．それは，現代社会がもはや自動車や医薬なしでは成立しえないのと同じである．今後のさらなる技術開発によって，農薬に過度に依存しない作物保護技術の進展が図られるであろうが，それは農薬を排除するものではなく，相互に依存したものになっていくと考えられる．

〔藤田俊一〕

文　献

1) 岸　国平編（1998）．日本植物病害大事典，全国農村教育協会，p.1276.
2) 日本応用動物昆虫学会編（1987）．農林有害動物・昆虫名鑑，日本植物防疫協会，p.379.
3) 農林水産情報協会（1996）．平成7年度生物の棲息・生育環境の確保による生物多様性の保全及び活用方策調査事業報告書，pp.57-70.
4) Walker, P.T.（1975）. Pest Control Problems（Pre-Harvest）Causing Major Losses in World

Food Supplies, FAO Plant Protection Bulletin, 23 (3/4): 70-77.
5) Oerke, E.C. *et al.* (1994). Crop Production and Crop Protection—Estimated Losses in Major Food and Cash Crops, p.808, Elsevier.
6) Knutson, R.D. *et al.* (1990). Economic Impacts of Reduced Chemical Use, p.72, Knutson & Associates.
7) Knutson, R.D. *et al.* (1993). Economic Impacts of Reduced Chemical Use on Fruits and Vegetables, American Farm Bureau Research Foundation.
8) Knutson, R.D. and Smith, E.G. (1999). Impacts of Eliminating Organophosphates and Carbamates From Crop Production, Agricultural and Food Policy Center (AFPC) Policy Working Paper 99-2, p.115, Texas A & M University.
9) Knutson, R.D. (1999): Economic Impacts of Reduced Pesticide Use in the United States-Measurement of Costs and Benefits, Agricultural and Food Policy Center (AFPC) Policy Issues Paper 99-2, p.21, Texas A & M University.
10) 梶原敏宏 (1994). 農業および園芸, **69** (1): 84-90.
11) 森田利夫 (1982). 植物防疫, **36** (1): 2-4.
12) 日本農薬学会編 (1996). 農薬とは何か, 日本植物防疫協会, p.20.
13) 日本植物防疫協会 (1993). 農薬を使用しないで栽培した場合の病害虫等の被害に関する調査報告, p.42.
14) 日本植物防疫協会 (1995). 農薬を使用しないで栽培した場合の病害虫等の被害に関する実証展示事業報告書, p.75.
15) 藤田俊一 (1995). 食衛誌, **36** (4): 544-546.
16) 藤田俊一 (1996). 現代農業と農薬.日本食品衛生学会SYMPOSIUM'96講要, pp.4-9.
17) FAO (1998): The state of food and agriculture 1998, Food and agriculture organization of the united nations, Rome.
18) 小野小三郎 (1994). イネいもち病を探る, 日本植物防疫協会, p.174.
19) 農薬概説 (1999). 日本植物防疫協会, p.97.

10. 農薬の安全性

10.1 毒性試験

合成化学物質のヒトに対する安全性を担保する毒性試験の種類を考察する場合，化学物質はいくつかのカテゴリーに分類される．まず，ヒトに摂取されることを意図して開発されたもので医薬品や食品添加物が含まれ，その物質にある程度害作用があってもそれに勝る利点があればやむをえない，そのかわり特定の人間が使用を監視し制御しよう，という使われかたをする．次に，ヒトに積極的に摂取されることは考えないが，食物の一部としてあらゆる年代のヒトが日常的に無差別・無防備・無意識のうちに取り込んでしまうもので，農薬がこれにあたる．

もう1つは一般化学品の例で，職業的摂取を除き事故以外にはヒトが摂取することのそれ自体が考慮されない物質である．新規化学物質の登録時に要求される毒性試験成績の種類はおよそこのような基準から選択されている．したがって，環境毒性物質という観点から化学物質をとらえると農薬の占める割合はごくわずかな部分にすぎないが，登録時に要求される毒性試験の種類は16種類以上に及び，一般化学品が急性毒性試験，変異原性試験，1動物の28日間連続投与試験で可とされることに比較しはるかに多種類の試験が要求される．農薬には毒性の強いものもありそれがだれにでも比較的容易に手に入れることができること，場合によっては一般の居住地域に近い場所で用いられるという農薬のもつ特殊な社会的要因から，規制にあたる行政当局としては種々の毒性情報を備えておく必要があるのであろう．

農薬の毒性試験には，大別して環境生物あるいは非標的生物に対する安全性を評価する試験とヒトへの安全性評価の試験がある．近年はホルモン・ディスラプター（環境ホルモン）問題をはじめ環境問題への高まりから前者の情報の重要性が増しているが，それについては本書の12章「農薬と環境問題」を参照されたい．ヒトの安全性に関して，農薬散布現場の作業者と食物や飲み水の残留農薬を摂取する消費者とでは，農薬暴露の形態および量が全く異なっている．このため両者の安全性評価に用いる試験成績の種類も分けられている．

前者を対象にした試験には，急性経口毒性試験，急性経皮毒性試験，急性吸入毒性試験，眼1次刺激性試験，皮膚1次刺激性試験，皮膚感作性試験，（急性遅発性神経毒性試験：有機リン剤，カバメート剤），亜急性経口毒性試験，催奇形性試験，変異原性試験および生体機能に及ぼす影響に関する試験（薬理試験）があり，さらに必要があるときは亜急性経皮毒性試験，亜急性吸入毒性試験，亜急性神経毒性試験が要求される．後者には，急性経口毒性試験，急性経皮毒性試験，亜急性経口毒性試験，慢性毒性試験，発がん性試験，催奇形性試験，繁殖毒性試験，生体内運命に関する試験(代謝試験)，生体機能に及ぼす影響に関する試験（薬理試験）が要求される．

これらの試験については，ある国で得られた成績が世界中で利用できるようにOECDが中心となり国際協定ができつつあるが，その根幹をなすものはGLP（good laboratory practice）と毒性試験指針（ガイドライン）である．GLPは試験施設の質を一定水準に保つもので，機器管理，施設の運営，被験物質の取扱い，従業員の技術水準を確保するための細かい規定を定め，すべての試験業務について標準操作手順(standard operation procedures，SOPs）を作成しそれに則って実施するよう要求し，さらに試験データの質を審査・保証する内部査察機関（quality assurance unit）の設置などを定めている．加盟各国は自国の試験施設のGLP準拠状況を定期的に査察・調査する公の機関を設けている．一方ガイドラインは試験方法の均一化を定めたもので，試験に用いる動物数，投与期間，検査項目，検査方法，報告書に盛り込むべき内容にまで及んでいる．以下にそのおもな試験について解説する．

a. 急 性 毒 性

急性毒性試験とは，化学物質の単回大量投与によって生じる毒性を検出する試験であり，農薬の原体（製剤の有効成分)，製剤を問わず必ず実施される．その試験成績は，おもに農薬使用時の安全な取扱い方法を規定する初期情報として用いられ，長期にわたり反復投与する亜急性毒性，慢性毒性，繁殖毒性試験における投与量設定の貴重な情報源となる．また，わが国では毒物及び劇物取締法により，毒性の強い化学物質を毒物あるいは劇物に指定して，製造，輸入，販売，表示，譲渡，廃棄などの規制を行っているが，急性毒性試験の結果として算出される半数致死量（LD_{50}：50％ lethal dose）は毒性の強さを示す指標として用いられており，毒物および劇物を指定する際の重要な基準の1つとなっている．

人体の農薬が摂取される経路として考えられるのは，口，皮膚および呼吸器である．よって農薬取締法では，急性経口毒性試験，急性経皮毒性試験および急性吸入毒性試験の3種類の試験成績を求めている．急性毒性試験はすべての毒性試験の入り口であり，比較的単純なため毒性試験の流れを把握する好材料だと思われる．そこで以下に各試験方法と実施の際に留意する点を解説する．

1）急性経口毒性試験

試験の対象となるのは農薬原体および製剤である．

実験動物は1種以上の哺乳動物で実施する．扱いやすく，背景データも豊富なラットを用いる場合が多い．げっ歯類を使用する場合は，感染症に罹患していないことが保証されているSPF動物で，遺伝的に安定している近交系あるいはクローズドコロニーの動物が用いられる．さらに購入した動物は，試験環境に十分馴致してから投与に供される.

以前は，1用量当たり雌雄各5匹を使用し，5用量群以上を設定して試験を実施していた．しかし最近は動物愛護の観点から使用する動物の数を減らすために，雌雄いずれかを用いて1群5匹，3用量群を設定して試験を行い，他方の性では1用量群5匹のみを使用し，感受性に差がないことを確認するといった方法がとられている．使用する動物の数が減ったことで試験の信頼性が低下しないように，試験実施者は毒性徴候をとらえ用量反応関係およびおおよそのLD_{50}値を求めることができる適切な用量を設定し，個々の動物をより注意深く観察して多くの情報を得なければならない.

急性毒性試験では，大量の被験物質を一度に投与するため，投与液中の被験物質濃度は自ずと高くなる．そのため，均一かつ投与しやすい懸濁液を得ることは意外とむずかしい．被験物質が水溶性もしくは水和剤であれば，当然水に溶解あるいは懸濁できるが，農薬，特に原体は水に溶解しない粉体である場合が多い．このような場合は，被験物質を乳鉢などで十分に微粉末化してから，カルボキシメチルセルロース（CMC）やソルビタンモノオレエート（Tween 80）などの0.5ないし1%程度の水溶液を賦形剤（vehicle）として用いる．水溶性の賦形剤では均一な投与液が得られない場合，あるいは被験物質が油溶性である場合には，コーン油やオリーブ油といった食用油が用いられる．アルコールや有機溶媒に溶解しやすい剤も多いが，溶媒自体の毒性が強いためほとんど用いられない．投与液の均一性が悪かったりゾンデやカテーテルを通過しにくく投与が困難であると，毒性を正しく評価することはできない．また，被験物質の粒子径や使用する賦形剤によって毒性が影響を受けることも知られている．信頼性が高く再現性のある急性経口毒性試験を実施するためには，投与液の高度な調製技術と適切な賦形剤の選択が重要である.

急性毒性試験における経口投与は，げっ歯類など小動物の場合は，先に述べたように被験物質を溶液あるいは懸濁して投与液を調製し，ゾンデやカテーテルといった器具を用いて被験物質を直接胃内に投与する．イヌなどの比較的大きい動物の場合は，被験物質が液体であればカテーテルを用いるが，粉体である場合は可消化性のカプセルに被験物質を封入して飲み込ませる方法もとられる．胃内の食物残存量により毒性の強さあるいは質が変化する場合があるので，個体間のばらつきをなくすことを目的として被験物質投与前の一定時間（ラットでは通常一晩）と投与後数時間の絶食を行う.

急性経口毒性試験の投与用量は，体重1kg当たりの投与量すなわちmg/kgという単位で表す．したがって，投与直前の各個体の体重を測定して，実際に投与する量を決定することになる．このとき，極端に体重が軽い個体あるいは重い個体は試験から除外する．その目安は供試動物の平均体重の±20%である．また，体重は動物の健康状態を示す重要な指標となるため，少なくとも被験物質投与後毎週1回測定し，投与直前の体重と比較することによって，各個体の回復状況を知ることができる.

被験物質を投与した当日には頻回，翌日からは少なくとも1日1回，各個体別に詳細な症状観察を行う．観察内容は，外貌，姿勢，運動量，行動，意識，神経症徴候，粘膜や被毛，体温，呼吸状態などの全身症状と，眼，口，鼻，耳，四肢，体幹，外陰部，肛門から尾部に至る局所的な症状まで多岐にわたる．観察されたすべての症状について，その発現時期，回復時期を記録する．動物が死に至った場合は，死亡時の体重を測定するとともに，死亡時期について記録した後，剖検する．複数の個体を同一ケージに収容して飼育している場合は，まれに生存個体によって死体の一部が食失されることがあるため，衰弱あるいは瀕死個体は隔離するなどの適切な措置をとる．また，極端な興奮状態にあったり攻撃性が認められほかの動物に外傷を負わせる可能性がある個体も隔離すべきである．さらにこのような症状を示した個体は，観察時のハンドリングによって症状が悪化し突然死亡することがあるため，人為的に症状を変化させないためにも慎重に扱わなければならない．

通常，臨床症状の観察期間は投与後14日間とされている．急性毒性試験における一般的な経過は，死亡例の多くが投与後1ないしは2日以内に認められ，投与後1週間以内に症状が消失し，生存動物の健康状態は投与後14日ごろには完全に回復する．しかし，被験物質によっては毒性が遅れて発現したり，回復が遅延することがある．投与後14日目においても症状が消失していない場合，あるいは体重が投与直前の値まで回復していない場合は，さらに1週間程度期間を延長して回復の経過を観察することも必要であろう．

すべての供試動物について剖検し，肉眼的病理所見を記録する．死亡動物は死亡発見後速やかに，観察期間終了時の生存動物は麻酔により安楽殺したあとに実施する．剖検時には，外表および神経系，呼吸器系，循環器系，消化器系，排泄系，生殖器系，内分泌器系といった全身臓器を詳細に検査する．経口投与における死亡例では，暴露部位である消化管における出血，水腫，潰瘍などの変化が認められることが多い．また，呼吸抑制あるいは循環不全を示唆する肺の出血斑や水腫性変化もしばしば観察される．死亡が遅延する場合は，多くの臓器に変化が現れる．投与後24時間以上生存した動物の臓器に変化があった場合は病理組織学的な検査の実施を考慮するが，急性毒性試験では被験物質の大量投与によって急速に死亡への経過をたどるため，被験物質特有の変化が認められることは少ない．

試験が終了したら，各用量群の死亡率（死亡した動物数/投与した動物数）に基づき，推計学的手法を用いて半数致死量（LD_{50}値）を算出する．現在一般的に使用されている計算方法は，農林水産省および経済開発協力機構の急性毒性試験ガイドラインで参考文献としてあげられているプロビット法およびその簡便法である．しかしながら，これらの方法のなかには3用量群では正確にLD_{50}値を算出できない方法も含まれている．アメリカ環境保護庁のガイドラインが採用している参考文献は簡便法について批判的であり，プロビット法あるいは一般線形モデルによる算出を推奨しているが，現在のガイドライン下では実用性に乏しい．このように有力な推計方法はあるものの，国際的に認められた完璧な方法はない．LD_{50}値は1回の試験結果から得られる推定値であるため，大きな試験規模すなわち使用する動物数や用量群数が多いほど精度はよくなる．使用動物数を削減するとともに実用的な推計精度を確保することが現代の急性毒性試験における課題の1つである．

2）急性経皮毒性試験

試験の対象となるのは農薬原体および製剤である．ただし，強酸または強アルカリのものは皮膚に腐食性の変化をもたらすため，動物愛護の観点から実施されない．試験の流れは基本的に経口毒性試験と同じである．経皮試験に特有な内容について以下に述べる．

実験動物には1種以上の哺乳動物を用いる．ラット，ウサギあるいはモルモットを用いる場合が多い．

被験物質が個体の場合は乳鉢などで十分に微粉末化してから，液体の場合は一般に希釈せずそのまま投与に用いる．

投与の約24時間前に，供試動物の背部被毛を剪(せん)毛する．被験物質は多孔性のガーゼにのせて，体表面積の約10％の範囲に均一に貼付し，非刺激性のテープで固定する．この際，被験物質が固体の場合は皮膚とよく接するように水または非刺激性の溶媒を用いて被験物質を湿らせる．動物がガーゼを破って被験物質を経口摂取しないように，外科用プラスチックを用いることなど適当な方法でさらに覆う．貼付24時間後にガーゼをはがし，背部に残存している被験物質を水または適当な溶媒で除去する．経皮投与で特に注意しなければならない点は，剪毛時に皮膚を傷つけることである．皮膚が傷つくと被験物質の吸収に影響を与えて，経皮毒性の正確な評価が困難になるので注意する．投与後の観察，剖検，半数致死量の算出は経口毒性試験と同様に行われる．

3）急性吸入毒性試験

試験の対象となるのは農薬原体およびくん煙剤，エアロゾル剤など経気道暴露のおそれのある製剤である．試験の流れは基本的に経口毒性試験と同じである．吸入試験に特有な内容について以下に述べる．実験動物には通常ラットを用いる．

被験物質は原則としてそのまま暴露に用いる．しかし被験物質を動物が吸入可能なエアロゾル（粉剤を空気中に浮遊させたものがダスト，液剤を浮遊させたものがミストで，これらの総称がエアロゾルである）として空気中に浮遊させなければならないため，必要に応じて適当な溶媒や担体を使用する場合もある．使用する溶媒や担体は，毒性が既知で試験に重大な影響を与えないものを用いる．

吸入毒性試験では一定量を動物に投与するのではなく，空気中に被験物質を混合して動物に呼吸させるため，投与ではなく暴露という用語を用いる．また，先に述べたように経口および経皮毒性試験では投与用量を体重1kg当たりの投与量すなわちmg/kgという単位で表すが，吸入毒性試験では空気1l当たりの被験物質の気中濃度すなわちmg/lという単位を用いる．暴露方法には被験物質を含む空気中に動物を入れる全身暴露と，被験物質を含む空気が通過する部位に頭部あるいは鼻部だけを保持する鼻部（頭部）暴露がある．いずれも被験物質の発生，暴露，排気処理に特別な装置が必要である．全身暴露による被験物質の吸収は，経気道だけではなく経皮および経口からの摂取も生じるため複合経路となる．鼻部（頭部）暴露では経皮あるいは経口摂取はほとんどない．全身暴露は実際の農薬散布による暴露形態に近い形での毒性評価となり，鼻部（頭部）暴露では純粋に吸入毒性の評価となる．最近は非吸入経路での吸収が少ないことのほかに，比較的少量の被験物質で試験が実施可能で，試験実施者にとっても安全性が高いなどの理由から鼻部（頭部）暴露が広く用いられている．全身暴露，鼻部（頭部）暴露いずれの場合も4時間連続して暴露する．

吸入毒性の発現に影響を与える重要な要因として，エアロゾルとなった被験物質粒子の大きさ，すなわち粒子径があげられる．粒子径が10ないしは15 μmであれば鼻腔内に吸入されるが気管支に到達するのは4 μm以下の粒子で，さらに肺胞まで届くのは1 μm以下の粒子径であるといわれている．したがってエアロゾルであっても粒子径が15 μmを越える場合は吸入されず，また15から5 μm程度の鼻腔に沈着してしまう粒子径だと，かなりの量が咽頭を通過して嚥下されてしまう可能性があり，吸入毒性評価には不適当である．このことから吸入毒性のガイドラインでは空気力学的質量中位径（MMAD，空気中に浮遊している状態における被験物質の平均粒子径）を1～4 μmの範囲内にすることが望ましいとされている．このように被験物質の粒子径は，吸入毒性を評価するうえでたいへん重要な因子であるため，被験物質の気中濃度とともに暴露期間中複数回にわたって測定される．気中濃度測定は原則として化学分析法により行われ，粒子径分析には重量分析法が用いられる．

暴露後の観察，剖検，半数致死量の算出は経口毒性試験と同様に行われる．ただし吸入毒性試験では被験物質暴露部位が呼吸器であるため，剖検時には気管や肺の変化に注意する．また，被験物質の気中濃度が急性経口試験の用量にあたるため，半数致死量ではなく半数致死濃度（LC_{50}：50％ lethal concentration）という用語が用いられる．

b. 眼・皮膚刺激性・皮膚感作性

これらの試験は農薬散布者などの使用者安全を目的とし，農薬が人の目や皮膚に暴露したときに起こる可能性のある刺激性と，皮膚に繰り返し暴露したときに起こる可能性のある皮膚感作性の情報を得るたの試験方法である．これらの目的から各試験とも製剤を対象として行われているが，皮膚感作性試験においては原体も対象としている．ここでは各試験法の概要について述べるが，詳細は，経済協力開発機構（OECD）ガイドライン[1～3]などの資料を参照されたい．

1）眼刺激性試験

製剤について実施し，眼粘膜の刺激性を評価する．ただし，強酸または強アルカリのものは腐食性をもつと予測されるため試験は行わない．また，ほかの試験において激しい皮膚刺激性が認められた被験物質も，眼に激しい刺激性が予測されるため行わない．

通常，白色ウサギの若齢成獣3匹を使用する．ウサギは眼粘膜（および皮膚）が刺激性物質に対する感受性に優れ，背景データも豊富なことから広く一般的に用いられている動物種である．また，最近は動物愛護の観点から使用動物数の削減が考慮されて，従来の6匹から3匹となった．さらに，激しい反応が予想される場合は，最初に1匹の動物での試験を行い，激しい刺激性反応が認められたときは1匹のみの成績で試験を終了する．

あらかじめ眼に異常がないことを確認するため，投与開始前24時間以内に試験動物の両眼を検査する．角膜，虹彩，結膜について観察を行い，異常のあった動物は試験から除外する．

液状の被験物質は希釈しないで，固形または粒状のものは微粉末にして一定容量投与する．投与容量は液状（またはペースト状）のものは0.1 m*l*，固体では0.1 gを用いる．

片側の下眼瞼を緩やかに眼球からひきはなし，その結膜のう内に被験物質を投与する．被験物質の損失を防ぐため約1秒間，両眼瞼を緩やかに合わせ保持する．投与した眼との比較対象のため，反対側の眼は無処置対象眼とする．圧力のかかったエアゾール剤の農薬の場合には開瞼させておき，眼の前方10 cmの距離から1回約1秒間噴射する．

通常，動物の眼は被験物質投与後24時間洗眼しない．しかし，24時間の時点で適切と考えられる場合（被験物質の結膜のう内の残存が刺激性反応をいたずらに増強させる場合など）には洗眼する．

刺激性が認められた場合には，洗眼によって刺激性変化が軽減されるかどうかを確認するため，これら動物とは別に少なくとも3匹の動物を用いて洗眼効果の確認試験を実施する．この場合，投与した側の眼を投与約30秒後に微温湯で30秒間動物の眼に障害を与えない程度に洗浄する．

投与後1，24，48，72時間に眼粘膜の刺激性変化について観察する．通常Draize[4]による眼反応の採点表を用い眼の角膜，虹彩，結膜について採点する（表10.1）．この採点表では刺激性反応の程度を基準にしているが，虹彩や結膜が最大10点，20点であるのに角膜が最大80点というように眼の部位により点数「重み」をかけているのが特徴である．観察は肉眼的に行うが，双眼ルーペ，ハンドスリットランプ，生物顕微鏡などを用いると容易に行うことができる．また，24時間後の観察を記録したあと，角膜の刺激性変化を詳細に観察するため，一部あるいは全部のウサギの両眼を蛍光色素（フルオレスセイン）で染色し検査することも観察の有効な手助けになる．72時間の観察で刺激性が認められなければ試験を終了する．もしも持続性の角膜障害またはその他の刺激性が観察される場合には，その反応の経過やその可逆性あるいは非可逆性を見極めるために，投与後最長21日まで観察を延長する．

角膜，虹彩，結膜の刺激性反応の観察に加え，認められたいかなる反応も観察対象

表 10.1 眼の反応の評価

病　　変	評点
角膜	
混濁：混濁の程度（最も濃い部分で評価する）	
潰瘍または混濁なし	0
散在性またはび慢性の混濁（通常の光沢の軽度のくもりとは異なる），虹彩の細部は明瞭に識別可能	1*
半透明部は容易に見分けられるが，虹彩の細部はやや不明瞭	2*
真珠様光沢部位，虹彩の細部は不明で，瞳孔の大きさがかろうじて見分けられる	3*
混濁角膜，混濁部を通じて虹彩は見分けられない	4*
虹彩	
正常	0
著名な深い褶，充血，腫脹，中等度の角膜周擁部の充血，これらのいずれかまたは組合せ，虹彩はまだ光に反応する（ゆるやかな反応は陽性）	1*
対光反応消去，出血，著しい組織の崩壊（これらのいずれかまたはすべて）	2*
結膜	
発赤（眼瞼および眼球結膜，角膜，虹彩で判定する）	
血管正常	0
多少の血管が明らかに充血	1
び慢性の深紅色，個々の血管は容易に見分けられない	2*
び慢性牛肉様赤色	3*
結膜浮腫（眼瞼結膜および瞬膜またはその一方）	
腫脹なし	0
正常よりわずかな腫脹（瞬膜を含む）	1
眼瞼の外反を伴った明らかな腫脹	2*
眼瞼の1/2の閉鎖を伴った腫脹	3*
眼瞼の1/2以上の閉鎖を伴った腫脹	4*

* 陽性効果を示す．

として記録する．

眼刺激性の評価は，(a) 刺激性反応の種類，(b) 反応の強さ，(c) 反応が可逆性または非可逆性であるか，(d) 反応が見られた動物の割合，を総合的に検討して行う．また，個々の点数は刺激性の絶対的尺度を示すものではない．

眼刺激性の程度の判定は必ずしも容易ではないが，以下に示す基準が判断の参考となる．

・無刺激性：全観察期間を通じ陽性の刺激性変化が認められない．

・軽度の刺激性：角膜の混濁が認められず，その他の陽性の刺激性変化は投与後7日目以内に消失する.

・中等度の刺激性：角膜の混濁が投与後7日目以内に消失するが，その他の陽性の刺激性変化は7日目も持続している.

・重度の刺激性：角膜の混濁が7日目以内に消失しない．高度の刺激性変化が認められる．または非可逆性の刺激性が認められる.

2）皮膚刺激性試験

製剤について実施し，皮膚刺激性を評価する．ただし，強酸または強アルカリのものは腐食性をもつと予測されるため試験は行わない.

通常，白色ウサギの若齢成獣3匹を用いる．ウサギは眼刺激性試験と同様に皮膚刺激性試験にもよく用いられ，背景データも豊富な動物種である.

投与開始約24時間前に体幹背部の毛を短く刈る．皮膚を傷つけないように注意を払い，健康な無傷の皮膚をもつ動物だけを使用する.

液状の被験物質は希釈しないで投与する.固形または粒状のものは微粉末にした後,水または必要により適切な溶媒で十分に湿らせて，皮膚とよく接触させる．投与容量は液状（またはペースト状）のものは0.5 *ml*，固体では0.5 gを用いる.

実験動物にはウサギを用い，投与する皮膚部位はウサギの毛周期［ウサギの被毛は毛包の発育する時期（活性期），毛包が発育しない時期（休止期）およびそれらの間の時期（移行期）があり，これらが毛周期として繰り返される．活性期の皮膚は厚みのある暗赤紫色を呈して被毛は密に生えているのに対して，休止期は滑らかで均一な皮膚の色合いをもち被毛は伸びていない.］を考慮に入れ休止期の部位とする．被験物質は，皮膚の小範囲（約6 cm^2）に適用し，ガーゼパッチで覆い，非刺激性テープで固定する．使用したガーゼは暴露期間中適当な半閉塞ないし閉塞包帯で皮膚と接触を保つようにする．投与した皮膚との比較対象のため，その動物の未処置部分の皮膚を対象皮膚とする．被験動物の暴露は4時間とする．投与終了後ガーゼをはがし，残存した被験物質は水や適当な溶媒を用いて取り除く.

被験物質除去後30分または60分，24，48，72時間に紅斑と浮腫の徴候について観察し，反応を採点する.

皮膚刺激性は以下に示す評価点に従って採点し記録する.

Ⅰ　紅斑および痂皮形成	評点
紅斑なし	0
非常に軽度の紅斑（かろうじて識別できる）	1
はっきりした紅斑	2
中等度ないし重度の紅斑	3
重度の紅斑（ビート様赤色）から軽度の痂皮形成（深部損傷）まで	4
Ⅱ　浮腫形成	
浮腫なし	0
非常に軽度の浮腫（かろうじて識別できる）	1

軽度の浮腫（縁が明確に識別できるはっきりした膨隆）……………………2
中等度の浮腫（約1mmの膨隆）…………………………………………3
重度の浮腫（暴露範囲を越えて広がる1mm異常の膨隆）……………………4

72時間の観察で刺激性が認められなければ試験を終了する．必要に応じて刺激性反応の経過やその可逆性あるいは非可逆性を見極めるために投与後最長14日まで観察を延長する．

動物愛護の観点（または無駄な動物の使用を避ける目的）から，被験物質に重度の刺激性/腐食性が疑われるときは，1匹の動物で試験する．動物の皮膚の3か所にそれぞれ被験物質貼付物（パッチ）を投与する．1番目のパッチは3分後に，2番目のパッチは1時間後に，3番目のパッチは4時間後に除去する．1番目，2番目のパッチ部位で除去後強い皮膚反応が観察された時点で試験を終了する．3番目のパッチ除去後30分または60分に皮膚反応の観察を行い，強い皮膚反応が観察された場合は試験を終了する．いずれのパッチにおいても強い皮膚反応が観察されない場合は2匹の追加動物を用い，それぞれ1つのパッチで4時間暴露する．

皮膚刺激性の評価は，観察された反応の質および可逆性または非可逆性を関連させて評価すべきである．また，個々の点数は刺激性の絶対的尺度を示すものではなく，観察された反応を総合的に評価すべきである．

皮膚刺激性の程度の判定は必ずしも容易ではないが，以下に示す基準が判断の参考となる．

・無刺激性：全観察期間を通じ陽性の刺激性変化が認められない．
・軽度の刺激性：非常に軽度の刺激性変化はみられるものの，72時間目にはすべて消失している．
・中等度の刺激性：72時間目以内の観察で軽度あるいは中等度の刺激性変化が認められる．
・重度の刺激性：72時間目以内の観察で高度の刺激性変化が認められる．または非可逆性の刺激性が認められる．

3）皮膚感作性試験

原体および製剤について実施し，皮膚感作性を評価する．すなわち，農薬に繰り返し接触した際にアレルギー性皮膚炎（接触性皮膚炎）を起こす可能性を調べる試験である．多くの研究者により種々の感作性検出法が報告されているが，比較的実施頻度の高い試験方法は，モルモットを用いたマキシミゼーション法（以下，GPM法）およびビューラー法（以下，Bu法）であり，通常原体の皮膚感作性評価ではGPM法を，製剤の評価ではBu法を用いることが多い．

実験動物にはモルモットの若年成獣を用いる．雌は未経産で非妊娠のものを用いる．

各試験とも試験群（感作投与および惹起投与とも被験物質を用いる群）と対照群（感作投与では被験物質を用いず，惹起投与でのみ被験物質を用いる群）の2群を設定する．GPM法では試験群に少なくとも10匹，対照群に少なくとも5匹を用いる．ただし被験物質が感作性物質と認められない場合は最終的な動物数が試験群に少なくとも20匹，対照群に少なくとも10匹となるように追加試験を行う．

Bu法では試験群には少なくとも20匹，対照群には少なくとも10匹用いる．

① GPM法：感作皮内投与を1回，さらに，その7日後に48時間の感作経皮貼付を1回実施する．感作皮内投与後21日に惹起貼付を行う．

感作皮内投与は以下の3液を除毛した肩部の正中線の両側に1対ずつ，合わせて6か所投与する．

(1) FCA（フロイントの完全アジュバント）と生理的食塩水溶液の1：1（v/v）混合物

(2) 適切な媒体中での所定濃度の被験物質

(3) FCAと生理食塩液の1：1（v/v）混合物中での所定濃度の被験物質

被験物質が刺激物でない場合には感作経皮貼付前日に貼付予定部位を除毛した後，10％ラウリル硫酸ナトリウム含有のワセリンを塗布する．

感作経皮貼付（2 × 4 cmのパッチを使用）は皮内投与部位に閉塞的に48時間行う．

惹起貼付（2 × 2 cmのパッチを使用）は左側腹部に閉塞的に24時間行う．

② Bu法：6時間の感作経皮貼付（2 × 2 cmのパッチを使用）を7日間ごとに計3回実施し，その後第1回目の感作貼付後28日に6時間の惹起貼付（2 × 2 cmのパッチを使用）を行う．

感作経皮貼付（2 × 2 cmのパッチを使用）は左肩部位に閉塞的に24時間行う．

惹起貼付（2 × 2 cmのパッチを使用）は左側腹部に閉塞的に24時間行う．

両法とも惹起貼付除去後24および48時間後に皮膚反応を観察する．皮膚反応の観察はGPM法では以下に示す採点基準[5]で行う．

0 = 肉眼的変化なし

1 = 散在性または軽度の紅斑

2 = 中等度の紅斑

3 = 強度の紅斑および浮腫

Bu法ではGPM法の採点基準ないし独自の採点基準[6]を用いる．

惹起経皮貼付による2日間の点数のうち各動物の最高点をその動物の評点とし，試験群のうち対照群に認められた最高評点より上の評点（ただし評点1以上）を示したものを感作陽性動物とする．皮膚感作率は［(感作陽性動物数/使用動物数) × 100］として算出する．

得られた皮膚感作率を表10.2に示す基準[5]に当てはめ，皮膚感作性を評価する．

Bu法では感作陽性率に加え，惹起経皮貼付による各動物の点数を総和し，供試動物数で除することにより，各群の両観察時期における1匹当たりの平均皮膚反応強度を算出して感作性評価の一助とする．

惹起で得られた結果が不明確な場合には再惹起を行う．再惹起は惹起の約1週間後

表 10.2

感作率（%）	区分	程度
0～ 8	I	微弱
9～ 28	II	軽度
29～ 64	III	中等度
65～ 80	IV	重度
81～100	V	極度

に惹起と同様の手法で実施する．再惹起経皮貼付を行った場合は，再惹起経皮貼付の成績を優先して評価に用いる．

OECDのガイドラインでは既知の感作陽性物質(ヘキシルサイナミックアルデヒド，メルカプトベンゾチアゾール，ベンゾカイン）で6か月ごとに皮膚感作性試験を行い信頼性の評価をすることを奨めている．これによると，軽度から中等度の感作性物質に対してGPM法に代表されるアジュバント法で少なくとも30％，Bu法に代表される非アジュバント法で少なくとも15％の陽性反応が期待できるとされる．

そのほか陽性対照物質としてパラフェニレンジアミン，ジニトロクロロベンゼン，ニクロム酸カリウム，硫化ネオマイシン，硫化ニッケルなどが使われる．

GPM法とBu法の使い分け　GPM法はアジュバントを用いて皮内投与しているため被験物質のもつ感作性をできるだけ引き出そうとする（感作能の検出）方法と考えられる．感作性を鋭敏に検出できるのはよいが，逆に必要以上に感作性を引き出してしまう危険性がある．一方，経皮投与のみのBu法ではGPM法に劣らない感作性検出能力も証明されており，また感作，惹起とも経皮のみの投与ということから農薬が実施に使われるときの暴露経路に則した方法といえる．

農薬の皮膚感作性試験ではその主成分である原体と市場に出る製剤の2剤型で行っている．原体の場合は原体自身がもつ感作性を十分に引き出す方法がよいと思われ，一方，製剤の場合は，使用時にヒトに対する暴露経路が重要視されるべきだと考えられる．したがって，農薬の感作性を検査するときは原則として原体はGPM法を，製剤はBu法を用いることが奨められる．

マウスを用いた試験　前述したモルモット試験とは別に近年マウスを用いた感作試験が開発されている．マウスの免疫系はモルモットより広く研究されている．マウスを用いた試験では反応を客観的に測定できること，試験が短期間であること，および最少の動物で処理できるなどの利点がある．mouse ear swelling test（MEST）とlocal lymph node assay（LLNA）が有望な方法であり，中等度から強度の感作物質を確実に検出できることが実証されている．これらの試験はモルモットの試験を行う前のスクリーニングテストとして実施されている．

c. 催奇形性

古くはサリドマイドのアザラシ肢症，近年ではダイオキシンによる奇形児発生の危険性が指摘されているが，農薬の場合にも成長点の分化阻害，成長ホルモン合成阻害あるいは組織分化の生化学的機構の障害を薬理効果とするものが少なからずあり，本試験のもつ意義は大きい．実験動物においては妊娠期間の胎児の器官形成の段階が詳細に調べられているため，器官形成期に薬物を投与し奇形が発生した場合，奇形の種類を調べると妊娠のどの段階がその薬物に対し最も危険であるか推定できる．動物の母獣は重度の奇形児が生まれると自らが食べてしまい奇形の有無が判定できないところから，出産の前日に帝王切開して検査する．

実験動物には薬物代謝および感受性の差を考慮し2種類の動物，通常ラットとウサギを用いる．試験群には対照群と3群以上の投与群を設け各群に妊娠雌を最低ラットは20匹，ウサギは16匹用意し，妊娠確認の翌日からラットでは妊娠19日，ウサギでは妊娠28日にかけ通常強制経口投与し，投与終了の翌日に帝王切開して胎児を検査する．胎児の外表および内臓奇形を観察し，別の胎児について骨格標本を作製し異常を検査する．

骨の発育は母獣の栄養状態で大きく左右されることから，母獣に体重増加が著しく低くなる投与量を与えた胎児では，胸骨や四肢の軟骨の発達不良あるいは頭骨の癒合不全などが発生することが少なくない．また，内臓では心臓の心室中隔で閉鎖不全が増加するが，これらは真の奇形と区別されなければならない．また，腰部肋骨などの解剖学的変異の増減もよく観察されるが，奇形発生の範疇から除外する必要がある．

d. 繁殖毒性

薬物により遺伝子に異常が生じそれが後世に伝えられることは，たとえそれが優れた形質への変化であっても決して許されてはならない．また，毒性変化で最も評価しにくいものが行動や情緒の異常であるが，哺育中の母獣の情緒に異常が生じると子育てを放棄したり哺乳児を食べてしまうことがあり，これによって検出困難な情緒へ与える影響をある程度評価できる．さらに，薬物摂取によるホルモン異常や生体内活性物質の生成不全で妊娠率低下，流産増加，分娩障害，児動物の行動・機能障害や成熟障害の生じる危険があり，これらの異常を検査するのが繁殖毒性試験である．近年ホルモン・ディスラプター（環境ホルモン）効果が種々の環境物質について疑われているが，農薬ではそれを検出する高次試験である繁殖毒性試験を実施しているため，生体のホルモン環境を損なわない量をきちんと検出したあとで使用に供している．

実験動物には通常ラットを用いる．薬物を親，子，孫の3世代にわたり通常混餌投与し，孫の離乳時まで観察する．試験群には対照群と投与群は3群以上を設け，最高投与群では何らかの毒性徴候が現れる量を，最低投与群は無毒性量（NOAEL, no adverse effect level）が判定できる量とする．親および子世代について妊娠雌を最低20匹ずつ用意し，母獣の体重変化，妊娠率，分娩率，出産率，哺育行動を調べ，児動物の出生率，生存率，体重変化，行動，発育，生殖器発達，精子の形態異常・運動性などを詳細に観察し，母獣および児動物の一部について解剖し病理学的検査を実施する．

e. 変 異 原 性

正常細胞ががん細胞に変化するには遺伝子の変化が先行して生じる．遺伝子の変化が大きいと染色体の形態異常がもたらされ，さらに場合によっては変化した染色体の集合体が小さい核（小核）として分離されてくることがある．したがって，薬物の発がん性を検出する際にそれらの変化を調べれば，試験期間が短く経費も安く再現性ある試験ができるはずである．また，発がん性試験は通常げっ歯類2動物でしか実施されないため，対象薬物の感受性がげっ歯類において鈍い場合は発がん性を検出できないおそれがある．その点，変異原性試験では薬物の遺伝子などへの影響を直接検査できるので，動物種差を考慮する必要がなくヒトへの外挿も容易にできる利点がある．

さらに，遺伝子のさまざまな変異様式を検出できる試験系が考案されており，得られた障害がどの遺伝子に生じたか推察することもできるところから，発がんのメカニズムを研究するうえでも貴重な情報を与えてくれる．また，催奇形性も場合によっては器官形成期の発生原基に生じた突然変異に由来することがあるので，本試験で催奇性能のスクリーニングもできることになる．このように利用価値が大きく，試験施設も簡便で費用が安く再現性があり研究的にも感度の高い実験系であるため，試験系が考案されて以来急速に発展した試験法で多くの方法が提案されているが，通常の毒性試験で要求されているのは，細菌を用いる復帰突然変異試験，哺乳類培養細胞を用いる染色体異常試験，げっ歯類を用いる小核試験である．いずれの試験でも擬陽性/擬陰性を鑑別するため陰性対照群および陽性対照群を並行して試験する．

1）復帰突然変異試験

ネズミチフス菌や大腸菌に放射線を照射し，遺伝子変異の種類が分かっており，表現型としていずれも特定の栄養素（ヒスチジンまたはトリプトファン）が培地に添加されないと増殖できない細菌株を用意しておく．これを栄養素が添加されていない通常培地に播き薬物を加えると，薬物に変異原性がなければ細菌は死滅するが，遺伝子変異を生じ，それが放射線照射により変異した遺伝子が“先祖帰り”する形（wild typeへの変異）でもたらされると，細菌は増殖し遺伝子変異の事実を証明できる．薬物は代謝された形で変異原性を示すこともあるので，薬物代謝活性が亢進したラットの肝臓分画（S9，肝臓を9,000 gで10分間遠心分離した上静分画）を培地に加えた試験も並行して行う．通常用いられる変異細菌株には以下のものがある．ネズミチフス菌はヒスチジンを要求し，大腸菌はトリプトファンを要求する．

ネズミチフス菌（*Salmonella typhimurium*）TA98，フレームシフト変異型
ネズミチフス菌TA100塩基置換変異型
ネズミチフス菌TA1535塩基置換変異型

ネズミチフス菌TA1537あるいはTA97，TA97aフレームシフト変異型

大腸菌（*Escherichia coli*）WP2uvrA，WP2uvrA/pKM101塩基置換変異型

ネズミチフス菌TA102塩基置換変異型

2）哺乳類培養細胞を用いる染色体異常試験

遺伝子の大きな部分に変異を生じると染色体に形態学的異常がもたらされる．また，殺菌剤の中には細菌チューブリンなどの細胞骨格に形成障害・機能障害をもたらすことで殺菌効果を発揮するものがあるが，このような薬剤では細胞分裂に必要な紡錘糸に異常が生じ，染色体が分割されない多倍数体の核が形成される．このような状態では遺伝子変異の確率が高くなり，さらに細胞死が増加し細胞回転の亢進も加わってがん細胞の出現頻度が増し，結果的に発がんに至る可能性が高くなる．

使用する培養細胞には，ヒト末梢血リンパ球，チャイニーズハムスターの肺あるいは卵巣由来の線維芽細胞株がある．培養細胞はマイコプラズマに汚染されていることがあり注意が必要である．試験には復帰突然変異試験で用いたS9を加えた試験系を並行して実施する．培養細胞を3から6時間薬物処理し，処理開始より約1.5細胞周期後に染色し，顕微鏡下で異常を観察する．

3）げっ歯類を用いる小核試験

哺乳動物の赤血球は成熟の最終過程で核を細胞外に放出するが，大きな異常が染色体に生じると，染色体の一部が小さな核として細胞質に残存することがある．この分離核を指標として染色体ひいては遺伝子に大きな障害が生じたことを検出する．異常の検出には末梢血かあるいは骨髄の赤血球が用いられる．この試験系は復帰突然変異試験，染色体異常試験が*in vitro*の試験系に対し，動物に薬物を経口あるいは腹腔内投与するため，代謝を含む生体側の生理的要因による種々の変化を加味した異常を検出する*iv vivo*の試験系であるところから，薬物による変異原性をより実際的に示していると考えられている．

実験動物にはマウスかラットを使用するが，末梢血の赤血球を用いる場合はマウスでの試験がふつうである．最高投与量には幼弱赤血球の減少など骨髄で細胞毒性が認められる用量，または毒性徴候が認められるか致死量をわずかに下回る量を採用する．

f. 亜急性毒性・慢性毒性

薬物を長期間にわたり繰り返し投与した際の変化を検査する試験で，農薬の一日摂取許容量（ADI, acceptable daily intake）の設定基準の根幹をなす試験である．亜急性毒性試験は農薬散布の作業者の完全性を担保する評価資料となり，同時に慢性毒性試験および発がん性試験の投与量設定の根拠になる試験である．試験方法の基本は使用動物数がラットで各群各性10匹になることを除いて慢性毒性試験と同様であり特に述べないが，動物の行動薬理学的観察が加わる特徴がある．以下に慢性毒性試験の試験方法を述べる．

試験動物数は，ラットは各群各性20匹，イヌは各群各性4匹を用意し対照群と投与群に少なくとも3群を設定する．投与群の用量は最高投与群で何らかの毒性徴候を示し，最低投与群では無毒性量（NOAEL, no adverse effect level）が設定できる量とする．投与期間は1年間であるが，げっ歯類では6か月ごとに，イヌでは3か月ごとに血液学的検査，血液生化学的検査および尿検査を実施する．また，眼検査を投与開始前と終了時に行う．投与期間終了後全例を剖検し，肝臓，腎臓，副腎，精巣，卵巣，脾臓，心臓，脳，前立腺（イヌ），甲状腺・上皮小体（イヌ），下垂体（イヌ）の重量を，イヌでは全例，ラットでは各群各性すくなくとも10匹ずつを測定する．病理組織学的検査はイヌについて全動物の全臓器を検査し，ラットは死亡例と対照群および最高投与群について全臓器を検査し，その他の投与群の生存例については少なくとも標的臓器を検査する．

慢性毒性としては薬物の標的臓器における直接作用による変化と，標的臓器障害の2次的影響による変化とがある．脂溶性の高い農薬の多くの標的臓器は肝臓であり，そこで酸化され極性を低下しグルクロン酸などの抱合を受け胆汁中に排泄される．この反応では肝細胞でP-450タンパクの酸化的薬物代謝酵素活性が亢進するとともに，抱合系酵素も同時に誘導される．P-450タンパク分子種の一部は男性ホルモンであるテストステロンの分解酵素でもあり，その分子種が特異的に誘導されるとテストステロンの分解が亢進し，血中のテストステロン濃度が減少する．そうすると下垂体から精巣の間細胞におけるテストステロン合成を促すホルモン（LH, luteinizing hormone）が分泌され間細胞が活性化してくる．このようにして一方ではテストステロンが分解され他方では間細胞が活性化することが薬物投与を持続する限り繰り返され，それが長期にわたると前立腺などの雄性副生殖腺の萎縮と間細胞の肥大・過形成がもたらされる．

同じような現象がラットの甲状腺でも認められる．ラットの甲状腺ホルモンは血中をアルブミンと結合して運搬されるが，その結合はヒトやサルの結合タンパクであるグロブリンと違って緩やかである．一方，抱合系酵素の1つである．UDP-GTは甲状腺ホルモンの分解酵素であるが，それが薬物投与により誘導されるとアルブミンに緩やかに結合している甲状腺ホルモンを分離させ分解する．甲状腺ホルモンの血中濃度が減少すると下垂体から甲状腺刺激ホルモンが分泌され甲状腺は活性化するが，ホルモン合成が分解に追いつかないと甲状腺は合成系のさらなる活性化と同時に分泌細胞の数を増やそうとする．このようにして薬物投与が長期的にわたると甲状腺に増殖性病変が生じてくるのである．

最初の酸化過程で非常に反応性の高い中間代謝物が形成されたり，活性酸素種が生理的中和能力を越えて生成されると，それらは自らの安定のために大分子化合物特に脂質の二重結合から電子を引き抜く脂質過酸化を生じ，その結果肝臓障害がもたらされ肝細胞肥大と同時に壊死が発生する．肝細胞壊死が長期間持続すると細胞再生過程も活発となり細胞回転が上がることで結果的に増殖性病変が生じることがある．また，壊死組織を埋めるために間質結合組織が増加し線維化が進行するが，その一方で胆汁が壊死組織から血中に流入し種々の組織に沈着することで2次的障害がもたらされる．

このように，慢性毒性試験では亜急性毒性試験で観察された障害が組織適応に軽減されることもあるが，その一方で他の臓器障害をもたらすことも少なくない．

以前は，げっ歯類を用いた慢性毒性試験では加齢に及ぼす影響も調べるところから発がん性試験と同様の投与期間を設定していたが，2000年現在日本を含め全国で改訂を進めつつあるガイドラインでは，むしろ加齢による修飾を受けない長期投与の影響を検査する方向にある．

g. 発がん性

正常細胞ががん細胞に変化する過程の第一歩は遺伝子変異であるところから，化学物質の発がん性を調べるうえに変異原性試験が有用であることは当然であるが，遺伝子を直接傷害しないでも結果的に腫瘍を形成する物質が多くある．このような非変異原性物質（non-genotoxic substance）による腫瘍形成には原因となる背景的毒性変化があるところから，その毒性変化を生じない用量では腫瘍も形成されないという閾値が必ず存在する．現在では新規化合物を開発する場合，変異原性試験特に復帰突然変異試験が陽性であるとその時点で開発を断念することが多いため，発がん性試験の主たる目的は非変異原性物質による腫瘍発生の種類と閾値を調べることが多い．

実験動物には2種類のげっ歯類，一般的にはマウスとラットを用い，各群各性最低50匹，対照群に投与群を3群以上設ける．薬物は経口投与で通常混餌によることが多く，投与期間はマウスが18か月から24か月，ラットが24か月から30か月である．最高用量は，腫瘍以外の原因で対照群比し有意に死亡率が増加せず，何らかの毒性影響が認められる量とし，以下公比を2から3で投与群を設定する．最低用量を最高用量の10％以内にすることが推奨されている．試験途中の瀕死動物ならびに試験終了時の生存動物について血液塗沫標本を作製し，造血器腫瘍が疑われる場合は血液像を観察する．試験途中の死亡・瀕死屠殺例，試験終了後の生存例のうち対照群と最高投与群の動物について肉眼的異常部位を含む詳細な病理組織学的検査を実施する．対照群と最高投与群の腫瘍発生率に差のある器官・組織に関しては他の投与群も全動物について検査する．

非変異原性物質による発がんメカニズム　細胞回転を上げて背景的にある遺伝子変異の機会を増やすことで発がんに至ることがある．たとえば，細胞壊死を持続的にもたらし壊死・再生による細胞回転を増加させるもの，血中から甲状腺ホルモン，テストステロンなどを持続的に減少させ，下垂体から刺激ホルモンを分泌させて甲状腺や精巣間細胞の細胞増殖活性亢進をもたらすものがある．ホルモンと分泌細胞との関係は膵臓の外分泌細胞および胃の神経分泌細胞でも知られている．

正常の組織では何らかの原因で遺伝子変異をもつ細胞が生じても，周囲の細胞が増殖抑制因子（cell to cell communication，コネクシンタンパク）によりその増殖を抑制するが，その抑制因子を減少させることで変異細胞の増殖を容易にするものがある．フェノバルビタールがその典型的物質であり，増殖抑制因子の減少は薬物代謝活性を誘導する用量よりかなり高い用量で認められる．

近年注目されているのがmitogenと呼ばれる効果で，これまでプロモーターと呼ばれていた物質の大部分に共通するものである．細胞は自己死により新しい細胞へと更新しているが，mitogenは遺伝子変異細胞の自己死を抑制することで自然発生した遺伝子変異細胞数の割合を経時的に増加させる．生命活動の維持には活性酸素種が仲立ちする生化学的反応の活性化が必要であるが，皮肉なことに細胞活動が活発になればなるほど活性酸素種の生成も増加し，それによる遺伝子傷害の確率も高くなるのである．しかし，そのようにして生じた遺伝子傷害も，細胞がもつ優れた修復機能により傷害が固定化することはまれであり，かつ，傷害が固定化されても大多数は壊死し消滅することが多く，遺伝子変異細胞として生残するのはごく限られた確率でしかない．そのわずかな確率で生残した遺伝子変異細胞は遺伝子障害の修復機能が低下しているため，2回目，3回目の傷害によりさらに自己増殖能の高い細胞に変化する可能性が高くなる．mitogenはこのような細胞の増殖を促進することで結果的に腫瘍を形成するのである．おそらく前記したcell to cell communicationの低下効果もその過程に加味されていることであろう．いずれにせよ，mitogenによる腫瘍発生は遺伝子変異細胞の蓄積が必要なため長期間の投与が必要であり，発がん性試験の最終解剖時に腫瘍の発生頻度が増加したことに気がつくことが多い．また，この効果には明瞭な閾値があることも特徴的で，細胞分裂活性の形態学的測定法で有意差を示す用量以下では腫瘍形成に至ることはない．

非変異原性物質による発がんにはこのほか多くのメカニズムがすでに明らかにされており，また，実験動物として用いるげっ歯類に特異的に発生し人を含め他の動物には発生しない腫瘍の報告も多い．このため，発がん性試験で陽性になってもメカニズムが明瞭に示され，発がんの閾値が毒性量に比し十分に高い水準にあればADI設定の妨げになることはない．

〔真板敬三〕

文 献

1) Organization for Economic Cooperation and Development (1987). OECD Guidelines for Testing of Chemicals, Guideline 405：Acute Eye Irritation/Corrosion.
2) Organization for Economic Cooperation and Development (1992). OECD Guidelines for Testing of Chemicals, Guideline 404：Acute Dermal Irritation/Corrosion.
3) Organization for Economic Cooperation and Development (1992). OECD Guidelines for Testing of Chemicals, Guideline 406：Skin Sensitization.
4) Draize, J.H. (1965). Appraisal of the Safety of Chemicals in Foods, Drugs, and Cosmetics—Dermal Toxicity, Assoc. of Food and Drug Officials of the United States, pp. 46-59, Topeka, Kans.
5) Magnusson, B. and Kligman, A.M. (1969). *J. Invest. Dermatol.*, **52**：268
6) Ritz, H.L. and Buehler, E.V. (1980). Procedure for conducting the guinea pig assay, Current

Concepts in Dermatology, eds. Drill, V.A. and Lazar, P., pp. 25-40, Academic Press.

10.2 安全性評価と基準

a. 安全性評価の考え方と国際的な枠組み

1) 安全性評価の考え方

農薬の安全性の問題は大別して，ヒトの健康への影響評価と環境中の生物への影響評価の2つに分けて考えられている．後者については12章で詳しく記されるので，ここではヒトの健康への影響評価について記す．健康影響では，製造現場における労働者の安全確保について農薬の場合に限らない規則があり，使用に際しての農業従事者やほかの使用者の安全性確保については，安全使用の手引きや個々の農薬に添付された注意書きがあるが，わが国では安全性評価に基づく基準設定などは特に行われていない．したがって数十年にわたり安全性評価とそれに基づく基準設定がなされてきている食品中の残留農薬の安全性評価を中心に記す．

残留農薬は食品中に非意図的に混入する可能性をもつ物質であり，選択的な作用がデザインされているとはいえ，農薬の多くが本来生物に何らかの影響を発揮することを目的としてつくられている．そのためヒトに対して毒性を示す可能性が考えられ，その毒性の種類と程度などを確かめ，安全であると考えられる残留量以下になるようにして使用されるべきである．過去においては残留性の高い農薬が使用され，環境を経由し，食物連鎖による濃縮などの過程を経て非意図的に食品に混入し摂取される問題があった．継続して暴露された場合にヒトの健康を損なうおそれのある化学物質については，その後「化学物質の審査および製造などの規制に関する法律」(化審法) および農薬取締法によって規制され，製造，使用が中止されている (14章参照).

最近は,「環境ホルモン問題」が強く意識されるようになり，これまで必ずしも十分考慮されなかった事柄にも大きな注意を払う必要がでてきた．米国では後述する食品質保護法 (Food Quality Protection Act, FQPA) が制定され，子どもの安全への特別の配慮，農薬を複合して摂取した際の影響への配慮などがうたわれ，これらの点にも十分な検討が要求されるようになっている．

国際的には1995年に世界貿易機関 (WTO，World Trade Organization) が関税貿易一般協定 (ガット，GATT) に代わって設立され，より幅広い国際的協調が要求されるようになってきている．このことは国際貿易上の大きな圧力であると同時に，地球レベルでの環境汚染の進展への憂慮と，多大な手間と費用を要する化学物質の安全性評価についてその成果の共有と相互受入れを国際的な協力のもとに進めなければならない必要性が，ますます強く認識されつつあることの反映でもある．

農薬は食糧生産と環境保全にかかわる1つの大きな要因であり，環境中に意図的に使用され生物に何らかの影響を及ぼす化学物質の代表的なものとしてその安全性については強い関心が寄せられ，国際的な安全性評価の協力と枠組みがつくられている．このような大きな流れを十分念頭におき安全性確保のためのてだてをつくすとともにに，国や地域ごとに気候，風土，食生活，衛生水準は異なっていることから，わが国独自の状況を踏まえた安全性確保を検討することが必要なことはいうまでもない．

2）国際的な枠組み

i）WTOと国際的ハーモニゼイション　国際的な農産物の貿易の円滑化を1つの目的として，国際食品規格制度（後述）が発足し，農産物を含むすべての商品の国際流通に関してガットを通じた交渉が進められてきた．各国における規制の違いが貿易の大きな障害とならないように，わが国においても残留基準の設定に際して事前にガット通報ということを行いガット加盟国の了解を求めることを行ってきたが，WTOはこれまでの方向をさらに強力に推し進める枠組みとして1995年1月に設立された．安全性の評価については，評価方法や試験法において国際的にハーモニゼイションを進めることで，ほかの国で行われた試験データを相互に受け入れるための枠組みの整備も進められつつある．

ii）国際機関における安全性評価の枠組み　農薬の安全性評価に関係してさまざまな国際機関が活動している．たとえば残留農薬の安全性評価において重要な役割をはたしているJMPR（FAO/WHO合同残留農薬会議，FAO/WHO Joint Meeting on Pesticide Residues）では，農薬のADI（一日許容摂取量，acceptable daily intake）と最大残留基準（maximum residue level，MRL）の設定作業を行っている．IPCS（国際化学物質安全性計画，International Programme on Chemical Safety）は人の健康と環境への影響の総合的評価や，急性毒性による農薬の分類などを進めており，IARC（国際がん研究機関，International Agency for Research on Cancer）は人への発がんリスクの評価，またOECD（経済協力開発機構，Organization for Economic Co-operation and Development）においては農薬の各国における登録に必要なデータと試験法の標準化を検討しつつある．このようにさまざまの角度から，農薬の安全性評価とそれに基づく安全管理が図られている．詳細については関沢による解説があるが[1]，以下にその概略を紹介する．

(a) 国際食品規格（Codex Alimentarius）計画[2]：　消費者の健康を保護し，食品貿易の公正な実施を確保する必要から，FAO（国連食糧農業機関：Food and

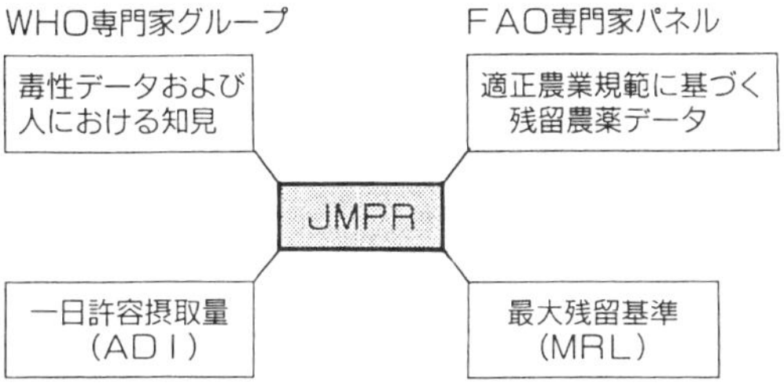

図10.1　FAOとWHOの共同による残留農薬の安全性評価

表 10.3 IPCSの提供する出版物と情報[1)]

(1)	国際簡潔評価文書（Concise International Chemical Assessment Document）
(2)	環境保健クライテリア（Environmental Health Criteria）
(3)	残留農薬モノグラフ（Pesticide Residues in Food；Toxicological Evaluations）
(4)	中毒情報モノグラフ（Poison Information Monograph）
(5)	農薬の急性毒性による危険性分類（The WHO Recommended Classification of Pesticides by Hazard and Guidelines to Classification）
(6)	農薬データシート（Datasheets on Pesticides）
(7)	国際化学物質安全性カード（International Chemical Safety Card）
(8)	安全衛生ガイド（Health and Safety Guide）

Agriculture Organization of the United Nations）とWHO（世界保健機関：World Health Organization）は1962年以来協同して国際的な食品規格の作成を，各国政府の参加のもとに進めている．

(b) JMPR（FAO/WHO合同残留農薬会議）[3)]： JMPRは，農薬の使用による食品への残留について検討するFAO専門家パネルと，農薬の毒性面について検討するWHO専門家グループから構成されている（図10.1）．

JMPRは1963年以降ほぼ毎年1回開かれ，あらかじめデータが揃えられた数十品目の農薬の安全性について審議してきた．WHO専門家グループは毒性関連データに基づいて，農薬のADIについて審議し，FAO専門家パネルは適正農業規範に従って有効な散布量を最少限用いた場合に作物に残留するレベルとしてMRLを設定してきた．1999年現在まで210余の農薬についてのADIと，約3,000種類の農薬と作物の組合せについてのMRLが設定されている，WTOが発足してからは，各国がJMPRの勧告したMRLと異なる残留基準を輸入農産物に適用しようとする場合には，その根拠を明示し了承される必要がある．JMPRによる30年間にわたる毒性評価の考え方の原則と発展過程についてまとめた資料がIPCSより出され，邦訳もされている[4)]．

(c) IPCS（国際化学物質安全性計画）[5)]： IPCSは1980年に設立された化学物質の使用により人の健康と環境にもたらされる問題に科学的に対処する国際協力事業だが，現在では国連における農薬の安全性評価作業をJMP（Joint Meeting on Pesticides）のもとに統合している[3)]．安全性評価を科学的なデータのみに基づいて行い，各国が技術，経済レベルなどに応じた独自の判断をくだすための資料と判断の根拠となる情報を表10.3のようなさまざまなかたちで提供している．

このうちたとえば環境保健クライテリア（Environmental Health Criteria, EHC）では，約200ページのなかに，「物質同定，物理化学的性状，ヒトおよび環境に対する暴露源，環境中の運命，環境中の濃度とヒトの暴露レベル，生体内での動態と代謝，実験動物と*in vitro*系における影響，ヒトにおける知見，環境中生物への影響，ヒトの健康と環境への有害性の評価，今後必要な研究と対策の勧告，国際機関によるこれまでの評価」に関する情報などがおもな約60種類の個別農薬とグループについてまとめてある．

FAO/WHOが発行する農薬データシートの内容は次のようである．「名称，農薬の用途と化学構造による分類，一般的情報（物質同定情報，要約，物理化学的特性，使用法），毒性と安全性評価（哺乳動物，ヒト，哺乳動物以外の動物への影響），規制と勧告（分類，輸送，取扱い，廃棄，訓練，表示，食品残留，空中散布に際しての注意など），中毒予防と応急処置，医師と研究者向けの情報（中毒時の診断と処置，分析法）」

（d）IARC（国際がん研究機関）[1]：　IARCは1971年以来，化学物質やほかの環境要因によるヒトの発がんリスクについて評価し，1999年までに約400物質についてヒトの発がん危険性について集められた知見を総合して，その証拠の十分さの程度に応じてその物質の発がん危険性について分類を行っている．このなかには80種類以上の農薬が含まれている．

（e）OECD（経済協力開発機構）[1]：　1991年に環境対策におけるリスク削減の対象物質として農薬について検討することが提案され，1993年に次の3点を目標とした新しい活動が承認された．

① 各国における健全かつ一貫した登録手続きの推進
② 農薬の再登録に必要な負担の分担
③ 農薬使用に伴う健康と環境へのリスクの削減

具体的には，「（i）農薬の安全性評価にかかわるデータ（環境中の運命，生態毒性，健康影響と暴露を中心とする）と試験指針の国際的標準化の検討，（ii）遺伝子操作によりつくられた農薬を含む生物農薬に関する各国の要求データの調査と試験ガイダンス作成の検討，（iii）環境影響とリスク評価の手法についてのワークショップの開催，（iv）再登録に際しての各国のデータレビュー状況の比較と，負担の軽減のための分担の可能性の検討，（v）各国におけるリスク削減対策の調査と検討などが課題とされた．OECDが一般化学品について推進してきたような標準的な試験法の確立」が進められつつある．

（f）EU（欧州連合：European Union）[1]：　欧州連合内での加盟各国ごとに行っていた農薬登録を1993年7月以降，域内で一本化し，新規の農薬については有効成分および製剤のデータを揃え，EU加盟国内の担当国に申請し，審査にパスすればEUの統一リストに収載，担当国での製剤の登録を取得する．ほかのEU加盟国で登録申請する場合は製剤のみのデータをその国に提出するだけでよい．既存剤については，10年間で再評価を進める．欧州で販売されている農薬は約700種類あり，第1回目として90種類について登録の維持を希望するか否かがメーカーに尋ねられ，既存剤についても各剤の担当国を決め，各国で審査していくことになっている．

iii） 各国における安全性評価の例

（a）米国の農薬安全規制における新しい動き：　米国の食品質保護法（FQPA）[6] について記す．FQPAは農薬の安全使用に関する米国連邦政府の2つの法律，Federal

Food Drug and Cosmetic Act（FFDCA，連邦食品・医薬品・化粧品規制法）と，Federal Insecticide Fungicide and Rodenticide Act（FIFRA，連邦殺虫剤・殺菌剤・殺そ剤規制法）による規制が，科学の進歩や農薬の安全使用の実態に照らして不備な点が明らかになってきたため，修正，補填するものとして1996年に採択された．米国では農薬の登録は環境保護庁（Environmental Protection Agency, EPA）がFIFRAの規定に基づいて行い，食品中の残留基準をFFDCAの規定に基づいて定める．この基準の監視と規制を一般の食品については保健福祉省（US Human and Health Services）の食品医薬品局（Food and Drug Administration, FDA）が行い，乳製品や畜産物については農業省（US Department of Agriculture, USDA）の食品安全監視局（Food Safety and Inspection Service）が行っている．FQPAで何がどう変わったかを中心的な変更点に沿って解説する．

(b) FFDCAへの改正点：

① 残留基準（米国では「tolerance」と呼ばれる）の設定とデラニー条項

従来EPAは発がん物質については無視しうるリスクレベルを求め安全性の根拠としてきたが，FFDCAでは動物試験で発がん性が見出された化学物質は加工食品中には残留してはならないとする「デラニー条項」があり，このような物質に対しては残留基準は設定できなかった．しかし発がん研究の進歩に伴い，動物でのみ発がん性が認められる場合や，人が微量摂取したときの発がんリスクが無視しうるレベルである場合もありうることがわかってきた．また代替農薬の示すリスクが発がん性ではないが，より危険性が高いと考えられる場合も出てきた．改正では「デラニー条項」を廃止し，食品の加工，未加工，あるいは危険性の種類が発がん性であるか否かを問わず，「食品への農薬の残留が総体として何らの危険性を及ぼさないと確かな根拠をもっていえる場合を安全とみなす」という判定基準をもとに残留基準を定めるとされた．

② 幼児と子供の安全のための特別の配慮

1993年，全米科学アカデミー（National Academy of Sciences, NAS）は「幼児と子どもの食品中の残留農薬」というレポートを提出し，幼児と子どもの感受性と，食品摂取パターンの成人との違いに配慮し，成長途上にある彼らを特別に保護する必要があるとした．これを受けて，特別の安全係数（最大10倍）を考慮する必要の有無について，暴露と感受性の両面から調査が進められている．

③ 農薬使用によるプラス面の考慮

従来残留基準は，公衆の健康保護を第一義とし，適切で健全，かつ安価な食品を供給する必要性を考慮して定めるとしてきた．新しい考え方では，ある残留基準を残すことで消費者をより大きなリスクから保護しうる場合，またはその農薬なしでは国内の適切で健全かつ安価な食糧供給が有意に損害をこうむる場合に，非常に限られた場合に安全基準に合致しない残留基準を有効とすることも可能とした．

④ 内分泌攪乱化学物質（環境ホルモン）への配慮

これまで環境ホルモン物質について特別な試験は要求されていなかったが，新しい法律では3年以内に環境ホルモン物質を検出する試験法の開発と実行と結果の公表を義務づけた.

⑤ 「知る権利」条項

これまで規定はなかったが，新法では農薬のリスクと恩恵，プラス面への配慮により制定された残留規準，健全な食生活のために残留農薬の摂取を避ける方法などについて，わかりやすい情報を毎年，大きな小売店の展示などにより公衆に知らせるものとした.

⑥ 既存の残留基準の見直し

1984年以来見直しを進めてきたが，新法施行後3年間に33％，6年間に66％，10年間に100％を見直すものとした.

(c) FIFRAへの改正点

① 農薬残留のモニタリング

これまではFDAとUSDAの予算の範囲内で行われてきたが，FDAは1997～1999年に追加的に1,200万ドルの予算を農薬残留のモニタリングのために計上する.

② 低リスク農薬の優先化

新法では，ある一定の判断基準のもとに低リスクと考えられる農薬について残留基準を優先的に設定しうるように判断基準を確立することがEPAに義務付けられた.

b. ADI（許容一日摂取量）

毒性試験で得られたNOAEL（no-observed-adverse-effect level，無毒性量）をもとにして，ヒトへの外挿を行いADI（許容一日摂取量：ヒトが生涯にわたって毎日摂取した場合に，認められるような健康上のリスクを伴うことがないと推定される量であり，体重当たりのmgで示す）を設定する．ADIは，NOAELをSF（safety factor，安全係数）で割ることによって得られる（次式）．ADIはヒトの体重kg当たりのmg（mg/kg）として表すように定義されておりわが国の場合は，体重50kgとしてADIに50をかけて一人当たりの量を計算している.

$$\mathrm{ADI(mg/kg)} = \mathrm{NOAEL(mg/kg)/SF}$$

1）毒性試験の種類と内容

わが国とJMPRの例をあげて説明するが詳細は，高仲・関沢[7]を参照されたい.

i）わが国における安全性評価に要求される毒性試験成績　農薬の登録申請を行う場合は，昭和60年1月28日付で農林水産省農蚕園芸局長および植物防疫課長の通知による「農薬の安全性評価に関する基準」に従い，「毒性に関する試験成績を作成するに当っての指針」を参考に作成された資料が要求される．農薬使用時の安全性および残留農薬［食品中に残留する農薬およびその関連物質（不純物，代謝生成物，分解物などをいう)］の安全性は，「安全性評価の基礎となる資料」に基づく科学的資料により実証または確認されなければならず，安全性をさらに実証また確認する必要がある場合には，追加的に資料の提出を求める．各毒性試験の詳細については10.1節を

表10.4　リスク評価とADIの設定

ヒトとの相関性 →	ヒトへの外挿 →	ADIの設定
動物種の検討 代謝の類似性 （反応の類似性） 鋭敏な動物種 ↓ 試験の種類を検討 ↓ NOAELを設定した 有害反応の種類を検討 ↓ NOAELの選定	安全係数の設定（100を出発点） ↓ 評価可能ヒトデータの有無を検討 ↓ NOAELの基礎となったデータの質を検討 ↓ 全データベースの質を検討 ↓ 有害反応の種類と重篤性を考慮 ↓ 用量–反応曲線の傾斜を考慮 ↓ 代謝に関する考察 有害反応に関係する代謝経路， 代謝パターンの多様性 ↓ 毒性発現機序の知見	$\frac{\text{NOAEL}}{\text{安全係数}}$ = ADI（mg/kg） ↓ 要求，要望事項の決定

参照されたい．

ii）JMPRにおける安全性評価に要求される毒性試験データ　JMPRの場合はすべての農薬について要求される試験と，農薬の特性によって要求される試験に分けられている．名称が異なるものもあるが内容的にはわが国の「残留農薬の安全性評価に必要な資料」とほとんど同じである．

2）安全性評価のステップ

各毒性試験成績の評価は技術面の評価から始め，試験結果の評価，有害性の確認，閾値設定の妥当性を検討しNOAELを判定する．各毒性試験ごとにNOAELを求めた有害反応についてNOAELをもとにヒトへの外挿のための安全係数を決定し，ADIを設定する（表10.4）．評価の過程に沿って記す．

i）有害性の確認とNOAELの設定

(a) 技術面の評価：　試験成績の評価には提出資料から技術面の評価を行う．資料が質的および量的にみて安全性の評価に適切な情報を与えうるか否かを判断するがこの過程は，より正確な安全性評価を行ううえで非常に重要である．試験に用いられた被験物質については規格と安定性について検討され，毒性試験に使用された被験物質の純度，不純物に関する情報は，試験の成績を評価するうえで必要十分なものか，飼料などに混ぜて投与した場合は飼料中の被験物質の均一性，安定性について調べる．

試験方法の妥当性は，被験物質の物理・化学的性質，類似薬の構造・作用から推測される作用などを考慮し適切な試験法が設定され，必要な試験項目が選定されているかなどが検討される．データの信頼性は，試験がGLP（good laboratory practice，適正試験指針）に従って行われ，得られたデータが科学的にみて妥当な値を示していることを確認，目的とする情報が的確に得られているかなどを詳細に調べる．

（b）試験結果の評価：　試験結果を評価しNOAELを設定するためには被験物質によって生じる毒性徴候を正確に把握する必要がある．各毒性試験ごとに観察・検査項目について，対照群と投与群を比較し推計学的に有意な変化を検出する．有意な変化を示した反応について用量–反応相関，時間–反応相関などの相関性を調べ，被験物質による有害反応の種類と程度を明らかにする．有害作用の機序について検討し，有害反応と用量との関係について考察を加え，閾値を設定することの妥当性を明らかにする．

（c）NOAELの判定：　各毒性試験ごとに，対照群に比べて有意差と，用量–反応相関の認められた有害影響のうち閾値を判定しうると判断されたものについて，影響ごとにNOAELを判定する．残留農薬の安全性を評価するために提出された各種毒性試験に関する資料から毒性試験ごとに判定されたNOAELのなかから，その農薬のNOAELを選定する作業は次のように進められる．毒性試験に使用する動物種の選定にあたっては被験物質の代謝などがヒトと類似している動物種を用いることが望ましい．ヒトとの類似性を検討するうえで，被験物質のヒトにおける代謝などにつき使用しうる資料が限られており十分な情報が得られない場合は，最も鋭敏な反応を示した（NOAELが最低値を示した）動物種についての試験成績が用いられる．NOAELを設定する毒性試験の種類については残留農薬の摂取様式から考えて，慢性毒性試験を中心に，発がん性試験，繁殖試験など長期間にわたって被験物質を投与した試験データが重要と考えられ，多くの場合はこれらのNOAELのなかから最小のNOAELが選ばれる．

（d）NOELとNOAEL：　残留農薬など化学物質の安全性を評価するうえで，量的な判断基準に用いられるNOELとNOAELについて記す．NOEL（no-observed-effect level，無影響量または最大無作用量）は，試験動物の形態，機能，成長，生殖，発生・発達，寿命などに，投与した被験物質に起因すると考えられる有意な変化が認められなかった最大投与量を示すものとして，毒性試験成績の評価に一般的に用いられてきた．しかし，これでは「毒性学的にみて有意な作用がみられない用量」という意味を表現しているとは受取りがたいという考えが提起された．

NOAELの設定では，その影響について現在の学問レベルで毒性学的にみて意味のある影響であることを確認する作業を含む．たとえば被験物質投与群に有意な変化として体重増加の抑制，血清GOT（グルタミン酸–オキザロ酢酸トランスアミナーゼ），GPT（グルタミン酸–ピルビン酸トランスアミナーゼ）活性の増加が認められた場合は毒性学的に意味のある有害な影響と判断し，NOAEL設定のもととなる作用として取り上げるが，投与群で体重の増加促進，血清GOT，GPT活性の低下がみられた場合は，そのままではNOAEL設定のもととなる作用とは考えない．対照群に比べて有意な変化が認められた場合，その内容が毒性学的にみて有害な作用であると確認したうえで，その作用がみられない最大投与量としてNOAELが用いられるようになった．NOAELは，近年のJMPRなどの評価で使われている．

NOAELについてさらに例をあげて考えてみる．ラットに有機リン系農薬を投与すると，一般にある用量以上で血漿中のコリンエステラーゼ活性は有意に低下する．しかし血漿コリンエステラーゼ活性のレベルと毒性の症状や徴候との間には相関関係がみられないとの報告もある．血液生化学的検査で血漿コリンエステラーゼ活性が数%低下すると推計学的には有意差として判定されるが，この程度の低下では症状や徴候からは毒性学的に意味のある変化として認められない．JMPRでもわが国でも現実的判断として血漿コリンエステラーゼ活性が20％以上低下した場合を毒性的にみて意味のある影響と判定することにしており，NOAELのほうがNOELに比べてより適切と考えられる．

3）ヒトへの外挿・安全係数の設定

動物を用いた毒性試験の結果をヒトに外挿する場合，現在では大きく分けて，① 安全係数を用いる方法，② 低用量直線外挿モデルを用いる方法および，③ 薬物速度論を用いる方法の3種類が利用されている．JMPRおよびわが国における残留農薬安全性評価委員会ならびに食品衛生調査会毒性部会・添加物部会合同部会のいずれにおいても，安全係数を利用する方法を用いているので以下にその概略を説明する[5]．

動物を用いた毒性試験の結果をヒトに外挿する場合，安全係数は100をもとに以下の情報を考慮に入れて必要に応じ安全係数の増減を検討する．100という数値は，一般的にみて動物種間にみられる差異は10倍以下であり，同一動物種内の個体間にみられる差異は10倍を越えないという経験的な判断に基づいている．

① ヒトにおける知見をもとに毒性を評価し，ADIを設定するためのNOAELを求めるうえで十分な質と量のものであれば動物種間の変動を考慮する安全係数の10は不要である．

② NOAELを設定するための基礎となった試験データの質を検討し，不十分な点がある場合はその程度により必要に応じて安全係数に反映させる．

③ 評価に使用した全データベースについて検討し，著しいデータ不足がある場合には，安全係数に反映させる．

④ 認められた有害反応の種類と重篤性を考慮する．

⑤ 認められた有害反応について，用量–反応曲線の傾きを考慮に入れる．

⑥ 有害反応に関係する代謝経路の解明，活性代謝物に関する解析など，体内動態に関して得られている情報の精度と量および，ヒトにおける体内動態に関する情報について調べ，必要に応じて安全係数に反映させる．

⑦ 毒性発現機序に関する知見の有無および程度について考慮する．

⑧ 試験への要望事項の有無およびその内容によっては，より大きい安全係数が選定される．

これらの点に留意して安全係数の妥当性を調べ，必要に応じて安全係数の増減を検討する．

c. 残留基準

1）残留基準の設定

農作物に散布された農薬は作物に付着し，日数の経過とともに作物のほかの部分に移動したり種々の要因によりしだいに消失し，土壌に施用される農薬は根から吸収され作物のほかの部分に移動していく場合がある．この結果として収穫時に農作物に残留する農薬をヒトが食品とともに摂取する可能性がある．また家畜の飼料に残っていた農薬が，家畜の乳や肉を通してヒトに摂取されることがありうる．

農産物を生産するために使用された農薬が残留してヒトの健康を損なうことがないように，厚生大臣は食品衛生法第7条の規定により農薬の残留基準を定め，基準値を越えた農薬などの汚染物が残留する食品を輸入，加工，販売することを禁止している．1999年末現在，食品衛生法により129種類の食品について約200農薬成分の残留基準が設定されており，さらに順次追加設定される予定である．

農薬の残留基準は，農薬が効果を発揮するために必要な範囲で適切に使用された場合（適正農業規範またはgood agricultural practice：GAPといい，これに従うものとする）の残留量を一定の試験法（作物残留試験）で把握し，この残留量をもとに各作物ごとに設定する．作物残留試験の実施方法は，農林水産省が「農薬の作物残留試験実施要領」で示している．

2）食品摂取量と食物係数

残留量をその農薬の使用が認められた作物ごとに調べ，国民がどの食品をどのような割合で摂取しているかについて厚生省の実施する「国民栄養調査」の結果を用いて，食品を摂取したときに生じうる残留農薬の全摂取量を推定する．ここで用いられる一人一日当たりの各食品の平均摂取量を食物係数（フードファクター）という．フードファクターは各国の食習慣の違いを反映しており，たとえば米の摂取量は1997年にはわが国では約160 g/人/日，ヨーロッパでは11 g/人/日，一方バレイショの摂取量はわが国では約32 g/人/日，ヨーロッパでは240 g/人/日になる．

3）残留農薬の一日摂取量の算定とADIの関係

このようにして推定された残留農薬の一日摂取量が，ADIから計算される一人一日当たりの許容摂取量を越えないように農薬の残留基準，適用作物や，安全使用基準を定める．作物残留試験結果にフードファクターを乗じて，推定摂取量を計算する．基準適用作物にすべて基準いっぱいの残留があったとしたときの仮定の摂取量を理論最大摂取量という．ADIと，推定摂取量，理論最大摂取量の関係を図10.2に例示する．

4）登録保留保留基準値の設定

新しく登録申請のあった農薬については，その農薬を申請のあった方法で使用した際に，農作物などの利用が原因となって人畜に被害が生じないことを確認し，製造，

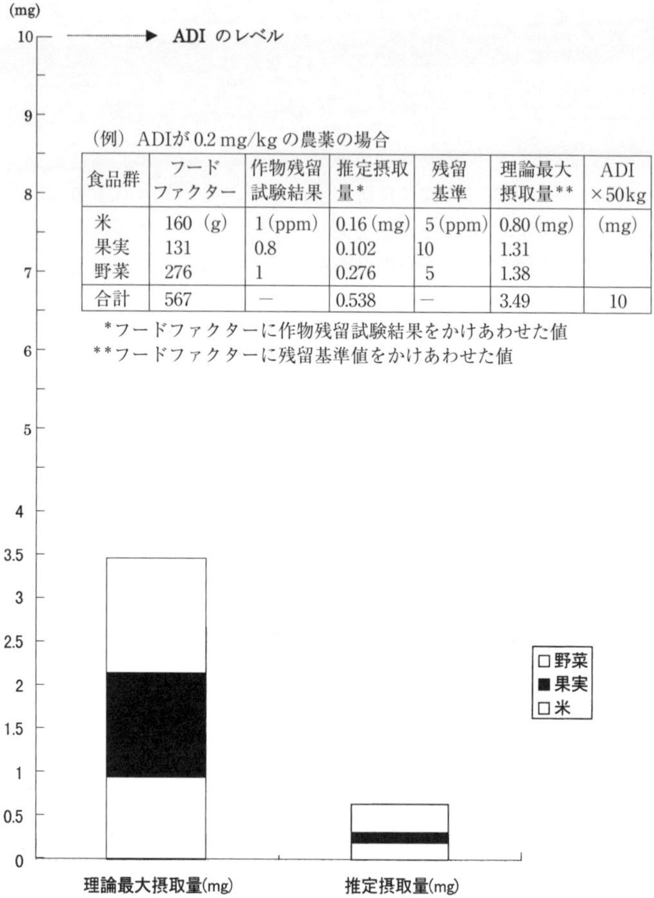

（例）ADIが 0.2 mg/kg の農薬の場合

食品群	フード ファクター	作物残留 試験結果	推定摂取 量*	残留 基準	理論最大 摂取量**	ADI ×50kg
米	160（g）	1 (ppm)	0.16 (mg)	5 (ppm)	0.80 (mg)	(mg)
果実	131	0.8	0.102	10	1.31	
野菜	276	1	0.276	5	1.38	
合計	567	—	0.538	—	3.49	10

*フードファクターに作物残留試験結果をかけあわせた値
**フードファクターに残留基準値をかけあわせた値

図 10.2　残留農薬の摂取量（理論最大摂取量，推定摂取量）とADIの関係

販売が認められる．環境庁長官は登録申請のあった農薬について被害が生じるか否かを判定するための基準（「登録保留保留基準」）を定めるが，この値を越すおそれのある場合には農薬の登録は保留される．登録保留保留基準としては，作物残留，土壌残留，水産動植物，水質汚濁に関する基準の4種類があるが，詳細は15章を参照されたい．表10.5にはこれら基準の設定状況を示す．

作物残留に関する登録保留基準を設定する際の毒性学的資料の評価方法は，食品衛生法による残留基準設定の場合の評価方法と同様である．ただし，未登録の農薬であるため残留試験データが限られる場合もあるので食品ごとに基準を定めるのではなく，野菜類とか果実類といった食品群ごとに基準を定めている．残留基準，登録保留

表 10.5　国内の規制基準，分類等早見表　　1999年9月現在

＊1　＋：食品衛生法による残留基準が指定されているもの

＊2　作：作物残留に係わる農薬登録保留基準　水：水質汚濁に係わる農薬登録保留基準

＊3　作：作物残留性農薬　土：土壌残留性農薬　水：水質汚濁性農薬

＊4　作：農薬残留に関する安全使用基準　動：水産動物の被害の防止に関する安全使用基準
（水）：公共用水域の水質汚濁の防止に関する安全使用基準（水田で使用される環境基準設定農薬）
水：公共用水域の水質汚濁の防止に関する安全使用基準（環境基準設定農薬）
空：航空機を用いて行う防除に関する安全使用基準　禁：使用の禁止されている農薬

＊5　毒物劇物取締法による指定；製剤の濃度により毒物が劇物になる場合もある

＊6　化学物審査製造規制法の指定　第一特化：第一種特定化学物質　第二特化：第二種特定化学物質　特定化学物質に指定されている有機スズは主として鉛底塗料，あるいは漁網防汚剤として用いられている

＊7　TLm 値．A類：コイ ＞10 ppm，ミジンコ ＞0.5 ppm．B類：コイ ≦10～＞0.5 ppm．ミジンコ ≦ 0.5．C類：コイ ≦0.5 ppm．B−s 類はB類中でも特に注意を要するもの．D類は水質汚濁農薬として指定を受けているもの．使用禁止地帯では使用しない．本書 p.365 を参照

日本語名	残留基準＊1	登録保留基準＊2	指定農薬＊3	安全使用基準＊4	毒劇指定＊5	化審法＊6	魚毒性＊7
2, 4, 5−T	＋				劇物		B
2, 4−D エテル（2, 4−PAを見よ）							
2, 4−D ジメチルアミン（2, 4−PAを見よ）							
2, 4−D ナトリウム（2, 4−PAを見よ）							
2, 4−PA（2, 4−D）							A/B
2, 4−PS							A/B
ACN		作水					B−s
APC					劇物		B
ATA（アミトロール）	＋						A
BAB					劇物		C
BCPE							B
BEBP					劇物		B
BHC（リンデン）	＋			禁	劇物		B/C
BINAPACRYL（ビナパクリル）					劇物		C
BPMC（フェノブカルブ）	＋	水		作空	劇物		B−s
BPPS（プロパルギット）		作		動			C
BRP（ナレド）		作		空	劇物		B
BT							A
CNA（ジクロラン）							A
CAT（シマジン）		作	水	水			A
CDBE					劇物		A
CMA（DSMAを見よ）							
CMP					劇物		C
CNP（クロルニトロフェン）							A
CPA, 4−（4−クロルフェノキシ酢酸）		作					A
CPCBS（クロルフェンソン）							B
CPMC					劇物		B
CVMP（テロラクロルビンホス）		作		空			B
CVP（クロルフェンビンホス）	＋			作動	劇物		C
CYAP（シアノホス）		作					B
CYP（シアノフェンホス）					劇物		B
DAP					毒物		B

日本語名	残留基準 *1	登録保留基準*2	指定農薬 *3	安全使用基準 *4	毒劇指定 *5	化審法 *6	魚毒性*7
DBCP					劇物		A
DBEDC		作					B
DBN（ジクロベニル）		作水					A
DBPN					劇物		C
DCBN（クロルチアミド）							A
DCIP	+			作	劇物		A
DCMU（ジウロン）		作					B
DCNP					劇物		C
DCPA（プロパニル）		作					A
DCV							A
D-D				水			B
DDT	+					第一特化	C
DDVP（ジクロルボス）	+	水		作	劇物		B
DEP（トリクロルホン）	+	水		作空	劇物		B
DMTP（メチダチオン）		作			劇物		B
DN					劇物		C
DNBP（ジノセブアルカノールアミン塩）					毒物		C
DNBPA					劇物		C
DP（ジフェニルを見よ）							
DPA							A
DPC（ジノカップ）		作		動	劇物		C
DSMA（MAFA MAF CMA）					劇物		A
DSP					毒物		B
DTAS（有機砒素を見よ）							
EBP					劇物		B
ECP（ジクロフェンチオン）		作			劇物		B
EDB					劇物		A
EDDP（エディフェンホス）	+			作空	劇物		B
EMPC					劇物		A
EPBP					劇物		B
EPN	+	水		作	毒物劇物		B-s
EPTC	+						
ESP		作			劇物		A
FABA					劇物		A
FABB					劇物		A
HCB（ヘキサクロロベンゼン）						第一特化	
IBP（イプロベンホス）		作水		空			B
IPC（クロルプロファム）	+			作			A
IPSP					劇物		A
MAF（DSMAを見よ）							
MAFA（DSMAを見よ）							
MALS					毒物		A
MAS					毒物		A
MBCP					劇物		B
MBPMC（テルブカルブ）							A
MCC（スエップ）							B
MCP（MCPA MCPナトリウム）	+			作			A/B

日本語名	残留基準 ＊1	登録保留基準＊2	指定農薬 ＊3	安全使用基準 ＊4	毒劇指定 ＊5	化審法 ＊6	魚毒性＊7
MCPA（MCPを見よ）							
MCPAチオエチル（フェノチオールを見よ）							
MCPB（MCPBエチル）		作					B
MCPBエチル（MCPBを見よ）							
MCPP（メコプロップ）メチルエステル							A/B
MCPナトリウム（MCPを見よ）							
MDBA（ジカンバ）	+						A
MDBAイソプロピルアミン塩							A
MEP（フェニトロチオン）	+			作空			B
MHCP					毒物劇物		C
MIPC（イソプロカルブ）	+	水		作	劇物		B
MNFA					劇物		A
MPMC（キシリルカルブ）					劇物		B
MPP（フェンチオン）	+			作	劇物		B
MTMC（メトルカルブ）					劇物		B
NAC（カルバリル）	+			作空	劇物		B
NIP（ニトルフェン）							B
PAC（クロリダゾン　ピラゾン）		作					A
PAP（フェントエート）	+	水		作空	劇物		B-s
PCNB（キントゼン）		作					A
PCP			水		劇物		D
PCP銅（有機銅を見よ）							
PHC（プロポキスル）		作		空	劇物		B
PMP（ホスメット）		作			劇物		B
REE					劇物		B
SAP（ベンスリド）		作					B
TBZ（チアベンダゾールを見よ）							
TCH					劇物		A
TCNE					劇物		
TCTP（クロルタールジメチル）							A
TEPP					毒物		B
TPCL					劇物		C
TPN（クロロタロニル）		作		動			C
TTCA					毒物		A
XMC		作		空	劇物		B
アイオキシニル		作		動			C
アクリナトリン	+			作動			C
アグロバクテリウム・ラジオバクター							A
アジムスルフロン		作水					A
アシュラム		作		空			A
アセタミプリド	+			作	劇物		A
アセフェート	+	水		作			A
アゾキシストロビン					劇物		B
アトラジン		作					A
アナバシン					劇物		A
アニラジン（トリアジンを見よ）							
アヒサン　亜ヒ酸カルシウム					毒物		

日本語名	残留基準 *1	登録保留基準*2	指定農薬 *3	安全使用基準 *4	毒劇指定 *5	化審法 *6	魚毒性*7
アブシジン酸							A
アミドチオエート					毒物		B
アミトラズ	+			作			B
アミトロール（ATAを見よ）							
アミプロホスメチル							B
アメトリン		作					A
アラクロール	+				作		B
アラニカルブ		作			劇物		B
アリマルア							A
アルキルベンゼンスルホン酸塩							B
アルギン酸							A
·アルジカルブ	+						
アルドリン			土		劇物	第一特化	C
アレスリン							B
アロキシジム（アロキシジムナトリウム）		作					A
アロキシジムナトリウム（アロキシジムを見よ）							
アンシミドール							A
安息香酸							A
安息香樹脂（粘着剤を見よ）							
アンバム							A
硫黄							A
イソウロン		作					A
イソキサチオン		作水			劇物		B
イソキサベン							A
イソチオエート					毒物		B
イソフェンホス	+			作	毒物劇物		B
イソプロカルブ（MIPCを見よ）							
イソプロチオラン		作水		空			B
イナベンフィド	+	水		作			A
イプコナゾール							B
イプロジオン	+	水		作			A
イプロベンホス（IBPを見よ）							
イマザキンアンモニウム塩（イマザキン）							A
イマザピル							B
イマザモックス・アンモニュウム塩							A
イマザリル	+						
イマゾスルフロン	+	水		作			A
イミダクロプリド		作水			劇物		A
イミノクタジンアルベシル酸塩	+			作			A
イミノクタジン酢酸塩（グアザチン）	+	水		作	劇物		A
イミベンコナゾール	+			作			B
インドール酪酸							A
ウニコナゾール							B
ウニコナゾールP		作水					B
液化窒素							A
エクロメゾール（エトリジアゾール）		作					A
エースフェノン							B

日本語名	残留基準＊1	登録保留基準＊2	指定農薬＊3	安全使用基準＊4	毒劇指定＊5	化審法＊6	魚毒性＊7
エスフェンバレレート				動	劇物		C
エスプロカルブ	＋	水		作			B
エチオフェンカルブ	＋			作	劇物		B
エチオン		作			劇物		B
エチクロゼート		作					A
エチジムロン							A
エチルチオメトン（ジスルホトン）		作			毒物劇物		B
エディフェンホス（EDDPを見よ）							
エテホン（2-クロロエチルホスホン酸）		作					A
エトキサゾール							A
エトキシキン	＋						
エトキシスルフロン							A
エトフェンプロックス	＋	水		作空			B
エトプロホス	＋			作	毒物劇物		B
エトベンザニド	＋	水		作	劇物		A
エトリジアゾール（エクロメゾールを見よ）							
エトリムホス	＋						B
エマメクチン安息香酸塩				動	劇物		C
塩化コリン（コリンを見よ）							
塩酸レバミゾール					劇物		A
塩素酸塩（塩素酸ナトリウム）				空	劇物		A
塩素酸ナトリウム（塩素酸塩を見よ）							
エンドスルファン（ベンゾエピンを見よ）							
エンドタール					劇物		A
エンドリン	＋		作水		毒物	第一特化	D
オイゲノール							A
黄リン					毒物		A
オキサジアゾン							B
オキサジキシル		作					A
オキサミル	＋			作	毒物劇物		B
オキシエチレンドコサノール							A
オキシカルボキシン							A
オキシテトラサイクリン							A
オキシデプロホス（ESPを見よ）							
オキシン銅							
オキシン硫酸塩（硫酸オキシキノリン）							A
オキソリニック酸		作水					A
オキメラノルア							A
オリエンティールア							B
オリフルア							A
オルソベンカーブ							B
オルトフェニルフェノール（OPPを見よ）							
オレイン酸ナトリウム/カリウム							A
カーバリル（NACを見よ）							
過酸化カルシウム							A
カスガマイシン				空			A
カズサホス	＋						

日本語名	残留基準 *1	登録保留基準*2	指定農薬 *3	安全使用基準 *4	毒劇指定 *5	化審法 *6	魚毒性*7
カゼイン石灰							A
カーバノレート					劇物		B
カーバム（メタム）							A
カフェンストロール	+	水		作			B
カプタホル（ダイホルタンを見よ）							
カルタップ		作水			劇物		B-s
カルバリル（NACを見よ）							
カルビンホス					劇物		B
カルブチレート				空			A
カルプロパミド							B
カルベンダジム（カルベンダゾールを見よ）							
カルベンダゾール（カルベンダジム）							A
カルボスルファン		作			劇物		B-s
キザロホップエチル		作水					B-s
キシリルカルブ（MPMCを見よ）							
キナルホス	+			作	劇物		B
キノキサリン系（キノメチオナート）	+			作			B
キノメチオナート（キノキサリン系を見よ）							
キャプタン	+			作動			C
キュウルア							A
キンクロラック	+			作			A
キントゼン（PCNBを見よ）							
グアザチン（イミノクタジン酢酸塩を見よ）							
グアニジン（ドディン）							C
クマテトラリル（クマリン系を見よ）							
クマリン系（クマテトラリル）							A
クマリン系（ワルファリン）							A
クミルロン	+	水		作			A
グリホサート	+			作			A
グリホサートイソプロピルアミン塩	+	水		作			A
グリホサートアンモニウム塩	+			作			A
グリホサートナトリウム塩	+			作			A
グリホサートトリメシウム塩	+			作			A
グルホシネート	+			作			A
クレソキシムメチル							B
クレトジム							A
クロキシホナック							A
クロフェンテジン	+			作			A
クロメトキシニル（クロメトキシフェン）							B
クロメトキシフェン（クロメトキシニルを見よ）							
クロメプロップ		作水					A
クロリダゾン（PACを見よ）							
クロリムロンエチル	+						
クロルジメホルム（クロルフェナミジンを見よ）							
クロルジメホルムヒドロクロリド（クロルフェナミジンを見よ）							
クロルスルフロン	+						
クロルタールジメチル（TCTPを見よ）							

日本語名	残留基準＊1	登録保留基準＊2	指定農薬＊3	安全使用基準＊4	毒劇指定＊5	化審法＊6	魚毒性＊7
クロルチアミド（DCBNを見よ）							
クロルデン（類）					劇物	第一特化	C
クロルニトロフェン（CNPを見よ）							
クロルピクリン				動	劇物		C
クロルピリホス	＋			作動	劇物		C
クロルピリホスメチル		作		空			B
クロルフェナピル	＋			作動	劇物		C
クロルフェナミジン（クロルジメホルム）					劇物		A
クロルフェノキシ酢酸, 4-（CPA, 4-を見よ）							
クロルフェンソン（CPCBSを見よ）							
クロルフェンビンホス（CVPを見よ）							
クロルフタリム							A
クロルフルアズロン	＋			作			B
クロルプロピレート							B
クロルプロファム（IPCを見よ）							
クロルベンジレート（クロロベンジレート）	＋						B
クロルメコート	＋			作	劇物		A
クロレラ抽出物							A
クロロタロニル（TPNを見よ）							
クロロネブ							A
クロロファシノン					劇物		B
ケイソウ土							A
ケルセン（ジコホル）	＋			作			B
こうじ菌産生物							A
コドレルア							A
コリン（塩化コリン）							A
混合生薬抽出物							A
酢酸							A
酢酸トリブチル錫					劇物		C
酢酸ニッケル							A
サキメラノコール（サキメラノルアを見よ）							
サキメラノルア（サキメラノコール）							A
サーフルア							A
サリチオン（ジオキサベンゾホス）					劇物		B
酸化エチレン							A
酸化カルシウム（生石灰を見よ）							
酸化第二鉄							A
酸化フェンブタスズ	＋			作動			C
次亜塩素酸カルシウム							C
次亜塩素酸ナトリウム							B
シアナジン		作					A
シアノフェンホス（CYPを見よ）							
シアノホス（CYAPを見よ）							
ジアフェンチウロン				動	劇物		C
ジアリホール					毒物		B
シアン化水素（青酸を見よ）	＋						
シアン酸塩（シアン酸ナトリウム）	＋						A

日本語名	残留基準 *1	登録保留基準*2	指定農薬 *3	安全使用基準 *4	毒劇指定 *5	化審法 *6	魚毒性*7
シアン酸ナトリウム（シアン酸塩を見よ）	+						
シイタケ菌糸体抽出物							A
ジウロン（DCMUを見よ）							
ジエトフェンカルブ	+			作			A
ジエノクロル							A
ジオキサカルブ					劇物		B
ジオキサチオン（ジオキサン系有機リンを見よ）							
ジオキサベンゾホス（サリチオンを見よ）							
ジオキサン系有機リン（ジオキサチオン）					劇物		B
ジカンバ（MDBAを見よ）							
ジカンバナトリウム塩（MDBAナトリウム塩を見よ）							
ジクアトジブロミド（ジクワットを見よ）							
シクロスルファムロン							A
ジクロフェンチオン（ECPを見よ）							
ジクロフルアニド（スルフェン酸系を見よ）							
シクロプロトリン		作水					B
シクロヘキシミド					劇物		B
ジクロベニル（DBNを見よ）							
ジクロメジン	+	水		作空			A
ジクロラン（CNAを見よ）							
ジクロルプロップ		作					A
ジクロルボス（DDVPを見よ）							
ジクワット（ジクワットジブロミド）		作			劇物		A
ジケグラック							A
ジコホル（ケルセンを見よ）							
ジスルホトン（エチルチオメトンを見よ）							
ジチアノン		作					B
ジチオピル		作					B
シデュロン							A
ジネブ		作					A
ジノカップ（DPCを見よ）							
シノスルフロン		作水					A
ジノセブアルカノールアミノ塩（DNBPを見よ）							
シハロトリン	+			作動	劇物		C
シハロホップブチル	+	水		作			B
ジフェナミド							A
ジフェノコナゾール	+			作			B
ジフェンゾコート	+						
シフルトリン	+			作動	劇物		C
ジフルフェニカン							A
ジフルベンズロン	+			作			A
ジフルメトリム				動			C
シプロコナゾール	+						A
シフロジニル							B
シヘキサチン（水酸化トリシクロヘキシルスズ）	+				劇物		C
シペルメトリン	+			作動	劇物		C
ジベレリン							A

日本語名	残留基準＊1	登録保留基準＊2	指定農薬＊3	安全使用基準＊4	毒劇指定＊5	化審法＊6	魚毒性＊7
シマジン（CATを見よ）							
ジメタメトリン		作					B
ジメチピン	+						B
ジメチリモール		作					A
ジメチルアミノスクシアンアミド酸，N-（ダミノジッドを見よ）							
ジメチルビンホス	+			作	劇物		B
ジメテナミド	+			作			B
ジメトエート	+			作	劇物		B
ジメトモルフ		作					A
シメトリン		作					A
ジメピペレート		作					B
シモキサニル	+			作			A
臭化メチル				作	劇物		A
臭素	+						
酒石酸モランテル							A
除虫菊（ピレスリン）							B
シラフルオフェン	+	水		作空			A
ジラム		作		動			C
シリロシド							C
シロマジン	+			作			A
シンメチリン	+	水		作			B
水酸化トリシクロヘキシルスズ（シヘキサチンを見よ）							
水和硫黄							A
スウィートビルア							A
スエップ（MCCを見よ）							
スタイナーネマ・カーポカプサエ							A
ストレプトマイシン							A
スモールア							A
スルファミン酸塩							A
スルフェン酸系（ジクロフルアニド）	+			作動			C
スルプロホス		作			劇物		B
生石灰（酸化カルシウム）							A
青酸（シアン化水素）		作			毒物		B
石油アスファルト							A
石油系粘着物質（粘着剤を見よ）							
石灰硫黄合剤（多硫化カリウム）							A
石灰窒素							B
セトキシジム	+	水		作			B
セロサイジン					劇物		A
ダイアジノン	+			作空	劇物		B-s
ダイアモルア							A
対抗菌剤							A
大豆レシチン							A
ダイファシン系				空	劇物		A
ダイホルタン（カプタホル）	+						C
ダイムロン	+			作			A
タウフウバリネート（フルバリネートを見よ）							

日本語名	残留基準 *1	登録保留基準*2	指定農薬 *3	安全使用基準 *4	毒劇指定 *5	化審法 *6	魚毒性*7
ダゾメット		作			劇物		A
ターバシル		作					A
ダミノジッド（N-ジメチルアミノスクシンアミド酸）	+						A
タリウム（硫酸タリウム）					劇物		A
多硫化カリウム（石灰硫黄合剤を見よ）							
炭酸カルシウム							A
炭酸水素カリウム							A
炭酸水素ナトリウム							A
タンパク加水分解物							A
チアザフルロン							A
チアジアジン（ミルネブ）		作					A
チアベンダゾール（TBZ）		作					A
チウラム（チラムTMTD）		作		動水			C
チェリトルア							A
チオクロルメチル					劇物		B
チオジカルブ		作			劇物		B
チオシクラム		作水			劇物		B-s
チオセミカルバジド					毒物劇物		A
チオニョ　チオ尿素							A
チオファネート							A
チオファネートメチル		作水		空			A
チオベンカルブ（ベンチオカーブを見よ）							
チオメトン	+			作	劇物		B
チフェンスルフロンメチル		作					A
チフルザミド							B
チラム（チウラムを見よ）							
ディルドリン	+		土		劇物	第一特化	C
テクロフタラム	+			作空			A
デシルアルコール							A
テトラクロルニトロエタン					劇物		
テトラクロルビンホス（CVMPを見よ）							
テトラコナゾール							B
テトラジホン		作					A
テトラデセニルアセテート							A
テトラピオン（フルプロパネートナトリウム塩）				空			A
テトラヒドロチオフェン							A
テニルクロール	+	水		作			B
テブコナゾール	+			作			B
テブチウロン							A
テブフェノジド（ロムダン）	+	水		作			A
テブフェンピラド	+			作動	劇物		C
テフルトリン	+			作動	毒物劇物		C
テフルベンズロン	+			作			B
テミビンホス					劇物		B-S
デリス（ロテノン）			水	動	劇物		指定
デルタメトリン	+						
テルブカルブ（MBPMCを見よ）							

日本語名	残留基準 *1	登録保留基準*2	指定農薬 *3	安全使用基準 *4	毒劇指定 *5	化審法 *6	魚毒性*7
テルブホス	+						
テレピン油							B
テレフタル酸銅（テレフタル酸銅三水和剤）	+			作			B
テロドリン			水		毒物		D
デンプン							A
銅（塩基性塩化銅）							B
銅（塩基性硫酸銅）							B
銅（水酸化第二銅）							B
銅（無水硫酸銅）					劇物		C
ドディン（グアニジンを見よ）							
トラロメトリン	+			作動	劇物		C
トリアジフラム							B
トリアジメノール	+						
トリアジメホン		作					B
トリアジン（アラニジン）		作		動			C
トリクラミド	+						B
トリクロピル				空			A/B
トリクロホスメチル							
トリクロルホン（DEPを見よ）							
トリコデルマ生菌							A
トリシクラゾール	+	水		作空	劇物		A
トリネキサパックエチル							A
トリフェニルスズ　アセタート						第二特化	
トリフェニルスズ　クロリド						第二特化	
トリフェニルスズ　ヒドロキシド						第二特化	
トリフェニルスズ　フルオリド						第二特化	
トリブチルスズ　アセタート						第二特化	
トリブチル錫オキシド					劇物		C
トリブチルスズ　クロリド						第二特化	
トリブチルスズ　フルオリド						第二特化	
トリフルアニド（トリフルラリンを見よ）							
トリフルミゾール	+			作			B
トリフルラリン（トリフルアニド）	+			作			B-s
トリベヌロンメチル	+						
トリホリン		作					A
トリメドルア							B
トルクロホスメチル	+			作			A
なたね油							A
ナフチルアセトアミド, 1-							A
ナフトール, 2-							B
ナプロアニリド		作					B
ナプロパミド							A
鉛（鉛及びその化合物：PBとして）	+						
ナレド（BRPを見よ）							
ニコスルフロン							A
二酸化ケイ素							A
二酸化炭素							A

日本語名	残留基準 *1	登録保留基準*2	指定農薬 *3	安全使用基準 *4	毒劇指定 *5	化審法 *6	魚毒性*7
ニテンピラム	+	水		作			A
ニトラリン							B
ニトロフェン（NIPを見よ）							
ネマデクチン					劇物		C
粘着剤（石油系粘着物質ポリブテン）							A
粘着剤（ヒマシ油　安息香樹脂）							A
ノニルフェノールスルホン酸銅		作					B
パクロブトラゾール	+	水		作			A
バミドチオン	+	水		作空	劇物		A
パラコート（パラコートジクロリド）		作			毒物		A
パラコートジクロリド（パラコートを見よ）							
パラチオン	+			禁	毒物		B
パラチオンメチル	+				毒物		B
パラフィン							A
バリダマイシン				空			A
ハルフェンプロックス	+			作動	劇物		C
ハロスルフロンメチル							A
ビアラホス					劇物		A
ビートアーミルア							A
ピクロラム	+						A
ヒ酸石灰					毒物		A
ヒ酸鉛			作		毒物		A
ビスチオセミ					劇物		A
ビスヒドロキシエチルドデシルアミン							B
ビスピリバックナトリウム塩							A
ひ素及びその化合物（有機ひ素を見よ）							
ピーチフルア							A
ビテルタノール	+			作			B
ヒドロキシイソキサゾール（ヒメキサゾール）		作水		空			A
ビナパクリル（BINAPACRYLを見よ）							
ピネン油							B
ビフェノックス		作					B
ビフェントリン	+			作動	劇物		C
ピペロニルブトキシド（ピペロニルブトキサイド）							B
ピペロホス		作水			劇物		B
ヒマシ油（粘着剤を見よ）							
ヒメキサゾール（ヒドロキシイソキサゾールを見よ）							
ピラクロホス	+			作動	劇物		C
ピラゾキシフェン	+	水		作			B
ピラゾスルフロンエチル		作水					A
ピラゾホス					劇物		B
ピラゾリネート（ピラゾレートを見よ）							
ピラゾレート（ピラゾリネート）		作					B
ピラゾン（PACを見よ）							
ピリダフェンチオン		作		空			B
ピリダベン	+			作動	劇物		C
ピリデート	+			作			A

日本語名	残留基準 ＊1	登録保留基準＊2	指定農薬 ＊3	安全使用基準 ＊4	毒劇指定 ＊5	化審法 ＊6	魚毒性＊7
ピリフェノックス	+			作			B
ピリブチカルブ	+	水		作			B
ピリプロキシフェン	+			作			B
ピリマルア							A
ピリミカーブ	+			作	劇物		B
ピリミジフェン	+			作動	劇物		C
ピリミニール					劇物		
ピリミノバックメチル	+	水		作			A
ピリミホスメチル	+			作			B
ピレスリン（除虫菊を見よ）							
ピレトリン	+			作			B
ピロキロン		作水		空			A
ビンクロゾリン		作					A
ファシン系					劇物		A
フィシルア							A
フィプロニル		作水		動	劇物		C
フェナジンオキシド							A
フェナリモル	+			作			B
フェニソブロモレート（ブロモプロピレート）							B
フェニトロチオン（MEPを見よ）							
フェノキサプロップエチル		作					B
フェノキシカルブ		作					B
フェノチオカルブ		作		動			C
フェノチオール（MCPAチオエチル）		作					B
フェノブカルブ（BPMCを見よ）							
フェリムゾン		作水		空			A
フェンスルホチオン	+						
フェンチオン（MPPを見よ）							
フェンチンアセテート（有機スズを見よ）							
フェンチンクロリド（有機スズを見よ）							
フェンチンヒドロキシド（有機スズを見よ）							
フェントエート（PAPを見よ）							
フェンバレレート（フェンバレラート）	+			作動	劇物		C
フェンピロキシメート	+			作動	劇物		C
フェンプロパトリン		作		動	劇物		C
フェンメディファム		作					B
フサライド		作水		空			A
ブタクロール							B
ブタミホス	+	水		作			B
フッ化水素アンモニウム					劇物		
ブプロフェジン		作水		空			B
フラザスルフロン							A
ブラストサイジンS					劇物		A
フラチオカルブ		作水		動	毒物劇物		C
フラメトピル	+	水		作			B
フルアジナム		作		動			C
フルアジホップ		作水					B

日本語名	残留基準 *1	登録保留基準*2	指定農薬 *3	安全使用基準 *4	毒劇指定 *5	化審法 *6	魚毒性*7
ブルウウェルア・ロウカルア剤							A
ブルウェルア							A
フルオルイミド	+			作			B
フルジオキソニル	+			作			B
フルシトリネート	+			作動	劇物		C
フルシラゾール	+						
フルスルファミド	+			作動	劇物		C
フルトラニル	+	水		作空			B
フルバリネート（タウフルバリネート）	+			作動	劇物		C
フルフェノクスロン	+			作			B
フルプロパネートナトリウム塩（テトラピオンを見よ）							
フルルプリミドール							A
プレチラクロール	+	水		作			B
プロクロノール							B
プロクロラズ							B
プロジアミン							A
プロシミドン		作水		空			A
プロチオホス	+			作			B
プロパニル（DCPAを見よ）							
プロパホス		作			劇物		B
プロパモカルブ塩酸塩（プロパモカルブ）	+			作			A
プロパルギット（BPPSを見よ）							
プロピコナゾール	+			作			B
プロピザミド							A
プロピネブ		作					A
プロフェノホス		作		動			C
プロヘキサジオンカルシウム塩	+	水		作			A
プロベナゾール		作水		空			B
プロポキスル（PHCを見よ）							
ブロマシル		作					A
プロメカルブ					劇物		B
プロメトリン		作					A
ブロモブチド		作水					A
ブロモプロピレート（フェニソブロモレートを見よ）							
ヘキサコナゾール		作					B
ヘキサジノン							A
ヘキサフルムロン	+			作			A
ヘキシチアゾクス	+			作			B
ベスロジン（ベンフルラリン）							B
ベノミル		作					B
ベーパム（メタム）							A
ヘプタクロル	+				劇物		C
ペフラゾエート							A
ペブレート							B
ペラルゴン酸							A
ペルメトリン	+			作動			C
ペンシクロン	+	水		作空			B

日本語名	残留基準 *1	登録保留基準*2	指定農薬 *3	安全使用基準 *4	毒劇指定 *5	化審法 *6	魚毒性*7
ベンジルアミノプリン,6-N-	+						A
ベンスリド（SAPを見よ）							
ベンスルタップ		作水					A
ベンスルフロンメチル	+			作			A
ベンゾエピン（エンドスルファン）		作	水	動	毒物		指定
ベンゾキシメート（ベンゾメートを見よ）							
ベンゾフェナップ		作					B
ベンゾメート（ベンゾキシメート）		作					C
ベンダイオカルブ	+			作	毒物劇物		B
ベンタゾン（ベンタゾンのナトリウム塩）	+	水		作			A
ベンチアゾール				動			C
ベンチオカーブ（チオベンカルブ）	+	水		作(水)水			B
ペンディメタリン	+			作			B
ペントキサゾン							B
ベンフラカルブ		作			劇物		B-s
ベンフルラリン（ベスロジンを見よ）							
ベンフレセート（ベンフラゾエート）	+	水		作			A
ホキシム	+						
ホサミンアンモニウム							A
ホサロン	+			作	劇物		B
ホスダイフェン							B
ホスチアゼート	+			作	劇物		A
ホスメット（PMPを見よ）							
ホセチル	+			作			A
ボーベリア・ブロンニアティ							A
ポリオキシン							A
ピリカーバメイト		作					B
ポリナクチン複合体				動			C
ポリブテン（粘着剤を見よ）							
ホルクロルフェニュロン		作					B
ホルムアルデヒド					劇物		A
ホルモチオン							A
マシン油							A
マラソン（マラチオン）	+	水		作空			B
マラチオン（マラソンを見よ）							
マレイン酸ヒドラジド（マレイン酸ヒドラジドコリン塩）	+			作			A
マレイン酸素ヒドラジドコリン塩(マレイン酸ヒドラジドを見よ)							
マンコゼブ（マンゼブを見よ）							
マンゼブ（マンコセブ）		作		空			B
マンネブ		作		空			B
ミクロブタニル	+			作			B
ミルディオマイシン							A
ミルネブ（チアジアジンを見よ）							
ミルベメクチン		作		動			C
無水炭酸ナトリウム							A
無水硫酸銅					劇物		C
メカルバム					劇物		B

日本語名	残留基準 *1	登録保留基準*2	指定農薬 *3	安全使用基準 *4	毒劇指定 *5	化審法 *6	魚毒性*7
メコプロップ（MCPPを見よ）							
メスルフェンホス					劇物		B
メソミル		作			劇物		B
メタアルデヒド							A
メタスルホカルブ					劇物		B
メタベンズチアズロン	+						
メタミドホス	+						
メタム（ベーバムカーバムを見よ）							
メタラキシル		作水					A
メタンアルソン酸鉄（有機ひ素を見よ）							
メチオカルブ	+						B
メチダチオン（DMTPを見よ）							
メチルイソチオシアネート		作			劇物		B
メチルオイゲノール							A
メチルジメトン					毒物		A
メチルダイムロン							A
メチルフェニルアセテート							A
メトキシフェノン							B
メトスルフロンメチル	+						A
メトプレン	+						
メトミノストロビン							A
メトラクロール	+			作			B
メトリブジン	+			作			A
メトルカルブ（MTMCを見よ）							
メパニピリム	+			作			B
メピコートクロリド		作					A
メフェナセット	+	水		作			B
メフルイジド							A
メプロニル	+	水		作空			B
モナクロスポリウム・フィマトパガム							A
モノクロトホス		作水			劇物		A
モノフルオル酢酸アミド					毒物		A
モノフルオル酢酸塩（モノフルオル酢酸ナトリウム）					特定毒物		A
モリネート		作水					B
有機硫黄ニッケル（有機ニッケルを見よ）							
有機スズ（フェンチンアセテート）					劇物	第二特化	
有機スズ（フェンチンクロリド）					劇物	第二特化	
有機スズ（フェンチンヒドロキシド）					劇物	第二特化	
有機銅（PCP銅）					劇物		C
有機銅（オキシン銅）		作		動			C
有機ニッケル（有機硫黄ニッケル）		作水					A
有機ひ素（メタンアルソン酸鉄DTAS）	+				毒物劇物		A
沃化メチル					劇物		A
リトルア							A
リニュロン		作水					A
リムスルフロン							A
硫酸亜鉛					劇物		B

日本語名	残留基準 *1	登録保留基準*2	指定農薬 *3	安全使用基準 *4	毒劇指定 *5	化審法 *6	魚毒性*7
硫酸タリウム（硫酸タリウム）					劇物		A
硫酸銅				銅	劇物		C
硫酸ニコチン					毒物		A
リン化亜鉛				空	劇物		A
リン化アルミニウム		作			特定毒物		−
リン化水素					毒物		−
リンデン（BHCを見よ）							
ルフェヌロン							A
レスメトリン							C
レナシル	+			作			A
ロウカルア							A
ロテノン（デリスを見よ）							
ロムダン（テブフェノジドを見よ）							
ワックス							A
ワルファリン（クマリンを見よ）							

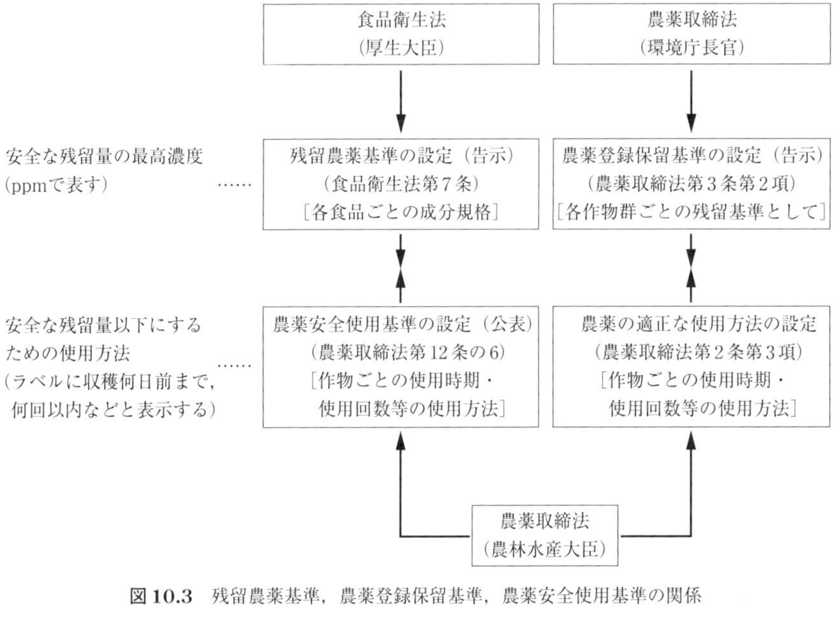

図 10.3　残留農薬基準，農薬登録保留基準，農薬安全使用基準の関係

基準と安全使用基準の関係を図に示す（図10.3）.

5）Codex残留基準と残留基準との関係

JMPRは国際食品規格の残留農薬規格部会（Codex Committee on Pesticide Residues, CCPR）が規格草案を作成するために勧告を行う役割を担っている．Codex残留基準は，適正農業規範に従って使用された農薬の残留データをもとに決められるが，地域ごとに異なる管理要件の違いにより，時には各国の管理下で得られた残留レベルより高くなる可能性がある．WTOの発足に伴いCodex残留基準の国際的な利用が推進されており，これを受け入れた場合にわが国の食生活に照らして安全性を確保できるかどうかを確認する作業が行われている．残留物の定義，公定分析法により検出される範囲の違い，残留基準が適用される食品の分類や，食品の部位の大きな違いによって，Codex基準とわが国の残留基準の違いが生ずる場合もある．

6）残留農薬の定義と外因性残留基準

Codexにおける残留農薬とは，農薬の使用に由来し，食品，農産物または動物用飼料中に存在する特定物質をさし，代謝物，反応物および毒性学的に重要と考えられる不純物を含む．環境起源から生じる残留農薬または汚染物（以前に農業目的で使用された場合を含む）については，残留農薬とは別に外因性残留基準（extraneous residue limit）を設定している．わが国の食品衛生法では食品の側からみて，農薬もそのほかの汚染物も本来食品中に存在しなかった汚染物質として残留基準を定めているのと趣きを異にする．これまで述べてきたように国際的に農薬の残留基準について比較するときには，それぞれの意味するところと背景の事情についても考慮する必要がある．

7）作物残留試験

① 試験条件

当該農薬を認められている範囲で最も多量に用い，かつ最終使用から収穫までの期間を最短とした場合の作物残留試験（いわゆる最大使用条件での作物残留試験）のデータを用いる．上記条件では十分なデータが得られないときは，その条件の範囲を適正農業規範に定められる最大散布量のおよそ±25～30％の範囲を標準とする．PHI（収穫前使用禁止日数）については個々のケースごとに判断する．

② 作物残留試験データから求める代表値

作物残留試験成績の数が限られていることなどから平均値を基本とするが，複数の作物残留試験から得られた残留量の分布などからみて適切であると考えられる場合には，平均値以外の代表値（中央値など）を用いることを検討する．国内の場合，一作物残留試験について2機関で分析を行うこととされているが，このうち大きいほうの値を当該作物残留試験の残留量とする．個々の作物残留試験において，当該農薬の残留が検出できない場合には，分析に用いた検査法の検出限界をもって残留量とする．

8）非可食部の除去，調理加工によるデータの取扱い

わが国の食習慣に照らし，一般にどのような部分が食べられているのか，どのよう

表 10.6　農薬による水質汚染にかかわる基準や指針（基準値．指針値のあるもの）1999 年 9 月現在
単位はすべて検液 1*l* 当たりの mg である
（水道水質基準）　*1 監視項目　*2 暫定管理指針　*3 基準項目
（環境基準）　*4 要監視項目　*5 基準項目　*9 検出限界 0.0001
（水質汚濁性農薬）　*6 指定農薬
（WHO 飲料水基準）　*7 発がん物質と考えられるものについては 10^{-5} の生涯リスクを指針した
*8 有害性情報について不確実性が大きく暫定指針とした

日本語名	水道水質基準	環境基準（公共用水域）	水質評価指針（公共用水域）	環境基準（土壌汚染防止）	水質汚濁防止法（排水基準）	水質汚濁防止法（特定地下浸透水規制）	ゴルフ場排水（環境庁暫定指導指針）	登録保留基準（水質汚濁）	水質汚濁性農薬	WHO飲料水基準
ACN								0.05		
2, 4-D										0.03
2, 4-DB										0.09
BHC										0.001 *7
BHC，ガンマ										0.002
CVMP								0.1		
DBCP										0.001 *7
DDT										0.002
DDVP								0.08		
EPN	0.006 *1	0.006 *4			1	非検出		0.06		
MCP										0.002
PCP									*6	0.009 *8
2, 4, 5-T										0.009
2, 4, 5-TP										0.009
アジムスルフロン								2		
アシュラム							2			
アセフェート								0.8		
アゾキシストロビン								5		
アトラジン										0.002
アラクロール										0.02 *7
アルジカルブ										0.01
アルドリン										0.00003
イソキサチオン	0.008 *1	0.008 *4					0.08	0.08		
イソフェンホス							0.01			
イソプロカルブ（MIPC）								0.1		
イソプロチオラン	0.04 *1	0.04 *4					0.4	0.4		0.009
イナベンフィド								3		
イプロジオン			0.3				3	3		
イプロベンホス（IBP）	0.008 *1	0.008 *4						0.08		
イマゾスルフロン								2		
イミノクタジン酢酸塩								0		
イミダクロプリド			0.2					2		
ウニコナゾールP								0.4		
エスプロカルブ			0.01					0.1		
エテンピラム								13		
エディフェンホス（EDDP）				0.006						
エトキシスルフロン								1		
エトフェンプロックス			0.08					0.8		
エトベンザニド								1		
エクロメゾール							0.04			

日本語名	水道水質基準	環境基準(公共用水域)	水質評価指針（公共用水域)	環境基準(土壌汚染防止)	水質汚濁防止法(排水基準)	水質汚濁防止法（特定地下浸透水規制)	ゴルフ場排水(環境庁暫定指導指針)	登録保留基準(水質汚濁)	水質汚濁性農薬	WHO飲料水基準
エンドリン									＊6	
オキシン銅(有機銅)		0.04＊4					0.4			
オキソリニック酸								0.6		
カフェンストロール								0.08		
カルタップ								3		
カルバリル(NAC)			0.05							
カルプロパミド								0.4		
カルボフラン										0.005
キザロホップエチル								0.2		
キャプタン							3			
クミルロン								0.3		
グリホサートイソプロピルアミン塩								4		
クロメプロップ								0.2		
クロルデン										0.0002
クロルニトロフェン(CNP)	0.0001＊2	非検出＊4＊9								
クロルピリホス			0.03				0.04			
クロロタロニル(TPN)	0.04＊1	0.04＊4					0.4			
クロロトルロン										0.03
クロロネブ							0.5			
シクロスルファムロン								0.8		
ジクロフェンチオン(ECP)			0.006							
シクロプロトリン								0.08		
ジクロベニル（DBN)								0.1		
ジクロメジン								0.5		
ジクロルボス（DDVP)	0.01＊1	0.01＊4						0.08		
ジクロルプロップ										0.1
1, 2-ジクロロプロパン		0.06＊4								0.02＊8
1, 3-ジクロロプロペン(D-D)	0.002＊3	0.002＊5		0.002	0.02	0.002				0.02＊7
ジチオピル								0.08		
シノスルフロン								2		
シハロホップブチル								0.06		
シマジン（CAT)	0.003＊3	0.003＊5		0.003	0.03	0.003	0.03		＊6	0.002
ジメチルピンホス								0.1		
シメトリン			0.06					0.3		
ジメピペレート								0.03		
シラフルオフェン								3		
シンメチリン								1		
セトキシジム								4		
ダイアジノン	0.005＊1	0.005＊4					0.05			
チウラム(チラム)	0.006＊3	0.006＊5		0.006	0.06	0.006	0.06			
チオシクラム								0.3		
チオファネートメチル								3		
チオベンカルブ	0.02＊3	0.02＊5		0.02	0.2	0.02		0.2		
チフルザミド								0.5		
テニルクロール								2		
テブフェノジド								0.2		
テルブカルブ(MBPMC)							0.2			

日本語名	水道水質基準	環境基準（公共用水域）	水質評価指針（公共用水域）	環境基準（土壌汚染防止）	水質汚濁防止法（排水基準）	水質汚濁防止法（特定地下浸透水規制）	ゴルフ場排水（環境庁暫定指導指針）	登録保留基準（水質汚濁）	水質汚濁性農薬	WHO飲料水基準
テロドリン									*6	
トリシクラゾール			0.1					0.8		
トリフルラリン										0.02
トルクロホスメチル			0.2				0.8			
トリクロルホン（DEP）			0.03				0.3	0.3		
ナプロパミド							0.3			
ニテンピラム								13		
パクロブトラゾール								1		
パミドチオン								0.2		
ビスピリバックナトリウム塩								0.3		
ピペロホス								0.009		
ヒメキサゾール								1		
（ヒドロキシイソキサゾール）										
プラゾキシフェン								0.04		
プラゾスルフロンエチル								1		
ピリダフェンチオン			0.002				0.02			
ピリデート										0.1
ピリブチカルブ								0.2		
ピリミノバックメチル								0.2		
ピロキロン								0.4		
フィプロニル								0.005		
フェニトロチオン（MEP）	0.003 *1	0.003 *4					0.03			
フェノブカルブ（BPMC）	0.02 *1	0.02 *4						0.2		
フェリムゾン								0.2		
フェントエート（PAP）								0.07		
フサライド			0.1					1		
ブタミホス			0.004				0.04	0.1		
ブプロフェジン			0.01					0.1		
フラチオカルブ								0.08		
フラメトピル								0.2		
フルアジホップ								0.3		
フルトラニル			0.2				2	2		
プレチラクロール			0.04					0.4		
プロシミドン								0.9		
プロパニル										0.02
プロピザミド	0.008 *1	0.008 *4					0.08			
プロヘキサジオンカルシウム塩								5		
プロベナゾール			0.05					0.5		
ブロモブチド			0.04					0.4		
ヘプタクロルと										0.00003
ヘプタクロルエポキシド										
ペルメトリン										0.02
ペンシクロン			0.04				0.4	0.4		
ベンスリド（SAP）			0.1				1			
ベンスルタップ								0.9		
ベンスルフロンメチル								4		
ベンゾエピン									*6	

日本語名	水道水質基準	環境基準（公共用水域）	水質評価指針（公共用水域）	環境基準（土壌汚染防止）	水質汚濁防止法（排水基準）	水質汚濁防止法（特定地下浸透水規制）	ゴルフ場排水（環境庁暫定指導指針）	登録保留基準（水質汚濁）	水質汚濁性農薬	WHO飲料水基準
ベンタゾン及びベンタゾンのナトリウム塩								2		0.03
ペンディメタリン			0.1				0.5			0.02
ペントキサゾン								2		
ベンフルラリン（ベスロジン）							0.8			
ベンフレセート								0.7		
マラチオン（マラソン）			0.01					0.1		
メコプロップ（MCPP）							0.05			0.01
メタラキシル								0.5		
メチルダイムロン							0.3			
メトキシクロル										0.02
メトミノストロビン							0.4			
メトラクロル										0.01
メフェナセット			0.009					0.09		
メプロニル			0.1				1	1		
モノクロトホス								0.02		
モリネート			0.005					0.05		0.006
リニュロン								0.2		
ロテノン									*6	
有機ニッケル								2		
有機燐化合物（パラチオン，メチルパラチオン，メチルジメトン，及びEPNに限る）					1	非検出				

な加工調理が行われているかを考慮し，各農産物や食品ごとに個別に検討することが必要である．

9）実際残留レベルの測定結果

厚生省は都道府県の協力を得て食品（市販品あるいは検疫所で得たサンプル）中の残留農薬の検査を行っている．平成8年度の集計結果は以下のようであった[8]．255農薬を検査対象として355,236件の検査の結果，検出数は2,733件（検出割合0.78％，うち国産食品907件，輸入食品1,866件）であった．検出されたもののうち，基準値を越えた件数は55件（検出割合0.03％，基準値が設定されているものの検査件数は約211,000件）だった．検出割合では，臭素が最も多く（1,062件中，383件），ついで鉛とその化合物（199件中37件），イマザリル（795件中144件），TBZ（517件中46件），チオファネートメチル，クロスピロフォスの順であった．国産品では鉛化合物と臭素が，輸入品では臭素とイマザリルの検出割合が高かった．

図10.2では，ある農薬の適用可能な作物すべてに対して当該農薬が散布されたと仮定して，作物残留試験結果とフードファクターの値を掛け合わせて，推定摂取量を計算した．しかし本集計結果によれば，作物に農薬が残留して検出される場合，また基準値を越えて残留する農薬の割合は実際にはかなり低いことが知られる．

d. 安全使用基準，水質・大気・ゴルフ場排水基準

残留基準の設定された農薬については，農薬取締法により農薬の使用の時期および方法，その他の事項に関して農薬の使用者が守ることが望ましい基準として農薬安全使用基準が定められるようになっている．また農薬が散布された周辺環境に流出した際の環境中あるいは排出液中の限度として，水質・大気・ゴルフ場排水基準などが決められている．詳細な説明は14章を参照されたい．ここでは現在の適用状況を表10.6に示す．〔関沢　純〕

文　献

1) 関沢　純編（1997）．農薬の安全評価データ集，改訂版，LIC，pp.290.
2) 関沢　純（1993）．環境情報科学，**22**：21-27.
3) 関沢　純（1995）．農薬の安全性評価の新しい動き—IPCSの農薬合同会議（JMP），衛生試験所報告，**113**：84-90.
4) IPCS（1990）. Principles for the Toxicological Assessment of Pesticides in Food, Environmental Health Criteria, 104, World Health Organization, pp.117. 邦訳「食品中の残留農薬における毒性評価の原則」，日本食品衛生協会（1998）.
5) 関沢　純（1997）．*J.Toxicol.Sci.*, **22**（1）：35-43
6) US EPA（1996）. Major issues in the Food Quality Protection Act of 1996, Office of Pesticide Programs.
7) 高仲　正・関沢　純（1994）．生体異物の安全性評価（内山　充編），総合食品安全事典，産業調査会事典出版センター，p.1129-1179.
8) 田中俊博（1999）．食品衛生研究，**49**：27-32.

11. 農薬中毒と治療方法

中毒とは，化学物質が何らかの経路で人の体内に入ったことにより生ずる病態（有害作用）で，1回の暴露によるものを急性中毒，反復して化学物質に暴露されたものを慢性中毒という．急性中毒は生命に対する緊急度は高いが発がん性や催奇形性などに対する危惧は低く，1つの事故での患者数も限られている．逆に慢性中毒は生命に対する緊急度は低いが発がん性や催奇形性の問題を考慮する必要があり，環境汚染による多数の患者発生など長期的かつ広範囲な影響に対する危惧も念頭におく必要がある．

このような考え方の違いから急性中毒と慢性中毒を同一に論じるには無理があり，本稿では農薬による急性中毒を中心に述べることとし，慢性中毒は別稿に譲る．また本稿は医師，看護婦，薬剤師など医療従事者を主たる読者対象としたものではないので薬剤の具体的な投与量など治療法の詳細については概略を記すにとどめる．

11.1 化学物質と中毒情報センター

農薬はもとより医薬品や化粧品類も動植物に含まれる毒性成分もすべて化学物質であり急性中毒の原因となる．地球上にはこのような化学物質が数十万種類以上存在するが，臨床的に問題となる物質は3,000種類程度と考えられている．しかし中毒の発生に備えてすべての医療機関がこのような多種にのぼる化学物質に関する資料を常時そろえておくのは事実上不可能なため，世界各国とも公的機関が毒物の情報を管理し，必要に応じて情報を提供するシステムが機能している．わが国では財団法人日本中毒情報センターがこれにあたる．

a. 中毒情報センターの資料よりみたわが国の農薬中毒の発生状況[1)]

中毒情報センターで把握された農薬中毒は全体のごく一部にすぎないが，大まかな傾向を理解するには適当と思われるので以下に紹介する．

1998年度中に日本中毒情報センターへは総数36,125件の急性中毒に関する問い合せがありそのうち8,323件が医療機関からの問い合せである．医療機関からの問い合せのうち，農薬中毒は966件（11.6％）で，ここ数年ほぼ同じ傾向である．家庭用品では20歳以下の例が88.7％，医薬品では20歳以下の例が74.3％と20歳以下が多いのに対して，農薬中毒は20歳以上の例が72.2％となる．これは農作業中の事故および自殺目的の意図的摂取が多いためと思われる．

表11.1　財団法人日本中毒情報センター連絡先

日本中毒情報センター大阪 中毒110番
　ダイヤルQ2　tel. 0990-50-2499（24時間受付，年中無休）
　医師専用　tel. 06-6878-1232（24時間受付，年中無休，有料）

日本中毒情報センターつくば 中毒110番
　ダイヤルQ2　tel. 0990-52-9899（9：00～17：00受付，年末年始除く）
　医師専用　tel. 0298-51-9999（9：00～17：00受付，年末年始除く，有料）

※ダイヤルQ2使用料＝通話料＋一定の情報提供料
※賛助会員専用電話および賛助会員児童FAXサービスもあり，番号は非公開．
　賛助会員入会の手続は本部事務局（tel. 0298-56-3566）へ．

表11.2　起因物質別受信件数と連絡者の内訳
（1998年1月～12月）

起因物質	受信件数（件）			
	一般市民	医療機関	消防署，他*	計
家庭用品	20,660 （76.0％）	3,749 （45.0％）	355 （58.6％）	24,764 《68.6％》
医薬品	4,968 （18.3％）	2,355 （28.3％）	137 （22.6％）	7,460 《20.7％》
医療用	2,213 （8.1％）	1,335 （16.0％）	79 （13.0％）	3,627 《10.0％》
一般用	2,755 （10.1％）	1,020 （12.3％）	58 （9.6％）	3,833 《10.6％》
農業用品	158 （0.6％）	966 （11.6％）	31 （5.1％）	1,155 《3.2％》
自然毒	349 （1.3％）	366 （4.4％）	23 （3.8％）	738 《2.0％》
工業用品	748 （2.8％）	765 （9.2％）	48 （7.9％）	1,561 《4.3％》
食品，他	313 （1.2％）	122 （1.5％）	12 （2.0％）	447 《1.2％》
計	27,196 〈75.3％〉	8,323 〈23.0％〉	606 〈1.7％〉	36,125

＊　保健所，薬局，学校など．
（　）：連絡者別にみた起因物質の構成比（％）
《　》：起因物質の構成比（％）
〈　〉：連絡者の構成比（％）

医療機関からの問い合せ件数の多かった農薬上位5品目は有機リン系殺虫剤が268件と圧倒的で以下グリホサート：アミノ酸系除草剤（93件），パラコート・ジクワット製剤およびその合剤：除草剤（64件），カーバメート系殺虫剤（49件），グルホシネート：アミノ酸系除草剤（40件）である．この5品目で医療機関からの農薬の問い合せ件数の50％以上になる．さらにピレスロイド系殺虫剤（33件），尿素系除草剤およびその合剤（25件），臭化メチル（20件），フェノキシ系除草剤（17件），クロルピクリン（16件），有機塩素（16件），石灰硫黄合剤（12件）と続く．

なお，日本中毒情報センターには前述の問い合せ以外に家畜やペットなどの動物の中毒に関する問い合せが年間532件，そのうち農薬中毒と思われたものが60件あった．

11.2　急性中毒の病態

化学物質による中毒の発生は，化学物質が本来もつヒトへの危険性（侵襲性：毒性，摂取量，暴露時間など）と生体が本来もっている毒性発揮を抑制する因子（吸収，代謝，排泄など）との相互作用による．

a.　毒性の評価[2)]

農薬に限らず急性毒性の評価には，動物実験の頭数の半数を殺すのに必要な毒物の量，半数致死量（LD_{50}，50％ lethal dose）が使用される．表11.3に毒性の強さの基準を示した．わが国の毒物及び劇物取締法では経口LD_{50} 30 mg/kg以下を毒物，LD_{50} 30

表11.3　致死量と毒性[24)]

毒性度	毒性の程度	LD_{50} 一回経口投与 ラット	4時間蒸気吸入 致死率2/6～4/6 ラット	LD_{50} 皮膚―ウサギ	推定致死量 人
1	きわめて大	≦1 mg/kg	＜10 ppm	≦5 mg/kg	0.06 g （ひとなめ）
2	大	1～50 mg	10～100	5～43 mg	4 ml （ひとさじ）
3	中程度	50～500 mg	100～1,000	44～340 mg	30 g
4	小	0.5～5 g	1,000～10,000	0.35～2.81 g/kg	250 g
5	実際上無毒	5～15 g	10,000～100,000	2.82～22.59 g/kg	1 l
6	無毒	≧15 g	＞100,000	≧22.6 g/kg	＞1 l

～300 mg/kgを劇物と指定している．

LD_{50}は便利な指標であるが臨床的には以下の問題点がある．

(1) LD_{50}値は一回投与による急性毒性の強さを示すもので，反復投与による慢性毒性を示すものではない．

(2) LD_{50}値は動物の種により異なり，動物の値がヒトにあてはまらないことがある．また動物のLD_{50}値は未治療の状態で，ヒトの中毒で治療を受けた場合は結果が修飾される．

(3) LD_{50}値は動物の生死で判定するので，LD_{50}値の大小と実際の中毒の症状の重い軽いは関係ない．グルホシネート（後述）のように原体は比較的低毒性でも突然の呼吸停止など重篤な症状をきたす場合もある．

LD_{50}以下の摂取でも中毒症状は出現し治療の対象になる．LD_{50}値が高く低毒性と考えられる物質でも大量に摂取すれば中毒症状を起こす．

(4) 一例としてパラコート製剤やグリホサート製剤のように配合されている界面活性剤（展着剤）や溶媒の影響で毒性が増強され原体のLD_{50}と製品のLD_{50}が異なることがある．

このように動物実験で求めたLD_{50}値のみを毒性の強さの指標にするのは臨床的には問題があり，臨床的には最小致死量（LD_{LO}，lowest lethal dose：文献に報告のある死亡例中の最小の摂取量）や，最小中毒量（TD_{LO}，lowest toxic dose：文献に報告のある中毒症状が出現した症例中の最小の摂取量）などの指標も合わせて毒性評価に使用される．最小致死量以上の農薬の摂取は過去に死亡した例があり，最小中毒量以上の農薬の摂取は中毒を起こした例がある，という意味でこれらの指標は治療上非常に参考になるが報告されている物質が比較的少ないのが欠点である．

b.　摂　取　量

一般的には摂取量が多いほど生体に対する反応性は強い．毒性の強いものは少量の摂取でも生体の反応は強く，毒性の弱いものでも大量に摂取すれば中毒を起こす．

c.　時　　　間

毒物に暴露されている時間が長ければ長いほど生体の反応は強くなる．

急性中毒の基本的治療である催吐，胃洗浄，下剤投与などは消化管内の毒物が吸収される以前に体外に排除し，暴露時間をできる限り短くするためのものである．

d.　生体側の条件

1）生体への吸収

臨床的な急性中毒の多くは経口摂取による消化管粘膜からの吸収によるが，パラコート・ジクワット製剤や有機リン製剤は皮膚からも速やかに吸収され中毒を起こす．

消化管からの吸収も空腹か否か，胃内のpHなどが毒性の発揮を左右され，一例として塩基性のニコチンは胃液のpHが1では15分で3%しか吸収されないが，pH9.8では15分で18.6%も吸収されるという具合である[3]．

なおプラスチックのように生体に吸収されないものは中毒を起こさない．それ自体が消化管を傷つけたり閉塞してさまざまな症状を呈するが，これは中毒ではなく異物という．

2）生体での代謝，排泄

体内に吸収された毒物は，血漿アルブミンとの結合，主として肝臓での酸化，還元，加水分解，硫酸化，グルクロン酸抱合などにより代謝・不活化され，これら代謝産物の多くは腎臓から体外へ排出される．毒物およびその代謝産物の体外への速やかな排出という観点から急性中毒の治療で利尿は重要なポイントとなる．

ところが，解熱剤のアセトアミノフェン中毒は肝臓での代謝産物のアセチルイミドキノンによる肝毒性がその本態であり，メチルアルコール中毒は代謝産物のギ酸による視神経障害が急性中毒の本態となる．農薬中毒ではたとえば，リンと硫黄の二重結合をもつチオノ型の有機リンは肝臓でシトクロム酸化酵素により代謝されてリンと酸素との二重結合をもつ毒性の強いオキソン型に変化する．パラコートは生体内で代謝されてスーパーオキサイドを生じこれがパラコートの毒性の本態となる，など体内に吸収された毒物自体が毒作用を発揮するのではなく代謝産物のほうがより強い毒性を発揮することもある．

11.3　急性中毒の診断と問診の重要性

有機リン中毒の縮瞳のように特徴的な症状を呈する場合を除き，一般には症状のみから急性中毒の原因物質を診断することは困難である．また，血液や尿検査を分析器にかけて自動的に数十万種類の化学物質のなかのひとつの物質が割りだされるものでもない．急性中毒の診断でまず重要なことはていねいな問診である．農薬中毒で医療機関を受診すると以下のことは必ず聞かれるので，あわてることなく順序よく医師や看護婦に説明する．

a.　発生時刻：「何時」

摂取後の時間経過によって症状は推移し毒物によっては予後の評価が変わるので発生時刻はできる限り正確に把握する．意識不明で発見されたなど，正確な発症時刻がわからない場合には「○時ごろ食事をしたときは元気だった」といった間接的な情報から推定する．

b.　起因物質：「何を」

起因物質の確認は急性中毒治療の基本である．関係あると思われる農薬のフルネームの商品名を伝える．品名の末尾のアルファベットや数字が一字違っても別の商品となる．単に「殺虫剤」「除草剤」では治療上全く役に立たない．成分が判明すればなおよく，摂取した残りやパッケージは病院に持参し医師または看護婦や薬剤師に見せる．

c. 摂取量：「どれくらい」

容器中にもともと入っていた量と残量などを参考にして，なめた程度，何口，何個，何cmなどできる限り正確に把握する．成人の一口は約40～50 ml程度，コップ一杯は180～200 mlである．自殺企図や痴呆老人が食品と間違えて摂取した場合は摂取量が多い傾向がある．農薬噴霧中に吸入した場合には希釈倍数や暴露されていた時間が重要である．

d. 摂取時の状況：「どのように」

作業中の事故か自殺企図か，毒物の暴露経路などの状況は詳細に説明する．

臨床で経験する農薬中毒の大部分は自殺目的の経口摂取である．しかし痴呆老人が保管してある農薬を飲み物と間違えて摂取した例[4]，小児が興味本位で農薬の瓶などを口にした例，配布されたウジ殺しの農薬をドリンク剤の瓶などに保管していたところ家人が飲み物と勘違いして飲んでしまった例[5]，などもある．

その他，散布中の農薬や，臭化メチル（くん蒸剤）やクロルピクリン（土壌の殺菌剤）などを吸入したり，農薬の希釈・調整を素手で行って経皮的に吸収され中毒を起こす．

e. 病院受診時の症状

病院を受診するまでに見られた症状を詳しく説明する．

摂取量と摂取後時間にもよるが病院を受診したときに必ず症状があるとは限らず，表11.4に示すようにあとになって重篤な症状が出現する毒物もある．

表 11.4 遅発性の症状に特に注意すべき代表的な中毒起因物質の例

起因物質	症　状
アマニタトキシン（毒きのこ）	肝機能障害
アセトアミノフェン	肝機能障害
パラコート	肺線維症
刺激性ガス類	呼吸障害
黄リン	多臓器不全
タリウム	脱毛
メチルアルコール	視力障害
グルホシネート	意識障害，けいれん
臭化メチル	運動障害，精神症状

f. 問診に際して留意すべきこと，知っておくべきこと

「農薬噴霧中に誤って吸入した」というように，「農薬に暴露された」自覚があって病院を受診する場合には急性中毒の診断は比較的容易である．しかし摂取（暴露）後時間を経てから異常に気づいた場合や意識障害のために本人から状況を聞けない場合には起因物質の特定のみならず中毒であるか否かすら判然としないこともある．

自殺企図の場合には服毒したことを患者自身が隠していわなかったり，農薬とは別の普段常用の薬剤やアルコールとともに摂取するなど服用毒物が1種類とは限らず，その場にある空き瓶以外の毒物も摂取している可能性を考慮する．

患者自身が毒物を摂取したと気づいていない場合もある．たとえば幼児や痴呆老人などが偶然農薬を口にしたとしても自分が毒物を口にしたという認識がない．故意，偶然を問わず食品に毒物（農薬）が混入したような場合も食べた本人は当初は毒物とは思わないのがふつうである．

病歴から推定される疾患と実際の症状が合わないなど，原因不明の病態は急性中毒を念頭におくのが臨床診断の常識で，また地下鉄サリン事件やヒ素入りカレー事件のように，外傷もないのに同時に多くの人が気分不快を訴え倒れるような場合は毒物混入や毒ガスによる被害を疑う．

11.4 治　　療

数十万種類以上の化学物質の大部分に対しては解毒剤も拮抗剤も存在しない．

急性中毒の治療の基本は，未吸収の毒物の排除のための催吐，水洗，胃洗浄，活性炭と下剤の投与，吸収された毒物の体外への排除のための利尿，血液浄化法，毒物の吸収により引き起こされる諸症状の対症療法を順序立てて系統的に行うことである．以上に加えて拮抗剤・解毒剤がある場合はそれを使用するのが原則である．

a. 応 急 処 置

1）経口摂取の場合：催吐

毒物を経口摂取した場合の応急処置は直ちに吐かせ，消化管からの未吸収の毒物を体外に排除する．催吐は大量服用で服用後1時間以内の早期が最もよい適応で[6]，病院を受診してから行う処置ではなく現場で応急処置として行うべきものである．

吐きやすくするために水あるいは牛乳を100～200 ml（成人の場合）飲ませてから喉の奥（咽頭）を指などで刺激する．術者は指をかまれないようにハンカチやガーゼを巻く．この方法の成功率は30％（3回に1回）程度といわれている[7]．嘔吐を促すために諸外国で使用されている吐根シロップはわが国では販売されていない．

腐食性物質を吐かせると損傷された食道を再び腐食性物質で暴露され損傷が拡大する，揮発性物質を吐かせると高率に肺炎を合併する，嚥下反射の低下時に吐かせると窒息するおそれがある，などから表11.5のような場合には吐かせてはならない．意識のない状態で発見された場合には注意が必要である．

表11.5　催吐の禁忌

1. 灯油，ガソリン，シンナーなどを服用したとき
2. 強酸，強アルカリなど，腐食性毒物を服用したとき
3. 昏睡，けいれんを起こしているとき
4. ショックのとき
5. 制吐剤を服用したとき
6. 生後6か月以内の場合
7. 同時に鋭利な物体を服用しているとき

2）吸入の場合

毒ガス，あるいはミスト状の毒物を吸入した場合には直ちに新鮮な空気のもとに移動させる．動悸，呼吸困難，チアノーゼなどがみられる場合には直ちに医療機関を受診するが，その時点で自覚症状がなくとも数～24時間後くらいに呼吸困難が生じることがある．

3）皮膚，目についた場合

農薬の調製時などに皮膚についた場合は，手袋や衣類を直ちに除去して流水と石けんで洗い流す．農薬の直接作用による皮膚の炎症のほか，経皮的に吸収されて全身的な中毒を起こすものもある．何らかの異変を感じるときは速やかに病院を受診する．

目についた場合も流水で十分に洗い流し眼科を受診する．

b. 病院内での処置

1）救命処置

血圧，脈搏，呼吸，意識状態などのバイタルサインに異常のある場合，およびけいれんがみられる場合には，以下の急性中毒の処置法のいずれにも優先して救命処置を行う．救命処置の詳細は本稿では省略する．

2）催　吐（前述）

3）胃洗浄[8)]

適応，禁忌はおおむね催吐と同様である．ただ揮発性物質や腐食性物質の大量服用や意識障害では気管内挿管により誤嚥に十分注意し，また洗浄用チューブで消化管を損傷しないような細心の注意を払ったうえで行えば必ずしも禁忌ではない．

胃洗浄は図11.1のようにはじめは左側臥位として，洗浄液（ぬるま湯または生理食塩水）の注入量は1回当たり200～300 ml，洗浄液が清澄になるまで繰り返し，ついで体位を変えてさらに繰り返す．5～10 l 程度の洗浄液が必要である．

中毒の原因物質が低くもしくは無害物質であり，摂取量もなめた程度など少量摂取であることが明らかで，特に臨床症状を認めない場合には胃洗浄の必要はない．

4）活性炭投与

活性炭は表面に微細な凹凸があり，さまざまな化学物質を吸着する性質がある．催吐，胃洗浄でも除去できなかった消化管内の毒物を吸着し，体内に吸着された毒物が

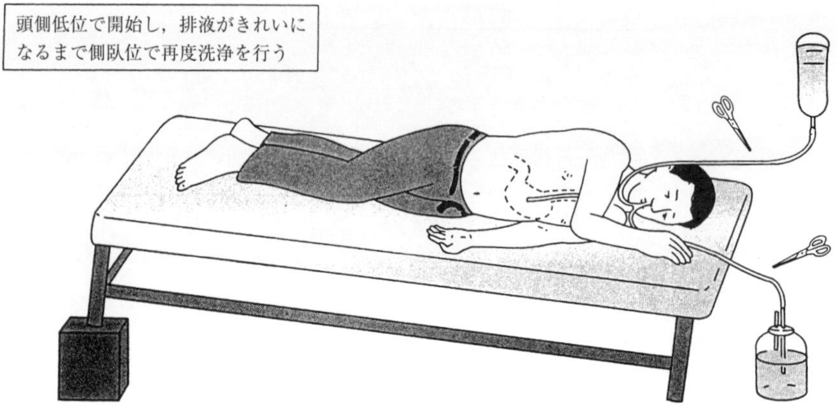

図 11.1　胃洗浄[8)]

胆汁から排泄されて再び腸から吸収される（腸肝循環）のを防ぐ目的で投与される．

5）下　　剤

腸管内に残留する毒物および，毒物を吸着した活性炭を排除するために下剤が投与される．硫酸マグネシウムあるいはクエン酸マグネシウムなどの塩類下剤あるいはソルビトールを使用し，ヒマシ油は使用しない．

すでに下痢をしている場合，腸管蠕動の低下（麻痺性イレウス），腐食性物質の服用，腹部手術直後や急性腹症など腹部疾患があるときは下剤投与は禁忌である．

6）輸液と利尿

経口摂取による急性中毒では嘔吐，下痢，消化管の損傷による経口摂取不能などで脱水傾向になり，これは腎機能低下をもたらし毒物および代謝産物の排泄を遅らせることになる．そのために次の強制利尿とは別に，一般的な輸液療法は最低限の腎血流を維持する意味でも急性中毒の一般的治療法として多くの例で必ず行われる．

一方，体内に吸収された毒物あるいはその代謝産物の主要排出経路は尿中排泄であり積極的に利尿を促し毒物の排除を促進する強制利尿を行うという考え方がある．しかし強制利尿が効果を上げるには，吸収された毒物のタンパク結合率が低い，分布容量が小さい，未変化体の腎クリアランスが高い，などの条件を満たす必要があり，この条件を満たして強制利尿の適応となる物質は非常に限られている．リチウム，臭化物の排泄促進に単純な輸液負荷による強制利尿，弱酸性の薬剤のアスピリン，バルビタール系薬剤およびフェノキシ系除草剤の2,4-Dは尿をアルカリ化する強制利尿が有効とされる．しかし，近年これらの急性中毒治療時の強制利尿法は血液浄化法の発達などと相まってあまり重視されなくなってきている[9)]．

強制利尿は腎機能，心機能低下，その他バイタルサインが不安定な場合は禁忌で，大量補液は正確な輸液速度の維持や頻回の血液電解質測定が必要なため，原則として集中治療室もしくはそれに準じた重症病棟での管理が必要である．

7）血液浄化

すでに体内に吸収された物質を血中より除去する方法である．

ほかの治療法で症状の軽減がみられない，致死量以上の毒物を摂取している，毒物の代謝産物などにより遅発性に症状が出現する可能性がある，心，肝，腎機能障害のために毒物の排出が遅れる可能性がある，などのときに血液浄化法が行われる．血液浄化には，

① 血液透析（腎不全患者に行うのと同じ方法）
② 血液吸着（活性炭を詰めたカラムに血液を通し血中の毒物を除去する方法）
③ 血漿交換（特殊なフィルターで血漿を分離，廃棄し，新鮮な血漿を補充する方法）
④ 血液ろ過（特殊なフィルターを通して分子量の比較的小さい物質および水分をろ過して廃棄し，その分補充液を補う方法）

などがある．

血液浄化法はあくまでも血中の毒物を除去する方法で，広く組織に分布する物質（たとえば抗うつ剤や有機リンは脂肪組織と親和性が高く脂肪組織に広く分布する）や体内でタンパクと結合しやすい物質は除去効果があまり期待できない．

8）解毒剤と拮抗剤[10)]

前述のとおり数ある化学物質のうち解毒剤や拮抗剤が存在するものは限られている．したがってほとんどの急性中毒では上記の処置を行ったうえ，次に述べる対症療法を行う．しかし速やかにかつ適切な治療を行うためには，逆に解毒剤や拮抗剤がある物質は日ごろから記憶しておく必要がある．なお農薬中毒で最も頻度の高い有機リン中毒にはあとに述べるように拮抗剤・解毒剤がある．表11.6に拮抗剤，解毒剤を示す．

9）対症療法（維持療法，集中治療）

けいれんに対する処置，呼吸不全に対する酸素投与や機械的人工呼吸，輸液などの処置とともに誤嚥による肺炎や，嘔吐，下痢，あるいは下剤投与や利尿剤投与などにより水分電解質バランスの異常をきたした場合などはそれぞれの症状に合わせた対症療法が行われる．

すでに述べたように急性中毒では遅発性に症状が出現することもあり，特別な治療を行うわけではなくとも症状の推移を慎重に観察することも治療上のポイントとなる．

10）入院の判断[11)]

呼吸，血圧，脈拍（不整脈）などバイタルサインに異常があるときや意識障害，けいれんがみられるときは集中治療室で治療するのが原則である．何らかの臨床症状がある，血液尿検査，レントゲン，心電図などの検査所見に異常がある場合も入院の適応である．さらに症状はないが過量の毒物を摂取したことが明らか，起因物質の性質

表11.6 解毒，拮抗剤が存在する中毒

物質名	解毒，拮抗剤
青酸化合物	亜硝酸アミル 亜硝酸ナトリウム チオ硫酸
重金属類	ジメルカプロール， *d*−ペニシラミン
有機リン剤	硫酸アトロピン プラリドキシム
カーバメート剤	硫酸アトロピン
フッ化水素	グルコン酸カルシウム
アセトアミノフェン	*N*−アセチルシステイン
クマリン誘導体	ビタミンK
タリウム	プルシアンブルー
メタノール	エタノール
ブロムワレリル尿素	塩化ナトリウム
麻薬	ナロキソン
ベンゾジアゼピン系	フルマゼニル
メトヘモグロビン血症	メチレンブルー

上数時間以上経てから症状が出現する可能性がある，起因物質が特定できない，あるいは疾患との鑑別がつかない，自殺企図や精神状態の不安定なども入院の適応である．

11.5 分析と検査

a. 分　　析

最も厳密な急性中毒の診断は生体から毒物を検出することで，各種の薬物スクリーニング用機器（Toxi−Lab®，REMEDi®，Triage®など）も市販されている．しかし高価で専門の技術者が必要であったり保険医療体制のなかでは毒物分析は点数化されていないので機器の購入，メンテナンスのすべてが病院の自己負担になる，といった問題点があり，大学病院など特殊な場合を除いて中毒起因物質の分析は実際にはほとんど行われてこなかった．

昨今食品への毒物混入事件が頻発して社会不安が増大したため，各都道府県1か所の救命救急センターには高速液体クロマトグラフ（HPLC）と蛍光X線分析装置が，高度救命救急センターにはそれらに加えて質量分析計ガスクロマトグラフ（GC−MS）が配備されることとなった．配備された分析機器の具体的な活用は今後の課題だが，日本中毒学会により急性中毒の診療に際して最低限必要な定性・定量分析項目のガイドラインが示された．これは救命センターに配備された分析機器，市販の定性分析キットおよび一般の臨床検査などを組み合わせ，拮抗剤・解毒剤の有無，血中濃度を知ることが治療方法の選択，予後判定に有用なもの，などを速やかに分析し救急診療に直接に役立たせることを念頭におかれたガイドラインである．農薬では有機リン剤，カーバメート剤，グルホシネート，パラコートがガイドラインの項目に含まれる[12)]．

b. 一般臨床検査

1）尿 検 査

ハイドロサルファイトナトリウム（$Na_2S_2O_4$）による尿パラコート定性反応は簡便かつ鋭敏な検査である（11.6節c. パラコート参照）．

2）血清コリンエステラーゼ

肝機能検査の一種の血清コリンエステラーゼ値は有機リン系およびカーバメート系殺虫剤摂取時に速やかに低下する（11.6節a. 有機リン参照）．

3）ヘモグロビン分画

多波長オキシメーターで一酸化炭素ヘモグロビンおよびメトヘモグロビンが測定できる．

一酸化炭素はヘモグロビンに対する親和性が酸素より高いので中毒時には酸素ヘモグロビンの代わりに一酸化炭素ヘモグロビンが生成され組織は低酸素状態となる．一酸化炭素ヘモグロビン分画が10～20％以上で頭痛，めまいなどの症状が出現し60～70％以上では致死的である．治療は高濃度酸素吸入もしくは高圧酸素療法による．

一方，アミノベンゼン，ニトロベンゼン，亜硝酸塩，硝酸塩の構造をもつ化学物質による中毒では赤血球中のヘモグロビンの2価の鉄イオンが3価に酸化された状態のメトヘモグロビンが生成される．メトヘモグロビンは酸素運搬能がなく，組織は低酸素状態に陥る．臨床的にはメトヘモグロビン濃度15％以上でチアノーゼ，頭痛，めまいなどが出現し50％以上では意識障害も出現する．口唇や四肢末端だけでなく体幹にもチョコレート色の独特のチアノーゼが出現する．多波長オキシメーター以外の通常の動脈血ガス分析器ではPaO_2や酸素飽和度は正常値を示すのでPaO_2や酸素飽和度が正常にもかかわらずチアノーゼをみるときはメトヘモグロビン血症を疑う．多波長オキシメーターがない場合には採血した血液をろ紙上に1滴滴下すると正常の血液に比べてチョコレート色を呈するので参考になる．治療は酸素吸入，アスコルビン酸投与，メトヘモグロビンが30～40％以上ではメチレンブルーが投与される．ただしメチレンブルーは正式の治療薬としては市販されていないので中毒時には医師の責任のもとに各医療機関で院内製剤として調整する[13)]．

4）カルシウム

フッ化水素酸やエチレングリコール中毒時は血清Caが低下する．

5）肝機能検査一般

鎮痛解熱剤のアセトアミノフェン中毒では摂取量に応じて肝障害がみられ，特に重症例では薬剤性の劇症肝炎となるためにプロトロンビン時間の測定も含めた広範な肝機能のチェックが必要である．

6）酸塩基平衡

アスピリンやピラゾロン系の薬剤による中毒では呼吸中枢の刺激により呼吸性アルカローシスをきたす．またメチルアルコールやエチレングリコールでは代謝産物による代謝性アシドーシスがみられる．

7）オスモラルギャップ

オスモラルギャップ（osmoral gap）とは実測の血漿浸透圧と，血糖値，血清尿素窒素値，血清Na濃度から理論的に求めた血漿浸透圧との差（単位mOsm/l）である．この差が開大することは血液中に血漿浸透圧を上昇させるような何らかの物質が存在することを意味する．臨床的にはメタノール中毒，エタノール中毒，エチレングリコール中毒などで重症度や治療効果の判定に代用値として利用されることがある[14]．

8）心　電　図

三環系抗うつ剤，フェノチアジン系（向精神薬），ブチロフェノン系薬剤（向精神薬），ジギタ一リス（強心剤）などの中毒時には心電図の異常がみられる．また有機リン，カーバメート剤中毒では副交感神経刺激により徐脈がみられるため，原則として集中治療室もしくはそれに準ずる病室での心電図のモニターが必要である．

9）レントゲン検査

水銀などの金属の摂取時やブロムワレリル尿素の大量摂取時には腹部単純レントゲンに映ることがある．ヒ素，カリウム，ヨード，カルシウム，抱水クロラールなども大量摂取時にはレントゲンに映る．

11.6 各　　論

a. 有機リン剤中毒[15]

1）毒作用機序，毒性

有機リン剤は昆虫の神経系に作用し，植物には作用しないことから選択性の高い殺虫剤として優れているが，動物の神経系にも昆虫と同様の機序で作用する．

有機リン剤のヒトに対する毒作用機序は神経系のアセチルコリンエステラーゼを阻害することである．ヒトの神経系のうち，ニコチン受容体（自律神経節および骨格筋の神経筋接合部），ムスカリン受容体（副交感神経節後線維と効果器官の接合部分）および中枢神経系では，刺激伝達により神経末端より放出されたアセチルコリン（acetylcholine，以下ACh）が接合部後膜（刺激が伝達される側）のACh受容体に結合して刺激を伝達する．AChはその後受容体のアセチルコリンエステラーゼの作用により速やかに酢酸とコリンに分解され，受容体はもとの機能を取り戻す．

神経刺激の伝達はこのようにAChの放出とコリンエステラーゼによる分解とが一定のバランスを保ちつつ制御されているが，有機リン中毒では，有機リンがアセチルコリンエステラーゼと結合してAChを分解する能力のないリン酸化コリンエステラーゼになるために神経末端から放出されたAChが分解されなくなる．その結果ACh

表 11.7　有機リン中毒の症状[25]

分類	血清 ChE	ムスカリン様症状	ニコチン様症状	交感神経症状	中枢神経症状
		副交感神経節 副交感神経末梢（平滑筋，心筋，外分泌腺）	副交感神経節 神経筋接合部（骨格筋）	交感神経節（汗腺，血管，子宮および副腎髄質に至る末梢）	シナプス
潜在中毒	100～50％				
軽症	50～20％	食欲不振，悪心，嘔吐，腹痛，下痢，発汗流涎			眩暈，倦怠感，頭痛，不安感
中等症	20～10％	強制排尿便，縮瞳，蒼白，眼がかすむ	筋線維性れん縮（眼瞼，顔，全身）歩行困難	血圧上昇，頻脈	言語障害，興奮，錯乱
重症	10～0％	気管分泌増加，湿性ラ音，チアノーゼ（肺水腫），呼吸困難	けいれん（全身）呼吸筋麻痺		意識混濁，昏睡 体温上昇

過剰状態となって神経は興奮状態が持続し，さまざまな症状が出現する．すなわちムスカリン受容体の興奮で嘔吐，下痢，腹痛，縮瞳，流涎，流涙，気道分泌物亢進，徐脈，低血圧（ムスカリン様作用），ニコチン受容体の興奮で筋れん縮，脱力，呼吸筋麻痺（ニコチン様作用），中枢神経症状として頭痛，不安，興奮，けいれん，意識障害など，多彩な症状が発生する．

2）中 毒 症 状

臨床症状は前述のとおり．重症例は呼吸筋麻痺で死亡する．

また症状がいったん軽快に向かった後再び悪化する症例があり，その原因の詳細についてはいまだ解明されていない．また後日末梢神経症害が出現する症例のあることが知られている．

有機リンは神経系におけるアセチルコリンエステラーゼ活性のみならず血漿中のコリンエステラーゼ（ブチリルコリンエステラーゼ）の活性も阻害するので，中毒時には肝機能検査の一種である血漿コリンエステラーゼ値が早期から著明に低下する．有機リン中毒は拮抗剤・解毒剤が有効でただちに鑑別診断する必要があるため農薬中毒の診療において血漿コリンエステラーゼ測定は不可欠である．

3）治　　療

救命救急処置，催吐，胃洗浄，活性炭と下剤の投与その他，すでに述べた急性中毒の一般的処置を行う．血液浄化法は有効ではない．

有機リン剤の中毒では以下の拮抗剤が有効である．

i）硫酸アトロピン　硫酸アトロピンはムスカリン受容体で ACh と拮抗して副交感神経を遮断する．その結果，前述の中毒症状のうち縮瞳，流涎，流涙，気道分泌物亢進，消化管運動の亢進に伴う下痢，徐脈，低血圧などムスカリン様作用を軽減する．

ii）PAM（プラリドキシムヨウ化メチル）　有機リンとアセチルコリンエステラーゼが結合したリン酸化コリンエステラーゼの運命は加水分解してリン酸基を放出しコリンエステラーゼ活性を回復する（自然回復）か，または脱アルキル化して酵素活性の自然回復しないモノアルキル体（いわゆる老化，aging 現象）となるかのいずれである．

PAM はリン酸化コリンエステラーゼのリン酸基と結合してリン酸基をアセチルコリンエステラーゼからはがしとり自然回復を促進する働きがあるがモノアルキル化した（老化した）リン酸化コリンエステラーゼには作用しない．すなわち PAM は自然回復が遅く老化も起こりにくい有機リン製剤がよい適応となり，老化が早い群についてはできる限り早期に使用する必要がある．

PAM は筋れん縮，脱力，重症例は呼吸筋麻痺などニコチン様作用による諸症状に効果があるが，ムスカリン様作用と中枢神経症状にはあまり効果がない．

4）そ　の　他[16)]

松本市や東京でテロに使用されたサリンその他の神経ガス（化学兵器）は有機リン系の農薬ときわめて類似した構造をもち，毒作用機序も症状も治療法も有機リン中毒に準ずる．ただサリンはガスのため吸入による鼻水，咳などの気道刺激症状や目の前が暗くなる，視野狭窄，目がチカチカする，眼痛，物がぼやけるなどの眼粘膜刺激症状もみられる．ヒトを殺傷するための化学兵器の特性からサリンの場合は数時間，ソマンではわずか数分で老化（aging）が進行し PAM が効かなくなる，といった点が農薬中毒と異なる．

b.　カーバメート剤

カーバメート系殺虫剤は有機リン剤とともに最も一般的な殺虫剤で，基本的な毒作用機序も有機リンと同様である．

1）**毒作用機序，毒性**

有機リンがコリンエステラーゼと反応してリン酸化コリンエステラーゼになるのに対してカーバメート剤の場合にはカルバミル化コリンエステラーゼとなって酵素活性が失われる．したがって毒作用機序は有機リンと同様である．なお経皮的な毒性は有機リンより低い．

2）**症　　状**

有機リン中毒に準ずる．

ただしカーバメート剤は有機リンに比べてコリンエステラーゼとの反応が早いため症状の出現が早く，またカルバミル化コリンエステラーゼは自然回復するのが 30～60 分と早いことから有機リン中毒に比べて症状の回復も早い．症状の発現が早いということは毒性の高いものでは致死率が高いということにもなる．

3）治　　療

有機リンに準ずるが，症状の回復が早いことから拮抗剤である硫酸アトロピンの使用に際しては過剰投与（アトロピン中毒）に注意する必要があり，またPAMは適応がない．

c. パラコートジクワット製剤

パラコートは除草剤として広く使用されているが事故，自殺目的のパラコート中毒の死亡率はきわめて高い．そのために1987年以降はパラコートを24％含む単剤（グラモキソン®など）の除草剤は製造中止となり，現在ではパラコート5％，ジクワット7％の合剤（プリグロックスL®など）に代わった．

1）毒作用機序，毒性

パラコートは植物に対しては光合成の過程で過酸化水素を発生させ枯死させ，動物に対しても基本的には同様の毒作用をもたらす．すなわちパラコートは生体内で還元されてパラコートラジカルとなり，さらに酸化されてスーパーオキサイド（O^{2-}）を生ずる．スーパーオキサイドは過酸化水素およびヒドロキシル基となり，ヒドロキシル基は脂質の過酸化，タンパクの不活化，DNAの損傷を引き起こし，これらの結果細胞を傷害すると考えられている．

パラコートは腎に対しては尿細管障害，肺に対しては最終的に肺線維症を，そのほか肝障害などをもたらす．パラコートによる肺障害はごく微量で発生し，進行性，不可逆性で，たとえばパラコート中毒の肺障害に対して肺移植を行ってもごく微量体内に残存していたパラコートの作用で移植肺にも肺障害が出現する[17]．

急性毒性はラットLD_{50} 155 mg/kgだが，ヒトでは40 mg/kg程度と推定されている．パラコート濃度5％の製品で体重60 kgのヒトに換算すると50 m*l* 程度がヒトの推定致量となり，成人ではおよそひとくちである．本剤は製品中に配合されているテオフィリン誘導体の催吐剤の心毒性，界面活性剤の粘膜刺激，粘膜腐食作用などが原体の毒性を修飾していると考えられている[18]．

ジクワットについても基本的な毒作用はパラコートと同様であるが，ジクワットの場合，肺障害はないとされている．

2）症　　状

ショック，肺水腫，肺出血，肺線維症，腎不全，肝機能障害，口腔・食道粘膜潰瘍などがみられる．大量服用では早期のショックで死亡し，急性期を乗り切っても進行性の肺障害（肺線維症）により死亡するなどパラコート中毒の死亡率は数十％以上ときわめて高い．

消化管粘膜から速やかに吸収されるほか，皮膚からも吸収されて全身的な中毒を起こす．多発神経症害を起こし，剖検例では末梢神経の軸索変性や細胞の空胞化がみられる．

患者の尿5 m*l* に水酸化ナトリウム0.1 gとハイドロサルファイトナトリウム0.1 gを

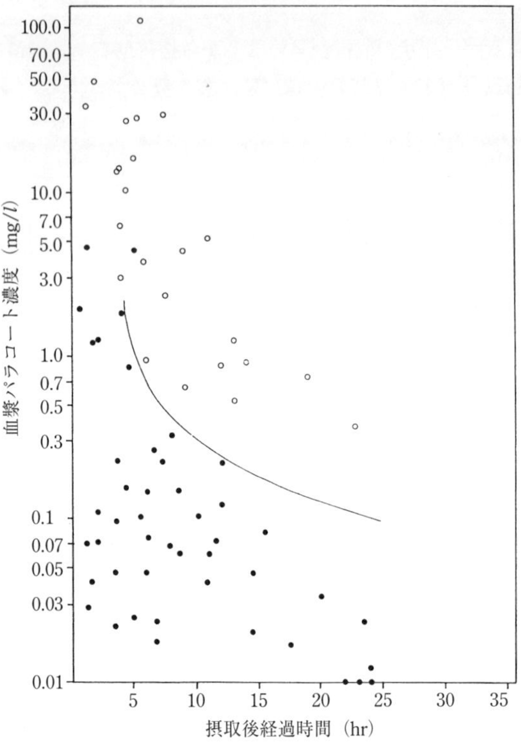

入院時血漿パラコート濃度と予後．横軸は摂取後経過時間，縦軸は血漿パラコート濃度，黒丸は生存例，白丸は死亡例を示す．

図 11.2 パラコートの図中濃度と予後の関係[19)]

加えると1ppm以上のパラコート濃度では青色に発色する（10ppm以上のジクワットで黄緑色に発色する）．パラコート中毒はきわめて死亡率が高いことから直ちに鑑別する必要があり，この尿定性反応は簡便かつ鋭敏なことから先の血漿コリンエステラーゼ値とともに農薬中毒では必須の検査である．

3）治　　療

特異的な拮抗剤，解毒剤はない．前述の一般的な治療を行う．

パラコート中毒の予後は早期の血中パラコート濃度とよく相関する．最も有名なものは図11.2のProudfootのグラフである．早期にパラコートを体外に排出させるための血液浄化法や副腎皮質ホルモン投与，肺移植，ビタミンC，ビタミンEその他肺におけるパラコートの毒性を軽減させる可能性のある治療法がこれまでいくつも試みられてきたが，図の生存曲線を凌駕し有為に死亡率を低下させる有効な治療法は現在のところ確認されていない.

d.　グリホサート[20]

グリホサート（*N*–phosphonomethyl glycine）はアミノ酸系の除草剤で，イソプロピルアミン塩に界面活性剤を加えたグリホサート製剤(ラウンドアップ®,ポラリス®),アンモニウム塩（草当番®），トリメシウム塩（タッチダウン®）などの製剤が市販されている．毒性の強いパラコート単剤が1987年以降製造中止になったこともありグリホサート製剤の生産量は1987年度1,568 k*l* が1990年度には3,176 k*l* と増加している[21].

1）毒作用機序，毒性

グリホサートはクロロフィルの合成阻害により除草作用を発揮し動物には作用しないとされているが，ラット肝細胞による *in vitro* 実験ではミトコンドリアでの酸化的リン酸化を阻害するともいわれる.

原体の急性毒性はラット経口 LD_{50} 5,600 mg/kg と低毒性で，グリホサート41％含有の市販製品に換算すると60 kgのヒトの経口推定 LD_{50} は800 m*l* 程度と低毒性と思われがちだが実際には死亡例も報告されている．これは界面活性剤の消化管粘膜腐食作用や心機能抑制作用やグリホサートと界面活性剤との相乗効果などの理由が考えられている.

2）症　　状

嘔吐，腹痛，下痢，意識障害などが特に頻度が高く，ついでショック，過呼吸，顔面紅潮，乏尿，無尿，筋肉痛などがみられ，また肝機能異常，CPK上昇などもみられ，大量服用では死亡例もみられる．このように多彩な症状を呈するのは前述のように原体の作用の毒作用に加えて配合されている界面活性剤の作用も考えられているが詳細は不明である.

3）治　　療

特異的な拮抗剤，解毒剤はない．前述の一般的な治療を行う.

急性毒性から判断するとそれほど毒性が高くないようにみえるが実際には死亡例も報告されており，軽症と思われても厳重な観察が必要である.

e.　グルホシネート[22]

グリホサート製剤と同様にパラコート製剤に代わる除草剤として，1984年にはわずか5 k*l* であった生産量が1993年には2,631 k*l*，1998年には2,525 k*l* と大幅に生産量が増加し[21]，それとともに急性中毒の症例が増加してきている．製品には原体8.5％（ハヤブサ®）～18.5％（バスタ®）および界面活性剤が含まれる.

1）毒作用機序，毒性

グルホシネートもアミノ酸系の除草剤で，除草剤としての作用機序は植物内でグルタミン合成酵素活性の阻害により細胞内にアンモニアが蓄積し枯死するとされている．ヒトの中毒では脳内の代謝で重要な働きをするグルタミン酸と構造が類似している，グルタミン合成酵素阻害により神経伝達物質代謝に異状をきたす，などの機序が考えられている．

原体のラット経口LD_{50} 1.2～2 g/kgと比較的低毒性であるが，前述のグリホサートと同様に50～100 m*l*程度で死亡例が見られる．本剤の場合は後述のように服用当初は全く無症状でも経過中に突然の意識障害，けいれん，呼吸抑制を起こすという独特の臨床経過も関係していると思われる．

2）症　　状

意識障害，呼吸抑制，けいれん，興奮，健忘症などの中枢神経系の症状，血圧低下，顔面蒼白，徐脈，頻脈などの循環器系の症状，嘔気，嘔吐，肝機能障害などの消化器症状などがおもなものである．頻度は低いがこのほかに下痢，縮瞳，顔面紅潮など自律神経系の症状と考えられるものがみられている．これは本剤が構造上有機リン剤とも類似していることと関係している可能性がある．

本剤の中毒で特に留意しなければならないのは，意識障害，けいれん，呼吸抑制，血圧低下などは当初全く無症状の症例でも服用24～48時間後くらいに突然発症すること，さらに救命された症例では健忘症が残る例が多いことである．

3）治　　療

特異的な拮抗剤，解毒剤はない．一般的治療を行う．

治療上，特に注意すべきことは，前述のように本剤の中毒は当初は無症状でも突然呼吸停止やけいれんを起こし死亡する可能性があることで，一見軽症でもこれらの事態に対処できるように少なくとも服用後24時間は集中治療室などで厳重に監視する必要がある．

f. DCPA＋NAC合剤[23)]

本剤はDCPA（ジクロルプロピオンアニリド）25％，NAC（ナフチルメチルカーバメート）5％，溶剤（キシレン）60％，界面活性剤10％を含む除草剤でクサノンA®，クサダウン®，ネコソギ®などの商品名で市販されている．

1）毒作用機序，毒性

DCPAは植物の光合成を阻害して除草作用を発揮する．一方，動植物のもつアシルアミダーゼはDCPAをジクロルアニリンとプロピオン酸に分解する．そしてカーバメート剤のNACはアシルアミダーゼ活性を抑制することから，この2剤を合剤にするとDCPAの分解が遅延し結果として除草作用が増強する．

DCPAの急性毒性はラット経口LD_{50} 367 mg/kg，NACマウス経口LD_{50} 438 mg/kgだが合剤の製品としての毒性は不明である．

2）症　　状

本剤の中毒では以下のような多彩で重篤感のある臨床症状を呈する．すなわち意識障害，縮瞳，嘔気，嘔吐，顔面蒼白，頻脈，チアノーゼ，呼吸抑制，溶血，過呼吸などの臨床症状やメトヘモグロビン血症，アシドーシス，コリンエステラーゼ低下，肝機能障害，凝固異常などがみられる.

意識障害はDCPA自体の中枢神経系抑制作用に基づくもの，縮瞳やコリンエステラーゼ低下はNACのカーバメート剤としての症状と思われる.

アシドーシスの原因は，メトヘモグロビン血症による組織の低酸素，DCPAの代謝産物のプロピオン酸の作用，製品に配合されているキシレンの作用などが推定されるが詳細は不明である.

メトヘモグロビン血症はDCPAの代謝産物であるジクロルアニリンによる. 本剤の中毒では配合されているNACの作用でDCPAの分解が遅延することからメトヘモグロビン血症は服用直後ではなく数日から1週間後くらいにかけてみられる（11.5節b.3ヘモグロビン分画の項参照）.

3）治　　療

本剤の治療の要点の第一は，意識障害や呼吸抑制に対する救命処置，第二は，胃洗浄，活性炭や下剤の投与など急性中毒の一般的治療，第三はアシドーシスの補正そのほかの対症療法を確実に行うこと，である. 加えて，メトヘモグロビン血症がみられる場合には酸素吸入，アスコルビン酸投与，メチレンブルー投与などを行う.

g. その他の農薬

1）ピレスロイド

ピレスロイドのうち天然ピレトリンは除虫菊の主成分でわが国では蚊取り線香として親しまれてきた. 本剤は神経細胞のNaチャンネルに作用して毒性を発揮し，合成ピレスロイドは殺虫剤として広く使用されている. 従来型のタイプIは哺乳動物では消化管や肝臓で速やかに代謝されるので毒性が低いといわれてきたが，CN基をもつタイプIIはフルシトリネートのマウス経口LD_{50}は61.5 mg/kgなどのように毒性の強いものが多い.

おもな症状はタイプIはふるえ，運動失調，下痢などがおもで，タイプIIは皮膚粘膜の刺激症状，嘔気，嘔吐，腹痛，胸部圧迫感，脱力，筋けい縮，意識障害などが見られる.

特異的な拮抗剤，解毒剤はなく治療は中毒の基本治療と厳重な対症療法につきる.

2）くん蒸剤

クロルピクリンはかつては窒息性の毒ガスとして化学兵器としても使用されたもので，土壌殺菌用として用いられるが，その農作業に関連してクロルピクリンのガスが漂い，多数の被害が出ることがある. 蒸気は強い刺激があり1 ppmで感じられ，4 ppmでは耐えられないとされる. おもな症状は眼，皮膚，気道の刺激症状，頭痛，めまい，悪心，嘔吐，などで重症例では肺水腫，呼吸不全，けいれんなども起こす. 特異的な治療法はなく，応急処置としてはただちに新鮮な空気のもとに移動させること，医療機関では呼吸管理を中心とした厳重な対症療法が必要である.

臭化メチルは倉庫などのくん蒸殺虫剤として使用され，SH酵素阻害による毒作用を示す．気道のみならず皮膚からも吸収されて中毒を起こす．被ばく後1～4時間程度の潜伏期のあと，悪心，嘔吐，めまい，頭痛，けいれん，昏睡，呼吸困難，肺水腫などを起こす．数日後くらいには四肢の知覚異常，運動障害，振戦，肝機能障害，腎機能障害などを起こし，さらに数週間以上たつと精神症状，言語障害，歩行障害，視力障害などが起こることもある．

集中治療室などで厳重な対症療法を行う．SH酵素阻害に対してグルタチオン投与やバルの投与が推奨されているが有効性は確立していない．〔大橋教良〕

文　献

1) (財) 日本中毒情報センター (1999). 中毒研究, **12**：187-207.
2) 大野泰雄 (1991). 中毒研究, **4**：105-114.
3) Ivey, K. and Triggs, E.J. (1978). *Digest. Dis.*, **28**：809-814.
4) 大橋教良 (1994). 中毒研究, **7**：257-261.
5) 辻川明子・石沢淳子・黒木由美子ほか (1994). 月間薬事, **36**：2619-2623.
6) American Academy of Clinical Toxicology (1997). *Clinical Toxicology*, **35**：699-709.
7) 水谷太郎・小山完二・田中淳介ほか (1985). 救急医学, **9**：467-471.
8) 岡田芳明 (1990). 胃洗浄. 図説救急医学講座6　中毒 (杉本　侃編), pp.36-37, メジカルビュー社, 東京.
9) Ponds, S.M. (1994). Techniques to enhanced elimination of toxic conpounds. Gold Franck's Toxicologic emergency, 5th ed., pp.77-84, Appleton and Lange.
10) 大橋教良 (1997). 救急医学, **21**：257-464.
11) Sivertson, K.T. (1989). Dispositon consideration for adult patients. Manual of Toxicologic Emergencies (ed. by Noji, E.K. and Kelen, G.D.), pp.69-72, Year book Medical Publisher.
12) 吉岡敏治・郡山一明・植木真琴ほか (1999). 中毒研究, **12**：437-441.
13) 内藤祐史 (1991). メトヘモグロビン生成物質. 中毒百科, pp.75-81, 南江堂, 東京.
14) 近藤留美子・黒山政一 (1993). 月間薬事, **35**：499-501.
15) 内藤裕史 (1991). 有機リン系殺虫剤. 中毒百科, pp.142-154, 南江堂, 東京.
16) 大橋教良・石沢淳子・辻川明子 (1995). 月刊薬事, **37**：2413-2417.
17) Saunders, N.S. (1985). *J. Thorac. Cardiavasc. Surg.*, **89**：734-742.
18) 内藤裕史 (1991). パラコート・ジクワット. 中毒百科, pp.184-196, 南江堂, 東京.
19) Proudfoot, A.T. (1979). *Lancet*, **2**：330-332.
20) 大橋教良 (1995). グリホサート. 症例で学ぶ中毒事故とその対策 ((財)日本中毒情報センター編), pp.180-183, 薬業時報社, 東京.
21) 農林水産省園芸局植物防疫課監修, 日本植物防疫協会編, 農薬便覧.
22) 大橋教良・新谷　茂 (1996). 中毒研究, **9**：215-218.
23) 大橋教良・石沢淳子・辻川明子ほか (1996). 中毒研究, **9**：437-440.
24) Hodge, H.C. and Sterner, J.H. (1949). *Amer. Indust. Hyg. Assoc. Quarterly*, **10**：93 (新谷　茂ほか (1991). 薬事新報, No.1655, pp.846-855に翻訳引用されたものを引用).
25) 大谷美奈子 (1990). 有機リン剤, カーバメイト剤. 図説救急医学講座6　中毒 (杉本　侃編), pp.246-255, メジカルビュー社, 東京.

12. 農薬と環境問題

12.1 農薬の環境動態

農薬は病害虫・雑草を防除するために，環境中に意図的に放出され，その使命を果たす．農薬は作物の生育期において，通常，その茎葉に散布されることが多いが，播種後処理剤や水面施用剤などは土壌や水田水に直接散布されるものもある．作物の茎葉に散布された農薬も，そのうちの多くの部分が土壌あるいは田面水に落下することが知られている．水中に落下あるいは施用された農薬を含めて，大部分の農薬は土壌に吸着され分解するが，一部は水の動きに伴い環境中に流出拡散し，また一部はガス化し，あるいは散布後の微細粒子として大気中に浮遊して拡散する．

水系に流出した農薬は河川を経由して海や湖沼に到達し，また，大気中に拡散，浮遊した農薬も，やがて降雨とともに地上に落下する．土壌に落下した農薬も土壌に吸着されるとともに，一部は表流水や浸透水とともに水系に移行する．これら農薬の環境中における推定移動経路を図12.1に示す．

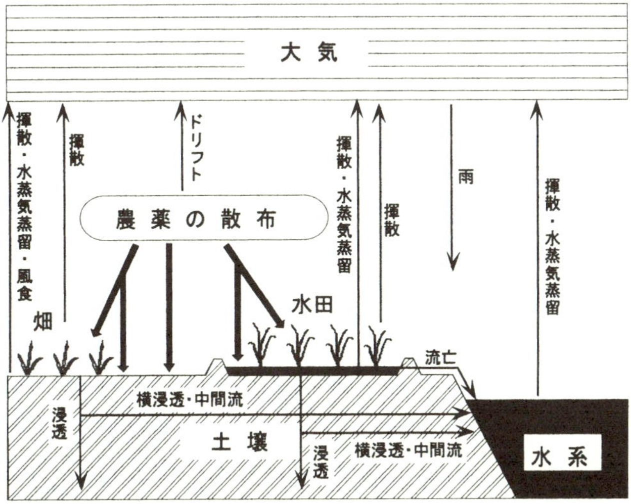

図 12.1　農薬の環境中における推定移動経路

農薬の環境動態は水や空気をキャリヤーとして生じる．したがって，農薬の物理化学性や散布方法，あるいは気象条件や土壌条件などの環境条件によってその動態は大きな影響を受ける．わが国の農耕地の多くの部分は水田が占めているが，農薬の使用される稲作期間はほとんど水で覆われ，農薬の流出しやすい環境がつくられている．また，最近は実施面積が減少する傾向にあるが，航空防除のように比較的高所から散布され，大気中に拡散しやすい散布形態もある．

a. 農薬の土壌中における動態

散布された農薬の多くが土壌に落ち，また，農薬のなかには直接土壌に施用されるものもある．割合としてはそれほど大きくないが，作物などに残留していたものが土壌に還元される場合もある．このように，農薬が土壌に入る機会は大きい．土壌に入った農薬は大部分が土壌表層に残留し，微生物や光などによって分解する．そして，一部は水などのキャリヤーによって移動し，また，あるものは蒸散，揮散などで大気中に拡散する．このように，農薬の土壌における動態は環境動態の基点ともいえるものである．

1）農薬の土壌における残留

農薬の土壌動態には，農薬の物理化学的性質や土壌条件をはじめとする環境要因が影響する．また，これらの要因は相互に関連している．

農薬の物理化学的性質ではその化学構造に起因する化学的性質のほかに，水溶解度，オクタノール・水分配係数，蒸気圧，土壌吸着性などが影響する．土壌条件としては，土性，有機物含量，粘土含量，pH，陽イオン交換容量，水分含量，酸化還元電位，土壌物理構造などが影響する．また，このほかに環境要因として，気温，地温，降水量，日照などの気象要因や農薬の散布量，散布法，製剤形態などの農薬散布要因あるいは作物の種類や栽培管理などの耕種的要因が影響する．

i）農薬の種類による影響　農薬の土壌における残留期間は，土壌などの環境条件が同一である場合でも，農薬の種類によって異なる．このことは，以前に使われていたBHC，DDT，ドリン剤などの有機塩素系殺虫剤が土壌に長く残留し，作物に吸収されて残留して環境に影響を与えたのに対し，現在の農薬は残留期間が短いことからも明らかである．図12.2に各種農薬の土壌中における残留期間を示す．ここでいう残留期間とはそれぞれの農薬が75～100％消失するのに要する期間である．このうち，有機塩素系殺虫剤のDDTは5年，BHCは3年で，いずれも残留期間が長く，尿素系除草剤のDCMUは8か月，トリアジン系除草剤のシマジンは12か月，トルイジン系除草剤のトリフルラリンは6か月など，いずれも残留期間は数か月から1年以内である．一般的に，有機塩素系殺虫剤の残留期間が長く，カーバメート系あるいは有機リン系殺虫剤の残留期間は短い．また，尿素系あるいはトリアジン系農薬は比較的長い残留期間をもつ．パラコートやジクワットのような陽イオン性物質は粘土鉱物に強く吸着し，粘土構造のなかに入り込み，微生物の分解を受けにくいため，長期にわ

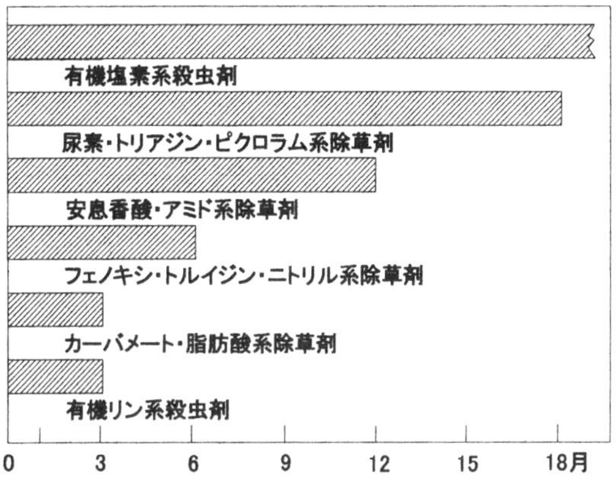

図 12.2　土壌中における各農薬の残留期間[3)]

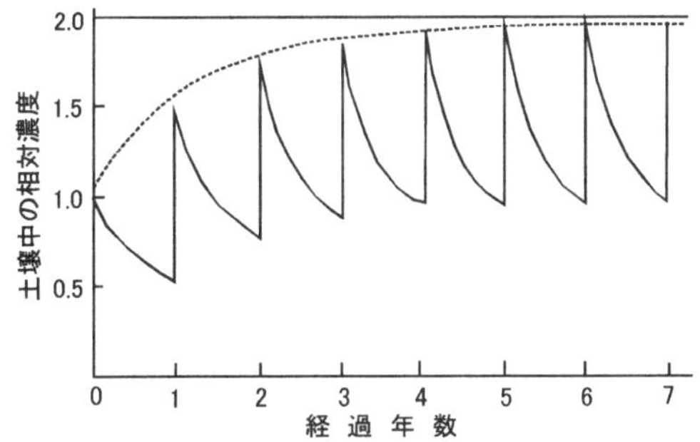

図 12.3　半減期1年の農薬を年1回施用したときの土壌残留[4)]

たって残留する．しかし，この残留期間はあくまでも目安であって，土壌条件や環境条件によって短い残留期間のものでも比較的長期にわたって残留する場合がある．

現在，土壌残留半減期が1年を越える農薬は登録できないことになっている．その理由は図12.3に示すとおり，半減期1年以内の農薬であれば理論的には連年施用しても初期施用量の2倍を越えない，つまり，毎年施用しても土壌に集積して土壌残留量が限りなく高くなることはないことになるためである．逆に，土壌半減期1年を越える農薬は土壌中に蓄積されることになり，環境汚染などの原因となることが危惧されることになる．

ii）土壌など環境要因による影響　　農薬が土壌から消失するまでにはさまざまな環境要因が影響する．その様子を単純化して図12.4に示す．土壌残留量の減少は，ほぼ2本の直線で示されるが，実際にはこのような理想的な線にはならないで，山型に

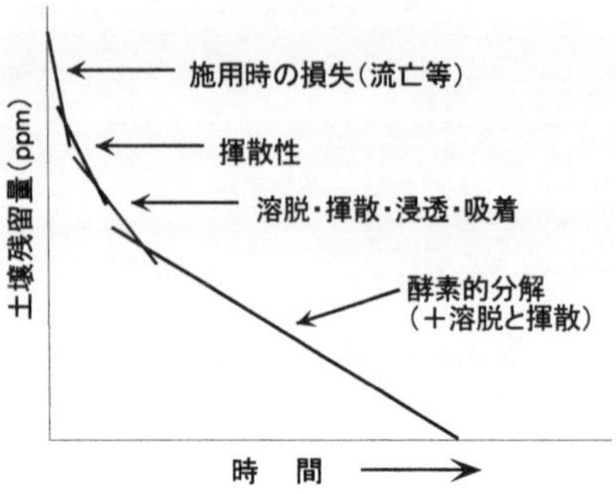

図 12.4 土壌殺虫剤の減衰理論曲線[5)]

なったり，途中に段ができたりすることもある．農薬は施用初期には流亡や飛散などの物理的要因で急激に減少する．たとえば粉剤では風などの影響で飛散する場合もあるし，施用直後では土壌の最表層にほとんど存在するため，雨などの影響で流亡しやすい．揮散性の高い農薬は施用初期が最も揮散しやすいので，初期の急激な減少要因になる．その後，水などのキャリヤーの影響で溶脱や土壌浸透が起こり，平衡状態となって安定化すると消失速度が落ち，土壌からの消失は酵素的分解，つまり土壌微生物による分解がおもな要因になる．

土壌中の粘土や有機物の含有量が多いと農薬が土壌に吸着保持されやすくなり，土壌の残留期間が長くなる傾向にある．わが国における土壌残留試験は代表的な土壌である有機物の多い黒ボク土と比較的有機物の少ない灰色低地土や褐色低地土などと比較されることが多いが，図 12.5 に示すとおり黒ボク土の残留量が高くなる傾向にある．また，初期濃度値は黒ボク土が一般的に比重が低いため高くなる傾向がある．陽イオン性のパラコートは土壌粒子によく吸着する．したがって，粘土含量が多く，粘土構造をもった土壌ほど残留しやすくなり，有機物の多い黒ボク土より灰色低地土などで残留量が多い．

土壌 pH は農薬によって影響の現れ方が異なる．陽イオン交換容量も特にイオン性の農薬は影響されるが，粘土だけでなく有機物が多くても陽イオン交換容量は大きくなるため，土壌によって影響が異なる．また，土壌が湿潤条件にあると土壌の吸着保持能力が落ちるので残留に影響する．

わが国の農耕地で特徴的なことは，水田面積の占める割合が大きいことである．水田土壌は表面を水で覆われ還元状態になっている．このような土壌では還元菌の活動が活発で農薬によっては分解が促進される．以前にわが国の稲作では BHC がよく使われたが，水田において BHC の土壌残留が問題になったことはない．これは還元菌によって BHC が分解されたためである．図 12.6 にフィリピンの 4 種類の土壌を用い，畑状態と水田状態に保って γ–BHC（リンデン）の土壌中における消長を比較した実

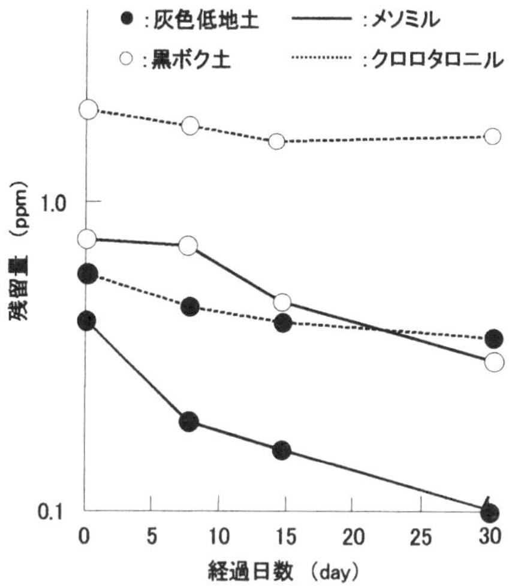

図 12.5　メソミル，クロロタロニルの土壌残留

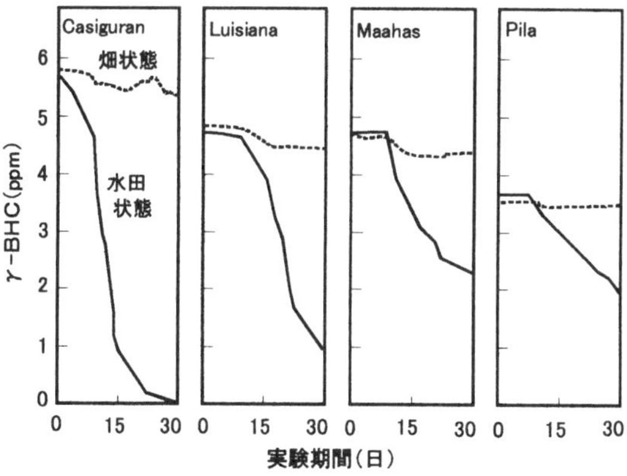

図 12.6　4 種フィリピン土壌における γ-BHC の残留[6)]

験例を示す．畑状態では，どの土壌でもほとんど消失が認められないが，水田状態では速やかに減少している．土壌微生物は，畑地のような酸化的な条件でも，どこの土壌中にも存在する．農薬のなかでも，たとえばベンチオカーブのように酸化的な条件のほうが還元的な条件よりも早く消失するものが多くあり，これは好気性細菌による分解であることが知られている．

気象条件では，一般的に降雨量が多い場合や気温が高い場合などで土壌残留量が少

表12.1 CNPを散布した水田土壌中に残留するCNP測定値[1)]
(地域別平均値，( ) 内は範囲)

	北海道	東北地方	近畿・中国地方	九 州
試験区数	6	7	10	12
CNP散布量*	300 (270～360)	309 (270～360)	320 (270～540)	330 (180～540)
CNP残留量*				
ニトロ体	53 (18～133)	19 (1～110)	7 (1～18)	19 (1～39)
アミノ体	214 (116～336)	134 (32～300)	94 (29～202)	83 (27～185)
合 計	267 (133～406)	153 (99～306)	101 (42～215)	102 (29～189)
CNP残留率(%)	89 (42～136)	50 (28～85)	32 (13～69)	31 (11～61)

* 単位はg/10a，1973年5～7月：CNP散布，1974年3～5月：土壌採取
(深さは10 cm)

なくなる．表12.1にCNPの地域ごとの土壌残留実態調査結果を示すが，気温の低い北海道や東北地方で残留量が高い傾向が認められる．

2）農薬の土壌中における移動

農薬の土壌中における移動は土壌孔隙の中をキャリヤーとともに移動する場合や気体として拡散する場合に生じる．キャリヤーとともに移動する場合は土壌などの微細粒子に吸着した形態あるいは製剤自体が水と懸濁して土壌中を移動するか農薬が水に溶解した形で移動する場合がある．このことから，土壌中の移動に影響する要因としては，土壌では土壌の孔隙率，有機物や粘土含量，水分含量などをあげることができる．また，農薬の性質として，土壌吸着性や水溶解度あるいは揮散性などをあげることができる．

i）キャリヤーによる移動　鉄道敷によく使われる除草剤にブロマシルがあるが，この農薬を散布後，降雨があると，ときどき，周辺の水田で水稲に薬害が生じることがある．この原因は盛土斜面を流れる水によって用水に除草剤が混入したためであることが多いが，土壌浸透して湧水に混入し，それが，水田に流入したことによって引き起こされる場合も認められる．ブロマシルのような例はきわめてまれであるが，農薬土壌移動の一例ではないかと思う．農薬の土壌移動は，人為的に土壌とともに移動させられない限り，水をキャリヤーとしている．

移動性を農薬のグループごとに分類したものを図12.7に示す．この図で農薬の移動性はその指数で示してあり，数字の大きいほど移動性が高く，1は全く移動しないことを示す．同じ系統の農薬であっても移動性に幅があるが，酸除草剤のグループは移

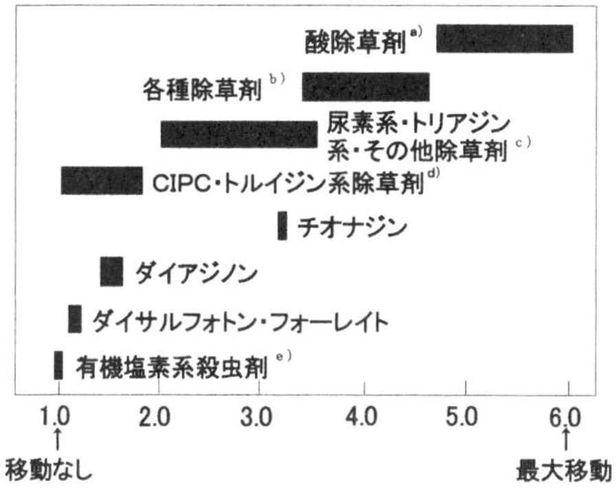

a) dicamba, tricamba, 2, 3, 6−TBA, amiban, methoxyfenac, 2, 4−D, 2,4,5−T, fenac
b) DNBP, pyriclor, norea, cycluron
c) monuron, buturon, linuron, diuron, atrazine, simazine, propazine, prometryne, EPTC, pebulate, vernolate, diphenamid
d) benefin, planavin, CIPC, trifluralin, dipropalin
e) aldrin, dieldrin, endrin, o,p′−DDT, p,p′−DDT, DDE, heptachlor

図 12.7　相対的尺度で示した農薬の土壌垂直移動性[7)]

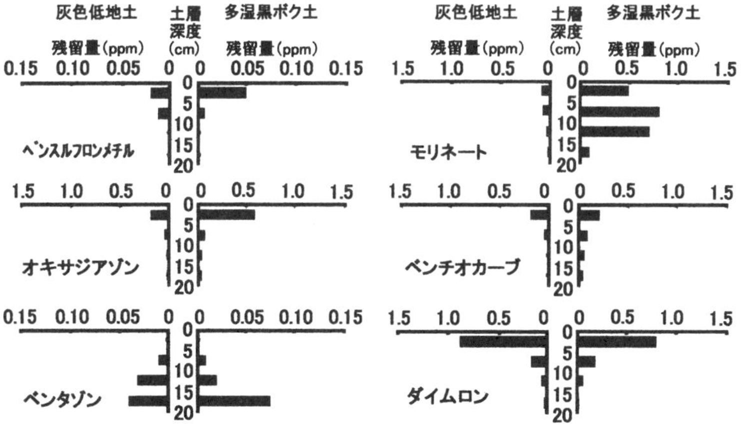

図 12.8　ライシメーター土壌における除草剤の土層分布

表 12.2 クロルピクリン剤の土壌拡散

採取月日	採取深度(cm)	分析値(μg/ml) 深層注入法 5 cm*	深層注入法 15 cm*	慣行注入法 5 cm*	慣行注入法 15 cm*
8月21日	10	18.6	1.76	15.2	2.28
	20	76.8	0.350	30.6	3.20
	30	1.44	0.388	0.122	0.248
	40	0.639	0.232	0.116	0.158
8月24日	10	1.23	1.50	1.16	1.25
	20	1.42	1.42	0.368	0.800
	30	0.990	1.11	0.297	0.528
	40	0.730	0.544	0.194	0.214
8月29日	10	0.268	0.194	0.244	0.189
	20	0.201	0.178	0.192	0.145
	30	0.200	0.342	0.148	0.194
	40	0.248	0.112	0.112	0.154

(注) 両法ともに被覆区を対象とした. * 注入口からの距離
深層注入法は深さ 25 cm, 慣行注入法は深さ 15 cm の位置に注入.
注入日は8月21日

動性が高く, 有機塩素系殺虫剤はほとんど移動しない. 酸除草剤は陰イオン性の物質で土壌粒子の表面も負に荷電しているため, 電気的に反発されて吸着されにくく, さらに, 水にも溶けやすいため土壌中を移動しやすい. 一方, 有機塩素系殺虫剤は土壌中の有機物に吸着されやすく, また, 水に溶けにくいため土壌中を移動しにくい. ライシメーターを用いて数種の水田除草剤の土壌中における移動を試験した結果を図12.8に示すが, 水溶解度の高いものや陰イオン性で土壌吸着の低いものほど移動しやすいことが明らかである.

ii) 気化による拡散 土壌の気相率は多い場合で50%を越える. 農薬によって, たとえば土壌くん蒸剤のように揮散しやすい農薬があるが, これらは, キャリヤーがなくとも土壌の孔隙のなかをガスとして拡散する. 表12.2にクロルピクリンの土壌拡散の様子を示す. 日数の経過とともに拡散していくことがわかる.

b. 農薬の水系における動態

圃場における水の動きは複雑で, 表流水以外にも浸透水として下方に向かう動きもあれば, 一度地中に入った水が中間水として横方向に移動したあと, 地表水として流出する場合もある. 農薬はこれら水の動きに伴い, 水とともに移動して水系に流出する. また, 流出に水が関与していることから水溶解度の高い農薬ほど水系から検出される割合が高い. 農薬の水系への流出は, 散布時のドリフトによる直接的な飛込みを除けば, 水田の場合は田面水の流出とともに, 畑の場合は降雨時の表流水とともに生じる場合が多い．ゴルフ場は傾斜地に立地していることが多いことや，排水を考え，暗渠が施設されていることなど，水の流出が生じやすい環境にあるが，流出要因や経路は水田や畑などの一般圃場と変わらないと推定される．

1）農薬の水路，河川における残留実態

水系への流出は一般的に水をキャリヤーとして進行する．したがって，水溶解度の高い農薬は水に溶解した形態で，一方，低い農薬は土壌粒子などに吸着した形態で水に運ばれる．畑やゴルフ場における農薬流出は降雨量や灌漑水量が多く，表流水が発生するか，ゴルフ場の場合は暗渠排水が発生しない限り生じないが，水田は最も農薬が使用される期間，つまり，稲作期間は一時期を除いて，つねに水で覆われ，水とともに農薬が水田外に出やすい環境にある．したがって，農薬の水系流出を考えるとき，最も注意が必要なのは水田である．しかし，いずれの場合も水系における農薬検出は一過性で持続性がないのが特徴である．

i）水田農薬の水系における残留実態　図12.9に水田周辺の排水路における11種除草剤の時期別の検出経過を示す．調査地区は，いわゆる二毛作地帯で，田植えの主体は6月中旬である．図からも明らかなとおり，多くの除草剤はおもに6月中旬ごろから検出されはじめ，オキサジアゾンを除く初期除草剤は6月中下旬に，また，中期除草剤は6月下旬から7月上旬に検出ピークとなって，8月に入るとほとんど検出されない．調査地域では，除草剤の使用は一発処理剤の使用割合が増加しているが，以前からの体系処理剤の使用量は減少していないため，6月中旬から下旬に初期除草剤あるいは一発処理剤が使用され，6月下旬から7月上旬に中期除草剤が使用されている．したがって，除草剤の使用と排水路における検出はきわめてよく一致しており，除草剤の使用と水田からの流出が同時に進行していることを示唆している．

ii）畑農薬の水系における残留実態　表12.3に畑圃場における農薬の流出実態を示す．この結果はいずれも傾斜角5～6度の緩傾斜の黒ボク土壌系圃場における表面排水中の流出量を測定したものである．また，栽培作物は山梨県がモモ，千葉県がニンジン，日植防がキャベツであった．降雨は山梨県，千葉県が自然降雨であったが，日植防はスプリンクラーによる人工降雨であった．農薬散布と降雨日が近い山梨県と日植防の結果に比べ，表流水を伴う降雨が13日後となった千葉県の結果は低い検出量となった．また，人工降雨で行った日植防の結果は比較的高い値となった．同一条件で行ったダイアジノン，ジメトエート，クロロタロニルの結果を比較すると，水溶解度の低いクロロタロニルはSSに吸着した流出比率が高く，水溶解度の最も高いジメトエートはすべての流出が水に溶解した画分であったが，浸透によると推定される損失のため，ほかの2剤より低い流出率であった．

iii）ゴルフ場農薬の水系における残留実態　表12.4に神奈川県のゴルフ場における調査結果を示す．調整池，最終排水口，周辺の井戸水において，表に示す12種類の農薬が調査された．その結果井戸水からは全く検出されず，調整池や最終排水口において検出率が高かったのはシマジン，イソプロチオラン，フルトラニル，ダイアジ

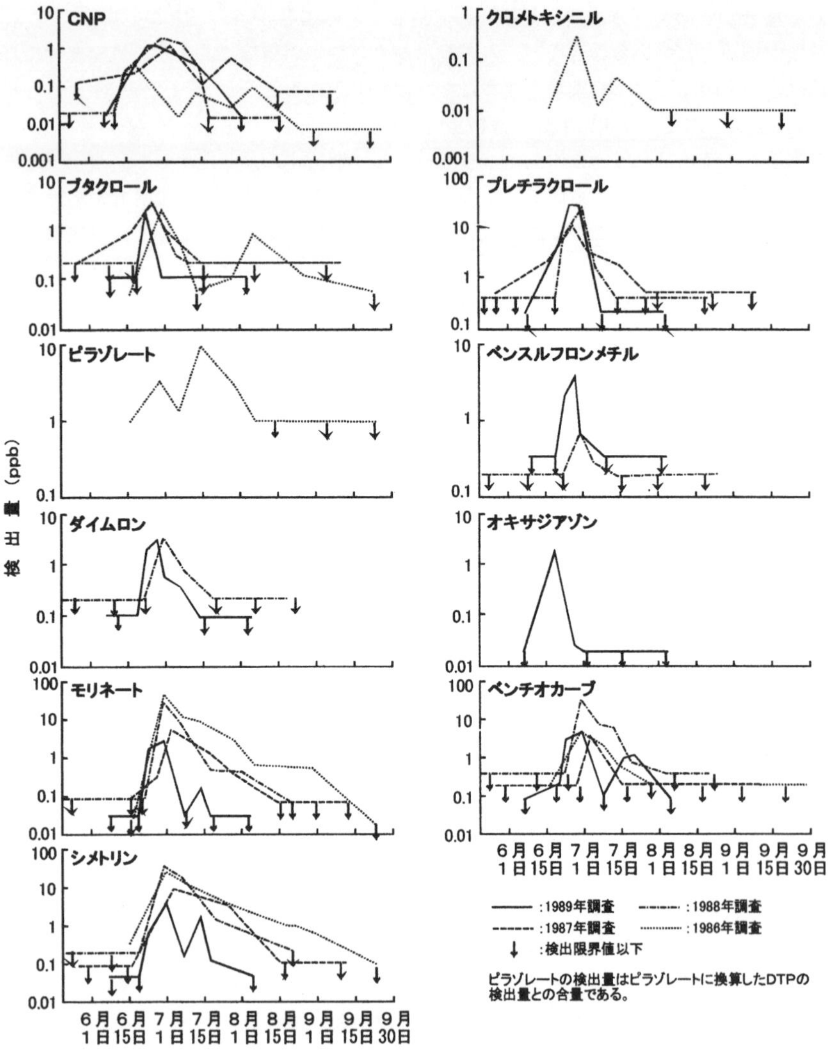

図 12.9　水田団地排水路における除草剤の残留実態

ノンであった．また，これらはほかの農薬に比べると比較的水溶解度が高く，特にイソプロチオランやダイアジノンは高い性質をもっている．ゴルフ場の農薬流出に関しても，農薬の物性が影響していることは明らかである．

表 12.3　畑圃場における表流水による農薬の流出

調査農薬				降雨条件			農薬濃度 (ppm)	農薬流出率			試験実施機関
農薬名	散布日 (y/m/d)	剤型	施用量 (g/10 a)	降雨日 (y/m/d)	強度 (mm/h)	時間 (min)		上澄水 (%)	SS (%)	全体 (%)	
フェニトロチオン	94/09/15	水和	200	94/09/17	10.0		0.051			0.003	山梨県
ダイアジノン	95/11/24	乳剤	88.0	95/11/24	18.8	30	0.681	0.43	0.01	0.44	日植防
		乳剤		95/11/24	25.2	10	0.250	0.07	0.00	0.07	
ジメトエート	95/11/24	乳剤	94.6	95/11/24	18.8	30	0.442	0.26	0.00	0.26	日植防
		乳剤		95/11/24	25.2	10	0.097	0.03	0.00	0.03	
クロロタロニル	95/11/24	フロ	88.0	95/11/24	18.8	30	0.581	0.18	0.19	0.37	日植防
		フロ		95/11/24	25.2	10	0.186	0.03	0.02	0.05	
メトラクロール	95/07/28	粒剤	60.0	95/08/10	16.7	50	0.004	0.00	0.00	0.00	千葉県
				95/08/11	5.3	10	0.006	0.00	0.00	0.00	
				95/09/16	18.0	660	0.004	0.00	0.00	0.00	
				95/09/18	16.0	1440	0.003	0.00	0.00	0.00	
				95/10/02	15.0	540	<0.003	0.00	0.00	0.00	
				95/10/09	4.5	1380	0.003	0.00	0.00	0.00	
				95/10/25	6.0	240	0.003	0.00	0.00	0.00	

表 12.4　ゴルフ場排水における農薬の残留実態[2)]

農　薬　名	検出率 (検出数／試料数)	検出濃度 ($\mu g/l$)		
		調整池	最終排水口	井戸水
殺虫剤				
イソキサチオン	3/55	＜0.03～0.36	＜0.03～0.12	＜0.03
クロルピリホス	2/55	＜0.01～0.12	＜0.01～0.02	＜0.01
ダイアジノン	4/55	＜0.03～1.1	＜0.03	＜0.03
フェニトロチオン	0/55	＜0.1	＜0.1	＜0.1
殺菌剤				
イソプロチオラン	8/55	＜0.03～1.6	＜0.03～0.42	＜0.03
キャプタン	0/55	＜0.03	＜0.03	＜0.03
クロロタロニル	1/55	＜0.01～0.04	＜0.01	＜0.01
トルクロホスメチル	4/55	＜0.06～8.2	＜0.06	＜0.06
フルトラニル	5/55	＜0.1～5.0	＜0.1～0.4	＜0.1
除草剤				
シマジン	22/55	＜0.02～18	＜0.02～0.18	＜0.02
ブタミフォス	0/55	＜0.03	＜0.03	＜0.03
ベンフルラリン	2/55	＜0.01～0.24	＜0.01	＜0.01

（注）調査年次は1991年である．

表12.5　水田排水路における農薬の流出

農　薬　名	流出率（%）	水溶解度（ppm）
CNP	0.1	0.25
ブタクロール	3.4	20
プラゾレート（DTP）	7.3	0.056
モリネート	25.6	900
ベンチオカーブ	0.5	30
シメトリン	18.4	450

（注）ピラゾレートはほとんどがDTPで検出．
1986年の調査である．

2）農薬の水系への流亡要因

水系における残留実態の結果からも明らかなように，水系で多く検出されるのは使用量の多い農薬，あるいは水溶性の高い農薬である場合が多い．しかし，水田除草剤のCNPは使用量が多いが水中濃度は低く，農薬の水溶性のほうが使用量よりも水系への流出にはより大きな影響を与えていることは明らかである．

表12.5に除草剤の流出率（水系からの検出量と水田団地への投下量の比）と水溶解度を示す．表からも明らかなとおり水溶解度と流出率には高い相関が認められ，水溶解度が高いほど流出しやすいことを示している．しかし，水溶解度が低い場合でも，水田除草剤のオキサジアゾンは一時的に高い流出を示す．オキサジアゾンは代掻き時処理剤として使用されたため，土壌粒子に吸着して流出しやすい．これと同様な現象は畑地で使用されたクロロタロニルの流出でも認められる．

水溶性の高い農薬は比較的濃度が高く検出される傾向にあるが，水田農薬の水系における残留実態をみると，施用と水田外への流出が同時に進行していることがわかる．そこで，水尻を開放したまま，つまり，かけ流しの状態で農薬を施用した場合の水尻からの農薬の排出状況を図12.10に示す．これは，水田の水尻を開放したままで，CNP，ベンチオカーブ，シメトリンを施用した場合の例である．除草剤の散布後，排水中濃度が急速に高まり，CNP，シメトリンは3時間後，ベンチオカーブは5時間後に最高濃度となって，その後，シメトリンは3日後に検出限界値以下となったが，CNP，ベンチオカーブは5日後でも検出された．このように，水尻が開放された状態で農薬が施用されるとどのような剤であっても流亡が急激に始まることがわかる．水尻がきっちり閉じられた状態でも，畦畔の管理がずさんで水漏れがしているような状態では同様な流出が生じていると推定される．以前は，水田はほとんどがクロ塗りという作業を行って畦畔からの水漏れを防止していた．

水系への流出要因はこのほかにもいろいろ考えられる．農薬の物性では水中における安定性の高い剤，土壌吸着性の低い剤なども流亡しやすいといえるし，製剤の崩壊性や拡散性などもそれぞれ良好なほうが流亡しやすいといえる．さらに，降雨による

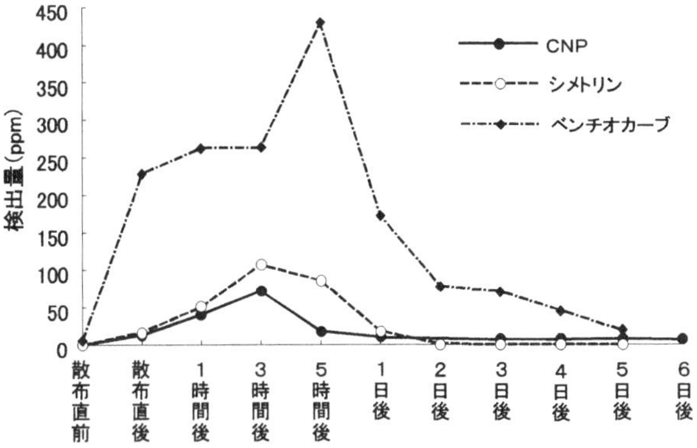

図 12.10　掛け流し水田水尻排水における除草剤の消長

増水時に除草剤の流出量が増加する傾向をよく認めるため，気象条件も重要な要因となる．これは，降雨があると田面水の水位が上昇し，畦畔からの溢水や漏水あるいは水尻からの水の流出が起こりやすくなり，これらが農薬の流亡を助長するためである．

3）水系への各流入経路の寄与

水田から水系への農薬のおもな流入経路には，田面表流水によって運ばれる経路のほかに浸透水による縦方向への水の動きによって運ばれる経路がある．浸透水の行き着く先は最終的には地下水ということになるが，実際の水田における浸透水の動きは，耕盤の存在や暗渠の有無，あるいは地下水位の上昇程度など水田のさまざまな環境要因によって，その実態を把握することはむずかしいといえる．しかし，実際の水田環境を考慮すると，浸透水の多くの部分は暗渠排水や比較的浅い地下水流となって排水路や河川に直接出ていくものと推定される．したがって，浸透水による農薬移動の調査は，実際の圃場で把握することがむずかしいため，ライシメーターを使って行った試験の結果を図 12.11 に示す．

この試験は，土壌の厚さが 50 cm の条件で行われたものであるが，土壌有機物の多い火山灰土壌における溶出量が沖積土壌より少なく，土壌の性質が溶出に影響することがわかる．図に示した 3 除草剤ではベンタゾン＞モリネート＞ベンチオカーブの順に溶出量が多くなっている．この 3 剤で水溶性はモリネートが最も高く，ベンチオカーブが最も低く，土壌への吸着性はベンタゾンが陰イオン性の物質であるため最も低い．したがって，この溶出量の差は農薬の性質によるものと推定される．

このように，浸透水による農薬の移動は，農薬の性質や土壌の性質が大きく影響することが明らかであるが，さらに，浸透水の透過速度も影響する．したがって，漏水田や代掻きが不十分で漏水の激しい時期では浸透水による透過量も大きいと推定される．ライシメーターにおける施用量に対する透過量はベンタゾンのような陰イオン性

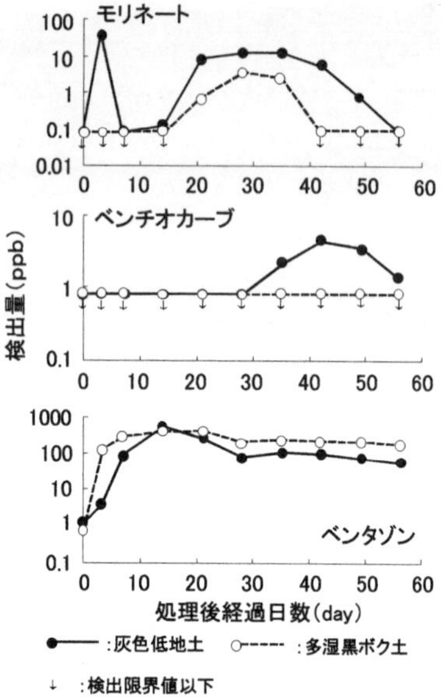

図 12.11 ライシメーター浸透水における除草剤の流出

の剤で，土壌吸着性が弱く，水溶性が高い剤を除けば数%以下である．したがって，実際の水田では透過する部分はきわめて少ないと推察される．つまり，水系流出に最も寄与している部分は田面から直接排水される水とともに流出する部分で，それ以外はほとんど問題にしなくてよいと考えられる．

ゴルフ場や畑地などからの水系への農薬流入も，基本的には水田と同じに考えてよい．つまり，おもな経路は多量の降雨などによる土壌表面の流亡（ラン-オフ）と浸透水による溶脱（リーチング）が推定される．この場合もリーチングの寄与はラン-オフに比べるときわめて少ないと推定される．また，ラン-オフは水田でいえば田面水による流出にあたるが，水田に比べると土壌粒子に吸着している部分が多いことが特徴的である．

c. 農薬の大気における動態

農薬の大気への直接的な移行は散布時のドリフトである．この量は風の強いときなどに多くなる．土壌へ落ちた農薬あるいは水中の農薬も水蒸気蒸留や揮散などによって少量が大気中へ入るが，火山灰土壌などの軽い土の場合は乾燥時に風によって舞い上がり，その土壌粒子に吸着している農薬も一緒に大気中に浮遊することもある．大気中の農薬は紫外線によって分解されやすく，残留期間はきわめて短いといえる．さらに，大気中の農薬は雨水とともに地上に降下する．

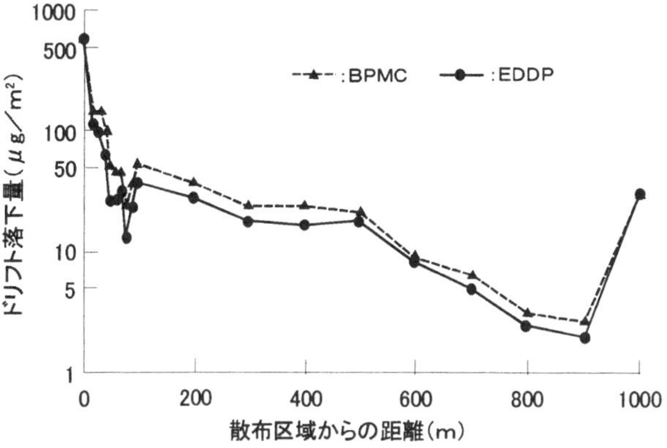

図12.12　空中散布農薬の風下方向へのドリフト
風速は0～1m/sであった．

1）農薬の大気中における残留

農薬の大気中における残留というと，いつも問題になるのが空中散布農薬である．また，農薬は環境中に放出されて初めてその役目を発揮する性格をもっているので，施用法のいかんにかかわらず大気中へは多かれ少なかれ出ていくことになる．そのおもな要因は散布ドリフトであるが，このほかにも土壌，水面あるいは作物からの揮散や蒸散によっても大気中に移行する．

図12.12にEDDP・BPMC乳剤を空中散布した場合の風下方向におけるドリフトの様子を示す．これは，ろ紙を配置して，空中散布終了1時間後に回収し，農薬のドリフトの様子をみたものである．両剤とも，そのドリフトの距離による減衰傾向はきわめてよく一致し，散布区域から離れるに従って量が少なくなっている．1,000m地点でドリフト量が急激に上昇しているが，この原因は近隣の水田における地上防除の影響である．ドリフト量は50mまでは急激に減少し，50m以遠はなだらかに減少している．つまり，高度のある場所から散布する空中散布において，ほとんどは散布区域内およびそのごく近辺でほとんどが落下し，少量の微細粒子が浮遊する様子が伺える．散布ドリフトは地上防除でも認められるが，その量および距離は空中散布よりは小さい．

図12.13に図12.12に示した調査の際に行った気中濃度の調査結果を示す．気中濃度は，0m地点，50m地点ともに散布直後が最も高く（散布中は測定していない），時間経過とともに減少する傾向を示しているが，0m地点では20分以後，50m地点では10分以後の濃度に大きな変化はなく，微細な粒子が滞留していることが推定される．比較的緩やかに遠方までドリフトする農薬は，この微細な粒子が原因となる．施設栽培では，閉鎖系であることを利用して，わざわざ剤型を細かくしたり，噴霧後

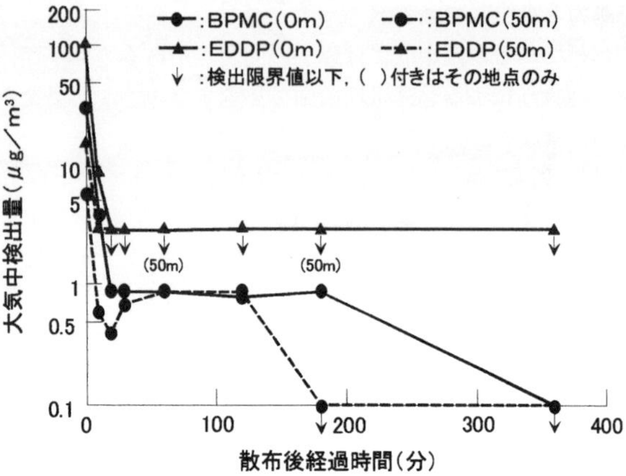

図12.13 空中散布後の農薬期間中濃度の変化

の霧滴の粒子径を細かくしてドリフトしやすい形にして散布する方法がある．このような方法はすべて無人防除法として実用化され大きな効果をあげている．

農薬のなかには，たとえばクロルピクリンのように揮散性の高いものもあり，このような剤は使用後すぐにマルチなどの処理を施さないと，ガス化して空気中に漂流し，周辺に被害を及ぼすことがある．また，水田除草剤のなかにも周辺の野菜に蒸散作用で田面水から上がって影響を及ぼした例なども報告されている．しかし，大気中の農薬は，太陽光，特に，紫外線の影響で比較的早く分解する．未分解の農薬が漂った場合，その拡散の範囲は水などと比べものにならないほど広域になることが予想されるが，現在の農薬にはそのような広域汚染を引き起こすものはないと推察される．

2）雨水中の農薬検出

大気中を漂っている農薬は，雨水によって地上に降下する．この状況を4年間にわたって調査した例を図12.14に示す．この図に示した例は，フェニトロチオン（MEP，スミチオン）であるが，冬期にわずかに検出されているものの，ほとんどは使用時期にあたる夏期に検出されている．このことは雨水中の農薬は近傍の使用実態をよく反映しているといえ，大気による広域の農薬汚染はないことを示している．

〔中村幸二〕

文　　献

1）山田忠男（1976）．植物防疫，**30**（8）：312.
2）伏脇裕一（1994）．国立環境研究所研究報告，**133**：45.
3）Kearney, P.C. *et al.*（1969）. *Residue Review*, **29**：137.
4）Hamaker, J.W.（1966）. Organic Resticides in the Environment, p.122.
5）Edwards, C.A.（1966）. *Residue Reviews*, **13**：83.

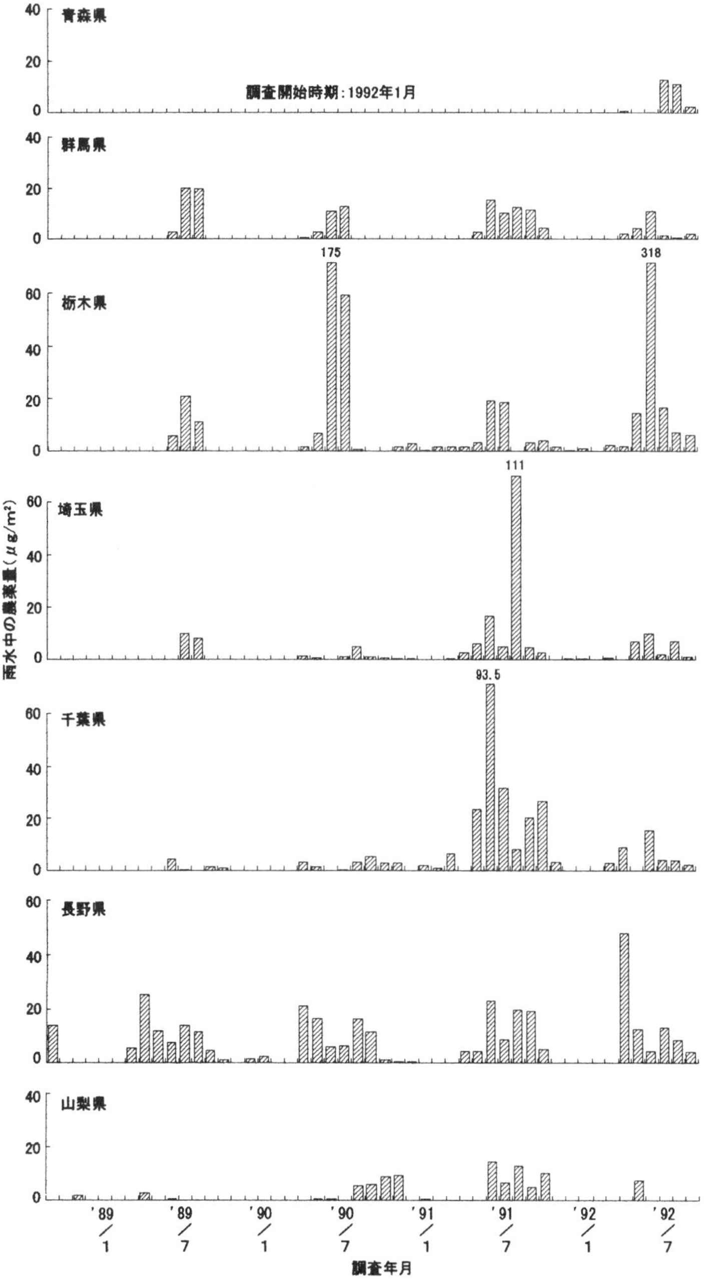

図 12.14　雨水におけるフェニトロチオンの消長

6) 吉田富男（1972）．近代農業における土壌肥料の研究Ⅲ，p.103.
7) Harris, C.I.（1969）. *J. Agr. Food Chem.*, **17**：80.

12.2　生物農薬の環境への影響

a.　天敵の環境に対するインパクト

Howarth[1] は，接種永続利用（inoculative release = classical biological control）の目的で外来天敵を導入した場合に，標的外の生物へ悪影響の可能性を警告した．ハワイでの天敵利用事例を詳細に検討するとともに，フィジーやモーリア島のような大陸から遠く離れた大洋島で，有害生物防除のために導入した天敵が貴重な土着種を駆逐して，絶滅または絶滅の危機に追いやっていると指摘した．しかし，Funasaki ら[2] のように，非標的生物へのインパクトは必ずしも明確ではないという異論もある．多くの場合，導入天敵が土着生物を絶滅に追い込んだという確たる証明はきわめて少ない．非土着動物が生態系に悪影響を与えた事例は，哺乳類，鳥類，は虫類，魚類，貝類の事例が多い（表12.6）．天敵昆虫や天敵ダニ類を導入した場合は脊椎動物とは違い，より限られた餌範囲をもち，捕食寄生者のように種特異性が高い昆虫は，捕食性脊椎動物を導入する場合と比較して，導入された昆虫が土着の動物相を危険にさらす傾向はまれである[3]．

昆虫やダニ類といった導入天敵の生態学的悪影響事例の報告の多くは，導入種である外来天敵を永続的に定着させ利用する場合である．その内容は，① 導入した外来

表12.6　侵入または人為的に持ち込まれた動物のインパクトの報告例（文献1）等から作成）

導入または侵入種		標的生物	導入または侵入地	悪影響を受けた非標的または土着生物
種　名	類　別			
ラット	雑食性ほ乳類	―――	ガラパゴス	齧歯類，ゾウガメ
ネズミ	雑食性ほ乳類	―――	ハワイ	数種のマイマイ
マングース	捕食性ほ乳類	ネズミ	ジャマイカ	鳥，トカゲ，ヘビ，カメなどの卵など
イタチ	捕食性ほ乳類	ウサギ	ニュージーランド	鳥
ノブタ	雑食性ほ乳類	―――	ガラパゴス	イグアナ，ゾウガメ，ミドリガメの卵
メンフクロウ	捕食性鳥類	ラット	ハワイ	ミズナギドリ，アジサシ
Brown tree snake	捕食性は虫類	―――	ハワイ	鳥
ウシガエル	捕食性両生類	―――	ハワイ	土着のカエル
バス	捕食性魚類	―――	ハワイ，パナマ	魚類
カダヤシ	捕食性魚類	カ類	ハワイ	トンボの一種
ナイルパーチ	捕食性魚類	―――	ビクトリア湖	魚類
ヤツメウナギ	捕食性魚類	―――	ミシガン湖	魚類
ヤマヒタチオビガイ	捕食性貝類	アフリカマイマイ	ハワイ	シイノミマイマイ
マイマイの一種	捕食性貝類	アフリカマイマイ	モーリア	マイマイ7種

動物が非標的種を攻撃した例，その結果，② その攻撃された非標的種が希少種であったり絶滅危惧種である場合に絶滅したり，③ 非標的種と導入種とが置き換わってしまったり，④ 土着天敵や既存導入天敵を攻撃しその力を減少させてしまった例，および，⑤ 標的生物が防除されたあとに別の種が侵入する場合である．

b.　外来天敵のリスクマネージメント

1）リスク分析の対象および調査方法

EUはすでに有害生物のリスク分析（pest risk analysis，PRA）をもっていて，そうした手法やFAO（国際食糧農業機関）の「外来の生物的防除素材の輸入と放飼にかかる取扱い規約（以下，「外来天敵導入規約」と略す）」をもとにリスク管理を行おうとしている[4]．そして，農業分野における天敵以外のほかの防除手段（たとえば，化学農薬）のリスクを含めた，リスク・便益分析のうえで判断されなければならないとしている．リスク分析する天敵の範囲は捕食者，捕食寄生者，天敵線虫，微生物的防除資材（天敵微生物）を含む．そうした天敵のリスク分析対象種は，ミツバチなどのポリネータ，天敵資材，土着天敵といった農業上重要な生物，ならびに，希少種，シンボル種，キーストーン種，美麗種，土壌動物（トビムシなど）など生物多様性を維持するために必要な多くの種に及ぶ．しかし，導入天敵のリスク管理のための調査手法は確立したものではなく，今後改良を加えながら徐々に形づくられていくと思われる．

そのおもなポイントは，① 捕食寄生者および捕食者の農生態系から自然生態系へ移動分散能力を評価するための基準と方法論（フィールド調査），② 捕食寄生者と捕食者の寄主特異性の評価方法（研究室およびフィールド調査），③ ある地域に特有の捕食寄生者と外来の捕食寄生者の異種間競争の特徴を測定する基準の作成（研究室とフィールド調査），④ 物理的な要因の外来の捕食寄生者や捕食者の定着，ある地域に特有の競争者の置換プロセスにおける影響の評価（研究室およびフィールド調査）である．その具体的な手法としては，① 分子生物学的な手法からなる分類学，② 捕食寄生者の寄主特異性および捕食者の餌の範囲，③ 導入天敵の生命表作成，④ 導入天敵の種間競争，⑤ 導入天敵の分散，⑥ 温湿度など導入天敵の物理的な必要条件，⑦ シミュレーションモデルの作成，⑧ 生物防除および非標的生物への影響，ならびに，有害生物の危険分析（PRA）の査定手順に対する世界的な事例の再調査の実施である．

2）FAOによる外来天敵導入規約

現在の天敵利用は，① 開発途上国での天敵利用と，② 先進開発国での天敵利用の2つに分けられる．開発途上国での天敵利用は先進国の国際援助，当該国政府およびプランテーション事業者が中心になっているのに対し，先進国での天敵利用は，公的機関，大学および天敵の販売業者が中心である．1995年11月に，FAOの総会で，「外来天敵導入規約」が承認されたが，これはFAOによりすでに制定されている農薬の国際取引をルール化した規約「農薬の流通と利用に関する取扱いの国際規約」(1990) をもとに作成された．その取決めのなかでは，人間の健康や環境を保護するために農薬を輸出する際に，輸入しようとする国に対し「インフォームド・コンセント」(農薬の各種情報が与えられたうえで同意・決定する権利) を保証している．「外来天敵導入規約」にも同様な思想が取り入れられている．「外来天敵導入規約」は，植物検疫処置に関する国際基準として制定され，序文と9条の条文からなる．

序文では適用範囲と用語の定義が記されている．ここで「生物農薬 (biological pesticide (biopesticide))」の定義は，日本で使われている，「生物農薬」の定義とは異なるので注意が必要である．規約の対象は，研究用，生物的防除や生物農薬として使用される自己複製可能な外来の生物的防除素材の輸入に関するものである．生きた天敵は含まれるが，微生物が生産する毒素製剤などは含まれない．これは，「農薬の流通と利用に関する取扱いの国際規約」の範疇に入る．遺伝子組換え生物も対象外であるが，必要があれば対象に含むことができるようになっている．FAOの「外来天敵導入規約」は，生物的防除素材の安全な輸入と放飼を保証し，無責任な行動を避け，生物的な害虫防除の信頼性を促進し，国家の規則または法律の採用の根拠を提供するためのもので，天敵利用を円滑に進めるためのものととらえることができる．

3) 世界各地域での天敵の導入規制

i) ヨーロッパへの導入規制　天敵の導入前の評価には科学的なアプローチが支持されていて，① 効率的な天敵を選択する洞察力を会得し，② 調査コストを減らし，③ 輸入の危険をなくすといった目的で適用される．具体的には図12.15に示すように，天敵利用に先立って対象害虫のリスク評価を行う．同時に，害虫の同定や原産地の推定が行われる．そして，原産地での害虫の生態学的な情報などが集められ，リスクが大きな害虫なのかどうかをまず判断する．外来の害虫であっても，侵入された国でのリスクが大きくない場合は，天敵の導入は支持されない．植食性の侵入害虫のリスクとしては，その餌となる植物にダメージを与えるばかりでなく，同じようにその植物を餌としてきたほかの植食性の生物に大きな影響を与える．広範囲の生物を餌とする広食性天敵よりも，特定の生物を餌にする単食性またはその範囲が狭い狭食性の天敵のほうが天敵としてのリスクは少ない．

野外で探索，採集，選抜され，導入する天敵は，その病原微生物，高次寄生者，植物病原菌などをチェックするため隔離施設に収容される．ヨーロッパ域内で市販されている生物的防除資材 (製品化された天敵および微生物的防除資材) については，製品化される前の試験段階でこのような措置がとられている．こうして，リスクが少ないことを確認したうえで，天敵を放す作業が行われる．さらに，放飼後の結果の監視を行う．効果の不足や何らかの危険 (ハザード) などが出ていないか調査する．現在のところ，ヨーロッパで市販されている天敵のハザードは報告されていない．

ii) アメリカでの導入規制　アメリカでは日本の農林水産省植物防疫課 (植物防疫所) に相当する農務省動植物検疫局 (APHIS, USDA) が管轄する．APHISは未許

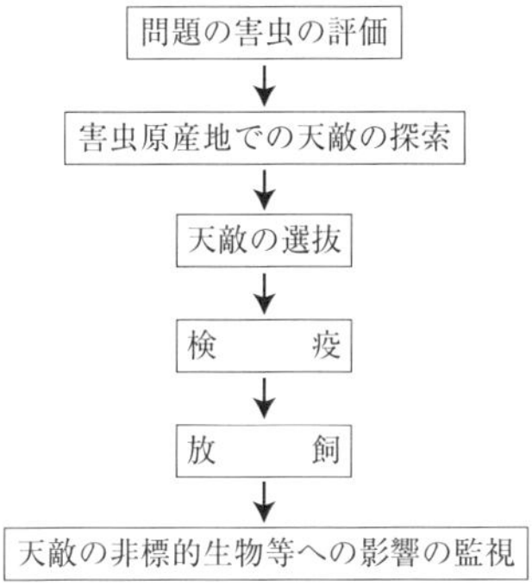

図 12.15　外来天敵の導入手順（文献[7] を改変）

可の節足動物を含む植食性害虫，植物病原体，ベクター，有害雑草，これらの生物が隠れていると考えられる物品の輸入および移動を制限するか，禁止する．生きた害虫を輸入したり，各州間でそれらを輸送する場合も許可を得なければならない．天敵はもちろん，土着生物（天敵を含む）であっても環境中への投入目的に大量増殖した生物や遺伝子組換え生物はAPHISの許可が必要である．

しかし，有益な天敵までも規制したのではかえって弊害が出てしまうため，許可を迅速に行う生物のリストを公表している．すなわち，① 植食性害虫の生物的防除に使用される昆虫，ダニおよび線虫類，② 雑草の生物的防除のための昆虫，ダニおよび線虫，③ 植物への危険度が低い害虫，④ 生物的防除素材（天敵資材などを含む）の餌または寄主となるダニや昆虫のリストである．このリストは，アメリカで一般に発送されたり，商用または大学や政府によって実施されるプロジェクトのため放虫される生物的防除素材からなる．すでに環境への影響がないことがわかっているか，環境影響評価説明書（EIS）があるか，または，危険のないことが明らかな（FONSI）環境評価書（EA）がある場合に，飼育虫の州間の移動許可証（最高10年有効）を発行する．ここでハワイ，アラスカ，プエルトリコ，グアム，マリアナ諸島は除外されている．これらの地域では現地の委員会が導入の可否を判断している．導入する天敵にはリスクが未知のものもあり，天敵のリスクを評価するための天敵の隔離施設も備えていて，アメリカではリスクのない天敵を積極的に導入しようとしている．

4）日本での天敵の導入規制

1999年3月に環境庁による「天敵農薬に係る環境影響評価ガイドライン」[5] が公表された．これは農薬として販売される天敵農薬（マクロ天敵：微生物と区別する対語）の環境への事前評価のガイドラインで，適用範囲は農薬として販売されるマクロ天敵（天敵農薬）に限られる．販売しないものや衛生害虫を対象に販売される導入天敵はこの「ガイドライン」の対象とはならない．この点は，前出の米国のAPHISが行う規制やEUが取り入れているFAOの「外来天敵導入規約」とは異なる．また，小笠原諸島や西表島を含む南西諸島などといった導入天敵を入れることを慎重にすべき地域への移動制限がないことも，APHISが行う規制とは異なる．「ガイドライン」では欧米のリスク管理と同様に，天敵の非標的種への悪影響を中心に有害影響評価を行い，有害影響の可能性がある場合にはさらにリスク・便益分析を行って導入の可否を判断するようになっている．

12.3 農薬の有用生物（節足動物）への影響

a. 有用生物への農薬の影響

1）有用生物の範囲

農薬の有用生物への影響を問題にするときには，有用生物とは何かを決めなければならない．狭義には，農作物，家畜，養魚，カイコ，ミツバチやマルハナバチ，天敵資材，微生物防除資材，土着天敵など，経済活動に有用な生物が入る．広義では「人間の生活にとって有益な生物すべて」が含まれ，上記のほか，希少種，シンボル種，キーストーン種，ミミズ，ミジンコ，野鳥を含む野生生物，ペットといった，環境，生物多様性および人間が快適に生活するうえで有用な生物も含まれる．導入天敵の生態影響が注目される今日，農薬の生態影響調査の要求はそれ以上に強まるであろう．ここでは，狭義の範囲の節足動物のみについて解説する．

2）農薬の節足動物へのリスク

悪影響の度合いは薬剤の系統によって異なる．たとえば，EUではミツバチに対する急性毒性の危険度（hazard ratio）は次の式で示されている[8]．

$$\text{危険度} = \frac{\text{暴露量（1ha当たりの処理量（g，ai/ha））}}{\text{固有毒性値（1個体当たりの}LD_{50}\text{（}\mu g\text{，ai/固体））}}$$

合成ピレスロイド剤はLD_{50}値が小さくてミツバチへの固有毒性値が高いが，薬剤の暴露量（圃場投入量）が少ないため，危険度は数百のオーダーであるのに対して，有機リン剤はLD_{50}値が大きくて固有毒性値が低いものの，薬剤の暴露量が多いため危険度は数千のオーダーである（表12.7）．このように，ミツバチに対する危険度は固有毒性値が低い有機リン剤よりも，固有毒性値が高いが暴露量の少なくてすむ合成ピレスロイド剤のほうが低いことになる[9]．しかし，有用節足動物に与える悪影響は致死に至る悪影響だけではなかったり，急性毒性については安全であっても長期の試験では悪影響が出てしまう薬剤もあるので単純ではない．農薬が天敵やポリネーターなどの有用節足動物に与える悪影響は，致死に至る急性毒性と致死量以下の残留物による行動および生理活性への悪影響に分けられる[11]．捕食寄生者への行動の影響は寄主探索，コミュニケーション，寄生行動への影響，生理的影響は増殖率，寿命，寄生などへの影響で，悪影響を受けると天敵は死ななくても天敵個体群の密度減少となって現れる（図12.16）．

表 12.7　ミツバチに対する各種薬剤の毒性値，暴露量および危険度（文献9）から作成）

殺　虫　剤	固有毒性値 (μg, ai/蜂)	暴露量 (g, ai/ha)	危険度
アジンホスメチル	0.06	563	9,383
メチルパラチオン	0.11	500	4,545
ジメトエート	0.12	400	3,333
ペルメトリン	0.01	100	909
アルファメトリン	0.03	10	333
デルタメトリン	0.05	12	240
ランブダシハロトリン	0.05	10	200

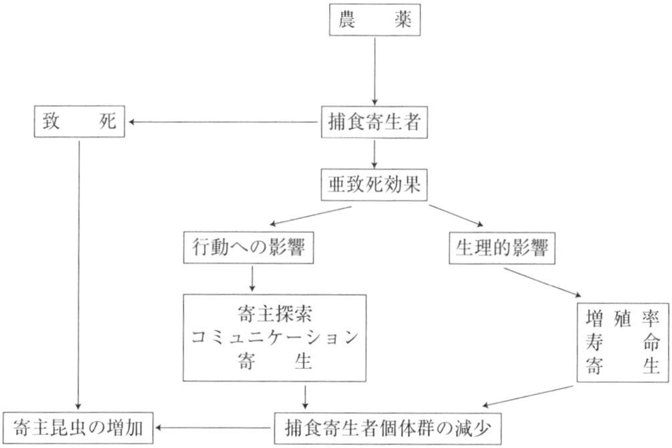

図 12.16　農薬の捕食寄生者への影響（文献[11]を改変）

b.　有益虫への農薬の影響評価法

1）影響評価のうえで考慮すべき事項

わが国においては，天敵に対する影響調査法が確立していないので，EUの例について説明する．国際生物的防除研究所（IIBC，1994，私信）によると，農薬の天敵に対する影響評価のためには次のような知識の集積が必要だという．すなわち，① 総合的害虫管理における天敵の役割の知識，② 害虫個体群と天敵個体群の理論およびその変動要因の知識，③ 捕食寄生者，捕食者，天敵微生物の生態学および農薬散布との関連に関する知識，④ 天敵の採集および飼育に関する知識，⑤ 実験室，半野外，野外での農薬影響試験に関する知識，⑥ テスト結果の評価に関する知識，である．

Rubersonら[10]は，天敵への薬剤の影響評価で考慮すべき事項を表12.8のように示した．すなわち，評価すべき天敵種の選択，検定天敵の性およびステージ，薬剤の処

表12.8 天敵への薬剤の影響評価で考慮すべき事項[10]

生物検定の設計上考慮する問題	考慮すべき事項
1. 天敵種の選択	システム内における相対的重要性
	システムの天敵ギルドの代表者
	既知の他の農薬への感受性
2. 検定天敵のステージと性	残留物と接触可能な活動ステージ
	潜伏または保護されているステージ
	性に特有な感受性
3. 農薬の処理法	直接的な局所施用
	基質上の残留物との接触
	薬剤を含有した被食者および寄主組織の摂取
	薬剤を含有した植物生成物の摂取（花蜜，花粉，樹液）
4. 評価するための生活史パラメータ	生存率
	寿命
	発育期間
	産卵数／生殖能
	捕食および寄生率
	探索行動および速度
	分散能力／移動
	呼吸速度
	個体群の増殖／減少
5. 圃場検定における試験区の規模	天敵の分散能力
	処理区間の距離
	飛散の危険
6. 農薬の剤型と施用量	施用法（茎葉散布，植え穴処理などの別）
	適用濃度の範囲
	環境中での希釈
	適用病害虫および適用作物への到達量
	飛散の危険

理法，評価するための生活史パラメータ，圃場検定における試験区の規模，農薬の剤型と施用量などである．ヨーロッパでの圃場検定の試験区の規模は1区10a程度の規模であったりするが，わが国でこのような大きな試験区を組むことはむずかしいので，工夫が必要である．

2）天敵種の選択

EUにおける検定天敵種の選定は，農生態系の広範囲に高密度に存在する種で，飼育が容易で感受性の高い種を選定する．天敵類は表12.9のように類型化され，そのなかから試験生物を選定する．作物のタイプは果樹園と畑地に分けるが，温室，森林，ブドウ園は果樹園と同じカテゴリーに入る．畑地は野菜，穀物，飼料作物である．天敵は捕食寄生者，捕食性ダニ類，地上徘徊者，葉上徘徊者に分けられている．

i）有効成分の試験　感受性の天敵2種と薬剤の使用対象作物および害虫の種類から選定する．標準の天敵種はアブラバチの一種 *Aphidius rhopalosiphi* とパイライカ

表 12.9　農薬影響調査のための代表的試験天敵[11)]

作物の類型	捕食寄生者	カブリダニ	地上徘徊捕食者	葉上徘徊捕食者
果樹園 （施設 森林 ブドウ園）	アブラバチの一種 (*Aphidius rhopalosiphi*) タマゴコバチの一種 (*Trichogramma cacoeciae*) フジコナヒゲナガトビコバチ (*Leptomastix dactylopii*) ヤドリバエの一種 (*Drino* sp.)	パイライカブリダニ (*Typhlodromus pyri*) カブリダニの一種 (*Amblyseius* sp.)	コモリグモの一種 (*Pardosa* sp.) ゴミムシの一種 (*Poecilus cupreus*)	ヒメハナカメムシ (*Orius* sp.) ヒラタアブの一種 (*Episyrphus balteatus*) ヤマトクサカゲロウ (*Chrysoperla carnea*) ナナホシテントウ (*Coccinella septempunctata*)
畑作地	アブラバチの一種 (*Aphidius rhopalosiphi*) タマゴコバチの一種 (*Trichogramma cacoeciae*)		コモリグモの一種 (*Pardosa* sp.) ゴミムシの一種 (*Poecilus cupreus*) ハネカクシの一種 (*Aleochara bilineata*)	ヒラタアブの一種 (*Episyrphus balteatus*) ヤマトクサカゲロウ (*Chrysoperla carnea*) ナナホシテントウ (*Coccinella septempunctata*)

農薬登録時に，標準感受性種2種（*Aphidius rhopalosiphi* と *Trichogramma cacoeciae*）と，使用場面関連種2種（上の表から選択）を原体ではなく代表的な製剤で選んで試験する．

ブリダニ *Typhlodromus pyri* であるが，感受性が前者と同様であれば前者の代わりにタマゴコバチの一種 *Trichogramma cacoeciae* に，後者よりもその感受性が高ければ代わりにカブリダニの一種 *Amblyseius* sp. と替えても良い[11)]．一般に，ヒラタアブを除き，捕食者よりも捕食寄生者のほうが感受性が高い[13)]．

ii）製剤試験　有効成分試験で悪影響が認められたものについては，さらに，対象作物内に棲息し，それぞれ別の分類群に属する先の有効成分試験と別の2種を選定して試験を行わなければならない．製剤がすでに試験されたものに該当しないときには，有効成分の試験で最も感受性の高い2種を選定して試験を行わなければならない．新たな製剤に既製剤よりも強い毒性が認められた場合は，さらに，対象作物害虫に応じた2種の非標的生物について試験を行わなければならない．

3）影響評価の試験手順

i）連続的段階試験　非標的生物への薬剤の影響試験は，標準化された室内試験から始まり，拡大室内試験，半野外試験，必要があれば野外試験と続く．室内試験は野外での非標的生物への最も最悪の暴露ケースを想定して薬剤影響を評価する．目的はリスクの少ない薬剤を選び出すことである．IGR剤や微生物製剤など一部を除き，多くの場合は室内試験で安全とみなされたものは半野外以降の試験は必要ない（図12.17）．室内試験で影響ありとみなされたものは拡大室内試験や半野外試験へと進む．半野外試験で安全とみなされたものは野外試験は必要ない．半野外試験で影響ありとみなされたものは野外試験へと進む．これは試験薬剤の致死率が，室内＞半野外＞野外圃場になるという経験則による．一般に，試験実施の1回当たりのコストは，室内→半野外→野外の順に高くなる傾向があるので，先に紹介したIIBC（1994）が示す

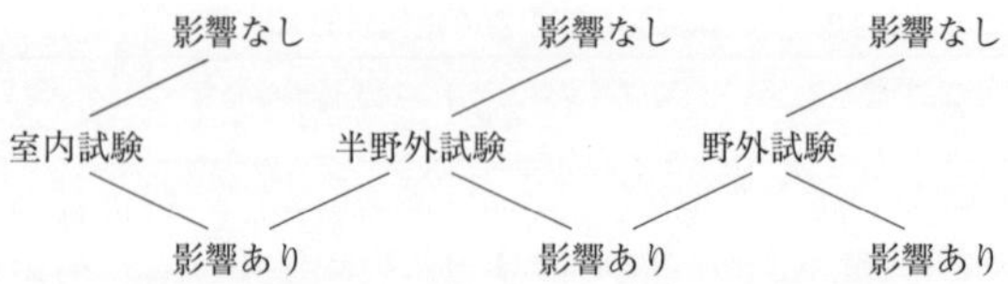

図 12.17　非標的生物への農薬の影響試験の手順[13]

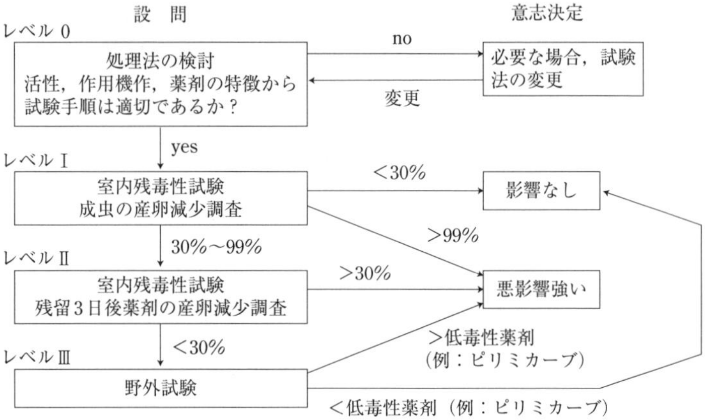

図 12.18　チリカブリダニに対する薬剤影響の段階別評価基準および手順（文献[15] を改変）

知識の集積があれば，室内試験から始めると，コストを抑えて多くの薬剤を検定することが可能である．図 12.18 はチリカブリダニに対する薬剤影響の段階別評価基準および手順を示したものであるが，天敵の種類ごとに試験法は異なり，薬剤の種類によっては試験法が変更される[14]．

ii）試験手順および評価[16]　　室内試験では試験の再現性を保証するため，ガラスを使った特殊な器具や石英砂を用いる．試験虫は，齢，成虫の生存率，繁殖力，卵の受精率，寄生率といった条件をそろえた室内飼育系統を供試する．必要に応じ雌雄について試験し，その数も記録するなど，詳細に試験法が決められているが，以下に簡単に5通りの試験で考慮しなければならない次項を記載する．

(a)　残留物と接触可能な発育段階への室内試験（例：捕食寄生者成虫や捕食者の幼虫）

・新たに処理され風乾した残留物への暴露
・処理薬剤の濃度
・ガラス板，葉，砂（土壌）への処理
・面積当たりの薬量（mg/cm^2）が均一になるように，たとえば，ガラスや葉面に散布する場合は1～2 mg/cm^2，砂（土壌）への処理では6 mg/cm^{2}である．
・試験虫は，齢のそろった室内飼育系統を供試する．
・評価までの接触期間
・評価
・水処理対照区の設置
・死亡率および亜致死効果による天敵能力の減少
・結果の4段階評価：① 影響なし（＜30％），② 影響少ない（30～79％），③ 影響あり（80～99％），④ 悪影響あり（＞99％）

(b) 残留物から保護されたか接触しにくい発育段階への室内試験（例：寄主体内の捕食寄生者，カブリダニの成虫や捕食性害虫の蛹や卵）

・薬剤の直接暴露
・処理薬剤の濃度
・換気
・試験虫は，齢のそろった室内飼育系統を供試する．
・水処理対照区の設置
・死亡率および亜致死効果による天敵能力の減少
・結果の4段階評価：((a) と同じ)

(c) 固有毒性値を求めるための半野外試験

・新たに処理され風乾した残留物への暴露
・処理薬剤の濃度
・薬剤を散布する作物
・自然または圃場を模倣したケージの利用
・水処理対照区の設置
・試験虫は齢のそろった室内飼育系統を供試する．
・試験虫への薬剤の均一な暴露が得られる均一な葉のついた作物の使用
・餌，寄主，被食者の補給
・結果の4段階評価：① 影響なし（＜25％），② 影響少ない（25～50％），③ 影響あり（51～75％），④ 悪影響あり（＞75％）

(d) 悪影響期間を求めるための半野外試験

・残留物への暴露
・処理薬剤の濃度
・薬剤を散布する作物
・圃場または模擬圃場での風雨への暴露
・処理後1か月間の試験実施
・試験虫は，齢のそろった室内飼育系統を供試
・水処理対照区の設置
・結果の4段階評価：① 影響期間短い（＜5日），② やや影響期間長い（5～15日），

③ 影響期間長い（16～30日），④ 長期間影響あり（>30日）

(e) 野外試験

・天敵が棲息している作物への直接暴露
・室内飼育系統または自然発生虫を供試
・処理前後のサンプリング間隔
・処理薬剤の濃度および処理回数
・水処理対照区の設置
・生死個体の計数
・統計処理が可能な一定値を越える種の個体数の記録
・結果の4段階評価：① 影響なし（<25％），② 影響少ない（25～50％），③ 影響あり（51～75％），④ 悪影響あり（>75％）

〔根本　久〕

文　　献

1) Howarth, (1991). Environmental impacts of classical biological control. *Ann. Rev. Entomol.*, **36**：485-509.
2) Funasaki, G.Y., P.Y.Li, L.M. Nakahara, J.W. Beardsley and A.K.Ota (1988). Areview of biological control introductions in Hawaii：1890 to 1985. Proceedings of the Hawaiian Entomological Society, **28**：105-190.
3) Harris, (1990). Environmental impact of introduced biological control agents. In：Critical Issues in Biological Control (eds. Mackauer, M., L.E. Ehler and J. Roland), Intercept, pp.289-300.
4) FAO (1995). International Standards for Phytosanitary Measures. Code of Conduct for the Import and Release of Exotic Biological Control Agents, p.16. FAO.
5) 環境庁水質保全局（1999）．天敵農薬環境影響調査検討会報告書—天敵農薬に係る環境影響評価ガイドライン．p.46，環境庁．
6) 根本　久 (1999)．外来天敵の導入を巡る諸問題．関西自然保護機構会報，**21** (1)：43-52.
7) Waage J.K. and N.D. Barlow (1993). Decision tools for biological control. In：Decision Tools for Pest Management (eds. Norton, G.A. and Mumford, J.D.), pp.229-245. CAB International, Wallingford.
8) Greathead, D.J. (1995). Natural enemies in combination with pesticides for integrated pest management, In：Novel approaches to integrated pest management (ed by Reuveni, R.), Lewis Publishers, pp.183-197.
9) Oomen, P.A. (1986). A sequential scheme for evaluating the hazards of pesteides to bees, Apis mellifera. *Med. Fac. Landbouww. Rijksuniv. Gent*, 51/3b, 1205-1213.
10) Ruberson, J.R., H. Nemoto and Y. Hirose (1998). Pesticides and conservation of natural enemies, In Conservation Biological control (ed. Barbosa, P.), Academic Press, p.207-220.
11) Barrlett, K.L. N. Grandy, E.G. Harnson, S. Hassan and P. Oomen (1994). Guidance document on regulatory testing procedures for pesticides with non-target arthropods, SETAC-Europe, p.51.
12) Elzen, G.W. (1989). Sublethal effects of pesticides on beneficial parasitoids. In Pesticides and non-target invertebrates (ed. Jepson, P.C.) Intercept, pp.129-150.
13) Hassan, S.A. (1989). Testing methodology and the concept of the IOBC/WPRS working group. In Pesticides and non-target invertebrates (ed. Jepson, P.C.), Intercept, pp.1-18.
14) 根本　久（2000）．農業害虫及び天敵昆虫等の薬剤感受性検定マニュアル（37），天敵生物：チリカブリダニ．植物防疫，**54** (9)：1-4.
15) Oomen, P.A., G. Romeijn and G.L. Wiegers (1991). Side-effects of 100 pesticides on the predatory mite *Phytoseiulus persimilis*, collected and evaluated according to the EPPO guideline. EPPO Bull.,

21：701–712.
16) Hassan, S.A. (1992). Meeting of the working group "Pesticides and Benefical Organisms". IOBC/WPRS Bull. 1992/XV/3：1–3.

12.4　農薬の水生生物への影響

a.　農薬の安全使用対策の経緯

農薬による水質汚濁が社会問題として取り上げられるようになったのは，有機塩素系殺虫剤，ロテノン殺虫剤，PCP除草剤などが多用されだしてからである．ここでは，その問題対応の経緯などについて述べておきたい．

昭和31年12月5日，「エンドリン，ディルドリン，アルドリンの今後の使用について」（31振局1,336号，水産庁長官・農林省振興局長通達），昭和33年1月30日，「農薬エンドリン粉剤の使用について」（33振局41号，農林省振興局長通達），また，昭和39年4月20日，「殺虫剤テロドリン粉剤の使用について」（39農政B1,124号，農林事務次官通達）が出され，魚類への毒性の顕著な農薬の使用規制が行われた．一方，省力農業に画期的な役割を果した水田用除草剤PCP剤の普及は，残念ながら本剤の魚類への毒性が高かったため，法的な使用規制がとられることとなったのである．昭和34年5月1日，「PCP除草剤の水田における使用について」（34振局1,467号，水産庁長官・農林省振興局長通達），昭和36年4月28日，「PCP除草剤の水産動植物に対する被害の防止について」（36振局B2,979号，水産庁長官・農林省振興局長通達），昭和37年4月6日，「有明海岸地帯におけるPCP除草剤の使用対策について」（37振局B2,115号，水産庁長官・農林省振興局長通達），昭和38年5月27日，「PCP除草剤による魚貝類の被害防止について」（38農政B3,184号，農政局長・水産長官通達），などが出され，PCP除草剤の使用規制が強められることとなった．しかしながらこれらの行政指導をもってしても追いつかない局面を迎えるのである．

昭和37年，PCP除草剤の散布直後，集中豪雨に見舞われ，有明海ならびに琵琶湖沿岸地域において水生生物の大量斃死事故を引き起こしたことから，水生生物への毒性の高い農薬の法的規制がとられることとなるに至った．昭和38年，農薬取締法（昭和23年法律第82号）の一部改正が行われ（昭和38年法律第87号），PCP除草剤は指定農薬（同法施行令第1条）とされ，強い使用規制を受けるに至った．また，すべての農薬は登録に際し，水生生物に対する毒性が一律に厳しく検査され，昭和38年5月1日の農林省告示第553号の基準によって魚類への毒性の高い農薬の水田使用が全面的に禁止されることとなった．

農林省告示　第553号（昭和38年5月1日）

農薬取締法（昭和23年法律第82号）第3条第2項の規定に基づき，同条第1項第4号に掲げる場合に該当するかどうかの基準を次のように定める．

当該種類の農薬が次の要件のすべてを満たす場合は，農薬取締法第3条第1項第4号に掲げる場合に

表 12.10 原体，製剤間で毒性の異なる例

用途	農薬名	製剤形態	試験結果 〈コイ，48 h，LC_{50}，ppm〉
殺虫剤	ダイアジノン	原体	3.2
		マイクロカプセル	＞200
	ペルメトリン	原体	0.038
		マイクロカプセル	56
	フィプロニル	原体	0.34
		粒剤	0.90
	フラチオカルブ	原体	0.071
		粒剤	2.3
	ベンスルタップ	原体	13
		乳剤	4.4
	テトラジホン	原体	10
		乳剤	1.4
殺菌剤	フェナリモル	原体	3.7
		くん煙剤	＞100
	ペンシクロン	原体	2.2
		粉剤	＞40
	ペフラゾエート	原体	15
		乳剤	3.7
除草剤	ビフェノックス	原体	3.1
		水和剤	76
	ピリブチカルブ	原体	1.4
		水和剤	52
	グリホサートアンモニウム塩	原体	150
		水溶剤	34
植物成長調整剤	ウニコナゾールP	原体	8.0
		粒剤	0.56

（注）表中数値は成分換算値である．

表 12.11 対水生生物毒性分類基準

単位：ppm

ミジンコ（LC_{50}）＼コイ（LC_{50}）	＞10	$0.5 < LC_{50} \leqq 10$	≦0.5
＞0.5	A	B	C
≦0.5	B	B	C

該当するものとする．ただし，当該種類の農薬が水田において使用されないものその他その使用方法等からみて特に安全と認められるものである場合は，同号に掲げる場合に該当しないものとする．

1 半数致死濃度（こいを使用した生物試験方法における当該種類の農薬の48時間の半数致死濃度をいう．以下同じ.）が0.1 PPM以下であること．ただし，当該種類の農薬の有効成分の10アール当たりの使用量が0.1キログラムをこえるものにあっては，その半数致死濃度をPPMで表わした数値をその10アール当たりの使用キログラム数で除した数値が1以下であること．

2 当該種類の農薬のこいに対する毒性の消失日数がその通常の使用状態に近い条件における試験において7日以上であること．

備 考

この告示においてPPMは，百万分率を示す．

現：環境庁告示第20号
（1993（平成5）年3月8日）

昭和46年，農薬取締法の大幅改正（昭和46年法律第1号）に伴い，PCP除草剤のほかにエンドリン，テロドリン，ベンゾエピン，ロテノンの各殺虫剤が水質汚濁性農薬として指定（同法施行令第3条）され，これら水生生物への毒性の高い農薬は都道府県知事の定められる地域内にあってはその許可なしには使用できないこととなった．

ちなみに，特別に安全使用対策のとられるようになったこれら農薬の登録年月日，もしくは登録失効年月日を示すならば，以下のとおりである．すなわち，ロテノン殺虫剤は昭和23年9月27日登録，エンドリン殺虫剤は昭和29年6月3日登録，同50年12月18日失効，アルドリン殺虫剤は昭和29年6月3日登録，同50年2月19日失効，ディルドリン殺虫剤は昭和29年6月3日登録，同50年6月1日失効，PCP除草剤は昭和31年12月26日登録，平成2年2月19日失効，ベンゾエピン殺虫剤は昭和35年12月3日登録，テロドリン殺虫剤は昭和39年4月18日登録，昭和50年11月22日失効，である．したがって，これらのなかで現在も存在するのは殺虫剤ロテノンおよびベンゾエピンのみである．

b. 標準試験法の設定と安全使用対策の推進

コイを用いる標準試験法は，農林水産省関係機関の協力のもとに急拠作成され，昭和40年11月25日，「魚類に対する毒性試験法について」（40農政B2,735号，農林省農政局長通達）として公表された．昭和41年来，上記通達による試験法，ならびに淡水産ミジンコ類を供しての試験法（暫定）によって，同一条件下にほとんどの農薬原体および製剤の急性毒性が明らかにされた．その結果，農薬は水生生物への毒性に応じてA，B，Cに分類されることとなった．そして，水生生物への毒性の比較的高いB類，高いC類および指定農薬については，必ず製剤容器ごとのラベル表示が義務づけられ，よりいっそうの安全使用上の注意が喚起されることとなった．

ちなみに，「毒物及び劇物取締法」（昭和25年12月28日，法律第303号）においては農薬等化学物質を特定毒物，毒物，劇物，のように分けられている．これは，マウス，ラットなどの哺乳動物に対する毒性をもととしているから，その分類には合理性，説得性がある．しかし，水生生物への毒性のA，B，C分類は主として魚類（コイ）および甲殻類（ミジンコ類）という感受性の全く異なる種への毒性に基づいての相対的毒性によっているから合理性には欠けるかもしれない．よって，後者の分類記号はあくまでもひとつの目安であって，内容に関しては注意事項をよく読んだうえ当該農薬を使用することが肝要であるということとなる．

魚類に対する毒性試験法（昭和40年11月25日　農政局長通達B第2735号）

［試験法］

魚類に対する急性毒性試験法としてはTLm（median tolerance limit）値を求める試験法で行う．TLm値は48時間におけるものを使用し，できる限り24時間，72時間におけるものを併記する．

(1) 装置および器具

試験容器は容量が10l以上のガラス水槽を用い，方形のものでは3辺の比が，円筒形のものでは直径と高さの比が大きくないものが望ましい．同時に行う試験には同一種類の容器を用いなければならない．

(2) 供試生物

供試生物は原則として全長5cm前後のコイとする．ただしその農薬が水田に使用されないものであればヒメダカ，モツゴなどを用いてもよいが，この場合はその毒性が他の農薬の毒性と容易に比較できるような参考資料を併記しなければならない．供試魚は試験条件になじませるため入手後供試までに最低1週間の期間を置く．この期間中は1日1回給餌し，試験前48時間は餌止めをする．

試験に際しては供試魚の大きさをできるだけそろえ，同一試験に供試する魚は同一条件で入手したものとする．この試験には病気または外見や行動に異状のある魚は使わないようにする．

(3) 試験条件および操作

試験の際の水温は20～28℃とし試験中の水温変化は±2℃以内にとどめるようにする．供試薬液の各濃度について同時に試験する個体数は少なくとも10尾とする．供試薬液の量は供試魚の体重1gについて1l以上とする．必ず希釈に用いた水のみの対照区を設け，この区において10%以上の斃死があった場合はこの試験結果は使用しない．

(4) 試験結果の取り扱い

試験結果からTLm値を求めるにはダードロフの方法による．すなわち，片対数グラフの対数目盛に

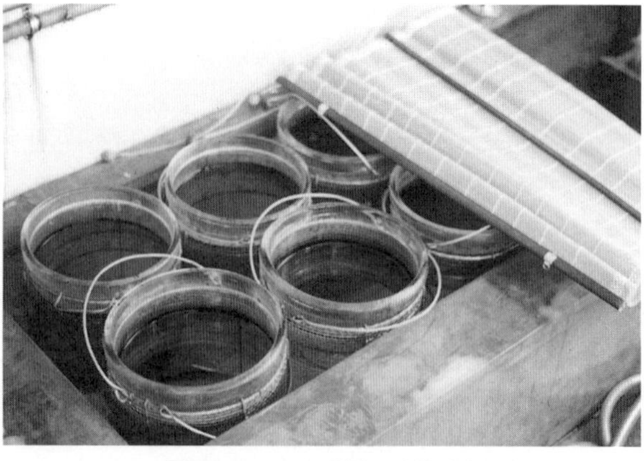

図12.19　コイに対する毒性試験
10l容ガラス水槽に農薬濃度を調整したところ．

表12.12 人畜毒性と対水生生物毒性分類別農薬有効成分数
(1998年9月30日現在)

		魚毒性別分類				
		A	B	C	指定	計
人畜毒性別分類	普通物	366	202	37	—	605
	劇 物	49	68	53	4	174
	毒 物	23	11	35	3	72
	特定毒物	4	3	—	—	7
計		442	284	125	7	858

(注) 1. 登録失効成分数も含む.
2. 同一農薬名であっても塩などの異なるものはそれぞれカウントした.
3. 昭和45年以前については成績が完備していないためカウントできないものが多かった.
4. 人畜毒性のうち,たとえば「劇物(1%以下普通物)」のようなものはすべて「劇物」扱いとし,魚毒性のうちB-sはすべて「B類」扱いとした.

供試薬液の濃度をとり,普通目盛には生存率をとり,測定された生存率が50%より上の点と下の点で最も50%に近いものを選ぶ.この両点を直線で結び50%の線と交わる点の濃度をTLm値とする.

(5) 供試薬剤の取り扱い

ある農薬の試験はその薬剤とともに原体について行うことが望ましい.水に親和しない原体はできる限り少量の適当な溶剤を加えて懸濁するようにする.なお,溶剤を使用した場合は溶剤のみの対照区をつくらなければならない.粉剤,水和剤はできるだけ毒性を把握するようにするが,この場合溶剤などは加えない.必要に応じて魚を入れる直前および24時間後に供試薬液を攪拌する.

[注] (略)

ミジンコ類に対する毒性試験法(暫定)

(1) 供試生物

ミジンコまたはタマミジンコの雌成体

(2) 試験条件

腰高シャーレに供試薬液を100 m*l* 入れる.薬液は農薬を井水に溶解させたものである.一区に放すミジンコは約20尾とする.

(3) 試験方法

コイに対する毒性試験に準じて薬液の濃度段階をとり,3時間後のTLm値を測定する.生死の判定は触角の運動が停止しているものを「死」とする基準による.

c. 危険度の指標と安全使用対策

その後,昭和43年,水田使用農薬については単位面積当たりの使用量などを考慮しての「危険度」の考え方を採用した.これは,製剤のLC_{50}をXとする.一方,当該製剤の基準使用量を水深5 cmの水田に散布し,これがすべて水中に溶解したときの理論値を求め,これをYとする.液量はやや多目の散布量となるが,計算上10 a当たり200lとする．次に$Y/X = Z$を求め，これを危険度とする．この値は，実際に使用された農薬の水田中における理論的最高濃度と，水生生物に対するLC_{50}の対比であり，この値が小さいほど水田中の農薬濃度がLC_{50}より低く，水生生物への危険性が低く，大きいほど危険性の高いことを意味する．これによれば，① 原体と製剤間での毒性の差，② 単位面積当たりの有効成分投下量の差，③ 有効成分以外の成分をも包括した毒性，④ 混合剤の評価，⑤ 使用場所・使用条件，などに一応の考慮が払われることとなり原体，製剤のみからの評価に加えた分類の補正が行われたこととなり，現在もこの方法は採用されている．

d. 農薬の水生生物への毒性と水温

農薬の水生生物に対する毒性に及ぼす水温の影響をコイとミジンコを供して調べた．コイの場合，水温は15，20，25，30，35℃に設定した．その結果，実験の対象となった120農薬のうちテトラジホン，エチオンなど76農薬では，水温の上昇に伴い，毒性は高くなる傾向を示したが，ピレスリン，MIPCなど30農薬ではほとんど差はなく，硫酸銅，MCPBエチルエステルなど7農薬では，わずかではあるが高温でむしろ毒性が低くなる傾向がみられた．すなわち，これらの例外を除けば一般に農薬の毒性は，水温の上昇とともに高くなる傾向があり，その程度は15～25℃よりも，25～35℃のほうで著しいことがわかった[1]．

ミジンコでは水温は10，17.5，25，32.5℃に設定した．実験の対象となったものは164農薬であった．これらのうち，122農薬の毒性が水温の上昇に伴い高くなることがわかった．一方，ピレスリン，NACなど31農薬ではその変化は小さく，XMC，メソミルなどでは，わずかながら高温区において毒性は低くなった．このようにミジンコに対する毒性も，概して水温の上昇に伴って高くなる傾向にあり，その程度はコイより著しかったが，コイと異なり，25℃以下のほうがそれ以上よりも変化は大きかった[2,3]．

以上のことから水温の上昇に伴う農薬の毒性の変化の型には，① 毒性の高くなるもの，② ほとんど変わらないもの，および，③ わずかではあるが低くなるもの，などのあることがわかった．しかし，同一農薬がコイおよびミジンコのいずれにも同じ型を示すとは限らず，両者について実験を行った90農薬のうち，両者に対して，① の型であったものが31農薬，② であったものが5農薬で，ほかの農薬は異なる型を示した．

e. 骨格異常（背曲り）を生じさせる農薬と安全使用対策

水生生物に対する毒性がB類に属する農薬のうち，特殊な中毒症状を示す数種類のものについてはB類の使用基準にしたがうほか，特別な注意事項が付されることとなっている．昭和50年より，従来のB類中にB-sという概念を新設し，これに属する農薬の使用規制の整備を図った．その該当基準は，水田適用農薬および空中散布用農薬

図12.20　背曲りの例（西内，1975）
トリフルラン原体0.1 ppm，90日間処理（ヒメダカ）．

で，以下のいずれか一に該当するものとした．① コイに対する48時間後のLC_{50}（成分換算値）で2 ppm以下のもの．② コイを除く魚類（ドジョウ，ニジマスなど）に対する48時間後のLC_{50}が0.5 ppm以下のもの．③ ヒメダカに対し0.5 ppm以下の濃度で背曲り，平衡失調などの特異な影響を与えるもの．これらのうち，③ にかかわる部分をいま少し詳しく述べておくこととする．いわゆる背曲りは農薬に起因するか否かは不明であるが，実験的には農薬によっても引き起こされることが可能である．この症状は，薬液に接触後，まず尾柄部からの内出血が，ヒメダカでは3時間前後よりみられる例が多く，脊椎骨の屈曲もそれと同時あるいは続いてみられる．24時間経過すれば判然とわかるようになるが，それ以後に新たに発症する例は少ないようである．発症せしめる農薬を用いて急性的影響の出ないごく低濃度での試験を22日間にわたって行ったが，本症状をみることはなかった．したがって，この症状は農薬による場合魚類への急性毒性の一症状であると考えられる．なお，すでに屈曲した個体をその後無処理水において約3か月間飼育を続けたが，症状の回復をみることはなかった．

以下に，B-s農薬の背曲りを生じさせる農薬の濃度範囲と魚種を参考のため記しておく．

1. ダイアジノン：原体—5.0～0.62 ppm（コイ）[4]，3.2～1.0 ppm（タナゴ）[7]，1.0～0.50 ppm（ヒメダカ）[4]，1.0～0.25 ppm（カダヤシ）[6]，0.050～0.030 ppm（ドジョウ）[4]．乳剤—4.0～2.0 ppm（フナ）[4]，0.80～0.40 ppm（ヒメダカ）[4]，5～0.1 ppm（カダヤシ）[5]，0.050～0.010 ppm（ドジョウ）[4]．油剤—4.0～2.0 ppm（コイ）[4]，6.0～1.0 ppm（ヒメダカ）[4]．

2. EPN：原体—0.50～0.062 ppm（カダヤシ）[6]，乳剤—0.1～0.02 ppm（カダヤシ）[5]，0.50～0.30 ppm（コイ）[4]．

3. PAP：原体―0.1～0.05 ppm（カダヤシ）[6]，乳剤―0.1～0.03 ppm（カダヤシ）[5]，2.0～0.50 ppm（コイ）[4]．

4. BPMC：原体―3.0～0.50 ppm（コイ）[4]．1.0～0.10 ppm（ヒメダカ）[4]，5 ppm（カダヤシ）[6]．乳剤―10～0.25 ppm（フナ）[4]，3.0～0.10 ppm（ヒメダカ）[4]，5～1.0 ppm（カダヤシ）[5]，10～1.3 ppm（ドジョウ）[4]．粒剤―10～0.50 ppm（コイ）[4]，2.5～1.3 ppm（ヒメダカ）[4]．

5. トリフルラリン：原体―1.3～0.13 ppm（カダヤシ）[6]，乳剤―0.25～0.062 ppm（コイ）[4]，0.62～0.16 ppm（ヒメダカ）[4]．

なお，骨格異常を生じさせる農薬はこれらのほかにもいくつかあるが，これ以後は該当基準を満たしていてもB-sとはせず，もっぱら注意事項でもって同じ対応をとっている．

f. 貧血を生じさせる農薬と安全使用対策

昭和50年から52年にかけて，水田用除草剤モリネートに起因すると思われる養殖ゴイの貧血症が各地に発生した．深津[8]はモリネート製剤の希釈液にコイを接触させ0.6 ppm，水温20～25℃では10日目に，15～20℃では17日目に，0.04 ppm，15～20℃では17日目に貧血症の発生することを認め，川津[9]も同じくコイを用いた試験で21日間浸漬した場合，モリネートのLC_{50}は0.18 ppmであり，0.032 ppm以上の濃度では貧血症が発生すると報告した．引き続き，西内ら[10]も25℃でもってモリネート原体をコイに接触させたところ，接触開始後1 ppm区では11日目，0.1 ppm区では12日目，また0.01 ppm区では15日目に貧血症に起因するとみられる斃死が認められた．15日目には0.01 ppm以上の区ではコイ血液のRBC，Hgb，Hct値が明らかに低下し，貧血症が確認された．なお，本剤の急性毒性（48時間）は低く，分類もA類であった．西内[11]はそのLC_{50}は34 ppmで安全性は高いと報告した．モリネートの登録時（昭和46年11月13日）はA類であったが，昭和51年よりこのことを考慮してB類と

図 12.21　貧血症例（西内，1982）
モリネート原体0.1 ppm，接触19日目のコイ．エラが純白に変化している．

表 12.13 各種農薬の水生動物に対する急性毒性（LC_{50}, ppm）

農薬名 ＼ 供試生物名	コイ	ワキン	ヒメダカ	ドジョウ	ミジンコ	オオミジンコ	タマミジンコ	アメリカザリガニ	フタバカゲロウ（幼虫）	シオカラトンボ（幼虫）	インドヒラマキガイ	マルタニシ	オタマジャクシ（ヒキガエル）	農薬分類
供試時間（h）	48	48	48	48	3	3	3	72	48	48	48	48	48	
														《殺虫剤》
ダイアジノン	3.2	5.1	5.3	0.50	0.08	0.10	0.05	0.10	0.0078（乳）	0.14（乳）	20	16	14（乳）	有機リン系
イソフェンホス	1.8		1.3	1.3	0.038		0.028		0.013	0.018	2.5	2.8	15	〃
BPMC	16	10～40	1.7	17	0.32	0.13	0.25	1.6	0.17（乳）	0.30（乳）	40	34	35（乳）	カーバメート系
NAC	13	10～40	2.8	13（乳）	0.05	0.055	0.05	1.0	0.37	0.43（乳）	28	30	7.2（乳）	〃
ブプロフェジン	2.1		＞10	＞10	＞40	＞40	＞40		＞40	＞40	＞40	＞40	＞40	昆虫成長制御剤
イソプロチオラン	6.8		5.0	14	35		38				14	14	7.2（乳）	〃
レスメトリン	0.044		0.014	0.040	15		14		0.0045	0.0073	＞40	＞40	0.12	ピレスロイド系
フェンバレレート	0.00075		0.0053	0.073	3.3	2.3	1.8				＞40	＞40	22	〃
デリス	0.032	0.033	0.030	0.037	0.57		2.0	1.3	0.26（乳）	0.36（乳）	27	15	0.33	天然殺虫剤
ベンゾエピン	0.0072	0.00010	0.0085	0.0012	3.6	7.3（乳）	10～40	0.50	0.16（乳）	0.25（乳）	21	8.5	9.0（乳）	有機塩素系
フェノチオカルブ	0.24		2.1	4.4	13		10				1.8	3.5	5.8	殺ダニ剤
酸化フェンブタスズ	0.023		0.010	0.019	＞4.0	9.5（水）	＞4.0		65（水）	150（水）	0.75	0.50	0.025	〃
チオシクラム	0.73		0.25	0.085	＞40		＞40		1.0	1.5	0.75	0.73	0.65	ネライストキシン系
メスルフェンホス	＞40		＞40	＞40	0.075		0.068		1.1	1.7	7.5	5.5	＞40	殺線虫剤
メタアルデヒド	＞40	＞40	＞40	＞40	＞40	＞100（粒）	＞40	＞40	＞40（粒）	＞40（粒）			＞40	その他の合成殺虫剤
														《殺菌剤》
硫酸銅	0.27	0.37	2.4	5.6	0.50	1.3	0.40	＞40	6.8	＞40	0.72	2.3	1.2	無機銅剤
次亜塩素酸塩	5.6（液）	4.6（液）	3.2（液）	8.5（液）	10～40（液）		10～40（液）	＞40（溶）	8.5（液）	＞20（液）			1.4（液）	無機殺菌剤
DBEDC	3.4	4.3	14（乳）	20（乳）	10～40	18（乳）	10～40	＞40	15（乳）	36（乳）	0.78（液）	3.6（液）	10（乳）	銅殺菌剤
マンネブ	1.8（水）	2.0（水）	3.3（水）	73（水）	10～40	2.0（水）	10～40	＞40	30（水）	＞40（水）			40（水）	有機硫黄剤
IBP	10～40	12（乳）	7.2（乳）	15（乳）	2.3	1.5（乳）	1.5	＞40	10（乳）	＞100（粒）	13（乳）	15（乳）	10（乳）	有機リン系
フサライド	＞40	＞40	＞40	＞40	＞40	550（粉）	＞40	＞40	＞40（水）	＞40（微）	＞100（水）	＞100（水）	＞530（水）	メラニン生合成阻害剤
チオファネートメチル	11	＞40	11（水）	65（水）	＞40	＞200（水）	＞40	＞40	＞40（水）	＞40（水）			＞40	ベンゾイミダゾール系

農薬名＼供試生物名／供試時間(h)	コイ	ワキン	ヒメダカ	ドジョウ	ミジンコ	オオミジンコ	タマミジンコ	アメリカザリガニ	フタバカゲロウ(幼虫)	シオカラトンボ(幼虫)	インドヒラマキガイ	マルタニシ	オタマジャクシ(ヒキガエル)	農薬分類
	48	48	48	48	3	3	3	72	48	48	48	48	48	
イプロジオン	10		13	13	7.0	5.8	6.5		＞40	13(乳)	13	15	18	ジカルボキシイミド系
オキシカルボキシン	＞40		＞40	＞40	＞40		＞40		＞40	＞40	20	18	15	酸アミド系
トリアジメホン	7.5		13	15	1.0		1.0		2.1	2.8	15	18	25	ステロール生合成阻害剤
ヒドロキシイソキサゾール	＞40	＞40	＞40	830(粒)	＞40	530(液)	＞40	＞40	＞40(液)	＞40(液)			＞1,000(液)	土壌殺菌剤
ブラストサイジンS	＞40	＞40	＞40	11(乳)	＞40	17.6(粉)	＞40	＞40	＞40(乳)	＞40(乳)	3.4(乳)	5.7(液)	9.0(液)	抗生物質剤
大豆レシチン	110(水)		70(水)	76(水)	＞200(水)		＞200(水)		＞40	＞40	＞130(水)	＞40(水)	＞40(水)	天然物殺菌剤
シイタケ菌糸体抽出物	730(溶)		＞100(溶)	＞40(溶)	＞10(溶)	＞1,000(溶)	＞10(溶)		＞40(溶)	750(溶)	＞1,000(溶)	＞1,000(溶)	＞1,000(溶)	生物由来の殺菌剤
プロベナゾール	6.2		7.2	2.8	＞40	180(粒)	＞40		＞40	＞40	＞40	＞40	3.5	その他の合成殺菌剤
ペンシクロン	2.2		15	33	＞40		＞40		＞40	＞40	7.5	10	＞40	〃
キャプタン	0.25	0.037	1.0	0.34	1.5	13	6.8	＞40	1.5(水)	＞40(水)			3.0(水)	〃
														《除草剤》
塩素酸塩	＞40	＞40	＞40	＞1,000	＞40	2,700(粒)	＞40	＞40	＞40	＞40			＞1,000	無機除草剤
MCPAナトリウム塩	＞40	＞40	＞40	＞40	＞40		＞40	＞40	＞40(液)	＞40(液)			＞40	フェノキシ酸系
ベンチオカーブ	1.5	3.6(乳)	4.4	7.2(乳)	0.75		0.50	14	1.2	5.7			3.5	カーバメート系
DCPA	13	14	11	8.3	＞40		＞40	＞40	22(乳)	16(乳)			2.5(乳)	酸アミド系
DCMU	7.3	5.8	3.5	＞1,000(水)	＞40	＞40	＞40	＞40	＞40(水)	＞40(水)			＞40	尿素系
メトリブジン	＞40		＞40	＞40	＞40		＞40		＞40	＞40	＞40	＞40	38	トリアジン系
ベンタゾンナトリウム塩	＞40		＞100	＞100	＞100	＞40(粒)	＞40		＞40	＞100	＞100	＞400	＞100	ダイアジン系
ピラゾレート	0.75		0.73	0.70	＞40		＞40		＞40	＞40	＞40	＞40	1.8	ダイアゾール系
パラコートジクロリド	＞40	10～40	7.0(液)	35(液)	＞40	＞40(液)	＞40	＞40	28(液)	＞40(液)	7.2(液)	24(液)	14(液)	ビピリジリウム系
トリフルラリン	1.0	0.85	0.43(乳)	3.5	＞40		＞40	＞40	＞40(乳)	28(乳)			14(液)	ジニトロアニリン系
ピクロラム	210	＞40	160	740	710		＞1,000	＞40	＞40	＞40			570	芳香族カルボン酸系
DPA	＞40	＞40	＞40	＞1,000(水)	＞40	＞1,000	＞40	＞40	＞40(水)	＞40(粒)			＞1,000(水)	脂肪酸系
ピペロホス	3.5		5.0	3.5	0.040		0.038		0.085	＞40	20	25	7.2	有機リン系

農薬名＼供試生物名／供試時間(h)	コイ	ワキン	ヒメダカ	ドジョウ	ミジンコ	オオミジンコ	タマミジンコ	アメリカザリガニ	フタバカゲロウ(幼虫)	シオカラトンボ(幼虫)	インドヒラマキガイ	マルタニシ	オタマジャクシ(ヒキガエル)	農薬分類
	48	48	48	48	3	3	3	72	48	48	48	48	48	
グリホサートイソプロピルアミン	150		190	150	170	220(液)	170		>1,000(液)	>1,000(液)	570	520	>100	アミノ酸系
ビフェノックス	3.1		3.5	>40	>40		>40				>40	>40	>40	その他の有機除草剤
セトキシジム	13		13	15	>40	28	28		30	28	>40	>40	15	〃

(注) 1. 表中数値はすべて西内らの報告になるもの.

2. 供試容器—コイ，ワキン，ドジョウ…10 *l* 容，ヒメダカ…2 *l* 容，ミジンコ類その他…400 m*l* 容の腰高シャーレ.

3. 供試水温—オタマジャクシは17.5℃，ほかは25℃の井水である.

4. 供試個体の大きさ—コイ，ワキン…約5 cm，ヒメダカ…約2.5 cm，ドジョウ…約10 cm，ミジンコ類…雌成体，アメリカザリガニ，インドヒラマキガイ，マルタニシ…成体，フタバカゲロウ，シオカラトンボ…老齢幼虫，オタマジャクシ…ふ化後約1か月経過のもの.

改められた．調査の結果，この症状はビタミンK欠乏により進行が加速され，ビタミンKの投与によりきわめて有効に予防される[12]ことがわかり，その後は万全の注意のもと無事故使用が続けられていることを付記する．

g. 農薬の水生生物への急性毒性概要

以下に農薬の水生生物に対する毒性を概括する．すなわち，一般に有機塩素系殺虫剤の示す毒性は魚類，貝類に高く，甲殻類，両生類に低い．また，有機リンおよびカーバメート系殺虫剤の示す毒性は，甲殻類に対して顕著であるが魚類，貝類，両生類には比較的低い．合成ピレスロイド系殺虫剤の毒性は魚類，両生類には高く，甲殻類，貝類には低い傾向にあるが，水生昆虫類には高い例もある．殺ダニ剤として供されている多くの農薬の毒性は，甲殻類には低いが，ほかの種類の動物には高い．ネライストキシン系殺虫剤（例：カルタップ剤）の示す毒性は魚類，貝類，オタマジャクシには高いが，甲殻類その他の動物にはそれほど高くはない．天然殺虫剤のなかには魚類に対し非常に高い毒性を示すものもある．しかし，マシン油，殺線虫剤，くん蒸剤，その他の合成殺虫剤などの毒性は，通常の使用方法による限り，魚類をはじめ甲殻類，貝類，水生昆虫類，両生類に対する安全性はかなり高い．

殺菌剤のなかには従来有機スズ剤など重金属を主成分とした農薬の流通していた時代に高い毒性を示すものがかなりあったが，現在では無機銅剤，その他の合成殺菌剤のなかに若干残っている（例：キャプタン，TPN，DPC剤）程度である．メラニン生合成阻害剤をはじめベンゾイミダゾール系，ジカルボキシイミド系，酸アミド系，ステロール生合成阻害剤，土壌殺菌剤，抗生物質剤，天然物殺菌剤，生物由来の殺菌剤，などその示す毒性は総じて低い．最近開発されている除草剤も毒性は概して低い．ただ，ジニトロアニリン系（例：トリフルラリン剤）のなかには魚類の平衡遊泳異常を示すものがみられたり，有機リン系のなかには甲殻類に毒性を示す例もある．

その他，農薬のニシキゴイ，ウナギ，グッピー，タナゴ，ニジマス，イシガニ，アメリカザリガニなどへの毒性，農薬の代謝分解物の毒性，海水馴致淡水魚の農薬感受性，水生生物への農薬の複合作用，混合剤の毒性，農薬の魚体内蓄積性，農薬の水生生物への毒性低減に及ぼす活性炭の効果，水生生物に対する乳化剤，試薬，色素，有機溶媒の影響などを調べ，それらの全体像を明らかにした．

最近の農薬は低魚毒性の方向へ進んでいるとはいえ，化学物質には何らかの作用性のあること，また，毒性の低いものののみでないことからも使用時にはその注意事項をよく読んで事故防止には鋭意努力することが肝要である．現在，魚類急性毒性試験法，ミジンコ類急性遊泳阻害試験法，藻類成長阻害試験法などが公表されているところである．国際調和を図りつつ将来，より精度の高い農薬の試験法が整備され，評価がなされるものと期待している．

図 12.22　モデル水田試験（西内，1998）

12.5　農薬の生態系への影響

農薬の安全使用の観点からも，農薬と生態系への影響を明らかにしておくことは何より必要である．が，環境問題に立ち入るにはその幅と奥行きをどの程度に決めるかにより様相が大きく異なってくるであろう．筆者は，この問題に対するためコイ，ミジンコ類にとどまらず広く魚類，甲殻類，水生昆虫類，貝類（巻貝，二枚貝類），両生類幼生などの急性毒試験を実施してきたところである．これらも広義には生態系への影響とはいえようが，さらに進めて亜急性，亜慢性，慢性毒性試験については未着手の部分がほとんどであることは今後の大きな課題であろう．

a.　模擬水田試験

試験例は多くはないが筆者は模擬水田を使用して，農薬のコイ稚魚に対する7日間にわたる毒性試験を実施した．この結果，これら水田使用されるB類農薬の安全性のかなり高いことがわかった．この試験法は条件が天候などに左右されることから，結果の再現性にはやや難点があるかもしれないが，参考試験としては評価に値するものと思われる．

b.　回復性試験

淡水産のヌカエビを供し，有機リン系殺虫剤DEP，カーバメート系殺虫剤BPMCの各乳剤希釈液への暴露時間と清水に戻したあとの回復状況を観察した．その結果は以下のとおりである．すなわち，DEPは1.0 ppm暴露の場合，1分～2時間で遊泳異常をきたした個体群は，清水に戻したあとは24時間で回復をみた．しかし，3～24

表12.14　モデル水田使用による農薬のコイ *Cyprinus carpio* 稚魚に対する毒性試験

農薬名	区	処理後日数および天候 6 h (くもり)	1日 (くもり)	2日 (くもり)	3日 (くもり)	4日 (くもり)	5日 (くもり)	6日 (くもり)	7日 (くもり)	累計 致死個 体数
ブプロフェジン粒剤（殺虫剤）	1	0 9.2 26.5	0 9.8 25.5	0 8.6 31.0	0 8.4 33.0	0 8.8 29.0	0 8.5 29.5	0 8.5 24.5	0 7.8 21.5	0
	2	0 10.4 27.0	0 9.8 26.0	0 8.0 31.5	0 8.6 32.5	0 9.4 29.5	0 9.2 30.5	0 9.5 25.0	0 7.8 21.5	0
フラメトピル粒剤（殺菌剤）	1	0 11.8 27.0	0 9.8 26.0	0 8.8 31.5	0 9.5 33.0	0 8.6 29.0	0 8.0 30.0	0 8.1 25.0	0 10.2 22.0	0
	2	0 8.8 26.5	0 8.5 25.5	0 8.4 31.0	0 7.8 33.0	0 9.2 29.0	0 8.3 30.0	0 8.6 24.5	0 8.4 21.5	0
シハロホップブチル粒剤（除草剤）	1	0 10.4 27.0	0 10.0 26.0	0 9.7 31.5	0 9.3 33.5	0 11.0 30.0	0 8.8 30.5	0 9.4 25.0	0 9.8 22.0	0
	2	0 8.3 27.0	0 7.8 26.0	0 7.3 31.5	0 7.0 33.0	0 8.6 29.0	0 7.2 30.0	0 8.2 25.0	0 7.2 21.5	0
ペントキサゾン粒剤（除草剤）	1	0 7.8 27.0	0 8.3 26.0	0 7.2 31.5	0 6.6 33.5	0 7.2 29.5	1 7.0 30.5	1 7.3 25.0	1 7.2 22.0	1
	2	0 8.8 27.0	0 8.2 26.0	1 7.5 31.5	1 6.8 33.0	1 8.1 29.0	1 7.0 30.0	1 7.5 25.0	1 7.8 21.0	1
cont（無処理区）	1	0 14.8 27.0	0 13.8 26.0	0 13.8 31.5	0 13.0 33.0	0 14.3 29.0	0 13.8 30.0	0 14.4 25.0	0 13.6 22.0	0
	2	0 8.4 27.0	0 8.2 26.0	0 7.2 31.5	0 7.3 32.0	0 8.0 28.5	0 7.8 29.5	0 8.0 25.0	0 7.6 21.0	0

（西内・植松，1998　未発表）

（注）1. 「通常の使用状態に近い条件下におけるコイを供しての7日間試験」（農薬検査所有用生物安全検査課）記載例：様式－3）に準じて行った．
2. 表中数値の上段は供試10尾中の致死個体数，中段は水深（cm），下段は水温（℃）を示す．
3. 5月20日（試験開始53日前）にクサメッツLフロアブル除草剤（テニクロル5.0％＋ベンスルフロンメチル1.0％）を500 m*l*/10 aの割合で散布した．ただし，ブプロフェジン粒剤1区およびフラメトピル粒剤2区は無散布とした（アオウキクサの異常繁茂あり）．
4. コイをまず水田に収容．7日後(H10.7.6)にそれぞれ処定の農薬を投下．投下後の補水はしなかった．
5. 供試魚の平均全長は4.36 cm，平均体重は0.97 gであった．
6. 4～5日後に26 mm，6～7日後に9.8 mmの降雨があった．
7. 水稲の草丈は60～65 cmであった．

（参考）ブプロフェジン粒剤48 h：LC_{50} = 6.79 ppm（製剤値．以下同），危険度Z = 2.95，フラメトピル粒剤LC_{50} = 109 ppm，Z = 0.73，シハロホップブチル粒剤LC_{50} = ＞2,000 ppm，Z＜0.03，ペントキサゾン粒剤LC_{50} = 440 ppm，Z = 0.045であり，すべてB類相当農薬である．

表 12.15　DEP（trichlorfon）乳剤 1.0 ppm（成分換算値）薬液へのヌカエビ *Paratya compressa improvisa* の暴露時間と清水に収容したあとの観察（23℃）

暴露時間	清水収容後時間 (h)				
	0	24	48	72	96
1 (min)	0〔狂泳 3〕	0〔異常なし〕	0〔異常なし〕	0〔異常なし〕	0〔異常なし〕
3	0〔狂泳 3〕	0〔同上〕	0〔同上〕	0〔同上〕	0〔同上〕
10	0〔狂泳 4〕	0〔同上〕	0〔同上〕	0〔同上〕	0〔同上〕
20	0〔狂泳 4〕	0〔同上〕	0〔同上〕	0〔同上〕	0〔同上〕
30	0〔狂泳 3〕	0〔同上〕	0〔同上〕	0〔同上〕	0〔同上〕
1 (h)	0〔狂泳 3〕	0〔同上〕	0〔同上〕	0〔同上〕	0〔同上〕
2	0〔狂泳 10〕	0〔同上〕	0〔同上〕	0〔同上〕	0〔同上〕
3	0（狂泳 10 うち赤変 8）	0（横転 10 うち赤変 5）	0（狂泳 4 うち赤変 3）	0（狂泳 4 うち赤変 2）	0（狂泳 3 うち赤変 2）
6	4〔横転 6〕	6（横転 4 うち赤変 2）	7（横転 3 うち赤変 1）	7（横転 3 うち赤変 1）	7（横転 3 うち赤変 1）
10	6〔横転 4〕	9（〔横転 1〕うち赤変 1）	9（〔横転 1〕うち赤変 1）	9（〔横転 1〕うち赤変 1）	9（〔横転 1〕うち赤変 1）
24	8〔横転 2〕	9〔横転 1〕	9〔横転 1〕	9〔横転 1〕	9〔横転 1〕
48	10	10	10	10	10
48 (cont)	0	0	0	0	0

（西内，1998　未発表）

（注）1. 表中数値は供試 10 尾中の致死数を示す．
2. 横転：遊泳肢を動かしているが横転しているもの．
狂泳：ガラス水槽壁沿いに右あるいは左回りに異常に速く泳ぐもの．
赤変：殻が赤く変色してきたもの．
3. 供試エビ　全長 2.33 cm，体重 0.10 g．
4. 供試薬液の更新は行わず，供試期間前 48 時間以後給餌は行わなかった．

時間暴露で遊泳異常をきたした個体群は，清水に戻して 96 時間経過後にあっても回復をみなかった．0.1 ppm 暴露の場合，1～10 時間では特に異常はなかったが，24～48 時間で異常個体がみられ，これらの個体は 96 時間経過後においても完全には回復をみなかった．0.01 ppm 暴露の場合，1 日後では特に異常がなかったが，2～7 日後にわたっては異常を示す個体が散見された（1/10～3/10）(異常個体/全供試個体)．これらも清水に収容後 24 時間以内には全個体で回復をみた．

BPMC1.0 ppm 暴露の場合，1～10 分間で供試 10 個体中 10 個体すべてが遊泳異常をきたしたが，清水収容 96 時間後にはすべて回復をみた．20 分～10 時間経過後にはほとんどの個体は横転もしくは死亡し，その後 96 時間にわたる観察を行ったが 10 個体中 2～10 個体が死亡し，生残したものも横転した個体はその後にあっても回復をみなかった．0.1 ppm 暴露の場合，10 分～1 時間で遊泳異常個体が頻出したが，清水収容 24 時間後には全個体が回復した．3 時間では全個体が横転したが，9 日経過後にはすべて回復をみた．6 時間では横転した全個体が清水収容 72 時間後に 2 個体死亡，3

表 12.16　DEP（trichlorfon）乳剤0.1 ppm（成分換算値）薬液へのヌカエビ *Paratya compressa improvisa* の暴露時間と清水に収容したあとの観察（23℃）

暴露時間 (h)	清水収容後時間 (h)				
	0	24	48	72	96
1	0〔異常なし〕	0〔異常なし〕	0〔異常なし〕	0〔異常なし〕	0〔異常なし〕
2	0〔同上〕	0〔同上〕	0〔同上〕	0〔同上〕	0〔同上〕
3	0〔同上〕	0〔同上〕	0〔同上〕	0〔同上〕	0〔同上〕
6	0〔同上〕	0〔同上〕	0〔同上〕	0〔同上〕	0〔同上〕
10	0〔同上〕	0〔同上〕	0〔同上〕	0〔同上〕	0〔同上〕
24	0（狂泳10 うち赤変2）	0（狂泳3 横転4 うち赤変1）	0（狂泳2 横転3 うち赤変1）	0（横転2 うち赤変1）	0（横転2 うち赤変1）
48	2〔横転2〕	3〔横転3〕	3〔横転2〕	3〔横転1〕	3〔横転1〕
72	10	10	10	10	10
72 (cont)	0〔異常なし〕	0〔異常なし〕	0〔異常なし〕	0〔異常なし〕	0〔異常なし〕

（西内，1998　未発表）

（注）1. 表中数値は供試10尾中の致死数を示す．
2. 横転：遊泳肢を動かしているが横転しているもの．
狂泳：ガラス水槽壁沿いに右あるいは左回りに異常に速く泳ぐもの．
赤変：殻が赤く変色してきたもの．
3. 供試エビ　全長2.35 cm，体重0.11 g.
4. 供試薬液の更新は24時間ごとに行い，供試期間前48時間以後給餌は行わなかった．

表 12.17　DEP（trichlorfon）乳剤0.01 ppm（成分換算値）薬液へのヌカエビ *Paratya compressa improvisa* の暴露時間と清水に収容したあとの観察（23℃）

暴露時間 (day)	清水収容後時間 (h)				
	0*	24	48	72	96
1	0〔異常なし〕	0〔異常なし〕	0〔異常なし〕	0〔異常なし〕	0〔異常なし〕
2	0〔狂泳1〕	0〔同上〕	0〔同上〕	0〔同上〕	0〔同上〕
3	0〔狂泳1〕	0〔同上〕	0〔同上〕	0〔同上〕	0〔同上〕
4	0〔狂泳2〕	0〔同上〕	0〔同上〕	0〔同上〕	0〔同上〕
5	0〔狂泳3〕	0〔同上〕	0〔同上〕	0〔同上〕	0〔同上〕
6	0〔狂泳2〕	0〔同上〕	0〔同上〕	0〔同上〕	0〔同上〕
7	0〔狂泳3〕	0〔同上〕	0〔同上〕	0〔同上〕	0〔同上〕
7 (cont)	0〔異常なし〕	0〔同上〕	0〔同上〕	0〔同上〕	0〔同上〕

（西内，1998　未発表）

（注）1. 表中数値は供試10尾中の致死数を示す．
2. 狂泳：ガラス水槽壁沿いに右あるいは左回りに異常に速く泳ぐもの．
3. 供試エビ　全長2.38 cm，体重0.12 g.
4. 供試期間前48時間以後給餌は行わず，供試薬液の更新は48時間ごとに行った．
5. ＊異常を示した個体は，清水収容後3時間以内に正常に戻った．

表12.18　BPMC乳剤1.0 ppm（成分換算値）薬液へのヌカエビ *Paratya compressa improvisa* の暴露時間と清水に収容したあとの観察（23℃）

暴露時間	清　水　収　容　後　時　間（h）				
	0	24	48	72	96
1（min）	0〔狂泳10〕*	0〔異常なし〕	0〔異常なし〕	0〔異常なし〕	0〔異常なし〕
3	0〔狂泳10〕*	0〔同上〕	0〔同上〕	0〔同上〕	0〔同上〕
10	0〔狂泳10〕	0〔横転2〕	0〔横転1〕	0〔横転1〕	0〔同上〕
20	0〔横転10〕	2〔横転3〕	2〔横転4〕	2〔横転3〕	2〔横転4〕
30	0〔横転10〕	4〔横転6〕	4〔横転6〕	4〔横転6〕	4〔横転6〕
1（h）	0〔横転10〕	6（横転4 うち赤変1）	6（横転4 うち赤変1）	6（横転4 うち赤変1）	7〔横転3〕
2	0〔横転10〕	7〔横転3〕	7〔横転3〕	8〔横転2〕	9〔横転1〕
3	0〔横転10〕	8（横転2 うち赤変1）	8（横転2 うち赤変1）	9〔横転1〕	9〔横転1〕
6	0〔横転10〕	10	10	10	10
10	5〔横転5〕	10	10	10	10
10（cont）	0〔異常なし〕	0〔異常なし〕	0〔異常なし〕	0〔異常なし〕	0〔異常なし〕

（西内，1998　未発表）

（注）1.　*清水収容直後は狂泳するも，3時間経過後には異常なし．
2.　表中数値は供試10尾中の致死数を示す．
3.　横転：遊泳肢を動かしているが横転しているもの．
狂泳：ガラス水槽壁沿いに右あるいは左回りに異常に速く泳ぐもの．
赤変：殻が赤く変色してきたもの．
4.　供試エビ　全長2.31 cm，体重0.093 g．
5.　供試薬液の更新は行わなかった．なお，供試期間中は無給餌とした．

表12.19　BPMC乳剤0.1 ppm（成分換算値）薬液へのヌカエビ *Paratya compressa improvisa* の暴露時間と清水に収容したあとの観察（23℃）

暴露時間（h）	清　水　収　容　後　時　間（h）				
	0（h）	24（h）	48（h）	72（h）	9（day）
1/6	0〔狂泳10〕	0〔異常なし〕	0〔異常なし〕	0〔異常なし〕	0〔異常なし〕
1/2	0（横転4 狂泳6）	0〔同上〕	0〔同上〕	0〔同上〕	0〔同上〕
1	0〔横転10〕	0〔同上〕	0〔同上〕	0〔同上〕	0〔同上〕
3	0〔同上〕	0〔横転10〕	0（横転3 狂泳4）	0（横転3 狂泳3）	0〔同上〕
6	0〔同上〕	0（横転9 狂泳1）	0（横転6 狂泳4）	2〔横転3〕	3〔横転2〕
6（cont）	0〔異常なし〕	0〔異常なし〕	0〔異常なし〕	0〔異常なし〕	0〔異常なし〕

（西内，1998　未発表）

（注）1.　表中数値は供試10尾中の致死数を示す．
2.　横転：遊泳肢を動かしているが横転しているもの．
狂泳：ガラス水槽壁沿いに右あるいは左回りに異常に速く泳ぐもの．
3.　供試エビ　全長2.16 cm，体重0.073 g．

表12.20 BPMC乳剤0.01 ppm（成分換算値）薬液へのヌカエビ *Paratya compressa improvisa* の暴露時間と清水に収容したあとの観察（23℃）

暴露時間 (day)	清水収容後時間 (h)				
	0	24	48	72	96
1	0〔異常なし〕	0〔異常なし〕	0〔異常なし〕	0〔異常なし〕	0〔異常なし〕
2	0〔狂泳10〕	0〔狂泳5〕	0〔狂泳2〕	0〔狂泳2〕	0〔同上〕
3	0〔狂泳7〕	0〔狂泳5〕	0〔狂泳2〕	0〔狂泳2〕	0〔同上〕
4	0〔狂泳5〕	0〔狂泳3〕	0〔狂泳2〕	0〔狂泳1〕	0〔同上〕
7	0（狂泳5 赤変2）	0〔赤変2〕	0〔異常なし〕	0〔異常なし〕	0〔同上〕
10	0（狂泳3 赤変2）	0（狂泳1 赤変2）	0〔赤変1〕	0〔赤変1〕	0〔赤変1〕
20	0〔狂泳2〕	0〔横転1〕	0〔異常なし〕	0〔異常なし〕	0〔異常なし〕
20(無処理区)	0〔異常なし〕	0〔異常なし〕	0〔同上〕	0〔同上〕	0〔同上〕

（西内，1998　未発表）

（注）1. 表中数値は供試10尾中の致死数を示す．
2. 横転：遊泳肢を動かしているが横転しているもの．
狂泳：ガラス水槽壁沿いに右あるいは左回りに異常に速く泳ぐもの．
赤変：殻が赤く変色してきたもの．
3. 供試エビ　全長2.25 cm，体重0.086 g．
4. 供試薬液は2日に1回更新した．なお，供試期間中は無給餌とした．

個体が横転をみ，9日後には3個体が死亡，2個体が横転した．0.01 ppm暴露の場合，1日経過後では特に異常はなかったが，2～4日経過後には遊泳異常個体が頻出した．これらも清水収容後96時間を経て回復をみるに至った．7～20日経過後には遊泳異常，赤変個体などが出たが，清水収容後96時間を経てだいたい正常に回復した．

このように，DEP剤ではいずれの試験濃度区においても，暴露時間内に死亡個体のない場合は清水に戻すと回復がみられたが，BPMC剤では暴露時間内に死亡個体がみられなくても，暴露時間が長くなると清水に戻した時点で異常遊泳あるいは死亡割合が増加する傾向にあることがわかった．なお，後者の0.01 ppm区では，清水に戻して96時間経過後には異常遊泳個体はほとんどみられなくなった．〔西内康浩〕

文　献

1) 西内康浩（1977）．水産増殖，**24**（4）：140.
2) 西内康浩（1971）．水産増殖，**19**（1）：1.
3) 西内康浩（1971）．水産増殖，**19**（1）：7.
4) 西内康浩（1971）．水産増殖，**19**（4）：151.
5) 西内康浩（1972）．水産増殖，**20**（2）：59.
6) 西内康浩（1974）．水産増殖，**22**（1）：13.
7) 西内康浩（1977）．水産増殖，**24**（4）：146.
8) 深津鎮夫（1976）．昭和51年度日水会春季大会（東京），要旨，p.63.

9) 川津浩嗣 (1977). 日水会誌, **43** (8) : 905.
10) 西内康浩, 他 (1982). 農薬検報, **22** : 41.
11) 西内康浩 (1972). 水産増殖, **19** (5/6) : 225.
12) 落合忍仁・窪田三朗 (1978). 三重大水産学部研報, **5** : 129.

12.6　農薬の土壌微生物への影響

a.　土壌微生物と農薬

土壌に直接施用される農薬はもちろんのこと，茎葉に散布される農薬も多くは間接的に土壌へと移行する．土壌中の農薬の大気中への揮散，土壌表面での光分解，流亡あるいは溶脱も一部認められるが，大部分は土壌微生物によって分解される．これらの割合は農薬の性質や土壌条件によって著しく異なるので，土壌および土壌微生物と農薬の関係は農耕地土壌の保全にとってきわめて重要である．

「土が死んでいる」という表現は農耕地の土壌中の生物がほとんど壊滅状態になっている印象を与えるが，実際はどうだろうか？　それぞれの農薬は対象とする生物種に効力を発揮するよう選択性を考慮してデザインされているので，その農薬に接触した生物すべてが重大な影響を受けるわけではない．しかし，環境中には多種多様の生物が複雑に相互作用を及ぼしながら棲息しているので，標的としない生物への影響は多かれ少なかれ避けられない．土壌微生物についても例外ではない．茎葉散布剤はそのほとんどが間接的に土壌に移行することになるので土壌中における濃度は低く，土壌微生物への影響は大きくないと考えられるが，土壌に直接施用される農薬の影響については十分な注意が必要である．

生体に対する農薬の作用機構に関する研究は，登録の際にもそれらの試験成績が必要なことから，生化学的手法を駆使して比較的よく行われている．また，土壌中における挙動についても試験ガイドラインが整備され，土壌吸着や土壌中での分解性に関するデータが蓄積されつつある．しかし，生態系のなかで主として分解者として重要な位置を占め，有機物分解はもとより窒素をはじめとする各種元素の循環にとって重要な役割を担っている土壌微生物に関する影響に関しては，重要であるという認識はあるものの一定の見解を引き出すような系統的な研究の蓄積がないのが現状である．土壌微生物と農薬のかかわりのうち，「土壌微生物が農薬に及ぼす影響（土壌中における分解・代謝)」についてはいくつかの問題点はあるものの比較的明快になりつつあるが，「農薬が土壌微生物に及ぼす影響」については多くの研究例があるにもかかわらず，その結果の評価方法にはまだ一定の見解が得られていない．

b.　これまでの研究

前述のように，微生物は土壌中における物質循環のほとんどの場面にかかわっているので，農薬がこれらの微生物に重大な影響を及ぼすようであれば，土壌肥沃度の面からも，また環境面からも見逃せない問題となる．したがって，古くから土壌微生物

表12.21 土壌中における微生物に及ぼす農薬の影響試験結果のまとめ

微生物あるいは活性	除草剤	殺菌剤	殺虫剤	その他
細菌数	1.20	3.50	1.30	1.00
硝化	1.40	0.54	0.82	0.32
脱窒	1.82	*	*	*
根粒菌および根粒形成	0.94	1.00	0.78	*
非共生的窒素固定	1.65	*	1.75	*
糸状菌および放線菌	1.09	0.50	1.43	0.55
病原菌およびその拮抗菌	0.81	4.00	*	*
藻類	0.45	*	*	*
セルロースおよび有機物分解	1.31	*	1.10	0.62
土壌呼吸	0.91	0.40	2.00	1.40
その他の土壌酵素活性	1.70	0.44	2.00	0.66
窒素の無機化	1.74	1.30	1.84	1.20

*活用できる十分なデータがないために数値化していない.
（文献[1]を改変）

に及ぼす農薬の影響に関する研究が行われてきた．土壌くん蒸剤や土壌処理殺菌剤のような農薬が土壌中の生物に多大の影響を及ぼすのはその目的からいっても当然であるが，このような農薬以外に土壌に直接施用される農薬としては土壌処理殺虫・殺菌剤とほとんどの除草剤があげられる．微生物数や微生物活性に対する影響に関する試験では，同一の農薬であっても，ある場合には増加した，ほとんど変化がなかった，あるいは減少したというさまざまな報告があるが，通常施用量（常用量）では影響がなかったとする報告がほとんどである．

やや古いが，表12.21にAnderson[1]によって整理された，微生物およびその作用に対する農薬の影響試験結果のまとめを示した．表中の数字は，1より大きい場合にはそれぞれの微生物あるいは活性に対して正の影響を示した例（増加や促進などの例と影響がなかった例を加えたもの）が負の影響を示した例（減少や抑制などの例）よりも多いことを表している．たとえば，硝化活性に対して殺菌剤の影響をみた試験では，抑制的な結果が得られた場合が促進あるいは影響なしの結果が得られた場合のおよそ2倍あったことを示し，また，土壌呼吸に対する殺虫剤の影響をみた試験では，逆に促進あるいは影響なしの結果が抑制的な結果が得られた場合の2倍あったことを示している．もちろん，この表の意図するところは全体像を概観するためのものであって，個別の農薬について何ら情報を提供しているわけではない．また，鍬塚・和田[2]は昭和55年度，当時でさえ1,000以上の文献を収集して「農薬及び肥料の土壌生物に及ぼす影響に関する文献目録」として整理している．このように農薬の影響試験の結果は枚挙にいとまがないが，それらによって得られた結果から農薬の影響を一般的に結論づける状態には至っていない．土壌中にはきわめて多種多様の生物が棲息しており，それらはわずかの環境の変化に対しても常時反応しながら動的な平衡状態を保っている．さらに，個々の研究者は個別の項目について個別の方法で試験しているために，その結果を総合して考察することが困難であり，個々のデータは多いものの統一した見解が得られていないのが現状であろう．

c. 微生物活性に及ぼす影響

微生物の活性を概括的に測定するために土壌呼吸が取り上げられることが多い．土壌微生物の作用によって有機物が分解して発生する炭酸ガス量を土壌呼吸活性としている．Wardle と Perkinson[3] は2,4-D，ピクロラム，グリホサートを常用量施用したときに，土壌呼吸活性には一時的な影響があるもののその影響はすぐに消失し，また連用してもほとんど影響がないことを報告している．また，Naganawa ら[4] は農薬連用土壌において土壌呼吸活性を測定し，手除草区以外の活性には有意差がなく，土壌温度や水分，また植生の有無などの環境要因の影響がはるかに大きいことを報告している．

窒素の循環に関する微生物活性として，無機化，硝化，窒素固定が取り上げられることが多い．このうち特に，硝化活性に及ぼす影響についての研究例は多い．硝化菌は土壌中に広く分布しているが，種類が限られているために呼吸や窒素の無機化といった多くの微生物が関与する反応に比べると農薬の影響を受けやすい．農薬の種類によっては阻害される過程（亜硝酸化および硝酸化）が異なり，硝化作用として一括してとらえている物質の変化も微生物的な阻害の内容が異なることに注意が必要である．窒素固定に関する研究例も多いが，根粒菌などのように植物と共生する共生的窒素固定の場合は宿主である植物の生育期やその状態による影響と農薬の影響を切り離して考察することが容易ではない．

同様に，土壌微生物に限らず陸上の生態系に及ぼす農薬の影響を検討するときに重要なことは，たとえば，除草剤による雑草の枯死によって雑草と密接な関係を保っていた生物が生存できなくなる2次的な影響は，除草剤を用いずに手除草を行った場合にももたらされるということである．土壌中の微生物に関していえば，植物根圏は土壌微生物にとってきわめて重要な意味をもっている．通常，根圏では植物根からの分泌物などが微生物の栄養として供給されるため，微生物は非根圏に比べて活発に活動している．したがって，除草剤の施用によって微生物バイオマスが減少したり，微生物活性が低下したとしても，それが草種や草量の減少によって根圏効果が失われたためなのか，それとも微生物に対する除草剤の直接の影響なのかを見極めることは困難である．

d. 微生物フロラに及ぼす影響

土壌微生物に及ぼす農薬の影響を扱った過去の研究は，数の増減を調査したものが多く，フロラ（微生物の種類とその存在割合，微生物相）にまで立ち入って検討された例は少ない．生物の個体数を把握することは生態学の最も基本的な作業であるが，肉眼では見ることのできない土壌微生物の数あるいはその種構成を調査することは容易でない．これまでは，微生物相への影響として細菌・糸状菌数を希釈平板法により計数し影響を調べた研究例が数多くある．しかし，通常用いられる培地で生育する微生物は全土壌微生物のせいぜい1割程度だといわれている．そのために，培養を通してとらえられた微生物の数の意味するところに，しばしば疑問が投げかけられている．したがって，現在では，培養法によって全微生物数の増減を調べるのは，農薬の微生物に対する影響評価においては，あまり意味をもたないと考えられている[5]．

一方で微生物の数にさほどの変化がない場合でもその中身，すなわち種構成が異なっている例が報告されている．微生物フロラへの影響を調べるためのこれまでの方法は，識別と数の計測を同時に行うためにある種の微生物だけが生育できる選択培地を用いたり，培地上に生じたコロニーから微生物を純粋分離した後，きわめて厄介な手続きを経て微生物を類別化したり，種の同定をするというものであった．この方法はたいへんな労力が必要となるうえ，上記のように土壌微生物の全体像がわかるわけではない．そこで，培養しないで土壌微生物フロラを解析することのできる新しい方法の応用が試みられている．すなわち，炭素源資化能を指標にしたバイオログプレート法や，土壌中に含まれる生体成分，すなわちDNA，リン脂質脂肪酸あるいは呼吸鎖キノンなどのプロファイルを指標とするものである．

e. 土壌微生物に及ぼす農薬の影響評価試験

前述のように土壌微生物に及ぼす農薬の影響に関する研究例は多いが，それらの知見から農薬の影響を事前に予測し，評価することが可能であろうか．多種多様の生物が住んでいる土壌環境を相手に，何を対象に，どのような基準でリスクアセスメントを行えばよいのだろうか．土壌環境は微視的にも巨視的にもきわめて不均一であり，そこに住んでいる微生物フロラにも大きな違いがある．また，環境条件の少しの変化が，たとえそれが温度や水分などの自然の変化であっても微生物フロラは大きく変動するので，農薬による影響だけを抽出することは非常にむずかしいといわざるをえない．

以下に，現在提案されている，土壌微生物に対する影響を評価するための推奨試験法のうち，ヨーロッパのグループの提案，OECDの提案および筆者らの提案についてその概要を述べる．詳しくは鍬塚・山本[6]を参照されたい．

1）ヨーロッパのグループの提案

1978年以来1989年までに4回のヨーロッパ国際ワークショップが開催され，その議論の内容に基づいた推奨試験がAndersonらを中心として提案された．

少なくとも2種類以上の土壌を選び，炭素代謝試験にあたっては，農薬を処理した後，一定温度，暗条件下で静置し，0，2，4週後にグルコースを添加して発生する炭酸ガス量を測定し，基質誘導呼吸量とする．4週後の常用量区の値が無処理区のそれに比べて15％以上離れている場合には，有意差がなくなるか，あるいは100日後まで試験を続行する．また，窒素代謝試験にあたっては，有機物を乾土1kg当たり100mg程度添加し，培養開始0，1，2，3，4週後に土壌中の無機態窒素を定量し，4週後の常用量区の値が無処理区のそれに比べて15％以上離れている場合には硝化活性を測定するとともに，炭素代謝試験の場合と同じようにさらに試験を続行する．

以上の試験のほかに，① 脱水素酵素活性，② 有機物の資化性，③ リターバッグ試験，④ 硝化活性，⑤ 共生的窒素固定活性，についての試験が提案されている．

2）OECDの提案

1992年，OECDでは農薬登録のためのテストガイドラインを見直す作業が始まり，エコトキシコロジーに関するテストガイドラインのなかに土壌微生物に対する影響を評価するための新しいガイドラインの導入が決められた．1996年，Andersonらを中心としたワーキンググループによる原案が提示され，2000年，ほぼそれに沿った内容でOECDのガイドラインが策定された．

試験する薬剤の土壌への吸着は最小で，かつ，微生物への可給性は最大となるような土壌を選んで試験する以外は前述のヨーロッパのグループの提案にほぼ同じである．

3）筆者らの提案

筆者らは，① どのような微生物フロラあるいは活性を対象に，② これらがどの程度変化すれば，そして，③ その影響がどれだけの期間持続すれば，土壌環境に対して重大な影響があるとするのかについて議論したうえで，農耕地として世界的にも重要な位置を占める水田土壌についての試験法も併せて提案した．評価対象項目は次のとおりである．

〈畑地土壌〉　バイオマス，硝化，有機物の無機化（基質誘導呼吸，窒素の無機化）

〈水田土壌〉　バイオマス，硝化，有機物の無機化（メタン・炭酸ガスの発生，窒素の無機化），田面水・土壌表層のクロロフィル量，非共生的窒素固定

土壌生態系影響を評価するにあたっては，上述の評価項目のうち普遍的に最重要と考えられる項目について試験したあと，農薬の影響が強く示唆される場合には次の試験を実施する，というような段階的な方法（tier system）をとることも1つの考え方である．

4）データの解釈と影響の評価

試験方法と並んで重要な課題は，試験を行って得られた試験成績をどのように解釈し評価するかという点である．現在のところ，この問題に対する明確な解答はない．その1つの原因は，農薬以外の種々の環境要因，あるいは土壌の種類や培養条件によって微生物相がどの程度変動するのかについての情報が十分ではない点にある．土壌微生物の活動は環境ストレス，たとえば，温度，水分状態あるいは耕種的作業によってつねに大きく変動しているが，その変動に方向性はなく，長期的にみればある一定

の幅の範囲内で安定しているのがふつうである．したがって，農薬の土壌微生物フローラに及ぼす副次的影響を評価する際には，自然のストレスによる抑制的影響との比較で考えなければならない．農薬の影響の大きさがこの範囲内におさまっており，それが不可逆的なものでなければ，その影響はもともと自然のストレスに対して土壌微生物がもっている許容量の範囲内であると考えてよいはずである．しかし，これまでの多くの研究では，農薬によって何らかの影響を受けたあとの土壌微生物相の回復については考慮されていない．今後，自然環境下における微生物量や微生物活性の変動と，いったんダメージを受けたあとの回復に関する知見を集積することによって，農薬の土壌生態系に対する妥当な影響評価方法が確立される必要がある．

f. 農薬連用に関する問題

作物生産量の維持のために同じ農薬が連用される場合も少なくない．特に土壌消毒の目的で使用される薬剤の場合には土壌生態系に大きな負荷をかけることから，一回限りの使用では現れない影響が連用のあとに現れることが懸念される．農薬連用によって生じる微生物相の変動については片山[7]が概説しているので，ここでは農薬の土壌生態系影響を評価する際に考慮すべき問題点を示す意味で，筆者らが行ったセルロース分解活性に及ぼす影響に関する研究結果[8]を示す．

クロロタロニルの土壌灌注常用量を年2回連用した土壌中におけるセルロース分解活性を圃場レベルで7年間継続して調査したところ，その分解抑制は年ごとに大きくなり，また，その抑制の程度は夏期よりも冬期において顕著であることが明らかになった（図12.23）．土壌中および埋設されたセルロース上の糸状菌数およびセルラーゼ生産性糸状菌の数はクロロタロニル連用区と無処理区で同程度であったが，連用区土壌中にはセルロース分解活性の強い糸状菌群が無処理区土壌中に比べて少なく，連用

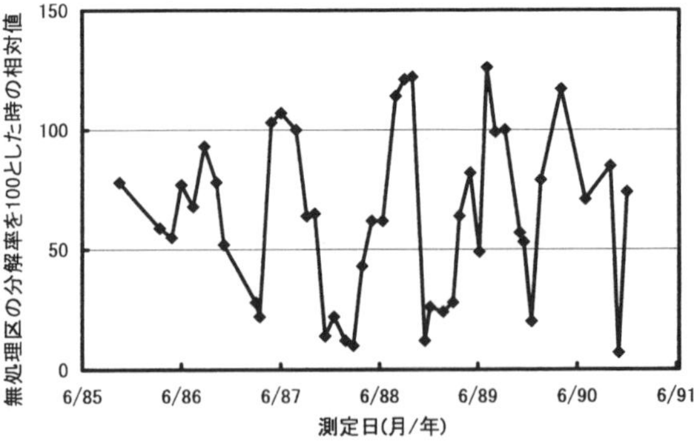

図 12.23　殺菌剤クロロタロニルを連用した圃場の土壌中におけるセルロース分解活性の変動（文献[8]を改変）

区土壌に埋設されたセルロース上には分解活性の弱い菌群が優占した．一方，容器内試験によって，低温条件下の無処理区土壌に埋設したセルロース上に優占する糸状菌は*Rhizoctonia solani*であることが明らかになった．このことから，クロロタロニル連用区土壌におけるセルロース分解の抑制は低温条件下で強いセルロース分解活性を有する*R. solani*が排除されることによって生じたものと推察された．しかし，*R. solani*はクロロタロニルの土壌灌注施用の標的病原菌であり，その種が減少したり不活性化することは目的とする「効果」であって副次的影響ではない．一方，いうまでもなくクロロタロニル施用の目的は土壌中におけるセルロースの分解を抑制することではないので，それが抑制されることは副次的影響であるといえる．このように，クロロタロニル施用によるセルロース分解の抑制は，その機構において必然的な部分を含んでいることが示された．

この研究で得られた知見に基づいて，① 対象を継続的に追跡することの重要性，② 微生物フロラを捉えることの重要性，③ 副次的影響のメカニズムを探究する必要性，などを土壌生態系に及ぼす農薬の影響評価方法を検討する際に配慮すべき点として指摘したい．〔山本広基〕

文献

1) Anderson, J.R. (1978). In Pesticide microbiology, pp.313–533, Academic Press, London.
2) 鍬塚昭三・和田秀徳編 (1981)．農薬及び肥料の土壌生物に及ぼす影響に関する文献目録，p.155，日本土壌協会，東京．
3) Wardle, D.A. and D. Perkinson (1990). *Plant and Soil*, **122** : 21.
4) Naganawa, T. *et al.* (1988). *Soil Sci. Plant Nutr.*, **35** : 509–516.
5) 佐藤　匡 (1990)．植物防疫，**44** : 501–505.
6) 鍬塚昭三・山本広基 (1998)．土と農薬，p.200，日本植物防疫協会，東京．
7) 片山新太 (1993)：植物防疫，**47** : 351–354.
8) Suyama, K. *et al.* (1993). *J. Pesticide Sci.*, **18** : 225–230, 285–292.

12.7 内分泌攪乱化学物質

内分泌攪乱化学物質問題に対する関心はここ数年来急速に高まりつつあり，これらの物質がヒトや野生生物に及ぼす影響について，専門家のみならず広く国民全体が懸念を抱く時代となった感がある．しかし，ある種の化学物質が動物にホルモン類似の作用を及ぼすことは実は古くから知られており，農薬を例にとれば，DDTのエストロゲン様作用やそれに基づく繁殖毒性について，すでに30年以上前に報告されている[1~3]．それでは，なぜ化学物質のこのような作用が今日これほどまでに脚光を浴びるようになったのであろうか．

今日的な意味での内分泌攪乱化学物質問題を提議する発端となった研究成果の1つに，1992年に発表されたCarlsenらの論文[4]がある．彼らによれば，1938年から1991年にかけての約50年間にヒトの精子数が漸次減少し，尿道下裂や精巣がんなどの生殖器異常の頻度は逆に上昇しているとのことである．その後，それらの変化が環境中に放出された化学物質のエストロゲン様作用により引き起こされた可能性があるとの仮説[5]が提唱されるに至って，事態はいっそう深刻となった．この警鐘を受けて，アメリカでは1995年4月に環境保護庁（Environmental Protection Agency，EPA）がワークショップを開催し，エストロゲン様作用を含む種々の内分泌撹乱作用によって引き起こされるおそれがあり，緊急に対応が急がれる問題を整理した．会議では，内分泌撹乱作用をもつ化学物質が，ヒトの生殖異常や発がん性の問題のみならず，免疫機能や神経機能にも悪影響を及ぼしている可能性が指摘されたのである[6]．また，経済協力開発機構（Organization for Economic Cooperation and Development，OECD）においては1998年3月に内分泌撹乱化学物質問題に関する専門委員会（Working Group on Endocrine Disrupters Testing and Assessment，EDTA Working Group）が公式に発足し，この問題に対する国際的な対応も始まった．

一方，こういった国家あるいは国際機関が主導しての対応とは別に，この問題に注目する科学者が集まって独自の意見をとりまとめる事例も多々見受けられ，それらのいくつかは読み物風にまとめられて出版された．わが国においても「奪われし未来」[7]が大きな反響を呼んだが，いずれにせよ今日の内分泌撹乱物質騒動はこれらの問題提議に端を発するものと思われる．しかしながら，これまでに指摘された内容は主として疫学的な調査研究成果に基づくものであり，たとえば精子数の減少問題ひとつをとっても地域によってはそのような傾向はまったくみられないとの報告もあって[8]，DESのような一部の例外的な化合物を除くと，内分泌撹乱化学物質のヒトに対する影響に関してはいまだ推測の域を出ない場合が多い．本節では，いまだ未知の領域を多分に内包するこの問題について，比較的対応が進んでいるアメリカEPAやOECDの対応戦略を簡単に紹介するとともに，農薬の安全性を確保するための冷静かつ科学的な対応策を考えることとする．

a. 内分泌撹乱化学物質の定義

内分泌撹乱化学物質という用語の定義は，この問題が提議されたのち数年しか経過していないにもかかわらず，しだいに変化してきている[8]．また，さまざまな組織が独自の定義を唱える傾向も見受けられる．しかしながら，WHO/IPCS（世界保健機関・国際化学物質安全性計画），OECDおよびアメリカのEDSTAC（Endocrine Disruptor Screening and Testing Advisory Committee）など世界のおもだった組織において今日採択されている定義は，微妙ないいまわしこそ異なるものの，その根本思想において全く同一であると考えてよい．ここでは，EDSTACの最新の定義[9]を紹介しておく．

The EDSTAC describes an endocrine disruptor as an exogenous chemical substance or mixture that alters the structure or function(s) of the endocrine system and cause adverse effects at the level of the organism, its progeny, populations, or subpopulations of organisms, based on scientific principles, data, weight-of-evidence, and the precautionary principle.

このセンテンスの公式な和訳文は，現時点では存在しない．本節においても全文の翻訳は付さないが，特に重要と考えられる点について若干の補足を加えておく．

第1に重要な点は，「内分泌撹乱物質とは，内分泌系の形態あるいは機能を変化させ，結果として動物に悪影響を及ぼす化学物質もしくはそれらの混合物をさす」と定義されていることである．内分泌撹乱物質とはいうまでもなく endocrine disruptor の訳語であるが，ここで注意すべきは「Disrupt」という語の意味である．辞書によれば，この言葉のもつ本来の意味は「崩壊する，粉砕する，混乱させる」ことであり，単に「変更する」あるいは「模倣する」ことではない．たとえば，経口避妊薬として女性が用いる合成ステロイドは，内因性ホルモンの作用を模倣してそれらのホルモンがあたかも体内で過剰になったかのような状態をつくりだし，その結果排卵を停止させる作用をもつ．しかし，この作用によって妊娠を回避することは「避妊」であって，「不妊になる」とはいわない．すなわち，これらの合成ステロイドが正しく処方された場合は，その内分泌学的作用によって妊娠が成立しなくなったとしても，これらは本来の目的にかなった作用，すなわち「薬効」が認められたのであって，望まない作用，すなわち内分泌撹乱が起こったとはいわないのである．一方，全く同じ合成ステロイドであっても，誤って環境中に放出されたために野生生物の排卵障害が引き起こされ，そのためにこれらの動物の繁殖率が低下したり集団の個体数が減少したのであれば，これらの野生生物にとっては内分泌機能が撹乱されたこととなる．

第2に重要な点は，「これらの悪影響は，個体またはそれ以上（集団，亜集団）のレベル」で確認されなければならないことである．したがって，仮にある種の培養細胞を用いた実験である種の化学物質にホルモン類似の作用が観察されたとしても，この物質が動物に個体レベルあるいは集団レベルで悪影響が引き起こされることが確認されるまでは，安易に内分泌撹乱化学物質であると断定すべきではない．第3に，これらの判断が科学的な根拠に基づいて下されなければならないことはいうまでもないが，つねに化学物質の危険性を事前に察知して，ヒトや野生生物への悪影響を未然に防ぐよう努める態度も忘れてはならない．

定義の問題とともに，ここで「環境ホルモン」という用語について触れておく．この語は，本来英語でいうところの「environmental hormone(s)」に相当するものであり，何らかのホルモン受容体と結合する環境中の物質のことをさすものと思われる．マスメディアはむしろこの用語を好む傾向にあり，一般には内分泌撹乱化学物質と同義語として用いられているようである．しかし，内分泌撹乱を引き起こす化学物質が必ずしも何らかの受容体と結合するわけではなく，なかにはホルモンの生合成，代謝あるいは輸送を阻害する物質もあることから，厳密にいえば環境ホルモンと内分泌撹乱化学物質は同義語ではない．また，「ホルモン」そのものの定義から考えて生体内で産生されない物質をホルモンと呼ぶわけにはいかないとの議論もあるので，この用語の使用には注意を要する．行政機関における対応もさまざまであり，たとえば厚生省は学術用語として「環境ホルモン」を認めない立場をとっているが，農水省や環境庁は事実上この用語の使用を容認している．本節では，科学用語として「内分泌攪乱化学物質」と記載することとする．余談であるが，「攪乱物質」に対応する英単語についても，アメリカでは一般に「disruptor」と綴るのに対し，イギリスやヨーロッパ諸国では「disrupter」と表記する傾向があって，世界的な統一がなされていない．いずれの綴りも間違いではないが，本節では特にことわりがない限り，EDSTACにならってアメリカ式に記載する．

b. 内分泌攪乱化学物質の作用機序

内分泌攪乱化学物質の作用機序については，その解明が現在最も注目を集めている研究分野であり，最新の分子生物学的手法を用いた研究がまさに日進月歩の状況である．ここでは，内分泌毒性を評価するうえで避けることのできない基本的な概念を，ステロイドホルモン系を例にとって簡単に説明することとする．詳細な研究成果については，相応の教科書を参照されたい．

化学物質の内分泌攪乱機序をごく大ざっぱに分類すると，① 内在性ホルモンの受容体と直接結合することにより，擬似ホルモンとして働いたり，本来のホルモンと受容体との結合を妨げる，② ホルモンが受容体と結合したあとに引き起こされる細胞内シグナル伝達を直接修飾する，③ 内在性ホルモンの合成，代謝あるいは分解過程を修飾する，④ 内在性ホルモンの輸送や体内における分布状態を修飾する，および ⑤ その他となる．以下，それぞれの機序を順に説明する．

1）ホルモン受容体との結合

一般に，ステロイドホルモンは脂溶性であり，動物の生体内では細胞膜を容易に通過して，核受容体と結合する．図12.24は，細胞内に入ったエストロゲンと，核受容体の一種であるエストロゲン受容体との結合を示した模式図である．エストロゲン受容体はエストロゲンと結合すると二量体を形成し，核内に存在する共役因子（コアクチベータ）の働きを借りてDNA上の特定の塩基配列と結合する．これら一連の変化は，エストロゲンと結合したエストロゲン受容体の3次元構造が変化することにより引き起こされるものと考えられている．この結果，エストロゲン－エストロゲン受容体複合体が結合したDNA領域の下流にある遺伝子が転写され，新たなタンパクが合成される．新しく転写される遺伝子は1つとは限らず，またその多くは2次メッセンジャーとなる成長因子である．

生体内で合成されるホルモン以外の化学物質で核受容体と結合することのできるものは，基本的にはすべて内分泌攪乱を引き起こす潜在的な性質をもっていると推測される．すなわち，これらの物質が結合した核受容体が天然ホルモンが結合した場合と同程度に標的遺伝子の発現を誘導すれば，生体はあたかも天然ホルモンが過剰となったように反応する．一方，核受容体とは結合するものの，おそらくは核受容体に十分な構造変化を引き起こさないために標的遺伝子の発現が誘導されない場合は，抗ホル

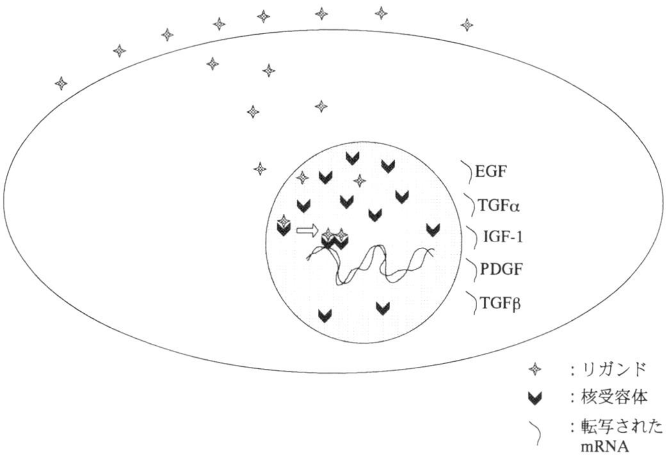

図 12.24 エストロゲンと核受容体との結合

モン作用が観察される可能性がある.

2）細胞内シグナル伝達系の直接的修飾

細胞内で合成された成長因子は，通常はいったん細胞外に放出されたあとに細胞膜受容体に結合し，細胞内シグナル伝達系を活性化して新たな遺伝子の発現や細胞の増殖あるいは分化を引き起こすと考えられている．図 12.25 は，上皮成長因子（EGF）が作用する様子を，模式図として示したものである．核受容体に結合したエストロゲンの作用によって合成された成長因子もこのような経路で細胞の増殖や分化を引き起こすものと考えられており，事実，マウスの子宮ではエストロゲンにより転写されたインシュリン様成長因子（IGF−1）が上皮細胞の増殖に深く関与することが確かめられている[10]．一方，最近になって，エストロゲン受容体を発現していないヒト腫瘍細胞に p, p'−DDT を作用させた場合にも，細胞内のシグナル伝達系が活性化され，細胞が増殖することが報告された[11]．これらの事実は，ある種の内分泌攪乱化学物質は，細胞内シグナル伝達系を直接刺激することによりホルモン（この場合はエストロゲン）処理と同様の作用を引き起こす可能性があることを示唆するものである．

3）内在性ホルモンの合成，代謝あるいは分解過程の修飾

ある種の化学物質は，ステロイド合成過程に関与する酵素の活性を阻害することによって動物の内在性ホルモンの濃度を変化させ，場合によっては生殖毒性を現すことが知られている[12]．除草剤のなかには植物のアルゴステロール合成系を阻害することによってその効力を発揮するよう設計されたものも見受けられるが，動物のステロイド合成系（図 12.26）と植物のアルゴステロール合成系は相同であるため，これらの剤には動物におけるステロイド合成に関与する酵素の活性を阻害する可能性がある．

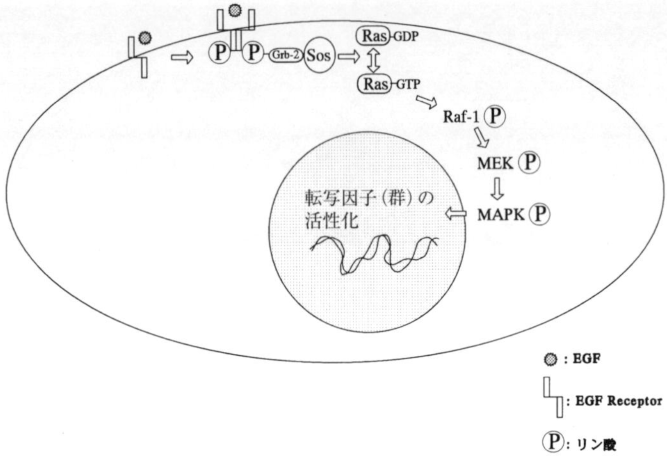
P
P
Grb-2
Sos
Ras GDP
Ras GTP
Raf-1 P
MEK P
MAPK P
転写因子（群）の
活性化
: EGF
: EGF Receptor
P: リン酸

図 12.25　細胞内シグナル伝達

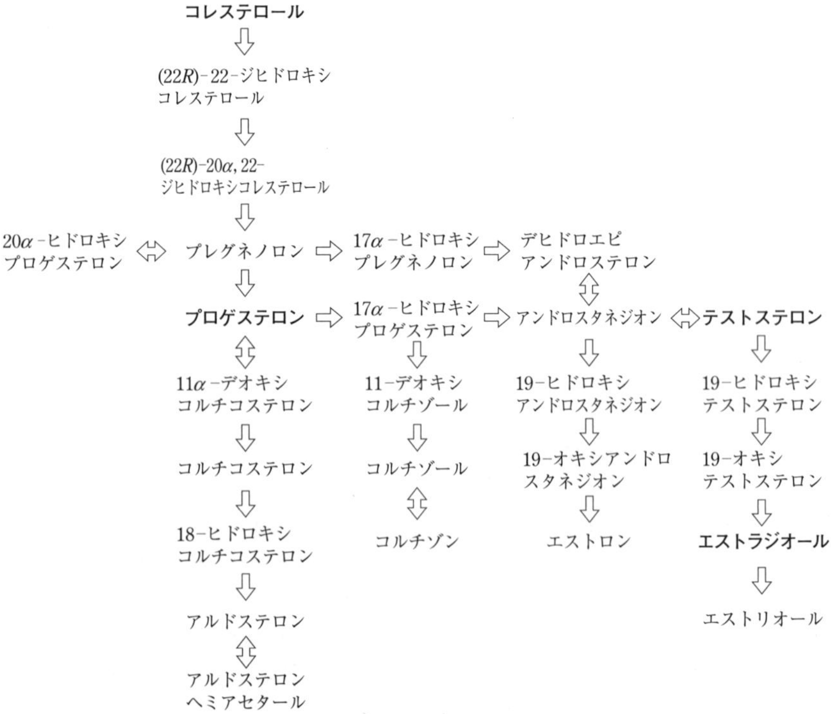
コレステロール
(22*R*)-22-ジヒドロキシ
コレステロール
(22*R*)-20α, 22-
ジヒドロキシコレステロール
20α-ヒドロキシ
プロゲステロン
プレグネノロン
17α-ヒドロキシ
プレグネノロン
デヒドロエピ
アンドロステロン
プロゲステロン
17α-ヒドロキシ
プロゲステロン
アンドロスタネジオン
テストステロン
11α-デオキシ
コルチコステロン
11-デオキシ
コルチゾール
19-ヒドロキシ
アンドロスタネジオン
19-ヒドロキシ
テストステロン
コルチコステロン
コルチゾール
19-オキシアンドロ
スタネジオン
19-オキシ
テストステロン
18-ヒドロキシ
コルチコステロン
コルチゾン
エストロン
エストラジオール
アルドステロン
エストリオール
アルドステロン
ヘミアセタール

図 12.26　ステロイドホルモンのおもな代謝・合成経路

4）内在性ホルモンの輸送および体内における分布状態の修飾

エストロゲンのような性ステロイドホルモンは，血液中ではその大部分が性ホルモン結合タンパクと結合した状態で存在する．したがって，これらのタンパクの量やホルモンとの親和性を修飾するような作用をもつ化学物質があるとすれば，それらは間接的に内分泌攪乱を引き起こす可能性がある．

5）その他

種々のホルモンに，自身が結合する受容体あるいはほかのホルモンの受容体の量を調節する働きがあることが知られている．たとえば，生理的濃度のエストロゲンはエストロゲン受容体の発現量を増加させ，過剰なエストロゲンは逆に受容体の発現量を低下させる[13]．また，プロゲステロン受容体の発現がエストロゲンにより調節されることも知られている[14]．これらの事実は，ある種の化学物質が何らかの機構で生体内のホルモン受容体の発現量を変化させ，2次的にそれらのホルモンが過剰または不足したような状態を引き起こす可能性を示唆するものである．事実，TCDDはエストロゲン受容体の発現量を低下させると報告されている[15]．

c. 内分泌攪乱化学物質問題に対するアメリカの対応

アメリカ政府の公式な対応は，1996年の食品品質保護法（Food Quality Protection Act，FQPA）制定に始まると考えられる．この法律により，EPAは，エストロゲン様作用をもち，ヒトの健康に悪影響を及ぼす可能性のある農薬（正確にはpesticides）についてスクリーニングを実施するために適切な試験法を開発し，これらを実用化して西暦2000年8月までに議会に報告することが義務づけられた．この要求を受けたEPAは，対策機関として産官学の専門家からなるEDSTACを組織して，直ちに対応を開始した．EDSTACの位置づけは，優先的に試験すべき化学物質を選別する戦略や試験方法をEPAにアドバイスすることにあり，その最終報告書[9]には以下のような勧告が盛り込まれている．

EDSTACは，全体的な対処方針として，(1) スクリーニングの対象を農薬に限定することなくあらゆる化学物質（およそ86,000物質）に広げるべきであること，(2) まず，動物の生殖に最も関連性が高いと考えられるエストロゲン，アンドロゲンおよび甲状腺ホルモンの作用に及ぼす影響を優先的に調べる必要があること，および (3) ヒトの健康に対する影響と生態影響の両者について検討することの3点を提案した．さらに，具体的な方法論として，図12.27に示すような戦略を提示した．この戦略によれば，現存するすべての化学物質の中から優先的に検討を必要とする物質を選抜し (initial sorting)，そのうえで比較的短期間で結果を得ることができる一連のスクリーニング試験（Tier 1 Screening，T1S）を実施して，陽性結果の得られた物質についてさらに危害分析に必要な毒性試験（Tier 2 Testing，T2T）を実施することとなる．このようなTier方式（いわゆる階層法）は，あとに述べるOECDの基本戦略にも受け継がれることとなる．

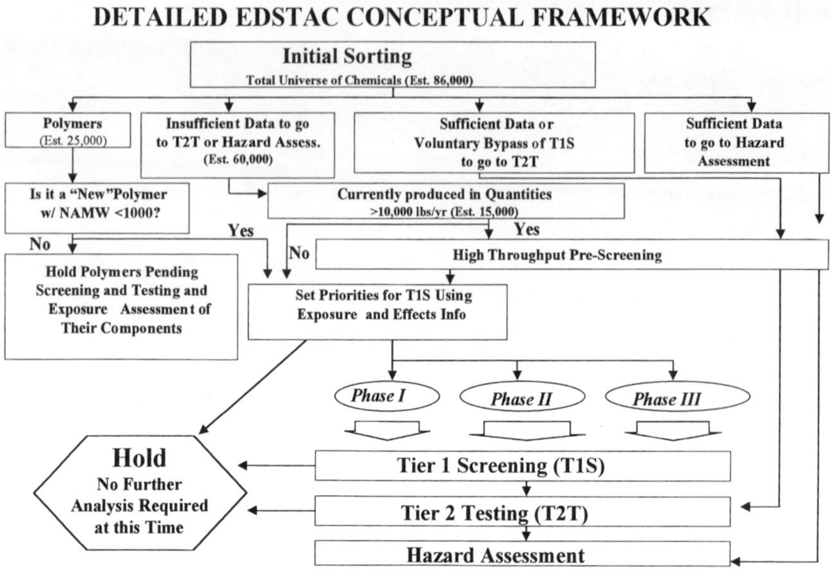

図12.27 EDSTACによるリスク評価法の概念（Anthony Maciorowski博士（US. EPA）の許可を得て掲載）

EDSTACの基本戦略を理解するため，この戦略に沿ってある化学物質の内分泌攪乱作用を検討してみよう．現状では優先順位づけのための優れた方法やデータベースが十分に準備されていない（EPAでは，エストロゲンおよびアンドロゲン受容体遺伝子を導入した細胞株を用い，化学物質とこれらの受容体との親和性をロボットシステムにより自動解析する手法（high throughput pre-screening，HTPS）を開発中であるが，現在のところ十分機能していない）ため，この物質に関する十分な毒性学的知見が得られていなかったとすると自動的に一連のT1Sを実施することとなる．被験物質がポリマーである場合は，モノマーの検討を優先する．T1Sでは，表12.22に示すように*in vitro*，*in vivo*合わせて11種類の短期試験が用意されており（現在，アメリカでこれらの試験法の検証試験（Validation）が活発に行われている），研究者はこれらのなかから必要な試験を組み合わせて実施することとなる．ここで注意すべきは，T1Sの目的が，対象とする化学物質に特異的な内分泌活性—すなわち，エストロゲン，アンドロゲンまたは甲状腺ホルモン様作用（あるいは，これらのホルモンに対する拮抗作用），もしくは化学物質がこれらのホルモンの関与する生体反応に及ぼす影響—があるか否かの一点であることである．したがって，用量反応関係の有無，内分泌活性を現す機序，あるいはこれらの作用が生殖や発生に悪影響を及ぼす可能性などの検討は，T2T段階の試験に委ねることとなる．また，これらの試験法はバッテリー

表 12.22 T1Sで提唱されたアッセイとその組合せ（Screening Battery）

試験（Assay）の種類	Option 1	Option 2	Option 3
In vitro			
ER Binding/Reporter Gene Assay	○	○	○
AR Binding/Reporter Gene Assay	○	○	○
Steroidogenesis Assay with minced testis	○		
Placental aromatase Assay		（?）	○
In vivo			
Rodent 3-day Uterotrophic Assay	○(sc)	○(ip)	○
Rodent 20-day Thyroid/Pubertal Female Assay	○		
Rodent 5-7 day Hershberger Assay	○		
Rodent 14-day Intact Adult Male Assay		○	
Rodent 20-day Thyroid/Pubertal Male Assay			○
Frog Metamorphosis Assay	○	○	○
Fish Gonadal Recrudescence Assay	○	○	○

EDSTACによれば，Option 2では基準を満たすためにPlacental aromatase Assayが必要と思われるが，断定はできないとのことである．
sc：皮下投与，ip：腹腔内投与

（battery）として用いて初めて有効であり，いずれか1つもしくは同じような目的のものばかりを重複して実施しても意味がないということも忘れてはならない．表12.22には3通りの組合せ（option）が示されているので，このなかからいずれか1つを選べば自動的にこの目的が達せられる．

さて，ここではEDSTACが推奨する第1のオプション（option 1）を選択してみよう．まず，ヒトの健康に及ぼす影響を調べる第一歩として，被験物質のエストロゲンおよびアンドロゲン受容体に対する親和性の有無を*in vitro*試験により調べる．これらの試験では，遺伝子工学的に調製されたヒトの受容体か，古典的な方法に従ってラットあるいはマウスなどの実験動物から抽出した受容体を用いる．また，HTPSと同様に，これらの遺伝子を導入した細胞株を用いたアッセイ（reporter gene assay）を実施してもよい．ついで，実験動物の精巣から抽出した細胞（ライディッヒ細胞のみを単離してもよい）を用いて，ステロイド合成系に及ぼす影響を調べる．

*In vivo*試験では，被験物質のエストロゲンまたはアンドロゲン様作用の有無を調べるために，卵巣または精巣を外科的に摘出した成熟実験動物（通常ラットまたはマウス）に被験物質を3日間あるいは5～7日間投与して，雌では子宮，雄では副生殖器（精嚢，前立腺など）の重量変化をみるuterotrophic assay（子宮増殖試験）とHershberger assay（副生殖器増殖試験）を実施する．子宮増殖試験には，去勢した成熟動物の代わりに，性腺が十分に機能していない幼弱動物を用いることも可能である．これらの試験では，重量を測定した臓器および膣の組織学的検査や，細胞の増殖活性検査も有効である．また，被験物質とエストロゲンまたはアンドロゲンを同時に投与する群を設けることにより，これらのホルモンに対する拮抗作用の有無を評価す

ることもできる．ヒトに及ぼす健康影響評価のためには，これらの試験に続いて，20 day thyroid/pubertal female assayを実施する．この試験では，被験物質を雌ラットに離乳直後から膣開口が達成されるまで毎日経口投与して，性成熟に及ぼす影響を調べる．さらに，甲状腺の重量測定や組織学的検査と，血清中の甲状腺刺激ホルモン（FSH）や甲状腺ホルモン（T3，T4）の量を測定することにより，被験物質の甲状腺機能に及ぼす影響を評価する．

これらの試験に引き続き，野生生物（生態系）に及ぼす影響の有無を調べるために，カエル（アフリカツメガエル）を用いた変態試験（frog metamorphosis assay）と，魚類（EDSTACは実験動物としてfathead minnowを用いることを念頭においているが，試験の目的から考えるとなるべく実施する国または地域に棲息する種を用いるべきであろう）を用いた生殖腺復帰試験（fish gonadal recrudescence assay）を実施する．アフリカツメガエルを用いた変態試験では，幼生（50～64日齢のオタマジャクシ）を被験物質に14日間以上暴露して，尾の吸収状態を調べる．カエルの変態は主として甲状腺ホルモンに支配される[16]が，コルチコイド，エストロゲンあるいはプロラクチンによる修飾作用もみられることが知られている[17]．したがって，この試験はこれらのホルモンの働きに及ぼす化学物質の影響を総合的に調べることができるものと期待されている．一方，魚類を用いた生殖腺復帰試験では，成熟した雌雄を低温短日条件下で予備飼育して2次性徴や性腺の成熟を抑制しておき，被験物質の投与開始と同時に飼育条件を長日高温条件に変更して，2次性徴や性腺の回復に及ぼす被験物質投与の影響を観察する．理論的には，被験物質のエストロゲンまたはアンドロゲン様作用や，視床下部―下垂体―性腺軸系に及ぼす影響が評価できるものと考えられる．

上述した一連のT1S試験の結果がすべて陰性であった場合は，それ以上の検討を保留することとする．これらの化学物質については，内分泌攪乱作用がないと断定できるわけではないものの，今後の科学技術の進歩によりさらに詳しい分析が必要との判断が下されるまでは，さしあたってこれ以上の試験を実施する必要はないものと判断するのである．一方，いずれかの試験で陽性結果が得られた場合には，危害分析に必要なデータを得るためにT2T段階に進む．

T2Tでは，T1Sで陽性反応を示した化学物質が本当に動物の内分泌系に悪影響を及ぼすか，もしそうであるならば，それは具体的にどのようなものであるか，そのような影響に用量反応関係はみられるかなどを，ヒトと野生生物の両者について包括的に検討する．このためには，被験物質を無処置の動物に長期間にわたって投与して，個体の一生のあらゆる段階（配偶子期，受精卵または胎児期，乳児期または幼生期，性成熟期，成熟期など）における変化の有無を調べることが必要となる．推奨される試験法を，表12.23に示す．

ヒトの健康に及ぼす影響を評価するには，現在のところラットを用いた2世代繁殖試験が最も適していると考えられている．この試験はわが国においても農薬の登録申

表 12.23　T2Tで推奨される試験法

Mammalian Tests
1. Two－Generation Mammalian Reproductive Toxicity Study ; or
2. A Less Comprehensive Test :
a) Alternative Mammalian Reproductive Test ; or
b) One－Generation Test
Multigeneration Tests in Other Taxa
1. Avian Reproduction (with bobwhite quail and mallard)
2. Fish Life Cycle (fathead minnow)
3. Mysis Life Cycle (Americamysis)
4. Amphibian Development and Reproduction (Xenopus)

請に際して実施が求められていたものであるが，EPAでは，被験物質の内分泌攪乱作用をより鋭敏に検出すべく，既存のガイドラインに種々の改良を加えた[18]．この改良により，被験物質の内分泌毒性は，その作用機序を問わず十分に検出されるものと期待される．内容の詳細に関しては，ガイドライン本文を参照されたい．このガイドラインは，インターネットを利用して入手可能である（http：//www.epa.gov/docs/OPPTS_Harmonized/870_Health_Effects_Test_Guidelines/Series/）．

野生生物に及ぼす影響については，少なくとも鳥類，両生類，魚類および無脊椎動物からそれぞれ1種を用いた多世代繁殖試験の実施が推奨されている．両生類を用いた試験以外についてもEPAによってすでにガイドラインが作成されている[19～21]ので，T1Sの結果を参考にして必要な指標を補うことにより，野生生物に対する被験物質の内分泌毒性を評価することができるものと考えられる．一方，両生類を用いた試験については，現在のところ確たるガイドラインが存在しない．EDSTACにおいても，目下手法の確立とその有効性の検証を進めている．

d.　OECDにおける対応

OECDにおいては，先に述べたように1998年3月にEDTA Working Groupが公式に発足し，この問題に対する国際的な対応も始まった．会議では，基本戦略として，① 優先順位づけから最終的な危害分析に至るまでの一連の作業を階層法に沿って実施すること，② ヒトの健康に及ぼす影響と野生生物に及ぼす影響の両者を考慮すること，③ 既存のOECDガイドラインを有効に活用し，新たなガイドラインの策定をなるべく回避すること，および ④ EDSTACの提案を考慮しつつ*in vivo*試験を中心に枠組みを策定することなどが合意された．これらの要約を，表12.24に示す．

その後，EDTA Working Group内部に，ヒトの健康に及ぼす影響を評価するための手法を検討するグループと野生生物に及ぼす影響を評価するための手法を検討するグループの両者が設立され，それぞれが試験法確立のために活動することとなった．ヒトの健康に及ぼす影響評価に関しては，スクリーニングのための*in vivo*試験として

表 12.24　OECD EDTA Working Group の戦略

Level	Purpose	Mammalian Toxicity	Ecotoxicity
Screening	Priority Setting for Testing	Tests to be added (EDSTAC T1S will be considered)	
Testing	Mechanism of Action Identification/Characterization Definitive Tests	TG 407/408/409 TG 415/421/422 TG 416 Developmental Neurotox.	TG 206 (Avian Reprotox.) Fish Life Cycle Amphibian Life Cycle

TG 407：Repeated dose 28-day oral toxicity study in rodents.
TG 408：Repeated dose 90-day oral toxicity study in rodents.
TG 409：Repeated dose 90-day oral toxicity study in non-rodents.
TG 415：One-generation reproduction toxicity study.
TG 416：Two-generation reproduction toxicity study.
TG 421：Reproduction/developmental toxicity screening test.
TG 422：Combined repeated dose toxicity study with the reproduction/developmental toxicity screening test.

uterotrophic assay，Hershberger assay および enhanced TG 407（内分泌攪乱化学物質検出用に改良した28日間試験）の3試験が選定され，現在これらの試験法の有効性を統一プロトコールのもとに世界規模で検証する作業が進行中である．わが国は，uterotrophic assay に関して検証作業の中心となっている．

e. 農薬の安全性を確保するために

ここまでは，化学物質の内分泌攪乱作用について，その定義，基本的作用機序および一般的な検出法を通覧した．ここでは，特に農薬の内分泌攪乱作用に対する対応策を簡単に述べる．

わが国においても，従来から農薬のヒトに及ぼす影響を評価するために広範な毒性試験の実施が義務づけられており，食用農作物に対して使用される農薬については，すべての剤についてラットを用いた2世代繁殖試験による生殖影響の評価がなされている．したがって，これらの農薬が適切に使用されている限り，少なくともヒトの生殖に対して重篤な悪影響を及ぼすことはないと考えられる．しかし，これまでの評価法では，仮に生殖毒性が検出されたとしても，その毒性が内分泌攪乱作用に基づくものであるか否かを判断するにはやや不十分であった．これらの欠点を補うためには，2世代繁殖試験法を改良して内分泌攪乱作用の検出感度をよりいっそう高めるとともに，わが国を含む先進諸国で活発に開発・改良が進んでいるスクリーニング試験法を利用して，剤ごとに毒性作用機序をより明確に把握する努力も必要となろう．

より化学反応に近い ↑	*In vitro* 試験：
	受容体結合性試験（receptor binding assay）
	細胞増殖試験（E-screen）
	In vivo 試験：
	子宮肥大試験（uterotrophic assay）
	雄の副生殖器肥大試験（Hershberger assay）
	補強28日間試験（enhanced 28-day assay）
	発生毒性試験（developmental toxicity study）
より生物学的な反応である ↓	2世代繁殖試験（two-generation reproductive toxicity study）

図 12.28　農薬のヒトに対する内分泌撹乱作用を検出するシステムの例

われわれの研究室における農薬のヒトに対する内分泌撹乱作用検出戦略の概略を，図12.28に示す．先に述べたように，農薬については登録に際して発生毒性試験（催奇形性試験）と2世代繁殖試験の実施が義務づけられているため，これらの試験を実施すべきか否かを判断する必要は生じない．したがって，EDSTACやOECDの戦略では優先順位づけのために実施する各種のスクリーニング試験は，われわれの枠組みのなかではむしろ繁殖毒性や発生毒性の機序を調べるためのメカニズム解析試験として用いることとなる．すなわち，何らかの生殖・発生毒性が検出された場合や，あるいはそれらを疑うような変化がみられた場合，それが被験物質とエストロゲンまたはアンドロゲン受容体との相互作用を介して引き起こされたものであるか否かを，*in vitro* の受容体結合性試験で調べる．ついで，アンドロゲン受容体との相互作用が認められた場合はHershberger assayを，エストロゲン受容体との相互作用が認められた場合にはuterotrophic assayを実施して，*in vivo* における作用の有無を確認する．

一方，被験物質とこれらの受容体との間に相互作用が認められない場合は，種々のホルモンの血中濃度の変化を検出するために指標を追加した補強28日間試験を実施して，被験物質のステロイドあるいは下垂体ホルモン合成系に対する影響の有無を評価する．細胞増殖試験は，エストロゲン様（あるいは抗エストロゲン様）作用の確認に用いる．これら一連の試験を追加することにより，ヒトに対する農薬の内分泌撹乱作用に基づく生殖・発生毒性は，おおむね検出できるものと予測している．一方，野生生物に対する影響に関しては，残念ながらヒトに対する影響評価と比較するときわめて手薄であるといわざるをえない．これらの点に関しては，今後の課題として取り組んでいかなければならないであろう．

そのほかに残された問題があるとすれば，Vom Saalらが提議したいわゆる極低用量影響問題であろう．彼らは，たとえばbisphenol Aは通常の毒性試験では無作用量と判定される用量よりはるかに低い用量で，高用量でみられる変化と逆の効果を現すというデータ[22]を根拠に，ヒトが実際に暴露される程度の用量における安全性が確保されていないと主張している．また，彼らのデータをヒトで観察された精子数の低下と結び付けて解釈し，エストロゲン様作用をもつ化学物質の低用量暴露が原因でヒトの精子数が長い間にわずかずつ低下してきているある可能性があると指摘する科学者もいることは先に述べた．これらを実験的に確認するには，幾世代にもわたってヒトが実際に暴露される量に近い用量の化学物質を動物に投与して，ヒトで懸念されるような影響が実際に無処置の動物に引き起こされるか否かを調べればよいと思われる．アメリカでは，実際にこのような発想に基づいて，NIEHS（国立環境保健科学研究所）とNCTR（国立毒性学研究センター）が，エストロゲンまたは抗アンドロゲン作用をもつ5種類の化学物質について共同で大規模な5世代繁殖試験を実施することを計画している．これらの問題に対する答は，この壮大な実験の結果を待って議論すべきであろう．

EDSTACの基本戦略を示した図（図12.27）は，EPAのAnthony Maciorowski博士に御提供いただいた．ここに記して感謝の意を表する． 〔青山博昭〕

文　　献

1) Ware, G.W. and Good, E.E. (1967). *Toxicol. Appl. Pharmacol.*, **10**：54-61.
2) Bitman, J. *et al.* (1968). *Science*, **162**：371-372.
3) Cecil, H.C. *et al.* (1971). *J. Agric. Food. Chem.*, **19**：61-65.
4) Carlsen, E. *et al.* (1992). *B.M.J.*, **305**：609-613.
5) Sharpe, R.M. and Skakkebaek, N.E. (1993). *Lancet*, **341**：1392-1395.
6) Kavlock, R.J. *et al.* (1996). *Environ. Health Perspect.*, **104** (Suppl 4)：715-740.
7) 長尾　力訳（1997）．奪われし未来（原題Our stolen future），翔泳社，東京．
8) 厚生省生活衛生局食品化学課監修（1998）．内分泌かく乱化学物質問題の現状と今後の取り組み，厚健出版，東京．
9) Endocrine Disruptor Screening and Testing Advisory Committee (1998). Final Report：Volume I.
10) Richards, R.G. *et al.* (1996). *Proc. Natl. Acad. Sci. USA*, **93**：12002-12007.
11) Shen, K. and Novak, R.F. (1997). *Biochem. Biophys. Research Com.*, **231**：17-21.
12) O'connor, J.C. *et al.* (1998). *Toxicol. Sci.*, **46**：45-60.
13) Bergman, M.D. *et al.* (1992). *Endocrinol.*, **130**：1923-1930.
14) Ing, N.H. and Tornesi, M.B. (1997). *Biol. Reprod.*, **56**：1205-1215.
15) Umbreit, T.H. and Gallo, M.A. (1988). *Toxicol. Lett.*, **42**：5-14.
16) Brown, D.D. *et al.* (1995). *Recent Prog. Horm. Res.*, **50**：309-315.
17) Hayes, T.B. (1997). *Amer. Zool.*, **37**：185-194.
18) U.S. Environmental Protection Agency (1998). Health Effects Test Guidelines, OPPTS 870. 3800 Reproduction and Fertility Effects, EPA 712-C-96-208.
19) U.S. Environmental Protection Agency (1996). Ecological Effects Test Guidelines, OPPTS 850. 2300 Avian Reproduction Test (Public Draft), EPA 712-C-96-141.
20) U.S. Environmental Protection Agency (1998). Ecological Effects Test Guidelines, OPPTS 850. 1500 Fish Life Cycle Toxicity (Public Draft), EPA 712-C-96-122.
21) U.S. Environmental Protection Agency (1998). Ecological Effects Test Guidelines, OPPTS 850. 1300 Daphnid Chronic Toxicity Test (Public Draft), EPA 712-C-96-120.
22) Nagel, S.C. *et al.* (1997). *Environ. Health Perspect.*, **105**：70-76.

12.8　農薬とダイオキシン

近年の先進各国あげての勢力的な調査・研究の進展によって，ダイオキシンの発生原因が生物学的なものまで広がり，人的な原因も予想以上に多岐にわたっていることが明らかにされつつある．そのなかで遠い過去からつい最近に至るまでの“農薬とダイオキシン”のかかわりはどの程度であったのだろうか．特にわが国では，それは「農薬はダイオキシン発生の元凶であり，その関係は密接である」と一般的に受け取られているように感じられる．

確かにわが国において，ダイオキシンが最初に有名になったのは，あのヴェトナム戦争において兵器として使用された枯葉剤の一種の主成分であった2,4,5-Tが，当時わが国でも林地除草に使用されていた農薬であったことと，最近では水田除草剤CNPや汎用農薬PCPのダイオキシン含有問題が大きく報道されたからである．

本書では国内外における両者の関係を科学的な見地から明らかにしていきたい．

a.　ダイオキシンについて

ダイオキシンの定義は厳密にいうときわめてむずかしいし，今後も拡大する方向で変化する可能性がある．本書では無限の広がりをみせつつあるダイオキシン全体のなかから，図12.29に示す3種の基本骨格をもち，かつ塩素置換のもののみをさして“広義のダイオキシン類”と総称することとする．このように定義してもその種類は実に200種を超える．

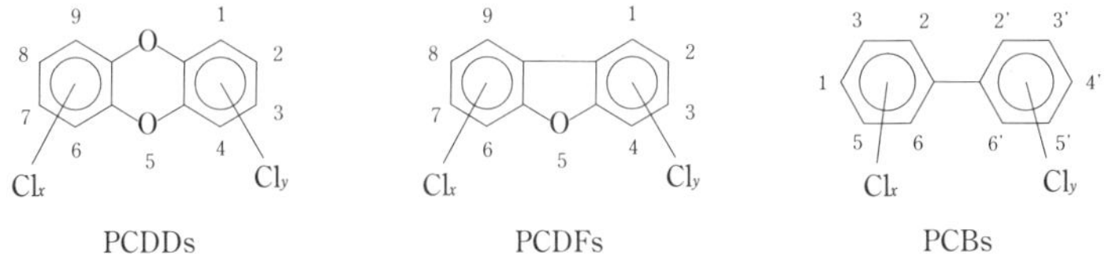

図12.29　ダイオキシン類の化学構造

このなかでその強毒性ゆえに現在国際的に問題とされているものは，ダイオキシン（ポリ塩化ジベンゾパラジオキシン，PCDDs）総数75のうちの7種，ジベンゾフラン（ポリ塩化ジベンゾフラン，PCDFs）総数135のうちの10種で，すべて2,3,7,8位が塩素で置換されている．このほかビフェニル（ポリ塩化ビフェニル，PCBs）総数209のうちの12種を加えた計29種が総称され現時点で“ダイオキシン類”と定義づけられている．なお，ビフェニルの12種はその化学構造から“コプラナーPCBs”と呼ばれている．

表12.25 WHO-TEFs

Toxic PCDDs	TEF	Toxic PCDFs	TEF
2,3,7,8-TCDD	1	2,3,7,8-TCDF	0.1
1,2,3,7,8-PeCDD	1	1,2,3,7,8-PeCDF	0.05
1,2,3,4,7,8-HxCDD	0.1	2,3,4,7,8-PeCDF	0.5
1,2,3,6,7,8-HxCDD	0.1	1,2,3,4,7,8-HxCDF	0.1
1,2,3,7,8,9-HxCDD	0.1	1,2,3,6,7,8-HxCDF	0.1
1,2,3,4,6,7,8-HpCDD	0.01	1,2,3,7,8,9-HxCDF	0.1
OCDD	0.0001	2,3,4,6,7,8-HxCDF	0.1
		1,2,3,4,6,7,8-HpCDF	0.01
		1,2,3,4,7,8,9-HpCDF	0.01
		OCDF	0.0001

b. その毒性について

紙面の都合上，本書では“ダイオキシン類”について知られている各種毒性についてその詳細を述べるのは省略し，いままでに得られているすべての毒性的な知見をもとにして，多くの国際的な専門家によって詳細な検討と協議がなされ，度重なる改定の末に提案された国際標準ともいえる2つの“毒性等価係数（Toxicity Equivalency Factors, TEFs）”なるものを紹介してそれに代えることとしたい．

TEFsは，ダイオキシン類がその強度に違いはあってもその毒性がきわめて類似していることに着目して，2, 3, 7, 8-四塩化ダイオキシンすなわち2, 3, 7, 8-TCDDのそれと比較して決定された係数である．このTEFsについては一時期数多くの提案がなされたが，ダイオキシン問題が国際的な広がりをみせ，世界中から数多くの分析結果が報告されるようになったため，その相互比較や毒性評価のために統一的なものをつくろうとの動きが起こった．こうした経過から国際標準として生まれたのが1988年の国際TEFs[1]（I-TEFs）と1997年に発表されたWHO-TEFs[2]であり，今後広く採用されていくであろう後者を表12.25に示した（コプラナーPCBsの値は省略した）．この表からダイオキシン類の総体としての毒性の強さには1万倍の開きがあることがわかっていただけよう．

このTEFsが換算係数として用いられて計算されるようになり，多くの複雑な分析結果も1つの値すなわち毒性等量（Toxicity Equivalency Quantity, TEQ：単位は濃度で，pg-TEQ/gのように示される）で表示することが可能となり，その毒性評価を進めるうえできわめて便利になった．

しかし，このコンセプトも個々のダイオキシン類間に環境中挙動の差があることがしだいにわかってくるにつれ，万能ではないとの反省も生まれてきている（たとえば，TEQで同等の分析結果であってもその同族体（ダイオキシンの分野では異性体ではなくこう呼ぶのが正しい）の構成比率に大きな差がある場合は環境挙動の違いによって毒性的な差が出てくることなど）．

c. 本書における“農薬”と“ダイオキシン”の定義

1）農　　薬

農薬取締法でいう“農薬”とは最終製品をさし，そのほとんどは各種の剤型に製剤化されたものであり，有効成分が2種類以上の混合剤を含めて平成11年9月末で登録されているものは5,000種類を越え，有効成分数でも500種類を上回っている．本書の趣旨から考えて，ここで述べる“農薬”とはこの“有効成分すなわち原体もしくはその誘導化される前の基本形”をさすこととしたい．

2）ダイオキシン

農薬とのかかわりでダイオキシンを述べるときは，先の29種の“ダイオキシン類”から次項で説明する理由でコプラナーPCBsを除いた残り17種を“ダイオキシン”とするだけで十分と判断されるので，本書ではそのように定義することとしたい．なお，一部の項目においては読者にわかりやすいように，この“ダイオキシン”を“毒性ダイオキシン”と称する場合があることをお断りしておく．

3）コプラナーPCBsの取扱い

前述したように，今日“ダイオキシン類”にはコプラナーPCBsを含めて考えるのが一般的になっている．しかし，このもののほとんどは過去に使用され環境に放出された工業製品のPCBに由来し，ごく一部がごみ焼却などの燃焼過程で生成してくるとされている．さらに，PCBsは通常ビフェニルの塩素化により高温で合成されており，PCDDsやPCDFsと違って農薬合成のような通常の化学物質の合成工程からは簡単には副生されないことも判明している．

したがって，農薬原体の製造やその後の製剤工程で生成・混入することはまず考えられない．万が一このものによる汚染があったとしても，結果としては現在のバックグランドのなかに埋没してしまう程度のものであろう．

d. 歴　　史

1）諸 外 国

諸外国特にアメリカ，ドイツ，スウェーデンなどにおける“農薬とダイオキシン”の歴史は，簡単には2,4,5-Tから始まったといえる．また，2,4,5-Tと同じフェノキシ系除草剤2,4-D中のダイオキシン検出も盛んに行われた．これは2,4-Dの製造が，しばしば2,4,5-Tのそれと同一の装置で行われていたからであり，事実このことによる汚染がたびたび問題となった[3)]．

後年2,3,7,8-TCDDが含まれていたことで有名になった2,4,5-Tが，初めて農薬として登録されたのは1948年のアメリカであり，ダイオキシン含有の事実が明らかになったのはその約10年後であった．2,4,5-Tの反省から各国は塩素を含む農薬特にクロロフェノール類が関与するものに厳しい調査を行った．

なお，ダイオキシン史上有名な1976年のイタリアのセベソ事故は，農薬工場で発生したとか，あるいは農薬製造原料の2,4,5-Tを製造中に発生したと述べられているケースをよくみかけるが，正しくは殺菌剤トキサフェンの原料である2,4,5-トリクロロフェノール（2,4,5-TCP）の製造時であった．筆者のみるところ，本件はフリーの2,4,5-TCPとそのナトリウム塩なども，さらにそれから合成された除草活性をもつ2,4,5-トリクロロフェノキシ系誘導体（酸の種類が違うものなど）もすべて2,4,5-Tと略称されたところからきていると思われる．

さて，ダイオキシンに関する種々の研究特に毒性，分析および研究用の類縁化合物合成の面での飛躍的な進展につれ，多くの同族体が2,3,7,8-TCDDと類似した毒性をもつことが判明し，かつ，これらが多くの調査対象試料から次つぎと検出されるに至って，その毒性比較や分析結果の整理のために1つのコンセプトが提案されるようになった．これが前述したTEFsである．

1981年ごろから1989年の間に，実に数種類ものTEFsが提案される状況であった．提案者ごとに同族体の数と係数に差があり，特に"毒性ダイオキシン"と定義される数は，それ以前の2,3,7,8-TCDDのただ1種から，高塩素化体ほかが追加されて12，13，17種としだいに増加していった．

現在，ダイオキシンの分析技術は最高点にまで到達しており，規制当局の厳しい監視体制のなかでは，この歴史のなかに登場するような農薬は今後出現しないことは明らかである．

2）わ　が　国

わが国への"ダイオキシン問題の上陸"もやはりヴェトナム戦争（1962～1970）に関連した2,4,5-Tによってであり，その静かな取組みすなわち農薬を所管する官庁と関係メーカーの対応や対策の開始は1970年代初頭であった（しかし，それより2，3年前には後年になってダイオキシンとの関係が明らかになった油症事件がすでに北九州を中心に発生していた）．

わが国に上陸した2,4,5-T・ダイオキシン含有問題は，当時林地用除草剤として登録認可され国有林を中心に使用されていた本剤とその関連剤の使用規制・禁止の措置に直結することとなった．この後しばらく続いた平穏を破ったのが，当時わが国で広く使用されていた数種の水田除草剤中のダイオキシンを分析した報告が1981年に海外誌に投稿・掲載され[4]，その翌年これを大きく取り上げたある中央紙による報道である．その当時，ダイオキシンは区別なく怖いものと受け取られていたためかなりセンセーショナルに騒がれたが，いまから思えばこの報告は「毒性ダイオキシンの不在証明」であったといえる．

その後は読者の方にも記憶に新しい1999年初頭の横浜国立大学の指摘（後述）がなされるまでは比較的静かであった．この指摘は残念なことに"農薬とダイオキシン"が密接な関係にあることを一般に信じ込ませる結果になった．

e.　ダイオキシンの生成メカニズム

ダイオキシンを農薬との関係で述べるのであれば，数多く知られているダイオキシン生成ルートのうち，最も基本的な生成反応すなわち2分子のクロロフェノール類の縮合だけで十分と考えられる．本書では読者にわかりやすいようにダイオキシン生成反応を取り上げ，ジベンゾフラン生成については省略することとした．

ダイオキシンを生成する縮合反応にとって重要な塩素はクロロフェノール類のオルト位のそれである．図12.30に示すように，両クロロフェノールともにオルト位の塩素は縮合によってベンゼン環から外れるので，外れないままにダイオキシン構造に残る塩素の位置が生成したダイオキシンの毒性に関係してくる．先に述べたように，ここでいうダイオキシンはその2,3,7,8位がすべて塩素置換されているので，必然的に毒性ダイオキシンのもとになるクロロフェノール類の種類は限定されることになる．

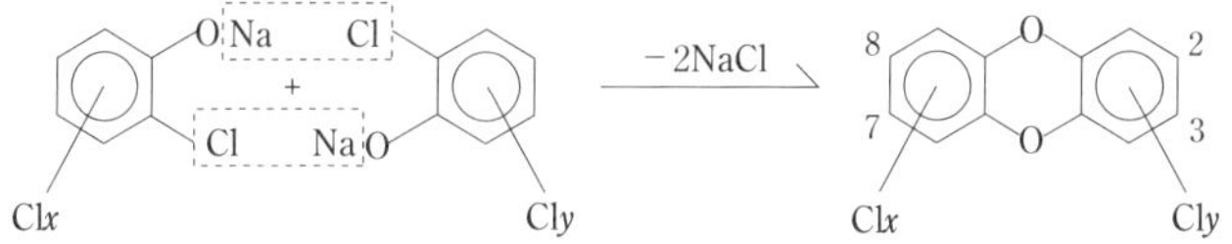

図12.30 縮合反応によるダイオキシンの生成

わかりやすく図12.31で説明すると，上段の2つの反応では毒性ダイオキシンは生成せず，下段のそれでは毒性ダイオキシンが生成する．

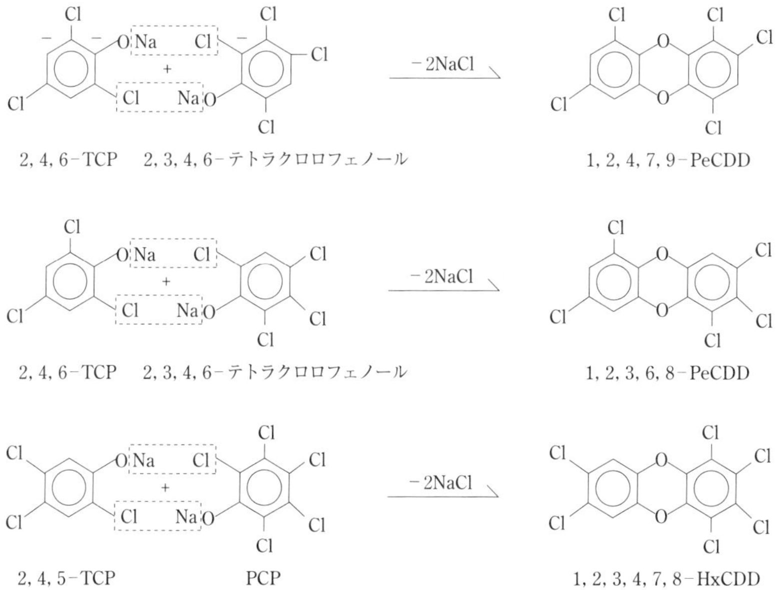

図12.31 種々のクロロフェノール類からのダイオキシンの生成

ここでもう1つ重要なことは，毒性ダイオキシンはその構造に最低4個の塩素が必須であるので，縮合反応で失われる2個を入れると，2つのクロロフェノール類がもつ塩素は合計して4 + 2 = 6以上であることが必須条件となる．

以上を要約すると「毒性ダイオキシンの生成には，2分子のクロロフェノールが同種，異種にかかわらず，ともにそれぞれ最低3個の置換塩素をもち，かつそのうち2個は隣合せになっていなければならない」となる．別のいい方では「2,4,5-TCPとテトラクロロフェノール類の有無がポイント」となる．

f. 農薬における特殊性

本書で述べている農薬はダイオキシン生成との関係から，誘導化される前の形のものをさしている場合が多い．そのほうがダイオキシン生成を確認しやすく，また，科学的な解析も容易だからである．2,4,5-T, 2,4-D，MCP，PCPなどは基本形の酸からかなりの割合でさらに誘導化されて，最終製品である農薬の有効成分になっている．前述のように，農薬の場合はダイオキシンの副生はそのほとんどがオルトクロロフェノール類の合成時やそれに続く合成工程で起こる．その後の誘導化反応たとえばエステル化，塩基との反応などは工程的にみてもダイオキシンを減少させる方向に働く．

したがって，一般の燃焼や塩素漂白などによってダイオキシンが生成し，最終物質のなかにそのまま存在してしまうような場合とは異なっているといえる．

さらに重要なことは，農薬は実際の場面ではかなり希釈された製剤として農耕場面で使用され，水田や畑に散布された後の環境中濃度（通常は土壌中濃度）はきわめて小さくなってしまうことが一般には十分認識されていない点である．

下記の具体的な例で説明しよう．

本書で定義するところの農薬“A”にたとえばTEQで100 ppb（100 ng/g）のダイオキシンが含有されているとする．一般の方々が“pg”や“ppt”のような極小単位に慣らされてしまった現在，この値は「かなり高濃度」の印象を与えるが，最終場面の土壌中濃度はどの程度になるのか計算してみよう．

農薬“A”中のダイオキシン濃度 = 100 ppb

$\longrightarrow$ 製剤化（平均希釈率20倍）で

製剤中ダイオキシン濃度 = 100 ppb/20 = 5 ppb

$\longrightarrow$ 10 a当たり製剤を2 kg施用すると

土壌のダイオキシン負荷量 = 2,000 g × 0.005 ppm = 10 μg

$\longrightarrow$ 10 cmの深さで，比重1の土壌層に均一に分散すると

土壌中ダイオキシン濃度 = 10 μg/(1,000 m^2 × 10 cm × 1)

= 10 μg/100 t = 0.1 ppt

$\longrightarrow$ ダイオキシンの土壌中半減期を無限大とし，10年間連続施用されると

10年後の土壌中ダイオキシン濃度 = 0.1 ppt × 10 = 1 ppt（1 pg/g）

以上の計算方法に対して種々の異論はあろうが，最近環境庁から示された中央環境

審議会の答申案の内容すなわち土壌の汚染にかかわるダイオキシン類の環境基準の設定値1,000 pg-TEQ/g以下と比較してかなり小さいことだけはご理解いただけるであろう．

「農薬中のダイオキシンはゼロでなくてはならない」ではなく，「実質的に何らの問題も起こさないような濃度以下であるべき」との考え方が，今後の農業生産を考えるうえで必要なことではないだろうか．

さらに農業サイドにとって幸いなことがある．それはたとえ微量のダイオキシンを含む農薬が農耕地に施用されたとしても，ダイオキシンそのものの性質と土壌との相互関係も手伝って，そこで栽培されている作物への吸収・移行がほとんど無視できる程度に小さいことである．このことは多くの研究によって確認されており[5]，各国の対策のなかでも「まず心配する必要のないヒトへの暴露ルート」とされている．

このことは1999年9月に環境庁が公表した「平成10年度の農用地土壌および農作物に係るダイオキシン類調査結果」によっても支持される．すなわち，全国の農用地52地点から採取した土壌中のダイオキシン類分析結果から，コプラナーPCBsの値を差引いた平均値は28 pg-TEQ/gと低く，このうち過去に使用された除草剤に由来する汚染が一部で指摘されている水田土壌20点のそれは51 pg-TEQ/gとわずかに高めであった．また，6点の農作物の平均値も同様に0.02 pg/gと低かった．

しかし，心配な点がないわけではない．それは飼料作物の場合である．つまり飼料作物はわれわれが直接摂取する農作物の場合と少し違う事情にあるからである．それは家畜の介在であり，農薬由来の毒性ダイオキシンに汚染された作物が飼料という形で給餌された場合は，いわゆる生物濃縮され酪農製品中の毒性ダイオキシン濃度はかなり高くなると考えられる．

幸いにもそのような飼料作物の茎葉部に直接散布されるような農薬に毒性ダイオキシンが含まれているとの報告を目にしたことはないが，作土の舞い上がりや付着による汚染などは十分にありうる．場合によっては考慮すべき暴露経路であろう．

g. 農薬各論

1) 2,4,5-T

2,4,5-Tなる名前はあくまで2,4,5-トリクロロフェノキシ系除草剤グループの略称であり，3種のフリーの酸や塩およびエステルなどがある．本剤は主として林地用除草剤としてあるいは不幸にもヴェトナム戦争における枯葉剤として用いられた．

かの有名な2,3,7,8-TCDDなる強毒性ダイオキシン生成のもとになる2,4,5-TCPは，通常のフェノールの塩素化によって合成されるわけではなく，図12.32に示すようにテトラクロロベンゼンのアルカリ加水分解によって選択的につくられる．

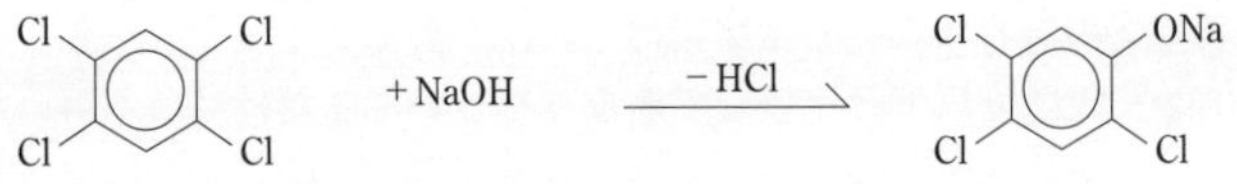

1,2,4,5−テトラクロロベンゼン　　2,4,5−TCP

図12.32　2,4,5−TCPの合成方法

この反応はかなりの高温下で行われるために，図12.33に示すように2,4,5−TCPの2分子が縮合する反応も同時に起こり，結果として2,3,7,8−TCDDのみを生成する．したがってほかの場合と違って塩素数なり置換位置の違った多種類のクロロフェノール類は生成してこないので，本剤には2,3,7,8−TCDD以外のダイオキシンの混入はほとんど考えられない（しかし，1999年9月に開催された国際シンポジウムにおいて，あるメーカーの過去の製品を最も進んだ方法で分析した結果，2,3,7,8−TCDD以外の毒性ダイオキシン多種が超微量検出されたとの報告があったが，その理由は不明とのことであった[6)]）．

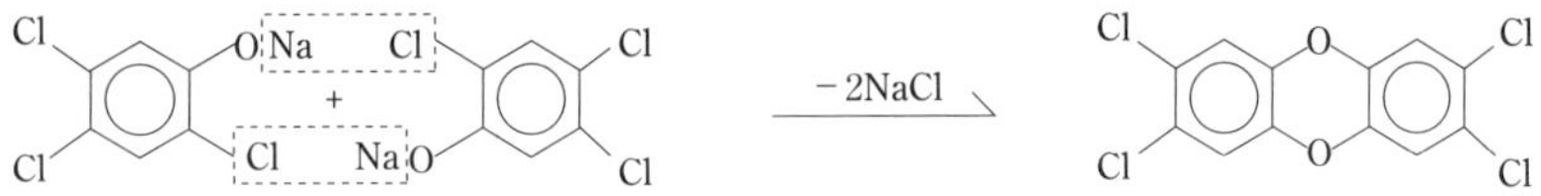

2,4,5−TCP　　2,3,7,8−TCDD

図12.33　2,4,5−TCPの縮合による2,3,7,8−TCDDの生成

さて，本剤は1944年にアメリカにおいて商業ベースで初めて生産され，除草剤としての使用は1950年代にかけて増大した．本剤中への2,3,7,8−TCDDの混入が初めて確認されたのは1957年であった[7)]．その濃度は1960年代には100 ppm近くあったが，その後の政府の指導により1970年代に各社は反応温度を下げることでその濃度を低減させ，1980年代はじめには0.1 ppm以下までに到達した．1962年から始まったヴェトナム戦争において，本剤を含む枯葉剤オレンジが最も多量に使用されたのは1965年から1970年にかけてで，その平均濃度は約2ppmであったと報告されている[7)]．ダイオキシン含有量が最も高かったのは枯葉剤ピンクとグリーンの約66 ppmで，ともに本剤の単剤であった．

なお，ダイオキシンとのかかわりは別として，本戦争で除草目的に使用された薬剤は本剤のほかに，2,4−D，ピクロラムおよびカコジル酸がある．

本剤が問題になってからほとんどの用途の使用が禁止されつつあった時代においても，アメリカではその有用性ゆえに2,3,7,8−TCDDの含有量が0.1 ppm以下であれば林地などでの継続使用が認められていた時期があった．

わが国においても1968年ごろから使用されるようになったが，ヴェトナム問題が知られるようになるとともに規制が検討され比較的短い寿命を終えた．

2）2,4-D

本剤も2,4,5-Tより塩素が一つ少ないだけで同じ系統に属する除草剤で，同様に種々の誘導体よりなるグループの略称であり，そのブチルエステルはオレンジ剤のもう一方の成分である．本剤は，現在わが国でも登録が継続され少量ながら使用されている．

本剤の合成出発原料は2,4-ジクロロフェノール（2,4-DCP）であり，品位の高いすなわち高純度のものが使用されている限り，先に述べた理由から毒性ダイオキシンは副生しない．実際にもそうであったことは過去の多くの分析結果が証明している[8]．しかし，その合成方法はフェノールの塩素化であるから条件しだいでは各種のトリクロロフェノールやテトラクロロフェノールが生成し，同時に副生する毒性ダイオキシンが最終製品である2,4-Dにまで混入していく可能性はあるし，ほかの化学品製造工程で副生した純度の低い2,4-DCPが有効利用目的で用いられた場合はその危険性は増大する．この点についてわが国の場合は2,4-DCPの品質がよくコントロールされており全く問題のないことが確認されている．

3）PCP

本剤は化合物としての歴史も古く，かつ多方面にわたる生物活性ゆえに国内外で農薬用途以外にも汎用された．先進国では現在ほとんど使用規制されているが，一部の国ではいまだ生産され使用されている．除草剤としてのわが国における使用規制はダイオキシン含有問題ではなく，本剤のもつ強い魚毒性が原因となった．

本剤の主要な製造方法には図12.34に示すように2種類あり[9]，どの方法で製造されたかによってダイオキシンのプロファイル（種類と含有量）が大きく違ってくる．また，内外で数多くの会社が生産していたので当然のように品質面の違いがあった．

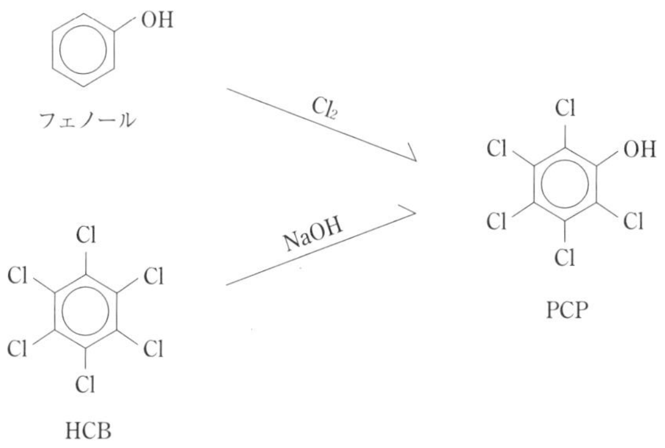

図12.34 PCPの合成方法

ダイオキシン含有量はフェノール法のほうがHCB法に比較してかなり多いとされ，4，5塩化体は通常検出されず，6〜8塩化体が主体で，特に8塩化体が顕著であるといわれている．このプロファイルはほかのマトリックス（媒体）にはみられない特徴で，PCPプロファイルと呼ばれている．

この8塩化体の毒性が着目され，先に述べたTEF値を与えるよう提案されたのはかなり後の1987年であり[10]，それまでは特にわが国において本剤はダイオキシンとはあまり関係のない化合物とされていた．

わが国における使用目的別の数量は統計的に明確ではないが，本剤の除草剤など農薬用途以外の使用で主要なものは木材防腐用であろう．もともと含まれていたダイオキシンによる汚染よりも，処理された木材の焼却処理により2次的に発生するダイオキシンが問題にされた時期もある．本剤とダイオキシンとの関係を図12.35に示す[11]

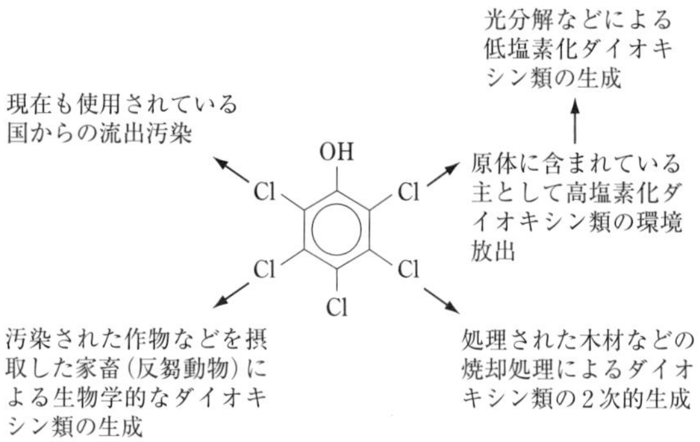

図12.35 PCPとダイオキシンの関係

4）CNP

本剤は1960年代半ばに，前項のPCPに代わって低魚毒性を特徴にして登場した．その後の普及はめざましく，わが国の水田除草に大いに寄与したが，1993年に新潟県におけるある種のがんの発生に関係しているとの一部の疫学的な仮説[12]が契機となり，製造会社（1社のみ）がその生産・出荷を自粛して事実上使用中止となった．その後，1996，1999年にこの仮説に対する反論が相ついで発表され[13,14]，本剤との因果関係に疑問が投げかけられている．

それ以前の1982年にも，本剤にある種のダイオキシンが含有されているとの報告がなされ（前述），新聞紙上などで大きく取り上げられた時期もあったが，このダイオキシンには毒性はないとの認識でその使用は続けられていた．

しかし，ごく最近すなわち1999年はじめに，過去の生産品の一部に高濃度の毒性ダイオキシンが検出されたとの発表が横浜国立大学よりなされ[15]，大きく報道されるに至って，本剤はいまや“ダイオキシン農薬”とのレッテルが貼られている状況にある．

本剤は図12.36に示す合成方法によって製造されたが，ダイオキシン生成に関連するのは出発原料であるトリクロロフェノールの塩素の置換位置とその品位（純度）である．

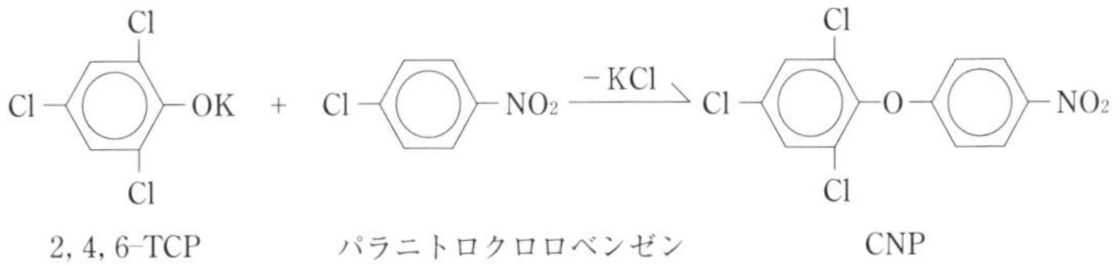

図12.36 CNPの合成方法

この2,4,6-TCPからは図12.37に示すとおり2種の非毒性ダイオキシンが比較的容易に生成する．したがって，毒性ダイオキシンが確認されたとなれば，何らかの理由で共存したほかのクロロフェノール類が原因していることにならざるをえない．

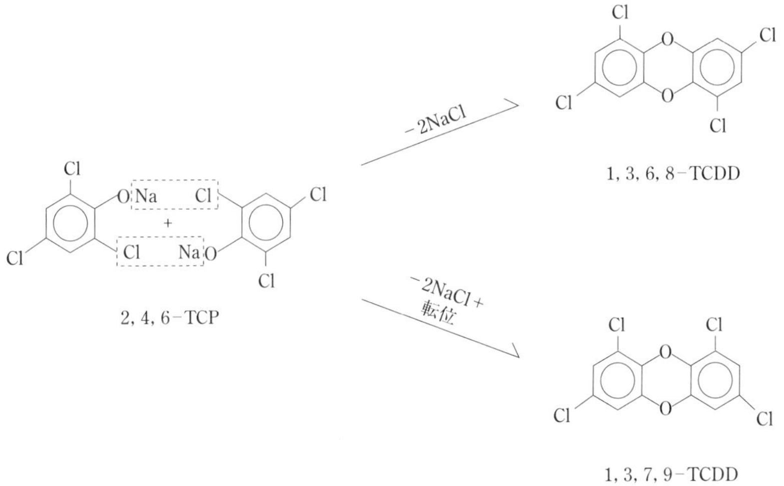

図12.37 2,4,6-TCPの縮合によるダイオキシンの生成

横浜国立大学の発表から約5か月後に，製造会社から自社調査分が公表されたが（農林水産省も同日公表），両者の結果には大きな差がある．同じ製品を分析したわけではないので，比較するには多少無理がある．もちろん製造会社の自主努力で一時期

問題にされた1,3,6,8-TCDDの低減化努力によって製品の品質が良いほうに変化したことは容易に推測できる.

さて，横浜国立大学の分析結果が間違いないものとすれば，約7 ppmと1 ppmなる大きな値を示したCNP原体のもとになった1970年代の2,4,6-TCPの品質に一時的な大きな振れがあったとしか考えられない．たとえば2,4,5-TCPやある種のテトラクロロフェノールの混在である．というのも，あの2,4,5-Tの場合ですら，2,4,5-TCPの満たされたプールで生成する2,3,7,8-TCDDの量は2桁ppmだからである．このことは，1,3,6,8-TCDDのCNP中への混入レベルとその原料2,4,6-TCPの関係がよく似ていることからもいえる.

先に「一時的な」と述べたのは，過去いくつかの研究グループが実施した，CNPが長年使用された水田土壌の調査結果からは，それを示すような証拠（CNP由来の毒性ダイオキシンの比較的高濃度な検出結果）が得られていないことからである[16].

5）PCNB

本剤は，国内外で古くから図12.38に示すニトロベンゼンの塩素化法により製造されていた．アメリカにおいて一時その多塩素化構造ゆえに2,3,7,8-TCDDの副生が疑われていたが，実際にはまったく生成しないことから，本剤への関心はもっぱら副生するヘキサクロロベンゼン（HCB）に注がれていた.

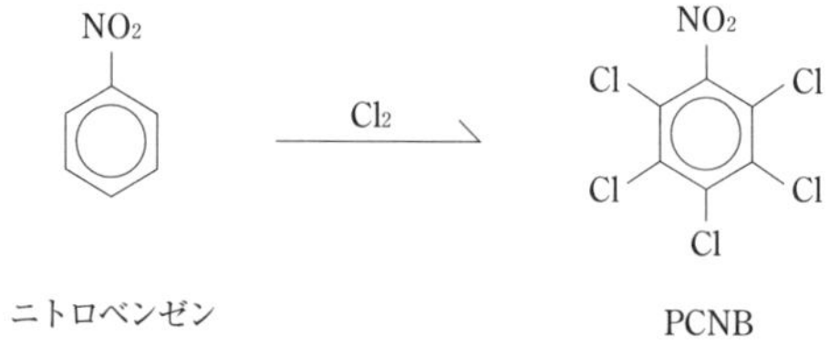

図12.38 PCNBの合成方法

しかし，本剤の製造工程そのものに変化がなくても，毒性ダイオキシンの定義が高塩素化体にまで拡大された1987年以降は無関係とはいいにくくなった．さらにそのころから分析法の進歩もめざましく，高分離かつ高感度化していたので，再点検する必要が検討されていた．その後，前述の国際TEFsが一般化した1990年ごろから本剤の国内製造会社が最新の分析方法で自主的点検した結果，ごく微量の高塩素化毒性ダイオキシン1種が混入している事実がわかり，代替剤の出現とも相まって本剤は国内市場から姿を消した.

製造会社の点検結果が国の正式報告書に記載されるに至って，本剤も一時“ダイオキシン農薬”と名指しされるところとなったが，事実は，その含有量はほかのダイオキシン発生源との比較でほとんど無視できる程度でしかなかった．このことは現在でも国際的にも妥当とされている.

6）その　他

i）フェノキシ系農薬　前述した2,4,5-Tと2,4-D以外ではMCPがこの系統に含まれる．MCP合成の出発原料は，2-メチル-4-クロロフェノールであり2,4-Dの2位の塩素がメチル基に置き換わっているために毒性ダイオキシン副生の可能性はさらに小さくなる．毒性ダイオキシンが生成するとすれば，それは混在するオルトクロロフェノール類によるものであるが，この可能性はきわめて小さい．このことは実際の分析によっても毒性ダイオキシンの不在が確認されており，現在も農薬として使用されている．

ii）ジフェニルエーテル系農薬　わが国で広く使用されこの系統に属する農薬の代表は，前述のCNPである．そのほかに上市され，ダイオキシン混入が一時でも疑われたものを図12.39に示す．

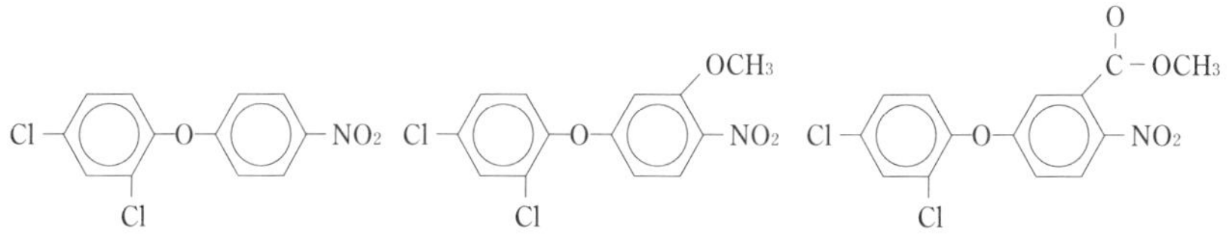

図12.39　各種ジフェニルエーテルの化学構造

これらの農薬についてもいくつかの分析結果の報告があり，いまだその超微量の毒性ダイオキシンの存在の真否については結論が出ていないが，基本的には問題になることはないと考えられる．その理由は前項と同じで，原料のクロロフェノール類の種類からも，また，その後の反応ルートからみても毒性ダイオキシン副生のおそれはほとんどないからである．

iii）有機塩素系農薬　DDT，BHC，ドリン剤などのようなこの系統の農薬はその構造上に多くの塩素をもっているところから何となくダイオキシンの混入があっても不思議はないと考えられがちである．しかし，前述のようにダイオキシンは限定された反応により生成してくることと，この種の農薬の合成は特別のルートで行われたことを思い浮かべれば，混入のおそれはきわめて小さいとされる．事実過去の報告事例もそれを裏づけている．ただし，塩素化が合成工程の終盤に行われるような事例では高塩素化ダイオキシンの副生が起こりやすいので要注意である．しかし，わが国に流通していたこの種の農薬には問題となるような量の毒性ダイオキシンは含まれていない．

1999年に実施された農林水産省指示による一斉点検では，ベンゼン環に塩素が1個でもあればその対象になったが，先に述べた理由からみて，この項に属する農薬には全く毒性ダイオキシン副生の可能性はないと予想されていた．すべて不検出との分析結果もそれを証明している．

h. 規制など

1）諸 外 国

ダイオキシンの分野では先進国である欧米の本問題に対する取組み方には実に興味深いものがある．ダイオキシンが唯一2,3,7,8-TCDDのみをさしていた1960年代の過去から数十種類を規制対象にせざるをえなくなった現在までの各国規制当局の混乱や苦労さらにはマスメディア，一般大衆への対応ぶりについては簡単には述べられない．そこで，直接農薬には関係しないが，参考までに何が問題であったかを順不同に記してこれに代えたい．

・調査・研究および規制対象とすべきダイオキシンの種類の経年的な増加
・個別ダイオキシンのTEF値の変動とすでにある分析結果の再計算
・他国からの種々のモデルの提案による混乱
・マイナー成分である2,3,7,8-TCDDのみを分析した過去の結果の取扱い
・結果をまとめる際の“検出限界以下”の取扱い
・分析の定量限界の急速な向上と過去の結果の取扱い
・つねに大きな値を示すPCBsへの対応
・他国からの汚染への対策と国による考え方の相違
・食品特に脂肪含量の違う肉や魚の分析結果表示の困難性
・分析の困難さやピーク誤認による間違った結果が公表された場合の対応
・次つぎと発表される毒性試験結果収集への怠りない努力
・的確なバックグランド値の欠如による評価のむずかしさ
・暴露条件の違いによる解析の困難性
・未知の汚染原因追求の困難性

現在，農薬などの合成化学物質についてのダイオキシンにかかわる規制は各国なりに個別的になされていると思われるが，明文化されているケースは限られている．わずかにアメリカ[17]，ドイツ[18]にはっきりとしたものはあるが，それ以上に生産者側，規制当局ともに厳しくとらえて自主規制や対応を行っているのが実態であると推測される．

2）わ が 国

わが国において過去農薬中のダイオキシンのチェックはどうなされていたのであろうか．また，現在はどうなっているのであろうか．

欧米に遅れること約10年，確かにわが国における実質的な規制なり指導はそれほど進んではいなかった．しかし，従来から農林水産省は，農薬取締法により農薬メーカーから申請される農薬原体中の不純物についてはその種類および含有量に関する科学的資料の提出を求めており，登録検査の過程でこのダイオキシン混入もその時点で

の分析技術レベルで慎重にチェックされてきた．当然のようにヴェトナム戦争における枯葉剤の使用が問題になってからは一段と厳しくチェックされるようになった．残念なことに，ダイオキシンという言葉自身が禁句のように扱われていた時代では，このようなチェック自体が行われていたことは広く流布されようがなかった．つまり，チェックする必要があることはそれに該当するような農薬があるかのような印象を与えるからである．しかし，一方で欧米に遅れたことによるプラスもあった．それは近年の対策検討の過程で先に述べた先進国のような混乱を経験しなくてすんだということである．すでに国際標準となっていたTEFsとTEQのコンセプトが利用できたからである．

1999年1月に横浜で開催されたある国際シンポジウムで，農家の倉庫に保管されていた各種の古い農薬製剤中のダイオキシン分析結果を横浜国立大学が発表し，ある全国紙が大きく報道するに至って，“農薬のダイオキシン含有問題”が急浮上した．これが契機となり，さらには当時国会においてダイオキシン立法が検討されていた事情も重なり，農林水産省はダイオキシンを含む可能性のある農薬約100点の点検を急遽該当する各農薬メーカーに指示するところとなった．その際に示された各ダイオキシンの定量限界（LOQ）を表12.26に示すが，これは前記のWHO-TEFsをベースにして決められたもので，個別にみると10年以上も前に米国環境保護庁（USEPA）が要求したもの[17]に比較するとかなり小さくつまり厳しく設定されている．

このLOQを上回って検出された場合は，当然メーカー側に各種の厳しい指導がなされるものと考えてよい．幸いにもいままでに公表されたなかには前記の特定の農薬を除いてはダイオキシンを含む農薬はなかった．

i. リスク・ベネフィット論議

本来，ダイオキシンには何の有用性はなく，この地球上では無用のものである．しかしながら，人類が燃焼という事象や塩素そのものと芳香族炭化水素化合物の存在か

表12.26 農林水産省の指示した定量限界（単位：ppb）

Toxic PCDDs	LOQ	Toxic PCDFs	LOQ
2,3,7,8-TCDD	0.1	2,3,7,8-TCDF	1
1,2,3,7,8-PeCDD	0.1	1,2,3,7,8-PeCDF	2
1,2,3,4,7,8-HxCDD	1	2,3,4,7,8-PeCDF	0.2
1,2,3,6,7,8-HxCDD	1	1,2,3,4,7,8-HxCDF	1
1,2,3,7,8,9-HxCDD	1	1,2,3,6,7,8-HxCDF	1
1,2,3,4,6,7,8-HpCDD	10	1,2,3,7,8,9-HxCDF	1
OCDD	1,000	2,3,4,6,7,8-HxCDF	1
		1,2,3,4,6,7,8-HpCDF	10
		1,2,3,4,7,8,9-HpCDF	10
		OCDF	1,000

らは逃れられないうえに，含ハロゲン合成化合物がわれわれにとって有用である限り，大なり小なり人類はダイオキシン問題からは逃れることはできない．

これからも生産し続けられるであろう化学物質中のダイオキシン類の混入については，厳しくチェックされるべきであるが，だからといってほかに無視できないより大きな発生源があるなかでこと化学物質のみに，とりわけ農薬だけに特別な厳しい監視がなされるのは問題であろう．農薬が農業生産にとって欠くべからざる資材であり，人類にとって有用である限り，この問題は“リスク・ベネフィット”論議の中で検討される必要がある．

以上述べてきて，農薬とダイオキシンのかかわりについて読者はどう感じられたであろうか．確かに過去の一時期において当時の技術水準でもダイオキシン混入がすぐあとに明らかになった農薬も存在していたし，近年の飛躍的な分析技術の進歩によってずっと後年になって過去における混入事実が明らかになった例もみられた．また，当時は毒性が小さいかないとされて関心がもたれなかったダイオキシンでもその後の毒性研究の進展に伴ってTEFが決められ，再点検の結果その存在が確認された農薬もあった．しかし，ここで忘れてはならない大事なことがいくつかあり，そのことを記して筆をおくこととしたい．

まず，過去は“ダイオキシン”といえば“2,3,7,8-TCDD”のみをさしていたことを再度指摘したい．時代はつねに進んでいる．過去の人々の叡智と努力にも一定の評価を与えるべきであろう．

次に，特定の研究者の指摘によると，わが国の過去のダイオキシン汚染は農薬にその大部分が由来しており，それによる水系の底質汚染はいまだに続いているとされている．果たしてそうであろうか．そのような指摘のもとになった調査報告を筆者なりに検討した結果では多くの疑問点があり，そのような結論を出すには早計すぎると思われる．今後じっくり時間をかけて，過去に排出された焼却炉由来のダイオキシン量の正確な推計もさることながら，残存するこれら農薬の分析なり，その使用された水田の土壌分析の実施を，もっと大きな規模で進めることによって明らかにされるものと期待している．多くの農薬関係者と内外のダイオキシン研究者とともに気長に待ちたい．なぜなら国内外の研究者から，彼らの結論があまりにも突飛であるとの感想が多く寄せられているからである．〔玉川重雄〕

文　　献

1) NATO/CCMS, Report No.176 (1988).
2) ダイオキシン'97シンポジウム会場配布資料より．
3) Federal Register, 1980a.
4) Yamagishi, T. *et al.* (1981). *Chemosphere*, **10**：1137.
5) Fries, G.F. *et al.* (1990). *J. Toxicol. Environ. Health*, **29**：1.
6) Scheter, A. *et al.* (1999). *Organohalogen Compounds*, **32**：51.
7) (1983). *Chemical & Engineering News*, **61**, No.23：23.

8) Rappe, C. (1984). *Environ. Sci.Technol.*,**18**, No.3 : 78.
9) 小林敏郎，他（1961）．化学工業，**12**，No.9 : 14
10) ダイオキシン'87シンポジウムにおけるI-TEFs提案.
11) 玉川重雄（1998）．化学と生物，**36**，9 : 592.
12) 山本正治（1993）．医学のあゆみ，**166** : 839.
13) 山口誠哉（1996）．日本農薬学会誌，**21** : 81.
14) 本山直樹，他（1999）．日本農薬学会第24回大会講演要旨集，p.127.
15) Masunaga, S. (1999). Proc. 2nd Int. Workshop on Risk Eval. Manag. Chemicals, p.1.
16) 脇本忠明（1998）．第23回日本環境化学会講演会予稿集，p.15.
17) (1987). *Chemical Regulation Reporter*, July 10.
18) Basler, A. (1994). *Organohalogen Compounds*, **20** : 567.

13. シミュレーションモデルによる土壌環境中での農薬の動態予測

農薬を含む化学物質による環境汚染を未然に防ぎ，適切に使用・管理するためには，化学物質が環境中に放出される前に，その挙動を正確に把握する必要がある．農薬はその目的から環境中に意図的に放出される高生理活性物質である．そのため，農薬の適正使用・管理には特に環境動態に関するデータの蓄積が重要になる．

新規農薬の登録認可の際には容器内試験と圃場試験により，農薬の土壌中での分解速度（半減期）に関するデータが要求されている．また，農薬による地下水汚染が問題になっているEUやアメリカEPAでは土壌カラム試験やライシメータ試験により農薬の溶脱に関するデータも要求されている．また，登録認可され使用されている農薬についても水系での残留量を把握するための実態調査がおもに地方自治体の農業試験場などで行われている．

しかし，室内でのモデル実験や実態調査だけでは，時間的，空間的に変動する農薬の環境中濃度を迅速に把握することは多くの労力と経費と時間が必要である．また，環境中に放出される前の新規化合物については適用できない．そこで，最近では，これらの欠点を補うため数理モデルを使ったコンピュータシミュレーションにより環境中の動態を予測することが試みられている．シミュレーションモデルは農薬の環境中での複雑な挙動プロセスを解析するために，非常に有効なツールであり，おもに研究用に開発が進められ利用されてきた．

しかし，近年欧米ではシミュレーションモデルによる農薬の環境中予測濃度（PEC, predicted environmental concentration）を算出し，評価（環境）基準値との比較（リスク評価）を行い，農薬の登録認可の際の重要な判断資料として利用している．また，シミュレーションモデルは評価したリスクを管理するためのツールとしても有効である．農薬の環境中での複雑な挙動プロセスをシミュレーションモデルで解析し，挙動に大きな影響を与えるプロセスを抽出できれば，そのプロセスを制御することにより，農薬の環境中での挙動を制御することができる．つまり，農薬の農業生産系外への流出を制御・削減することができるのである．今後，シミュレーションモデルは農薬のリスク管理およびリスク削減のツールとしての利用が急速に拡大していくであろう．

一方，シミュレーションモデルは実際に農薬を使用する農業従事者や農業経営への環境教育のツールとして，あるいは，農薬メーカーおよび行政と農薬に対して不安を抱く消費者のリスクコミニュケーションのツールとしても非常に有効であろう．本章では，近年急速に発展してきたシミュレーションモデルについて概説し，農薬の土壌環境中での動態予測用に開発され使用されているモデルを水田土壌環境と畑土壌環境に分けて具体例を交えながら論じたい.

13.1 シミュレーションモデルとは

農薬などの化学物質の環境中における動態を予測する数理モデルは，環境媒体間の移動プロセスの表現方法の違いにより，分配平衡論モデル（partition model）と速度論モデル（kinetic model）に大別できる．前者の代表としては，フガシティモデル（レベルⅠ，Ⅱ）が有名である[1]．平衡論モデルは化学物質の環境中への進入，環境中での分解，各コンパートメント間の移動などの速度は全く考慮されていない．そのため，平衡論モデルによる予測計算は，環境中での分解性が低く，広範囲で大量に使用される化学物質について，広い地域でどのコンパートメント（気相，水相，土壌相，底質相，生物相）を汚染する可能性が高いか，汚染濃度が人畜や非標的生物などにとって危険なレベルになる可能性があるか否かを考える参考にするためのものである．現在使用されている農薬のように環境中（土壌中）での半減期が短い（数日～数か月）化学物質の動態予測に平衡論モデルを使用することは不適当である．そこで，近年では欧米を中心に各種の速度論モデルが開発・評価されている．そして，速度論モデルを用いたコンピュータシミュレーションにより土壌中および水系中の農薬の挙動を予測し，管理する試みが，積極的に行われている．そこで，これからは近年欧米を中心に開発された速度論モデルについて解説したい．

13.2 農薬の環境中動態予測のために開発されたシミュレーションモデルの種類と分類

1970年代後半からアメリカ，続いてヨーロッパで行われた井戸水のモニタリングによりアトラジン，2,4-Dなどいくつかの農薬が広範囲に検出され，農薬による地下水汚染が環境問題化した．そこでEUでは地下水を含む飲料水の農薬濃度が哺乳毒性の強弱にかかわらず0.1 ppm（混合物として0.5 ppm）を越えるとその地域における使用を制限している．このような社会情勢のなか，1980年代～1990年代の前半までに土壌中での農薬の挙動（特に溶脱，leaching）に関心が集まっており，アメリカ，EUを中心に農薬の環境中動態シミュレーションモデルが開発されている．

アメリカEPAではこれらのモデルを表13.1のように分類している．シミュレーションモデルはその利用目的に応じて比較的入力データが少なくシンプルなスクリーニングモデルから土壌の特性，気象条件などを考慮したより詳細な予測が可能な1次（primary），2次（secondary）モデルに分類されている．また，その利用場面により溶脱（leaching）モデル，表面流出（runoff）モデル，地表水（surface water）モデルに分類される．特に農薬の地下水汚染性を予測することのできる溶脱モデルは欧米各国で開発されている．

溶脱モデルとして定評のあるモデルはアメリカEPAのPRZM-2（pesticide root

表13.1　アメリカEPAによる農薬の環境動態予測モデルの分類

モデルのタイプ	溶脱（leaching）モデル	表面流出（runoff）モデル	地表水（surface water）モデル
スクリーニング	CHEMRANK PATRIOT PRE-AP	PRE-AP PIRANHA	RIVWQ SURFEST
1次	PRZM2（USEPA） GLEAMS（USDA）	PRZM2（USEPA） GLEAMS（USDA）	EXAMS II（USEPA） WASP5
2次	CMLS LEACHM（アメリカ） PELMO（ドイツ） PESTLA（オランダ） VARLEACH（イギリス）	SWRRBWQ（USDA） EPICWQ HSPF RICEWQ（アメリカ）	RIVWQ SWRRBWQ（USDA） HSPF

（注）USDA：アメリカ農務省，USEPA：アメリカ環境庁

zone model）[2]，ドイツのPELMO（pesticide leaching model）[3]，オランダのPESLA[4]などである．PRZM-2は農薬の溶脱だけでなく表面流出についても予測が可能であり，欧米の多くの研究者によりモデルの検証・評価が行われている[5,6]．PRZM-2は溶脱モデルのスタンダードモデルとなりつつあるので，後で具体例を交えながら詳しく解説する．PELMOはPRZMをベースにドイツ，北欧用に改良されたモデルであり，予測精度に大きな影響を与える農薬の土壌中分解速度を各土壌コンパートメントの水分含量，土壌温度，微生物バイオマスから計算（補正）できることが特徴である．

表13.1には記載されていないがスウェーデンのMACRO（macroporous soil model）[7]も評価の高い溶脱モデルである．土壌間隙を粗大孔（macropores）と微細孔（micropores）に分けて水および物質の移動を計算できることが特徴である．また，このモデルには土壌および農薬に関するデータベース（MACRO DB）が付属しており，入力パラメータを入手するのに便利である．土壌に関するデータベースはSEISMIC（400種類のイギリスの土壌）とMARKDATA（26種類のスウェーデンの土壌），農薬に関するデータベースはPETE（600種類の化合物）である．最近では，カラムやライシメータ試験あるいは圃場試験による実測値とモデル計算の結果を比較検討し，上記のモデルの妥当性の検証も進められている[8,9]．1994年にワシントンD.C.で開かれた国際農薬化学会議（ICPC）でも，農薬の環境動態数理モデルを扱った多数の発表において，シミュレーションによる予測値と圃場やライシメータ試験で得られた実測値との比較がなされ，上記モデルの検証・評価が行われていた[10,11]．

欧米では畑作中心の農業形態であり，上記のモデルを用いれば農薬の溶脱や表面流出をある程度予測し，農薬のリスク評価および管理に使用することができる．しかし，日本を含むアジアでは水田農業が中心であり，上記のモデルは使用することができない．水田用の動態予測モデルは非常に少なく，表13.1に記載されているモデルで，利

用可能なモデルはRICEWQ（pesticide runoff model for rice crops）[12]である．RICEWQは地表水（湖沼）モデルであるSWRRBWQ（simulator for water resources in rural basines–water quality）[13]をもとに開発されており，水田田面水および土壌表層での農薬の挙動および農薬の流出を予測することができる．RICEWQは水田からの農薬のrunoffモデルとしては1995年に世界で最初にアメリカで開発・評価されたモデルであり，後で具体例を交えながら詳しく解説する．そのほかに水田で利用可能なモデルとしてはアメリカEPAのEXAMS II（exposure analysis modeling system）[14]がある．表13.1で分類されているようにEXAMS IIは地表水モデルであるが，水田田面水中でのスルホニル尿素系農薬の消長を予測するのに使用されている[15]．農薬動態予測モデルに関してさらに詳しい情報を得たい場合は，IUPACの報告書[16]や専門書[17,18]を参照して頂きたい．

水田のrunoffモデルは1990年代の後半から日本でも開発されている．稲生・北村のPADDY[19]や筆者らが開発・評価したPCPF-1（simulation model for pesticide concentration in paddy field）[20,21]である．これらのモデルは水田専用に開発されているため，RICEWQより入力パラメータが少ないが予測精度は高い．PCPF-1については，筆者らの研究成果を交えながら後で詳しく解説する．ところで，水田の溶脱モデルであるが，世界的に未だ開発・検証されていない．そこで，筆者らが中心になりleachingとrun-offをともに予測できるモデル（水田版のPRZM）の開発および圃場実験による検証を進めている．

現在日本の稲作は，代掻きを十分に行い田面水の地下浸透速度を抑制した湛水移植栽培が主流であるが，海外の稲作（特に欧米）は代掻きを十分に行わない直播栽培が主流であり，日本に比べ水稲用農薬による地下水汚染のリスクははるかに大きいと考えられる．また，日本でも低コスト・省力稲作技術として代掻きを行わない乾田直播栽培が注目され，農水省の研究機関が中心になって研究開発が進展している．乾田直播栽培が普及すれば，田面水の地下浸透速度が増加し，日本の水田でも農薬による地下水汚染のリスクが高まることが予想される．これらの社会情勢を考えれば，水田用溶脱モデルの開発・評価は重要な研究課題であり，乾田直播栽培が普及する前に，水田溶脱モデルによる農薬の地下水汚染のリスク評価およびリスク管理手法を開発する必要がある．

13.3　畑土壌環境で使用されるシミュレーションモデル

上記で解説したように畑土壌環境では多くの農薬動態予測モデルが開発・評価されている．ここでは数ある溶脱モデルの中の代表的なモデルであるPRZM-2を選び，モデル構造，モデルにおける農薬の挙動プロセス，入力パラメータや感度解析などについて詳しく解説したい．また，PRZM-2によるシミュレーション結果と黒ボク土を充填したライシメータ試験による実測値を比較・検討し，考察を加えたい．

a. PRZM−2とは

PRZMは1984年にアメリカ環境保護庁（USEPA）のR.F. Carselらによって開発されたシミュレーションモデルである．数あるマネージメントモデルの中の代表的モデルで多くの研究者により土壌カラムおよびライシメータ（圃場）試験でモデルの妥当性が検証されてきた．

1993年にはその改訂版であるPRZM−2が出された．PRZM−2ではオリジナルのPRZMのプログラムの改良に加え，1次元の有限要素法によるリチャード式で土壌中の水分移動を移流拡散式（convection dispersion equation，CDE）で溶質移動を予測するVADOFTモデルとリンクさせている．そしてモンテカルロ法を用いたシミュレーションモジュールにより農薬の挙動における確率的予測を行うことができ，より詳細な暴露評価ができるマネージメントモデルとして改良された．また1997年には，窒素循環モデルも付加された最新版のPRZM−3もリリースされた．ユーザーズマニュアルとプログラムはUSEPAまたは関連のURL（http：//www.epa.gov/cempubl/przm3.htm）よりダウンロードが可能である．

PRZMは根圏（表層土）と根圏以下の不飽和土層（unsaturated soil）中の化学物質の挙動を予測するために開発された1次元溶質移動予測モデルである．モデルの概念図を図13.1に示す．水収支コンポーネントとの移流拡散を考慮した化学物質収支コンポーネントの2つからなり，水収支コンポーネントでは表面流出，浸食，蒸発散土壌中の水分移動を考慮している．化学物質収支コンポーネントでは，農薬散布，農薬の農薬の植物による吸収，表面流出，土壌浸食，微生物分解，化学分解，降下浸透による農薬の消失，植物の葉からの農薬の流亡，そして土壌中で農薬の吸脱着による溶脱の遅れ，土壌中の溶解，吸着，およびガス成分の農薬マスバランスを考慮してある．PRZMは各土層ごとに上記のプロセスによる農薬の土壌中での挙動を予測するモデル式としては，たとえば土壌表層において，式（13.1）は土壌中の水収支を，式（13.2）は土壌の液相における農薬のマスバランスを式（13.3）は土壌の固相における農薬のマスバランスを表現している．

$$(SW)^{t+1} = (SW)^{t} + P + SM - I - Q - E \tag{13.1}$$

ここに，$(SW)^t$：時間tでの表層土中土壌水量（cm），SM：雪解け水量（cm/day），Q：表面流出量（cm/day），P：降雨量（cm/day），I：下層土への降下浸透量（cm/day），E：蒸発量（cm/day）．

$$\frac{A\Delta X\,\partial\left(C_{\mathrm{W}}\theta\right)}{\partial t} = -J_{\mathrm{D}} - J_{\mathrm{V}} - J_{\mathrm{DW}} - J_{\mathrm{U}} - J_{\mathrm{QR}} - J_{\mathrm{ADS}} + J_{\mathrm{DES}} + J_{\mathrm{APP}} + J_{\mathrm{FOF}} \tag{13.2}$$

$$\frac{A\Delta X\,\partial\left(C_{\mathrm{S}}\rho_{\mathrm{S}}\right)}{\partial t} = -J_{\mathrm{DS}} - J_{\mathrm{ER}} - J_{\mathrm{DES}} + J_{\mathrm{ADS}} \tag{13.3}$$

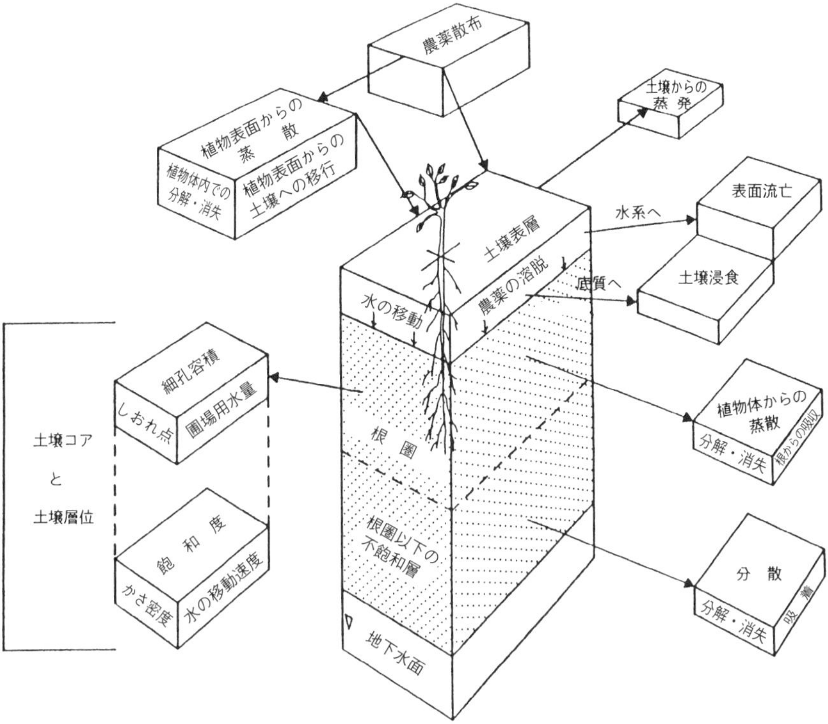

図 13.1　PRZM のコンパートモデル概念図[2)]

ここに，A：コンパートメントの横断面積（cm^2），ΔX：コンパートメントの層幅（cm），C_S：農薬の土壌吸着濃度（g/g），C_W：農薬の土壌溶液中濃度（g/cm^3），θ：土壌水分含量（cm^3/cm^3），ρ_S：土壌のかさ密度（g/cm^3），t：時間（day），J_D：溶存態の分散・拡散速度（g/day），J_V：溶存態の移流速度（g/day），J_{DW}：溶存態の分解速度（g/day），J_U：根からの吸収による消失速度（g/day），J_{QR}：表面流出による消失速度（g/day），J_{APP}：表層への農薬施用量（g/day），J_{FOF}：植物表面から土壌への移行速度（g/day），J_{DS}：吸着相での分解速度（g/day），J_{ER}：浸食による消失速度（g/day），J_{ADS}：土壌固相への吸着速度（g/day），J_{DES}：土壌固相からの脱着速度（g/day）．

さらに，根圏層およびその下の土壌層についてもそれぞれの水収支と農薬マスバランスにより異なるモデル式が使用されている．詳細については上記マニュアルに譲る．

b. PRZM-2の入力パラメータと感度解析

数値シミュレーションを実行する際にPRZM-2では多くのパラメータ（40以上）を入力しなければならない．入力が要求されているおもなパラメータを表13.2にまとめた．しかし，すべてのパラメータを正確に収集しようとすると，実態調査をする以上に煩雑なデータ集積を行わなければならない．そこで，吉村は，シミュレーションを行うにあたって，入力が要求されているすべてのパラメータの感度分析を行っている[22]．その結果，農薬の土壌中での移行性に感度の高いパラメータを表13.3のようにまとめている．また，その中でも，特に感度の高かったパラメータは，水溶解度，土壌吸着定数（K_{OC}），土壌分解速度，有機炭素含量，土壌かさ密度（bulk density）であった．この結果から，シミュレーションの精度を上げるためには，すべてのパラメータの収集に注力する必要はなく，上記のような感度の高いパラメータについてはモデル試験を実施し正確な値を求め，そのデータをインプットすればよいと考えられる．

表13.2　PRZMのおもな入力パラメータ[23]

1. 化合物（農薬）の物理化学的性質
分子量
水溶解度（mg/l）
ヘンリー定数（m^3·atm/mol）
空気への拡散定数（cm^2/day）
土壌吸着平衡係数［K_d］
土壌分解速度［DT_{50}*］（day）
加水分解定数
2. 土壌の物理化学的性質
かさ密度（g/cm^3）
孔隙率（%）
層位数
層の厚さ（cm）
圃場容水量
しおれ点
土性［砂/シルト/粘土含量］（%）
有機炭素含量（%）
pH
分解速度係数
3. 気象データ
降雨量（cm/day）
日平均気温（℃）
日平均日照時間（h）

* DT_{50}：土壌中での半減期

表13.3　農薬の土壌中での移行性に感度の高いパラメータ[22)]

1. 化合物の物理化学的性質によるもの
分解速度，吸着定数（K_{OC}），水溶解度
2. 土壌の性質によるもの
土壌密度，有機炭素含量，土壌平均温度
3. 気象条件
気温，降水量，降雨強度
4. 作物によるもの
播種日，収穫日，根の深さ
5. 農薬の処理によるもの
処理量，処理日

感度分析の重要性はPRZM−2に限ったことではなく，すべての数理モデルに共通しており，モデルを使用する前には必ず行うべき試験である．ここで，いちばん問題となるのは，感度の高いパラメータについて，いかにして信頼性の高いデータを得るかということである．農薬の物理化学性や表層土における各種農薬の半減期（分解速度）および土壌吸着係数ならば文献値で代用することも可能であるが，不飽和下層土での，農薬の分解速度および土壌吸着係数はほとんど明らかになっておらず，モデル実験により求めなければならない．しかし，表層土とは環境条件（温度，水分，大気組成など）の異なる不飽和下層土では，どのようなモデル試験を組めば正確なデータが得られるのかさえ明らかになっておらず，大きな研究課題となっている．不飽和下層土環境および不飽和下層土での農薬の分解（速度）と土壌吸着係数に関しては，著者（高木）の総説[23, 24)]に詳しく記載されているので参照して頂きたい．

c.　ライシメータ試験による PRZM−2 モデルの検証・評価

三菱化学安全科学研究所は日本植物調節剤研究協会（日植調）で行われたライシメータ試験結果[25)]とPRZM−2を用いたモデルシミュレーション結果との比較において，PRZM−2が土壌水中のダイアジノンとメトラクロール濃度の経時変化を再現できなかったと報告した．その理由として小規模ライシメータ試験では粗孔隙流の影響や製剤の形態・性状の影響を受けるためと考えられる[26)]．ここでは，欧米ではほとんど存在せず日本の畑土壌の約50％を占める黒ボク土での農薬の溶脱をPRZM−2で予測できるかどうか評価するため，日植調のライシメータ試験結果に基づき入力パラメータとシミュレーション状況の再設定を行い浸透水中のダイアジノン濃度変化のシミュレーションを行った．

表13.4にはPRZM−2シミュレーションに使用された入力パラメータおよびその値を，表13.5には気象データを示す．気象データのうち日射量と風速はライシメータ実験圃場より約10 kmの農業環境技術研究所（農環研）でとられたデータを使用した．

表13.4 PRZM-2でシミュレーションを行うために必要な入力パラメータとその値
(1994年日植調ライシメータ試験区のダイアジノンの場合)

	入力パラメータ	単位	入力値	備考
1	降水量	cm	表13.5	日植調資料
2	気温	℃	表13.5	日植調資料
3	蒸発量	cm	表13.5	農業環境技術研究所
4	風速	cm/s	表13.5	農業環境技術研究所
5	シミュレーション開始日		24/11/94	
6	シミュレーション終了日		20/12/94	
7	日蒸発量計算ファクター		0.76	海岸に近い地帯
8	融雪ファクター		0.00	積雪なし
9	日蒸発計算フラグ		0	蒸発量データ使用
10	蒸発を生じる最少土壌深さ	cm	15.00	PRZM-2デフォルト値
11	初期作物フラグ		0	発芽後のシミュレーション
12	初期作物に対する地表面の状況			記入不要
13	土壌浸食フラグ		0	土壌浸食を考慮しない
14	シミュレーション期間中の作物数		1	
15	作物		コムギ	
16	作物の最大降水遮断量	cm	0.15	PRZM-2マニュアル
17	作物根の最大長	cm	20.0	PRZM-2マニュアル
18	作物樹冠地表面投影最大割合	%	80.0	PRZM-2マニュアル
19	作物収穫後の地表面の状況		1	fallow (耕起)
20	表面流出カーブナンバー*		45, 45, 45	
21	作物発芽日		14/11/94	PRZM-2マニュアル
22	作物成熟日		30/03/95	仮定
23	作物収穫日		15/04/95	仮定
24	農薬散布回数		1	
25	農薬散布日		24/11/94	
26	農薬散布量	kg/ha	0.5	
27	農薬散布土壌層の深さ	cm	1.0	
28	農薬散布形態		1	土壌表面散布
29	全土壌深さ	cm	20.0	
30	植物の農薬吸収ファクター		1	
31	拡散係数	cm^2/d	0.0043	
32	ヘンリー則定数		0.00005	
33	気化エンタルピー	kcal/mol	20	
34	各土壌コンパートメントの深さ	cm	10.0	
35	各土壌層の仮比重	g/cm^3	0.55	黒ボク土での概算値, 20cm以下は0.6
36	各土壌層での農薬の分解速度	1/d	0.0173	土壌中半減期40日より算出
37	各土壌層の圃場水分含量	cm^3/cm^3	0.70	黒ボク土での概算値
38	各土壌層の永久しおれ点	cm^3/cm^3	0.117	黒ボク土での概算値
39	各土壌層の有機炭素含量	%	3.35	日植調資料より
40	各土壌層の土壌吸着定数	cm^3/g	8.41	K_{OC}値251より算出
41	処理前の農薬残留フラグ		0	処理前に残留なし

* USDA (アメリカ農務省) のSCS (Soil Conservation Service) がつくった圃場での表面流出量の簡易計算法から算出した値. 数値が高いほど表面流出が起こりやすい.

表13.5　PRZM-2シミュレーション用気象データ

月/日/年	降水量 (cm)	蒸発量 (cm)	気温 (℃)	風速 (cm/s)	日射量 (cal/cm²/d)
11 24 94	2.4	0.190	5.1	160	236.5
11 25 94	0.0	0.100	6.5	150	200.6
11 26 94	0.0	0.120	8.1	180	195.9
11 27 94	0.0	0.300	7.1	280	241.2
11 28 94	2.5	0.100	5.1	120	145.7
11 29 94	0.0	0.210	7.6	160	215.0
11 30 94	0.0	0.190	6.5	140	219.7
12 1 94	2.5	0.100	7.2	220	181.5
12 2 94	0.3	0.120	9.7	250	93.1
12 3 94	0.0	0.160	8.8	160	143.3
12 4 94	0.0	0.340	6.6	140	231.7
12 5 94	2.2	0.290	6.0	170	81.2
12 6 94	0.0	0.250	5.6	240	86.0
12 7 94	0.0	0.300	7.0	220	210.2
12 8 94	2.5	0.170	7.7	180	231.7
12 9 94	0.0	0.290	9.5	200	45.4
12 10 94	0.0	0.350	7.9	110	229.3
12 11 94	0.5	0.010	4.2	120	16.7
12 12 94	2.0	0.070	8.5	150	83.6
12 13 94	0.4	0.060	8.6	290	69.3
12 14 94	0.0	0.190	5.9	120	224.5
12 15 94	2.1	0.240	3.9	260	205.4
12 16 94	0.0	0.186	3.3	310	238.8
12 17 94	0.0	0.186	0.5	250	231.7
12 18 94	0.3	0.186	2.5	180	229.3
12 19 94	2.5	0.186	0.8	150	255.6
12 20 94	0.0	0.186	0.6	130	112.3

土壌層位は上層20cmと下層30cmの2層を仮定しそれぞれの層位ごとに土壌のパラメータを入力した．また計算誤差や計算の不安定性を少なくするため各1cmの土層ごとに計算した．黒ボク土に関するデータは農環研での非公表データと日植調での聞き取りにより算定した．黒ボク土壌の仮比重は上層が0.55g/cm^3，下層が0.60g/cm^{3}とし，初期土壌水分量および圃場容水量は両層とも0.7cm^3/cm^3，永久しおれ点土壌水分量は両層とも0.5cm^3/cm^{3}と設定した．移流拡散係数（dispersion coefficient）はBiggerとNielsenの式[27]を用いて概算した．ダイアジノンの土壌吸着定数はK_{OC}値[28]より，土壌中分解速度は土壌中半減期[28]より算出した．PRZM-2の数値計算方法のオプションでは計算誤差による拡散を解消するMOC（method of characteristics）が用いられた．シミュレーションの期間はライシメータ試験期間中の1994年11/24日～12/20日まで行った．

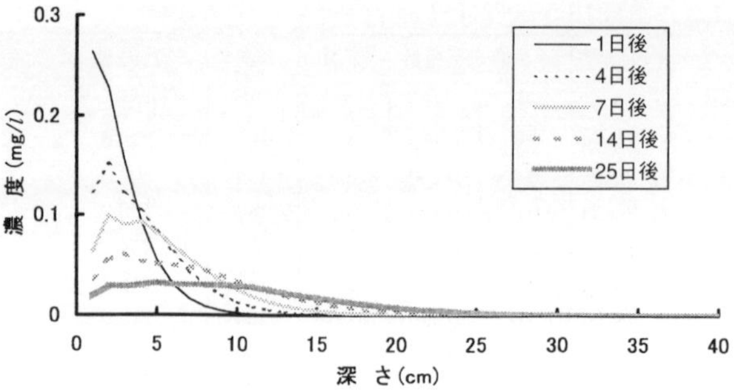

図13.2　PRZM−2シミュレーションによる各深度での土壌水中ダイアジノン濃度の経時変化

シミュレーションの結果および考察を以下に説明する．図13.2はPRZM−2によるシミュレーションで予測された各深度での土壌水中ダイアジノン濃度の経時変化を表している．ダイアジノン濃度は，表層1cmでは約0.26mg/*l*から0.03mg/*l*へ時間とともに急激に減少し，5cmから25cmの層では数μg/*l*以下のレベルで時間とともに緩やかに増加していった．25cm以下の土層では濃度は非常に低く正規グラフ上での濃度の変化は顕著に表されなかった．土壌中の物質の移動において，図13.2での土壌水中のダイアジノン濃度の深さにおける曲線的な変化は典型的な移流拡散の状態を表している．土壌間隙中での化学物質の拡散と土壌間隙の構造などに影響を受けた不均一な流れによる分散（dispersion）の影響を受けて溶質の移動速度に幅が出てくる[29]．移流拡散を無視した場合は，たとえば深さ2.5cmでは土壌水中のダイアジノン濃度は約0.26mg/*l*でそれ以下の層は0mg/*l*といったピストンフローモデルで表される溶出移動の形態となる．また土壌吸着および分解を伴う農薬などの土壌中での挙動は反応を伴わない物質と比べ土壌吸着によるさらなる溶質の移動前線の遅れ（retardation）が顕著となる．

図13.3は土壌表層1cmから2cmの土壌水中ダイアジノン濃度のPRZM−2予測値の平均値，土壌25cmから35cm中の土壌水中ダイアジノン濃度のPRZM−2予測値の平均値，土壌中30cmに埋設された土壌水吸水用多孔質カップより集められた土壌水中のダイアジノン濃度，土壌50cmのライシメータ下部の排水中のダイアジノン濃度，の時間的変化を表している．土壌中30cmでの土壌水中のダイアジノン濃度の実測値は1日目が0.38μg/*l*で2日目が0.11μg/*l*であり4日目以降は検出限界0.1μg/*l*以下であった．これに対してPRZM−2の土壌25cmから35cm中の土壌水中ダイアジノン濃度の予測値の平均値は1日目8.92×10^{-6}μg/*l*から徐々に上昇し25日目では0.89μg/*l*であった．PRZM−2の土壌表層1cmから2cm中の土壌水中ダイアジノン濃度の予測値の平均値は1日目246μg/*l*から徐々に減少し25日目では23.6μg/*l*であった．

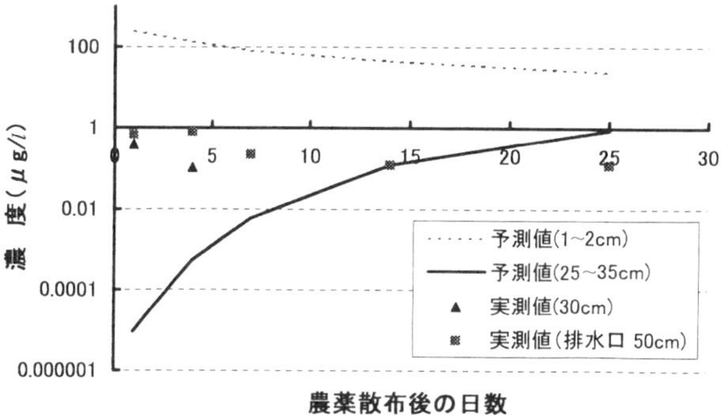

図 13.3　PRZM-2による各深度の土壌水中ダイアジノン濃度の予測値と土壌水中（深さ30 cm）と排水中（深さ50 cm）のダイアジノン濃度の実測値

また土壌30 cmの実測値の初期の減少割合は土壌表層の予測値のそれと類似している．

この現象を考察してみると，土壌表層の農薬が土壌中の比較的早い粗孔隙流により土壌中を移動したかもしくは土壌水採水装置による吸引による土壌表層からの農薬の移動のためと考えられる．また，土壌50 cmのライシメータ下部より集められた排水中のダイアジノン濃度の減少割合も土壌表層の予測値のそれと類似しており，これは土壌表層の農薬の移動がライシメータの壁面流の影響を受けていることを示唆している．以上のことを仮定に入れると実測値とPRZM-2予測値の違いは，平成7年度農薬残留調査[26]での指摘のようにライシメータの粗孔隙流または壁面流が農薬移動現象に大きな影響を与えている可能性がある．土壌中のき裂，根そして土壌生物によるつくられた粗孔隙は浸透を増加させ，また時には溶質がほかの土壌部分と互いに影響し合わず土壌断面を急速に流下するバイパス流となるため溶質移動に大きな影響を与える[30]．特に，圃場規模での農薬や肥料など溶質の動態において粗孔隙流のような選択流およびそれによる物質移動（preferential flow and transport）は重要な1プロセスである．しかし選択的物質移動は，不均一状態そして非平衡状態におけるプロセスであり，典型的な溶質移動の計算に用いられる移流拡散式（CDE）の適用ができなくなる[31]．不飽和状態での土壌間隙中の農薬移流拡散現象において間隙と土壌吸着サイトをダイナミック領域と停滞（stagnant）領域に分けて考慮したMobile-Immobile Model[32]や，土壌水の流れとそれに伴う溶質の移動を粗孔隙中と微細孔隙中での2つの流域に分けたMACROはこのような選択的物質移動に伴う土壌中の農薬動態の予測の有効な手段となりうる．

今回のシミュレーションではPRZM-2での予測結果は実測値とあまり一致しなかった．しかし，両結果を比較し解析することで，農薬移動現象の解明そしてライシメータ実験や解析手法の向上に役立てることができる．また，今回のシミュレーションでは高感度パラメータである土壌中分解速度と土壌吸着係数は文献から得た精度の低い値を入力しており，これが，予測精度を低下させた一因と考えられる．これら高感度パラメータに関しては，ライシメータに充填された黒ボク土を用い室内モデル実験で求める必要があり，より詳細なPRZM-2の検証・評価には，室内モデル実験で求めた値を入力し，ライシメータ試験結果と比較する必要がある．さらに，土壌の粗孔隙流またはライシメータの壁面流による農薬移動現象を解析・予測するにはMobile-Immobile ModelやMACROなどのモデルを使用し，シミュレーションを行う必要性がある．

13.4 水田環境で使用されるシミュレーションモデル

水田土壌環境中での農薬の動態予測モデルの開発・検証は畑土壌系と比較し非常に遅れている．run-offモデルでは世界に先駆けRICEWQが1995年にアメリカで開発されている．また，アメリカではEXAMSを応用して田面水中の農薬濃度や水田からの表面流出量を予測する研究行われている[15]．日本ではrun-offモデルとしてPADDYやPCPF-1が開発され，検証・評価が進められている[21,33～35]．ここでは，まず畑土壌とは大きく異なる水田の構造と水田環境を明らかにし，RICEWQとPCPF-1について詳細に解説したい．また，各モデルでのシミュレーションの結果と圃場試験による実測値を比較・検討し，考察を加えたい．

a. 水田の構造と水田環境

1）水田の構造

日本の水田の基本的な構造を図13.4に示す．畑土壌との違いはまず田面水が存在すること，次に作土層がうすい酸化層と還元層に分かれていること，最後に下層土に耕盤や暗きょが存在することである．田面水，作土層，耕盤層の厚さや暗きょの深さについては日本の平均的な値を記載し，作土酸化層の厚さについては次に述べる水田表層土の酸化還元電位のモニタリング結果に基づいて規定している．水田の農薬動態予測モデルを開発する際には，これらの相違点を考慮してモデルの開発を行う必要がある．また水田特有の土壌構造は農薬の挙動に影響を与える土壌環境と水の動きに大きな影響を与える．そこで筆者らは農業環境技術研究所（農環研）の水田圃場（4～7区）を用い1995年～98年の4年間農薬の挙動に影響を与える水田環境と水収支のモニタリングを行った．水田土壌（作土）の理化学性を表13.6に示す．本水田土壌は沖積土壌で日本の一般的な沖積水田土壌の性質を有している．

2）水 田 環 境[21,33～35]

農薬の挙動に影響を及ぼす水田環境を解析し，モデル開発と入力パラメータ収集のための室内モデル実験に反映させるため，田面水と土壌表層（深さ1, 3 cm）に各種センサー（温度，pH，酸化還元電位（Eh））を設置した．また，田面水の水位の日変

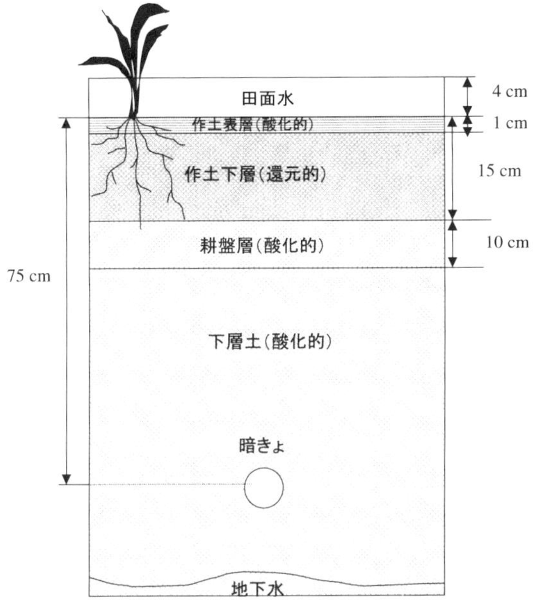

図 13.4 日本の水田土壌断面の基本的構造

表 13.6 農環研水田（4～7区）土壌（0～15cm）の理化学性[34)]

土性	水分含量（%）	最大容水量（%）	pH (H_2O)	pH (KCl)	粒径組成（%）			有機炭素（%）	全窒素（%）	C/N
					砂	シルト	粘土			
軽埴土（LiC）	19.8	57.5	5.2	4.1	46.7	19.4	33.9	1.83	0.15	11.9

動（減水深）と田面水に到達するUV-B量と日射量を把握するため田面水に圧力式水位センサー（UIZIN LSP-100）を，土壌表面から12cmの高さの畦間にUV-B（EKO MS-330B）センサーと全天日射計（PREDE PCM-03）を設置した．各センサーは表示器を介してデータロガー（KADEC-UN, DIK-9420）に接続し，温度，pH，Ehは1時間ごとに，水位，UV-B，日射は10分ごとに記録し，解析した．田面水の日降下浸透量，日蒸発量，日蒸発散量も並行して調査した．モニタリング調査期間は薬剤散布後約2か月間（5/13～7/6日）行った．モニタリング調査期間中の水管理は止水管理（毎日午後3時ごろ給水）とし，給水後の水位を約4cmに設定・管理した．

i）土壌表層（1,3cm）温度と気温　1996年の圃場査期間中の土壌表層（1，3cm）の日平均地温と日平均気温の変動を図13.5に示す．水田は土壌表層が田面水で

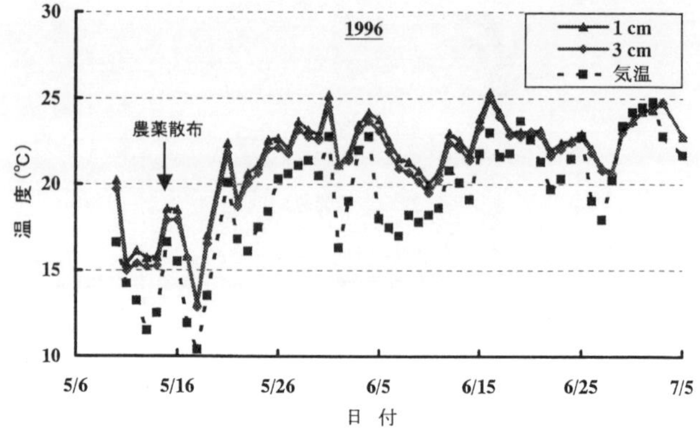

図 13.5　農環研水田（4～7区）の土壌表層（1, 3 cm）における日平均地温と気温の変動[34]

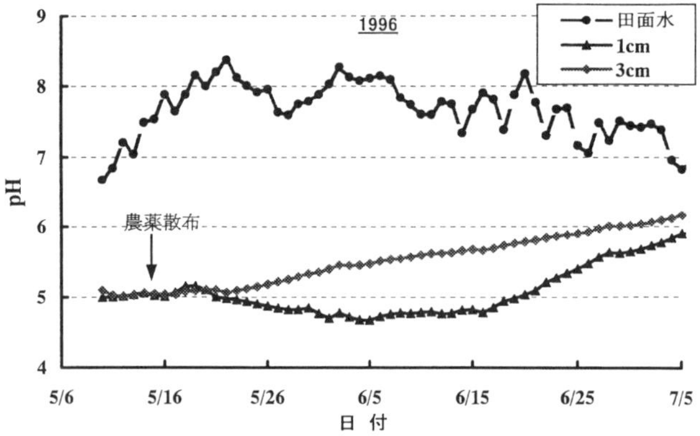

図 13.6　農環研水田（4～7区）の田面水および土壌表層（1, 3 cm）における日平均pHの変動[34]

覆われているため，畑土壌表層と比べ温度変動が少ないことがわかる．本年は5月中旬の異常低温で日平均地温（1, 3 cm）が15℃以下になる日が1日あったが，その日を除けば，15～25℃の範囲で変動していた．1995年の調査結果も同じような傾向を示した．残留調査期間中（5/15～7/4日）の平均地温（1 cm）は22℃であり，日中（7：00～18：00）の平均地温（1 cm）が23℃，夜間（19：00～6：00）の平均地温（1 cm）が20℃であった．この解析結果は農薬の土壌中分解速度を求めるモデル実験の培養温度に反映されている．

ii）田面水と土壌表層（1, 3 cm）の pH　　1996年の圃場調査期間中の田面水と

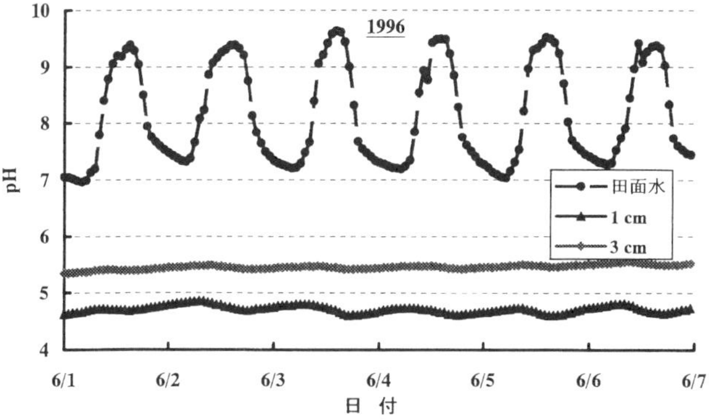

図 13.7　農環研水田（4～7区）の田面水および土壌表層（1, 3 cm）における日平均pHの日変動[33]

土壌表層（1, 3 cm）における日平均pHの変動を図13.6に示す．田面水，土壌表層とも調査期間中の日平均pHはあまり変動せず，かなり安定していた．田面水pHは中性～弱アルカリ性（pH 7～8.5）側で，土壌pHは弱酸性（pH 4.6～6.0）側で安定していた．3 cmの深さでの土壌pHは湛水10日後から徐々に上昇したが，これは，湛水による土壌Ehの低下（図13.8参照）によると考えられる．ところで，田面水のpHは午前中低く，午後高くなることが知られている．本水田では，どのように変動しているのであろうか．1996年（6/1～7）の田面水と土壌表層（1, 3 cm）pHの日変動を図13.7に示す．土壌表層（1, 3 cm）のpHはほとんど変動していないが，田面水pHは午前5時ごろに最低（pH 7）になり，午後3時ごろに最高（pH 9.5）に達し，中性～アルカリ性側で周期的に変動していた．このような周期的な変動はおもに田面水と土壌表層に棲息する藻類などの光合成によると考えられる．つまり，田面水中に溶存する二酸化炭素が日中光合成により消費されるため田面水pHが急激に上昇し，光合成が行われない日没後に空気中の二酸化炭素が水温の低下に伴って再び田面水に溶け込むため田面水pHが急激に低下すると考えられる．アルカリ性でかなり安定で，pHの変動で溶解度が変化しないような農薬であれば，この日変動は化合物の水田中での動態にあまり影響を与えないであろう．しかし，スルホニル尿素系除草剤のようにpHの上昇で水溶解度が指数関数的に増加するような化合物であれば，田面水pHの日変動は化合物の水田中での挙動に大きな影響を与えるであろう．特に農薬の土壌吸着や脱着速度に影響を与えると考えられる．

iii）土壌表層（1, 3 cm）のEh　　1995, 96年の圃場調査期間中の土壌表層（1, 3 cm）における日平均Ehの変動を図13.8に示す．深さ3 cmの層では湛水後急激にEhが低下し，湛水後10～14日（農薬散布後5～9日）でEhが負の値を示した．この傾向とは反対に，深さ1 cmの層では湛水後もEhは正の値（100～200 mV）を維持

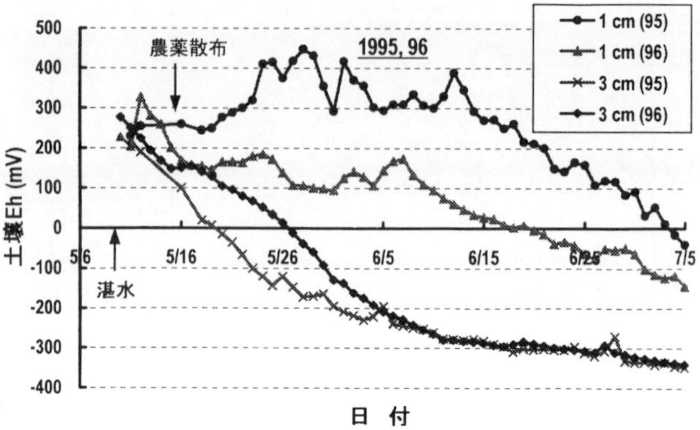

図 13.8　農環研水田（4～7区）の土壌表層（1, 3 cm）における日平均Ehの変動[35)]

し続け，湛水後40～55日（農薬散布後35～50日）で負の値を示した．1998年の調査でも深さ1cmのEhは農薬散布後50日間は正の値を示した．つまり，水田表層1cmまでの層では，酸化的な層であり農薬はおもに酸化的条件で吸着，分解されるが，1cm以下の層は還元的な層で，農薬はおもに還元的条件で吸着，分解されるということである．この解析結果から，室内モデル実験で水田土壌表層中（0～1cm）の農薬分解速度を求める場合，系内の土壌Ehが約40日間正の値を維持できる系をつくる必要がある．また，後で述べるが筆者らの開発したモデル（PCPF−1）で土層を厚さ1cmまでに制限したのも1cm以下の作土層は還元層になり，農薬の反応条件が変化するからである．

iv）水田の光環境（UV−Bと日射量）　1998年の圃場調査期間中の稲体下と地上1m（稲体の上）での紫外線B領域（UV−B）積算量の変動を図13.9に示す．農薬の水系環境中（田面水中を含む）での光分解は生分解についで重要な消失経路であり，光分解速度はエネルギー量の大きい紫外線照射量と高い相関があることが知られている．太陽光の紫外線はその波長によりUV−A（320～400nm），UV−B（280～320nm），UV−C（200～280nm）に分類される．太陽光には約1%のUVが含まれるが，オゾン層の吸収，対流圏の散乱により290nm未満の波長のものは地表に到達しない．つまり，地表に到達するのはUV−BおよびUV−Aである．今回はその中でもエネルギー量の大きい（農薬自体を励起するのに十分なエネルギーを有する）UV−Bを稲体下（田面水へ到達する）と稲体の上でモニタリングした．UV−B積算量は農薬散布後2週間（水稲移植後3週間）は稲体の下部と上部でほとんど差はないが，それ以降は稲体下ではUV−B積算量の増加速度が低下した．農薬散布後8週間のUV−B積算量は稲体の上部で約1,000kJ/m^{2}であるのに対し，稲体の下部では約600kJ/m^{2}であった．つまり地上に到達するUV−Bの約40%は水稲によりカットされ（遮蔽効果），田面水に

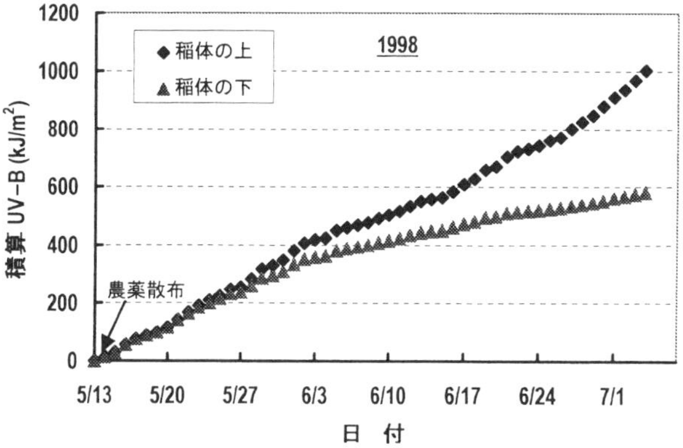

図 13.9　農環研水田（4～7区）の稲体下と地上1m（稲体の上）でのUV−B積算量の変動

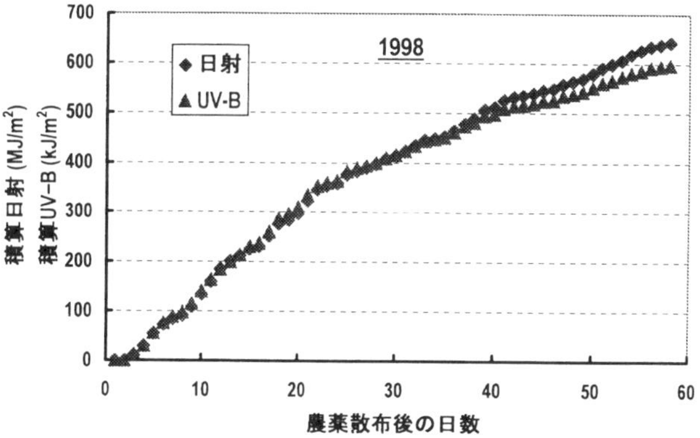

図 13.10　農環研水田（4～7区）の稲体下でのUV−Bと日射積算量の変動

は到達しない（田面水中での農薬の光分解には関与しない）ことが明らかになった．1997年の調査でも同様の結果を得ている．

今回の圃場試験には中稈種である日本晴を畦幅30cm，株間16cmで移植している．移植間隔は機械植えの標準的な間隔である．長稈種で日本晴より若干生育の早いコシヒカリを移植した場合はUV−Bの遮蔽率はいくぶん増加すると思われるが，筆者らが今回のモニタリングで明らかにしたUV−Bの遮蔽率は日本の水田の平均的な値であると考えられる．稲体下でのUV−BのモニタリングデータはのちでPCPF−1の入力ファイルとして農薬の田面水中での光分解速度を計算するために使用される．次に，同期間中の稲体下でのUV−Bと日射の積算量の変動を図13.10に示す．日射は地球に入射した太陽からの放射エネルギーであり，全天日射計では305～2,800nmの波長範囲の太陽光線のエネルギーを測定している．図から明らかなように，日射とUV-B積算量はほぼ同じような傾きで増加しており，農薬散布後2週間（水稲移植後3週間）後から水稲の遮蔽効果により増加速度が低下している．1997年の調査でも同様な結果を得ている．この結果から，稲体下の日射をモニタリングすれば，田面水に到達するUV-B量を予測することができるのである．今後は高価なUV-Bセンサーの代わりに安価な（10万円程度）全天日射計を用いて稲体下の日射のモニタリングを行い，その積算結果により農薬の光分解速度を規定するUV-B積算量の求めることが可能である．

v）水田の水収支　日減水深は圧力式水位センサーでモニタリングした田面水の最高水位から最低水位を差し引いて求めた．田面水の日降下浸透量と日蒸発量の合計はプラスチック製の円筒（内径：25 cm，高さ：25 cm）を地下10 cmまで押し込み，円筒内田面水の日減少量をフックゲージを用いて測定することにより求めた．測定場所は10日ごとに変更した．日降下浸透量は円筒内田面水の日減少量から日蒸発量を差し引いて求めた．日蒸発量は水田内（畦間）に設置した小型蒸発計（内径：20 cm，高さ：10 cm）を用い，蒸発計内の1日の水減少量を測定することにより求めた．また，日蒸発散量は水田内作土層に蒸発散ライシメータ（L 60 × W 32 × H 32 cm）を埋設し，水田と同じ間隔（畦間30 cm，株間16 cm）でライシメータ内に水稲を4本定植・入水後，ライシメータ内田面水の日減少量をフックゲージを用いて測定することにより求めた．

1998年の圃場調査期間中の減水深と降下浸透速度の変動を図13.11に，蒸発速度と蒸発散速度の変動を図13.12に示す．降雨日にはこれらの正確な値は測定できなかったので，図には示していない．日減水深は0.8～2.6 cmの範囲で変動しており調査期間中の平均日減水深は1.60 cmであった．1997年の調査結果では，平均日減水深は1.66 cmであり，同じように代掻き，移植，水管理を行えば年次変動はほとんど起こ

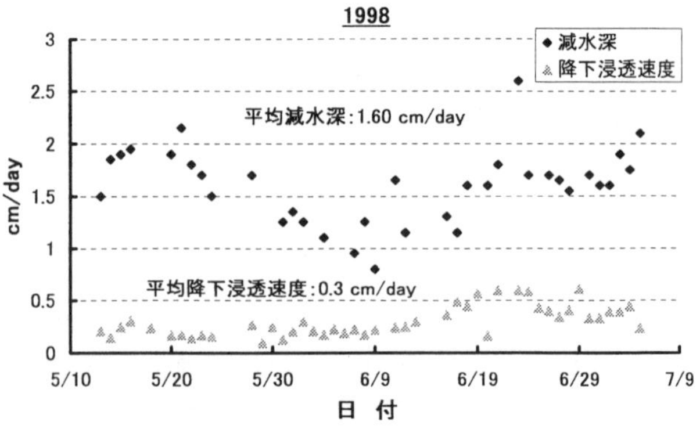

図13.11　農環研水田（4～7区）の減水深と降下浸透速度の変動

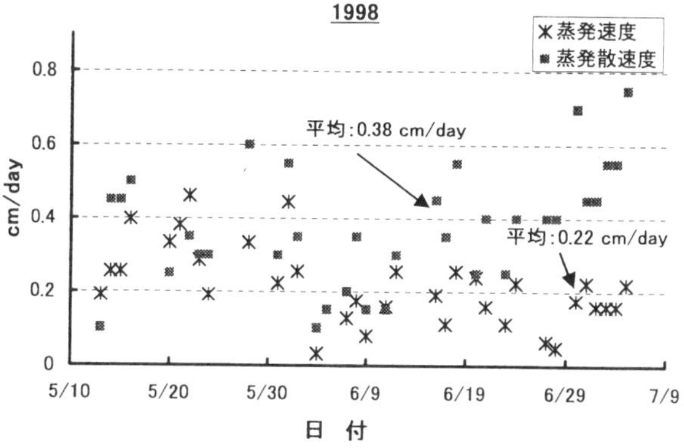

図13.12　農環研水田（4～7区）の日蒸発速度と日蒸発散速度の変動

らないと考えられる．また，全国9都道府県15地区の平均日減水深は1.73 cm[36] であり，農環研水田圃場（4～7区）の日減水深は平均的な値である．次に，降下浸透速度であるが0.1～0.6 cm/dayの範囲で変動しており，調査期間中の平均降下浸透速度は0.30 cm/dayであった．

1997年の調査結果でも，平均降下浸透速度は0.30 cm/dayであり，同じように代掻き，移植，水管理を行えば年次変動はほとんど起こらないと考えられる．また，最近の重量機械で造成した水田の降下浸透速度は0.5 cm/day程度であることから[37]，農環研水田圃場（4～7区）の降下浸透速度は平均的な値である．降下浸透速度が6/15日（水稲移植7週目）以降増加傾向にあるのは，水稲根の伸長により土壌孔隙が発達したことに起因すると考えられる．蒸発速度は0.03～0.46の範囲で変動しており，調査期間中の平均蒸発速度は0.22 cm/dayであった．農環研気候資源研究室が圃場敷地内で大型蒸発計（内径：120 cm，高さ：25 cm）を用いて測定した調査期間中（降雨日は除く）の平均蒸発速度は0.21 cm/dayでありよく一致していた．蒸発散速度は0.1～0.75の範囲で変動しており，調査期間中の平均蒸発散速度は0.38 cm/dayであった．6/15日以降，蒸発速度が低下傾向にあるのは水稲葉の伸長により田面水が遮蔽されたためであると考えられる．また，6/15日以降，蒸発散速度が増加傾向にあるのは水稲の生長により発散速度が増加したためであると推察される．平均表面流出速度は調査期間中の平均日減水深（1.60 cm）から平均降下浸透速度（0.30 cm/day）と平均蒸発散速度（0.38 cm/day）を差し引いて0.92 cm/dayとなった．先に述べた全国9都道府県15地区の平均日減水深（1.73cm）から日本の水田の灌漑期間中（約120日）の平均蒸発散速度（0.49 cm/day）[37] と重量機械で造成した水田の降下浸透速（0.5 cm/day）を差し引くと日本の近代的な水田の表面流出速度は0.74 cm/dayとなる．つまり，農環研水田圃場の表面流出速度も平均的な値である．圃場調査で得たこれらの水収支に関するデータ（蒸発速度は除く）は後で述べるPCPF−1モデルの入力ファイルとして計算に用いられる．

b. RICEWQ による水田環境中での農薬の動態予測

1）RICEWQ とは

RICEWQ は水田の田面水と底質（作土表層と考えられる）中の農薬の挙動および農薬の流出を予測するためにアメリカの W.M. Williams らによって開発されたシミュレーションモデルである．アメリカ EPA と National Agricultural Chemical Association (NACA) が設立した Exposure Modeling Work Group（EMWG）において農薬の溶脱や表面流出を予測するためのシミュレーションモデルの評価が行われた．そのなかで水田での農薬動態予測モデルとして，RICEWQ が推奨されている．RICEWQ における農薬の挙動プロセスを図 13.13 に示す．農薬の挙動プロセスは降雨による葉面からの洗い出し，水相からの揮発，水/底質間での分配，水相および底質での分解などで表される．水相と底質間の農薬の分配は拡散，懸濁粒子の沈降および底質に吸着した農薬の再懸濁化により表される．水収支は降雨および灌漑による水の流入と蒸発散，浸透，水尻からの流出などにより表される．農薬散布についてはアメリカで開発されたモデルであるため空中散布を想定しており，ドリフトによる消失，水稲への付着，田面水への落下が考慮されている．水稲葉面，水相および底質での農薬の収支はそれ

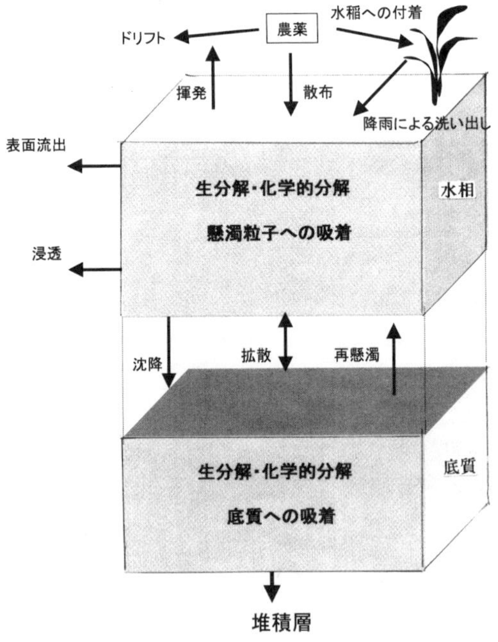

図 13.13　RICEWQ における農薬の挙動プロセス（文献 12）を一部改変）

ぞれ式（13.4），（13.5）および（13.6）で表される．

$$\frac{\partial M_{\mathrm{F}}}{\partial t} = +M_{\mathrm{Fapp}} - M_{\mathrm{Fdeg}} - M_{\mathrm{wash}} \tag{13.4}$$

$$\frac{\partial M_{\mathrm{W}}}{\partial t} = +M_{\mathrm{Wapp}} - M_{\mathrm{wash}} - M_{\mathrm{Wdeg}} - M_{\mathrm{volat}}$$
$$-M_{\mathrm{out}} - M_{\mathrm{seep}} - M_{\mathrm{setle}} + M_{\mathrm{resus}} \pm M_{\mathrm{difus}} \tag{13.5}$$

$$\frac{\partial M_{\mathrm{S}}}{\partial t} = -M_{\mathrm{Sdeg}} - M_{\mathrm{setl}} - M_{\mathrm{resus}} - M_{\mathrm{bury}} \pm M_{\mathrm{difus}} \tag{13.6}$$

ここで，$\partial M_{\mathrm{F}}/\partial t$：水稲葉面上の農薬量の時間変化，$M_{\mathrm{Fapp}}$：葉面に付着した農薬量，$M_{\mathrm{Fdeg}}$：葉面での農薬分解量，$M_{\mathrm{wash}}$：葉面から降雨により洗出される農薬量，$\partial M_{\mathrm{W}}/\partial t$：水相中の農薬量の時間変化，$M_{\mathrm{Wapp}}$：田面水への落下農薬量，$M_{\mathrm{Wdeg}}$：水相中での農薬分解量，$M_{\mathrm{volat}}$：水相から揮発する農薬量，$M_{\mathrm{out}}$：田面水のオーバーフローあるいは落水による流出量，M_{seep}：田面水の浸透による流出量，M_{setle}：懸濁粒子の沈殿による底質への移行量，M_{difus}：底質の再懸濁による田面水への移行量，M_{resus}：田面水と底質間での拡散，$\partial M_{\mathrm{S}}/\partial t$：底質中の農薬量の時間変化，$M_{\mathrm{bury}}$：有効底質層より下層に堆積する農薬量．

RICEWQでは表13.7に示す入力データ（RICEWQ. INP）とシミュレーション期間中の日降水量と日蒸発量のデータ（RICEWQ. MET）を入力し計算を行うことにより水収支，田面水と底質中の農薬濃度変化を求めることができる．入力および出力ファイルの構成を図13.14に示す．

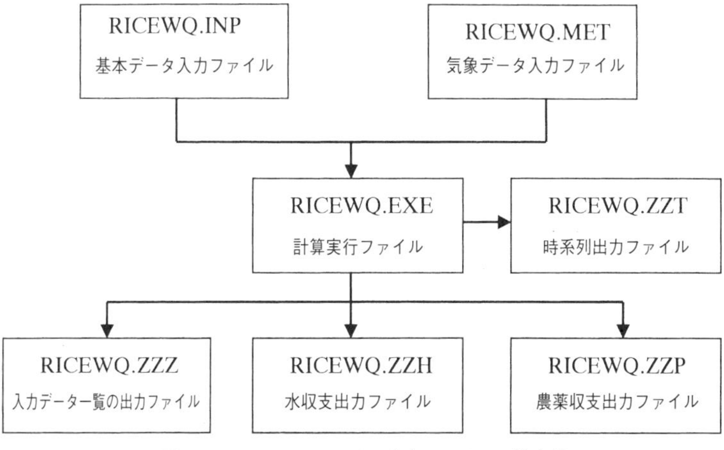

図13.14 RICEWQの入・出力ファイルの構成[12)]

2）RICEWQによるシミュレーションと水田圃場試験との比較

日本の水田環境中での農薬の動態をRICEWQで予測できるかどうか検証・評価するため，筆者らは1997年に農業環境技術研究所の水田圃場に除草剤（ハヤテ粒剤：プレチラクロール（PTC）1.5％含有）を4kg/10a散布し，田面水と土壌表層（0～1cm）中のPTC残留量の変化および水収支を農薬散布日の5月13日～7月4日まで調査した．そして，RICEWQでのシミュレーション結果と比較した．PTCは日本の水田で最も多量に使用されている酸アミド系除草剤の1つである．

表13.7にRICEWQのシミュレーションに使用した入力パラメータおよびその値を示す．入力パラメータの収集にあたって留意した点は，できるだけ水田環境を反映した室内モデル試験や圃場調査によって求め，モデル実験や圃場調査で収集できないものについては，推算式や文献値あるいはマニュアルのデフォルト値を利用するということである．つまり，入力パラメータ値による予測結果の誤差を最小限にし，シミュレーションモデルが本質的にもっている誤り（たとえば，重要なプロセスの欠落）を最大限に引き出すことで，モデルの検証・評価を行うことである．表13.7に示すように感度の高いパラメータである土壌吸着係数や底質（土壌）中分解速度，底質の仮比重について試験区の水田作土（0～15cm）を用いて室内モデル実験で求めた．また，懸濁粒子の沈降速度，再懸濁速度，堆積速度などについては室内モデル実験での求め方や推算式の入手が困難なためマニュアルのデフォルト値を用いた．葉面からの農薬の洗い出し係数については，空中散布ではない（田面水への直接散布）ので，散布した全農薬が田面水に入ると仮定して1.0とした．水田の水収支については圃場調査結果に基づき計算し，その値を入力した．調査期間中の平均減水深は1.6cm/day，平均蒸発量と平均降下浸透量はともに0.3cm/dayであった．調査期間中の水管理は止水管理とし，田面水の最大水深を約4cmに設定した．シミュレーションの期間は圃場調査期間中の1997年5/13日から7/4日までの52日間とした．

シミュレーションおよび圃場調査の結果と考察を以下に説明する．図13.15は田面水中のPTC濃度変化の実測値とRICEWQによる予測値を，図13.16は土壌表層（0～1cm）中のPTC濃度変化の実測値とRICEWQによる予測値を表している．まず田面水中のPTC濃度の予測結果であるが，農薬散布後2週間は過小評価しており，2週目以降は過大評価している．予測値と実測値の相対誤差（＝（予測値－実測値）/実測値）は散布後14日目までは－0.97～0.19の範囲にありさほど大きくないが，14日目以降急速に増加し49日目では38.71に達した．また，散布後11日目と38日目の予測濃度の急激な低下はその日の大量の降雨（11日目は44mm/day，38日目は87.5mm/day）を反映していると考えられる．このようにRICEWQには水収支のデータが入力されているため急激な降雨による田面水の農薬濃度の低下も計算され，詳細な予測が可能である．次に土壌表層（0～1cm）中のPTC濃度の予測結果であるが，農薬散布後1日目以降はつねに過大評価していた．予測値と実測値の相対誤差は散布後3日目の0.59からしだいに増加し28日目で最大の7.13に達した．28日目以降は低下

表 13.7　RICEWQ でシミュレーションを行うために必要な入力パラメータとその値
（農業環境技術研究所水田圃場のプレチラクロールの場合）

入力パラメータ	単　　位	入力値
計算開始日[c]		5/13/97
計算終了日[c]		7/4/97
作物の発芽日[c]		4/25/97
作物の成熟日[c]		7/20/97
作物の収穫日[c]		10/1/97
作物による最大遮蔽率[a]		0.9
水田面積[c]	ha	0.0081
農薬の散布量[c]	kg/ha	0.613
水田の水尻の高さ[c]	cm	7.5
田面水の初期水深[c]	cm	3.7
田面水の浸透速度（降下浸透＋表面排水）[c]	cm/day	1.3
灌漑を開始する水深[c]	cm	2.0
灌漑を終了する水深[c]	cm	4.0
水中の農薬初期濃度[a]	ppm	0.00
水中分解速度定数[d]	1/day	0.0714
揮発速度定数[b]	m/day	0.000059
水/土壌分配係数（土壌吸着係数）[d]	cc/g	13.03
田面水から表層土壌に入る農薬の供給速度[a]	cm/day	0.1
懸濁粒子の沈降速度[a]	m/day	2.0
再懸濁速度[a]	m/day	0.0001
混合（拡散）速度[b]	m/day	0.00002
水溶解度[b]	ppm	50
底質中の農薬初期濃度[a]	mg/kg	0.00
懸濁粒子の濃度[a]	ppm	50
底質（土壌）中分解速度定数[d]	1/day	0.0368
徐放型製剤からの農薬溶出速度[a]	1/day	0.0
堆積速度[a]	m/day	0.0
有効土層の厚さ[c]	cm	1.0
底質の孔隙率[d]		0.60
底質の仮比重[d]	g/cc	0.937
葉面からの農薬の洗い出し係数	洗い出し率/降水量（cm）	1.0
葉面での農薬の分解速度[a]	1/day	0.0
溶解した農薬のうち瞬時に無毒化される割合[a]	1/day	0.0

a）マニュアルのデフォルト値（初期値）
b）文献値あるいは推算式からの計算値
c）圃場調査による実測値
d）室内モデル実験による実測値

し 49 日目では 3.43 であった．予測値と実測値の相対誤差は田面水に比べ土壌表層のほうが小さかった．

以上のように RICEWQ による予測値と実測値はあまり一致せず満足な予測結果が

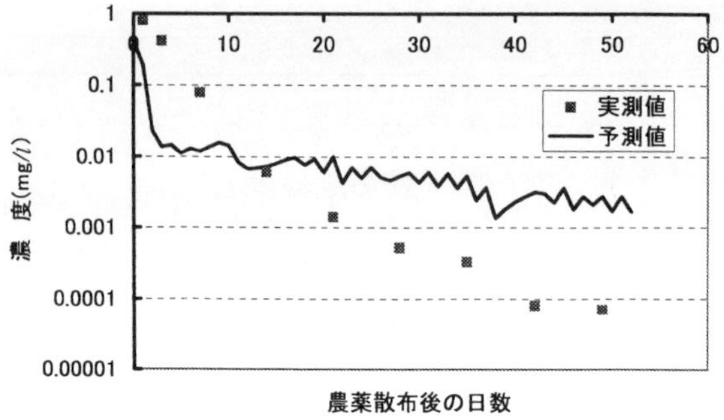

図 13.15　田面水中のプレチラクロール濃度変化の実測値とRICEWQ による予測値

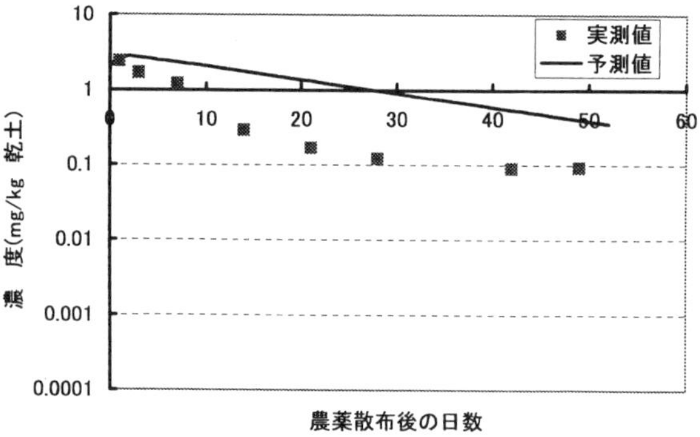

図 13.16　土壌表層中（0～1 cm）のプレチラクロール濃度変化の実測値と RICEWQ による予測値

得られらなかった．予測結果のエラーの原因としてはモデルに起因するエラーと入力パラメータ値の質（精度）に起因するエラーの2つに大別できるが，RICEWQ に関してはおもにモデルに起因するエラーであると考えられる．つまり，RICEWQ は湖沼モデルである SWRRBWQ をもとに開発されているため，水田ではあまり重要でないと考えられる農薬挙動のプロセス（たとえば，懸濁粒子の沈降速度，再懸濁速度，堆積速度）などが含まれている．しかも，これらの入力パラメータの室内モデル実験による求め方はマニュアルにも示されておらず，入手は非常に困難である．さらに，水田環境中での農薬挙動の重要なプロセスである土壌表層から田面水へ農薬の脱着速度が RICEWQ では考慮されていない．モデルの中に重要なプロセスが欠落し，あまり重要でないプロセスを考慮しているため予測結果が実測値とかい離したと考えられる．筆者らは RICEWQ を理解し，実際にモデルを動かし，実測値と比較することにより多くのことを学ぶことができた．特に水田中での農薬挙動のプロセスに起因する予測結果のエラーを発見することができ，水田環境中農薬動態予測モデル（PCPF-1）の開発に反映させることができたのである．最後に筆者らが開発したPCPF-1について解説したい．

c.　PCPF-1による水田環境中での農薬の動態予測

1）PCPF-1とは

PCPF-1は水田の田面水と作土酸化層（0～1cm）中の農薬の挙動および農薬の流出を予測するために2000年に筆者らにより開発・検証されたシミュレーションモデルである．RICEWQと同様に2次の詳細モデルに分類され，農薬の流出管理や除草剤の投入量低減のためのマネージメントモデルとして開発されている．PCPF-1における農薬の挙動プロセスを図13.17に示す．田面水と土壌層からなる2コンパートメントモデルであるが，RICEWQやPADDYとの大きな違いは，土壌（作土）層を農薬の分解および吸着反応条件が異なる酸化層と還元層に分け，作土酸化層の厚さを1cmに規定した点である．これは，前述した土壌表層（1,3cm）Ehのモニタリング結果に基づいている．また，土壌表層0～1cmには散布した農薬（特に除草剤）の大部分（90％程度）が存在しており[38]，田面水および作土下層（還元層）への農薬の供給層になっていると考えられる．つまり，厚さ1cmの土壌表層（酸化層）の農薬濃度を正確に予測できれば，農薬の河川流出量と深くかかわって田面水中濃度や除草剤の残効期間の予測が可能となる．厚さ1cmに規定した土壌酸化層コンパートメントのモデル式には酸化的土壌条件で求めた土壌中分解速度と土壌吸着係数（ともに高感度パラメータ）を入力することにより，水田土壌酸化層中（0～1cm）の農薬濃度の予測精度は大幅に向上する．

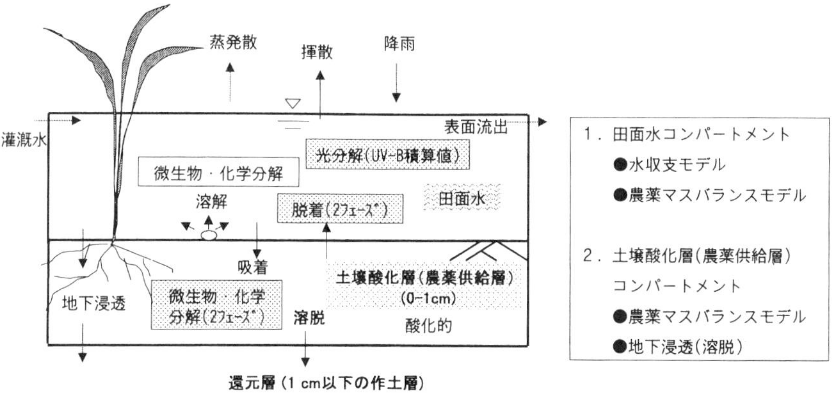

図13.17　PCPF-1モデルにおける農薬の挙動プロセス

モデルの特徴は，① 農薬の土壌中分解速度と脱着速度が2フェーズの速度定数として設定できる．② 田面水の毎日の水収支データがファイルとして読み込まれ，農薬の田面水濃度が計算される．③ 田面水中での農薬の光分解速度が田面水（稲体の下）に到達するUV−B積算量で補正・算出できる，の3点である．① より低濃度領域（農薬散布3週目以降）での予測精度が向上し，② と ③ により田面水中濃度の予測精度が向上する．また，PCPF−1のプログラムはMicrosoft（MS）ExcelのVisual Basic for Applicationによるマクロを用いて作成されており，表計算ソフトの中で最もポピュラーなMS Excel上で計算が行われる．そのため，コンピュータシミュレーションに不慣れなユーザーにも簡単に使用できる．

PCPF−1のモデル式は田面水コンパートメントの水収支式と農薬マスバランス式および農薬供給層中の農薬マスバランス式の3式から成り立つ．水収支式は降雨，灌漑水，排水，地下浸透，蒸発散を考慮した式（13.7）で表される．

$$A\frac{dh_{\mathrm{W}}}{dt} = A\left[RAIN + IRR - DRAIN - PERC - ET\right] \tag{13.7}$$

式（13.7）でA は水田面積（L^2），h_{W}は田面水位（L），tは時間（T），$RAIN$は降雨（LT^{-1}），IRRは灌漑（LT^{-1}），$DRAIN$は排水（LT^{-1}），$PERC$は地下浸透（LT^{-1}），ETは蒸発散（LT^{-1}）のフラックスを表す．

田面水中の農薬マスバランス式は田面水位の時間変化を考慮し，農薬散布後の溶解，土壌酸化層からの農薬の脱着，灌漑による他区域からの流入，排水および地下浸透による田面水からの流出，そして田面水中での農薬の光分解，微生物・化学分解反応による農薬の田面水中での濃度変化を式（13.8）で表した．

$$\begin{aligned}A\frac{d\left(h_{\mathrm{PW}}C_{\mathrm{PW}}\right)}{dt} =& A\,h_{\mathrm{PW}}k_{\mathrm{DISS}}\left(C_{\mathrm{SLB}}-C_{\mathrm{PW}}\right)+A\left[C_{\mathrm{PW}}\frac{dh_{\mathrm{PW}}}{dt}\right]_{\mathrm{DISS}}+A\,d_{\mathrm{PSL}}\rho_{\mathrm{b-PSL}}k_{\mathrm{DES}}C_{\mathrm{S-PSL}}\\ &+A\;IRR\;C_{\mathrm{W-IRR}}-A\;DRAIN\;C_{\mathrm{PW}}-A\;PERC\;C_{\mathrm{PW}}-A\,k_{\mathrm{L-A}}C_{\mathrm{PW}}\\ &+A\,h_{\mathrm{PW}}\left(-k_{\mathrm{PHOTO}}\frac{dE_{\mathrm{UVB-C}}}{dt}-k_{\mathrm{BIOCHEM-PW}}\right)C_{\mathrm{PW}}\end{aligned} \tag{13.8}$$

式（13.8）でC_{PW}は田面水中農薬濃度（ML^{-3}），K_{DISS}は溶解速度定数（T^{-1}），C_{SLB}は水溶解度（ML^{-3}），d_{PSL}は土壌酸化層の厚さ（L），$\rho_{\mathrm{b-PSL}}$は土壌酸化層の仮比重（ML^{-3}），k_{DES}は農薬脱着速度定数（T^{-1}），$C_{\mathrm{S-PSL}}$は土壌酸化層中農薬濃度（MM^{-1}），$C_{\mathrm{W-IRR}}$は灌漑水中農薬濃度（ML^{-3}），$k_{\mathrm{L-A}}$は農薬の揮発による物質移動係数（LT^{-1}），k_{PHOTO}は光分解度定数（$\mathrm{L}^2\,\mathrm{kJ}^{-1}$），$E_{\mathrm{UVB-C}}$は積算UV−B量（$\mathrm{kJ\,L}^{-2}$），$k_{\mathrm{BIOCHEM-PW}}$は田面水中での微生物・化学分解速度定数（$\mathrm{T}^{-1}$）を表す．なお，式（13.8）中の$[\ \ ]_{\mathrm{DISS}}$で表された項は農薬溶解時の田面水位の変化による農薬濃度変化への影響を考慮した項である．田面水コンパートメントでの農薬の溶解，土壌からの脱着，微生物・化学分解は1次反応速度論に従うものと仮定した．

また，有機化合物の土壌粒子による吸収および放出においては早いと遅いの2つのステージからなるものがほとんどである[39]．そのため農薬の土壌からの脱着反応のモデル化においては高濃度領域と低濃度領域での反応をそれぞれのフェーズとしてのパラメータを与える方法により予測精度が向上できるように設定した．このため脱着反応プロセスのパラメータは第1フェーズと第二フェーズそれぞれの速度定数とフェーズ変更点の土壌中農薬濃度の3つからなる．田面水中での農薬の分解は光分解，微生物・化学分解反応により行われると仮定しそれぞれ1次反応速度論に従うものと仮定した．なお光分解における1次反応速度式では一般的に使用される時間の代わりにUV-B領域（280～320 nm）での照射量の積算値に対応するものと仮定した．UV-Bは農薬の水中光分解速度を規定する重要なパラメータであるが，田面水への照射量は天候や作物の成長に影響されるため光分解をUV-B積算量に対応させることで計算誤差を少なくすることができる．

土壌酸化層では農薬散布後の溶解過程における土壌への吸着，土壌酸化層から田面水への農薬の溶出，地下浸透による田面水からの流入と下層への流亡，また土壌酸化層中での農薬の分解を考慮した．土壌酸化層での農薬マスバランス式を以下に示す．

$$
\begin{aligned}
A\left(\frac{\theta_{\mathrm{Sat-PSL}}}{k_{\mathrm{d-PSL}}}+\rho_{\mathrm{b-PSL}}\right)\frac{d\left(d_{\mathrm{PSL}}C_{\mathrm{S-PSL}}\right)}{dt} &= Ad_{\mathrm{PSL}}\left(\theta_{\mathrm{Sat-PSL}}+\theta_{\mathrm{b-PSL}}\right)\\
&-\left(k_{\mathrm{DISS}}\left(C_{\mathrm{SLB}}-C_{\mathrm{PW}}\right)+\left[\frac{C_{\mathrm{PW}}}{d_{\mathrm{PSL}}}\frac{dd_{\mathrm{PSL}}}{dt}\right]_{\mathrm{DISS}}\right)+A\,PERC\left(C_{\mathrm{PW}}-\frac{1}{k_{\mathrm{d-PSL}}}C_{\mathrm{S-PSL}}\right)\\
&-Ad_{\mathrm{PSL}}\rho_{\mathrm{b-PSL}}k_{\mathrm{BIOCHEM-PSL}}C_{\mathrm{S-PSL}}-Ad_{\mathrm{PSL}}\rho_{\mathrm{b-PSL}}k_{\mathrm{DES}}C_{\mathrm{S-PSL}}
\end{aligned}
\tag{13.9}
$$

式（13.9）で$\theta_{\mathrm{Sat-PSL}}$は土壌酸化層の飽和体積水分含量（$L^3L^{-3}$），$k_{\mathrm{d-PSL}}$は農薬の土壌吸着係数（$LM^{-3}$）．土壌酸化層の飽和体積水分含量と土壌酸化層の仮比重を用い農薬の分布を土壌水相と土壌固相にそれぞれ分けて算出し，また農薬が田面水で溶解した後の土壌水中農薬と土壌吸着農薬の分配は非線形度（n）= 1で土壌吸着係数に従うものと仮定した．農薬供給層（土壌酸化層）の初期厚さはゼロとし田面水の降下浸透速度（0.3 cm/日）で最高1 cmまで進行し，その後厚さ1 cmで一定を保つと仮定した．土壌酸化層での脱着，分解反応は田面水中と同じく1次反応速度論に従うものと仮定した．またこれらの脱着，分解反応のモデル化においても先に述べた2フェーズとしてのパラメータを与える方法により低濃度領域の予測精度が向上するように設定した．

MS Excel上のPCPF-1は，入力パラメータデータシート，水収支データシート，UV-Bデータシート，農薬濃度計算シート，グラフシートそして組み込まれたマクロプログラムから成り立つ．入力パラメータシートには21項目のパラメータ値を入力し，水収支データシートにはモニタリングや気象データより得られた日フラックスを式（13.7）を用い日単位での水収支を計算し入力する．UV-Bデータシートも同じくモニタリングにより得られた日積算照射量を入力する．プログラムが実行されるとMS Excelファイルのそれぞれのシート上に作成された入力パラメータ，水収支，UV

−Bのデータを用い計算が行われ計算結果とグラフが自動的に作成される.

2）入力パラメータの感度解析

モデルの感度はそれぞれのシミュレーションのシナリオにより影響されるが，ここでは，農環研でのモニタリング試験での結果をもとにPCPF−1の感度解析を行い，予測結果に大きな影響を及ぼす高感度パラメータの抽出を行った．まず，水管理および降雨，蒸発散，降下浸透のデータは圃場モニタリング試験の結果を用いた．基本となるパラメータ値の設定では，農薬の溶解速度定数，脱着速度定数（フェーズ1,2），田面水中微生物・化学分解速度定数，土壌酸化層中分解速度定数（フェーズ1,2）はすべて0.1/dayに統一し，光分解速度定数はUV−B積算量，揮発移動係数は田面水深を考慮することで，計算にかかる項が0.1/dayになるよう設定した．脱着反応変換濃度は0.1 mg/*l*，土壌吸着係数は13.03 *l*/kg，水田表層土壌の仮比重と飽和体積水率はそれぞれ0.937 g/cm^3，0.603 cm^3/cm^{3}とした．まず，これらのパラメータ値により，基本となる計算結果を出し，次にそれぞれのパラメータの値を± 10％増減し52日間シミュレーションを行った[20]．

表13.8には，田面水中と土壌表層（0～1 cm）中の農薬濃度における，パラメータの基本値を使用した計算結果と各パラメータの値を± 10％増減した計算結果の日相対誤差の52日間の平均値を示した．農薬散布量と第1および第2フェーズ土壌酸化層中分解速度定数，第1フェーズの脱着速度定数は田面水中の農薬濃度の結果が10％以上変動し，モデル計算に大きな影響を与えるパラメータである．また，土壌吸着係数，第2フェーズの脱着速度定数，脱着反応フェーズ変換濃度，土壌の仮比重も計算結果も5％以上変動し，感度の高いパラメータであるのでパラメータ値の設定には注

表13.8　PCPF−1モデルの入力パラメータの感度解析

入力パラメータ	田面水平均	表層土壌平均	指　標
農薬散布量	0.10	0.10	＊＊＊
水溶解度	0.001	0.001	
溶解速度定数	0.004	0.004	
脱着速度定数（第1フェーズ）	0.11	0.13	＊＊＊
脱着速度定数（第2フェーズ）	0.04	0.09	＊＊
脱着反応フェーズ変換濃度	0.06	0.04	＊＊
揮発移動係数	0.03	0.01	
光分解度定数	0.02	0.005	
田面水中微生物・化学分解速度定数	0.02	0.005	
仮比重	0.05	0.04	＊＊
飽和体積含水率	0.01	0.02	
土壌吸着係数	0.05	0.06	＊＊
土壌酸化層中分解速度定数（第1フェーズ）	0.14	0.14	＊＊＊
土壌酸化層中分解速度定数（第2フェーズ）	0.09	0.10	＊＊＊

＊＊＊　平均値の最大が0.1以上，＊＊　平均値の最大が0.05以上.

意が必要である．農薬散布量を除くこれらのパラメータを設定する場合は圃場条件を反映させた室内モデル実験を行い高精度で設定する必要がある．

3）入力パラメータの収集法

収集法には文献から得た値や推算式により計算する方法と圃場調査や室内モデル実験による実測値から計算する方法がある．今回は2つの方法を分けて記載する．また，プレチラクロール（PTC）を例にモデル実験結果から主要な入力パラメータ値の求め方を解説する．

i）文献や推算式からの収集

(a) 土壌吸着係数と非線形度：　土壌吸着係数K_dは農薬の水溶解度C_{ws}と土壌有機物含量T_{OC}を用いた以下の推算式$\log K_{OC} = 3.64 - 0.55 \log C_{ws}$[40]，$K_{OC} = K_d / T_{OC}\,(\%) \times 100$を用いて計算できる．Freundlich式の非線形度nは，多くの農薬で吸着平衡時の水中濃度と土壌吸着濃度の間に直線関係があることから[41]，$n = 1$と仮定することができる．

(b) 農薬の揮発速度定数：　農薬の田面水からの揮発における物質移動係数K_Lはヘンリー定数Hと農薬の分子量Mを用いた推算式[42,43]〈$K_L = k_L * k_G * H / (k_G * H + k_L)$，$k_L = k_{LCO_2} * (M_{CO_2}/M)^{1/2}$，$k_G = k_{GH_2O} * (M_{H_2O}/M)^{1/2}$，$k_{LCO_2} = 4.752$（m/d），$k_{GH_2O} = 720$（m/d），$M_{CO_2} = 44$，$M_{H_2O} = 18$〉で計算できる．

(c) 農薬の土壌中および水中分解速度定数：　これら速度定数kの計算には容器内試験による農薬の土壌中および水中半減期DT_{50}のデータが必要である．計算には1次反応式（$k = -\ln(0.5)/DT_{50}$）を用いる．水稲用農薬の水田土壌中半減期のデータでに関してはあまり公開されていない．しかし，水稲用除草剤について雑草研究（日本雑草学会誌）の除草剤解説に記載されている．また，The Pecticide Manual（11 th Edition）[44] からも得ることができる．農薬の水中半減期のデータを得ることは非常に困難である．水中の農薬は，加水分解，光分解，微生物分解により分解されるが，文献から得られるものは，おもに加水分解半減期であり，上記のThe Pecticide Manualに記載されている．また，アメリカ農務省が作成したThe Pesticide Properties Database（PPD）[45] にインターネットでアクセスし入手することもできる．

ii）圃場調査および室内モデル実験による収集（文献）　実測しにくい農薬の揮発速度定数（物質移動係数）以外はすべて圃場調査と室内モデル実験により求めることができる．モデル実験系には，圃場環境条件が反映されるように工夫した．供試土壌には農環研水田（4～7区）作土を用いた．

(a) 農薬の溶解速度定数：　大型シャーレ（内径28 cm，高さ10 cm）に蒸留水3 *l* を加え，pHを7.0（薬剤散布時の田面水pH）に調整した．水田の水深を5 cmと仮定し，単位水量当たり圃場試験と同量のハヤテ粒剤（0.24 g）を均一に処理した．シャーレにふたをし，恒温室（20℃，暗所）に静置した．処理後0.5，1，3，6，8，12，24，48時間に採水し，水中のPTCを定量した．水中のPTC濃度のタイムコースを作成した（図13.18）．水中のPTC濃度が直線的に増加している処理後8時間までのPTC

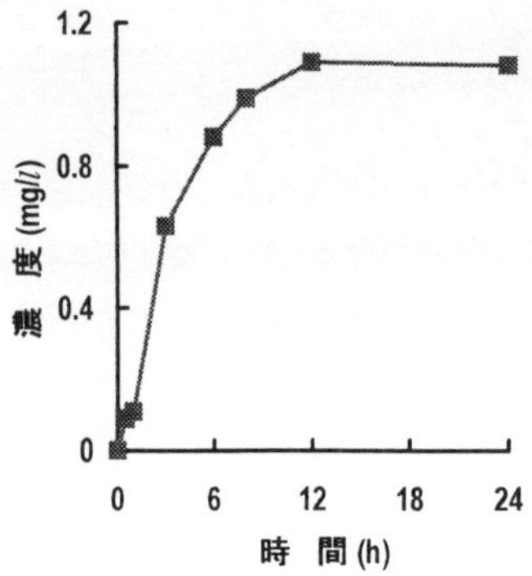

図13.18　ハヤテ粒剤からのプレチラクロールの溶出[33)]

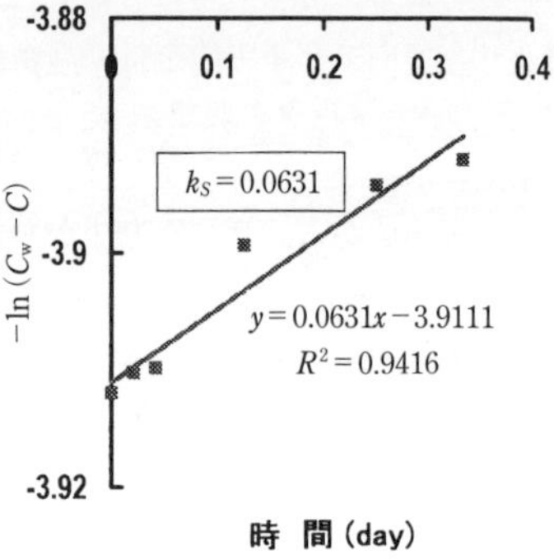

図13.19　プレチラクロールの溶解速度定数 k_s[33)]
C_w：プレチラクロールの水溶解度（mg/l），
C：水中のプレチラクロール濃度（mg/l）．

濃度 C と PTC の水溶解度 C_w の差を1次反応式で解析することにより溶解速度定数 k_S（図13.19）を得た．

（**b**）土壌吸着係数（K_d）と非線形度（n）：　PTC の 0.01 M $CaCl_2$ 溶液中の初期濃度を4段階（0.05，0.2，1.0，2.0 mg/l）に設定した．OECD の吸脱着試験法（Test guideline 106）に従い土壌吸着試験（土壌：農薬溶液＝1：5，25℃，12時間振とう）を行い平衡溶液中の PTC を定量した．Freundlich 式に基づき PTC の土壌吸着濃度 W_i の対数を縦軸に平衡溶液中濃度 C_i の対数を横軸にとり直線回帰させ吸着等温線を作成した（図13.20）．そのときの切片のべき乗（底は10）が K_d に，傾きの逆数が n になる．モデルでは $n=1$ と仮定しているが，実際には PTC の場合も $n=1.08$ となり，非線形である．

（**c**）脱着速度定数：　試験期間中の農薬分解を最小化するため，土壌を部分殺菌（80℃，30分）したものを供試土壌とした．PTC を平衡吸着させた供試土壌 12.5 g（乾土 10 g 相当）をガラス繊維ろ紙を敷いた桐山ロート（SU−60）に入れ，厚さ 5 mm の土壌層をつくった．ロートの足に栓をし，そこに 0.01 M $CaCl_2$ 溶液（pH 7.5 に調整）160 ml を注いだ（このときのロート内の水深は 4 cm）．次に，25℃（暗所）に設置した水槽に架台を入れロートを置いた．水槽に蒸留水を注ぎ水位をロート内の水位に合わせた後に，ロートの足の栓を抜いた．水槽内の水を HPLC 用精密ポンプを用い，減水速度 4 mm/日（田面水の降下浸透速度に相当）でくみ出した．24時間後ロート内の 0.01 M $CaCl_2$ 溶液（139 ml）は全量回収し，溶液中の農薬を定量した．回収後，0.01 M $CaCl_2$ 溶液 160 ml を加え，同様の操作を5日間繰り返した．溶液中の PTC 量を土壌からの脱着による PTC の減少量とし，土壌中の PTC 量から差し引くことにより脱着後の PTC 残留濃度 C_s を求めた．その対数（ln）を縦軸に，試験日数を横軸にをとり，

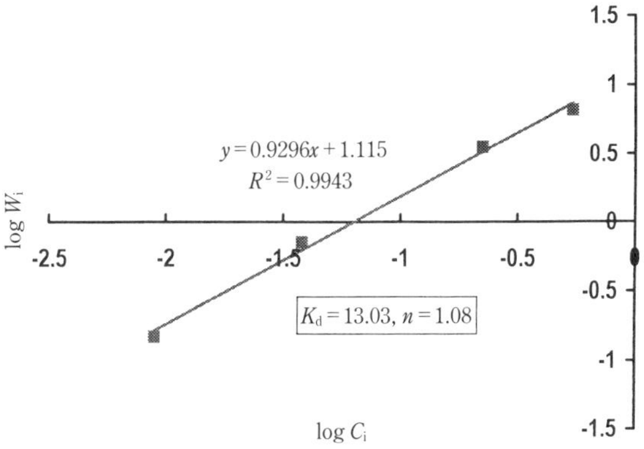

図 13.20　プレチラクロールの農環研水田土壌への吸着等温線と土壌吸着係数 K_d，非線形度 n[35)]
C_i：プレチラクロールの平衡溶液中濃度（mg/l），
W_i：プレチラクロールの土壌吸着濃度（mg/kg乾土）．

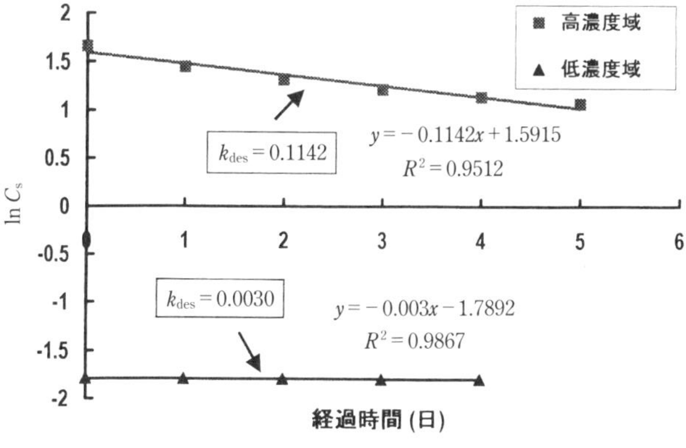

図 13.21　プレチラクロールの高濃度域および低濃度域における脱着速度定数（文献 34) を一部改変）
C_s：土壌中プレチラクロール濃度（mg/kg乾土）．

直線回帰させたときの傾きがPTCの脱着速度定数k_{des}である（図13.21）．低濃度域での脱着速度定数は薬剤散布3週間後に行った4日間での田面水と土壌表層1cmのPTC濃度の圃場調査結果に基づき概算した[21)]（図13.21）．低濃度域（PTC初期濃度：0.17 mg/kg乾土）のPTCの脱着速度は高濃度域（PTC初期濃度：5.3 mg/kg 乾土）と比べ大きく低下（38分の1）していることが明らかになった．この要因として，農薬など有機化合物の土壌粒子からの脱着は早いと遅いの2つのステージからなること，田面水と土壌表層との農薬濃度の差（これが土壌中農薬の田面水への放出力となる）が減少したことなどが考えられる．脱着速度を2フェーズとすることで，低濃度域での予測精度は大幅に向上する．

(d) 農薬の土壌酸化層中分解速度と水中分解速度： 農薬の田面水中と土壌中分解速度を計算するために必要な，水中半減期と土壌中半減期は違った系で別々に測定すべきだが，今回は1つの室内モデル実験系で同時に測定した．半年間5℃で保存していた水田土壌（水分含量20％）を25℃で1週間前培養したものを供試土壌とした．乾土15g相当を200 ml容ねじ口瓶にとり，蒸留水55 mlを添加し，攪拌・静置した（系内の土壌層1cm，水深2cmとなる）．500 ppm PTCアセトン溶液を0.15 ml添加・攪拌後，軽くふたをしめた．1995，96年の圃場調査期間中（5/15～7/4日）中の日中（7：00～18：00）の平均地温（1cm）が23℃，夜間（19：00～6：00）の平均地温（1cm）が20℃であったことから，培養温度は23℃を12時間，20℃を12時間のサイクルとし，暗条件で4週間培養した．1週間ごとに容器内の田面水と土壌中のPTCを別々に定量した．水中あるいは土壌中のPTC濃度の対数（ln）を縦軸に，培養日数を横軸にをとり，直線回帰させたときの傾きがPTCの水中分解速度定数k_{dw}（図13.22），土壌中分解速度定数k_{ds}（図13.22）である．ただし，k_{dw}を求めるときは，初期1週間の田面水中からのPTCの急激な減少は，土壌への吸着であるためを除き，2週目以降の値を用いて求めた．ところで，土壌分解速度であるがPTCの場合4週間の分解試験の結果では，分解速度を2フェーズ化する必要はない．これは，土壌中のPTC初期濃度が3 mg/kg乾土と高く，培養4週間後でもかなり高濃度（1 mg/kg乾土）で残っているため，培養期間中のPTCのバイオアベイラビリティ（微生物利用性）は低下せず，PTC生分解速度が低下しなかったからである．しかし，施用量が従来の除草剤

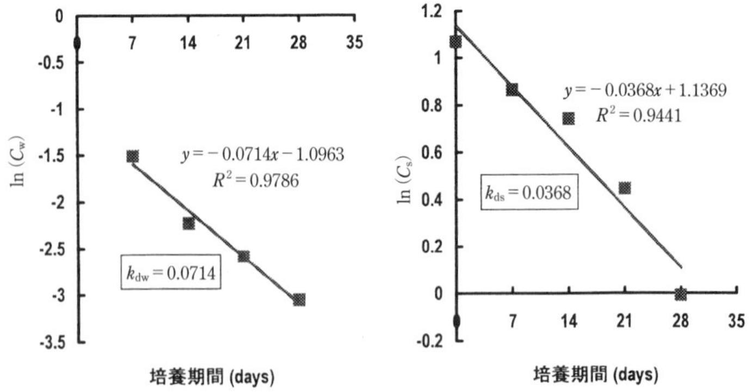

図13.22 プレチラクロールの水中分解速度定数k_{dw}と土壌中分解速度定数k_{ds}[33)]
C_w：田面水中プレチラクロール濃度（mg/l），
C_s：土壌中プレチラクロール濃度（mg/kg乾土）．

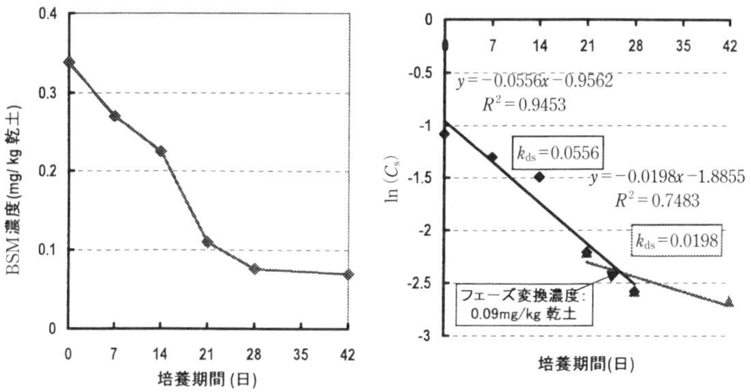

図13.23　モデル水田系土壌酸化層中でのBSMの分解（左）と2フェーズの1次反応として解析した土壌中分解速度定数k_{ds}およびフェーズ変換濃度（右）
C_s：土壌中BSM濃度（mg/kg乾土）．

の1/10であるスルホニルウレア系除草剤（SU剤）の場合は，土壌中の初期濃度も1/10程度になり，分解試験期間中（4～6週間）に分解速度が低下する．図13.23はPTCと同じモデル実験系で行ったSU剤ベンスルフロンメチル（BSM）の土壌酸化層中分解試験とその解析結果である．左図から明らかなように，BSMの分解速度は土壌中濃度が0.1mg/kg乾土以下になると急激に低下した．これは，BSMのバイオアベイラビリティの低下による生分解速度の低下であると考えられる．このような場合は右図のように分解速度を2フェーズの1次反応として解析し，初期の速い分解速度定数（0.0556）と後期（3週目以降）の遅い分解速度定数（0.0198）を分けて求める必要がある．分解速度を2フェーズとすることで，低濃度域での予測精度は大幅に向上する．

（e）**農薬の田面水中光分解速度：**　農薬の光分解試験は人工太陽光（フィルターにより290nm以下をカットしたキセノン光）を用いて室内で行う場合と太陽光を用い野外で行う場合があるが，今回は野外の太陽光下で行った．農環研水田圃場無農薬区（4-7-1）から5月中旬に採取した田面水をガラス繊維ろ紙（ポアサイズ：1μm）でろ過し，オートクレーブ滅菌し，pHを7.5に調整して供試水とした．田面水中の有機炭素含量は6.5％であった．供試水3l中の農薬濃度が1mg/lになるように農薬を溶かし，1.5lずつ大型シャーレ（内径24cm，高さ7cm）に移した．一方は直径26cm，厚さ2mmの石英ガラス板（日本石英硝子（株）SGグレード：280～2,000nmの波長の光の90％以上を通す）で覆い，他方はアルミ箔で覆ったガラス製のふたをし太陽光を完全に遮断した（農薬の加水分解速度を求めるため）．試験圃場の脇に設置した高さ90cmの台（稲体の上）に大型シャーレを置き，1998年5月21日～6月25日までの6週間，太陽光下での分解試験を行った．1週間ごとに，各大型シャーレの重さを測

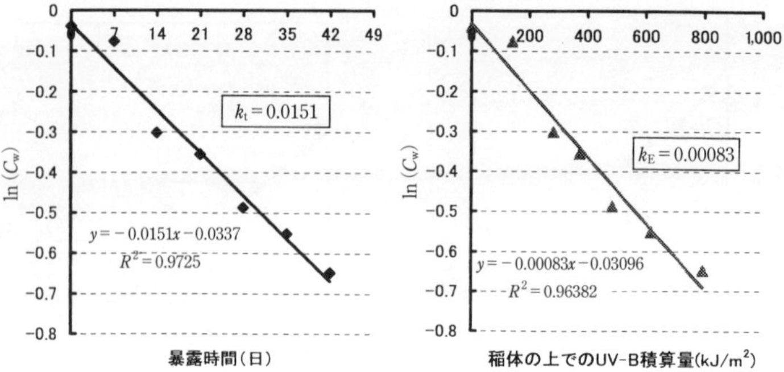

図 13.24　プレチラクロールの田面水中での光分解速度定数k_tと光分解度定数k_E
注）C_w：田面水中のプレチラクロール濃度（mg/l）

り蒸発によって失われた水分を滅菌蒸留水で補給した後，それぞれ40 m*l*ずつ採水し，溶液中の農薬を定量した．野外暗条件で行ったPTCの減少濃度（加水分解による減少）を太陽光下で行った各週のPTC濃度に加えたものを，光分解後のPTC残留濃度とした．その値の対数（ln）を縦軸に，横軸に暴露日数ををとり直線回帰させときの傾きがPTCの光分解速度定数k_tであり，（図13.24左），横軸に暴露期間中の稲体の上でのUV−B積算量（図13.8参照）をとり直線回帰させときの傾きがPTCの光分解度定数k_Eである（図13.24右）．これにより，k_EはUV積算量に対するPTCの光分解度定数であるため，圃場田面水中でのPTCの光分解度定数は稲体下でモニタリンクしたUV−積算量（図13.9参照）により算出することができる．

4）圃場試験による PCPF−1 モデルの検証・評価

RICEWQの検証のため農環研水田圃場で1997年に行った圃場試験を1998年度も繰り返し，試験による水田環境変動解析と農薬残留調査のデータをもとにPCPF−1モデルの検証を行った．評価に使用された農薬は1997年調査と同じプレチラクロール（以下PTC）である．

表13.9はPTCのシミュレーションに使用された入力パラメータを示す．またこれらの入力パラメータは上記で説明した圃場条件を反映した室内モデル実験および圃場試験により求めた．図13.25は田面水と土壌表層（0～1 cm）でのPTC濃度変化の実測値とPCPF−1による予測値を比較したものである．まず田面水中のPTC濃度の予測結果であるが，散布後1週目までは高い精度で予測された．農薬散布後1，3，7日目の実測値と予測値の相対誤差はそれぞれ0.03，－0.07，2.81であった．農薬散布後3日目と5日目の大量な降雨（27 mmと19 mm）による田面水中のPTC濃度の急激な低下をうまく予測することができた．しかし，散布後2～4週目までは予測値は過大評価であり，実測値と予測値の相対誤算は最大で34.7に達した．その後，予測値は実測値とよく一致し，35日目，42日目，49日目の実測値と予測値の相対誤差はそれぞ

表13.9 PCPF-1でシミュレーションを行うために必要な入力パラメータとその値

入力パラメータ（田面水）	単　位	PTC
シミュレーション期間	day	52
インターバル時間	day	1
単位面積当たりの農薬散布量	g/m^2	0.0613
水田面積	m^2	82.8
水溶解度	mg/*l*	50
溶解速度定数	1/day	0.0631
脱着速度定数（第1フェーズ）	1/day	0.1142
脱着速度定数（第2フェーズ）	1/day	0.0030
脱着反応フェーズ変換濃度	mg/*l*	0.2
揮発移動係数	m/day	6.00E－05
光分解度定数	m^2/kJ	0.00083
微生物・化学分解速度定数	1/day	0.0714
灌漑水中の農薬濃度	mg/*l*	0
入力パラメータ（土壌酸化層）		
土壌酸化層（農薬供給層）の厚さ	cm	1.0
土壌粒子密度	g/cm^3	2.36
仮比重	g/cm^3	0.937
飽和体積含水率	cm^3/cm^3	0.603
土壌吸着係数（K_d）	*l*/kg	13.03
土壌酸化層中分解速度定数（第1フェーズ）	1/day	0.0368
土壌酸化層中分解速度定数（第2フェーズ）	1/day	0.0368
分解反応フェーズ変換濃度	mg/*l*	0.1

れ1.74，－0.18，－0.19であった．

次に土壌表層（0～1cm）中でのPTC濃度の予測結果であるが，散布後約50日間高い精度で予測された．散布後2週目までは若干過大評価したが（実測値と予測値の相対誤差は最大で1.36），その後は非常に高い精度で予測した．以上のようにPCPF-1によるPTC濃度変化の予測値は実測値とよく一致し，満足な予測結果を得ることができた．先に説明したRICEWQでの予測結果と比較すると予測精度が大幅に向上している．この要因としては，① 水田環境中での農薬挙動の重要なプロセスだけを抽出しモデルをシンプルにしたこと，② 土壌層を厚さ1cmの酸化層に限定したこと，③ 入力パラメータの質（精度）の向上などが考えられる．特に，農薬散布3週目以降土壌表層（0～1cm）での予測精度が向上したのは，農薬（PTC）の脱着反応を2フェーズ化し，土壌表層中PTC濃度が0.2mg/kg 乾土になった時点（フェーズ変更点）で第2フェーズ（遅い）の脱着速度を与えてあるからである．土壌表層中の低濃度域での予測精度が向上したため，35日以後の田面水のPTC濃度も高精度で予測された．しかし，散布後2～4週目までの田面水中のPTC濃度の予測値が実測値と大きくかけ

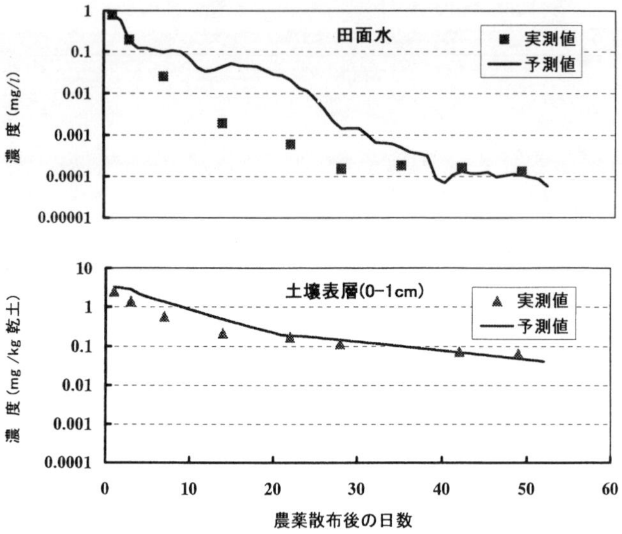

図 13.25　田面水と土壌表層（0〜1 cm）でのプレチラクロール濃度変化の実測値とPCPF-1による予測値

離れ過大評価してしまったのかは不明であり，今後の研究課題である．PCPF-1の検証・評価に関してはPTC以外に低薬量型のスルフォニル尿素系除草剤を用いて行っており，土壌中分解速度も2フェーズ化することにより，低濃度域での予測精度はさらに向上した[46]．

13.5　シミュレーションモデルの利用法

シミュレーションモデルの利用法としては，農薬の挙動プロセスの解析，農薬のリスク評価などの利用法があるが，ここでは水管理と代掻きによる地下浸透速度を制御することにより農薬の表面流出・浸透流亡の管理および削減への応用についてPCPF-1を用いて説明したい[47]．水田管理方法は灌漑排水を制限した止水管理,または常時灌漑を行いオーバーフローで排水をするかけ流し管理，そして代掻き作業やその他の水田土壌管理で異なる降下浸透量により以下の3つを想定しシミュレーションを行った．① 降雨時最高田面水位と灌漑時最高水位をともに4.0 cm，そして最低水位を2.0 cmでモニタリング期間の全圃場排水量を約12 cmに制限する止水管理と十分な代掻きを行い降下浸透を0.2 cm/dayに抑制した管理方法（LDLP 4），② 1.0 cm/day灌漑し排水は最高水位4.0 cmでオーバーフローさせるかけ流し管理を行い降下浸透は0.2 cm/dayに抑制した管理方法（CDLP 1.0），③ 降下浸透が1.5 cm/dayで，灌漑は約1.5 cm/dayで行い排水は最高水位4.0 cmでモニタリング期間の全圃場排水量を約12 cm

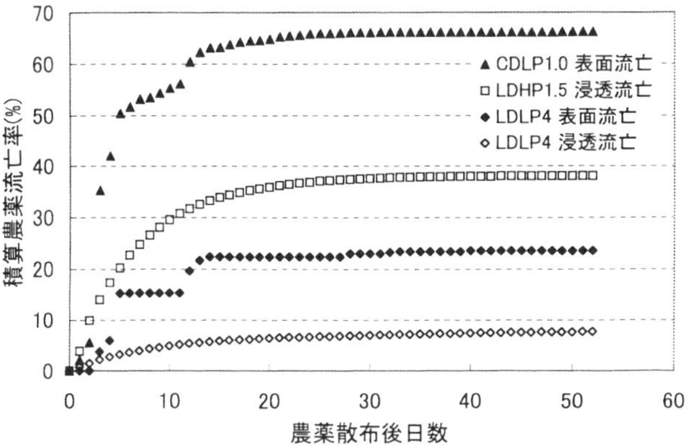

図 13.26　水田管理方法の違いによる PCPF−1 モデルシミュレーションでの PTC の水田からの積算流亡率

に制限する止水管理を行った管理方法（LDHP 1.5）.

シミュレーションに使用した農薬はプレチラクロール（PTC）で入力パラメータ値は表 13.9 の値を用いた．また，降雨と蒸発散のデータは 1998 年農環研圃場のモニタリングデータを使用した[21]．なお，以下のシミュレーションによる評価はこれらの水田管理方法の河川水や地下水汚染へのポテンシャルとして考慮されたい．

図 13.26 において PTC の水田からの積算表面流出率は農薬散布後約 2 週間でほとんど最高値に達しており農薬が比較的高濃度である農薬散布直後の止水管理の重要性が示されている．止水管理した場合では排水口の高さが 4 cm の場合，農薬散布後に起こった比較的大きな降雨により最初の 2 週間で 22 %の農薬が流出したのに対し，約 1 cm/day でかけ流し管理した CDLP 1.0 の場合，最初の 2 週間で全散布量の約 63 %の農薬が表面流出として失われた．降下浸透量の違いによる PTC の水田表層土壌からの地下浸透ポテンシャルにおいて，表面流出の場合と同じく農薬流出量は最初の約 2 週間で最高に達した．農薬散布後 52 日間でのそれぞれの水田管理，LDHP 1.5 と LDLP 4 による水田表層からの農薬の全浸透流出は全散布量の約 38 %と 8 %であった．この結果から，農薬による地下水汚染へのリスク削減のためには，降下浸透量を抑制する十分な代掻きは重要な作業である．このように，モデルシミュレーションにより，農薬の表面流出と浸透流亡の削減のための最適管理策（ベストマネージメントプラクティス）の設定などに応用できる．

農薬を含む合成有機化合物の環境動態研究において，数理モデルを使ったコンピュータシミュレーションは，動態解析および予測のツールとして今後ますます重要になってくるであろう．また，農薬のリスク評価およびリスク管理技術への応用も今後急速に進んでいくと思われる．本文中でも述べたが，コンピュータシミュレーションは万能ではない．入力パラメータ値の質（精度）によって，その予測精度は大きく変わってくるのである．今後の研究課題としては，第1に入力パラメータ値の質（精度）を高める方法論の構築があげられる．そのためには，筆者らが取り組んでいる現場（野外）の環境条件を反映させた室内モデル実験系の開発と評価が必要になってくる．また，土壌の特性により大きく変動する農薬の土壌中分解速度，脱着速度を精度よく求める推算式は存在せず，土壌および農薬の特性値から簡単に計算できる推算式の開発が必要であろう．その先には，開発した最適な方法や推算式により精度の高いパラメータ値を求め，多くの農薬に関する環境特性データベースの整備が必要になってくるであろう．データベースの整備・公開は欧米ですでに始まっており，アメリカ農務省では，現在335種類の農薬について環境での挙動を予測・解析するために必要な18項目の特性データを整備・公開している[45]．このデータベースにはだれでもインターネットで簡単にアクセスし，利用することができる．日本はこの分野でも大きく遅れをとっているといわざるをえない．このような地道な研究を積み重ねていけば，シミュレーションモデルによる農薬のリスク評価が可能になり，評価に基づくリスク管理や削減が可能となる．この管理技術を体系化し農家に普及できれば，環境に負荷を与えないゼロエミッション型農業の確立も夢ではない．21世紀の初頭には農薬排除の時代が終わり，農薬のリスク管理・削減技術によるゼロエミッション型農業の時代がくることを信じつつ終りの言葉としたい．〔髙木和広・渡辺裕純〕

文　献

1) 金沢　純（1990）．植物防疫，**44**（1）：27–32.
2) Mullins, J.A. et al. (1993). PRZM–2 User's Manual for Release 2.0., p.379, U.S. Environmental Protection Agency.
3) Klein, M. (1994). *J. Environ. Sci. Health*, **A29** (6)：1197–1209.
4) Boesten, J. J. T. I. and van der Linden, A. M. A. (1991). Modeling the Influence of Sorption and Transformation on Pesticide Leaching and Persistence. *J. Environ. Qual.*, **20**：425–435.
5) Carsel, R. F. et al. (1986). *Environ. Toxicol. Chem.*, **5**：345–353.
6) Dowd, J. F. et al. (1993). Modeling Pesticide Movement in Forested Watersheds：Use of PRZM for Evaluating Pesticide Options in Loblolly Pine Stand Management. *Environ. Toxicol. Chem.*, **12**：429–439.
7) Jarvis, N. (1994). The MACRO Model (Version 3.1), p.51, Swedish University of Agricultural Sciences.
8) Melancon, S. M. et al. (1986). *Environ. Toxicol. Chem.*, **5**,：865–878.
9) Gottesburen, B. et al . (1995). Proceedings of the BCPC Symposium 'Pesticide movement to water', pp.155–160.
10) Gottesburen, B. et al. (1994). Book of Abstracts 8th IUPAC International Congress of Pesticide Chemistry, **2**：838.
11) Poletika, N.N. (1994). Book of Abstracts 8th IUPAC International Congress of Pesticide Chemistry, 2：845.
12) Williams, M.W. (1998). RICEWQ users manual and program documentation version 1.4, p.27, Waterbone Environmental, Inc.

13) Arnold, J.G. et al. (1990) SWRRB−A Basin Scale Simulation Model for Soil and Water Resources Management, Texas A & M University Press.
14) Burns, L. A. (1994). User's Guide Manual for EXAMS II (Version 2.95), p.106, U.S. Environmental Protection Agency.
15) Armbrust, K.L. et al. (1999). *J. Pesticide Sci.*, **24** : 357−363.
16) Cohen, Z. S. et al. (1995). *Pure & Appl.Chem.*, **64** (12) : 2109−2147
17) Wagenet, R.J. and Rao, P.S.C. (1990). Pesticides in the Soil Environment : Processes, Impacts, and Modeling (ed. Cheng, H.H.), pp.351−399, Soil Science Society of America, Inc.
18) Javis, N. J. et al. (1995). Environmental Behavior of Agrochemicals (eds. Roberts, T.R. and Kearney, P.C.), pp.185−220, John Wiley & Sons Ltd.
19) Inao, K. and Kitamura, Y. (1999). *Pesticide Sci.*, **55** : 38−46
20) Watanabe, H and Takagi, K. (2000). *Environ. Technol*, **21**, 1379−1391.
21) Watanabe, H and Takagi, K. (2000). *Environ. Technol*, **21**, 1393−1404.
22) 吉村 淳 (1994). 農薬環境科学研究, 第2号, 72−77.
23) 高木和広 (1997). 土の環境圏 (岩田進午ら編), pp.1106−1115, フジ・テクノシステム.
24) 高木和広 (1999). 新・土の微生物 (4) 環境問題と微生物 (日本土壌微生物学会編), pp.145−182, 博友社.
25) 日本植物調節剤研究協会 (1995). 平成6年度環境庁委託業務結果報告書. 農薬残留対策調査—環境残留農薬実態調査 (基礎調査)—, p.64, 財団法人日本植物調節剤研究協会.
26) 三菱化学安全科学研究所 (1996). 平成7年度環境庁委託業務結果報告書—環境残留農薬実態調査 (環境動態モデリング調査)—, p.52, (株)三菱化学安全科学研究所.
27) Bigger, J.W. and Nielsen, D.R. (1976) . *Water Res. Res.*, **12** : 78−84.
28) 金澤 純 (1996). 農薬の環境特性と毒性データ集, p.382, 合同出版.
29) Leiji, F.J. and van Genuchten, M. Th. (2000). Solute Transport. In : Hand book of soil science. (Ed. M. E. Sumner), pp. A183−A227, CRC Press.
30) Radcliffe, D.E., and Rasmusen, T.C. (2000). Soil Water Movement. In : Hand book of soil science. (ed. M.E. Sumner), pp. A87−A127, CRC Press.
31) Gishi, T.J. et al. (1991). Proceedings of the National Symposium. 16−17, December 1991 Chicago, Illinois. American Society of Agricultural Engineers, pp.214−222.
32) van Genuchten, M. Th. et al. (1977). *Soil Sci. Soc. Am. J.*, **41** : 278−285.
33) 高木和広, 他 (1996). 農薬環境科学研究, 第4号, 65−80.
34) Takagi, K. et al. (1998). *Reviews in Toxicology*, **2** : 269−286.
35) 高木和広 (1999) : 環境調和型水田雑草制御技術の開発, 研究成果341, 30−40, 農林水産省技術会議事務局
36) 丸山 利輔, 他 (1986). 新編灌漑排水 (上巻), pp.86−87, 養賢堂.
37) 長谷川周一 (1995). ペドロジスト, **39** (2) : 43−50.
38) Fajardo, F.F. et al. (2000). *J. Pesticide Sci.*, **25** : 94−100.
39) Pignatello, J.J. and Xing, B. (1996). *Environ. Sci. Tecnol.*, **30** : 1−11.
40) Kenaga, E.E. (1980). *Ecotox. Environ. Safety*, **4** : 26−38.
41) 金沢 純 (1992). 農薬の環境科学, pp.103−124, 合同出版.
42) Makay, D. and Leinonen, P.J. (1975). *Environ. Sci. Technol.*, **9** : 1178−1180.
43) 日本農薬学会農薬製剤·施用法研究会編 (1998). 農薬の製剤技術と基礎, pp.16−17, 日本植物防疫協会.
44) Tomlin, C. ed. (1997). The Pesticide Manual (11th Edition), pp.828−829, Crop Protection Publication.
45) USDA ARS (1989). The Pesticide Properties Database (PPD). http : //www.arsusda.gov.
46) 高木和広, 他 (1999). 日本農薬学会第24回大会講演要旨集, p.124
47) 渡邊裕純, 高木和広 (2000). 日本農業土木学会論文集, 第209号 : 43−50.

14. 農薬散布の実際

農薬による病害虫や雑草の防除は，農作物の安定生産と品質向上に大きく貢献してきた．しかしその取扱いを誤ると人や家畜，カイコ，ミツバチ，水産動物，そのほか有用動植物や周辺環境に何らかの影響を及ぼす場面もある．

農薬には，製造，販売，購入，運搬，保管管理，使用方法，廃棄などその取扱いについて，「農薬取締法」,「毒物及び劇物取締法」に加え，食品に関する農薬の残留基準にかかわる「食品衛生法」，発火性または引火性物品として危険物，指定可燃物，そのほかを定め，貯蔵，取扱いを規制している「消防法」，化学物質が環境を汚染し，人の健康に影響を与えることを避けるため，その性質に応じて製造，輸入，使用を規制する「化学物質の審査及び製造等の規制に関する法律」，職場における労働者の安全と健康を確保するための「労働安全衛生法」，廃棄物の排出を抑制し，適切な分別，保管，収集，運搬，再生，処分などの処理をし，生活環境の保全および公衆衛生の向上を図る「廃棄物の処理及び清掃に関する法律」などによってさまざまな規制がある（表14.1）．

農薬の使用，保管，廃棄にあたっては，これらの法律を遵守するとともに，① 使用者に対する安全，② 農作物に対する安全（薬害），食物に対する安全（残留），③ 周辺環境に対する安全などについて細心の注意と自覚をもって薬剤を取り扱うことが必要である．

表 14.1 農薬の各種取扱い行為に対するおもな法規制

規制法規	輸入	輸出	保管	運搬	使用	販売	廃棄	製造
農薬取締法	○				○	○	○	○
毒物及び劇物取締法	○		○	○	○	○	○	○
食品衛生法	○				○	○		
化審法	○				○	○	○	○
労働安全衛生法	○		○	○	○	○	○	○
消防法			○	○	○			○
廃掃法					○		○	
大気汚染防止法					○		○	
水質汚濁防止法					○		○	
国際輸送基準（UN/ICAO/IMO）		○						

14.1　希釈液の調製法と散布時の注意事項

ここでは「散布前」「散布中」「散布後」にそれぞれ必要とされる作業およびその注意事項を取りまとめている．

a.　希釈液の調製法および使用済み容器中の残存農薬の除去法（散布前）

散布前に散布する作物の種類，大きさ，病害虫の種類，散布濃度，散布面積などを確認し，希釈表を用いて散布必要量を調べ，過不足が生じないようにする．散布液の調製は必ずゴム手袋，眼鏡，マスクを着用して行う．できれば手や顔などの露出部分をできるだけ少なくすること．保護クリームを塗っておくことも望ましい．ラベルに表示された濃度，使用量を厳守して調製する．

乳剤，フロアブル液剤の調製にあたっては，原液を少量の水に溶かし，徐々に所定量の水と混合し，よくかき混ぜる．空になった容器に，中身の農薬をボタ落ちがなくなるまで，さかさまにし移し終えたのち，容器の約1/4の水を加えて密栓し，よく振とうして散布液調製時に希釈水として使用する．この操作を計3回繰り返した後，眼に見えるような残分がないことを確認し，容器内の水をよく切って，まとめて保管する．なお油剤については，倒立して圃場に立てておく方法で残分を除去する．この瓶や缶状容器の「水による3回洗浄法」は容器内に通常残存している農薬のおおむね99.5％以上を除去できる方法であることが確認されている．

水和剤の薬液調製にあたっては，粉末を少量の水でのり状によく練ってから，徐々に所定量の水を加えながらかき混ぜる．また袋の口を水中に入れるようにして少量の水に溶かし，微粒子や水滴が跳ね返らないよう注意する．使用済み袋状の容器の残農薬の除去法は散布機や希釈用容器に中身の農薬を移した後，袋を軽く叩いて内面への付着分を落として散布機や希釈用容器に入れる．眼に見えるような残分がないことを確認した後，たたんで保管する．

揮発性農薬（たとえばクロルピクリン剤など）の入った缶状の容器の残液処理は周囲に影響のない圃場内の適当な場所に小さなくぼみをつくり，使用済み容器をさかさまにする．そのまま倒立して缶の周りを土で覆い，1～2日間圃場に立てておき，完全に残液を土中に浸み込ませ，容器内を空にする．空缶を取り除いたくぼみは覆土し，ポリエチレンシートで7～10日間被覆し，臭気が出ないようにする．

空缶の残臭処理は臭気を抜くために，空缶の底面に3～4か所穴を開け，風で転がらないように2～3缶をロープで束ね，缶を横倒しにして，3～4日間，圃場に静置しておく．その後，圃場から回収する．

エアゾール缶の除去法は中身の農薬を使いきったのち，火気のない戸外で噴射音が消えるまでガスを抜く．

b. 散布時の注意事項

1）散布前の注意

i）農薬のラベルを必ず読む　ラベルにはその農薬の適用範囲，使用時期，使用方法，使用上の注意事項が書いてある．よく読んで必ず守ることが必要となる．またわかりやすい注意の喚起マーク（絵表示）は青地に白の行為の強制マークと赤丸の行為禁止マークがある．「農薬用マスクを着用する」，「不浸透性防除衣を着用する」，「農薬保管庫に入れ，鍵をかけて保管する」などの絵表示がその農薬のラベルに記載されている場合はその行為の強制（必ずすること）を告げている．また赤丸の禁止（してはいけないこと）の行為を告げるものには，「かぶれやすい人は散布作業はしない」，「ハウスや噴霧のこもりやすい場所では使わない」，「河川，湖沼，海域，養殖地に飛散，流入するおそれのある場所では使用しない」などの絵表示がある．

ii）防除器具，施設の事前の点検，整備　エンジン，ホース，ノズルなどの不良により散布時に散布液が噴出し，被ばくする危険性が起こらないよう注意，点検する．また施設内でくん煙，くん蒸などを行う場合はガスもれのないよう施設内の整備，点検が必要．

iii）散布日の健康に注意　装備付きの作業は，ふつうのときより疲れる場合が多い．身体の調子がよくないときは，ふつうなら何でもないことでも事故のもとになる．疲れがたまって体力の衰えを感じる，貧血気味，肝臓が悪い，皮膚病にかかっている，妊娠中，二日酔，アレルギー体質，手や足に傷がある，こんな状態のときには作業は避ける（図14.1）．

iv）防除日誌を確認　散布に先立って，以前の作業内容を確認し，また，天候に注意し，散布面積に見合った薬量を調製する．

v）3点セットを準備　冷たいタオル，目薬，洗顔，うがい用の水，ちり紙，予備のマスクなどを持参すると便利．

vi）その他　散布に関係のない者や子どもが散布作業現場に近づかないよう配慮する．

2）農薬散布時の注意

i）適切な保護具の着用　農薬ラベルに記載の注意事項に従って薬剤に見合った保護具（農薬用マスク，防除衣，保護めがね，不浸透性手袋，ゴム長靴など）を着用する．高温，高湿時には網シャツ，クールチョッキなどが便利．また必要に応じ顔，手足などに保護クリームを塗り，できるだけ肌を出さず，農薬が浸みとおらないよう注意する（図14.2）．

（a）農薬用マスクの着用：　農薬の人体への吸収は，皮膚を1とすれば口からはその10倍，呼吸ではその30倍も多いといわれている．まず口と鼻を保護することが重要である．マスクは労働安全衛生法によって「防じんマスク」や「防毒マスク」などの規格が定められており，農薬マスクはこれらの規格を使用している．農薬用マスクはその性能から，粉剤用，液剤（ミスト）用，ガス用の3つに分類される（表14.2）．

図 14.1　散布日の健康に注意する

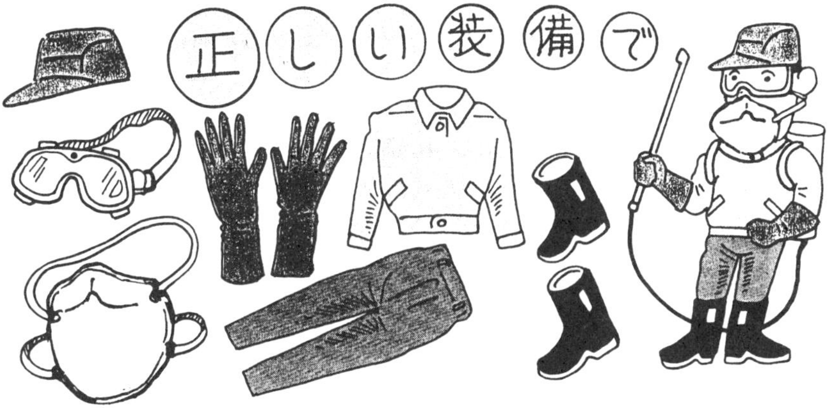

図 14.2　適正な保護具の着用

表14.2 マスクの種類

(1) 防塵マスク（粉剤，液剤用）		
① 防護マスク相当	取替え式	隔離式：ろ過材は独立し，連結管を使用
		直結式：ろ過材は独立し，面体に直結
② 防護マスク相当	使い捨て式	ろ過材と面体が一体
(2) 防毒マスク（防護マスク相当，ガス用）		

表14.3 農薬散布用保護衣選定基準（抜粋）

項　目	基　準
引張強度（kg/5 cm）	タテ65 kg以上，ヨコ50 kg以上
引裂強度（g）	タテ900 g以上，ヨコ700 g以上
洗濯収縮	タテ，ヨコ3%以下
耐水性　洗濯10回後	1,700 mm以上
はっ水性　洗濯10回後	80%以上
透湿度（$g/m^2/24\,h$）	250 g以上

散布する農薬により，それに適したマスクの選択が必要となる．粉剤，液剤（ミスト）の場合は，農薬を粒子の形でマスクのろ過剤が捕集する．このような状況に適したマスクとしては防護マスク「取替え式国家検定防塵マスク」や保護マスク「使い捨て式国家検定防塵マスク」があげられる．

土壌くん蒸の臭化メチル，クロルピクリン，D-D，DDVPなどガス状および揮発性の農薬には，防毒マスクが適当であり，吸収缶内の吸着材（活性炭）がガスを吸着して捕集する．またマスクは顔面に密着していなければ役にたたず，鏡を見ながら顔面への密着具合や紐のかけ方などを確かめる．顔への違和感や息苦しさは，慣れによって除かれることが経験的に確かめられている．寒い日や施肥，脱穀作業などにも利用して慣れることがよい．

(b) 防除衣の選定：　防除衣の条件としては，保護性（農薬が浸透しない）ばかりでなく，作業性（軽くて活動性がある），着心地（暑くなく，蒸れない，べたつかない），耐久性（1シーズンは洗濯しても使用できるもの）などが重要となる（表14.3）．

不浸透性防除衣とは表面に付着した液体が裏面に浸透しない性質をもつ素材で作製された長ズボン，フード付きの長袖の上着からなる作業衣のことで，ラベルに記載がある場合は，不浸透性防除衣の条件を満たした防除衣の選定が必要となる．最近衣料素材の開発が進み，農薬は防ぎ，かつ汗（水蒸気）を外へ放出可能な素材を活用した防除衣が市販されている．ナイロン素材の複合膜からなる防除衣で，膜に微細な孔（0.2 μm）をもち，水滴は防ぐ（水滴の1/20,000）が，汗の水蒸気の分子（水蒸気の700倍）は放出する．いままでカッパなどを着用すると汗をかくので，作業衣を脱ぎ，危険にさらされることがあったが，このようなスポーツ関連資材を使用している防除

図 **14.3**　作業区域周辺に気を配る

衣を選ぶことが望まれる．

(c) 保護めがね：　保護めがねは，漂流（ドリフト）してきた薬液や誤って顔にかかったとき，目を守る．特に目に対し，刺激性のある農薬を散布する際は，必ず着用する．めがねの選び方はゴーグル式で，“くもり止め”処理がされているもの，めがねの上下部分に換気口（ベンチレーター）のあるものを選ぶ．めがねをかけるときは，保護めがねとマスクは重ならないようにかける．重なるとめがねが早くくもるようになる．保護めがねのくもり止めとしては，市販のめがねくもり止め液をスプレーしておくと，さらに効果が増す．ボルドー液などの散布ではめがねが汚れて見えなくなることがある．こんなときは，市販のラップフィルムをめがね表面全体にかぶせるように貼り付けておくと，汚れても速やかに取り去ることができる．

ii）作業区域周辺に気を配る　　農薬が飛散すると，周辺の人や動物，有用栽培作物，魚，ミツバチ，カイコなどに思わぬ被害を与えることがあるので，つねに風向きに注意し，風が強くなったときは中止する（図14.3）．

iii）適切な散布　　作業は日中の暑いときを避け，朝夕の比較的涼しい時間を選んで行う．長時間の散布を避け，できるだけ交代して防除作業をする．風向きを考え風下から逐次風上に散布作業を進め，噴霧液や散布粉を直接浴びないように注意する．

iv）その他　散布作業中や散布後に異常を感じた場合は直ちに作業をやめ，医師の手当てを受ける．(財)日本中毒情報センターでは中毒110番［大阪中毒110番0990-50-2499（年中無休），つくば中毒110番0990-52-9899］で電話相談を受け付けている．

3）農薬散布後の注意

i）後始末をキチンと　作業が終わったら防除器具などをよく洗浄しておく．使用済みの容器はほかの用途には絶対に使用しない．農薬の容器移し替えは誤飲，誤用の原因となるので絶対にやめる．

子どもや第三者の手が届くようなところに放置しない．空容器，空袋は圃場などに放置せず産業廃棄物業者などに処理を委託し，適切に処理する（野焼き禁止）．

ii）身体，衣類をきれいに洗う　散布後は防除衣を脱ぐと同時に，必ず石けんで手足を洗い，うがいをし，全身を洗う．

使用した防除衣や手袋，タオルなどをまとめて洗濯する．30分くらい洗剤につけてから洗うとよい．入浴し，身体を洗い，疲れをいやし，風呂から出たら，必ず洗濯したきれいな下着や服に着替える．

iii）農薬，マスク，めがねの保管管理　農薬は食品と区別し，必ず専用の保管庫に保管する．保管庫には必ず鍵をかけ，盗難や紛失の防止，その他誤用のないようにする．毒物に該当する農薬の保管庫には赤地に白で「毒物」の表示，劇物については白地に赤で劇物の文字を書いておく．保管している毒物，劇物に該当する農薬が盗難にあった場合は，直ちに警察に届ける．

散布作業後はめがねを中性洗剤のなかに入れ，ゆすいでから軽くふきとる．次の作業日のため，清潔な袋などに入れて保管する．「取替え式防塵マスク」を保管するときは，使用後は面体内部をきれいに拭き取ってから，ビニル袋などに入れ，清潔な場所に保管する．農薬保管庫の中など，農薬と一緒に置くことは絶対に避ける．

iv）防除日誌に記入　作業内容の記録は，以後の農作業の参考となる．農産物の安全の証明ともなる．

v）散布後の健康管理　気分が少しでも悪くなったら，医師の診断を受ける．医師の診断を受ける際は，使用農薬名と農薬散布作業の内容を告げる．

散布を行った晩は飲酒をひかえ，夜更かしはやめること．また激しいスポーツは行わない．

14.2 混用可否表

日本では高温，多湿で病害虫，雑草の発生の多い地域あるいは異なった栽培方法が多く，害虫と病害を同時に防ぐために，2，3剤を混ぜて使うことが多くなる．省力的であり，効率のよい方法であるが，性質の違う薬剤を混ぜるので思わぬ変化が起こるときがある.

混用では，① 農薬が分解したり，効力が低下することはないか，② 作物の薬害を助長することはないか，③ 散布液が分離沈殿することはないか，など注意することが多い．日本ではJA全農肥料農薬部で各剤の製造，販売会社，主要作物栽培県，その他関連データを基本資料として農薬混用適否表を作成している．海外では主要作物栽培地帯で農業ビジネスを普及，振興している農科大学の普及部などでとりまとめている事例が多い．

a. 混用時の注意

1）農薬安全使用基準の遵守

基準に明記されている適用作物について，正しい濃度，薬量，使用時期，回数，収穫前使用時期などを守り散布する．

ラベルには剤特有の注意事項も記載されている．適用のない作物には使わない．

2）薬害の原因と現れ方

農薬を散布した，その作物が何らかの異常症状を示すことを薬害と表現している．

i）薬害の原因　さまざまな薬害の原因が知られている．薬剤自体にある場合以外に，作物の生育状況，形態，また気象，土壌など環境条件があげられる．2～3種類の薬剤混用の際，みられる薬害事例としては，物理化学性の変化によるものが多い．水和剤と乳剤を混用すると場合によって乳化剤の分離などが起こり，果実に薬斑を形成した事例がある．また単用で薬害を起こしやすい農薬では，これに乳剤を混ぜることにより，作物体内への侵入量が増加し，薬害が助長されることもある．

防除日誌などに過去に経験した薬害の発生状況，原因などを記載しておくと再発を防ぐことに役立つ．

農薬の近接散布による薬害としては「スタム乳剤（DCPA）を有機リン剤やカーバメート殺虫剤の散布と近接し散布して，イネに薬害を起こす」事例がよく知られている．また農薬を散布する際，散布液，粉の細かい粒子が周辺，隣接有用作物に飛散し，思わぬ害を及ぼすことがある．水稲除草剤のなかには対象とするイネには安全であるが，周辺に栽培されているイグサ，レンコン，セリ，クワイなどに，風が強いなど散布時の条件が悪い場合に，時として薬害を引き起こすことがある．

後作物への薬害にも配慮が必要となる．1年に数回作物が輪作されている場合などは，残留性の比較的長い農薬が大量に投下される場合，その作物には薬害を起こさなくても，次に植え付けされる作物がその薬剤に感受性の場合，薬害が認められた事例があり，剤の選択に配慮が必要となる．

ii）薬害の現れ方　薬剤を散布し，少し日が経ってから，作物にさまざまな症状が現れる．葉の変色は葉先，葉縁，葉脈間に渇色斑，葉先枯れの症状のように，作物の細胞や組織の一部が破壊されるネクロシス症状や，黄化，白化として，葉緑素が減少するクロロシス症状として出ることが多い．軽いときは，この程度で終わるが，落葉まで進むと生育に影響の出る場合がある．生育抑制，不発芽，萎ちょう，落果，さび果などの症状もある．

花や果実の汚染，果粉の溶脱，しみなど出る場合は商品価値に響く．急性の薬害症状は，生育点さえやられていなければ，時間が経つにつれ回復する場合が多い．こわいのは，散布後かなりの時間が経ってから，黄化，萎縮，奇形，生育遅延などの症状が出る場合で，収量が低下するときもあるので注意が必要．最悪の薬害は作物の枯死に至る．

3）品種，生育段階による違い

i）品種の差　同じ作物でも，品種が異なると薬害を起こすことがある．リンゴ，ナシ，キュウリ，メロン，イチゴ，花木類，花き類などにこの例が多い．各剤のラベルに記載されているのでよく注意する．リンゴでは旭，ゴールデンデリシャス，スターキングなどで，ナシでは幸水，八雲，晩三吉などで過去の経験では薬害が多くみられている．しかし新品種には，データがそろってないものがある．このようなときには小面積に試し散布をして，薬害が出るかどうか安全性を確認後，全面に散布する．

ii）生育の差　同じ作物，同じ品種でも，生育段階が異なると薬害が出ることがある．一例として，「リンゴでは開花後から落花30日後ころの散布はさび果，落果，落葉が出やすい」があげられる．剤のラベルの注意事項に，この違いが記載されているのでよく読む．また作物の生育の悪いときの散布は慎重にする．作物の生育状況や，葉色などから作物の健康状態を知り，注意して散布する．

iii）育苗箱への施薬　軟弱苗，徒長苗，老化苗は薬害を起こす場合がある．またイネに露があると葉に薬剤が付着して薬害が起こるので，乾いてから薬剤を施用し，施用後は葉に付いた薬剤は払い落としておく．また最近は袋の形態が類似した1キロ袋の水稲除草剤を誤って育苗箱に施用し，イネが枯死する誤用例もあるので十分に注意する．

4）気象条件による差

i）高温乾燥は薬害を助長　30℃を越すような高温，または乾燥した状態では，薬害が助長されやすくなる．土の乾燥は，薬害を助長するのでハウス内などでは灌水を農薬散布前に行うのが望ましい．また逆に多湿によって作物が軟弱になり，薬害が出ることがある．

ii）梅雨明けの気象上昇に注意　除草剤には，温度条件に敏感なものがある．梅雨明けは，気温が急上昇することが多いので注意する．

5）土の種類による差

除草剤の場合は土壌の性質に注意して使用する．適用土壌は剤のラベルに表示されている．粘土が多い土壌，また有機物含量の多い土は，薬害が出にくい傾向がある．これは粘土や有機物に除草剤が吸着されて，土壌下部への浸透を抑えているためで，逆に砂の多い土質ほど除草剤が土に吸着されにくく，薬害が出やすくなる．

また水田では漏水が多いと，ある期間水が保てないために，除草効果があがらないだけではなく，イネの根から一度の多量の除草剤が吸収されるので薬害を出すことが多い．この薬害を除くため，除草剤のラベルには適用土壌と減水深の制限が使用方法に記載されている．

b. 混用可否表

農薬混用可否表は全国レベルでは各農薬製造会社の試験結果および特定地域の防除暦などを参考にJA全農肥料農薬部でとりまとめた資料がある．水稲，ミカン，リンゴ，ナシ，モモ，カキ，ブドウ，キュウリ，トマト，ナス，ピーマン，キャベツ，ハクサイ，チャの混用可否表がある．その他作物混用事例集として，イチゴ，タマネギ，バレイショ，ダイコン，レタス，ウメの資料があり，一応の目安として使用されている．県レベルでも農薬混用事例集が作成されている．

日本では気象，地域ごとに栽培される作物の種類，栽培方法が異なる場合も多い．たとえば北海道では，テンサイ，バレイショ，ムギ類，ダイズ，アズキ，いんげんまめ，タマネギ，メロン，カボチャ，ダイコン，スイカ，マクワウリが地域主要作物として栽培されている．北海道庁では道内の関連機関の協力を得てこれらの作物の北海道用混用事例集を出版している．新品種の登場，各種栽培方法が行われているイチゴでも栃木県，静岡県などの主産地では県内での情報を加味し，一部改編した混用適否表が出されている（表14.4）．

静岡県では県内の混用事例を加味した農薬混用適否表をまとめている．また花き類のキク，カーネーション，バラの適否表を県内農業者のために作成している．他県および主要栽培地帯でも独自の農薬混用適否表を作成しているところも多いので，それぞれの地域，産地で知見がある場合はその資料を優先させることが望ましい．

c. 混用適否表についての注意事項

(1) 混用適否表は，使用者が混用する際，目安となるように，効果，薬害などの試験事例を参考にとりまとめたもので，混用した希釈液を製品として保証するものではない．そのため地域，産地で経験や知見がある場合はその情報を優先させる．

(2) 農薬は単用でも作物の種類，品種，生育ステージ，気象，栽培条件などによって薬害を生じる場合があるが，この混用適否表の判定はあくまで混用を前提とし，単用による薬害は反映させていない．ただし混用により，その程度が増幅される場合は「助長する」として混用適否表に反映させてある．

(3) この表は登録の範囲の希釈濃度でできるだけ速やかに散布を完了することを前提として作成されてある．

(4) 単剤で皮膚かぶれを起こしやすい農薬と乳剤の混用は皮膚かぶれをさらに助長することがあるので注意する．

(5) 成分名で一括して表記した薬剤は，ここの薬剤について登録の有無を確認する．

表 14.4　静岡県イチゴ農薬混用適否表

殺虫剤および殺菌剤 ／ 殺菌剤および殺虫剤		殺虫剤 アーデント 水	アタブロン 乳	オサダン 水	カルホス 乳	ケルセン 乳	コテツ フ	サンマイト フ	除虫菊 乳	ダニトロン フ	ディプテレックス 乳	テデオン 乳	デルフィン 水	ニッソラン 水	ピラニカEW	マブリック 水	マラソン 乳	モスピラン 溶	ランネート 水	ロディー 乳	殺菌剤 カリグリーン 溶	ゲッター 水	デラン フ	トリフミン 水	ハーモメイト 溶	バイコラール 水	フルピカ フ	ラリー 水	ルビゲン 水
殺菌剤	アントラコール（水）	○			○	○			○			○	○		○	○		○		○				○		○			
殺菌剤	オキシンドー（水）			○										○						○				○		○			○
殺菌剤	カリグリーン（溶）			○		○		○				○	○	○		○		○	○	○								○	
殺菌剤	キャプタン（水）											○																	
殺菌剤	ゲッター（水）	○		○		○		○	○	○	○	○		○	○	○	◎	○	○					○		○			○
殺菌剤	サプロール（乳）		○				○	○	○			○		○	○	○		○		○	○		○		○				
殺菌剤	サンヨール（乳）	○					○		○		○	○		○	○	○	○	○			○	○					○		
殺菌剤	ジーファイン（水）		○				○																○						
殺菌剤	水和硫黄（水）											○																	
殺菌剤	スミレックス（水）	○	○				○	○	○	○		○	○		○	○		○							○	○		○	○
殺菌剤	デラン（フ）			○						○	○				○	○			○					○					
殺菌剤	トップジンM（水）	○										○		○									○						
殺菌剤	トリフミン（水）		○		○		○	○	○	○	○	△	○	○	○	○	○	○	◎	○	○	○	○		○		○		
殺菌剤	バイコラール（水）		○	○	○	○	○		○		○	○	○	○	○	○	○	○	○	○		○	○		○				
殺菌剤	ハーモメイト（溶）	○						○		○	×			○	○				○									○	
殺菌剤	バリダシン（液）										○	○			○		○					○				○			
殺菌剤	フルピカ（フ）	○	○	○		○	○	○		○	○		○	○	○	○	○			○				○		○			○
殺菌剤	ベンレート（水）	○										○									×		○						
殺菌剤	ポジグロール（水）		○				○						○		○			○			○						○		
殺菌剤	ポリオキシンAL（水）	○	○				○		○		○	○	○		○	○		○			○	○	○			○	○	○	
殺菌剤	マンゼブ（水）			△		△			△		△	△		△	○	○	△			○			○						
殺菌剤	モレスタン（水）					○			○		○	○			○	○	○	○	○	○		○	○		○	○	○		
殺菌剤	ラリー（水）			○		○				○	○		○	○		○	○		○		○				○		○		
殺菌剤	ルビゲン（水）		○			○	○		○	○	○	△			○		○	○	○	○	○	○			○		○		
殺菌剤	ロブラール500アクア									○		○														○		○	
殺菌剤	オサダン（水）		○						○		○				○	○	○	○				○	○			○			
殺菌剤	ケルセン（乳）		○						○		○		○	○	○	○		○				○				○			○
殺菌剤	ダニトロン（フ）		○						○				○		○	○	○	○				○	○						○
殺菌剤	ニッソラン（水）		○			○	○		○		○		○		○	○		○	○			○				○			
殺菌剤	ピラニカEW（乳）			○		○	○	○	○	○	○			○		○	○	○	○	○		○	○	○		○			
殺菌剤	マブリック（水）			○		○	○	○		○	○			○	○		○		○			○	○			○			○
殺菌剤	モスピラン（溶）	○	○	○		○				○		○	○	○	○							○							

○…混用してもよい．
◎…使用直前なら混用してもよい．
△…効果の減退，物理性の悪化，果実の汚れ，薬害の点で問題がある．
×…物理性の劣化，効力低下，薬害，かぶれなどで混用できない．
〔備考〕　平成3年1月全農福岡支所肥料農薬部編および平成9年12月全農肥料農薬部「農薬混用適否表解説」より引用．ただし，平成10年1月に静岡県で一部改編

(6) 有機リン剤どうしの混用は急性毒性が増す場合があるので注意が必要である.

(7) 混用の順序は原則として次のとおりとする．ただし，良好な散布薬液を得る手順についての知見や経験がある場合は，それを優先する．① 水和剤あるいはフロアブル剤と乳剤の混用：乳剤の希釈液を調製した後，水和剤あるいはフロアブル剤を加えて混合溶液を調製する．少量の水に乳剤，水和剤あるいはフロアブル剤を同時に加え，練ってから希釈することは避ける．② 水和剤あるいはフロアブル剤どうしの混合：1つの水和剤あるいはフロアブル剤の希釈液を調製した後，次の水和剤あるいはフロアブル剤を加えて混合溶液を調製する．両薬剤を同時に加え，練ってから希釈することは避ける．③ 展着剤を加用する場合：展着剤希釈液を調製したのち，水和剤あるいはフロアブル剤を加えて混合溶液を調製する．なお，乳剤の場合はその順序を問わない.

(8) 不明の点は専門の技術者に相談する.

なお，混用にあたっては各薬剤の製品ラベルをよく読むこと．登録内容の変更には十分注意すること.

14.3　容器と残留液の処分法

平成9年6月に廃棄物処理法が改正され，すべての産業廃棄物に，平成10年12月1日より，マニフェスト（管理票）の使用が義務づけられた．また農林水産業と食品産業から出る産業廃棄物すべてがマニフェストの対象となった．「マニフェストシステム」とは，事業活動によって排出される産業廃棄物の名称，数量，性状，取扱い上の注意事項などをマニフェスト（産業廃棄物管理票）に記載し，収集，運搬業者から処分業者へ管理票を渡しながら，処理の流れを確認するシステム．つまり産業廃棄物を排出する事業者が，廃棄物の運搬や最終処分までを管理する仕組みとなる．排出事業者はマニフェスト（管理票）によって産業廃棄物の運搬，処理状況を把握，管理することができる.

これにより，不適正な処理による環境汚染や，社会問題となっている不法投棄などを未然に防ぐことができる．いわば本システムは，産業の健全な発展を支え，1人ひとりの健康や環境を守るために生まれたともいえる．家庭などから出るごみ（一般廃棄物）以外の農業事業活動から排出されるすべての産業廃棄物，たとえばハウス用/マルチ用プラスチックフィルム，プラスチック肥料袋，農薬の空容器など，が対象となる．化学物質の廃棄行為については多くの法規制がある．化審法，毒劇法，労働安全衛生法，廃掃法，大気汚染防止法，水質汚染防止法などの農薬および容器にかかわる法があるので，これらの法を遵守した廃棄作業につとめる.

a.　農薬空容器の適切な処理

1）廃掃法の政令，省令の改正

本改正により，野焼きを防止するため，施設の規模にかかわらず，廃棄物を焼却する際に遵守しなければならない処理基準つまり焼却設備および焼却方法を明確化している．

i）焼却設備の構造

(1) 空気取入れ口および煙突の先端以外に焼却設備内と外気が接することなく廃棄物を焼却できるものであること．

(2) 焼却に必要な量の空気の通風が行われるものであること．

ii）焼却の方法

(1) 煙突の先端以外から燃焼ガスが出ないように焼却すること．

(2) 煙突の先端から火炎または黒煙を出さないように焼却すること．

(3) 煙突から焼却灰および未燃物が飛散しないように焼却すること．

2）空容器の適正処理方法

(1) 自治体で空容器の処理が可能な地域は自治体で処分する．

(2) 自治体で処理が不可能な地域は，① 適正に回収，処理されるシステムが確立している場合には，当該システムで処理，② 農家が自ら廃棄物処理業者に処理を委託，の2つの方法がある．

b. 使用残農薬の処分方法指針

農林水産省の安全使用基準には「使用残りの薬液が生じないように調製を行うとともに，散布に使用した器具及び容器を洗浄した水は，河川等に流さず，散布むらの調製等に使用し，また空容器，空袋等は，廃棄物処理業者への処理の委託等により水産動物に影響を与えないよう安全に処理すること」と定めている．農薬工業会としては処分方法指針を以下のようにまとめている．

1）容器内に残った農薬

i）使用後に残った農薬　密閉し，食品と区別してかぎのかかる場所に保管する．なお農薬は有効期限内に使用する．

ii）使用済み容器に付着した農薬　農薬工業会作成の「使用済み農薬容器の洗浄とその処分方法」に従って処分する．

iii）禁止事項

(1) 容器に農薬を残したまま廃棄しない．

(2) 容器に残った農薬は誤用，誤食を避けるためほかの容器に移しかえない．

(3) 使用後に残った農薬および使用済み容器に付着した農薬は河川，用水路，下水などの水系に廃棄しない．

2）希 釈 薬 液

i）注意事項　調製前に散布濃度，散布面積などを確認し，希釈液表などを用いて必要量を調べ，過剰に調製しないとともに調製した薬液は圃場で使い切る．気象情報などを参考にして散布当日の天候を確認して，雨や強風など悪条件が予想される場合は散布液を調製しない．

ii）残った希釈液の処分方法

(1) 種子消毒剤で，その残液の処分方法が技術資料などに記載されているものは，その方法に従う.

(2) 気象などの悪条件で大量に残った場合は，当該製品の製造会社に処分方法を問い合わせる.

(3) 廃液処理装置が設置されている場合は，これで適切に処理する.

(4) 残った希釈薬液は河川，用水路，下水などの水系に廃棄しない.

3）容器および散布器具などの洗浄液

i）注意事項　空容器および散布器具の洗浄は，河川などの水系に流入することのない場所で行う.

ii）洗浄液の処分方法

(1) 空容器および散布器具などの洗浄液は，同じ薬液調製時の希釈液として使用し，圃場に散布して使い切る.

(2) 薬液調製時の希釈水として使用できない場合は，圃場内で農作物の植え付けされてない土壌表面に散布するか，前項ii）の3）の装置などが設置されている場合は，それらを有効に活用し適切に処理する.

(3) 洗浄液は河川，用水路，下水などの水系に廃棄しない.

c. 農薬廃液処理方法および除去装置

農作物に散布する農薬は必要量を調整することにより，残液をなくすことが原則としてできるが，水稲の種子消毒による浸漬処理法では廃液が出る場合が多い．この廃液を問題なく処理するため，種子消毒剤の廃液簡易処理方法および農薬廃液処理機械を用いた処理方法が開発されている．農薬を含む化学物質の水質への汚染防止についてはさまざまな施策がされており，決して河川，用水路，下水などの水系に流れ込まないよう配慮する.

1）廃液簡易処理方法

本方法は廃液100lくらいまでの処理に適した方法で，廃液中に活性炭を添加し，吸着させ，その後凝集剤を加え，沈殿させ，ろ過し，残渣を産業廃棄物処理業者に委託するなどの手順で進める方法になる．ろ過前に凝集物が沈殿し，液が透明になっていることを確認することが必要となる．種子消毒剤の種類や濃度ごとに処理方法が異なるので，使用薬剤，濃度に該当する方法を農薬メーカーなどに問い合わせるのが望ましい.

2）農薬廃液処理装置

一度に大量（2～6 m^3）の廃液が処理でき，各種農薬の廃液が処理できる．農協など育苗センターを経営し，多くの廃液を適切に処理する場合にふさわしい．すでに50か所以上の農協で配置され，稼働している．廃液は前処理水槽にためられ，プレス脱水機で凝集物のろ過を行い，ろ過水を農薬吸着塔，脱水塔を通し排水する処理フローができる装置となる.

d. 農薬空容器の処分に関する事例

1998年12月からの廃掃法の改正で，野焼きはもちろん簡単な焼却施設で農業用ポリも燃やすことができなくなった．各県，市町村，農協および農業関係者は今後「農家の排出者責任」を基本として，どのような回収システムがそれぞれの地域で実現可能か検討している．地域，県，廃プラ協議会，県経済連，農協などの活動内容により，さまざまな取組みが行われている．ここに各地域の事例を紹介する.

1）空袋，ポリボトル，アルミ袋，空缶

4年前より9市町村，農協で農業廃棄物処理施設利用組合を運営．年2回（7，11月）回収日を決め，農家はダンボールまたは肥料袋に農薬空容器を積み，住所，氏名を書き，農協の収集場所に出す．農協でマニフェストを代行し，指定の産業廃棄物運行業者に依頼し，産廃業者に搬入．60円/kgの負担．廃農薬は処理料金について別途農協と相談.

2）プラボトル，空袋

県で農薬空容器処分システム確立事業発足．適正処理を推進するため，農薬空容器処理 対策協議会を市町村JA単位で設置．JAは回収および処理費の徴収，支払，適正処理の推進を行い，収集日時，場所を設定する．農家は3回洗浄して，キャップを外し，JA指定の袋（有料）に入れ，住所，氏名を回収袋に書きJAに持参する．プラボトルは下向きに，紙袋は切ってもち込む．マニフェスト伝票により処理を確認する.

3）空袋，プラボトル，廃農薬

経済連，JAが指定場所に年2回回収し，契約した産廃業者に送付する（運賃7万円/車）．農家からの徴収費用は，プラボトル1kg当たり約70～80円．県連が廃ビニル，ボトル，瓶の廃棄要領を作成している.

4）空袋，紙パック，プラボトル

農協→JA→県連→産廃業者のルートで回収．全農協に圧縮式減容機（100万円）を設置.

5）プラボトル，瓶，缶

JAが組合員指定の袋を無料配布．年1～2回，期日を指定して各JAに収集し，指定業者が回収する．農家の事前連絡による直接もち込みも可能．容器は必ず水洗し，開栓のまま指定の袋に詰める．経費は900/袋（税別）.

6）全容器，廃農薬

市，町，JA青年部が指定日を決めて回収し，産廃処分場に搬入する．経費は自治体，JAで各1/2負担．処理経費参考（kg当たり）：空容器（60円），一般廃農薬（400円），劇物（4,000円），毒物（8,000円）

e.　産業廃棄物の処理

産業廃棄物処理業者に依頼している事例が多い．農薬を処理する適当な業者がみつかりにくい場合は，全国産業廃棄物処理業名簿なども発行されており，参照するのも望ましい．

1）処 理 方 法

単純な焼却処理以外に，さまざまな処理方法が検討され，実用化する技術が生まれている．コークスの代替として溶鉱炉への吹込み焼却方法，セメントキルンへの吹込み焼却，自動車のシュレッダーダストとともに溶融焼却，発電への利用などサーマルリサイクルが一部で稼働している．

2）農薬空容器減容方法

処理，運搬経費を削減し，収集を効率よく行うための社会的なニーズが高まっている．減容化技術は破砕機，減容化設備メーカーなどより商品化されつつある．農薬関連でも県レベルで破砕機またはパッカー車を導入し，運搬を効率化する動きが出てきている．

14.4　簡単な効果評価法

圃場で目的にそった病害虫，雑草への正確な結果を得るためには，事前にその評価法による試験の設計，実施時期，試験圃場の準備，試験の規模，薬剤の施用方法およびその調査方法を準備しておくことが必要となる．不十分な設計でスタートすると，目的を達成できなかったりする．以下の試験法については，(社)日本植物防疫協会および（財)日本植物調節剤研究協会の“圃場試験法”を基本として取りまとめてある．

a.　病害虫試験

1）試験実施時期および試験圃場の準備

対象病害虫の発生がなるべく均一になる圃場を選ぶ．病害虫の多発生条件下で試験を実施するよう心がける．病害では対象病害の多発を図るため，必要に応じて感受性品種の栽培や密植，多肥栽培などを行う．対象外の病害虫が少ないことが望ましい．最も適した試験実施時期，作型およびそのとき講じなければならない処置などは，作物，病害虫ごとに異なる．たとえばキャベツのヨトウガの被害は，関東以南であれば4月下旬～5月上旬定植のキャベツに多発する傾向がある．試験圃場の準備は春播き栽培ではヨトウガの発生が5～6月となるので，その1か月前の4～5月に定植するとよい．稲葉いもち病の本田における防除検定の場合は試験地の発病時期を考慮し，蔓延期が梅雨期にあたるよう植付け時期を選定する．イネが8～11葉期であることが理想的であるとされている．

2）試験の規模

i）一区面積　　正確な試験結果が得られる面積が必要となる．対象病害虫の習性や経路，圃場内の分布様式，発生被害の多少，供試薬剤の効果面の特徴，散布器具や散布方法などを考慮する．一般的には地上部では5～6m^{2}以上，地下部では20～30株以上を基準としている．

ii）試験区の形　処理に便利で，しかも隣接区の影響を受けにくいように注意する．

iii）処理数　処理数はあまり多くしないで，5～6処理が適当である．無処理区をできるだけ設ける．

iv）試験区の配置　原則として3連制乱塊法配置とする．圃場内の分布に偏りがある害虫や，周辺から侵入するおそれのある場合は留意する．

3）薬剤の施用方法

i）散布時期　液剤や粉剤は一般に密度増加期に散布する．ただし，予防効果をねらう場合には発生初期に散布する．

ii）散布回数および間隔　効果の比較判定のためには，散布回数は原則として1回とする．これにより効果とその持続性などを的確に把握できる．液剤や粉剤を2回以上散布する場合の散布間隔はおおむね7～10日が適当である．

iii）散布器具および散布量　その試験目的や規模に適した散布器具を使用する．一般に液剤は肩掛けか背負い式噴霧器，粉剤は手動散粉器，粒剤は手動散粒器や手まきによる．散布量は，液剤の場合，作物の生育時期や生育によって異なる．茎葉散布の場合は表裏が十分ぬれる程度とする．一般的には野菜，イネ，ムギの場合10a当たり150～200lを標準とする．粉剤，粒剤の場合は茎葉散布の場合は10a当たり4kg前後とする．

iv）対象薬剤　その地方の慣行を勘案しながら適宜に薬剤を選んで用いる．病害虫によっては薬剤耐性菌，薬剤感受性低下個体が存在するので留意する．

v）展着剤　液剤，特に水和剤の散布は的確な効果を収めるためには，原則として展着剤を加用するのがよい．

4）生育密度の調査方法

i）調査株のとり方　隣接区あるいは周辺の影響が及ぶ範囲を避けて，できるだけ中央部に調査場所，調査株を選定する．

ii）発　病　発病状況，病害の種類に応じ，発病株数，茎数，葉数，病斑数，面積，葉位別病斑数，発病程度，発病穂数，枝梗数，籾数などを調査する．調査対象数は統計処理に耐える量とする．ただし病害の種類や発病の様相によっては，発病葉（株，果，小葉，その他）率だけとする場合もある．（表14.5）

iii）薬害および汚れ　次の基準によって薬害および汚れを程度別に調査する．

－　：薬害（汚れ）なし
±　：薬害（汚れ）あるが実用上支障なし
＋　：薬害（汚れ）があり実用上問題となる
＋＋：薬害著しくそのままでは実用困難

表14.5

発病度（指数）の計算（無，少，中，多の4段階の場合）は次の式による．
発病度＝[(0×A＋1×B＋2×C＋3×D)/3N]×100 A：無発病葉数，B：発病少の葉数，C：同中の葉数，D：同多の葉数 発病調査の結果は，次の項目に分けて表示する． 発病株（果，葉，その他）率，発病度（指数） 防除価＝100－(処理区の発病/無処理区の発病)×100

表14.6　殺虫剤判定基準（対対照区）

記号	効果の判断	計算法	対対照判定基準	
			一般害虫	線虫類
A	効果がまさる	① ②	5以上 －5以下	10以上 －10以下
B	効果がほぼ同等	① ②	±5 ±5	±10 ±10
C	効果がやや劣る	① ②	 5から20	 10から30
D	効果が劣る	① ②	－20以下 20以上	－30以下 30以上

表14.7　殺虫剤判定基準（対無処理区）

記号	効果の判断	計算法	対無処理判定基準				
			一般害虫	ハダニ類	アブラムシ類	ミナミキイロ	線虫類
A	効果は高い	① ②	90以上 10以下	95以上 5以下	98以上 2以下	95以上 5以下	75以上 25以下
B	効果はある	① ②	70～90 10～30	85～95 5～15	90～98 2～10	70～95 5～30	50～75 25～50
C	効果は認められるがその程度低い	① ②	50～70 30～50	70～85 15～30	80～90 10～20	30～70 30～70	25～50 25～50
D	効果は低い	① ②	50以下 50以上	70以下 30以上	80以下 20以上	30以下 70以上	25以下 75以上

〈計算法〉
① 成績のとりまとめに用いた数値が，防除率，殺虫率などの場合
(無処理を0とした場合の供試薬剤と対照薬剤および無処理との差)
② 成績のとりまとめに用いた数値が，補正密度指数，生存率，被害度などの場合
(無処理を0とした場合の供試薬剤の指数)

5）薬剤の判定基準

日本植物防疫協会の一般委託試験の場合の判定基準を表14.6，表14.7に記す．

6）そ　の　他

薬剤処理前後の降雨，圃場の状態（土壌病害の場合は土壌の種類，水分や砕土の状

態も含む），供試薬剤以外の殺菌，殺虫剤の施用，その他効果および薬害に関連があると思われる事項（たとえば薬剤耐性菌，抵抗性害虫の発生，異常気象など）があれば記載する．

b. 除草剤試験

圃場試験では除草剤の除草効果，薬害が気象条件，土壌条件，耕種法などが変わると差がでる場合があり，栽培地区の主要雑草を発生させて，試験を行う．試験方法については，日本植物調節剤研究協会の進め方，判定基準（表14.4）に準じてまとめた．

1）水稲除草剤の試験方法

i）試験の実施時期および試験圃場の準備　周辺の一般的品種を用い，供試除草剤が有効と考えられる処理法で，処理時期と使用量を組み合わせて3処理条件以上を設置する．対照除草剤については，適切な処理時期で適切な使用料の1区を設ける．ほかに無処理区，およびできれば完全除草区を設ける．

完全除草区は雑草害のないうちに適時に手取り除草を行うことを原則とするが，事情によっては水稲に対して安全性の高い除草剤を処理し，手取り除草を補完的に行う．地力の均一な水田を用い，雑草発生の均一化を心掛ける．1区面積は10～15 m^2が望ましく，2区制とする．移植栽培，湛水直播き栽培および乾田直播き開始後の場合は，試験区間の境界は止め板，ビニル板などにより区間の地表水の移動を完全に防止するとともに，各区が単独に灌排水できるようにする．

ii）試験の方法

(a) 水稲栽培法：　試験周辺の一般的な作期に行い，砕土程度，植付深度，および水管理を斉一にする．なお耕起前雑草処理は刈取り後不耕起のままとし，水稲作付け直前に耕起，整地を行う．

(b) 除草剤の散布法：　粒剤，フロアブル剤，ジャンボ剤は区当たりの所定量をそのまま手まきで均一に散布する．水和剤，乳剤，液剤，水溶剤はa当たり5～7 lの水量で，水稲にも均一に散布する．散布は風による薬剤，薬液のドリフトが少ないときに行い，ビニル板などを使用し，隣接区への飛散を防止する．

(c) 移植栽培：　田植後土壌処理および茎葉兼土壌処理では水深を4～5 cmとして散布する．少なくとも3～4日間は通常の湛水状態を保ち，落水，かけ流しをしない．生育期茎葉処理で落水散布の場合は，散布の前日に落水して地表面の水を完全に落とし，散布24時間後に湛水して水深を4～5 cmとする．なお散布後24時間以内の降雨はさける．

(d) 乾田直播き栽培：　全面散布をし，散布24時間以内の降雨を避ける．入水後土壌処理では，乾田期間の発生雑草を，除草剤処理前に完全に除草する．

iii）調査方法　下記の項目について調査，とりまとめを行う．

(a) 雑草関連事項：　発生消長，除草剤処理時の生育程度，殺草作用の発現経過，残草量，抑草期間（土壌処理剤のみ）

表14.8　水稲除草剤の総合評点基準

総合評点	水稲の薬害程度 （　）内は推定減収率（%）	除草効果 （　）内は残草量の無除草区対比（%）
A0	無—微（0）	極大（0～10）
A1	小　（0）	極大（0～10）
A2	無—微（0）	大（10～20）
A3	小　（0）	大（10～20）
B0	小（減収あり5以下）	極大—大（0～20）
B1	中（6～15）	極大—大（0～20）
B2	無—微（0）	中（20～40）
C0	小（減収あり5以下）	中（20～40）
C1	大（16～30）	極大—大（0～20）
C2	無—微（0）	小（40～60）
D	以上いずれの類型にも入らないもの	

（b）水稲関連事項：　除草剤処理時の生育程度，薬害発現状況（症状，程度），除草剤処理後の出芽，生育，収量

（c）環境条件：　気象条件（除草剤処理5日前から処理後15日までの日別の気温，降水量，日照時間），土壌条件（土壌類型，腐食含量，除草剤処理前後の土壌の乾湿，減水深）

（d）取りまとめ：　試験除草剤の処理時期，使用量と水田1年生雑草（イネ科，非イネ科），多年生雑草（ホタルイ，ウリカワ，ミズガヤツリ，クログワイ，オモダカなど）別の残草量，水稲の生育収量との関係を表示し，表14.8の基準によって総合評点を行い，実用性の判定をする．

2）畦畔雑草除草剤の試験方法

i）試験方法　畦畔を畦塗り部分の区と，畦塗りをしない区に分けて，両部分を同時または別個に殺草および抑草について検討する．処理法としては土壌処理および茎葉処理とし，使用量を2，3段階とる．対照として草刈区と放任区を設ける．1区は畦長3mとし，2区制とする．

ii）調査項目

（a）雑草関連：　処理時の雑草の状態を主要草種別に被度，草高で示し，殺草経過を枯草状況として処理後15，30，45，および60日目に放任区に対する生育量の割合で記録する．残草量は処理60日後に0.5 m^2 を刈り取り，生草重を測定する．

（b）作物関連：　畦畔からの距離別に薬害症状と程度を大，中，小，微，無に分けて調査する．薬害の原因も直接の飛散によるものか，降雨などによる流入か考察する．

iii）取りまとめ　水稲試験に準じて行う．

3）畑作物除草剤試験方法

i）試験圃場の準備と規模　作物の良好な生育が期待でき，地力が均一で，その地方を代表する3～4種の雑草が平均して十分に発生していることが必要となる．連作圃場や前作で除草剤試験が行われたところは避ける．傾斜地も雨により薬剤が流亡するおそれがあるので避ける．雑草の発生の少ない畑では，各種雑草が多量に落下している場所の表土（0～5cm）をとり，試験圃場に入れるか，採種，休眠覚醒処理後圃場に散布する．試験区は供試薬剤ごとに，1処理時期―濃度3段階，または2処理時期―濃度2段階とし，対照区（慣行薬剤），および完全除草区（作物収量対比），無除草区（残草量対比）を設ける．1区面積は10m^2ほどが必要で，2～3反復とする．

ii）調査項目

(a) 土壌条件：　土質，土性，腐食含量，最大容水量，pH，処理時の土壌の乾湿などを調べる．

(b) 気象条件：　除草剤処理前5日から処理後15日までの日別の平均気温，降水量，などを記録する．

(c) 主要雑草の発生消長とその量：　草種別に無除草区で発生始期（初めて発生を見た日），発生盛期（全発生の40～50％が発生した日），発生終期（発生がほとんど終了した日）にm^2当たり本数と重量（生体重か風乾重を明記）を調べる．

(d) 雑草調査：　処理時の雑草状態を，土壌処理では発生前，発生始期，発生盛期のいずれかを，茎葉処理では主要雑草の葉齢（たとえば，メヒシバ2葉）と記録する．残草量は土壌処理では処理後25～30日，茎葉処理では処理後15～30日に調査する．m^2当たりの本数，重量を調査し，無処理区には両方を，処理区は重量のみを記載する．調査は主要な発生雑草については草種別に，そのほかのものは，その他のイネ科，その他の広葉に含める．重量は根が付いたままでよいが，土をよくふるい落とす．殺草作用の発現経過と抑草期間として発生防止，発生後枯死，生育抑制，枯死などの作用発現の状態と，雑草が再発生を開始するまでの処理後日数を調べる．

(e) 作物調査（薬害の判定）：　作物生育の指標となり，薬害の表現に役立つ発芽期，成苗歩合，出穂，開花期，分げつ，分枝数，茎葉重などのうち，その作物に適当なものを選び，その症状および程度を調査する．

(f) 評価：　表14.9の基準により総合評点を行い，実用性を判定する．

4）果樹除草剤の試験方法

果樹園除草剤の適用性については，それが永年性作物であり，かつ有機物の補給を考えた草生栽培方式をとっているため，ほかの作物と若干異なる選抜方法がとられている．

i）試験圃場の準備　果樹園の樹間に処理区を設ける（樹下は避ける）．通常1～2m幅で10～20m，これを1区とし，対照薬剤区と草刈りまたは中耕区を対照区とする．3反復以上とする．散布水量は濃厚少量散布で10a当たり20～50l，通常は草量が30cm以下で150l，以上で200lとする．散布器具は除草剤散布に適したものを

表 14.9　畑作物除草剤の総合評点基準

	極大 (0～10)	大 (10～20)	中 (20～40)	小 (40～60)	無 (60 以上)
無	A	A	B	C	D
微	A	A	C	C	D
小	B	B	C	D	D
中	C	C	D	D	D
大	D	D	D	D	D

除草効果（　）内は残草量の無処理区対比（%）

使用する．

ii）調査方法　1 m 間隔に記した網を用いて，その接点にある草種を記録し，2～3 か所の被度および頻度を調べる．草量の測定は 1～2 か所 1 m^2 の草高と草重を計る．試験が数年にわたる場合は，草量，草種の変化を調査するとともに，土壌中の有機物の変化，微生物，微小動物の生態も調査する必要があり，果樹の生産，生長，品質についても行うことが望ましい．

iii）果樹に対する薬害　茎葉害（直接散布された害），土壌からの吸収害，連年使用の害，に分けて落葉，新梢の害徴，薬斑，落果，成長量，新葉の発生量，着花量，隔年結果性などについて調査する．処理果樹は直径 35 cm 鉢植え，2～3 年性の樹を用い，1 区 1 鉢として，3 反復する．茎葉処理害の試験は噴霧器で，葉の表面に十分ぬれる程度に行う．土壌処理害は実用高濃度およびその 5 倍量を所定の散布水量に溶解し，それを鉢の表面積に対して全面に滴下する．

iv）評価方法　果樹園に生育する草種に対し，効果が認められること，また果樹に対して土壌処理害を生じないこと，茎葉処理でほかの枝への移行性を認めないことなどで判定し，実用上の問題点については注意事項をつける．　〔横井邦夫〕

文　　献

1）農薬工業会（1999）．使用済み農薬容器の洗浄とその処分方法，農薬工業会．
2）農薬工業会（1998）．身につけよう農薬の正しい使い方，農薬工業会．
3）労働省労働基準局長（1996）．防じんマスクの選択，使用等について，労働省．
4）農林水産省植物防疫課（1987）．農薬散布用保護衣選定基準，農林水産省．
5）JA 全農肥料農薬部（1997），農薬混用適否表，農薬混用適否表解説，JA 全農．
6）工業会安全対策委員会（1994）．農家のための農薬ガイド，JA 全農．
7）厚生省（1997）．廃棄物処理法施行令，及び廃棄物処理法施行規則，厚生省．
8）日本施設園芸協会（1998）．マニフェストシステムガイドブック，食品産業センター，農林水産省．
9）農薬工業会（1999）．使用済み農薬容器の洗浄とその処分方法，農薬工業会．
10）JA 全農肥料農薬部（1996）．種子消毒剤廃液簡易処理方法，JA 全農．
11）日本植物防疫協会（1998）．殺虫剤，殺菌剤圃場試験法，日本植物防疫協会．
12）日本植物調節剤研究協会（1992）．除草剤試験実施基準，日本植物調節剤研究協会．

15. 農薬関連法規

15.1 農薬取締法

農薬取締法は，昭和23年7月1日に法律82号として公布された．当時の法案提出の理由をみると，もっぱら不正粗悪な農薬の横行によって農家の被る損害を防止し，農業生産の振興を図ることをねらいとする品質保全を中心としたものであった．

その後，数回の改正を経て，昭和46年1月14日法律第1号として，抜本的な大改正が行われ，ほぼ現在の法体系となった．この改正は，当時の公害問題に対する社会的関心の高まりを背景とする公害関係法令整備の一環として行われたもので，従来の品質保全を中心とする考え方から国民の健康の保護および生活環境の保全を重視する考え方へと発展させたものである．

したがって，この昭和46年を境として，農薬の質が大きく変化しており，それまで使用が認められていた残留性の強いDDT，BHC，ドリン剤，有機水銀剤などや急性毒性の強いパラチン，メチルパラチオン，TEPPなどは，製造中止または使用が制限され，現在では登録が失効している．また，それ以降，農薬登録にあたっては，あらかじめ，各種毒性および残留性などにかかわる試験データの提出を求め厳正な検査を経て登録されることとなった．

a. 目　　的

わが国の気候は高温多湿であり，南北に長く位置していること，栽培方法が施設栽培あるいは露地栽培など多岐にわたっていることから，多様な病害虫の発生に対して的確に防除する必要がある．さらに除草作業の軽減を図ることにより，労働生産性を高める必要がある．

農薬は農作物などを病害虫と雑草などから保護，あるいは作物自体の生育を調節することにより農業生産の安定と品質の向上に大きく貢献している．しかしながら，もし使い方を誤れば，人の健康や環境に悪影響を与える可能性がある．したがって，農薬は病害虫，あるいは雑草に対してのみ効果を示し，人，魚，家畜，野生生物および人の生活環境に害のないように使用することが大切である．

農薬は農業生産の安定と向上に重要な資材となっており，不正・粗悪な農薬の流通が農家に損害を与え，ひいては農業生産に悪影響を与えることを厳に防がなければならない．また，農薬は，病害虫に対する生理活性の強さとその一定の持続性が必須の要素となっていることから，その使用方法のいかんによっては，国民の健康や生活環境に悪影響を及ぼすことも懸念される．このような農薬およびその使用に関連して発生する諸問題に対処するため，農薬の安全な使用方法について定める必要がある．

このため，第一条では，この法律が農薬の登録，表示，販売および使用の規制などにより，「農薬の品質の適正化とその安全かつ適正な使用の確保」を図るためのものであり，さらに，この直接的な目的を達成することを通じて，「農業生産の安定と国民の健康の保護に資するとともに，国民の生活環境の保全に寄与する」ことを目的としていることを明らかにしている．

農薬取締法によれば，粗悪な農薬の出回りを防止するとともに，品質の向上を図ることにより，農業生産の安定に資すること，ならびに残留農薬による人畜の被害あるいは自然環境への悪影響を最小限に抑え，国民の健康の保護あるいは生活環境の保全を目的として制定された．この目的を達成するために法は，① 登録制度，② ラベルへの表示制度，③ 販売および使用の規制制度，④ 販売業者及び防除業者の届出の制度を定め，これらの制度の実効をあげるため，⑤ 報告および検査による取締制度を定めている．

b. 定　義

この法律において「農薬」とは，農作物（樹木および農林産物を含む．以下，「農作物等」という）を害する菌，線虫，ダニ，ネズミその他の動植物またはウイルス（以下，「病害虫」と総称する）の防除に用いられる殺菌剤，殺虫剤その他の薬剤（その薬剤を原料または材料として使用した資材で当該防除に用いられるもののうち政令で定めるものを含む）および農作物などの生理機能の増進または抑制に用いられる成長促進剤，発芽抑制剤その他の薬剤をいう．

また，防除に利用される天敵は，この法律の適用においてこれを農薬とみなすことになっている．

この法律において「製造業者」とは，製造業を営む者をいい，「輸入業者」とは，輸入業を営む者をいい，「販売業者」とは，製造業者および輸入業者以外の者で農薬の販売の事業を営むものをいい，「防除業者」とは，農薬を使用して行う病害虫の防除または農作物等の生理機能の増進もしくは抑制の事業を営む者をいう（法第一条の二）．

第一条の二では農薬の定義について定めている．このなかで用いられている用語の内容は以下のとおりである．

「農作物」とは，栽培の目的や肥培管理のいかんを問わず，人が栽培している植物の総称であって，収穫利用の目的で栽培しているイネ，ムギ，ダイズ，ジャガイモ，果樹，野菜の類はもちろん鑑賞などの目的で栽培している庭園樹，盆栽，花卉，シバ，街路樹などのほか，肥培をほとんど行わない山林樹木もすべて含まれている．したがって，ゴルフ場のシバ，樹木の病害虫などを防除するために使用されている薬剤も農薬ということになる.

また,「農林産物」とは,農作物から生産されたもので加工されていないものをさす.たとえば,玄米,伐採木は農林産物であるが,それらから加工された酒,製材された板は該当しない.

「病害虫」とは病菌,害虫,ネズミなどのほかにスズメなどの鳥類,ナメクジ,ザリガニ,さらに雑草などが含まれている.しかし,農作物に害を与えない不快害虫,衛生害虫などは含まない.

「その他の薬剤」とは除草剤のほかに,害虫を誘引捕殺する誘引剤,害虫,鳥獣類を寄せつけない忌避剤,各種農薬の効力を増強させるために添加する展着剤などがこれに該当する.

また,「その他の薬剤」に続く( )内の「その薬剤を原料又は材料とした資材」については,これを政令で指定することによって「農薬」として包括されるものである.農薬をしみ込ませて農作物に使用する防虫・防菌袋や殺草用マルチフィルムなどがその対象として考えられるが,現在これに該当するものは登録されていない.

「生理機能の増進又は抑制に用いられる成長促進剤,発芽抑制剤その他の薬剤」とは一般に植物成長調整剤と呼ばれるもので,開花,着色を促進したり,植物の背丈を抑制したり,ブドウを種なしにしたりする薬剤などがこれにあてはまる.これらの薬剤は,近年,需要量が激増しており,農家にとっても重要性が増している反面,ごく微量で農作物の生理機能を左右する効力がある.このため,品質の不良や使用量・時期の誤用によっては,効果がなかったり,逆効果が出たりする.

以上の用語によって定義されるのが「農薬」であり,防除のために利用される天敵もこのなかに入る.ここでいう天敵とは,農作物に直接間接に有害な生物を捕食,寄生などにより殺すような生物をいい,細菌,線虫,昆虫類などその種類は多岐にわたっている.

ただし,本法は農作物などの病害虫の防除に用いられる農薬についてのみ規制するものであり,農薬と同じ有効成分を含むものでも,ゴキブリ,カなどの衛生害虫を防除するために,家庭や畜舎のなかで用いられる薬剤など,ほかの用途に用いられるものは農薬に該当しない.

「販売業者」とは,製造業者および輸入業者以外の者で農薬の販売の事業を営む者をいう.すなわち製造業者または輸入業者から製品としての農薬の販売を受け,一般需要者に販売する者をいう.

「販売」とは,対価を受けて農薬を譲渡することをいい,卸売り,小売りのいずれをも含み,無償の譲渡および自己消費は含まない.

「防除業者」とは農薬を使用して行う病害虫の防除または農作物などの生理機能の増進もしくは抑制の事業を営む者をいう.他人の求めに応じて実費を徴収して防除行為を行った場合であっても,その者は,防除の事業を営む者に該当することとなる.

c. 農薬の登録

製造業者または輸入業者は製造しもしくは加工し，輸入した農薬について，農林水産大臣の登録を受けなければ，日本国内で販売してはならないことになっている（第二条第1項）．本法は，販売される農薬について登録を行い，あらかじめ品質，効果，安全性，残留性などを確認することにより，その検査の段階で不良あるいは有害な農薬をチェックすることとしている．もし申請されたものにこのおそれがある場合は，品質の改良または申請書の記載事項の訂正を行い，これらの農薬の出回りの防止を図っている．さらに登録の内容を記録し，公に表示することによって，違反などの取締りに備えている．

なお，農薬の登録は銘柄ごとに行うとされており，同一有効成分の農薬であっても剤型（粉剤，粒剤，水和剤，乳剤などの別），有効成分の含有量，製造会社などが異なれば，別々に登録を行う必要がある．

d. 登 録 申 請

登録申請は，製造業者または輸入業者が登録申請書，一連の試験成績書ならびに農薬の見本を農薬検査所長を通じて農林水産大臣に提出して，これを行うことになっている（第二条第2項）．

農薬の登録を申請する際に，提出すべきものは，登録申請書，試験成績書，農薬の見本などがある．登録申請書には，

① 氏名，住所
② 農薬の種類，名称，物理化学的性状ならびに有効成分とその他の成分との別にその各成分の種類および含有量
③ 販売する場合の容器または包装の種類および材質ならびにその内容量
④ 適用病害虫の範囲（農作物の生理機能の増進または抑制に用いられる薬剤にあっては，適用農作物の範囲および使用目的）および使用方法
⑤ 人畜に有害な農薬については，その旨および解毒方法
⑥ 水産動植物に有害な農薬についてはその旨
⑦ 引火し，爆発し，または皮膚を害するなどの危険のある農薬についてはその旨
⑧ 貯蔵上または使用上の注意事項
⑨ 製造場の名称および所在地
⑩ 製造業者の製造し，または加工した農薬については製造方法および製造責任者の氏名を記載する．

試験成績書は農薬の薬効，薬害，毒性（人畜，魚介類，有用動物など）および残留性（作物，土壌），品質（物理化学性，安定性など）に関する試験の成績が記載された資料である．このために要求される試験成績は次のとおりである．

① 薬効および薬害
② 原体および製剤の物理化学的性状

③　原体中の不純物および製剤中の補助成分とそれらの含有量
④　原体の分析方法
⑤　化学的あるいはバイオアッセイによる製剤分析法
⑥　作物および土壌残留試験成績
⑦　毒性試験成績（急性経口毒性，急性経皮毒性，急性吸入毒性，亜急性経口毒性，亜急性経皮毒性，皮膚一次刺激性，眼一次刺激性，皮膚感作性，発がん性，催奇形性，繁殖に及ぼす影響，変異原性，動物代謝，植物代謝，土壌代謝，薬理など）
⑧　有用生物（魚，ミツバチ，カイコその他の野生動植物）への影響

e.　登録検査および登録票の交付

上述の書類などを備えた登録申請があったときは，農薬検査所の検査職員に有効成分含有量，物理化学性などに関する農薬の見本の検査を行わせるとともに，一定の基準（登録保留基準）に照らして，農薬の毒性，作物および土壌に対する残留性などについて総合的に検査させる（法第二条第3項）．一定の基準に該当しなければ，遅滞なく当該農薬を登録する．

農林水産大臣は，登録を適当とするものについては使用方法（対象農作物，使用濃度，使用回数，使用時期，使用場面など），使用上の注意事項を定め，遅滞なく登録することになっている．さらに農林水産大臣は登録番号および登録年月日，登録の有効期間，製造業者または輸入業者の氏名および住所，製造場の名称および住所を記載した登録票を交付する（法第二条第3項）．

f.　登録保留要件

登録申請のあったときは次のいずれの条件にも該当しないものは速やかに登録しなければならない．しかしいずれかの条件に該当する場合は，登録をしないでこれを保留する．検査はこの条件に該当するか否かを調べる．該当する場合は登録を保留し，申請者に申請書の記載事項を訂正し，品質を改良すべきことを指示する（法第三条第1項）．

①　申請書の記載事項に虚偽の事実があるとき
②　使用方法に従って使用したとき薬害があるとき
③　危険防止方法を講じても人畜に危険を及ぼすおそれがあるとき

申請者から提出された急性毒性，眼一次刺激性，皮膚一次刺激性，皮膚感作性などの試験成績から散布者の安全にかかわる注意事項を検査する．申請書の注意事項が保留要件に該当するときは散布者の安全を確保するよう注意事項の記載の訂正を指示する．

④　農作物への残留性の程度からみて，農作物に汚染が生じ，その農作物を摂取することで人畜に被害を生じるおそれがあるとき

わが国では，作物残留にかかわる農薬登録保留金基準は2つある．1つは農薬取締法に基づき環境庁長官が個別に定めるもの．もう1つは食品衛生法に基づく食品規格としての残留農薬基準が適用されるものである．残留量が基準値をオーバーするような農薬の使用方法が申請された場合は，登録を保留し，残留量が基準値内に収まるように使用量，使用回数，使用時期などについて申請書の記載を改めさせる．基準値をオーバーする使用方法の登録は認めないことで，食品の残留に関する安全性を確保する．

2000年9月末日現在，食品規格（残留農薬基準）が適用されるものは199農薬，環境庁長官が個別に基準値を定めたものは216農薬である．作物残留にかかわる基準が設定されているものは合計356農薬である．

農作物の農薬残留にかかわる基準は，食品衛生法に基づく食品規格（残留農薬基準）が設定されている場合はそれを適用し，それが設定されていない場合は環境庁長官が個別に基準値を定めることになっている．たとえば，新たに適用作物の拡大などの追加申請で，その作物に食品規格としての残留基準が設定されていない場合，これらの作物に環境庁長官が個別に基準を設定するため，食品規格としての残留農薬基準を定めている農薬に環境庁長官が食品規格のない作物の基準を個別に定めることがあるので，基準が設定されている農薬の合計数はそれぞれを加えた数と必ずしも一致しない．

環境庁における登録保留基準の設定は，農薬製造業者などの申請者から提出される毒性に関する試験成績および残留性に関する試験成績をもとに行われる．基準値は作物の農薬残留傾向などにより25グループに分類された作物群ごとに設定されている．

また，飼料作物への農薬は家畜の体内に蓄積される性質をもっているので，飼料作物に残留するものは登録が保留される．しかし残留量がきわめて軽微なこととその毒性がきわめて弱いことなどの理由により有害でないと認められるものは除くとされている．

⑤ 土壌への残留性の程度からみて，農地に汚染が生じ，そこに栽培した作物を摂取することにより人畜に被害を生じるおそれがあるとき

土壌残留にかかわる農薬登録保留基準は農薬が土壌中において1/2に減少する期間（半減期）が圃場試験および容器内試験において1年以上であって作物中にその農薬が検出され汚染が認められる場合，後作物が土壌から農薬を吸収して汚染され，その汚染の程度が食品衛生法の食品規格に適合しない場合，家畜に蓄積される性質をもち，かつ後作の飼料用作物に残留する場合である．この場合登録が保留される．ただし残留量がきわめて軽微なこととその毒性がきわめて弱いことなどの理由により有害でないと認められるものは除くとされている．

⑥ 水産動植物に対する毒性が強く，それが相当期間続くことにより水産動植物の被害が発生し，さらにその被害が著しいものとなるおそれがあるとき

水産動植物に対する毒性にかかわる登録保留基準は水田に使用される農薬で，コイ

を用いた試験の48時間の半数致死濃度が0.1 ppm以下であって，コイに対する毒性の消失日数が7日以上である場合．この場合登録が保留される．

⑦ 公共用水域の水質の汚濁が生じ，かつその汚濁水の利用が原因となって人畜に被害を生じるおそれがあるとき

水質汚濁にかかわる農薬登録保留基準は水田において使用した場合に水中の150日間の平均濃度が環境基本法に基づく水質環境基準（健康項目）の10倍を越える場合．また，これが定められていない場合は環境庁長官が個別に定める基準値を越える場合．この場合登録は保留される．2000年9月末日現在，水質汚濁にかかわる基準は環境基本法に基づく水質環境基準（健康項目）に連動して設定されたもの1農薬（チオベンカルブ）と環境庁長官が個別に基準値を定めたもの112農薬の合計113農薬について設定されている．

なお，上記の ④ から ⑦ までの登録保留基準は環境庁長官が定めることになっている．

⑧ 名称が不適切であるとき

⑨ 薬効が著しく劣ると認められたとき

⑩ 公定規格が定められているもので，それに適合しないとき

g. 登録の有効期間

登録の有効期間は3年となっている（法第五条）．

ひとたび登録された農薬であっても，絶えず品質の改良が行われる一方，科学技術の進歩，資材供給などの情勢の変化により，当該農薬の製造が中止されることも予想される．このため，登録の有効期間を設け，期間を過ぎた場合には再登録を行わなければならないこととし，その期間は3年と定められている．

h. 申請による適用病害虫の範囲などの変更の登録

農薬の登録を受けた者は，その登録にかかわる事項を変更する必要があるときは，申請書，登録票，変更後の薬効，薬害，毒性および残留性に関する試験成績を記載した書類ならびに農薬の見本を農林水産大臣に提出して，変更の登録を申請することができる（法第六条の二）．

農薬にかかわる登録事項のうち，適用病害虫の範囲および使用方法については，その薬効，薬害，毒性および残留性の各方面から慎重に検査し，薬効があり，かつ，使用に伴い人畜，農作物など，水産動植物などに害を生じることがない範囲にこれを限定する必要がある．このためこれらの事項にかかわる変更については単なる届出ではなく，登録を行わなければならない．したがって，本規定による登録は，実質的に新規の登録と変わらず，その申請のための手続きについても登録の申請の場合と変わらない．

i. 表 示 制 度

農薬の適切な使用方法を農薬の使用者に知らせるため表示制度を定めている．すなわち，製造業者または輸入業者はその製造し，加工し，または輸入した農薬を販売するときはその容器または包装のラベルに次の事項を表示しなければならない（法第七条）．

① 登録番号
② 登録された農薬の種類，名称，物理化学的性状ならびに有効成分とその他の成分の種類と含有量
③ 内容量
④ 適用病害虫の範囲および使用方法
⑤ 指定農薬にあっては，その旨
⑥ 人畜に有害な農薬にあっては，その旨および解毒方法
⑦ 水産動植物に有毒な農薬については，その旨
⑧ 引火し，爆発し，または皮膚を害するなどの危険のある農薬については，その旨
⑨ 貯蔵上または使用上の注意事項
⑩ 製造場の名称および所在地
⑪ 最終有効年月日

すべての登録農薬は，一定の事項についてその真実な表示を義務づけられている．この表示制度により，表示された内容物たる農薬自体の品質の保証を図るとともに，その表示を登録内容または登録申請書の内容と一致させることを通じて，不正粗悪な農薬の流通を阻止している．すなわち，法においては，登録された農薬でなければ販売することができず（登録制度），また，真実な表示がされていなければ販売することができない（表示制度）こととされている．また，適用病害虫の範囲および使用方法を変更する登録が行われた場合においては，製造業者または輸入業者は，農林水産大臣から交付される登録票の記載に従い，その製造し，加工し，もしくは輸入した農薬の容器または包装に変更後の適用病害虫および使用方法を表示しなければ販売してはならないことになっている．

この表示は，農薬の容器（容器に入れないで販売する場合はその包装）に表示事項を印刷して行う．また，表示事項を印刷した票せんを貼り付けることが困難または不適当なときは，表示事項のうち適用病害虫の範囲および使用方法，人畜に有害な農薬にあってはその旨および解毒方法，使用上の注意事項などを印刷した票せんを農薬の容器に結びつけることにより表示することができる（法第七条）．

j. 販売業者の届出

販売流通の経路を明らかにするとともに，品質保全のための報告の徴収，立入り検査などを円滑に行えるようにするため，販売業者の所在を明らかにしておく必要があ

る．そのため，販売業者は営業所ごとに営業の開始時に，氏名，住所，当該営業所名，卸売り業および小売り業の別を都道府県知事に届出をすることになっている．また，届出内容に変更が生じた場合（廃止も含む）は変更の届出をしなければならない（法第八条）．

なお，これらの届出はいずれの場合も営業の開始，営業所の増設，変更の日から2週間以内に行うことになっている．

また，営業所とは農薬の販売行為を行う場所を広く含めて解すべきであり，販売行為を継続反復して行う物的施設はすべてここでいう営業所に該当するものと解される．

k. 販売業者についての農薬の販売の制限または禁止

販売業者は，容器または包装に表示のある農薬でなければこれを販売してはならない（第九条）．製造業者または輸入業者が表示した農薬をそのまま販売することにより，農薬の品質保証，農薬使用者に対する適正な使用方法の周知など，表示制度の目的を達成させようとしている．

l. 防除業者の届出

防除業者は，農薬を継続反復して使用することから被害の防止を図るため事業の開始時に農林水産大臣に氏名，住所，事業の内容，営業所，防除の方法および防除に使用する農薬の種類を届け出ることになっている（第十一条）．なお，本届出および監督については，1983年（昭和59年），農林水産大臣の権限の一部を都道府県知事に委任し，地域の実態に応じた適切な指導・監督の実行を図ることとした．ただし，① 2以上の都道府県の区域内に営業所を設けて事業を営む防除業者，② 輸出入植物の入った倉庫内，コンテナ内，船倉内，天幕内その他密閉された施設内において農薬によるくん蒸を事業として営む防除業者，③ 航空機を利用して行う農薬の散布を事業として営む防除業者については農林水産大臣に届出を要することになっている．これは施設内くん蒸を行う防除業者には，輸出入植物や移動制限植物のくん蒸を行う者が含まれるが，輸入検疫にかかわる場合にあっては侵入病害虫の完全な殺虫・殺菌が要請されるなど高度な技術能力が求められること，また，航空防除を行う者には，高度な技術能力が求められるとともにその防除の影響が広域に及ぶものであることを考慮し，これらの防除業者については農林水産大臣への届出を要することとなっている．

m. 防除業者に対する監督

防除または農薬の使用が農作物等，人畜または水産動植物に害を及ぼすと認められるときは，農林水産大臣は，防除業者に対し，防除の方法の変更を命じ，または当該農薬の使用を禁止するものとする（法第十二条）．

防除業者の届出は販売業者と同様に単なる届出であるが，その防除方法あるいは使用農薬が依頼者に損害を与える場合のあること，または人畜，水産動植物に被害を及ぼす場合のあることにかんがみ，農林水産大臣は，常日ごろから防除業者の指導監督を図るとともに，危害を及ぼすおそれがある場合には，防除方法の変更や問題となる農薬の使用の禁止を命ずることができる．

なお，本監督権限についても，都道府県知事に委任されている．

n. 帳　　簿

製造業者，輸入業者および販売業者は，帳簿を備え付け，これに農薬の種類別に，製造業者および輸入業者にあってはその製造または輸入数量および譲渡先別譲渡数量を，販売業者にあってはその譲受数量および譲渡数量を，真実かつ完全に記載し，少なくとも3年間はその帳簿を保存しなければならない（法第十条）．

農薬の販売，流通経路を明らかにすることにより，不良農薬の流通を防止し，万一違反事例が生じた際に速やかに適切な処置が図られるよう法第十条では製造業者，輸入業者および販売業者に対して帳簿の備え付けによる農薬の販売，流通状況の記載を義務づけている．これは規定の趣旨からみて，農薬を取り扱う全事業所に備え付けることを要求しているものである．

すなわち，製造業者および輸入業者にあっては，製造または輸入した数量を農薬の種類ごとに記入する帳簿と，譲渡した量および譲渡先を記入する帳簿を必要とする．また，販売業者は，農薬の譲受数量と譲渡数量を記載する帳簿を必要とし，特に作物残留性農薬，土壌残留性農薬または水質汚濁性農薬に該当する農薬を販売した場合には，譲受数量および譲渡先別の譲渡数量を記載することが必要である．これらの帳簿の保存期間は3年間であり，その帳簿の最後の記載が終わった日から起算する．

o. 虚偽の宣伝などの禁止

製造業者，輸入業者または販売業者は，その製造し，加工し，輸入し，または販売する農薬の有効成分の含有量またはその効果に関して虚偽の宣伝をしてはならない（法第十条の二）．

本法では，農薬の登録制度，表示制度の目的を十分に発揮させるよう，有効成分の含有量やその効果について虚偽の宣伝を行うことを禁じている．このなかでいう宣伝には，単にすでに登録があり販売されている農薬のみならず，これから登録を取得しようとする農薬の前宣伝も含まれている．宣伝の方法についても，新聞，雑誌，チラシ，口頭など特に限っていない．また，製造業者または輸入業者に対して，農薬の有効成分の含有量や効果について誤解を招くような名称を用いることを禁止している（法第十条の二）．

p. 使用の規制の制度

農薬のなかにはその効果が広範囲に及ぶため，定められた適用病害虫の範囲および使用方法によらないで使用された場合，農作物に汚染を生じ，人畜に被害を生じるおそれがある農薬がある．これらは作物残留性農薬または土壌残留性農薬に指定し，このような事態が生じない使用方法を定め，これに違反して使用してはならない（法第十二条の二および三）．作物残留性農薬として指定された農薬は酸性ヒ酸鉛およびエンドリンである．また，土壌残留性農薬として指定された農薬はディルドリンとアルドリンの2つが指定されている．現在これらの農薬はすでに失効し，登録されていない．

また，農薬のなかには相当広範囲な地域にまとまって使用されたときに一定の気象条件，地理的条件その他の自然条件のもとでは水産動植物の被害が発生し，その被害が著しいものとなるおそれのある農薬がある．または公共用水域の水質の汚濁が生じ，人畜に被害を生じるおそれのある農薬がある．これらの農薬は水質汚濁性農薬に指定し，都道府県知事が使用を規制することができるものである．これに指定されている農薬はテロドリン，エンドリン，ベンゾエピン，PCP，ロテノン，シマジンであるが，現在登録があるのはロテノン，ベンゾエピンおよびPCPである．これらの農薬を使用する者は専門的知識と技術をもつ者の指示を受けて使用し，使用の基準に違反して使用してはならない．その使用については，都道府県知事がその区域内における当該水質汚濁性農薬の使用の見込み，自然条件などを勘案して，政令で定めるところにより被害の発生を防止するうえで必要な範囲内で，地域を限り，その使用を許可制とすることができるようにした．使用基準に違反して使用した場合は罰則が適用される（第十二条の四）．

都道府県知事が水質汚濁性農薬に該当する農薬の使用についてあらかじめ許可を受けるべき旨を定めることができる地域は，「当該農薬の使用に伴うと認められる水産動植物の被害が発生し，かつ，その被害が著しいものとなるおそれがある水域又は当該農薬の使用に伴うと認められる水質の汚濁が生じ，かつ，その汚濁に係わる水の利用が原因となって人畜に被害を生ずるおそれがある公共用水域に流入する河川（用排水路を含む）の集水区域のうち，地形，当該水域又は公共用水域までの距離その他の自然的条件及び当該農薬の使用状況等を勘案して，当該農薬の使用を規制することが相当と認められる地域の範囲内に限る」ものとされている（施行令第5条）．

g. 農薬安全使用基準

農林水産大臣は，農薬の安全かつ適正な使用を確保するため必要があると認めるときは，農薬の種類ごとに，その使用の時期および方法その他の事項について農薬を使用する者が遵守することが望ましい基準を定め，これを公表するものとされている（法第十二条の六）．

農薬の使用による人畜，農作物等または水産動物の被害を防止するため，作物残留性農薬，土壌残留性農薬および水質汚濁性農薬の使用の規制の制度を補完する意味から，農林水産大臣は農薬の使用にあたって指針とすべき「農薬安全使用基準」を設定することとし，農薬の安全かつ適正な使用の確保を図っている．

現在，農薬安全使用基準には次の4つが設定されている．

(1) 農薬残留に関する安全使用基準：これは食品衛生法に基づく残留基準が設定されている農薬に設定されている．農作物ごとに剤型，使用方法，使用期間，使用回数が明示され，これ以外の方法で使用しないこととされている．また，DDT，BHC，パラチオンは使用しないこととされている．2000年9月末日現在161農薬について設定されている．

(2) 水質汚濁の防止に関する安全使用基準：これは水質汚濁性農薬に設定されている．基準としては次のことが定められている．すなわち使用濃度および使用量は農薬の容器または包装に表示されている濃度および量を越えないこと．止水期間の期間中は落水またはかけ流しをしないこととされている．水田以外の場所で使用する場合には地表面に流水が生じる可能性のある降雨が当日中に予想されるときは散布しないこと．河川および浄水場に近い場所で散布するときは風向き，農薬の飛散状況などに十分注意し，飛散するおそれが生じたときは使用を中止すること．散布に使用した器具および容器を洗浄した水は，河川に流さず，散布むらの調整に使用し，空容器，空袋は焼却すること．土壌くん蒸に使用した場合は処理期間終了後速やかに耕起を行うこととされている．2000年9月末日現在4農薬に設定されている．

(3) 水産動物の被害の防止に関する安全使用基準：これは魚毒性の比較的強い農薬に設定されている．基準として次のことが定められている．すなわちこの農薬を使用する場合は，散布された薬剤が，河川，湖沼，海域および養殖池に飛散または流入するおそれのある場所では，使用しないこと．散布に使用した器具および容器を洗浄した水は，河川などに流さず，散布むらの調整などに使用すること．空容器，空袋は焼却し，水産動物に影響を与えないよう安全に処理することとされている．2000年9月末日現在49農薬に設定されている．

(4) 航空機を利用して行う農薬の散布に関する安全使用基準：航空機を利用して散布する場合の使用場所および方法に関する基準は次のように定められている．すなわち市街地など人口密集地域，河川，浄水場，学校，病院では散布しないこと．散布を行う区域，散布除外区域の境界，河川，浄水場，飛行の障害物の位置を示す地図を作成すること．散布を開始する前に散布区域，散布除外区域および航空機の飛行の障害物を示す標識を設置するとともに，地上および空中からこれらの標識の設置状況を確認すること．散布は散布区域外に散布することがないよう，風向き，風速に十分注意し標識を確認しながら行い，強風の場合は直ちに散布を中止すること．雨，霧により標識の確認が困難な場合は散布を行わないこととされている．2000年9月末日現在44農薬に設定されている．

なお，これらが定められていない農薬についても，登録の際に安全使用基準と同様の考えで適正な使用方法が決められ，それが個々の農薬のラベルに表示されていることはいうまでもない．

r.　報告および検査

環境庁長官または農林水産大臣は製造業者，輸入業者，販売業者または防除業者その他の農薬使用者に対し，都道府県知事は販売業者または水質汚濁性農薬の使用者に対し，その業務もしくは農薬の使用に関し報告を命じ，または検査職員その他の関係職員にこれらの者から検査のため必要な数量の農薬もしくはその原料を集収させ，もしくは必要な場所に立ち入り，その業務もしくは農薬の使用の状況もしくは帳簿，書類その他必要な物件を検査させることができる（法第十三条）．

法の目的を達成するためには，農薬の登録制度，表示制度，使用の規制などが遵守されているかどうかについて監督し，検査し，もし違反があれば直ちにこれを是正する必要がある．法十三条は農薬に関する取締制度として位置づけられる．すなわち本法は製造業者，輸入業者，販売業者および防除業者その他農薬の使用者に対しその業務もしくは農薬の使用に関する報告と検査職員による検査について定めたものである．

報告については，製造業者または輸入業者は定期的に製造数量または輸入数量および譲渡数量を報告することになっている．また，本法の違反事件が生じた場合には，それの調査，確認のために個々に報告を命ずることができる．

検査は，農薬の製造，販売，防除などが本法に定められているところに従って行われているかどうか確認するため行うものである．実際には，農林水産大臣または都道府県知事から権限を与えられた検査職員が農薬の製造，販売業者などの農薬取扱者のもとに立ち入り，業務もしくは農薬の使用状況，または帳簿，書類その他について調査を実施する（法第十三条）．たとえば製造業者には製造した農薬を収集し，そのラベルの表示が適正か，含有成分と含有量が適正か，品質は適正かなどを検査する．販売業者には無登録農薬が販売されていないか，農薬の譲り受け数量と譲渡数量が記録される受払簿が設置されているか，毒劇物は鍵のかかる保管庫に保管されているか，これを販売したときには印取り紙が整理されているかなどを検査する．また，その際，検査職員は農薬の品質などの検査，その種類の確認などのため必要な数量の農薬または原料を対価を支払って集取することができる．防除業者には無登録農薬を使用していないかなどを検査する．

s.　監 督 処 分

農林水産大臣は，製造業者，輸入業者または販売業者がこの法律の規定に違反したときは，農薬の販売を制限し，もしくは禁止し，または登録を取り消すことができる．また，農林水産大臣は検査職員に農薬を検査させた結果，農薬の品質，包装などが不良となったため，農作物等，人畜または水産動植物に害があると認められるときは，当該農薬の販売を制限し，または禁止することができる（法第十四条）．

無登録農薬を販売したとき，虚偽の表示の農薬を販売したとき，虚偽の宣伝を行ったときなど法律の規定に違反した場合は，その農薬の販売を制限，もしくは禁止することができるほか，特に悪質な場合には製造業者，輸入業者に対し農薬の登録を取り消すことができる．

一方，立入り検査などで集取した農薬が，農薬検査所の職員など検査職員によって検査した結果，たとえば乳剤が分離していたりして，その品質，包装が不良であり，そのため農作物や人畜に害を及ぼすおそれがあるときには，当該不良製品について販売制限または禁止の措置がとられる．

本法ではこれら監督処分に関する規定を設けることによって，違反，不良農薬が販売，流通された結果として需要者たる農家が農作物などへの被害を被ったり，人畜へ被害を及ぼしたりすることの防止を図ったものである．

15.2　毒物及び劇物取締法

毒物，劇物は，それのもつ性質からその取扱い方によっては，国民の保健衛生上大きな危害を及ぼすおそれがあるものである．毒物及び劇物取締法では，農薬などの化学物質（医薬品，医薬部外品を除く）について毒性の強いものについて毒物または劇物に指定し，保健衛生上の見地から，これらの製造，輸入，販売，表示，譲渡，廃棄などについて規制を行っている．

a. 目　　的

この法律は，毒物および劇物について，保健衛生上の立場から必要な取締りを行うことを目的とするとしている（法第一条）．

憲法第二十五条には「全ての国民は，健康で文化的な最低限度の生活を営む権利を有する．国は，すべての生活部面について，社会福祉，社会保障及び公衆衛生の向上及び増進に努めなければならない．」と規定されている．ここでいう「公衆衛生の向上及び増進に努める」ことの精神に基づき，本法は制定されたものであって，保健衛生上の見地とは，このことをさしている．この法律による取締りとは，毒物または劇物を，販売，または授与すること，あるいは，販売または授与の目的で製造し，輸入し，貯蔵し，運搬し，または陳列すること，あるいは毒物または劇物の容器や被包につける表示などについての取締りをさすものである．

なお，この法律による取締りの対象は，必ずしも法第二条で定められている毒物または劇物に限定されるのではなく，毒物および劇物以外のシンナー，接着剤および毒物または劇物に関連する物質（廃シアン液，廃酸，廃アルカリ）も一部規制の対象とされている．

b. 定　　義

この法律で「毒物」とは，別表第一に掲げるものであって，医薬品および医薬部外品以外のものをいう．「劇物」とは，別表第二に掲げるものであって，医薬品および医薬部外品以外のものをいう．「特定毒物」とは，別表第三に掲げるものをいう（法

第二条).

第二条は，毒物，劇物および特定毒物の定義を定めたものである．毒物，劇物または特定毒物とは人や動物が飲んだり，ガスや蒸気として吸い込んだりあるいは，皮膚や粘膜に付着した際に，生理機能に危害を与えるもので，その程度の激しいものを毒物，その程度が比較的軽いものを劇物とし，毒物のうち特に作用の激しいものであって，その使用方法によっては人に対する危害の可能性の高いものを特定毒物としている．現在登録農薬のうち，毒物に相当するものが約1%，劇物に相当するものが約1/3を占めている．特定毒物に該当する農薬は，殺そ剤のモノフルオル酢酸ナトリウム製剤，殺虫剤としてリン化アルミニウム製剤の2種類のみである．

なお，指定については，別表の末号において政令（毒物及び劇物指定令）によって定めうることを規定している．農薬についても，新たに毒物，劇物および特定毒物に該当する化合物が製造，輸入される場合には当政令によって指定される．

c. 禁止規定

毒物，劇物の製造業の登録を受けた者でなければ，毒物または劇物を販売または授与の目的で製造してはならない．また毒物，劇物の輸入業の登録を受けた者でなければ，毒物または劇物を販売または授与の目的で輸入してはならない．また，毒物または劇物の販売業の登録を受けた者でなければ，毒物または劇物を販売し，授与し，または販売もしくは授与の目的で貯蔵し，運搬し，もしくは陳列してはならない（法第三条）．

本法は，毒物，劇物の製造業，輸入業または販売業の登録を受けた者でなければ毒物，劇物を販売し，授与しまたは販売，授与の目的でする製造，輸入，貯蔵，運搬，陳列などを行うことが禁じられている．

毒物もしくは劇物の製造業または学術研究のため特定毒物を製造し，もしくは使用することができる者として都道府県知事の許可を受けた者（以下，「特定毒物研究者」という）でなければ，特定毒物を製造してはならない（法第三条の二）．

これは特定毒物の製造，輸入，使用，譲渡，譲受，所持を一定の者以外に禁止する規定である．すなわち，特定毒物は，毒物のうちでも毒性が特に激しいので，ほかの一般毒物のように営業としての製造，輸入，販売を規制するにとどまらず，一定の資格のある者であって，かつ製造，輸入などを特に必要とし，またそれらのことを行うのに最も適していると考えられる者に限って，これらの行為を認めることとしたものである．

d. 営業の登録

毒物または劇物の製造業または輸入業の登録は，製造所または営業所ごとに厚生大臣が，販売業の登録は，店舗ごとにその店舗の所在地の都道府県知事が行うとされている（法第四条）．

販売業の登録の対象は，本店，支店，出張所などの各店舗ごとであり，登録は3年ごとに更新しなければならない．なお，登録に際しては，製造，貯蔵，運搬，陳列などの設備に関する基準および人的基準が満たされていないといけない（法第五条）．設備に関する基準（施行規則第四条の四）のうち，販売業に関するのは次のとおり．

(1) 毒物または劇物の貯蔵設備は，次に定めるところに適合するものであること．

① 毒物または劇物とその他のものとを区分して貯蔵できるものであること

② 毒物または劇物を貯蔵するタンク，ドラム缶，その他の容器は，毒物または劇物が飛散し，漏れ，またはしみ出るおそれのないものであること．

③ 貯水池その他容器を用いないで毒物又は劇物を貯蔵する設備は，毒物または劇物が飛散し，地下にしみ込み，または流れ出るおそれがないものであること．

④ 毒物または劇物を貯蔵する場所に鍵をかける設備があること．ただし，その場所が性質上鍵をかけることができないものであるときは，この限りでない．

⑤ 毒物または劇物を貯蔵する場所が性質上鍵をかけることができないものであるときは，その周囲に，堅固な柵が設けてあること．

(2) 毒物または劇物を陳列する場所に鍵をかける設備があること

(3) 毒物または劇物の運搬用具は，毒物または劇物が飛散し，漏れ，またはしみ出るおそれがないものであること．

e. 販売業の登録の種類

毒物または劇物の販売業の登録には，一般販売業の登録，農業用品販売業の登録および特定品目販売業の登録の3種類がある（法第四条の二）．一般販売業はすべての毒物または劇物を販売し，授与できるが，農業用品販売業と特定品目販売業については，その店舗において取り扱うことのできる品目が限定されている．

なお，農業品目販売業における取扱品目は，農薬を中心とした農業上必要な毒物または劇物であって，具体的には厚生省令で定めており，施行規則別表第一に掲げる毒劇物がそれに該当する．

f. 毒物劇物取扱責任者

毒物劇物営業者は，毒物又は劇物を直接に取り扱う製造所，営業所又は店舗ごとに，専任の毒物劇物取扱責任者を置き，毒物又は劇物による保健衛生上の危害の防止に当たらせなければならない（法第七条）．

毒物劇物営業者（製造業者，輸入業者または販売業者）は，毒物劇物取扱責任者をおかなければならない旨を規定したものである．その資格としては，法第八条において，① 薬剤師，② 厚生省で定める学校で，応用化学に関する学課を修了した者，③ 都道府県知事が行う毒物劇物取扱試験に合格した者であることなどを，具体的に定めている（法第八条）．

毒物劇物取扱責任者は，毒物，劇物の取扱いにおける安全確保について責任をもつ者のことであり，おもな業務をあげると以下のようになる．

① 製造作業場所，貯蔵設備，陳列場所および運搬用具について設備基準の遵守状況点検，管理に関すること．

② 表示，着色などについての規定の遵守状況の点検に関すること．

③ 紛失，盗難および飛散，流出などの防止についての規定の遵守状況の点検に関すること．

④ 運搬，廃棄についての技術上の基準への適合状況の点検に関すること．

⑤ 事故時の措置など（連絡，応急措置，再発防止など）に関すること．

なお，上記のことについては，毒物劇物取扱責任者が，その責任と指揮，監督のもとに，ほかの者に行わせて差し支えない．

g. 毒物または劇物の取扱い

毒物劇物営業者及び特定毒物研究者は，毒物又は劇物が盗難にあい，又は紛失することを防ぐのに必要な措置を講じなければならない（第十一条）．

毒物または劇物による保健衛生上の危害を防止するため，毒物劇物営業者および特定毒物研究者が毒物または劇物を取り扱うときに守らなければならない事項について定めたものであり，農家など業務上取扱者にも準用される．

この規定は，毒物または劇物が犯罪などに悪用されないように，また毒物，劇物そのものや政令で定める毒物または劇物を含有するものの飛散，流出などがないように危害防止対策を図ることがあげられている．

また，毒物または厚生省令（施行規則第十一条の四）で定める劇物については，誤飲，誤食の危険を避けるため，飲食用容器として通常使用されるものをその容器として用いてはならないと規定している．

h. 毒物または劇物の表示

毒物，劇物の容器，被包ならびに貯蔵，陳列場所における表示義務について規定している（第十二条）．本条第1項および第3項は，農家など業務上取扱者にも準用される．

毒物劇物営業者及び特定毒物研究者は，毒物，劇物の容器及び被包に，「医薬用外」の文字を表示するとともに，毒物の場合は赤字に白色で「毒物」，また，劇物の場合は白地に赤色で「劇物」の文字を表示しなくてはならない（法第十二条第1項）．

毒物劇物営業者は毒物，劇物を販売し，または授与しようとする場合には，毒物または劇物の表示に加えて，毒物または劇物の名称，成分およびその含量のほか，厚生省令で定めた解毒剤の名称を記載すべきものと規定している．厚生省令で定める毒物または劇物としては，有機リン化合物およびこれを含有する製剤たる毒物およ劇物が指定され，また，その解毒剤としては，2-ビルジルアルドキシムチオダイド（別名PAM）の製剤および硫酸アトロピンの製剤が指定されている（法第十二条第2項）．

毒物，劇物を貯蔵し，陳列する場合には，第1項の規定によりその容器または被包に表示するほか，貯蔵し，陳列する場所に，毒物の場合は「医薬用外毒物」，劇物の場合は「医薬用外劇物」と表示しておかなければならない（法第十二条第3項）．

i.　毒物または劇物の譲渡手続

毒物劇物営業者は毒物又は劇物を他の毒物劇物営業者に販売し，又は授与したときは，その都度，毒物または劇物の名称及び数量，販売又は授与の年月日，譲受人の氏名，職業及び住所を書面に記載しておかなければならない（法第十四条）．

この規定は，毒物，劇物を販売又は授与するときに必要な手続を示したものである．毒物，劇物の販売，授与は，所定の事項を記した書面を整えて行い，販売者はこの書面を5年間保存しなければならない．法律は，この手続を営業者の間の取り引きと毒物劇物営業者以外の者に渡す場合とに区別している．すなわち，営業者同士の場合は，売る方の側で書面に所定事項を記入すればよいこととし，農家など営業者以外の者に売る場合は，買い手の方から所定の事項を書き入れて印を押した書面を出させてから，販売することとしている．いずれの場合も販売，授与のたびに，この手続を行わなければならない．

j.　廃　　　棄

毒物若しくは劇物は，廃棄の方法について政令で定める技術上の基準に従わなければ，廃棄してはならない（法第十五条の二）．

本条は，毒物劇物営業者，特定毒物研究者，業務上使用者はもちろん，およそ毒物，劇物を廃棄する者はだれにでも適用される規定である．政令で定めるおもな廃棄方法は以下のとおりである．

①　中和，加水分解，酸化，還元，希釈などの方法により，毒物，劇物相当に該当しないものにする

②　危害のおそれのない場所で少量ずつ，放出または揮発する．

③　危害のおそれのない場所で少量ずつ燃焼する．

④　地中または海水中に埋没する．

なお，廃棄については，本法以外の法令，たとえば，水質汚濁防止法，廃棄物の処理及び清掃に関する法律などの規定する基準にも適合する必要がある．

k.　事故の際の措置

毒物あるいは劇物が飛散し，漏れ，流れ出し，しみ出し，または地下にしみ込んだような事故が発生した場合は，不特定又は多数の者について保健衛生上の危害が生ずるおそれがあるときは，ただちにその旨を保健所，警察署または消防機関に届け出るとともに，保健衛生上の危害を防止するために必要な措置を講じなければならない（第十六条の二第1項）．

また，毒物劇物営業者および特定毒物研究者は，その取扱いにかかわる毒物または劇物が盗難にあい，または紛失したときは，直ちに，その旨を警察署に届け出なければならない．届出の義務と応急の措置をとる義務ならびに盗難または紛失の際は届出の義務が定められている（第十六条の二第2項）．

農家など業務上取扱者にも準用される．すなわち，毒劇物が流出し，不特定または多数の人々に危害の及ぶおそれのあるときは，直ちに保健所，警察署または消防機関に届け出，応急措置を講じ，毒劇物の盗難または紛失の際には，ただちに警察署に届け出る義務を課したものである．

l. 立入り検査など

厚生大臣又は都道府県知事は，保健衛生上必要があると認めるときは，毒物劇物営業者または特定毒物研究者から必要な報告を徴し，又は薬事監視員のうちからあらかじめ指定する者に，これらの者の製造所，営業所，店舗，研究所その他業務上毒物若しくは劇物を取り扱う場所に立ち入り，帳簿その他の物件を検査させ，関係者に質問させ，試験のため必要最小限度の分量に限り，毒物，劇物を収去させることができる（法第十七条第1項）．

この規定は，厚生大臣および都道府県知事に対し，この法律を実施するにあたって必要な調査，監督の権限を与えたものである．本条の規定は農家など業務上取扱者にも準用される．

m. 業務上取扱者の届出など

毒劇物を原材料として使用するなど業務上取り扱う者に関する規定がある（法第二十二条第5項）．これは取り扱う毒劇物の種類によって届出を要する業者と要しない業者に分けられる．通常，農家などの農業従事者は届出の必要はないが，上述の盗難，紛失，流失など防止の措置業務，毒劇物の貯蔵場所における表示，盗難，紛失など事故の際の措置，立入り検査などに関する規定が準用される．

15.3 食品衛生法

a. 目的と定義

この法律は，飲食に起因する衛生上の危害の発生を防止し，公衆衛生の向上及び増進に寄与することを目的とする（第一条）．食品の飲食は，人が生命を維持し，生活を営むうえで必要不可欠な行為である．その食品について，たとえば，有害物質が含まれていたとか，病原微生物に汚染されていた場合，人の健康を害するおそれがある．したがって，本法は食品の飲食に起因する衛生上の危害の発生を防止し，公衆衛生の向上および増進に寄与することを目的として，食品の規格などの設定，検査の実施，不衛生食品などの販売などの禁止など種々の事項を規定している．本法のなかで「食品」とは，すべての飲食物をさし，市場に出回る農産物も当然その中に含まれている

（第二条）.

b. 食品等の規格及び基準

厚生大臣は公衆衛生の見地から，販売の用に供する食品若しくは添加物の製造，加工，使用，調理若しくは保存の方法につき基準を定め，又は販売の用に供する食品若しくは添加物の成分について規格を定めることができる（法第七条）．すなわち，販売用の「食品，添加物等の規格基準」を定めることができるとされており，農産物などの食品における食品規格として農薬の残留許容量が決められている．これがいわゆる「残留農薬基準」といわれるもので，1999年8月末日現在，179農薬について残留農薬基準が定められている．

c. 検査の実施

国，都道府県および保健所を設置する市に食品衛生監視員をおき，食品，添加物などの検査をさせることとしており，それに基づいて，農業協同組合，青果市場などで農産物を採取し，残留農薬に関する検査を実施している（法第十七条）．

d. 廃棄処分の命令等

前述の分析検査の結果，定められた残留農薬基準に合わないことが認められた場合には，厚生大臣または都道府県知事は農業協同組合や青果市場などに対して，かかる農産物の出荷，販売の停止を命じ，これを廃棄させることができる（法第二十二条）．

15.4 環境基本法

a. 目　　的

本法は，環境の保全について，基本理念を定め，並びに国，地方公共団体，事業者及び国民の責務を明らかにするとともに，環境の保全に関する施策の基本となる事項を定めることにより，環境の保全に関する施策を総合的かつ計画的に推進し，もって現在及び将来の国民の健康で文化的な生活を確保に寄与するとともに人類の福祉に貢献することを目的とする（法第一条）．

本法は，上記目的を達成するため，事業者や国などが行うべき責務や施策を定めている．平成5年11月12日付けで公布され，同日から施行されたものである．

なお，本法の施行に伴い，公害対策基本法（昭和42年法律第132号）は廃止された．

b. 環 境 基 準

国は，大気の汚染，水質の汚濁，土壌の汚染および騒音にかかわる条件について，それぞれ，人の健康を保護し，生活環境を保全するうえで維持されることが望ましい基準を環境基準として定めるものとされている（第十六条）．

このうち，水質保全行政の目標として公共用水域の水質について達成し，維持することが望ましいとして定めた基準として，「水質汚濁に係わる環境基準」(環境庁告示)がある．

水質汚濁にかかわる環境基準は，公共用水域（河川，湖沼，港湾，沿岸海域など）の水質汚濁にかかわる環境上の条件として，1971年12月に環境庁から告示され，これまで数回の改正が行われている．水質汚濁にかかわる環境基準は，人の健康の保護に関する環境基準（健康項目）と生活環境の保全に関する環境基準（生活環境項目）の2つからなっている．

環境基準（健康項目）については公共用水域一律に定められている．近年，河川などの公共水域などから化学物質（農薬を含む）が検出されるようになったことなどを背景として，環境庁は24種類の有害物質について環境基準（健康項目）を設定した．そのうち農薬関係では2000年9月末日現在1,3-ジクロロプロペン（D-D）は0.002 mg/*l*以下，チウラムは0.006 mg/*l*以下，シマジンは0.003 mg/*l*以下，チオベンカルブ（ベンチオカーブ）は0.02 mg/*l*以下と4農薬に基準が設定されている．これらの基準は水質汚濁防止法における有害物の排水基準の1/10となっている．

環境基準（生活環境項目）については，河川，湖沼，海域ごとに利用目的に応じた水域類型を設けて水素イオン濃度指数，生物化学的酸素要求量（BOD），化学的酸素要求量（COD）など16項目についてそれぞれ基準値を定め，各公共用水域について水域類型の指定を行うことにより水域の環境基準が具体的に示されている．

環境基準自体には強制力はなく，個別の規制法によって環境保全が図られることになっている．この環境基準項目については，水質汚濁防止法第十五条に基づく都道府県知事による公共用水域および地下水の常時監視の対処として位置づけられている．

さらに，1994年2月に，「土壌の汚染に係わる環境基準」が改正され，農薬関係としては1,3-ジクロロプロペン（D-D），チウラム，シマジン，チオベンカルブ（ベンチオカーブ）および有機リン化合物（パラチオン，メチルパラチオン，メチルジメトンおよびEPNをいう）について定められている．

c. 排水等に関する規制

国は，環境の保全上の支障を，防止するため，水質の汚濁の原因となる物質の排出に関し，事業者等の遵守すべき基準を定めるなどの措置を講じなければならない（法第二十一条）．国は公害を防止するため必要な規制の措置を講じなければならない．たとえば，水質汚濁に関しては，水質汚濁防止法に基づき，工場および事業場から公共用水域に排出される水の排水基準が定められている．

15.5 水質汚濁防止法

a. 目的と定義

本法は，「工業及び事業場から公共用水域に排出される水の排出を規制することによって公共用水域の水質の汚濁の防止を図り，もって国民の健康を保護するとともに生活環境を保全する」ことを目的としている（法第一条）．

本法で水質の汚濁を防止すべき水域を公共用水域という．公共用水域とは，河川，湖沼，港湾，沿岸海域，公共溝渠，灌漑用水路，これらに接続する水路をいう（法第二条第1項）．

下水道法に規定する公共下水道および流域下水道であって終末処理場を設置しているものは公共用水域ではないが，その他の公共用の水路は，そのほとんどが公共用水域である．また，本法では「特定施設」をもっている工場または事業場（ゴルフ場も含まれる）を「特定事業場」といい，特定事業場から公共用水域に排出される排出水（雨水も含む）のすべてが規制の対象となる．特定施設については，法第二条第2項により，水質汚濁防止法施行令別表第1に定められており，おもなものは次のようなものである．

① 旅館業の用に供する厨房施設，洗濯施設，入浴施設
② 飲食店に設置される厨房施設
③ 処理対象人員501人以上（総量規制対象地域および湖沼法指定地域にあっては201人以上）のし尿浄化槽

b. 排水基準

排水基準は，排出水の汚染状態（熱によるものを含む）について，総理府令で定めるもの（法第三条第1項）とされている．排水基準としての許容濃度は，次の2つからなっている（法第三条第2項）．

① 有害物質にあっては，排出水に含まれるカドミウムやシアン化合物など24種類の有害物質の許容限度について，それぞれ有害物質の種類ごとに定める許容濃度．これらの基準は排出が許容される限度として定められている．
② その他の汚染状態にあっては，水素イオン濃度指数，生物学的酸素要求量（BOD），化学的酸素要求量（COD）など16項目の生活環境項目についての許容濃度

これらの基準は環境基本法における環境基準の10倍に設定されている．特定事業場からの排出水は排水基準を満たしていなければならない．上記①の有害物質のうち農薬関係の排水基準としては，1,3-ジクロロプロペン（D-D）は0.02 mg/l，チウラムは0.06 mg/l，シマジンは0.03 mg/l，チオベンカルブ（ベンチオカーブ）は0.2 mg/l，有機リン化合物4物質は1mg/lと設定されている．

①の有害物質にかかわる基準は，すべての特定事業所に一律に適用される．②の生活環境項目にかかわる基準は，1日当たりの平均的排水量が50 m^3以上の特定事業場に適用される．

c.　排出水の排出の制限

排出水を排出する者は，その汚染状態が当該特定事業者の排水口において排水基準に適合しない排出水を排出してはならない（法第十二条第1項）とされている．排水基準に違反した場合には，その特定事業場に対し，罰金などの罰則（直罰）のほか，特定施設の構造，使用の方法および汚水などの処理の方法に関する改善命令，特定施設の使用または排出水の排出の一時停止命令などがなされ，行政指導が行われる．

d.　特定地下浸水の浸透の制限

有害物質使用特定事業場から水を排出する者は，第八条の総理府令で定める要件に該当する特定地下浸透水を浸透させてはならない（法第十二条の三）とされている．すなわち，有害物質の種類ごとに環境庁長官が定める方法により汚染状態を検定した場合において，地下浸透水に当該有害物質が検出されてはならないこととされている（法施行規則第六条の二）．農薬関連では1,3-ジクロロプロペン（D-D），チウラム，シマジン，チオベンカルブ（ベンチオカーブ）および有機リン化合物（パラチオン，メチルパラチオン，メチルジメトンおよびEPNをいう）が指定されている．

15.6　化学物質の審査及び製造等の規制に関する法律（化審法）

a.　目　　的

本法は1973年に公布された．厚生省と通産省両省所管の化学物質全体に網をかぶせる法律である．難分解性で，蓄積性が大きく，かつ人の健康を損なうおそれのある化学物質による環境の汚染を防止するため，新規の化学物質の製造または輸入に際し事前にその化学物質が難分解性などの性状をもつかどうかを審査する制度を設けるとともに，これらの性状をもつ化学物質の製造，輸入，使用などについて必要な規制を行うことを目的としている（法第一条）．

b.　定　　義

(1) 第一種特定化学物質（法第二条第2項）

次の ① と ② のすべてに該当するもので政令で指定されたもの

① 自然的作用による化学的変化を生じにくいものであり，かつ，生物の体内に蓄積されやすいものであること

② 継続的に摂取される場合には，人の健康を損なうおそれがあるものであること

なお，自然的作用による化学的変化を生じやすいものである場合は，その変化により生成する化学物質が上記 ① と ② に該当するものであること

(2) 第二種特定化学物質（法第二条第3項）

次の ①，② 及び ③ に該当するもので政令で指定されたもの（法第二条第3項）．

① 自然的作用による化学変化を生じにくいものであること

② 継続的に摂取される場合には，人の健康を損なうおそれがあるものであること

③ 製造，輸入，使用などの状況からみて相当広範な地域の環境において当該化学物質が相当程度残留しているか，または近くその状況に至ることが確実であると見込まれることにより，人の健康にかかわる被害を生じるおそれがあると認められるものであること

なお，自然的作用による化学的変化を生じにくいものである場合は，その変化により生成する化学物質が上記の ② と ③ に該当するものであること

(3) 指定化学物質（法第二条第4項）

次の ①，②，③ すべてに該当するもの（第二種特定化学物質を除く）で，厚生大臣および通商産業大臣が指定したもの

① 自然的作用による化学変化を生じにくいものであること
② 継続的に摂取される場合には，人の健康を損なうおそれの疑いがあるものであること
③ 生物の体内で蓄積されにくいものであること

第一種特定化学物質等の概要

性状等の区分	第一種特定化学物質	第二種特定化学物質	指定化学物質
難分解性	難分解性	難分解性	難分解性
蓄積性	高蓄積性	低蓄積性	低蓄積性
継続的摂取	健康を損なうおそれあり	健康を損なうおそれあり	健康を損なうおそれがある疑い
環境汚染		あり	

（注）その化学物質が自然的作用による化学的変化（分解を含む）により生成した新たな化学物質（元素を含む）が3つの区分に該当する場合にも，同様に取り扱われる．

c. 届　　出

新規化学物質を製造し，または輸入しようとする者は，あらかじめその名称，その他の事項を厚生大臣および通商産業大臣に届け出なければならない（法第三条）．

d. 審査（法第四条）および公示

厚生大臣および通商産業大臣は届出を受理した日から3か月以内に，その新規化合物についてすでに得られているその組成，性状などに関する知見に基づいて，次の各号のいずれに該当するかを判定し，その結果を届出をした者に通知しなければならない．

(1) 第一種特定化学物質に該当するもの……クロ物質と判定
(2) 第二種特定化学物質に該当する疑いのあるもの……指定化学物質と判定
(3) 第一種特定化学物質にも該当せず，かつ，第二種特定化学物質にも該当する疑

いのないもの……シロ物質と判定

(4) 上記 (1), (2), (3) に該当するかどうか明らかでないもの

これに該当する場合は，微生物による分解度試験，難分解の場合はさらに魚介類による濃縮度試験および哺乳類を用いる28日間の反復投与毒性試験，細菌を用いる復帰突然変異試験および哺乳類培養細胞を用いる染色体異常試験のデータを提出する．厚生大臣および通商産業大臣はそのデータに基づき上記 (1), (2), (3) のいずれの物質であるかを判定し，その結果を届出をした者に通知する．

e. 製造等の制限（法第五条）

届出をした新規化学物質について上記 d. の (2) または (3) の通知を受けなければ，その新規化学物質を製造し，または輸入してはならない．

f. 製造の許可

第一種特定化学物質の製造または輸入しようとする者は通商産業大臣の許可を受けなければ製造または輸入してはならない．

g. 指定化学物質および第二種特定化学物質の製造・輸入数量の届出

指定化学物質を製造し，もしくは輸入した者は前年度に製造または輸入した数量を，第二種特定化学物質を製造し，もしくは輸入する者，または，この化学物質を使用している製品を輸入する者は，四半期ごとに製造予定数量または輸入予定数量を通商産業大臣に届け出なければならない．

h. 適用除外

農薬取締法，食品衛生法および薬事法など他法の適用を受ける化学物質については，それぞれの法律で化審法と同等もしくはそれ以上の規制が行われていることから，この法律は適用されない．また，化審法公布日を境に，それ以前に製造，輸入，使用されていた21,088種類の化合物は，「既存化学物質」として適用除外され，そのまま製造，輸入，使用が認められた．また，試験研究用，試薬，医薬中間体，少量新規化学物質（年間1,000 kgまで）は適用除外される．しかしながら，たとえば農薬がシロアリ駆除剤などの化学品として使用される場合には化審法が適用される．

i. 第一種特定化学物質

難分解性で蓄積性が大きく，環境汚染が判明し，有害性が確認された化学物質は「特定化学物質」に指定され，製造・輸入・販売が規制される．当初はポリ塩化ビフェニル（PCB）のみが「特定化学物質」に指定されていたが，毎年実施される既存化学物質の環境汚染調査の結果，農薬と関連が深い有機塩素系化合物の魚介類などへの

蓄積が次つぎと明らかになり，1979年にポリ塩化ナフタリンとヘキサクロロベンゼンが，1981年にDDT，デイルドリン，アルドリン，エンドリンが，1986年にクロルデン類が「特定化学物質」に指定され，木材処理剤やシロアリ駆除剤などとしても使用できなくなった．1986年5月に化審法が改定され，これらの「特定化学物質」は，第一種特定化学物質と改称された．

j. 第二種特定化学物質および指定化学物質の指定

一方，この改定により，蓄積性は低いが，難分解性で，毒性に問題があると疑われる化学物質については，まず「指定化学物質」に指定し，製造，輸入，使用などの状況からみて広範囲の環境汚染を生じているか，または，近くその状況に至ることが予想される場合，有害性調査を実施し，その結果，人に健康被害を起こすおそれがあるものを，第二種特定化学物質に指定することとなった．同物質について，国は，メーカーに対して取扱い上の指導・助言を行い，その環境への放出量を把握するが，製造・販売については規制しない．1998年末現在「指定化学物質」には，292物質が指定されており，シロアリ駆除剤に使われる有機リン系農薬成分，クロルピリホス，ホキシム，ピリダフェンチオン，CVMPなどが含まれている．また，第二種特定化学物質には1998年末現在23物質が指定されている．

15.7 薬　事　法

1960年に公布され，その後何回か改定された厚生省所管の法律で，人または動物に用いられる医薬品や医薬部外品の品質，有効性，安全性などを確保することを目的としている．医薬品には，疾病の予防を目的とする殺虫剤（シラミ駆除剤も含まれる）があり，医薬部外品には，ハエ，カ，ノミ，ゴキブリなどの衛生害虫やネズミを駆除するための家庭用殺虫剤，防疫用殺虫剤，殺そ剤などが含まれ，その有効成分には，農薬成分と同じ化合物が用いられている．

薬事法による認可を受けた製品には，「医薬品」または「医薬部外品」のラベル表示があり，成分についてはMEPなど16化合物についてのみ，名称の表示義務がある．医薬品は薬局でしか販売することができないが，医薬部外品はどこでも売れ，表示義務もゆるい．

また，ムカデ，アリ，ヤスデ，キクイムシなどは，直接人の健康に影響を与えないため，不快害虫といわれるが，これらを駆除する薬剤は，薬事法や農薬取締法の対象外となっている．

15.8 労働安全衛生法（労安法）

1972年（昭和47年）に公布され，その後何度か改定された労働省所管の法律で，労働者の安全と健康を確保し，快適な作業環境の形成促進を目的としている．本法で労働者とは，農薬工場の労働者，雇用されて農薬散布に携わる労働者のことであって，農家には適用されない．

労安法に基づき特定化学物質等障害予防規則（特化則）があるが，これは作業環境基準，取扱方法，健康診断法などを定めており，農薬については特に重要である．現在特化則で対象となっているのは臭化メチル，PCP，シアン化水素，シアン化カリウム，シアン化ナトリウム，ホルムアルデヒドとなっている．これらの農薬を扱うときは都道府県労働基準局長の免許を受けた者または都道府県労働基準局長もしくは都道府県労働基準局長の指定する者が行う技能講習を修了した者のうちから作業主任者を選任し，その者を特定化学物質等作業主任者と称し，その者に当該作業に従事する労働者の指揮をとらせなければならないことなっている．

また，特化則第38条の13においてくん蒸作業にかかわる措置が定められている．このなかでは臭化メチルなどのくん蒸する場所での濃度の測定はその場所の外で行うこと，投薬作業はくん蒸しようとする場所の外から行うこと，ガス漏えいの有無の点検を行うこと，その場所への労働者の立入りを禁止し，その旨を表示すること，倉庫くん蒸，コンテナくん蒸，天幕くん蒸，サイロくん蒸の作業にあたって守るべき事項，労働者を立ち入らせてはならない濃度は臭化メチルでは15 ppm以上，シアン化水素では10 ppm以上とするなどのことが定められている．

15.9 消 防 法

消防法は，その法の目的を達成するために，発火性または引火性をもつ危険物の取扱いなどに関しさまざまな規制を行っている．本法でいう危険物は，本法中の別表（第Ⅱ-3表）においてその種類および指定数量が決められている．農薬のなかには，有効成分の性質や，また油剤や乳剤のように原体を希釈するために加える有機溶媒や，乳化剤などの補助成分の性質から危険物に該当するものがある．具体的な例をあげると，塩素酸塩粉剤（クサトールFP）は酸化性固体に，水和硫黄剤（水和硫黄）は可燃性固体に，DDVP乳剤は引火性液体の第2石油類に，マシン油乳剤は引火性液体の第3石油類にそれぞれ該当する．

これら危険物にかかる規制については，危険物の取扱い，貯蔵については指定数量以上の危険物の場合は，貯蔵を行う場所およびそこにおいて行う取扱い，貯蔵の技術上の基準，さらには，製造所，貯蔵所および取扱所の位置，構造および設備の技術上の基準がそれぞれ定められている．一方，指定数量未満の危険物については，その取扱い，貯蔵の技術上の基準について市町村条例でこれを定めるものとされている．

また，危険物の運搬については，その数量の多少にかかわらず，その容器，積載方法および運搬方法について行わなければならない技術上の基準が定められている．

＊ 本文を執筆するにあたり「農薬概説—農薬取扱業者研修テキスト—，社団法人日本植物防疫協会」を参考にさせていただいたことを申し添えます．

〔楯谷昭夫〕

16. わが国のおもな登録農薬一覧

記載例

有効成分の国際的名称
有効成分の一般名
毒物・劇物の基準
魚毒性の区分

農薬(一般名,商品名)	化学名	毒性・魚毒性	用途	おもな適用作物(病害虫・雑草)
アクリナトリン acrinathrin アーデント	(*S*)-α-シアノ-3-フェノキシベンジル=(*Z*)-(1*R*, 3*S*)-2,2-ジメチル-3-[2-(2,2,2-トリフロオロ-1-トリフルオロメチルエトキシカルボニル)ビニル]シクロプロパンカルボキシラート	[普] C類 ADI：0.024	虫	果菜類(アブラムシ類,アザミウマ),果樹(アブラムシ類,シンクイガ,アザミウマ,ハダニ類など),チャほか

日本の代表的な商品名
ADI(1日摂取許容量)
単位：mg/kg/day

1. 主要な登録農薬について，化合物の一般名，商品名，化学名，毒性・魚毒性，ADI(1日摂取許容量)，対象用途およびおもな適用作物(病害虫・雑草)を記載した．(平成11年9月現在) 生物農薬は除く．
2. 記載順は一般名のアイウエオ順とした．
   アルファベットによる一般名(種類名)は最終の順番とした．
3. 例
   - 毒物・劇物の指定
     [毒]：毒物(特定毒物を含む)，[劇]：劇物，[普]：毒物・劇物以外のもの
   - 魚毒性(TLm値)
     A類(コイ：10 ppm以上，ミジンコ：0.5 ppm以上)，B類(コイ10 ppm～0.5 ppm，ミジンコ：0.5 ppm以下)，C類(コイ：0.5 ppm以下)，B-s類：B類に属するが使用に注意する
   - ADI(acceptable daily intake，1日当たり摂取許容量(mg/kg/day))
   - 対象用途
     虫：殺虫剤，菌：殺菌剤，草：除草剤，調：植物成長調整剤，誘：誘引剤，

殺そ：殺そ剤

4. 参考文献・資料

農薬要覧（年次発行），日本植物防疫協会.
農薬適用一覧表（年次発行），日本植物防疫協会.
農薬の手引（1999），化学工業日報社.
農薬ハンドブック（1998年版），日本植物防疫協会.
SHIBUYA INDEX（1999）.
農薬検査所報告（年次発行）.
植物防疫（毎月発行），日本植物防疫協会

農薬(一般名, 商品名)	化　学　名	毒性・魚毒性	用途	おもな適用作物(病害虫・雑草)
アイオキシニル ioxynil octanoate アクチノール	3,5-ジヨード-4-オクタノイルオキシベンゾニトリル	[劇] 3%以下[普] C類 ADI：0.005	草	麦・雑穀，野菜，イモ類(広葉雑草)
アクリナトリン acrinathrin アーデント	(*S*)-α-シアノ-3-フェノキシベンジル=(*Z*)-(1*R*,3*S*)-2,2-ジメチル-3-[2-2,2,2-トリフルオロ-1-トリフルオロメチルエトキシカルボニル)ビニル]シクロプロパンカルボキシラート	[普] C類 ADI：0.024	虫	果菜類（アブラムシ類，アザミウマ)，果樹（アブラムシ類，シンクイガ，アザミウマ，ハダニ類など)，チャほか
アシベンゾラルSメチル acibenzolar-S-methyl バイオン	*S*-メチル=ベンゾ[1,2,3]チアジアゾール-7-カルボチオアート	[普] ADI：0.05	菌	イネ（いもち病)
アジムスルフロン azimsulfuron ウィードレス	1-(4,6-ジメトキシピリミジン-2-イル)-3-[1-メチル-4-(2-メチル-2*H*-テトラゾール-5-イル)ピラゾール-5-イルスルホニル]尿素	[普] A類 ADI：0.095	草	イネ（水田雑草)
アシュラム asulam アージラン	*N*′-メトキシカルボニルスルファニルアミドナトリウム	[普] A類 ADI：0.072	草	野菜，果樹など(1年，多年生雑草)
アセキノシル acequinocyl カネマイト	3-ドデシル-1,4-ジヒドロ-1,4-ジオキソ-2-ナフチル=アセタート	[普] B類 ADI：0.027	虫	果菜類，果樹（ハダニ類)
アセタミプリド acetamiprid モスピラン	(*E*)-*N*′-[(6-クロロ-3-ピリジル)メチル]-*N*″-シアノ-*N*′-メチルアセトアミジン	[劇] 2%以下[普] A類 ADI：0.066	虫	野菜（コナガ，アオムシ，アブラムシ類など)，果樹(アブラムシ類など)，花き
アセフェート acephate オルトラン	*O*,*S*-ジメチル-*N*-アセチルホスホロアミドチオエート	[普] A類 ADI：0.03	虫	野菜，果樹，イモ類ほか(ヨトウムシ，アブラムシ類，ハマキムシ類など)
アゾキシストロビン azoxystrobin アミスター	メチル=(*E*)-2{2-[6-(2-シアノフェノキシ)ピリミジン-4-イルオキシ]フェニル}-3-メトキシアクリラート	[普] B類 ADI：0.18	菌	野菜（うどんこ病，灰色かび病，さび病など)，果樹（黒星病，灰星病など)，芝

農薬(一般名,商品名)	化　学　名	毒性・魚毒性	用途	おもな適用作物(病害虫・雑草)
アトラジン atrazine ゲザプリム	2-クロロ-4-エチルアミノ-6-イソプロピルアミノ-*S*-トリアジン	[普] A類 ADI：0.004	草	麦・雑穀，アスパラガス(1年生雑草)
アニラジン anilazine トリアジン	2,4-ジクロロ-6-(オルソクロロアニリノ)-1,3,5-トリアジン	[普] C類 ADI：1.25	菌	野菜，花（炭そ病，べと病，灰色かび病など)
アミトラズ amitraz ダニカット	3-メチル-1,5-ビス(2,4-キシリル)-1,3,5-トリアザペンタ-1,4-ジエン	[普] B類 ADI：0.0012	虫	果樹（ハダニ類など)
アミプロホスメチル amiprobos-methyl トクノールM	*O*-メチル-*O*-(2-ニトロ-4-メチルフェニル)-*N*-イソプロピルホスホロアミドチオエート	[普] B類	草	林木，芝（1年生雑草)
アメトリン ametryn ゲザパックス	2-メチルチオ-4-エチルアミノ-6-イソプロピルアミノ-*S*-トリアジン	[普] A類 ADI：0.0013	草	トウモロコシ，イモ類，柑橘（1年生雑草)
アラクロール alachlor	2-クロロ-2′,6′-ジエチル-*N*-(メトキシメチル)アセトアニリド	[普] B類 ADI：0.005	草	野菜（1年生雑草）マメ類，トウモロコシ
アラニカルブ alanycarb ランブリン	エチル=(*Z*)-*N*-ベンジル-*N*-{[メチル(1-メチルチオエチリデンアミノオキシカルボニル)アミノ]チオ}-*β*-アラニナート	[劇] B類 ADI：0.011	虫	タバコ
アルギン酸 sodium alginate	アルギン酸ナトリウム	[普] A類	菌	タバコ（モザイク病)
アレスリン allethrin カダンA	アレスリン	[普] B類	虫	花き（アブラムシ類，ハダニ類など)
アロキシジム alloxydim	3-(1-アリルオキシアミノブチリデン)-6,6-ジメチル-2,4-ジオキシシクロヘキサンカルボン酸メチルのナトリウム塩	[普] A類 ADI：0.045	草	野菜，マメ類，イモ類ほか（イネ科雑草)

農薬(一般名,商品名)	化学名	毒性・魚毒性	用途	おもな適用作物(病害虫・雑草)
安息香酸 benzoic acid ホドロン	安息香酸	[普] A類	誘	マツ（マツノマダラカミキリ）
アンバム amobam ダイセン	エチレンビスジオカルバミン酸二アンモニウム	[普] A類	菌	花き，タバコ（さび病，うどんこ病）
硫黄 sulfur	硫黄	[普] A類	菌	麦，雑穀，野菜，果樹，芝（さび病，うどんこ病，黒星病）
イソウロン isouron イソウロン	3-(5-*tert*-ブチル-3-イソオキサゾリル)-1,1-ジメチル尿素	[普] A類 ADI：0.034	草	芝，サトウキビ，非農耕地（1年，多年生雑草）
イソキサチオン isoxathion カルホス	*O*,*O*-ジエチル-*O*-(5-フェニル-3-イソキサゾリル)ホスホロチオエート	[劇] 2%以下[普] B類 ADI：0.003	虫	イネ，マメ類，イモ類，野菜，果樹，チャ，芝ほか（コガネムシ類，ハマキムシ類，カイガラムシ類など）
イソキサベン isoxaben ターザイン	*N*-[3-(1-エチル-1-メチルプロピル)イソオキサゾール-5-イル]-2,6-ジメトキシベンズアミド	[普] A類	草	芝（1年生広葉雑草）
イソフェンホス isofenphos アミドチッド	*O*-エチル=*O*-2-イソプロポキシカルボニルフェニル=イソプロピルホスホルアミドチオエート	[普] 5%以下[劇] B類 ADI：0.0005	虫	雑穀，マメ類，野菜（コガネムシ，ハリガネムシ）
イソプロカルブ isoprocarb (MIPC) ミプシン	2-イソプロピルフェニル-*N*-メチルカーバメート	[劇] 1.5%以下[普] B類 ADI：0.004	虫	イネ（ウンカ類）
イソプロチオラン isoprothiolane フジワン	ジイソプロピル-1,3-ジチオラン-2-イリデン-マロネート	[普] B類 ADI：0.016	菌 虫	イネ（いもち病，ごま葉枯病，トビイロウンカ），果樹（白紋羽病）
イナベンフィド inabenfide セリタード	4′-クロロ-2′-(α-ヒドロキシベンジル)イソニコチンアニリド	[普] A類 ADI：0.13	調	イネ（倒伏軽減）

農薬(一般名,商品名)	化　学　名	毒性・魚毒性	用途	おもな適用作物 (病害虫・雑草)
イプコナゾール ipconazole テクリード	(1*RS*,2*SR*,5*RS*,1*RS*,2*SR*,5*SR*)-2-(4-クロロベンジル)-5-イソプロピル-1-(1*H*-1,2,4-トリアゾール-1-イルメチル)シクロペンタノール	[普] B類	菌	イネ（いもち病，ばか苗病，ごま葉枯病）
イプロジオン iprodione ロブラール	3-(3,5-ジクロロフェニル)-*N*-イソプロピル-2,4-ジオキソイミダゾリジン-1-カルボキサミド	[普] A類 ADI：0.12	菌	イネ，イモ類，マメ類，野菜，果樹，芝（菌核病，灰色かび病，黒斑病など）
イプロベンホス iprobenfos (IBP) キタジンP	*O*,*O*-ジイソプロピル-*S*-ベンジルチオホスフェート	[普] B類 ADI：0.003	菌	イネ（いもち病，紋枯病）
イマザキン imazaquin オフII トーンナップ	(*RS*)-2-(4-イソプロピル-4-メチル-5-オキソ-2-イミダゾリン-2-イル)キノリン-3-カルボン酸	[普] A類	草	芝（1年生雑草）
イマザピル imazapyr アーセナル	アンモニウム=2-(4-イソプロピル-4-メチル-5-オキソ-2-イミダゾリン-2-イル)ニコチナート	[普] B類	草	非農耕地（1年生，多年生雑草）
イマゾスルフロン imazosulfuron テイクオフ	1-[2-クロロイミダゾ(1,2-*α*)ピリジン-3-イルスルホニル]-3-(4,6-ジメトキシピリミジン-2-イル)尿素	[普] A類 ADI：0.089	草	イネ（水田雑草）
イミダクロプリド imidacloprid アドマイヤー	1-(6-クロロ-3-ピリジルメチル)-*N*-ニトロイミダゾリジン-2-イリデンアミン	[劇] 2%以下[普] A類 ADI：0.084	虫	イネ（ウンカ類，ヨコバイ，イネミズゾウムシなど)，野菜（アブラムシ類，アザミウマなど)，果樹（アブラムシ類など)，マメ類，コンニャク，チャ，花ほか
イミノクタジンアルベシル酸塩 iminoctadine albesilate ベルクート	1,1-イミニオジ(オクタメチレン)ジグアニジニウム=トリス(アルキルベンゼンスルホナート)	[普] A類 ADI：0.0023	菌	野菜，果樹，小麦，マメ類，イモ類ほか（黒星病，輪紋病，うどんこ病，灰色かび病，赤かび病，炭そ病など）

農薬(一般名,商品名)	化　学　名	毒性・魚毒性	用途	おもな適用作物(病害虫・雑草)
イミベンコナゾール imibenconazole マネージ	4-クロロベンジル=*N*-(2,4-ジクロロフェニル)-2-(1*H*-1,2,4-トリアゾール-1-イル)チオアセトイミダート	[普] B類 ADI：0.0085	菌	果樹，マメ類，チャほか(黒星病，赤星病，うどんこ病，炭そ病など)
インダノフェン indanofen トレビエース	(*RS*)-2-[2-(3-クロロフェニル)-2,3-エポキシプロピル]-2-エチルインダン-1,3-ジオン	[普] B類 ADI：0.0035	草	イネ（水田雑草），芝（1年生雑草）
ウニコナゾール uniconazole ロミカ	(*E*)-(*S*)-1-(4-クロロフェニル)-4,4-ジメチル-2-(1*H*-1,2,4-トリアゾール-1-イル)ペンター1-エン-3-オール	[普] B類 ADI：0.016	調	花き（伸長抑制）
エクロメゾール echlomezol パンソイル	5-エトキシ-3-トリクロロメチル-1,3,4-チアジアゾール	[普] A類 ADI：0.0016	菌	野菜，タバコ，芝（疫病，根腐病など）
エジフェンホス edifenphos (EDDP) ヒノザン	*O*-エチル-*S*,*S*-ジフェニルジチオホスフェート	[劇] 2%以下[普] B類 ADI：0.0025	菌	イネ（いもち病，穂枯病）
エスフェンバレート S-fenvalerate スミアルファ	(*S*)-α-シアノ-3-フェノキシベンジル=(*S*)-2-(4-クロロフェニル)-3-メチルブチラート	[劇] C類	虫	バラ，キク
エスプロカルブ esprocarb フジグラス	*S*-ベンジル=1,2-ジメチルプロピル(エチル)チオカルバマート	[普] B類 ADI：0.005	草	イネ（水田雑草）
エチオフェンカルブ ethiofencarb アリルメート	2-(エチルチオメチル)フェニル=メチルカルバマート	[劇] 2%以下[普] B類 ADI：0.1	虫	野菜，果樹，イモ類，マメ類（アブラムシ類）
エチオン ethion エチオン	*O*,*O*,*O*′,*O*′-テトラエチル-*S*,*S*′-メチレンビスホスホロジチオエート	[劇] B類 ADI：0.00005	虫	野菜，果樹（アブラムシ類，カイガラムシ類）
エチクロゼート ethychlozate フィガロン	5-クロロ-3(1*H*)-インダゾリル酢酸エチル	[普] A類 ADI：1.41	調	花き，林木（発根促進）

農薬(一般名, 商品名)	化　学　名	毒性・魚毒性	用途	おもな適用作物 (病害虫・雑草)
エチジムロン ethidimuron ウスチラン	1-(5-エチルスルホニル-1,3,4-チアジアゾール-2-イル)-1,3-ジメチル尿素	[普] A類	草	非農耕地（多年生雑草）
エテホン ethephon エスレル	2-クロロエチルホスホン酸	[普] A類 ADI：0.14	調	麦類（倒伏軽減），トマト，柑橘，花き（開花，熟期，着色促進）
エトキザゾール etoxazole バロック	(*RS*)-5-*tert*-ブチル-2-[2-(2,6-ジフルオロフェニル)-4,5-ジヒドロ-1,3-オキサゾール-4-イル]フェネトール	[普] B類 ADI：0.04	虫	野菜，果樹，チャ（ハダニ類）
エトキシスルフロン ethoxysulfuron トップラン	1-(4,6-ジメトキシピリミジン-2-イル)-3-(2-エトキシスルホニル)尿素	[普] A類 ADI：0.038	草	イネ（水田雑草）
エトフェンプロックス ethofenprox トレボン	2-(4-エトキシフェニル)-2-メチルプロピル=3-フェノキシベンジル=エーテル	[普] B類 ADI：0.03	虫	イネ（イネツトムシ，ウンカ類など），麦，イモ類，マメ類，野菜，チャ（アブラムシ，ヨトウムシなど）
エトプロホス ethoprophos モーキャップ	*O*-エチル=*S*,*S*-ジプロピル=ホスホロジチオアート	[毒] 5%［劇］ 3%［普］ B類 ADI：0.00025	虫	キュウリ，トマト，イモ類（センチュウ）
エトベンザニド etobenzanid ホドサイド	2′,3′-ジクロロ-4-エトキシメトキシベンズアニリド	[普] A類 ADI：0.044	草	湛水直播イネ（ノビエ）
エマメクチン安息香酸 emamectin ショットワン	エマメクチン安息香酸塩	[劇] 1%以下[普] C類 ADI：0.0025	虫	マツ（マツノザイセンチュウ）
塩基性塩化銅 copper oxychloride ボルドーほか	塩基性塩化銅	[普] B類	菌	キャベツ，ナス，トマト，バレイショ（べと病，疫病など），チャ

農薬(一般名,商品名)	化　学　名	毒性・魚毒性	用途	おもな適用作物(病害虫・雑草)
塩基性硫酸銅 copper sulfate, basic	塩基性硫酸銅	[普] B類	菌	イネ（稲こうじ病など），マメ類（炭そ病），バレイショ（疫病）
塩酸レバミゾール levamisol hydro-chloride センチュリー	(−)−(*S*)−2,3,5,6−テトラヒドロ−6−フェニルイミダゾ[2,1−*b*]チアゾール塩酸塩	[劇] 6.8%以下[普] A類	虫	マツ（マツノザイセンチュウ）
塩素酸塩 sodium chlorate クサトニルほか	塩素酸ナトリウム	[劇] A類	草	水田跡，公園，開こん地ほか（1年および多年生雑草）
エンドタール二ナトリウム塩 endothal エンドタール	(1*R*,2*S*,3*R*,4*S*)−7−オキサビシクロ[2,2,1]ヘプタン−2,3−ジカルボン酸ナトリウム塩	[劇] A類	草	芝（スズメノカタビラ）
オキサジキシル oxadixyl サンドファン	2−メトキシ−*N*−(2−オキソ−1,3−オキソゾリシン−3−イル)アセト−2′,6′−キシリジド	[普] A類 ADI：0.1	菌	野菜，バレイショ（べと病，疫病）
オキサミル oxamyl バイデート	メチル−*N*′,*N*′−ジメチル−*N*−[(メチルカルバモイル)オキシ]−1−チオオキサムイミデート	[毒] 0.8%以下[劇] B類 ADI：0.02	虫	野菜，バレイショ，タバコ（センチュウ類，スリップス類）
オキシカルボキシン oxycarboxin プラントバックス	5,6−ジヒドロ−2−メチル−1,4−オキサチイン−3−カルボキシアニリド−4,4−ジオキシド	[普] A類	菌	キク，ヤナギ，芝（さび病）
オキシテトラサイクリン oxytetracycline マイコシールド	オキシテトラサイクリン	[普] A類	菌	キュウリ，モモ（細菌病）
オキシデプロホス oxydeprofos (ESP) エストックス	ジメチルエチルスルフィニルイソプロピルチオホスフェート	[劇] A類 ADI：0.0008	虫	野菜，果樹，バレイショ（アブラムシ類）

農薬(一般名, 商品名)	化　学　名	毒性・魚毒性	用途	おもな適用作物(病害虫・雑草)
オキソリニック酸 oxolinic acid スターナ	5-エチル-5,8-ジヒドロ-8-オキソ[1,3]ジオキソロ[4,5-*g*]キノリン-7-カルボン酸	[普] A類 ADI：0.023	菌	イネ(もみ枯細菌病)
オルソベンカーブ orbencarb ランレイ	*S*-(2-クロロベンジル)*N*,*N*-ジエチルチオカーバメート	[普] B類	草	芝(イネ科雑草)
カスガマイシン kasugamycin カスミン	カスガマイシン塩酸塩	[普] A類	菌	イネ(いもち病)
カーバムナトリウム metam-sodium キルパー	ナトリウム=メチルジチオカルバマート	[普] A類 ADI：0.005	虫	キク, マツ, スギ(センチュウ, マツノマダラカミキリなど)
カフェンストロール cafenstrole ハイメドウ	*N*,*N*-ジエチル-3-メシチルスルホニル-1*H*-1,2,4-トリアゾール-1-カルボキサミド	[普] B類 ADI：0.003	草	イネ(水田雑草), 芝(1年生イネ科雑草)
カルタップ cartap パダン	1,3-ビス(カルバモイルチオ)-2-(*N*,*N*-ジメチルアミノ)プロパン塩酸塩	[劇] 2%以下[普] B-s類 ADI：0.1	虫	イネ(メイチュウ, コブノメイガなど)イモ類, 葉菜類(アオムシ, コナガ, アブラムシ類), チャ
カルバリル carbaryl (NAC) セビンほか	1-ナフチル-*N*-メチルカーバメート	[劇] 5%以下[普] B類 ADI：0.02	虫	イネ(ウンカ類, ドロオイムシ), 野菜, 果樹, マメ類(ヨトウムシ, シンクイムシ, ハマキムシ類など), チャ, 芝ほか
カルブチレート karbutilate タンデックス	3-(3,3-ジメチルウレイド)フェニル=*tert*-ブチルカルバマート	[普] A類	草	林地(雑草, 雑木)
カルプロパミド carpropamid ウィン	(1*RS*,3*SR*)-2,2-ジクロロ-*N*-[1-(4-クロロフェニル)エチル]-1-エチル-3-メチルシクロプロパンカルボキサミド	[普] A類 ADI：0.014	菌	イネ(いもち病)

農薬(一般名,商品名)	化 学 名	毒性・魚毒性	用途	おもな適用作物(病害虫・雑草)
カルベンダゾール carbendazim	2-(メトキシカルボニルアミノ)-ベンゾイミダゾール	[普] A類	菌	インゲンマメ(菌核病)
カルボスルファン carbosulfan アドバンテージ	2,3-ジヒドロ-2,2-ジメチル-7-ベンゾ(*b*)フラニル=*N*-ジブチルアミノチオ-*N*-メチルカルバマート	[劇] B-s類 ADI：0.01	虫	イネ(イネミズゾウムシ,ドロオイ),野菜(ミナミキイロアザミウマ,アブラムシ類),サトウキビ
キザロホップエチル quizalofop-ethyl タルガ	エチル=(*RS*)-2-[4-(6-クロロキノキサリン-2-イルオキシ)フェノキシ]プロピオナート	[普] B-s類 ADI：0.009	草	マメ類,カンショ,野菜ほか(イネ科雑草)
キナルホス quinalphos エカラックス	*O*,*O*-ジエチル=*O*-キノキサリン-2-イル=ホスホロチオアート	[劇] B類 ADI：0.00011	虫	柑橘(カイガラムシ,ツノロウムシ)
キノクラミン quinoclamine (ACN) モゲトン	2-アミノ-3-クロロ-1,4-ナフトキノリン	[普] B-s類 ADI：0.0021	草	イネ(藻類),レンコン,ツツジ
キノメチオネート chinomethionat (キノキサリン系) モレスタン	6-メチルキノキサリン-2,3-ジチオカーボネート	[普] B類 ADI：0.006	虫 菌	野菜(ハダニ類,うどんこ病)
キャプタン captan オーソサイド	*N*-トリクロロメチルチオテトラヒドロフタルイミド	[普] C類 ADI：0.125	菌	イネ(苗立枯病),野菜,果樹,マメ類,花き(炭そ病,べと病,黒星病),芝
キンクロラック quinclorac ファセット	3,7-ジクロロキノリン-8-カルボン酸	[普] A類 ADI：0.29	草	イネ(ノビエ)
キントゼン quinlozene (PCNB) PCNB	ペンタクロロニトロベンゼン	[普] A類 ADI：0.001	菌	葉菜(根こぶ病),テンサイ(葉腐病),桑

農薬(一般名,商品名)	化学名	毒性・魚毒性	用途	おもな適用作物 (病害虫・雑草)
クマテトラリル coumatetralyl エンドックス	3-(1,2,3,4-テトラヒドロ-1-ナフチル)-4-ヒドロキシクマリン	[普] A類	殺そ	野ネズミ駆除
クミルロン cumyluron ガミーラ	1-(2-クロロベンジル)-3-(1-メチル-1-フェニルエチル)ウレア	[普] A類 ADI：0.01	草	イネ（水田1年生雑草）
グリホサート (イソプロピルアミン塩) glyphosate-isopropylammonium ランドアップ	イソプロピルアンモニウム=*N*-(ホスホノメチル)グリシナート	[普] A類 ADI：0.15	草	水田畦畔，ムギ，野菜，芝（1年，多年生雑草）
グリホサート (トリメシウム塩) glyphosate-trimesium タッチダウン	トリメチルスルホニウム=*N*-(ホスホノメチル)グリシナート	[普] A類 ADI：0.15	草	水田，麦，野菜（1年，多年生雑草）
グルホシネート glufosinate-ammonium バスタ	アンモニウム=DL-ホモアラニン-4-イル(メチル)ホスフィナート	[普] A類 ADI：0.01	草	水田，麦，イモ類，野菜，果樹，芝ほか（1年，多年生雑草）
クレソキシムメチル kresoxim methyl ストロビー	メチル=[*E*]-2-メトキシイミノ-2-[2-(*o*-トリルオキシメチル)フェニル]アセタート	[普] B類 ADI：0.36	園	果樹（うどんこ病，そうか病，べと病，灰色かび病など），麦類（うどんこ病，赤かび病）
クレトジム clethodim セレクト	(±)-(2*E*)-[1-(3-クロロアリルオキシイミノ)プロピル]-5-(2-エチルチオプロピル)-3-ヒドロキシシクロヘキサ-2-エノン	[普] A類 ADI：0.01	草	アズキ，テンサイ（1年生雑草）
クロキシホナック cloxyfonac トマトラン	4-クロロ-2-ヒドロキシメチルフェノキシ酢酸ナトリウム	[普] A類	調	トマト，ナス（着果増進，果実の肥大促進）

農薬(一般名, 商品名)	化　学　名	毒性・魚毒性	用途	おもな適用作物 (病害虫・雑草)
クロフェンテジン clofentezine カーラ	3,6-ビス(2-クロロフェニル)-1,2,4,5-テトラジン	[普] A類 ADI：0.0086	[虫]	果樹，チャ（ハダニ類）
クロメプロップ chlomeprop センテ	(*RS*)-2-(2,4-ジクロロ-*m*-トリルオキシ)プロピオンアニリド	[普] A類 ADI：0.0062	[草]	イネ（水田雑草）
クロリダゾン chloridazon (PAC) ピラゾン ピラミン	1-フェニル-4-アミノ-5-クロロピリタゾン-6-オン	[普] A類 ADI：0.027	[草]	テンサイ（1年生雑草）
クロルタールジメチル chorthal-dimethyl (TCTP) ダクタール	2,3,5,6-テトラクロロフタル酸ジメチル	[普] C類	[草]	芝（イネ科雑草）
クロルチアミド chlorthiamid (DCBN) プレフィックス	2,6-ジクロロチオベンザミド	[普] A類	[[草]]	桑，イグサ（1年生雑草）
クロルピクリン chlorpicrin クロルピクリン	トリクロロニトロメタン	[劇] C類	虫 [菌]	イネ（ハリガネムシ，センチュウ），麦，雑穀，イモ類，マメ類，野菜ほか(センチュウ類など)
クロルピリホス chorpyrifos ダーズバン	*O,O*-ジエチル-*O*-3,5,6-トリクロロ-2-ピリジルホスホロチオエート	[劇] 1%以下[普] C類 ADI：0.01	[虫]	果樹（ハマキ，カイガラムシ，アブラムシなど），シバ（コガネムシ類）
クロルピリホスメチル chlorpyrifos-methyl レルダン	*O,O*-ジメチル-*O*-3,5,6-トリクロロ-2-ピリジルホスホロチオエート	[普] B類 ADI：0.0003	[虫]	イネ（メイチュウ），野菜（アオムシ，アブラムシ類），テンサイ（ヨトウムシ）

農薬(一般名, 商品名)	化学名	毒性・魚毒性	用途	おもな適用作物 (病害虫・雑草)
クロルフェナピル chlorfenapyr コテツ	4-ブロモ-2-(4-クロロフェニル)-1-エトキシメチル-5-(トリフルオロメチル)ピロール-3-カルボニル	[劇] C類 ADI：0.026	虫	野菜（コナガ，ハダニ類，アザミウマ，アオムシなど），果樹（アザミウマ，ハダニなど），イチゴ，チャ
クロルフェンビンホス chorfenvinphos (CVP) ビニフェート	2-クロロ-1-(2,4-ジクロロフェニル)ビニルジエチルホスフェート	[劇] C類 ADI：0.0015	虫	イネ（タネバエ），イモ類（ハリガネムシ類），果菜（タネバエ，テントウムシダマシなど）
クロルフタリム (chlorphthalim) ダイヤメート	*N*-(4-クロロフェニル)-1-シクロヘキセン-1,2-ジカルボキシミド	[普] A類	草	ツツジ，林業苗，芝（1年生雑草）
クロルフルアズロン chlorfluazuron アタブロン	1-[3,5-ジクロロ-4-(3-クロロ-5-トリフロオロメチル-2-ピリジルオキシ)フェニル]-3-(2,6-ジフルオロベンゾイル)尿素	[普] B類 ADI：0.025	虫	葉菜（アオムシ，コナガ，ヨトウムシ），チャ（ハマキ），テンサイ（ヨトウムシ）
クロルプロファム chlorpropham (TPC) クロロIPC	イソプロピル-*N*-(3-クロロフェニル)カーバメート	[普] A類 ADI：0.1	草	麦，雑穀，マメ類，テンサイ，芝（1年生雑草）
クロルメコート chlormequat サイコセル	2-クロロエチルトリメチルアンモニウム=クロリド	[劇] A類 ADI：0.05	調	麦，バレイショ（伸長抑制）
クロロタロニル chlorothalonil (TPN) ダコニール	テトラクロロイソフタロニトリル	[普] C類 ADI：0.018	菌	イネ（苗立枯病），イモ類，マメ類，野菜（べと病，疫病，炭そ病など），果樹（黒点病，うどんこ病など），芝，花き
クロロネブ chloroneb ターサン	1,4-ジクロロ-2,5-ジメトキシベンゼン	[普] A類	菌	芝（春はげ病，雪ぐされ病）

農薬(一般名,商品名)	化　学　名	毒性・魚毒性	用途	おもな適用作物(病害虫・雑草)
酸化フェンブタスズ fenbutatin oxide オサダン	ヘキサキス(β,β-ジメチルフェネチル)ジスタンノキサン	［普］ C類 ADI：0.03	虫	野菜，果樹，チャ（ハダニ類）
次亜塩素酸ナトリウム sodium hypochlorite サニーエクリン	次亜塩素酸ナトリウム	［普］ B類	菌	柑橘（かいよう病）
シアナジン cyanazine グラメックス	2-(4-クロロ-6-エチルアミノ-1,3,5-トリアジン-2-イルアミノ)-2-メチルプロピオノニトリル	［普］ A類 ADI：0.0005	草	トウモロコシ，イモ類，マメ類，野菜，芝（1年生雑草）
シアノホス cyanophos (CYAP) サイアノックス	*O*,*O*-ジメチル-*O*-*p*-シアノフェニル=チオホスフェート	［普］ B類 ADI：0.001	虫	果樹（カイガラムシ），野菜（アオムシ，ヨトウムシ，アブラムシ類）
ジアフェンチウロン diafenthiuron ガンバほか	1-*tert*-ブチル-3-(2,6-ジイソプロピル-4-フェノキシフェニル)チオ尿素	［劇］ B類 ADI：0.003	虫	キャベツ（アオムシ，コナガ，アブラムシ類など），ミカン（アザミウマ，ワタアブラムシ），チャ
ジウロン diuron (DCMU) カーメックス	3-(3,4-ジクロロフェニル)-1,1-ジメチル尿素	［普］ B類 ADI：0.00625	草	イネ（水田1年生雑草），イモ類，タマネギ，果樹，芝（1年生雑草）
ジエトフェンカルブ diethofencarb パウミル	イソプロピル=3,4-ジエトキシカルバニラート	［普］ A類 ADI：0.14	菌	果菜，イチゴ（灰色かび病），ミカン，レタス，タマネギ，インゲンマメ
ジエノクロル dienochlor ペンタック	ペルクロロ-1,1′-ビシクロペンタ-2,4-ジエニル	［普］ A類	虫	花き（ハダニ類）
ジカンバ dicamba (MDBA) バンベル	2-メトキシ-3,6-ジクロロ安息香酸	［普］ A類 ADI：0.4	草	芝，非農耕地 (1年生，多年生広葉雑草)

農薬(一般名,商品名)	化学名	毒性・魚毒性	用途	おもな適用作物(病害虫・雑草)
シクロスルファムロン cyclosulfamuron ユートピアなど1成分	1-[2-(シクロプロピルカルボニル)アニリノスルホニル]-3-(4,6-ジメトキシピリミジン-2-イル)尿素	[普] A類 ADI：0.03	草	イネ（水田雑草）
ジクロフルアニド dichlofluanid スルフェン酸系 ユーパレン	*N′*-(ジクロロフルオロメチルチオ)-*N*,*N*-ジメチル-*N′*-フェニルスルファミド	[普] C類 ADI：0.3	菌	野菜（べと病，疫病など），果樹（かび病），茶（炭そ病），チューリップ
シクロプロトリン cycloprothrin シクロサール	(*RS*)-α-シアノ-3-フェノキシベンジル=(*RS*)-2,2-ジクロロ-1-(4-エトキシフェニル)シクロプロパンカルボキシラート	[普] B類 ADI：0.0033	虫	イネ（イネミズゾウムシ，ドロオイムシ）
ジクロメジン diclomezine モンガード	6-(3,5-ジクロロ-4-メチルフェニル)-3(2*H*)-ピリダジノン	[普] A類 ADI：0.02	菌	イネ（紋枯病）
ジクロルプロップ dichlorprop エラミカほか	トリエタノールアミン=2-(2,4-ジクロロフェノキシ)プロピオン酸塩	[普] A類 ADI：0.022	調	果樹（落果防止）
ジクロルボス dichlorvos (DDVP) ホスビット	ジメチル-2,2-ジクロロビニルホスフェート	[劇] B類 ADI：0.0033	虫	野菜，果樹，イモ類，チャ，花き（ヨトウムシ，アブラムシ，アメリカシロヒトリ，ハダニ類）
ジクロロフェンチオン dichlofenthion (ECP) VC-13	ジエチルジクロロフェニルチオホスフェート	[劇] 3%以下[普] B類 ADI：0.0025	虫	マメ類，キュウリ，ダイコン（タネバエ）
ジクワット diquat レグロックス	1,1′-エチレン-2,2′-ビピリジウムジブロミド	[劇] A類 ADI：0.0019	草	麦，バレイショ，果樹（1年生，多年生雑草）

農薬(一般名,商品名)	化学名	毒性・魚毒性	用途	おもな適用作物(病害虫・雑草)
ジコホル dicofol ケルセン	1,1′-ビス(クロロフェニル)-2,2,2-トリクロロエタノール	[普] B類 ADI：0.025	虫	果菜，果樹，マメ類，イチゴ，チャ（ハダニ類）
ジスルホトン disulfoton エチルチオメトン ダイシストン	*O*,*O*-ジエチル-*S*-2-(エチルチオ)エチルホスホロジチオエート	[毒] 5%以下[劇] B類 ADI：0.0015	虫	イネ（ウンカ類，メイチュウ），野菜，イモ類，マメ類，花き（アブラムシ類）
ジチアノン dithianon デラン	2,3-ジシアノ-1,4-ジチアアンスラキノン	[普] B類 ADI：0.01	菌	果樹（黒星病，かいよう病），チャ（炭そ病）
ジチオピル dithiopyr ディクトラン	*S*,*S*′-ジメチル=2-ジフルオロメチル-4-イソブチル-6-トリフルオロメチルピリジン-3,5-ジカルボチオアート	[普] B類 ADI：0.0031	草	芝（1年生雑草），イネ(水田雑草)
シデュロン siduron テュパサン	1-(2-メチルシクロヘキシル)-3-フェニル尿素	[普] A類	草	タバコ，芝（1年生雑草）
ジネブ zineb ダイセン	ジンクエチレンビスジチオカーバメート	[普] A類 ADI：0.005	菌	バレイショ，マメ類（炭そ病），野菜（疫病），果樹，花き（さび病）
ジノカップ dinocap (DPC) カラセン	ジニトロメチルヘプチルフェニルクロトネート	[劇] 0.2%以下[普] C類 ADI：0.001	菌	クワ，キク，バラ（うどんこ病）
シノスルフロン cinosulfuron セイラント	1-(4,6-ジメトキシ-1,3,5-トリアジン-2-イル)-3-[2-(2-メトキシエトキシ)フェニルスルホニル]尿素	[普] A類 ADI：0.077	草	イネ（水田雑草）
シハロトリン cyhalothrin サイハロン	(*RS*)-α-シアノ-3-フェノキシベンジル=(*Z*)-(1*RS*,3*RS*)-3-(2-クロロ-3,3,3-トリフルオロプロペニル)-2,2-ジメチルシクロプロパンカルボキシラート	[劇] C類 ADI：0.0085	虫	野菜，果樹，バレイショ，チャ，テンサイ（アブラムシ類，アオムシ，コナガ，ヨトウムシ）

農薬(一般名, 商品名)	化　学　名	毒性・魚毒性	用途	おもな適用作物(病害虫・雑草)
シハロホップブチル cyhalofop-butyl クリンチャー	ブチル=(*R*)-2-[4-(4-シアノ-2-フルオロフェノキシ)フェノキシ]プロピオナート	[普] B類 ADI：0.0024	草	イネ(水田雑草)
ジフェノコナゾール difenoconazole スコア	3-クロロ-4-[4-メチル-2-(1*H*-1,2,4-トリアゾール-1-イルメチル)-1,3-ジオキソラン-2-イル]フェニル=4-クロロフェニル=エーテル	[普] B類 ADI：0.0096	園	リンゴ，ナシ(黒星病，赤星病，うどんこ病など)
シフルトリン cyfluthrin バイスロイド	(*RS*)-α-シアノ-4-フルオロ-3-フェノキシベンジル=(1*RS*,3*RS*)-(1*RS*,3*SR*)-3-(2,2-ジクロロビニル)-2,2-ジメチルシクロプロパンカルボキシラート	[劇] 0.5%以下[普] C類 ADI：0.02	虫	野菜，イモ類，テンサイ，チャ，花き(アブラムシ類，アオムシ，ヨトウムシ)
ジフルフェニカン diflufenican ガレースの1成分	2′,4′-ジフルオロ-2-(α,α,α-トリフルオロ-*m*-トリルオキシ)ニコチンアニリド	[普] A類 ADI：0.018	草	小麦，大麦(1年生雑草)
ジフルベンズロン diflubenzuron デミリン	1-(4-クロロフェニル)-3-(2,6-ジフルオロベンゾイル)尿素	[普] A類 ADI：0.012	虫	果樹，スイカ，メロン，チャ(ミナミキイロアザミウマ，シンクイガ，ハマキムシ類)，マツ
ジフルメトリム diflumetorim ピリカット	(*RS*)-5-クロロ-*N*-[1-(4-ジフルオロメトキシフェニル)プロピル]-6-メチルピリミジン-4-イルアミン	[普] C類	園	キク(白さび病)，バラ(うどんこ病)
シプロコナゾール cyproconazole アルト	(2*RS*,3*RS*,2*RS*,3*RS*)-2-(4-クロロフェニル)-3-シクロプロピル-1-(1*H*,1,2,4-トリアゾール-1-イル)ブタン-2-オール	[普] A類 ADI：0.0099	園	小麦(うどんこ病)，イチゴ(うどんこ病)テンサイ(褐斑病)，キク
シプロジニル cyprodinil ユニックス	4-シクロプロピル-6-メチル-*N*-フェニルピリミジン-2-アミン	[普] B類 ADI：0.027	園	リンゴ(黒星病，うどんこ病ほか)，小麦(うどんこ病，眼紋病)
シペルメトリン cypermethrin アグロスリン	(*RS*)-α-シアノ-3-フェノキシベンジル=(1*RS*,3*RS*)-(1*RS*,3*SR*)-3-(2,2-ジクロロビニル)-2,2-ジメチルシクロプロパンカルボキシラート	[劇] C類 ADI：0.05	虫	野菜，果樹，バレイショ，テンサイ，チャ(アブラムシ類，アオムシ，コナガ，ヨトウムシ)

農薬(一般名,商品名)	化 学 名	毒性・魚毒性	用途	おもな適用作物 (病害虫・雑草)
ジベレリン gibberellic acid ジベレリン	ジベレリン	[普] A類 ADI：0.14	調	野菜，果樹，花き，林木(生育，開花促進ほか)
シマジン simazine (CAT) シマジン	2-クロロ-4,6-ビス(エチルアミノ)-*S*-トリアジン	[普] A類 ADI：0.0013	草	麦類，野菜，果樹，マメ類，チャ，芝ほか（1年生雑草）
ジメタメトリン dimethametryn アビロサン	2-メチルチオ-4-エチルアミノ-6-(1,2-ジメチルプロピルアミノ)-*S*-トリアジン	[普] B類 ADI：0.0094	草	イネ（水田雑草）
ジメチリモール dimethirimol ミルカーブ	5-ブチル-2-ジメチルアミノ-6-メチルピリミジン-4-オール	[普] A類 ADI：0.068	菌	キュウリ，メロン（うどんこ病）
ジメチルビンホス dimethylvinphos ランガード	2-クロロ-1-(2,4-ジクロロフェニル)ビニルジメチルホスフェート	[劇] B類 ADI：0.004	虫	イネ（メイチュウ），キャベツ（アオムシ，コナガ），チャ（ホソガ，チャノコカクモンハマキ）
ジメテナミド dimethenamid フィールドスター	(*RS*)-2-クロロ-*N*-(2,4-ジメチル-3-チエニル)-*N*-(2-メトキシ-1-メチルエチル)アセトアミド	[普] A類 ADI：0.038	草	ダイズ，トウモロコシ（1年生イネ科雑草）
ジメトエート dimethoate ジメトエート	*O*,*O*-ジメチル-*S*-(*N*-メチルカルバモイルメチル)ジチオホスフェート	[劇] B類 ADI：0.02	虫	イネ（ウンカ類），野菜，イモ類，マメ類，柑橘，サトウキビ（アブラムシ類）
ジメトモルフ dimethomorph フェスティバル	(*E*,*Z*)-4-[3-(4-クロロフェニル)-3-(3,4-ジメトキシフェニル)アクリロイル]モルホリン	[普] A類 ADI：0.088	菌	キュウリ，トマト，タマネギ（べと病，疫病など），バレイショ（疫病，軟腐病），ブドウ（べと病）
シメトリン simetryn シメトリン	2-メチルチオ-4,6-ビス(エチルアミノ)-*S*-トリアジン	[普] A類 ADI：0.011	草	イネ（1年生水田雑草）
ジメピペレート dimepiperate ユカメイト	*S*-1-メチル-1-フェニルエチル＝ピペリジン-1-カルボチオアート	[普] B類 ADI：0.001	草	イネ（ノビエ）

農薬(一般名,商品名)	化　学　名	毒性・魚毒性	用途	おもな適用作物（病害虫・雑草）
シモキサニル cymoxanil ブリザード	トランス-1-(2-シアノ-2-メトキシイミノアセチル)-3-エチルウレア	［普］ B類 ADI：0.016	菌	キュウリ，トマト（べと病，疫病）ブドウ（べと病），バレイショ（疫病）
臭化メチル methyl bromide	臭化メチル	［劇］ A類 ADI：1	虫 菌	野菜，イモ類，マメ類，タバコ，花き（センチュウ類，ケラ，ネキリムシ類）
酒石酸モランテル morantel tartarate グリンガード	トランス-1,4,5,6-テトラヒドロ-1-メチル-2-[2-(3-メチル-2-チエニル)ビニル]ピリミジン酒石酸塩	［普］ A類	虫	マツ（マツノザイセンチュウ）
除虫菊 pyrethrin	ピレトリン	［普］ B類 ADI：0.04	虫	イネ（ウンカ類），野菜，果樹，イモ類，マメ類，チャ，花き（アブラムシ類）
シラフルオフェン silafluofen ジョーカー	4-エトキシフェニル[3-(4-フルオロ-3-フェノキシフェニル)プロピル]ジメチルシラン	［普］ A類 ADI：0.11	虫	イネ（ウンカ類，ヨコバイ，カメムシ類），果樹（カメムシ類，シンクイムシなど），チャ
ジラム ziram	ジンクジメチルジチオカーバメート	［普］ C類 ADI：0.005	菌	果樹（黒星病，黒斑病，褐斑病）
シロマジン cyromazine トリガート	*N*-シクロプロピル-1,3,5-トリアジン-2,4,6-トリアミン	［普］ A類 ADI：0.018	虫	キク，ガーベラ（マメハモグリバエ）
シンメチリン cinmethylin アーゴールド	(1*RS*,2*SR*,4*SR*)-1,4-エポキシ-*p*-メンタ-2-イル=2-メチルベンジル=エーテル	［普］ B類 ADI：0.042	草	イネ（水田雑草）
水酸化第二銅 copper hydroxide コサイド	水酸化第二銅	［普］ B類	菌	キュウリ，トマト（べと病，疫病）
ストレプトマイシン streptomycin	ストレプトマイシン塩酸塩	［普］ A類	菌	ハクサイ，タマネギ（軟腐病），果樹（かいよう病，細菌病），バレイショ（疫病），タバコ，コンニャク

農薬(一般名,商品名)	化 学 名	毒性・魚毒性	用途	おもな適用作物(病害虫・雑草)
スピノサド spinosad スピノエース	2-(6-デオキシ-2,3,4-トリ-*o*-メチル-α,α-マンノピラノシルオキシ)-13-(4-ジチルアミノ-2,3,4,6-テトラデオキシ-β-D-エリスロピラノシルオキシ)-9-エチル-ヘキサデカヒドロ-14-メチル-1*H*-8-オキサシクロドデカ[*b*]-*as* インダセン-7,15-ジオン	[普] A類 ADI：0.024	虫	葉菜類(コナガ,アオムシ),リンゴ(キンモンホソガ,シンクイガ,ハマキムシ類),チャ,芝
スルプロホス sulprophos ボルスタール	*O*-エチル=*O*-4-メチルチオフェニル=*S*-プロピル=ホスホロジチオアート	[劇] 3%以下[普] B類 ADI：0.00125	虫	果菜類,インゲンマメ(スリップス類)
青酸 hydrogen cyanide シアン化水素	シアン化水素	[毒] B類 ADI：0.05	虫	柑橘(カイガラムシ類)
セトキシジム sethoxydim ナブ	(±)-2-(1-エトキシイミノブチル)-5-[2-(エチルチオ)プロピル]-3-ヒドロキシシクロヘキサ-2-エノン	[普] B類 ADI：0.14	草	野菜,柑橘,マメ類,イモ類,テンサイほか(イネ科1年生雑草)
ダイアジノン diazinon ダイアジノン	(2-イソプロピル-4-メチルピリミジル-6)-ジエチルチオホスフェート	[劇] 3%以下[普] B-s類 ADI：0.002	虫	イネ(メイチュウ,ウンカ類),麦,雑穀(ウンカ類,メイガ),野菜,果樹,マメ類,イモ類,サトウキビ,タバコ,花き,芝(一般害虫)
ダイムロン daimuron ショウロン	1-(α,α-ジメチルベンジル)-3-(パラトリル)尿素	[普] A類 ADI：0.3	草	イネ(マツバイ,ホタルイ)
ダゾメット dazomet ガスタード バスアミド	3,5-ジメチルテトラヒドロ-2*H*-1,2,5-チアジアジン-2-チオン	[劇] A類 ADI：0.0025	菌 草	野菜(苗立枯病など),桑(紋羽病),タバコ,花き(立枯病など),芝(1年生雑草)
ターバシル terbacil シンバー	3-*tert*-ブチル-5-クロロ-6-メチルウラシル	[普] A類 ADI：0.026	草	カンキツ,リンゴ(1年生雑草)

農薬(一般名,商品名)	化　学　名	毒性・魚毒性	用途	おもな適用作物(病害虫・雑草)
ダミノジッド daminozide B-ナイン	N-(ジメチルアミノ)スクシンアミド酸	[普] A類	調	花き（伸長抑制）
ダラポン dalapon (DPA) ダウポン	2,2-ジクロルプロピオン酸ナトリウム	[普] A類	草	林地（イネ科雑草）
タリウム thalium タリウム	硫酸タリウム	[劇] A類	殺そ	毒餌（野ネズミ）
多硫化石灰 calcium polysulfide 石灰硫黄合剤	多硫化カルシウム	[普] A類	菌	麦（さび病，うどんこ病），果樹（黒星病），タバコ(うどんこ病)
チアザフルロン thiazafluron エルボタン	1,3-ジメチル-1-(5-トリフルオロメチル-1,3,4-チアジアゾール-2-イル)尿素	[普] A類	草	非農耕地
チアジアジン milneb ミルネブ サニパー	3,3′-エチレンビス(テトラヒドロ-4,6-ジメチル-2H-1,3,5-チアジアジン-2-チオン)	[普] A類 ADI：0.02	菌	果樹（黒星病，赤星病，黒点病），花き（さび病，黒星病)
チアベンダゾール thiabendazole ビオカードほか	2-(4-チアゾリル)ベンゾイミダゾール	[普] A類 ADI：0.05	菌	柑橘（貯蔵病害），テンサイ（褐斑病），タバコ（うどんこ病)
チウラム thiram ポマゾールほか	ビス(ジメチルチオカルバモイル)ジスルフィド	[普] C類 ADI：0.0084	菌	イネ（シンガレセンチュウ，ごま葉枯病），果樹(黒星病，黒点病)，マメ類，テンサイ，タバコ(苗立枯病など)
チオジカルブ thiodicarb ラービン	3,7,9,13-テトラメチル-5,11-ジオキサ-2,8,14-トリチア-4,7,9,12-テトラアザペンタデカ-3,12-ジエン-6,10-ジオン	[劇] B類 ADI：0.03	虫	イネ（メイチュウ），葉菜類（アオムシ，ヨトウムシ），果樹，チャ（シンクイムシ，チャノホソガ)

農薬(一般名,商品名)	化 学 名	毒性・魚毒性	用途	おもな適用作物(病害虫・雑草)
チオシクラム thiocyclam エゼセクト	5-ジメチルアミノ-1,2,3-トリチアンシュウ酸塩	[劇] 3%以下[普] B-s類 ADI：0.012	虫	イネ（ニカメイチュウ），野菜（アオムシ，コナガ），チャ（チャノホソガ）
チオファネートメチル thiophanate-methyl トップジンM	1,2-ビス(3-メトキシカルボニル-2-チオウレイド)ベンゼン	[普] A類 ADI：0.12	菌	麦類（雪腐病，うどんこ病），野菜，果樹（かび病，うどんこ病，炭そ病など），イモ類，マメ類，花き，芝
チオメトン thiometon エカチン	ジメチル-*S*-エチルチオエチルジチオホスフェート	[劇] B類 ADI：0.0011	虫	野菜，果樹，麦，イモ類，タバコ（アブラムシ類）
チフェンスルフロンメチル thifensulfuron-methyl ハーモニー	メチル=3-(4-メトキシ-6-メチル-1,3,5-トリアジン-2-イルカルバモイルスルファモイル)-2-テノアート	[普] A類 ADI：0.0096	草	小麦，大麦（広葉雑草）
チフルザミド thifluzamide アグリード	2′,6′-ジブロモ-2-メチル-4′-トリフロオロメトキシ-4-トリフルオロメチル-1,3-チアゾール-5-カルボキスアニリド	[普] A類 ADI：0.02	菌	イネ（紋枯病）
テクロフタラム tecloftalam シラハゲン	3,4,5,6-テトラクロロ-*N*-(2,3-ジクロロフェニル)フタルアミド酸	[普] A類 ADI：0.058	菌	イネ（白葉枯病）
テトラクロルビンホス tetrachlorvinphos (CVMP) ガードサイド	2-クロロ-1-(2,4,5-トリクロロフェニル)ビニルジメチルホスフェート	[普] B類 ADI：0.004	虫	イネ（メイチュウ，コブノメイガ）
テトラコナゾール tetraconazole ホクガード	(±)-2-(2,4-ジクロロフェニル)-3-(1*H*-1,2,4-トリアゾール-1-イル)プロピル-1,1,2,2-テトラフルオロエチル=エーテル	[普] B類 ADI：0.004	菌	小麦（うどんこ病），テンサイ（褐斑病），キュウリ，イチゴ，タバコ（うどんこ病），トマト（葉かび病），バラ

農薬(一般名, 商品名)	化　学　名	毒性・魚毒性	用途	おもな適用作物(病害虫・雑草)
テトラジホン tetradifon テデオン	2,4,5,4′-テトラクロロジフェニルスルホン	［普］ A類 ADI：0.06	虫	果菜類，果樹，チャ，花き（ハダニ類），マメ類(センチュウ類)
テトラピオン tetrapion flupropanate フレノック	2,2,3,3-テトラフルオロプロピオン酸ナトリウム	［普］ A類	草	林地（1年生，多年生雑草)
テニルクロール thenylchlor アルハーブ	2-クロロ-*N*-（3-メトキシ-2-テニル)-2,6′-ジメチルアセトアニリド	［普］ B類 ADI：0.068	草	イネ（水田雑草)
テブコナゾール tebuconazole シルバキュア	(*RS*)-1-*p*-クロロフェニル-4,4-ジメチル-3-（1*H*-1,2,4-トリアゾール-1-イルメチル)ペンタン-3-オール	［普］ B類 ADI：0.0029	菌	小麦（赤かび病，うどんこ病，赤さび病)
テブチウロン tebuthiuron スパイク ハービック	1-（5-*tert*-ブチル-1,3,4-チアジアゾール-2-イル)-1,3-ジメチル尿素	［普］ A類	草	非農耕地
テブフェノジド tebufenozide ロムダン	*N*-*tert*-ブチル-*N*′-（4-エチルベンゾイル)-3,5-ジメチルベンゾヒドラジド	［普］ A類 ADI：0.009	虫	イネ（コブノメイガ，メイチュウ，イネツトムシ)
テブフェンピラド tebufenpyrad ピラニカ	*N*-（4-*tert*-ブチルベンジル)-4-クロロ-3-エチル-1-メチルピラゾール-5-カルボキサミド	［劇］ C類 ADI：0.0021	虫	果樹（ハダニ類)
テフルトリン tefluthrin フォース	2,3,5,6-テトラフルオロ-4-メチルベンジル＝(*Z*)-（1*RS*,3*RS*)-3-（2-クロロ-3,3,3-トリフルオロプロペ-1-エニル)-2,2-ジメチルシクロプロパンカルボキシラート	［毒］ 0.5％以下［劇］ C類 ADI：0.005	虫	葉菜類（ネキリムシ類)，カンショ，ラッカセイ，イチゴ（コガネムシ類)，サトウキビ（ハリガネムシ類)
テフルベンズロン teflubenzuron ノーモルト	1-（3,5-ジクロロ-2,4-ジフルオロフェニル)-3-（2,6-ジフルオロベンゾイル)尿素	［普］ B類 ADI：0.01	虫	野菜(コナガ，ヨトウムシ，アオムシ)，果樹(ハモグリガ，シンクイムシ)，マメ類，テンサイ（ヨトウムシ)，チャ（チャノホソガ)

農薬(一般名,商品名)	化学名	毒性・魚毒性	用途	おもな適用作物(病害虫・雑草)
デリス rotenone デリス	ロテノン	[劇] 2%以下[普] 指定	虫	野菜，果樹，イモ類，マメ類，花き（アブラムシ，アオムシ）
テルブカルブ terbucarb (MBPMC)	4-メチル-2,6-ジターシャリ-ブチルフェニル-*N*-メチルカーバメート	[普] A類	草	芝（イネ科雑草）
トラロメトリン tralomethrin スカウト	(*S*)-α-シアノ-3-フェノキシベンジル=(1*R*,3*S*)-2,2-ジメチル-3-(1,2,2,2-テトラブロモエチル)シクロプロパンカルボキシラート	[劇] C類 ADI：0.0075	虫	野菜，果樹，イモ類，花き（アブラムシ類）
トリアジフラム triaziflam イデトップ	(*RS*)-*N*-[2-(3,5-ジメチルフェノキシ)-1-メチルエチル]-6-(1-フルオロ-メチルエチル-1,3,5-トリアジン-2,4-ジアミン)	[普] B類	草	芝（1年生雑草）
トリアジメホン triadimefon バイレトン	1-(4-クロロフェノキシ)-3,3-ジメチル-1-(1,2,4-トリアゾール-1-イル)-2-ブタノン	[普] B類 ADI：0.012	菌	麦，野菜，果樹，マメ，芝ほか（さび病，うどんこ病，黒星病，炭そ病など）
トリクロルホン trichlorfon (DEP) ディプテレックス	ジメチル-2,2,2-トリクロロ-1-ヒドロキシエチルホスホネート	[劇] 10%以下[普] B類 ADI：0.01	虫	イネ，麦，雑穀，野菜，果樹，イモ類，サトウキビ，チャ（メイチュウ，ヨトウムシ，ハマキムシなど）
トリクロピル triclopyr ザイトロン	3,5,6-トリクロロ-2-ピリジルオキシアセタート[アミン塩],[エチルエステル]	[普] B類	草	林地，芝（広葉雑草）
トリシクラゾール tricyclazole ビーム	5-メチル-1,2,4-トリアゾロ[3,4-*b*]ベンゾチアゾール	[劇] 8%以下[普] A類 ADI：0.03	菌	イネ（いもち病）
トリネキサパックエチル trinexapac-ethyl プリモ	エチル=4-(シクロプロピル-α-ヒドロキシメチレン)-3,5-ジオキシシクロヘキサンカルボキシラート	[普] A類 ADI：0.0059	調	芝（草丈の伸長抑制）

農薬(一般名,商品名)	化 学 名	毒性・魚毒性	用途	おもな適用作物(病害虫・雑草)
トリフルミゾール triflumizole トリフミン	(*E*)-4-クロロ-α,α,α-トリフルオロ-*N*-(1-イミダゾール-1-イル-2-プロポキシエチリデン)-*O*-トルイジン	[普] B類 ADI：0.0185	園	イネ（いもち病），麦（うどんこ病，赤かび病），果菜類，果樹，花き（うどんこ病），芝（さび病）
トリフルラリン trifluralin トレファノサイド	α,α,α-トリフルオロ-2,6-ジニトロ-*N*,*N*-ジプロピル-パラ-トルイジン	[普] B-s類 ADI：0.024	草	イネ，麦，野菜，果樹，マメ類，イモ類，チャ，花きほか（1年生雑草）
トリホリン triforine サプロール	1,4-ビス(2,2,2-トリクロロ-1-ホルムアミドエチル)ピペラジン	[普] A類 ADI：0.024	園	果菜類，イチゴ，エンドウ，カキ，タバコ（うどんこ病），ネギ（さび病）
トルクロホスメチル tolclofos-methyl リゾレックス	*O*-2,6-ジクロロ-*p*-トリル=*O*,*O*-ジメチル=ホスホロチオアート	[普] A類 ADI：0.064	園	麦類（雪腐病），バレイショ（黒あざ病），果菜類（苗立枯病），テンサイほか
なたね油 rape seed ハッパ	なたね油	[普] A類	虫	柑橘（ハダニ類）
ナプロアニリド naproanilide ウリベスト	α-(2-ナフトキシ)プロピオンアニリド	[普] B類 ADI：0.007	草	イネ，(広葉雑草，ホタルイ，ミズガヤツリ，ウリカワ)
ナプロパミド napropamide クサレス	2-(α-ナフトキシ)-*N*,*N*-ジエチルプロピオンアミド	[普] A類	草	芝（1年生雑草）
ナレッド naled (BRP) ジブロム	ジメチル-1,2-ジブロム-2,2-ジクロロエチルホスフェート	[劇] B類 ADI：0.0025	虫	果樹（ハダニ類）
ニコスルフロン nicosulfuron ワンホープ	2-(4,6-ジメトキシピリミジン-2-イルカルバモイルスルファモイル)-*N*,*N*-ジメチルニコチンアミド	[普] A類	草	トウモロコシ（1年生雑草）
ニテンピラム nitenpyram ベストガード	(*E*)-*N*-(6-クロロ-3-ピリジルメチル)-*N*-エチル-*N*′-メチル-2-ニトロビニリデンジアミン	[普] A類 ADI：0.53	虫	イネ（ウンカ類），野菜，果樹，バレイショ，チャ(アブラムシ類など)

農薬(一般名, 商品名)	化　学　名	毒性・魚毒性	用途	おもな適用作物 (病害虫・雑草)
ネマデクチン nemadectin メガトップ	(*E*)-1, 3-ジメチル-1-ブテニル-テトラデカヒドロ-テトラメチルスピロ-ベンゾジオキサシクロオクタデシン-13, 2′-(2*H*)-ピラン-17-オン	[普] C類	虫	マツ（マツノザイセンチュウ）
ノニルフェノールスルホン酸銅 copper nonyl phenolsulfonate	ノニルフェノールスルホン酸銅	[普] B類 ADI：0.21	菌	キュウリ（べと病，うどんこ病），葉菜類（軟腐病），コンニャク，キク，バラ（さび病，うどんこ病）
パクロブトラゾール pacrobutrazole ボンザイ， スマレクト	(2*RS*, 3*RS*)-1-(4-クロロフェニル)-4, 4-ジメチル-2-(1*H*-1, 2, 4-トリアゾール-1-イル)ペンタン-3-オール	[普] A類 ADI：0.047	調	イネ（倒伏軽減），芝，花き（刈込み軽減）
バミドチオン vamidothion キルバール	ジメチル-メチルカルバモイルエチルチオエチル＝ホスホロチオレート	[劇] A類 ADI：0.008	虫	イネ（ウンカ類），麦，スイカ，果樹，タバコ，花き（アブラムシ類）
パラコート paraquate パラコート	1, 1′-ジメチル-4, 4′-ビピリジリウムジクロリド	[毒] A類 ADI：0.002	草	水田刈あと，麦，野菜，果樹，イモ類，チャ，草地ほか（1年生，多年生雑草）
バリダマイシン validamycin バリダシン	バリダマイシンA	[普] A類	菌	イネ（紋枯病），バレイショ（黒あざ病），キュウリ，トマト（苗立枯病），イチゴ，タバコ
ハルフェンプロックス halfenprox アニバース	2-(4-ブロモジフルオロメトキシフェニル)-2-メチルプロピル＝3-フェノキシベンジル＝エーテル	[劇] C類 ADI：0.003	虫	柑橘，リンゴ，チャ（ハダニ類）
ハロスルフロンメチル halosulfuron-methyl シャドー	メチル＝3-クロロ-5-(4, 6-ジメトキシピリミジン-2-イルカルバモイルスルファモイル)-1-メチルピラゾール-4-カルボキシラート	[普] A類 ADI：0.01	草	芝，トウモロコシ，サトウキビ（1年生広葉雑草）

農薬(一般名, 商品名)	化学名	毒性・魚毒性	用途	おもな適用作物(病害虫・雑草)
ビアラホス bialaphos ハーブエース	*L*-2-アミノ-4-[(ヒドロキシ)(メチル)ホスフィノイル]ブチリル-*L*-アラニル-*L*-アラニンのナトリウム塩	[劇] 20%以下[普] B類	草	水田刈あと，野菜，果樹，イモ類，マメ類，草地，芝（1年生，多年生雑草）
ピクロラム picloram ケイピン	4-アミノ-3,5,6-トリクロロ-2-ピリジンカルボン酸カリウム	[普] A類	草	林地，開こん地
ビスピリバックナトリウム塩 bispyribac ノミニー	2,6-ビス(4,6-ジメトキシピリミジン-2-イルオキシ)安息香酸ナトリウム	[普] A類 ADI：0.011	園	イネ，乾田直播(水田)(1年生雑草)，非農耕地（1年生，多年生雑草）
ビテルタノール bitertanol バイコラール	*all*-*rac*-1-(ビフェニル-4-イルオキシ)-3,3-ジメチル-1-(1*H*-1,2,4-トリアゾール-1-イル)ブタン-2-オール	[普] B類 ADI：0.0015	園	果菜類（うどんこ病），果樹（黒星病），テンサイ
ヒドロキシイソキサゾール hymexazol ヒメキサゾール タチガレン	3-ヒドロキシ-5-メチルイソオキサゾール	[普] A類 ADI：0.05	園	イネ，（馬鹿苗病），果菜類（苗立枯病，うどんこ病），テンサイ，マツ（苗立枯病）
ビフェトリン fifenthrin テルスター	2-メチルビフェニル-3-イルメチル＝(*Z*)-(1*RS*,3*RS*)-3-(2-クロロ-3,3,3,-トリフルオロプロペ-1-エニル)2,2-ジメチルシクロプロパンカルボキシラート	[劇] 2%以下[普] C類 ADI：0.0075	虫	野菜，果樹，バレイショ，テンサイ，チャ，タバコ，芝（シンクイムシ，ハマキ，アブラムシ類，ハダニ類など）
ビフェノックス bifenox モーダウン	5-(2,4-ジクロロフェノキシ)-2-ニトロ安息香酸メチル	[普] B類 ADI：0.015	草	イネ（水田雑草），芝
ピペロニルブトキシド piperonylbutoxide ブトックス	ピペロニルブトキサイド	[普] B類	調	タバコ（光化学障害防止）

農薬(一般名, 商品名)	化　学　名	毒性・魚毒性	用途	おもな適用作物(病害虫・雑草)
ピペロホス piperophos アビロサン	*S*-(2-メチル-1-ピペリジル-カルボニルメチル)-*O*,*O*-ジ-*n*-プロピルジチオホスフェート	［劇］ 4.4％以下［普］ B類 ADI：0.00036	草	イネ（水田雑草）
ピメトロジン pymetrozine チェス	(*E*)-4,5-ジヒドロ-6-メチル-4-(3-ピリジルメチレンアミノ)-1,2,4-トリアジン-3(2*H*)-オン	［普］ A類 ADI：0.013	虫	イネ（ウンカ類など），野菜，果樹（アブラムシ類）
ピラクロホス pyraclofos ボルテージ	(*RS*)-[*O*-1-(4-クロロフェニル)ピラゾール-4-イル]=*O*-エチル=*S*-プロピル=ホスホロチオエート	［劇］ 6％以下［普］ C類 ADI：0.001	虫	イモ類（ガ類），テンサイ，チャ，タバコ（ヨトウムシ，ハマキ）
ピラゾキシフェン pyrazoxyfen パイサー	2-[4-(2,4-ジクロロベンゾイル)-1,3-ジメチルピラゾール-5-イルオキシ]アセトフェノン	［普］ B類 ADI：0.0015	草	イネ（水田雑草）
ピラゾスルフロンエチル pyrazosulfuron-ethyl シリウス	エチル=5-(4,6-ジメトキシピリミジン-2-イルカルバモイルスルファモイル)-1-メチルピラゾール-4-カルボキシラート	［普］ A類 ADI：0.043	草	イネ（水田雑草）
ピラゾホス pyrazophos アフガン	エチル=2-ジエトキシチオホスホリルオキシ-5-メチルピラゾロ[1,5-*a*]ピリミジン-β-カルボキシラート	［劇］ B類	菌	クワ，マサキ（うどんこ病）
ピラゾレート pyrazolate サンバード	4-(2,4-ジクロロベンゾイル)-1,3-ジメチル-5-ピラゾリル-*p*-トルエンスルホネート	［普］ B類 ADI：0.006	草	イネ（水田雑草）
ピラフルフェンエチル pyraflufen-ethyl エコパート	エチル=2-クロロ-5-(4-クロロ-5-ジフルオロメトキシ-1-メチルピラゾール-3-イル)-4-フルオロフェノキシアセタート	［普］ A類 ADI：0.17	草	果樹，水田畦畔，非農耕地（1年生，多年生雑草），麦（広葉雑草）
ピリダフェンチオン pyridaphenthion オフナック	*O*,*O*-ジエチル-*O*-(3-オキソ-2-フェニル-2*H*-ピリダジン-6-イル)ホスホロチオエート	［普］ B類 ADI：0.00085	虫	イネ（メイチュウ），野菜（コナガ，スリップス類，タネバエ），果樹（シンクイムシ類）

農薬(一般名, 商品名)	化　学　名	毒性・魚毒性	用途	おもな適用作物 (病害虫・雑草)
ピリダベン pyridaben サンマイト	2-*tert*-ブチル-5-(4-*tert*-ブチルベンジルチオ)-4-クロロピリダジン-3(2*H*)-オン	[劇] C類 ADI：0.0081	虫	果樹，スイカ，チャ（ハダニ類）
ピリデート pyridate ヒログラス	6-クロロ-3-フェニルピリダジン-4-イル=*S*-オクチル=チオカルボナート	[普] A類 ADI：0.16	草	麦，タマネギ，アスパラガス（1年生雑草）
ピリフェノックス pyrifenox ポジグロール	2′,4′-ジクロロ-2-(3-ピリジル)アセトフェノン=(*EZ*)-*O*-メチルオキシム	[普] B類 ADI：0.1	菌	リンゴ，ナシ，ブドウ(黒星病，赤星病，うどんこ病)，テンサイ，バラ
ピリプロキシフェン pyriproxyfen ラノー	4-フェノキシフェニル(*RS*)-2-(2-ピリジルオキシ)プロピルエーテル	[普] B類 ADI：0.07	虫	果菜類（アザミウマ，オンシツコナジラミなど)，タバコ，花
ピリブチカルブ pyributicarb オリザガード	*O*-3-*tert*-ブチルフェニル=6-メトキシ-2-ピリジル(メチル)チオカルバマート	[普] B類 ADI：0.0075	草	イネ（水田雑草）
ピリミカーブ pirimicarb ピリマー	2-ジメチルアミノ-5,6-ジメチルピリミジン-4-イルジメチルカーバメート	[劇] B類 ADI：0.018	虫	野菜，果樹，バイレショ(アブラムシ類)
ピリミジフェン pylimidifen マイトクリーン	5-クロロ-*N*-[2-[4-(2-エトキシエチル)-2,3-ジメチルフェノキシ]エチル]-6-エチルピリミジン-4-アミン	[劇] 4%以下[普] C類 ADI：0.0015	虫	ミカン，リンゴ（ハダニ類)，キャベツ（コナガ)
ピリミノバックメチル pyriminobac-methyl プロスパー	メチル=2-(4,6-ジメトキシピリミジン-2-イルオキシ)-6-(1-メトキシイミノエチル)ベンゾエート	[普] A類 ADI：0.009	草	イネ（水田雑草）
ピリミホスメチル pirimiphos-methyl アクテリック	2-ジメチルアミノ-6-メチルピリミジン-4-イルジメチルホスホロチオネート	[普] B類 ADI：0.025	虫	イネ（コブノメイガ)，キャベツ（アオムシ)，柑橘(アブラムシ類)，チャ

農薬(一般名,商品名)	化学名	毒性・魚毒性	用途	おもな適用作物(病害虫・雑草)
ピロキロン pyroquilon コラトップ	1,2,5,6-テトラヒドロピロロ[3,2,1-*ij*]キノリン-4-オン	[普] A類 ADI：0.015	菌	イネ（いもち病，紋枯細菌病）
ビンクロゾリン vinclozolin ロニラン	3-(3,5-ジクロロフェニル)-5-メチル-5-ビニル-2,4-オキサゾリジンジオン	[普] A類 ADI：0.1215	菌	野菜，イモ類，マメ類，タバコ，花き（菌核病，かび病，黒斑病，うどんこ病）
フィプロニル fipronil プリンス	(±)-5-アミノ-1-(2,6-ジクロロ-α,α,α-トリフルオロ-*p*-トルイル)-4-トリフルオロメチルスルフィニルピラゾール-3-カルボニトリル	[劇] B-s類 ADI：0.0002	虫	イネ（箱育苗）（ウンカ類，イネミズゾウムシ，ドロオイムシ，メイチュウ，コブノメイガなど）
フェナリモル fenarimol ルビゲン	2,4′-ジクロロ-α-(ピリミジン-5-イル)ベンズヒドリル=アルコール	[普] B類 ADI：0.01	菌	果菜類，果樹（うどんこ病）
フェニソブロモレート phenisobromolate エイカロール	4,4′-ジブロムベンジル酸イソプロピル	[普] B類 ADI：0.027	虫	果樹（ハダニ類），ナス，ニンニク（ハダニ類）
フェニトロチオン fenitrothion (MEP) スミチオン	*O*,*O*-ジメチル-*O*-(3-メチル-4-ニトロフェニル)チオホスフェート	[普] B類 ADI：0.005	虫	イネ（メイチュウ，カメムシなど），野菜（アブラムシ類，ハダニ類など），果樹（ハマキ，シンクイムシなど），麦，マメ類，チャ，芝ほか
フェノキサプロップエチル fenoxaprop-ethyl フローレ	エチル-(*RS*)-2-[4-(6 クロロ-1,3-ベンゾオキサゾール-2-イルオキシ)フェノキシ]プロピオナート	[普] B類 ADI：0.0033	草	ピーマン，ネギ，イチゴ，マメ類，カンショ，テンサイ（イネ科雑草）
フェノキシカルブ fenoxycarb インセガー	エチル=2(4-フェノキシフェノキシ)エチルカーバメート	[普] B類 ADI：0.026	虫	リンゴ（キンモンホソガ），柑橘（ミカンハモグリガ），ナシ（シンクイムシ類），チャ
フェノチオカルブ fenothiocarb パノコン	*S*-4-フェノキシブチル=ジメチルチオカーバメート	[普] C類 ADI：0.0075	虫	柑橘（ミカンハダニ）

農薬(一般名, 商品名)	化学名	毒性・魚毒性	用途	おもな適用作物(病害虫・雑草)
フェノチオール phenothiol (MCPAチオエチル) ゼロワン	2-メチル-4-クロルフェノキシチオ酢酸-*S*-エチル	[普] B類	草	イネ（広葉雑草）
フェノブカルブ fenobucarb (BPMC) バッサ	2-セコンダリ-ブチルフェニル-*N*-メチルカーバメート	[劇] 2%以下[普] B-s類 ADI：0.012	虫	イネ（ウンカ類，カメムシ類），麦（ウンカ），果菜類（ミナミキイロアザミウマ），サトウキビ，チャほか
フェリムゾン ferimzone タケヒット	(*Z*)-2′-メチルアセトフェノン=4,6-ジメチルピリミジン-2-イルヒドラゾン	[普] A類 ADI：0.0064	菌	ツツジ，ツバキ，ウツギ（白紋羽病）
フェンチオン fenthion (MPP) バイジット	*O*,*O*-ジメチル-*O*-[3-メチル-4-(メチルチオ)フェニル]チオホスフェート	[劇] 2%以下[普] B類 ADI：0.0005	虫	イネ（メイチュウ，カメムシ類，ウンカ類），イモ類（コガネムシ類），マメ類（アブラムシ，ハダニ類），サトウキビ，マツ，ヒノキほか
フェントエート phenthoate (PAP) エルサン	ジメチルジチオホスホリルフェニル酢酸エチル	[劇] 3%以下[普] B-s類 ADI：0.0015	虫	イネ（メイチュウ，ドロオイムシ，カメムシ類，ウンカ類），麦（ヒノトビ），野菜（アオムシ，アブラムシ類），果樹（シンクイムシ，ハマキ，アブラムシ類），マメ類，チャ，花き
フェンバレレート fenvalerate スミサイジン	(*RS*)-α-シアノ-3-フェノキシベンジル=(*RS*)-2-(4-クロロフェニル)-3-メチルブタノアート	[劇] C類 ADI：0.02	虫	果樹，花き（シンクイムシ，アブラムシ類）
フェンピロキシメート fenpyroximate ダニトロン	*tert*-ブチル-(*E*)-α-(1,3-ジメチル-5-フェノキシピラゾール-4-イルメチレンアミノオキシ)-*p*-トルアート	[劇] 5%以下[普] C類 ADI：0.0097	虫	果樹，スイカ，メロン，イチゴ，チャ，花（ハダニ類）
フェンプロパトリン fenpropathrin ロディー	(*RS*)-α-シアノ-3-フェノキシベンジル=2,2,3,3-テトラメチルシクロプロパンカルボキシラート	[劇] C類 ADI：0.027	虫	果菜類，果樹（ハダニ類），チャ（コカクモンハマキ，アザミウマ）

農薬(一般名, 商品名)	化学名	毒性・魚毒性	用途	おもな適用作物(病害虫・雑草)
フェンヘキサミド fenhexamid パスワード	N-(2,3-ジクロロ-4-ヒドロキシフェニル)-1-メチルシクロヘキサンカルボキサミド	[普] ADI：0.17	菌	柑橘，ブドウ（灰色かび病），モモ（灰星病）
フェンメディファム phenmedipham ベタナール	3-メトキシカルボニルアミノフェニル-N-(3′-メチルフェニル)カーバメート	[普] B類 ADI：0.0245	草	テンサイ（イネ科雑草，広葉雑草）
フサライド fthalide ラブサイド	4,5,6,7-テトラクロロフタリド	[普] A類 ADI：0.04	菌	イネ（いもち病）
ブタミホス butamifos クレマート	O-エチル-O-(3-メチル-6-ニトロフェニル)セコンダリーブチルホスホロアミドチオエート	[普] B類 ADI：0.005	草	野菜，イモ類，ラッカセイ，コンニャク，花きほか(1年生雑草)
ブプロフェジン buprofezin アプロード	2-ターシャリーブチルイミノ-3-イソプロピル-5-フェニル-3,4,5,6-テトラヒドロ-2H-1,3,5-チアジアジン-4-オン	[普] B類 ADI：0.009	虫	イネ，麦（ウンカ類），果菜類（オンシツコナジラミ），果樹（カイガラムシ類），チャ，桑，タバコ
フラザスルフロン flazasulfuron シバゲン	1-(4,6-ジメトキシピリミジン-2-イル)-3-(3-トリフルオロメチル-2-ピリジルスルホニル)尿素	[普] A類 ADI：0.013	草	芝（1年生，多年生雑草）
ブラストサイジンS blasticidin S ブラエス	ブラストサイジン-S-ベンジルアミノベンゼンスルホン酸塩	[劇] A類	菌	イネ（いもち病）
フラチオカルブ furathiocarb デルタネット	ブチル=2,3-ジヒドロ-2,2-ジメチルベンゾフラン-7-イル=N,N′-ジメチル-N,N′-チオカルバマート	[毒] 5%以下[劇] C類 ADI：0.003	虫	イネ（育苗箱）（イネミズゾウムシ，ドロオイムシ，ウンカ類）
フラメトピル furametpyr リンバー	(RS)-5-クロロ-N-(1,3-ジヒドロ-1,1,3-トリメチルイソベンゾフラン-4-イル)-1,3-ジメチルピラゾール-4-カルボキサミド	[普] B類 ADI：0.007	菌	イネ（紋枯病）

農薬(一般名,商品名)	化学名	毒性・魚毒性	用途	おもな適用作物(病害虫・雑草)
フルアジナム fluazinam フロンサイド	3-クロロ-*N*-(3-クロロ-5-トリフルオロメチル-2-ピリジル-α,α,α-トリフルオロ-2,6-ジニトロ-*p*-トルイジン	[普] C類 ADI：0.0038	園	果樹(黒星病, 輪紋病, べと病, 灰色かび病など), マメ類(灰色かび病など), バレイショ(疫病), タマネギ, チャ, 葉菜類(根こぶ病)
フルアジホップ fluazifop ワンサイド	ブチル=(*RS*)-2-[4-(5-トリフルオロメチル-2-ピリジルオキシ)フェノキシ]プロピオナート	[普] B類 ADI：0.01	草	水田畦畔, 野菜, 果樹, イモ類, マメ類, テンサイ(イネ科雑草)
フルオルイミド fluoroimide スパットサイド	*N*-(パラフルオルフェニル)-ジクロロマレイミド	[普] B類 ADI：0.092	園	柑橘, リンゴ(黒点病, すす斑病)
フルシトリネート flucythrinate ペイオフ	(*RS*)-α-シアノ-3-フェノキシベンジル=(*S*)-2-(4-ジフルオロメトキシフェニル)-3-メチルブチラート	[劇] C類 ADI：0.0125	虫	葉菜類(アオムシ, ヨトウムシ), 果樹(シンクイムシ), テンサイ(ヨトウムシ)
フルジオキソニル fludioxonil セイビアー	4-(2,2-ジフルオロ-1,3-ベンゾジオキソール-4-イル)ピロール-3-カルボニトリル	[普] B類 ADI：0.033	園	果菜類, イチゴ, タマネギ(灰色かび病)
フルスルファミド flusulfamide ネビジン	2′,4-ジクロロ-α,α,α-トリフルオロ-4′-ニトロ-*m*-トルエンスルホンアニリド	[普] C類 ADI：0.001	園	葉菜類, カブ(根こぶ病)
フルトラニル flutolanil モンカット	α,α,α-トリフルオロ-3′-イソプロポキシ-*o*-トルアニリド	[普] B類 ADI：0.08	園	イネ(紋枯病), 麦(さび病), 果菜類(苗立枯病), バレイショ(黒あざ病), テンサイ
フルバリネート fluvalinate マブリック	(*RS*)-α-シアノ-3-フェノキシベンジル=*N*-(2-クロロ-α,α,α-トリフルオロ-*p*-トリル)-D-バリナート	[劇] C類 ADI：0.005	虫	野菜(アオムシ, ヨトウムシ), 果樹(シンクイムシ類), チャ, 花き
フルフェノクスロン flufenoxuron カスケード	1-[4-(2-クロロ-α,α,α-トリフルオロ-*p*-トリルオキシ)-2-フルオロフェニル]-3-(2,6-ジフルオロベンゾイル)尿素	[普] B類 ADI：0.037	虫	葉菜類(コナガ, アオムシ), 果樹(ハダニ類, ハモグリガ), チャ, メロン, テンサイ
フルルプリミドール flurprimidol グリンフィールド	2-メチル-1-ピリミジン-5-イル-1-(4-トリフルオロメトキシフェニル)プロパン-1-オール	[普] A類	調	芝, 非農耕地(伸長抑制)

農薬(一般名,商品名)	化学名	毒性・魚毒性	用途	おもな適用作物(病害虫・雑草)
プレチラクロール pretilachlor ソルネット	2-クロロ-2′,6′-ジエチル-*N*-(2-プロポキシエチル)アセトアニリド	[普] B類 ADI：0.015	草	イネ(水田除草)
プロクロラズ prochloraz スポルタック	*N*-プロピル-*N*-[2-(2,4,6-トリクロロフェノキシ)エチル]イミダゾール-1-カルボキサミド	[普] B類 ADI：0.009	菌	イネ(いもち病，馬鹿苗病，ごま葉枯病)
プロジアミン prodiamine クサブロック	5-ジプロピルアミノ-α,α,α-トリフルオロ-4,6-ジニトロ-*o*-トルイジン	[普] A類	草	芝(1年生雑草)
プロシミドン procymidone スミレックス	*N*-(3,5-ジクロロフェニル)-1,2-ジメチルシクロプロパン-1,2-ジカルボキシド	[普] A類 ADI：0.035	菌	野菜，果樹，イモ類，マメ類，タバコ(菌核病，灰色かび病，灰星病)
プロチオホス prothiofos トクチオン	*O*-2,4-ジクロロフェニル-*O*-エチル-*S*-プロピルホスホロジチオエート	[普] B類 ADI：0.0015	虫	果樹(ハマキムシ類)，キャベツ(アオムシ，ヨトウムシ)，イモ類(ヨトウムシ)，サトウキビ，シバ花き
プロパニル propanil (DCPA) スタム	3,4-ジクロロプロピオンアニリド	[普] A類 ADI：0.017	草	イネ(水田雑草)，陸稲，果樹，イモ類，タマネギ，芝(1年生雑草)
プロパホス propaphos カヤフォス	*O*,*O*-ジプロピル-*O*-4-メチルチオフェニルホスフェート	[劇] B類 ADI：0.0004	虫	イネ(メイチュウ，ウンカ類)
プロパモカルブ propamocarb プレビクール-N	プロピル=3-(ジメチルアミノ)プロピルカルバマート塩酸塩	[普] A類 ADI：0.073	菌	タバコ(舞病)，花(疫病)，芝(赤焼病)
プロパルギット propargite (BPPS) オマイト	2-(*p*-ターシャリーブチルフェノキシ)シクロヘキシル-2-プロピニルスルフィド	[普] C類 ADI：0.0083	虫	果樹(ハダニ類)，チャ(カンザワハダニ)

農薬(一般名, 商品名)	化学名	毒性・魚毒性	用途	おもな適用作物(病害虫・雑草)
プロピコナゾール propiconazole チルト	1-[2-(2,4-ジクロロフェニル)-4-プロピル-1,3-ジオキソラン-2-イルメチル]-1*H*-1,2,4-トリアゾール	［普］ B類 ADI：0.018	菌	小麦（赤さび病，うどんこ病，眼紋病など），芝
プロピザミド propyzamide カーブ	3,5-ジクロロ-*N*-(1,1-ジメチル-2-プロピニル)ベンズアミド	［普］ A類 ADI：0.019	草	レタス，芝（1年生雑草）
プロピネブ propineb アントラコール	プロピレンビスジチオカルバミン酸亜鉛	［普］ A類 ADI：0.0025	菌	カンキツ，カキ（炭そ病），野菜（炭そ病，かび病）
プロフェノホス profenofos エンセダン	*O*-4-ブロモ-2-クロロフェニル=*O*-エチル=*S*-プロピル=ホスホロチオエート	［普］ C類 ADI：0.00015	虫	テンサイ（ヨトウムシなど），チャ（ハマキ類，アザミウマなど），カンショ，花き
プロヘキサジオンカルシウム prohexadione ビビフル	カルシウム=3-オキシド-5-オキソ-4-プロピオニルシクロヘキサ-3-エンカルボキシラート	［普］ A類 ADI：0.18	調	イネ（倒伏軽減）
プロベナゾール probenazole オリゼメート	3-アリルオキシ-1,2-ベンゾイゾチアゾール-1,1-ジオキシド	［普］ B類 ADI：0.02	菌	イネ（いもち病）
プロポキスル propoxur (PHC) サンサイド	2-イソプロポキシフェニル-*N*-メチルカーバメート	［劇］ 1%以下［普］ B類 ADI：0.063	虫	イネ（ウンカ類，イネドロオイムシなど）
ブロマシル bromacil ハイバーX	5-ブロモ-3-セコンダリ-ブチル-6-メチルウラシル	［普］ A類 ADI：0.019	草	柑橘，パイナップル（1年生，多年生雑草）
プロメトリン prometryn ゲザガード	2-メチルチオ-4,6-ビス(イソプロピルアミノ)-*S*-トリアジン	［普］ A類 ADI：0.025	草	イネ（水田雑草，マツバイ），陸稲，麦，雑穀，根菜類，マメ類，桑

農薬(一般名,商品名)	化学名	毒性・魚毒性	用途	おもな適用作物(病害虫・雑草)
ブロモブチド bromobutide スミハーブ	(*RS*)-2-ブロモ-*N*-(α,α-ジメチルベンジル)-3,3-ジメチルブチルアミド	[普] A類 ADI：0.017	草	イネ（多年生水田雑草）
ヘキサコナゾール hexaconazole アンビル	(*RS*)-2-(2,4-ジクロロフェニル)-1-(1*H*-1,2,4-トリアゾール-1-イル)ヘキサン-2-オール	[普] B類 ADI：0.0047	菌	リンゴ，ナシ，カキ（赤星病，黒星病，うどんこ病）モモ（灰星病など），花
ヘキサジノン hexadinone ベルパー	3-シクロヘキシル-6-ジメチルアミノ-1-メチル-1,3,5-トリアジン-2,4(1*H*,3*H*)-ジオン	[普] A類	草	非農耕地 (1年生，多年生雑草)
ヘキサフルムロン hexaflumuron コンセルト	1-[3,5-ジクロロ-4-(1,1,2,2-テトラフルオロエトオキシ)フェニル]-3-(2,6-ジフルオロベンゾイル)尿素	[普] A類 ADI：0.005	虫	リンゴ（キンモンホソガなど），チャ
ヘキシチアゾクス hexathiazox ニッソラン	*trans*-5-(4-クロロフェニル)-*N*-シクロヘキシル-4-メチル-2-オキソチアゾリジン-3-カルボキサミド	[普] B類 ADI：0.028	虫	果菜類，果樹，チャ，テンサイ，花き（ハダニ類）
ベスロジン bethrodine バナフィン	*N*-ブチル-*N*-エチル-α,α,α-トリフルオル-2,6-ジニトローパラトルイジン	[普] B類	草	芝（1年生雑草）
ベノミル benomyl ベンレート	メチル-1-(ブチルカルバモイル)-2-ベンゾイミダゾールカーバメート	[普] B類 ADI：0.009	菌	イネ（苗立枯病），麦（雪腐病），野菜（かび病など），果樹(黒星病，灰星病など)，バレイショ，マメ類，テンサイ，コンニャク，タバコ，花き，芝
ペフラゾエート pefurazoate ヘルシード	ペンタ-4-エニル=*N*-フルフリル-*N*-イミダゾール-1-イルカルボニル-DL-ホモアラニナート	[普] A類	菌	イネ（馬鹿苗病，いもち病，ごま葉枯病）
ペラルゴン酸 pelargonic acid グラントリコ	ノナノイックアシッド	[普] A類	草	バレイショ，ラッカセイ，非農耕地（1年生雑草）

農薬(一般名, 商品名)	化　学　名	毒性・魚毒性	用途	おもな適用作物 (病害虫・雑草)
ペルメトリン permethrin アデイオン	3-フェノキシベンジル-(1*RS*, 3*RS*)-(1*RS*, 3*SR*)-3-(2, 2-ジクロロビニル)-2, 2-ジメチルシクロプロパンカルボキシラート)	［普］ C類 ADI：0.048	虫	野菜，果樹，バレイショ，チャ，テンサイ（アブラムシ類，シンクイムシ，ハマキ類，ヨトウムシ）
ペンシクロン pencycuron モンセレン	1-(4-クロロベンジル)-1-シクロペンチル-3-フェニル尿素	［普］ B類 ADI：0.017	菌	イネ（紋枯病），果菜類（苗立枯病），バレイショ（黒あざ病），テンサイ，芝
ベンジルアミノプリン benzylaminopurine ヘルポスほか	6-(*N*-ベンジルアミノ)プリン	［普］ A類 ADI：0.05	調	イネ（老化防止），果樹，(着花促進など)，花き
ベンスリド bensulide (SAP) ロンパー	*O*, *O*-ジイソプロピル-2-(ベンゼンスルホンアミド)エチルジチオホスフェート	［普］ B類 ADI：0.04	草	芝（イネ科雑草）
ベンスルタップ bensultap ルーベン	*S*, *S*-2-ジメチルアミノトリメチレン=ジ(ベンゼンチオスルホナート)	［普］ A類 ADI：0.034	虫	イネ（メイチュウ），葉菜類（アオムシ，コナガ），チャ（チャノホソガ）
ベンスルフロンメチル bensulfuron-methyl ザークの1成分ほか	メチル-α-(4, 6-ジメトキシピリミジン-2-イルカルバモイルスルファモイル)-*o*-トルアート	［普］ A類 ADI：0.14	草	イネ（水田雑草）
ベンゾエピン (エンドスルファン) endosulfan マリックス チオダン	ヘキサクロロヘキサヒドロメタノベンゾジオキサエピンオキサイド	［毒］ 指定 ADI：0.0075	虫	野菜，果樹，イモ類，マメ類，チャ，タバコ，花き（アブラムシ類）
ベンゾフェナップ benzofenap ユカワイド	2-[4-(2, 4-ジクロロ-*m*-トルオイル)-1, 3-ジメチルピラゾール-5-イルオキシ]-4′-メチルアセトフェノン	［普］ B類 ADI：0.0015	草	イネ（水田広葉雑草）

農薬(一般名,商品名)	化　学　名	毒性・魚毒性	用途	おもな適用作物 (病害虫・雑草)
ベンゾメート benzomate シトラゾン	エチル-*O*-ベンゾイル-3-クロロ-2,6-ジメトキシベンゾヒドロキシメート	[普] C類 ADI：0.067	虫	柑橘，リンゴ（ハダニ類）
ベンダイオカルブ bendiocarb タト	2,2-ジメチル-1,3-ベンゾジオキソル-4-イル=メチルカーバメート	[毒] 5%以下[劇] B類 ADI：0.004	虫	イネ（イネミズゾウムシ，ドロオイムシ，ツマグロヨコバイ）
ベンタゾン bentazone バサグラン	3-イソプロピル-2,1,3-ベンゾチアジアジノン-(4)-2,2-ジオキシド	[普] A類 ADI：0.09	草	イネ（多年生水田雑草），麦，トウモロコシ
ベンチアゾール benthiazol ブーサン	2-(チオシアノメチルチオ)ベンゾチアゾール	[普] C類	菌	イネ（ごま葉枯病）
ベンチオカーブ (チオベンカルブ) thiobencarb サターン	*S*-(4-クロロベンジル)-*N*,*N*-ジエチルチオカーバメート	[普] B類 ADI：0.009	草	イネ（水田雑草），レタス，林業苗
ペンディメタリン pendimethalin ゴーゴサン	*N*-(1-エチルプロピル)-3,4-ジメチル-2,6-ジニトロアニリン	[普] B類 ADI：0.043	草	麦，雑穀，野菜，イモ類，ラッカセイ，コンニャク，芝，タバコ，花（1年生雑草）
ペントキサゾン pentoxazone ベクサー45	3-(4-クロロ-5-シクロペンチルオキシ-2-フルオロフェニル)-5-イソプロピリデン-1,3-オキサゾリジン-2,4-ジオン	[普] A類 ADI：0.069	草	イネ（水田雑草）
ベンフラカルブ benfuracarb オンコル	エチル=*N*-[2,3-ジヒドロ-2,2-ジメチルベンゾフラン-7-イルオキシカルボニル(メチル)アミノチオ]-*N*-イソプロピル-β-アラニナート	[劇] 1%以下[普] B-s類 ADI：0.015	虫	イネ（イネミズゾウムシ，ドロオイムシ，ウンカ類），野菜（ミナミキイロアザミウマ），花き
ベンフレセート benfuresate ザーベックス	2,3-ジヒドロ-3,3-ジメチルベンゾフラン-5-イル=エタンスルホナート	[普] A類 ADI：0.026	草	イネ（水田雑草）

農薬(一般名,商品名)	化学名	毒性・魚毒性	用途	おもな適用作物(病害虫・雑草)
ホサロン phosalone ルビトックス	3-ジエトキシホスホリルチオメチル-6-クロロベンズオキサゾロン	[劇] 2.2%以下[普] B類 ADI：0.006	虫	果菜類，果樹，バレイショ（アブラムシ類），チャ（ハダニ類，チャノホソガ）
ホスチアゼート fosthiazate ネマトリン	(*RS*)-*S*-*sec*-ブチル=*O*-エチル=2-オキソ-1,3-チアゾリジン-3-イルホスホノチオアート	[劇] 1%以下[普] A類 ADI：0.001	虫	果菜類，タバコ（ネコブセンチュウ）
ホスメット phosmet (PMP) アッパ	*O*,*O*-ジメチル-*S*-フタルイミドメチルジチオホスフェート	[劇] B類 ADI：0.01	虫	イネ（メイチュウ，イネドロオイムシなど），果樹（ハマキムシ類，カイガラムシ，アブラムシ類）
ホセチル fosetyl アリエッティ	アルミニウム=トリス(エチル=ホスホナート)	[普] A類 ADI：0.88	菌	野菜（べと病，疫病），ブドウ（べと病），リンゴ（落葉病）
ポリオキシン polyoxins	ポリオキシン複合体	[普] A類	菌	イネ（紋枯病），野菜（灰色かび病，うどんこ病など），果樹（腐らん病，うどんこ病）
ポリカーバメート polycarbamate ビスダイセン	ビスジメチルジチオカルバモイルジンクエチレンビスジチオカーバメート	[普] B類 ADI：0.0075	菌	野菜，イモ類，マメ類（疫病，べと病），果樹（黒星病，灰星病，炭そ病），タバコ
ポリナクチン複合体 polynactins マイトサイジン	ポリナクチン複合体	[普] C類	虫	果樹（ハダニ類）
ホルクロルフェニュロン forchlorfenuron フルメット	1-(2-クロロ-4-ピリジル)-3-フェニル尿素	[普] B類 ADI：0.093	調	メロン（着果促進），ブドウ（果粒肥大など）
ホルモチオン formothion アンチオ	*O*,*O*-ジメチル-*S*-(*N*-メチル-*N*-ホルモイルカルバモイルメチル)ジチオホスフェート	[普] A類	虫	花き（アブラムシ類）

農薬(一般名,商品名)	化　学　名	毒性・魚毒性	用途	おもな適用作物 (病害虫・雑草)
マシン油 petroleum oil マシン油	マシン油	［普］ A類	虫	キュウリ，スイカ（ハダニ類），果樹，チャ，花き（カイガラムシ類）
マラソン (マラチオン) malathion マラソン	ジメチルジカルベトキシエチルジチオホスフェート	［普］ B類 ADI：0.02	虫	イネ（メイチュウ，ウンカ類），麦（ウンカ），野菜（アブラムシ類，ハダニ類),果樹(シンクイムシ)，イモ類，マメ類(アブラムシ類)，タバコ，花き
マレイン酸ヒドラジド maleic hydrazide (MH) MH-Kほか	マレイン酸ヒドラジドコリン	［普］ A類 ADI：5.0	調 草	果樹（伸長抑制），イモ類，テンサイ，ニンニク（貯蔵萌芽抑制）
マンゼブ (マンコゼブ) mancozeb ジマンダイセン	亜鉛イオン配位マンガニーズエチレンビスジチオカーバメート	［普］ B類 ADI：0.00625	草	野菜（疫病，さび病，べと病），果樹（黒星病，灰星病など），イモ類，マメ類，テンサイ，花き，芝
マンネブ maneb ダイセンMほか	マンガニーズエチレンビスジチオカーバメート	［普］ B類 ADI：0.005	菌	果樹（黒点病，褐斑病），バレイショ，タバコ（疫病），花き（かび病など）
ミクロブタニル myclobutanil ラリー	2-*p*-クロロフェニル-2-(1*H*-1,2,4-トリアゾール-1-イルメチル)ヘキサンニトリル	［普］ B類 ADI：0.012	菌	野菜（うどんこ病），果樹(黒星病，赤星病)，ネギ(さび病)，サヤエンドウ，イチゴ，チャ（網もち病，炭そ病など）
ミルディオマイシン mildiomycin ミラネシン	ミルディオマイシン	［普］ A類	菌	バラ，サルスベリ（うどんこ病）
ミルベメクチン milbemectin ミルベノック	ミルベクメクチン	［普］ C類 ADI：0.03	虫	ナス（ハダニ類），チャ(カンザワハダニ)

農薬(一般名,商品名)	化学名	毒性・魚毒性	用途	おもな適用作物 (病害虫・雑草)
メコプロップ mecoprop (MCPP) MCPP	α-(2-メチル-4-クロロフェノキシ)プロピオン酸	[普] B類	草	芝(1年生広葉雑草)
メスルフェンホス mesulfenfos ネマノーン	*O*,*O*-ジメチル=*O*-3-メチル-4-(メチルスルフィニル)フェニル=ホスホロチオエート	[劇] B類	虫	マツ(マツノザイセンチュウ)
メソミル methomyl ランネート	*S*-メチル-*N*-[(メチルカルバモイル)オキシ]チオアセトイミデート	[劇] B類 ADI：0.0125	虫	イネ(メイチュウ),葉菜類,チャ,テンサイ(ヨトウムシ,アブラムシ類),イモ類,マメ類(ヨトウムシ),スイカ,タバコほか
メタアルデヒド metaldehyde ナメキールほか多数	メタアルデヒド	[普] A類	虫	畑作物一般(カタツムリ,アフリカマイマイ,ウスカワマイマイ)
メタスルホカルブ methasulfocarb カヤベスト	*S*-(4-メチルスルホニルオキシフェニル)-*N*-メチルチオカルバマート	[劇] B類	菌	イネ(馬鹿苗病,苗立枯病)
メタラキシル metalaxyl リドミル	メチル=*N*-(2-メトキシアセチル)-*N*-(2,6-キシリル)-DL-アラニナート	[普] A類 ADI：0.019	菌	イネ(萎縮病),野菜,果樹(べと病,疫病),バレイショ,タバコ(疫病)
メチダチオン methidathion (DMTP) スプラサイド	*O*,*O*-ジメチル-*S*-[5-メトキシ-1,3,4-チアジアゾル-2(3*H*)オニル-(3)-メチル]ジチオホスフェート	[劇] B類 ADI：0.0015	虫	野菜,果樹,チャ,花き(アブラムシ類,シンクイムシ,ハダニ類など)
メチルイソチオシアネート methyl isothio-cyanate トラペックサイド	メチルイソチオシアネート	[劇] B類 ADI：0.0025	虫 菌	野菜,コンニャク,タバコ,花き(センチュウ類)
メチルダイムロン methyldymron スタッカー	1-(α,α-ジメチルベンジル)-3-メチル-3-フェニル尿素	[普] A類	草	芝(イネ科雑草)

農薬(一般名,商品名)	化　学　名	毒性・魚毒性	用途	おもな適用作物 (病害虫・雑草)
メチルフェニルアセテート methylphenyl acetate アカネコール	メチル=フェニルアセテート	[普] A類	誘	スギ，ヒノキ（スギノアカネトラカミキリ）
メトスルフロンメチル metsulfuron-methyl サーベル	メチル=2-[3-(4-メトキシ-6-メチル-1,3,5-トリアジン-2-イル)ウレイドスルホニル]ベンゾアート	[普] A類	草	芝（1年生，多年生雑草）
メトミノストロビン metominostrobin オリブライト	(*E*)-2-メトキシイミノ-*N*-メチル-2-(2-フェノキシフェニル)アセトアミド	[普] A類 ADI：0.016	菌	イネ（いもち病）
メトラクロール metolachlor デュアール	2-クロロ-2′-エチル-*N*-(2-メトキシ-1-メチルエチル)-6′-メチルアセトアニリド	[普] B類 ADI：0.097	草	野菜，マメ類，イモ類，トウモロコシ，テンサイほか（1年生雑草）
メトリブジン metribuzin センコール	4-アミノ-6-*tert*-ブチル-3-(メチルチオ)-1,2,4-トリアジン-5(4*H*)-オン	[普] A類 ADI：0.0125	草	ナス，アスパラガス，バレイショ，サトウキビ（1年生雑草）
メパニピリム mepanipyrim フルピカ	*N*-(4-メチル-6-プロパ-1-イニルピリミジン-2-イル)アニリン	[普] B類 ADI：0.024	菌	果菜類（灰色かび病，うどんこ病），柑橘，ブドウ，イチゴ（灰色かび病），果樹（黒星病など）インゲンマメほか
メフルイジド mefluidide エンバーク	2′,4′-ジメチル-5′-(トリフルオロメタンスルホンアミド)アセトアニリド	[普] A類	調	芝（伸長抑制）
メフェナセット mefenacet ヒノクロア	2-ベンゾチアゾール-2-イルオキシ-*N*-メチルアセトアニリド	[普] B類 ADI：0.0036	草	イネ（ノビエ，1年生雑草）
メプロニル mepronil バシタック	3′-イソプロポキシ-2-メチルベンズアニリド	[普] B類 ADI：0.05	菌	イネ（紋枯病），麦（さび病），野菜（炭そ病，苗立枯病），果樹，花き（さび病），バレイショ（黒あざ病），芝

農薬(一般名, 商品名)	化学名	毒性・魚毒性	用途	おもな適用作物(病害虫・雑草)
モノクロトホス monocrotophos アルフェート	3-(ジメトキシホスフィニルオキシ)-*N*-メチル-シス-クロトンアミド	[劇] A類 ADI：0.0006	虫	イネ（メイチュウ，ウンカ類)，キュウリ，葉菜類(ハスモンヨトウ)，花き(スリップス類)
モノフルオル酢酸塩 sodium fluroacetate フラトール	モノフルオル酢酸ナトリウム	[特毒] A類	殺そ	毒餌
モリネート molinate オードラム	*S*-エチルヘキサヒドロ-1*H*-アゼピン-1-カーボチオエート	[普] B類 ADI：0.0021	草	イネ（ノビエ，マツバイ，ホタルイ，水田雑草)
有機銅 oxine copper キノンドー オキシンドー	8-ヒドロキシキノリン銅	[普] C類 ADI：0.017	菌	野菜（べと病，疫病など)，果樹（黒星病，黒斑病)，ムギ（雪腐病)，芝（雪腐病)
有機ニッケル (有機硫黄ニッケル) nickel サンケル	ジメチルジチオカルバミン酸ニッケル	[普] A類 ADI：0.073	菌	イネ（白葉枯病)
リニュロン linuron アファロン	3-(3,4-ジクロロフェニル)-1-メトキシ-1-メチル尿素	[普] A類 ADI：0.0077	草	野菜，果樹，麦，マメ類，イモ類，コンニャク（1年生雑草)
リムスルフロン rimusulfuron ハーレイ	1-(4,6-ジメトキシピリミジン-2-イル)-3-(3-エチルスルホニル-2-ピリジルスルホニル)尿素	[普] A類	草	芝（1年生雑草)
硫酸亜鉛 zinc sulfate 硫酸亜鉛	硫酸亜鉛七水塩	[劇] B類	菌	モモ（細菌病)
硫酸銅 copper sulfate	硫酸銅五水塩	[劇] C類	菌	野菜（べと病，苗立枯病)，果樹（黒星病，落葉病)，麦（雪腐病)，バレイショ(疫病)，チャ（炭そ病)

農薬(一般名, 商品名)	化学名	毒性・魚毒性	用途	おもな適用作物(病害虫・雑草)
硫酸ニコチン nicotine sulfate 硫酸ニコチン	3-(1-メチル-2-ピロリデニル)ピリジンサルフェート	[毒] A類	虫	イネ(イネハモグリバエ), 野菜, 果樹(アブラムシ類), イモ類, マメ類(アブラムシ類), コンニャク
リン化亜鉛 zinc phosphide ブロックリンほか	リン化亜鉛	[劇] 1%以下[普] A類	殺そ	野ネズミ駆除
リン化アルミニウム aluminum phosphide ホストキシン	リン化アルミニウム	[特毒]	虫	貯蔵穀類
ルフェヌロン lufenuron マッチ	(*RS*)-1-[2,5-ジクロロ-4-(1,1,2,3,3,3-ヘキサフルオロプロポキシ)-フェニル]-3-(2,6-ジフルオロベンゾイル)尿素	[普] A類 ADI:0.014	虫	葉菜類(コナガ, アオムシ, ヨトウムシ)果樹(ハマキムシなど)チャ(チャハマキムシなど), テンサイ(ヨトウムシ)
レスメトリン resmethrin カダン	5-ベンジル-3-フリルメチル-*dl*-シス, トランス-クリサンテマート	[普] C類	虫	花き(アブラムシ類)
レナシル lenacil レンザー	3-シクロヘキシル-5,6-トリメチレンウラシル	[普] A類 ADI:0.12	草	イチゴ, ホウレンソウ, カンショ, テンサイ, 芝(1年生雑草)
ワルファリン warfarin クマリンほか	3-(α-アセトニルベンジル)-4-ヒドロキシクマリン	[普] B類	殺そ	野ネズミ駆除
ACN	キノクラミンの項参照		草	
BPMC	フェノブカルブの項参照		虫	
BPPS	プロパルギットの項参照		虫	
BRP	ナレッドの項参照		虫	
BT トアローほか多数	バチルス・チュリーンゲンシス菌の産生する結晶毒素	[普] A類	虫	リンゴ, 野菜, チャ, タバコ(ヨトウムシ, ハマキムシ類)
CAT	シマジンの項参照		草	

農薬(一般名, 商品名)	化学名	毒性・魚毒性	用途	おもな適用作物 (病害虫・雑草)
4-CPA トマトトーン	パラクロロフェノキシ酢酸	[普] A類 ADI：0.022	調	トマト，ナス（熟期促進）
CVMP	テトラクロルビンホスの項参照		虫	
CVP	クロルフェンビンホスの項参照		虫	
CYAP	シアノホスの項参照		虫	
DBEDC サンヨール	ドデシルベンゼンスルホン酸ビスエチレンジアミン銅錯塩	[普] B類 ADI：0.1	菌 虫	果菜類（べと病，うどんこ病，オンシツコナジラミなど)，イチゴ，タバコ，花き
DBN （ジクロベニル） dichlobenil カソロン	2,6-ジクロロベンゾニトリル	[普] A類	草	桑，イグサ（1年生雑草）
DCBN	クロルチアミドの項参照		草	
DCIP ネマモール	ジクロロジイソプロピルエーテル	[劇] A類 ADI：0.13	虫	野菜，イモ類，チャ，タバコ，花き（センチュウ類）
DCMU	ジウロンの項参照		草	
DCPA	プロパニルの項参照		草	
D-D テロン，D-D	1,3-ジクロロプロパン	[普] B類	虫 菌	野菜，マメ類，イモ類，テンサイ，コンニャク，タバコ，花き（センチュウ類）
DDVP	ジクロルボスの項参照		虫	
DEP	トリクロルホンの項参照		虫	
DMTP	メチダチオンの項参照		虫	
DPA	ダラポンの項参照		草	
DPC	ジノカップの項参照		菌	
ECP	ジクロロフェンチオンの項参照		虫	
EDDP	エジフェンホスの項参照		菌	
EPN EPN	エチルパラニトロフェニルチオノベンゼンホスホネート	[毒] 1.5%以下[劇] B-s類 ADI：0.0023	虫	イネ（メイチュウ，ウンカ類)，野菜，果樹（ヨトウムシ，カイガラムシ，アブラムシ類)，麦，マメ類，チャ
ESP	オキシデプロホスの項参照		虫	

農薬(一般名,商品名)	化　学　名	毒性・魚毒性	用途	おもな適用作物 (病害虫・雑草)
IBP	イプロベンホスの項参照		菌	
IPC	クロルプロファムの項参照		草	
MBPMC	テルブカルブの項参照		草	
MCP	2−メチル−4−クロロフェノキシ酢酸(ナトリウム)	[普] A類	草	イネ（1年生水田雑草，マツバイほか）
MCPA	2−メチル−4−クロロフェノキシ酢酸(エチル，ブチル，イソプロピルアミン)	[普] B類 ADI：0.002	草	イネ（水田雑草），芝（1年生雑草）
MCPB マデック	2−メチル−4−クロロフェノキシ酪酸エチル	[普] B類 ADI：0.033	草 調	イネ（水田雑草），牧草，柑橘（へた落ち防止）
MCPP	メコプロップの項参照		草	
MDBA	ジカンバの項参照		草	
MEP	フェニトロチオンの項参照		虫	
MIPC	イソプロカルブの項参照		虫	
MPP	フェンチオンの項参照		虫	
NAC	カルバリルの項参照		虫	
2,4PA (2,4−Dエチル) 2,4−D	2,4−ジクロロフェノキシ酢酸(ナトリウム塩，エチルエステル)	[普] B類 ADI：0.3	草	イネ（水田広葉，カヤツリグサ），芝（1年生雑草）
PAC	クロリダゾンの項参照		草	
PAP	フェントエートの項参照		虫	
PCNB	キントゼンの項参照		菌	
PHC	プロポキスルの項参照		虫	
PMP	ホスメットの項参照		虫	
SAP	ベンスリドの項参照		草	
TCTP	クロルタールジメチルの項参照		草	
XMC マクバール	3,5−キシリル−*N*−メチルカーバメート	[劇] 3%以下[普] B類 ADI：0.0034	虫	イネ（ウンカ類），麦（ヒメトビウンカ），チャ（ヨコバイ）

追　補*

農薬(一般名, 商品名)	化　学　名	毒性・魚毒性	用途	おもな適用作物(病害虫・雑草)
イマザモックス imazamox パワーガイザー	アンモニウム＝2-(4-イソプロピル-4-メチル-5-オキソ-2-イミダゾリン-2-イル)-5-メトキシメチルニコチナート	［普］ A類 ADI：3	草	アズキ（広葉雑草）
オキサジクロメホン oxagiclomefone フルハウス	3-[1-(3,5-ジクロロフェニル)-1-メチルエチル]-3, 4-ジヒドロ-6-メチル-5-フェニル-2-H-1, 3-オキサジン-4-オン	［普］ A類 ADI：0.0090	草	イネ（水田雑草），芝
オキスポコナゾールフマル酸 オーシャイン	ビス[(BS)-2-{-[3-(4-クロロフェニル)プロピル]-2, 4, 4-トリメチル-1, 3-オキサザゾリジン-3-イルカボニル}イミダゾリウム]フマラート	［普］ B類 ADI：0.030	園	果樹（黒星病，赤星病，灰色かび病など）
オリザリン oryzalin サーフラン	3, 5-ジニトロ-N^4, N^4-ジプロピルスルファニルアミド	［普］ B類	草	芝（1年生雑草）
カズサホス cadusafos ラグビー	*S*, *S*-ジ-*sec*-ブチル＝*O*-エチル＝ホスホロジチオアート	［毒］ 10％以下［劇］ 3％以下［普］ ADI：0.0025	虫	ダイコン（ネグサレセンチュウ），キュウリ，スイカ（ネコブセンチュウ）
カルフェントラゾンエチル carfentrazone-ethyl ハーデイ	(RS)-エチル＝2-クロロ-3-[2-クロロ-5-(4-ジフルオロメチル-4, 5-ジヒドロ-3-メチル-5-オキソ-1H-1, 2, 4-トリアゾール-1-イル)-4-フルオロフェニル]プロピオナート	［普］ B類	草	芝（1年生雑草）
クロマフェノジド chromafenozide マトリック	2′-*tert*-ブチル-5-メチル-2′-(3, 5-キシロイル)クロマン-6-カルボヒドラジド	［普］ A類 ADI：0.27	虫	イネ（ニカメイチュウ，コブノメイガ），リンゴ（ハダニ類），ナス（ヨトウ），メロン（ヨトウムシ），チャ
シアナミド cyanamide CX-10	シアナミド	［普］ A類 ADI：0.17	調	ブドウ（萌芽促進）
ジクロシメット デラウス	(*RS*)-2-シアノ-*N*-[(*R*)-1-(2, 4-ジクロロフェニル)エチル]-3, 3-ジメチルブチラミド	［普］ B類 ADI：0.005	園	イネ（いもち病）

農薬(一般名,商品名)	化　学　名	毒性・魚毒性	用途	おもな適用作物 (病害虫・雑草)
チアメトキサム thiamethoxam ビートルコップ	3-(2-クロロ-1,3-チアゾール-5-イルメチル)-5-メチル-1,3,5-オキサジアジナン-4-イリデン(ニトロ)アミン	［普］ A類	虫	芝（コガネムシ類，シバオサゾウムシ）
テプラロキシジム tepraloxydim ホーネスト	*(EZ)*-*(RS)*-2-{1-[*(2E)*-3-クロロアリルオキシイミノ]プロピル}-3-ヒドロキシ-5-ペルヒドロピラン-4-イルシクロヘキス-2-エン-1-オン	［普］ B類 ADI：0.05	草	マメ類（イネ科雑草），ニンジン，タマネギなど（イネ科雑草）
デスメディファム desmedipham ベタブロード	エチル=3-フェニルカルバモイルオキシカルバニラート	［普］ A類 ADI：0.017	草	テンサイ（1年生雑草）
ビフェナゼート bifenazate マイトコーネ	イソプロピル=2-(4-メトキシビフェニル-3-イル)ヒドラジノホルマート	［普］ B類 ADI：0.010	虫	果樹（ハダニ類），イチゴ，スイカ，チャ（ハダニ類）
ピリメタニル pyrimethanil スカーラ	*N*-(4,6-ジメチルピリミジン-2-イル)アニリン	［普］ A類 ADI：0.17	菌	ミカン，ブドウ（灰色かび病），リンゴ（黒星病），イチゴ（灰色かび病，うどんこ病）
ファモキサドン famoxadone ホライズン	3-アニリノ-5-メチル-5-(4-フェノキシフェニル)-1,3-オキサゾリジン-2,4-ジオン	［普］ B類 ADI：0.012	菌	バレイショ，トマト（疫病），キュウリ，ブドウ（べと病）
フェントラザミド fentrazamide イノーバほか	4-(2-クロロフェニル)-*N*-シクロヘキシル-*N*-エチル-4, 5-ジヒドロ-5-オキソ-1H-テトラゾール-1-カルボキサミド	［普］ B類 ADI：0.0052	草	イネ（水田雑草）
フェノキサニル アチーブ	*N*-(1-シアノ-1,2-ジメチルプロピル)-2-(2,4-ジクロロフェノキシ)プロピオンアミド	［普］ A類 ADI：0.0069	菌	イネ（いもち病）
フルミオキサジン flumioxagin グランドボーイ	*N*-(7-フルオロ-3,4-ジヒドロ-3-オキソ-4-プロパ-2-イニル-2H-1,4-ベンゾキサジン-6-イル)シクロヘキサ-1-エン-1,2-ジカルボキシイミド	［普］ B類 ADI：0.018	草	リンゴ，柑橘（1年生，多年生雑草），公園道路など非農耕地

農薬(一般名, 商品名)	化 学 名	毒性・魚毒性	用途	おもな適用作物(病害虫・雑草)
フロラスラム ブロードスマッシュ	2′, 4, 6′-トリフルオロ-7-メトキシ[1, 2, 4]トリアゾロ[1, 5-c]ピリミジン-2-スルホンアニリド	[普] A類	except	芝(広葉雑草)

*平成12年12月末現在.

〔髙 瀬 巖〕

[付] 農薬関係機関一覧

農林水産省	生産局植物防疫課 生産局生産資材課農薬対策室	〒100-8950	東京都千代田区霞が関1-2-1 (03-3502-8111) http://www.maff.go.jp/
	農薬検査所*	〒187-0011	東京都小平市鈴木町2-772 (0423-83-2151)
	横浜植物防疫所	〒231-0003	神奈川県横浜市中区北仲町5-57 横浜第2合同庁舎内 (045-211-7150)
	農業環境技術研究所*	〒305-8604	茨城県つくば市観音台3-1-1 (0298-38-8168) http://ss.niaes.affrc.go.jp/
	中央農業研究センター*	〒305-8666	茨城県つくば市観音台3-1-1 (0298-38-8481) http://ss.narc.affrc.go.jp/
	果樹研究所*	〒305-8605	茨城県つくば市藤本2-1 (0298-38-6416) http://ss.fruit.affrc.go.jp/
	野菜・茶業研究所*	〒514-2302	三重県安芸郡安濃町大字草生360 (0592-68-1331) http://www.nivot.go.jp
	(*2001年4月より独立行政法人に変更)		
環　境　省	水質保全局土壌農薬課	〒100-0013	東京都千代田区霞が関1-2-2 (03-3581-3351) http://www.env.go.jp
厚生労働省	食品保健部監視安全課 安全衛生部化学物質調査課	〒100-0013	東京都千代田区霞が関1-2-2 (03-5253-1111) http://www.mhlw.go.jp
	国立医薬品食品衛生試験所	〒158-0098	東京都世田谷区上用賀1-18-1 (03-3700-1141) http://www.nihs.go.jp/index-j.html
そ　の　他	(社)日本植物防疫協会	〒170-8484	東京都豊島区駒込1-43-11 (03-3944-1561) http://www.jppn.ne.jp/
	研究所	〒300-1212	茨城県牛久市結束町535 (0298-72-5172)
	(財)日本植物調節研究協会	〒110-0016	東京都台東区東1-26-6　植調会館 (03-3832-4188)
	研究所	〒300-1211	茨城県牛久市柏田町860 (0298-72-5101)

(社)農林水産航空協会	〒102−0093	東京都千代田区平河町2−7−1 塩崎ビル3階 (03−3234−3380)
(財)残留農薬研究所	〒187−0011	東京都小平市鈴木町2−772 (0423−82−2111)
水海道研究所	〒303−0043	茨城県水海道市内守谷町4321 (0297−27−4501)
全国農業協同組合連合会	〒100−0004	東京都千代田区大手町1−8−3 JAビル (03−3245−7281) http://www.zennoh.or.jp/
営農・技術センター	〒254−0016	神奈川県平塚市東八幡5−5−1 (0463−22−1023)
(社) 緑の安全推進協会	〒103−0022	東京都中央区日本橋室町1−9−10 三忠堂ビル4階 (03−3231−4393)
農薬工業会	〒103−0022	東京都中央区日本橋室町1−5−8 日本橋倶楽部会館6階 (03−3241−0215) http://www.jcpa.or.jp/
日本農薬学会	〒170−8484	東京都豊島区駒込1−43−11 学会事務局 (03−3943−6021) http://wwwsoc.nacsis.ac.jp/pssj2

索　引

さ

し

す

せ

そ

た

ち

つ

て

と

な

に

ね

の

は

ひ

ふ

MEMO

MEMO

MEMO

農薬学事典 定価は外函に表示

2001年3月15日 初版第1刷
2005年4月1日 第2刷

編 者 本(もと)山(やま)直(なお)樹(き)
発行者 朝倉邦造
発行所 株式会社 朝倉書店
東京都新宿区新小川町6-29
郵便番号 162-8707
電 話 03(3260)0141
FAX 03(3260)0180
http://www.asakura.co.jp

〈検印省略〉

教文堂・渡辺製本

ISBN 4-254-43069-8 C3561 Printed in Japan

元玉川大 本間保男・農工大 佐藤仁彦・
名大 宮田　正・農工大 岡崎正規編

植物保護の事典

42017-X　C3361　　A5判 528頁 本体20000円

地球環境悪化の中でとくに植物保護は緊急テーマとなっている。本書は植物保護および関連分野でよく使われる術語を専門外の人たちにもすぐ理解できるよう平易に解説した便利な事典。〔内容〕(数字は項目数)植物病理(57)／雑草(23)／応用昆虫(57)／応用動物(23)／植物保護剤(52)／ポストハーベスト(35)／植物防疫(25)／植物生態(43)／森林保護(19)／生物環境調節(26)／水利，土地造成(32)／土壌，植物栄養(38)／環境保全，造園(29)／バイオテクノロジー(27)／国際協力(24)

阿部定夫・岡田正順・小西国義・樋口春三編

花卉園芸の事典

41006-9　C3561　　A5判 832頁 本体26000円

日本で栽培されている花卉約470種を収め，それぞれの来歴，形態，品種，生態，栽培，病虫害，利用などを解説。現場技術者の手引書，園芸愛好家の座右の書，また農学系大学・高校での参考書として，さらに，データや文献も豊富に収載して，専門研究者の研究書としても役立つ。大学・試験場等第一線研究者63名による労作。〔内容〕花卉の分類と品質保護／一・二年草／宿根草／球根／花木／温室植物／観葉植物／ラン／サボテン・多肉植物／病虫害一覧／園芸資材一覧／用語解説

東農大 斎藤　隆著

蔬菜園芸の事典

41013-1　C3061　　A5判 336頁 本体9500円

作型の異なる多種類の蔬菜をうまく管理する技術や環境にも意を払わねばならない今日の状況をふまえ，各種蔬菜の概説，来歴，種類と品種，形態，生理生態，作型，栽培管理について，図や表を用いて初学者でも理解できるよう体系的に解説。〔内容〕トマト／ナス／ピーマン／キュウリ／メロン／スイカ／イチゴ／エンドウ／インゲンマメ／ハクサイ／キャベツ／レタス／カリフラワー／ネギ／タマネギ／ニンニク／ダイコン／ニンジン／ジャガイモ／サトイモ／ヤマイモ／サツマイモ

吉田義雄・長井晃四郎・田中寛康・長谷嘉臣編

最新果樹園芸技術ハンドブック

41011-5　C3061　　A5判 912頁 本体34000円

各種果実について，その経営上の特性，栽培品種の伝搬，品種の解説，栽培管理，出荷，貯蔵，加工，災害防止と生理障害，病虫害の防除などについて詳しく解説。専門家だけでなく，園芸を学ぶ学生や一般園芸愛好家にもわかるよう解説。〔内容〕リンゴ／ニホンナシ／セイヨウナシ／マルメロ／カリン／モモ／スモモ／アンズ／ウメ／オウトウ／ブドウ／カキ／キウイフルーツ／クリ／クルミ／イチジク／小果類／アケビ／ハスカップ／温州ミカン／中晩生カンキツ類／ビワ／ヤマモモ

前九大 和田光史・滋賀県立大 久馬一剛他編

土壌の事典

43050-7　C3561　　A5判 576頁 本体22000円

土壌学の専門家だけでなく，周辺領域の人々や専門外の読者にも役立つよう，関連分野から約1800項目を選んだ五十音配列の事典。土壌物理，土壌化学，土壌生物，土壌肥沃度，土壌管理，土壌生成，土壌分類・調査，土壌環境など幅広い分野を網羅した。環境問題の中で土壌がはたす役割を重視しながら新しいテーマを積極的にとり入れた。わが国の土壌学第一線研究者約150名が執筆にあたり，用語の定義と知識がすぐわかるよう簡潔な表現で書かれている。関係者必携の事典